UG NX 8.0中文版
三维造型设计基础

任军学　田卫军　高长银　主　编

李　郁　刘　丽　姚倡锋　副主编

何扣芳　侯　伟　雷　玲　参　编
李文燕　杨振朝　殷　锐

電子工業出版社

Publishing House of Electronics Industry

北京·BEIJING

内容简介

本书是UG NX 8.0三维造型技术的基础教程。全书共分9章，包括三维造型技术基础、UG NX 8.0基础操作、曲线造型设计、草图设计、实体造型设计、曲面造型设计、工程制图设计、装配设计、机构运动仿真。本书的特色是由“基础知识，操作技能，应用思路，实战经验”构成的四位一体教学内容，充分体现了三维造型技术（CAD技术）的有机组成。针对三维造型技术课程的授课特点，按照不同的教学学时、教学层次编写了思考与练习。为了提高读者对UG NX 8.0 CAD技术基础理论的理解，本书在相应的章节中介绍了应用实例。

本书可作为高等院校数控技术、模具设计与制造、机械制造及自动化、飞行器制造工程专业，以及其他相近专业的教学用书，也可作为职业技能培训和相关技术人员的参考书。

图书在版编目（CIP）数据

UG NX 8.0中文版三维造型设计基础 / 任军学，田卫军，高长银主编. —北京：电子工业出版社，2013.10
普通高等教育“十二五”机电类规划教材
ISBN 978-7-121-21630-5

Ⅰ. ①U… Ⅱ. ①任… ②田… ③高… Ⅲ. ①工业产品－产品设计－计算机辅助设计－应用软件－高等学校－教材 Ⅳ. ①TB472-39

中国版本图书馆CIP数据核字（2013）第238267号

策划编辑：李 洁
责任编辑：侯丽平
印　　刷：北京七彩京通数码快印有限公司
装　　订：北京七彩京通数码快印有限公司
出版发行：电子工业出版社
　　　　　北京市海淀区万寿路173信箱　邮编　100036
开　　本：787×1092　1/16　印张：22.75　字数：626.8千字
版　　次：2013年10月第1版
印　　次：2021年7月第8次印刷
定　　价：55.00元（含光盘1张）

凡所购买电子工业出版社图书有缺损问题，请向购买书店调换。若书店售缺，请与本社发行部联系，联系及邮购电话：（010）88254888，88258888。

质量投诉请发邮件至zlts@phei.com.cn，盗版侵权举报请发邮件至dbqq@phei.com.cn。

本书咨询联系方式：lijie@phei.com.cn。

前　　言

作为制造业工程师最常用的、必备的基本技术，工程制图曾被称为“工程师的语言”，也是所有高校机械及相关专业的必修基础课程。然而，在现代制造业中，工程制图的地位正在被一个全新的设计手段所取代，那就是三维造型技术。三维造型技术的内涵已经有了全面拓展，它已不再是简单地绘制二维图纸的过程，而是从设计、分析到制造的全过程。

随着信息化技术在现代制造业中的普及和发展，三维造型技术已经从一种稀缺的高级技术变成制造业工程师的必备技能，并替代传统的工程制图技术，成为工程师们的日常设计和交流工具。与此同时，各高等院校相关课程的教学重点也正逐步由工程制图向三维造型技术转变。

本书专为高等院校机械及相关专业三维造型课程的教学而编写，集成了高校教学多年来在三维造型应用技术方面的经验，以及培训与工程项目经验。全书共分 9 章，包括三维造型技术基础、UG NX 8.0 基础操作、曲线造型设计、草图设计、实体造型设计、曲面造型设计、工程制图设计、装配设计、机构运动仿真。本书的特色是由“基础知识，操作技能，应用思路，实战经验”构成的四位一体教学内容，充分体现了三维造型技术（CAD 技术）的有机组成。

本书有两个主要特色。

1．**内容特色：**以 UG 工具命令讲解为主，详细讲解了常用命令操作流程及其子菜单及选项卡的具体含义，部分通过案例的形式进行分析讲解，极大地方便了读者阅读理解和查阅。

2．**光盘特色：**为方便读者练习，特将本书中所用到的范例、配置文件等放入随书附赠的光盘中。在光盘中共有 5 个子目录。

（1）【Resource】子目录：包含本书讲解中所用到的文件和部分课后习题答案。

（2）【课程练习 PPT】子目录：主要为读者提供模块化练习，其中包括练习 part 源文件和部分视频文件，学习时，选取需要的视频文件即可播放。

（3）【综合案例】子目录：主要为读者提供综合案例的详细讲解，在阅读本书、熟悉常用命令后，通过综合案例的练习，提高读者的综合应用水平。

（4）【习题图集】子目录：主要为读者提供业余的自我练习。

（5）【考试模拟题】子目录：主要为读者提供自测模拟试题，可以针对学习情况进行自我检测，同时也可以作为相关课程的考试使用。

读者在学习过程中可以利用这些范例文件进行操作和练习。建议读者在学习本书之前，将随书光盘中的所有文件复制到计算机硬盘的 F 盘中。

本书可用于高等学校机械及相关专业课程的教学，也可供机械行业技术人员自学三维造型技术使用。

本书主要由任军学（西北工业大学）、田卫军（西北工业大学）、高长银（郑州航空工业管理学院）任主编，刘丽（郑州航空工业管理学院）、李郁（西北工业大学明德学院）、姚倡锋（西北工业大学）任副主编，其他参编人员还有何扣芳、侯伟、雷玲、李文燕、杨振朝、殷锐。限于编写时间和编者的水平，书中必然会存在需要进一步改进和提高的地方。我们十分期望读者及专业人士提出宝贵意见与建议，以便今后不断加以完善。

最后，感谢电子工业出版社为本书提供的机遇和帮助。

编　者

2013 年 3 月

目　　录

第 1 章　三维造型技术基础

本章知识导读

本章主要介绍三维造型技术基础知识，主要包括三维造型技术简介、三维造型的种类、自由曲面的构建原理及其在计算机中的表述形式和控制方法。此外，还介绍了曲线、曲面质量的分析方法与手段，图形的数据交互格式以及目前工业主流的三维设计软件。

通过本章学习系统了解和掌握三维设计软件的发展历史过程、各阶段特点以及设计软件的模型构建原理与其交互形式，为后期合理正确使用软件奠定理论基础。

本章学习内容

- 了解三维造型技术的历史演变过程；
- 熟悉三维造型技术的种类与特点；
- 了解自由曲面的数学表达方法及其质量评估；
- 熟悉图形数据交换标准及其格式；
- 了解主流三维 CAD 设计软件及其特点。

1.1　三维造型技术简介

1.1.1　三维造型的发展史

三维造型技术就是将物体的形状与属性存储在计算机内，通过直观、充分、清楚的表达手段，形成三维几何模型的过程。即三维造型技术是利用计算机系统描述物体形状的技术。它被广泛应用于工程设计和制造的各个领域。如何利用一组数据表示形体，如何控制与处理这些数据，是几何造型中的关键技术。

CAD 技术产生于 20 世纪 50 年代后期发达国家的航空和军事工业中。1989 年，美国国家工程研究院将 CAD 技术评为 1964－1989 年十项最杰出的工程技术成就之一。CAD 在早期是英文 Computer Aided Drafting 的缩写，但是随着计算机硬件、软件技术的发展，人们逐步地认识到单纯使用计算机绘图还不能称之为计算机辅助设计，真正的设计是整个产品的设计，它包括产品的构思、功能设计、结构分析、加工制造等，二维工程图设计只是产品设计中一个小的部分。于是 CAD 改为 Computer Aided Design 的缩写词，如此 CAD 不再是辅助绘图，而是整个产品的辅助设计。

在 CAD 技术发展初期，CAD 仅限于计算机辅助绘图，随着三维造型技术的发展，CAD 技术才从二维平面绘图发展到三维产品建模，随之产生了三维线框模型、曲面模型和实体造型技术。

如今参数化及变量化设计思想和特征模型则代表了当今 CAD 技术的发展方向。CAD 技术是一项综合性的、技术复杂的系统工程，涉及许多学科领域，如计算机科学和工程、计算数学、计算几何、计算机图形显示、数据库技术、网络技术、仿真技术、人工智能学科和技术以及与各领域产品设计有关的专业知识等。

1.1.2 三维造型的未来

1．三维建模技术的创新与融合

近几年，三维 CAD 在国内得到了越来越广泛的应用，企业中三维 CAD 替代二维 CAD 的趋势也越来越明显。同时，CAD 厂商也在根据用户需求不断完善 CAD 软件的三维设计功能。三维建模技术经历了从线框建模、实体/曲面建模到特征建模等发展过程。随着技术的不断进步，又出现了直接建模、同步技术等多种新的先进建模技术，并逐步融合。设计师因此有了更多新的建模手段，从而可实现快速的设计变更和系列化产品设计。图 1-1 为三维建模技术的发展路线。

图 1-1 三维建模技术的发展路线

三维实体造型技术的核心包括 CSG（Constructive Solid Geometry）和 B-REP 模型。CSG 表达建模的顺序过程，B-REP 是三维模型的点、线、面、体信息，即造型结果的三维实体信息。特征造型技术是在 CSG 的基础上，添加了特征树的概念，它是今天流行的各个主流的基于特征造型三维机械 CAD 系统的核心原理。直接建模的核心是只有 B-REP 信息，没有 CSG 信息，它不考虑造型的顺序，所以可以随便修改模型的点、线、面、体，无须考虑保持特征树的有效性，不受到造型顺序的制约。同步技术将特征建模和直接建模相结合，实现在三维环境下，进行尺寸驱动（或者叫参数化设计，Parametric Design）及伸展变形（Stretch）的三维造型方法和约束求解技术，既保留零件的实体特征信息，又能实现尺寸驱动，还能使基于特征的无参数建模和基于特征的参数建模完美兼容，实现三维模型的迅速修改，从而达到快速变更模型设计和产品系列化设计的目的。

为了使设计更加方便、快捷，易于修改，目前市场上主流三维 CAD 基本融合以上建模技术中的两种或几种建模方式。Siemens PLM Software 率先在 PLM 行业内发布同步技术，形成了直接建模、特征建模、曲面建模和同步技术多种建模方式；PTC 收购直接建模工具 Cocreate 后，整合推出了 Creo Direct 应用，将 Cocreate 的直接建模功能融入到 Creo 平台中，实现了参数化建模与直接建模的融合；SolidWorks 2012 版本中将基于历史的参数化建模和直接建模这两种技术有机地融合在一起，既沿用参数化技术的特点，同时也与直接建模技术相结合；Autodesk Inventor Fusion 也具备了直接建模功能，能够自由、快速地更改设计，并将直接流程与参数化流程结合到了 Autodesk Inventor 软件创建的单个数字化模型中。

2．三维 CAD 技术发展总体趋势

1）集成一体化的 CAE/CAM 和产品数据管理功能

很多企业虽然在整个流程中引入了 CAD/CAE/CAM 和产品数据管理功能，但往往由于各个软件系统之间相互孤立而没有发挥其应有的价值，主要表现为：引进非集成的专业 CAE/CAM 工

具，意味着设计人员需要重新掌握新的一套软件，造成工作效率降低；数据格式之间相互独立且不容易转换，影响了与 CAD 软件之间的数据沟通，无法构成设计、分析、加工的循环创新体系；引入独立的 CAE/CAM 工具是一笔巨大的成本支出，性价比较低。鉴于以上的原因，很多厂商考虑将 CAD/CAE/CAM 集成于一体，提供完整的 PLM 解决方案。这种集成方案的优势在于：①数据的无损失性和相关性；②直接地将工程分析和加工验证结果反馈到设计中去，快速评估，减少物理样机测试；③一体化的数据和流程管理，可以保持数据的安全性及可追溯性。

CAD/CAM/CAE 一体化代表性的厂商包括 PTC、达索系统、Simense PLM 等。PTC 公司的 Creo Simulate 提供结构分析和热分析两个仿真分析模块，既可作为独立软件使用，也可集成在 Creo Parametric 的统一界面环境下执行其功能；达索系统的 ABAQUS for CATIA 使用户可以在 CATIA 内部直接调用 ABAQUS 求解器进行机械、热和热固耦合等分析，SolidWorks 在仿真方面依靠与 SolidWorks Simulation 的完全集成，使仿真界面、仿真流程无缝融入到 SolidWorks 的设计过程中，提供了单一屏幕解决方案来进行应力分析、频率分析、扭曲分析、热分析和优化分析，如图 1-2 所示。Simense PLM 旗下的 NX 8.0 中也都有相应的仿真解决方案，如图 1-3 所示。

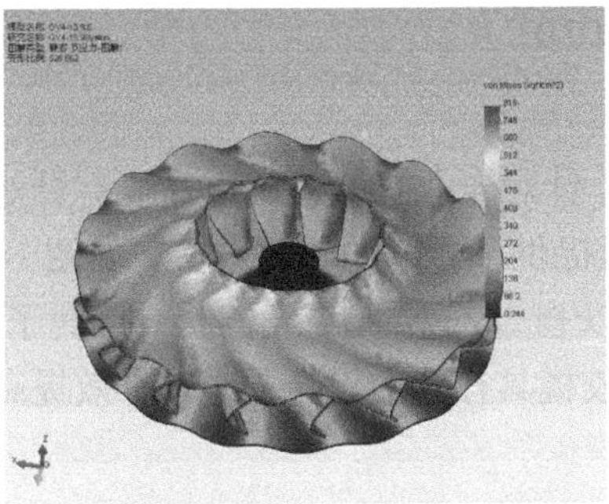

图 1-2　SolidWorks 2012 强度刚度分析

图 1-3　NX 8.0 Simulation 多体分析

2）机、电、软一体化协同设计

机械电子几乎贯穿于所有的机械产品中，设计人员不仅要处理机械、电子的设计问题，更要处理机械、电子的集成问题，也就是机电一体化协同的问题。机电一体化概念设计解决方案 MCD（Mechatronics Concept Designer），协同运用机械原理、电气原理和自动化原理，加快设计交付速度、减少设计流程后期的集成问题。三维 PCB 设计，实现 MCAD 和 ECAD 的交互，并集成电路板的热分析，确保设计质量。电缆设计，涵盖了电气元器件的定义和管理，电气原理的输入和走线布局，以及最终线缆生产文档的输出。在产品日趋复杂和客户要求越来越高的双重压力下，制造企业特别是高科技电子企业必须同时使用设计工具组（EDA、ECAD、MCAD），才能更好地实现 MCAD 与 ECAD 的交互，更快地传递设计变更，让机械工程师和电气工程师得以畅通地交流，从而保证设计的高效和精确。在机电一体化设计方面代表性的厂商如 PTC。PTC 的 Creo 中的 ECAD-MCAD Collaboration Extension 模块可以帮助改善电气设计师和机械设计师之间的设计协作，改善机电详细设计过程、减少协作错误，使机械工程师在提出变更建议之前能够更好地了解其对电气设计的影响，更快速地传递设计变更。

3）三维 CAD 应用体验的改善

三维 CAD 厂商从关注功能到关注用户体验转变，如 Simense PLM 的全息 3D 技术（HD3D）提供了可视化的模型和信息，如图 1-4 所示；达索“3D EXPERIENCE（3D 体验）”理念通过 3D 的方式构建了一个完整的逼真体验环境，包括虚拟设计、虚拟仿真、虚拟制造、虚拟运行、虚拟维修；中望 3D 2012 中，为了改善用户体验加入了全新的 Ribbon 界面以及 Windows 操作风格，同时为用户提供了丰富的界面定制功能，满足了个性化需求。

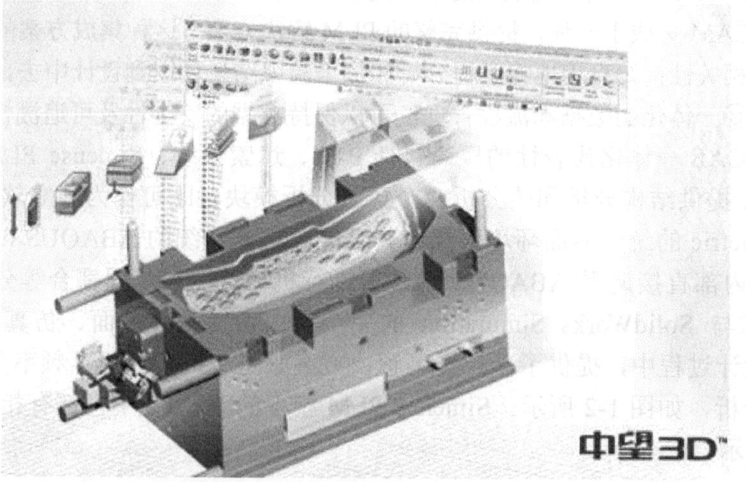

图 1-4　全息 3D 技术（HD3D）

4）满足不同行业的设计需求

每个行业领域的应用都有其行业特点和特殊的需求，针对专业行业领域更需要有针对性的行业解决方案。山大华天的 SINOVATION 针对铸造和冲压提供了专门的解决方案，如图 1-5 所示。而中望的 3D 2012 全流程塑胶模具解决方案，可以自动分析型芯型腔，提供了丰富的 DME\HASCO\MISUMI 等标准模架与配件库，满足了塑胶模具行业的设计需求，有效提高了模具设计人员的工作效率。

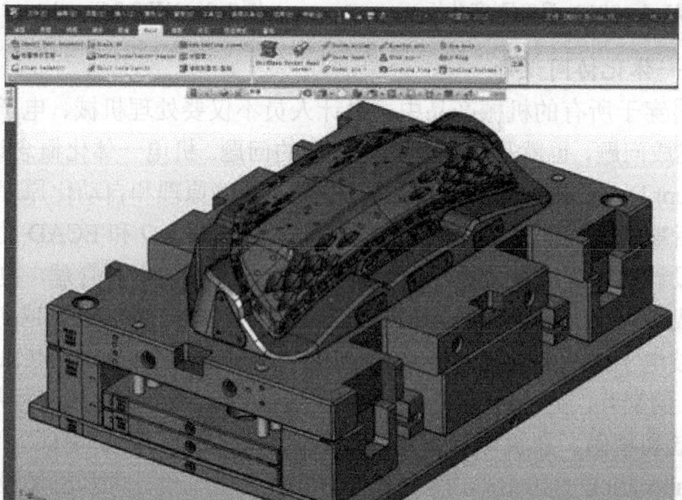

图 1-5　SINOVATION 解决方案

除了以上几点外，云计算、移动应用也在三维 CAD 领域兴起，以 AutoDesk 为首的各大主流 CAD 厂商积极试水云计算，并在 CAD 的移动应用方面逐渐兴起。

1.2　三维造型的种类

1.2.1　线框造型

20 世纪 60 年代末人们开始研究用线框和多边形构造三维实体，这样的模型被称为线框模型。三维物体由它的全部顶点及边的集合来描述，线框由此得名，线框模型就像人类的骨骼。其优点是有了物体的三维数据，可以产生任意视图，视图间能保持正确的投影关系，这为生成工程图带来了方便。此外还能生成透视图和轴测图，这在二维系统中是做不到的；构造模型的数据结构简单，节约计算机资源；学习简单，是人工绘图的自然延伸。其缺点是因为它以棱线全部显示，物体的真实感可出现二义解释；缺少曲线轮廓，若要表现圆柱、球体等曲面比较困难；由于数据结构中缺少边与面、面与面之间关系的信息，因此不能构成实体，无法识别面与体，不能区别体内与体外，不能进行剖切，不能进行两个面求交，不能自动划分有限元网络等。目前许多 CAD/CAM 系统仍将此系统作为表面模型和实体模型的基础。

1.2.2　曲面造型

进入 20 世纪 70 年代，正值飞机和汽车工业的蓬勃发展时期。此间飞机和汽车制造中出现了大量的自由曲面问题，当时只能采用多截面视图、特征纬线的方法来近似表达所要设计的曲面。由于三视图表达的不完整性，因此很难达到设计者的要求。此时法国人贝赛尔提出了 Bezier 算法，使得人们在用计算机处理曲面及曲线问题时变得可以操作。法国达索（Dssault）飞机制造公司开发的三维曲面造型系统 CATIA 带来了第一次 CAD 技术革命。曲面造型系统有了技术革新，使汽车开发手段比旧的模式有了质的飞跃，许多车型的开发周期由原来的 6 年缩短到只需约三年。曲面模型与线框模型相比，曲面模型多了一个面表，记录了边与面之间的拓扑关系。曲面模型就像贴付在骨骼上的肌肉。其优点就是能实现面与面相交、着色、表面积计算、消隐等功能，此外该系统还擅长于构造复杂的曲面物体，如模具、汽车、飞机等的表面。但它只能表示物体的表面及边界，不能进行剖切，不能对模型进行质量、质心、惯性矩等物性计算。

1.2.3　实体造型

进入 20 世纪 80 年代，CAD 价格依然令一般企业望而却步，这使得 CAD 技术无法拥有更广阔的市场。由于表面模型技术只能表达形体的表面信息，难以准确表达零件的其他特性，如质量、重心、惯性矩等，对 CAE 十分不利。基于对 CAD/CAE 一体化技术发展的探索，SDRC 公司在美国国家航空及宇航局（NASA）支持下于 1979 年发布了世界上第一个完全基于实体造型技术的大型 CAD/CAE 软件——I-DEAS。由于实体模型能精确表达零件的全部属性，在理论上统一 CAD/CAE/CAM——带来了 CAD 发展史上第二次技术革命。实体模型在表面看来往往类似于经过消除隐藏线的线框模型或经过消除隐藏面的曲面模型；但若在实体模型上挖一个孔，就会自动生成一个新的表面，同时自动识别内部和外部；实体模型可以使物体的实体特性在计算机中得到定义。

实体特性在于它是一个全封闭（实体）的三维形体的计算机表示；具有完整性和无二义性；保证只对实际上可实现的零件进行造型；零件不会缺少边、面，也不会有一条边穿入零件实体，因此，能避免差错和不可实现的设计，提供高级的整体外形定义方法，也可以通过布尔运算从旧模型得到新模型。实体模型就是（以人体为例）：骨骼＋肌肉＋内脏=完整人体。

实体模型表示方法：边界表示法（Boundary Representation），简称 B-Reps。边界表示法按照体－面－环－边－点的层次，详细记录了构成形体的所有几何元素的几何信息及其相互连接的拓扑关系，在进行各种运算和操作中，就可以直接取得这些信息。

其优点如下：

（1）形体的点、边、面等几何元素是显式表示的，使得绘制 B-Reps 表示的形体的速度较快，而且比较容易确定几何元素间的连接关系；

（2）容易支持对物体的各种局部操作，比如进行倒角，我们不必修改形体的整体数据结构，而只需提取被倒角的边和与它相邻两面的有关信息，然后施加倒角运算就可以了；

（3）便于在数据结构上附加各种非几何信息，如精度、表面粗糙度等。

由于 B-Reps 表示覆盖域大，原则上能表示所有的形体，而且易于支持形体的特征表示等，B-Reps 表示已成为当前 CAD/CAM 系统的主要表示方法。

其缺点如下：

（1）数据结构复杂，需要大量的存储空间，维护内部数据结构的程序比较复杂；

（2）B-Reps 表示不一定对应一个有效形体，通常运用欧拉操作来保证 B-Reps 表示形体的有效性、正则性等。

建构实体几何法（Constructive Solid Geometry），简称 CSG，它是通过对体素定义、运算而得到新的形体的一种表示方法，体素可以是立方体、圆柱、圆锥等，其运算为变换或正则集合运算并、交、差。CSG 表示可以看成是一棵有序的二叉树，就是将一些基本的立体组成图形，例如，立方体、锥体、圆柱、球体等，互相重叠放置在一起，然后，剪去或拟合重复的部分即可，如图 1-6 所示。

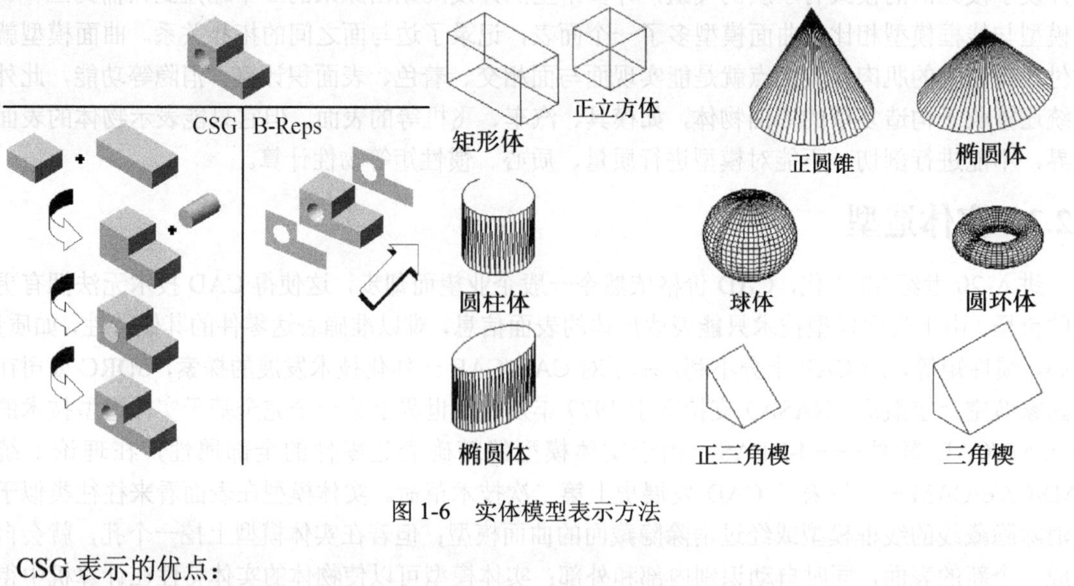

图 1-6　实体模型表示方法

CSG 表示的优点：

（1）数据结构比较简单，数据量比较小，内部数据的管理比较容易；

（2）CSG 表示可方便地转换成边界（B-Reps）表示；

（3）CSG 方法表示的形体的形状比较容易修改。

CSG 表示的缺点：

（1）对形体的表示受体素种类和对体素操作种类的限制，也就是说，CSG 方法表示形体的覆盖域有较大的局限性；

（2）对形体的局部操作不易实现，例如，不能对基本体素的交线倒圆角；

（3）由于形体的边界几何元素（点、边、面）是隐含地表示在 CSG 中，故显示与绘制 CSG 表示的形体需要较长的时间。

1.2.4 特征参数化造型

20 世纪 80 年代中晚期，计算机技术迅猛发展，硬件成本大幅度降低，CAD 技术的硬件平台成本从二十几万美元降到只需几万美元。很多中小型企业也开始有能力使用 CAD 技术。

1988 年，参数技术公司（Parametric Technology Corporation，PTC）采用面向对象的统一数据库和全参数化造型技术开发了 Pro/Engineer 软件，为三维实体造型提供了一个优良的平台。参数化（Parametric）造型的主体思想是用几何约束、工程方程与关系来说明产品模型的形状特征，从而达到设计一系列在形状或功能上具有相似性的设计方案。目前能处理的几何约束类型基本上是组成产品形体的几何实体公称尺寸关系和尺寸之间的工程关系，因此参数化造型技术又称尺寸驱动几何技术，带来了 CAD 发展史上第三次技术革命。

参数化设计是 CAD 技术在实际应用中提出的课题，它不仅可使 CAD 系统具有交互式绘图功能，还具有自动绘图的功能。

目前参数化技术大致可分为如下三种方法：

（1）基于几何约束的数学方法；

（2）基于几何原理的人工智能方法；

（3）基于特征模型的造型方法（特征工具库，包括标准件库均可采用该项技术）。其中数学方法又分为初等方法（Primary Approach）和代数方法（Algebraic Approach）。

初等方法利用预先设定的算法，求解一些特定的几何约束。这种方法简单、易于实现，但仅适用于只有水平和垂直方向约束的场合；代数方法则将几何约束转换成代数方程，形成一个非线性方程组。该方程组求解较困难，因此实际应用受到限制；人工智能方法是利用专家系统，对图形中的几何关系和约束进行理解，运用几何原理推导出新的约束，这种方法的速度较慢，交互性不好。

参数化系统的指导思想是：只要按照系统规定的方式去操作，系统保证生成的设计的正确性及效率性，否则拒绝操作。这种思路的副作用是：

（1）使用者必须遵循软件的内在使用机制，如决不允许欠缺尺寸约束、不可以逆序求解等；

（2）当零件截面形状比较复杂时，将所有尺寸表达出来让设计者为难；

（3）只有尺寸驱动这一种修改手段，很难判断究竟改变哪一个（或哪几个）尺寸才会使形状朝着自己满意的方向改变；

（4）尺寸驱动的范围亦是有限制的，如果给出了不合理的尺寸参数，使某特征与其他特征相干涉，则引起拓扑关系的改变；

（5）从应用来说，参数化系统特别适用于那些技术已相当稳定成熟的零配件行业，这样的行业，零件的形状改变很少，经常只需采用类比设计，即形状基本固定，只需改变一些关键尺寸就可以得到新的系列化设计结果。

特征的通用定义：特征就是任何已被接受的某一个对象的几何、功能元素和属性，通过它们可以很好地理解该对象的功能、行为和操作。更为严格的定义：特征就是一个包含工程含义或意义的几何原型外形。特征在此已不是普通的体素，而是一种封装了各种属性（Attribute）和功能（Function）的对象。在 CAD 系统引入“特征”后，能够起到以下三方面的作用：

（1）表示设计意图；

（2）简化传统 CAD 系统中烦琐的造型过程；

（3）从高层次上对具体的几何元素如点、线、面进行封装。

从产品整个生命周期来看，可分为设计特征、分析特征、加工特征、公差及检测特征、装配特征等；从产品功能上，可分为形状特征、精度特征、技术特征、材料特征、装配特征；从复杂程序上讲，可分为基本特征、组合特征、复合特征。零件形状特征的分类如图 1-7 所示。

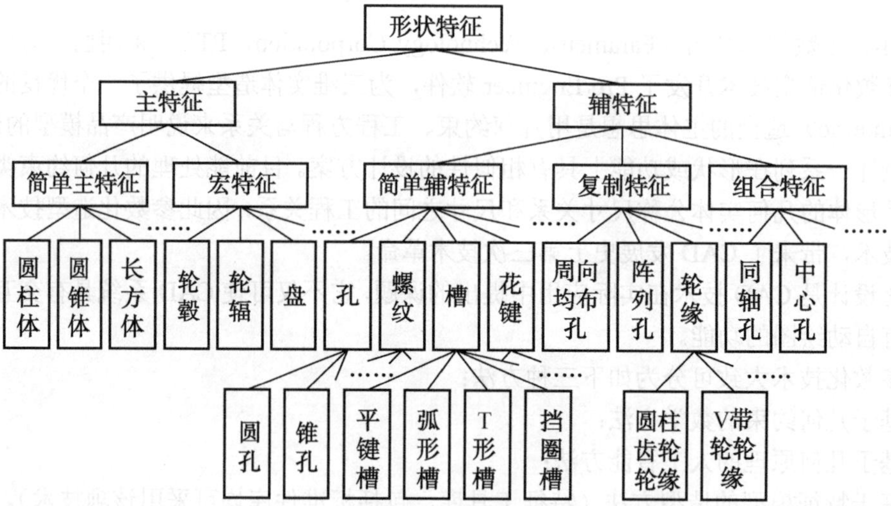

图 1-7 零件形状特征的分类

1.2.5 变量化造型

参数化技术要求全尺寸约束，即设计者在设计初期及全过程中，必须将形状和尺寸联合起来考虑，并且通过尺寸约束来控制形状，通过尺寸改变来驱动形状改变，一切以尺寸（即参数）为出发点，干扰和制约着设计者创造力及想象力的发挥。

一定要求全尺寸约束吗？欠约束能否将设计正确进行下去？沿着这个思路，SDRC 公司的开发人员以参数化技术为蓝本，提出了一种比参数化技术更为先进的变量化技术，1993 年推出全新体系结构的 I-DEAS Master Series 软件——带来了 CAD 发展史上第四次技术革命。

在进行机械设计和工艺设计时，总是希望零部件能够让我们随心所欲地构建，可以随意拆卸，能够让我们在平面的显示器上，构造出三维立体的设计作品，而且希望保留每一个中间结果，以备反复设计和优化设计时使用。VGX（Variational Geometry Extended——超变量化几何，由 SDRC 公司推出）实现的就是这样一种思想。变量化技术将参数化技术中所需定义的尺寸“参数”进一步区分为形状约束和尺寸约束，而不是像参数化技术那样只用尺寸来约束全部几何。采用这种技术的理由在于：在大量的新产品开发的概念设计阶段，设计者首先考虑的是设计思想及概念，并将其体现于某些几何形状之中。这些几何形状的准确尺寸和各形状之间的严格的尺寸定位关系在设计的初始阶段很难完全确定，所以自然希望在设计的初始阶段允许欠尺寸约束的存在。除考虑几何约束（Geometry Constrain）之外，变量化设计还可以将工程关系作为约束条件直接与几何方程联立求解，无须另建模型处理。

变量化系统的指导思想是：

（1）设计者可以采用先形状后尺寸的设计方式，允许采用不完全尺寸约束，只给出必要的设计条件，这种情况下仍能保证设计的正确性及效率性；

（2）造型过程是一个类似工程师在脑海里思考设计方案的过程，满足设计要求的几何形状是第一位的，尺寸细节是后来逐步完善的；

（3）设计过程相对自由宽松，设计者更多去考虑设计方案，无须过多关心软件的内在机制和设计规则限制，所以变量化系统的应用领域也更广阔一些；

（4）除了一般的系列化零件设计，变量化系统在做概念设计时也特别得心应手，比较适用于新产品开发、老产品改形设计这类创新式设计。

1.3　曲线、曲面造型原理

1.3.1　自由曲线、曲面的造型原理

曲面造型（Surface Modeling）是计算机辅助几何设计（Computer Aided Geometric Design,CAGD）和计算机图形学（Computer Graphics）的一项重要内容，主要研究在计算机图像系统的环境下对曲面的表示、设计、显示和分析。它起源于汽车、飞机、船舶、叶轮等的外形放样工艺，由 Coons、Bezier 等大师于 20 世纪 60 年代奠定其理论基础。如今经过 30 多年的发展，曲面造型现在已形成了以有理 B 样条曲面（Rational B-spline Surface）参数化特征设计和隐式代数曲面（Implicit Algebraic Surface）表示这两类方法为主体，以插值（Interpolation）、拟合（Fitting）、逼近（Approximation）这三种手段为骨架的几何理论体系。

1．基本概念

曲线、曲面可以用显式、隐式和参数表示。

显式：形如 $z=f(x,y)$ 的表达式。对于一个平面曲线，显式表示一般形式是：$y=f(x)$。在此方程中，一个 x 值与一个 y 值对应，所以显式方程不能表示封闭或多值曲线，例如，不能用显式方程表示一个圆。

隐式：形如 $f(x,y,z)=0$ 的表达式。如一个平面曲线方程，表示成 $f(x,y)=0$ 的隐式表示。隐式表示的优点是易于判断函数 $f(x,y)$ 是否大于、小于或等于零，也就易于判断点是落在所表示曲线上或在曲线的哪一侧。

参数表示：形如 $x=f(t)$，$y=f(t)$，$z=f(t)$ 的表达式，其中 t 为参数。即曲线上任一点的坐标均表示成给定参数的函数。

如平面曲线上任一点 P 可表示为：$P(t)=[x(t),\ y(t)]$。

空间曲线上任一三维点 P 可表示为：$P(t)=[x(t),\ y(t),\ z(t)]$。

空间点、线参数化表示如图 1-8 所示。

最简单的参数曲线是直线段，端点为 P_1、P_2 的直线段参数方程可表示为：

$$P(t)=P_1+(P_2-P_1)t \qquad t\in[0,1] \tag{1-1}$$

圆在计算机图形学中应用十分广泛，其在第一象限内的单位圆弧的非参数显式表示为：

$$y=\sqrt{1-x^2} \quad (0\leqslant x\leqslant 1) \tag{1-2}$$

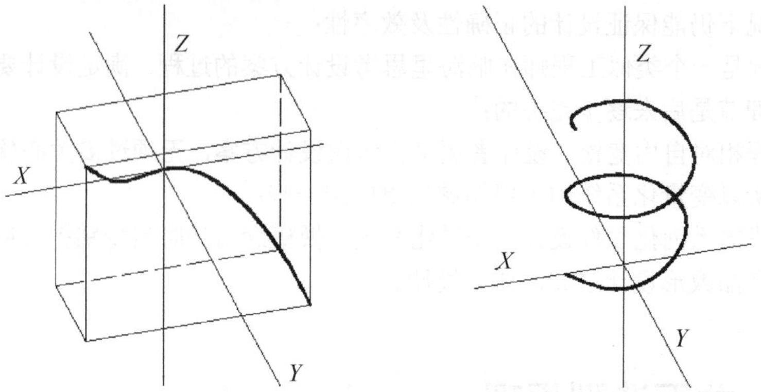

图 1-8　空间点、线参数化表示

其参数形式可表示为：

$$P(t)=\left[\frac{1-t^2}{1+t^2},\frac{2t}{1+t^2}\right] \quad t\in[0,1] \tag{1-3}$$

由于参数表示的曲线、曲面具有几何不变性等优点，所以在计算机图形学中通常用参数形式描述曲线、曲面，其优势主要体现在以下几个方面。

（1）可以满足几何不变性的要求，坐标变换后仍保持几何形状不变。

（2）有更大的自由度来控制曲线、曲面的形状。

如一条二维三次曲线的显式可以表示为：

$$y=ax^3+bx^2+cx+d \tag{1-4}$$

该表达式只有四个系数控制曲线的形状，而二维三次曲线的参数表达式为：

$$P(t)=\begin{bmatrix} a_1t^3+a_2t^2+a_3t+a_4 \\ b_1t^3+b_2t^2+b_3t+b_4 \end{bmatrix} \quad t\in[0,1] \tag{1-5}$$

（3）对非参数方程表示的曲线、曲面进行变换，必须对其每个型值点进行几何变换，不能对其方程变换（因不满足几何变换不变性）；而对参数表示的曲线、曲面，可对其参数方程直接进行几何变换。

（4）便于处理斜率为无穷大的情形，不会因此而中断计算。

（5）参数方程中，代数、几何相关和无关的变量是完全分离的，而且对变量个数不限，从而便于用户把低维空间中曲线、曲面扩展到高维空间去，这种变量分离的特点使我们可以用数学公式处理几何分量。

（6）规格化的参数变量 $t\in[0,1]$，使其相应的几何分量是有界的，而不必用另外的参数去定义边界。

（7）易于用矢量和矩阵表示几何分量，简化了计算。

2．Bezier 曲线和曲面

1）Bezier 曲线

给定 $n+1$ 个控制点 $P_0,P_1,P_2,\ldots,P_n$，引入伯恩斯坦（Bernstein）基函数：

$$B_{j,n}(t)=\mathrm{C}_n^j t^j(1-t)^{n-j} \tag{1-6}$$

式中

$$\left.\begin{array}{c} C_n^j = \dfrac{n!}{j!(n-j)!}, j = 0,1,\cdots,n \\ 0 \leqslant t \leqslant 1 \end{array}\right\}$$

可以定义一条曲线：

$$P(t) = \sum_{j=0}^{n} P_j B_{j,n}(t) \tag{1-7}$$

该曲线被称为 Bezier 曲线。$P_j(j = 0,1,2,...,n)$ 称为控制点或 Bezier 点。依次连接 n 个控制点形成的空间折线，称为控制多边形。

这里，以三次 Bezier 曲线为例讨论 Bezier 曲线的性质。对式（1-7），令 n=3，则 P_0、P_1、P_2、P_3 四个控制点可构造一条三次 Bezier 曲线，如图 1-9 所示。此时，基函数为：

$$B_{j,3} = C_3^j t^j (1-t)^{3-j}, j = 0,1,2,3$$

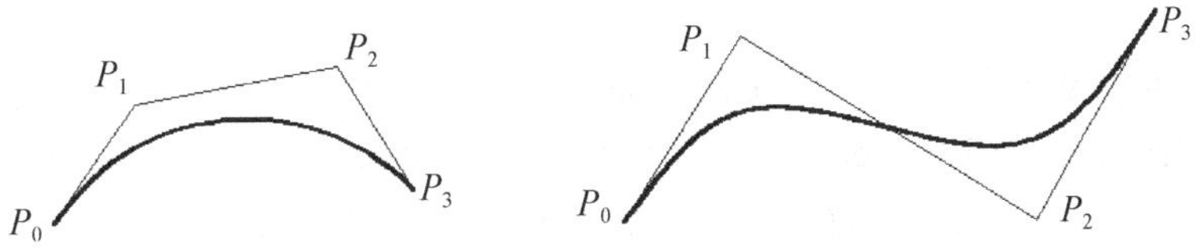

图 1-9　三次 Bezier 曲线

即各阶基函数为：

$$B_{0,3} = (1-t)^3;\quad B_{1,3} = 3t(1-t)^2$$

$$B_{2,3} = 3t^2(1-t);\quad B_{3,3} = t^3$$

则三次 Bezier 曲线表示为：

$$P(t) = \sum_{j=0}^{3} P_j B_{j,3} = [B_{0,3} \quad B_{1,3} \quad B_{2,3} \quad B_{3,3}][P_0 \quad P_1 \quad P_2 \quad P_3]^{\mathrm{T}}$$

$$= \begin{bmatrix} t^3 & t^2 & t & 1 \end{bmatrix} \boldsymbol{M} = \begin{pmatrix} -1 & 3 & -3 & 1 \\ 3 & -6 & 3 & 0 \\ -3 & 3 & 0 & 0 \\ 1 & 0 & 0 & 0 \end{pmatrix} \begin{pmatrix} P_0 \\ P_1 \\ P_2 \\ P_3 \end{pmatrix} \tag{1-8}$$

由 Bezier 曲线的定义式和伯恩斯坦基函数的性质，三次 Bezier 曲线有如下的特点：

① 曲线过控制顶点的首末两个端点　将 t=0 和 t=1 带入式（1-7），有 $P(0) = P_0$，$P(1) = P_3$。

② 曲线在两端点处相切于控制多边形　通过对 Bezier 曲线的表达式求一阶导数，并分别将 t=0 和 t=1 代入得：

$$\left.\begin{array}{l} P'(0) = 3(P_1 - P_0) \\ P'(1) = 3(P_3 - P_2) \end{array}\right\} \tag{1-9}$$

特点①和特点②是 Bezier 曲线的基本性质，为手工绘制 Bezier 曲线提供了方便。

③ 凸包性　Bezier 曲线不会越出控制多边形顶点 P_0、P_1、P_2、P_3 所形成的凸包（包含所有顶点的最小凸多边形）的范围。

④ 几何不变性　Bezier 曲线的几何特征不随坐标变换而变化。

⑤ 可分割性　可以将一段 Bezier 曲线在其中间某一点处分割为两段，每一段仍然为一段新

的 Bezier 曲线。因此，Bezier 曲线具有无限可分割性。

三次 Bezier 曲线通常为一条空间曲线，当其控制多边形顶点 P_0、P_1、P_2、P_3 在同一平面上时，则其描述的 Bezier 曲线为一平面曲线。当 P_0、P_1、P_2、P_3 在同一直线上时，则其 Bezier 曲线退化为一直线段。

2）Bezier 曲面

利用控制点、基函数生成 Bezier 曲线的方法可以推广来生成 Bezier 曲面。给定（n+1）×（m+1）网格的控制顶点 $P_{i,j}(i=0,1,2,\cdots,n,\ j=0,1,2,\cdots,m)$，利用基函数 $B_{i,n}(u)$，$B_{j,m}(v)$ 可构成一张曲面片，称该曲面片为 n×m 次 Bezier 曲面。它可描述为：

$$P(u,v)=\sum_{i=0}^{n}\sum_{j=0}^{m}P_{i,j}B_{i,n}(u)B_{j,m}(v) \tag{1-10}$$

其中，$i=0,1,2,...,n,\ j=0,1,2,...,m$，$(u,v)\in[0,1]\times[0,1]$。$B_{i,n}(u)$，$B_{j,m}(v)$ 与 Bezier 曲线的基函数相同。

固定参数 v，对参数 u 而言是一簇 Bezier 曲线；固定参数 u，对参数 v 而言也是一簇 Bezier 曲线。因此，Bezier 曲面是由 Bezier 曲线簇交织而构成的曲面，即可利用 Bezier 曲线的网格来绘制或显示 Bezier 曲面。为方便起见，这里仅以双三次 Bezier 曲面来说明，如图 1-10 所示，令 $n=m=3$，则（1-9）可表示为：

$$\begin{aligned}P(u,v)&=\sum_{i=0}^{3}\sum_{j=0}^{3}P_{i,j}B_{i,3}(u)B_{j,3}(v)\\&=\left[(1-u)^3\quad 3(1-u)^2u\quad 3(1-u)u^2\quad u^3\right]\boldsymbol{B}\left[(1-v)^3\quad 3(1-v)^2v\quad 3(1-v)v^2\quad v^3\right]^{\mathrm{T}}\end{aligned} \tag{1-11}$$

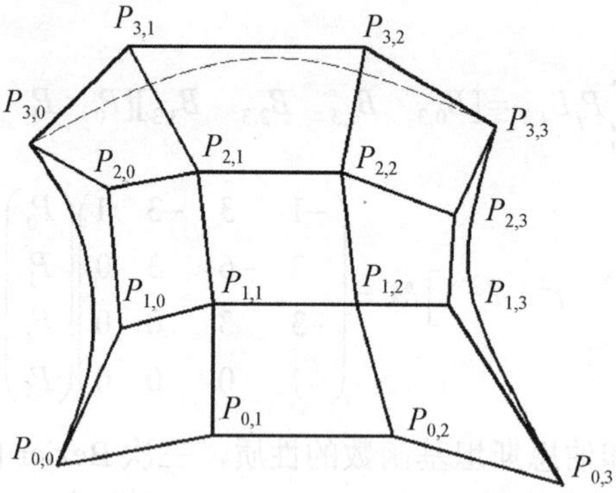

图 1-10 双三次 Bezier 曲面

即：

$$P(u,v)=\boldsymbol{UMBM}^{\mathrm{T}}\boldsymbol{V}^{\mathrm{T}} \tag{1-12}$$

式中

$$\boldsymbol{M}=\begin{pmatrix}-1&3&-3&1\\3&-6&3&0\\-3&3&0&0\\1&0&0&0\end{pmatrix},\quad \boldsymbol{B}=\begin{pmatrix}P_{0,0}&P_{0,1}&P_{0,2}&P_{0,3}\\P_{1,0}&P_{1,1}&P_{1,2}&P_{1,3}\\P_{2,0}&P_{2,1}&P_{2,2}&P_{2,3}\\P_{3,0}&P_{3,2}&P_{3,2}&P_{3,3}\end{pmatrix},\quad \boldsymbol{U}=[u^3\quad u^2\quad u\quad 1]^{\mathrm{T}},$$

$$\boldsymbol{V}=[v^3\quad v^2\quad v\quad 1]^{\mathrm{T}}$$

注意到，当 $j \neq 0$ 时，$B_{j,3}(0)=0$；当 $j \neq 3$ 时，$B_{j,3}(1)=0$。

此时令 v=0，则有：

$$P(u,0)=\sum_{i=0}^{3}P_{i,0}B_{i,3}(u) \tag{1-13}$$

上式表明 $P_{i,3}(i=0, 1, 2, 3)$ 也是 $P(u,1)$ 的四个控制顶点。同理，$P_{0,j}(j=0, 1, 2, 3)$ 是 $P(0,v)$ 的四个控制顶点，$P_{3,j}(j=0, 1, 2, 3)$ 是 $P(1,v)$ 的四个控制顶点，而其余的 $P_{i,j}$ 并不是 $P(u,v_0)$ 或 $P(u_0,v)$（其中，$u_0,v_0 \in (0,1)$ 为常数）的控制顶点。

进一步地，有四个控制顶点 $P_{0,0}$、$P_{0,3}$、$P_{3,0}$、$P_{3,3}$ 与 Bezier 曲面的四个顶点 $P(0,0)$、$P(0,1)$、$P(1,0)$、$P(1,1)$ 重合，并且在该点保持相切，这与 Bezier 曲线是一样的特点。此外，Bezier 曲面具有与 Bezier 曲线相似的特点，如凸包性、几何不变性、可分割性等。

3）Bezier 曲线、曲面的拼接

在工程实际中存在许许多多的复杂曲线和曲面，不可能用一条 Bezier 曲线或一张曲面就能拟合复杂曲线或曲面。具体的做法是，采用多段 Bezier 曲线经拼接后来拟合实际存在的复杂曲线；采用多张 Bezier 曲面拼接后来拟合实际曲面。在这里仍以三次 Bezier 曲线及双三次 Bezier 曲面为例，讨论 Bezier 曲线以及 Bezier 曲面的拼接问题。

（1）Bezier 曲线段的拼接。

对于 Bezier 曲线来说，很容易将几段曲线连接起来。考虑到实际工程应用中，很多情况下曲线均为光滑的。因而希望各段 Bezier 曲线间的拼接具有某阶连续性，通常要求是切线方向连续（即一阶几何连续）和曲率向量连续（即二阶几何连续）。

设有三次 Bezier 曲线段 $P(u)$、$P(v)$：

$$\left.\begin{aligned} P(u)&=\sum_{i=0}^{3}P_iB_{i,3}(u) \qquad u\in[0,1] \\ Q(v)&=\sum_{i=0}^{3}Q_iB_{i,3}(v) \qquad v\in[0,1] \end{aligned}\right\} \tag{1-14}$$

① 0 阶几何连续的拼接条件　即只考虑位置连续，由 Bezier 曲线的特性有

$$P(1)=Q(0) \quad 或 \quad Q(1)=P(0)$$

即

$$P_3=Q_0 \quad 或 \quad Q_3=P_0$$

② 一阶几何连续的拼接条件　对一阶几何连续拼接条件，在应满足式（1-14）的基础上，还应满足下述条件：

$$\lambda P'(1)=Q'(0)$$

式中 λ >0。由此可得：

$$3\lambda(P_3-P_2)=3(Q_1-Q_0)$$

利用 $P_3=Q_0$，则有：

$$-\lambda(P_2-Q_0)=Q_1-Q_0$$

此式表明，要满足一阶连续拼接条件，必须使 $P_3=Q_0$ 以及 P_2、$P_3(Q_0)$、Q_1 满足共线条件，如图 1-11 所示。同样的道理也可得到曲率连续的拼接条件。

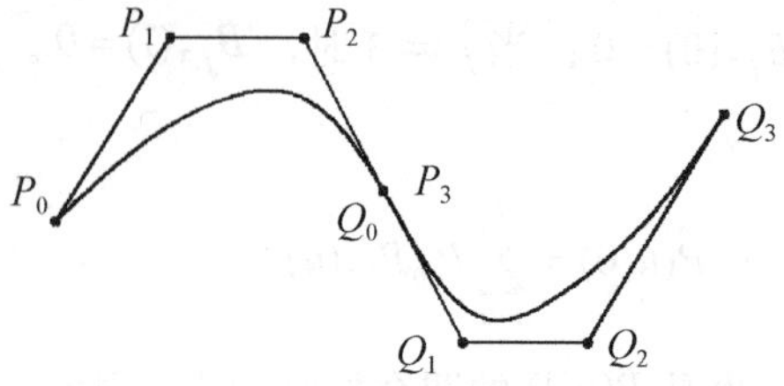

图 1-11 三次 Bezier 曲线的一阶连续拼接

（2）Bezier 曲面的拼接。

对于两张给定的双三次 Bezier 曲面片，由式（1-12）有：

$$P(u,v)=\boldsymbol{UMB}_1\boldsymbol{M}^{\mathrm{T}}\boldsymbol{V}^{\mathrm{T}},\quad Q(u,v)=\boldsymbol{UMB}_2\boldsymbol{M}^{\mathrm{T}}\boldsymbol{V}^{\mathrm{T}} \tag{1-15}$$

式中，$\boldsymbol{B}_1=\begin{pmatrix} P_{0,0} & P_{0,1} & P_{0,2} & P_{0,3} \\ P_{1,0} & P_{1,1} & P_{1,2} & P_{1,3} \\ P_{2,0} & P_{2,1} & P_{2,2} & P_{2,3} \\ P_{3,0} & P_{3,2} & P_{3,2} & P_{3,3} \end{pmatrix}$　$\boldsymbol{B}_2=\begin{pmatrix} Q_{0,0} & Q_{0,1} & Q_{0,2} & Q_{0,3} \\ Q_{1,0} & Q_{1,1} & Q_{1,2} & Q_{1,3} \\ Q_{2,0} & Q_{2,1} & Q_{2,2} & Q_{2,3} \\ Q_{3,0} & Q_{3,2} & Q_{3,2} & Q_{3,3} \end{pmatrix}$。

① 位置连续的拼接条件　与 Bezier 曲线拼接条件的方法相同，要满足位置连续，二曲面片只需满足：

$$P(1,v)=Q(0,v)\qquad v\in[0,1] \tag{1-16}$$

即只需控制网格顶点满足：

$$P_{3,i}=Q_{0,i}\quad (i=0,\ 1,\ 2,\ 3) \tag{1-17}$$

也就是说，相邻两张 Bezier 曲面边界只要采用公共的控制顶点就能保证曲面的边界位置连续条件。

② 一阶几何连续的拼接条件　除满足位置连续条件外，还应满足下列条件：

$$P'_u(1,v)\times P'_v(1,v)=\lambda Q'_u(1,v)\times Q'_v(1,v) \tag{1-18}$$

式中，$\lambda>0$，$v\in[0,1]$。此时，满足一阶几何连续的充分条件（非必要条件）为：

$$\left.\begin{aligned} P_{3,i}&=Q_{0,i} & i&=0,1,2,3 \\ P_{3,i}-P_{2,i}&=\lambda(Q_{1,i}-Q_{0,i}) & i&=0,1,2,3 \end{aligned}\right\} \tag{1-19}$$

它的几何意义是：$P_{2,i}$，$P_{3,i}(=Q_{0,i})$，$P_{1,i}$（0，1，2，3）应位于同一直线上，如图 1-12 所示。

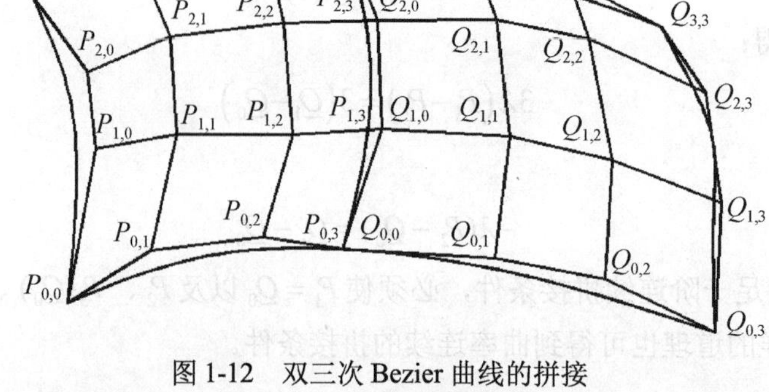

图 1-12 双三次 Bezier 曲线的拼接

3．B 样条曲线与曲面

1）B 样条曲线

尽管 Bezier 曲线具有许多优越性，但有两点不足：其一是控制多边形顶点的个数决定了 Bezier 曲线的次数，而当 N 较大时，控制多边形对曲线的控制将会削减；其二是 Bezier 曲线不能进行局部修改，改变一个控制点的位置会对整个曲线有影响。B 样条曲线正是基于上述问题的解决而提出的。

B 样条曲线定义：已知 $n+1$ 个控制点 P_i（$i=0,1,\cdots,n$），k 阶（$k-1$ 次）B 样条曲线的表达式为

$$P(t)=\sum_{i=0}^{n}P_iN_{i,k}(t) \tag{1-20}$$

其中，基函数的递归公式为：

$$N_{i,1}(t)=\begin{cases}1 & t_i\leqslant t\leqslant t_{i+1}\\ 0 & 其他\end{cases}$$

$$N_{i,1}(t)=\frac{(t-t_i)N_{i,k-i}(t)}{t_{i+k-1}-t_i}+\frac{(t_{i+k}-t)N_{i+1,k-1}(t)}{t_{i+k}-t_{i+1}}\quad (t_{k-1}\leqslant t\leqslant t_{n+1}) \tag{1-21}$$

式中，t_i 是节点值，非递减的参数 t 序列 $\boldsymbol{T}=[t_0,t_1,\cdots,t_{n+k}]$ 称为节点矢量。当节点沿参数轴均匀等距分布，即 $t_{i+1}-t_i$ 为常数时，称为均匀 B 样条函数。否则，称为非均匀 B 样条函数。

该定义说明：① 由空间 $n+1$ 个控制点生成的 k 阶 B 样条曲线是 由 $L=n-k+1$ 段 B 样条曲线逼近而成的，每段曲线段的形状仅由点列中的 k 个顺序排列的点所控制；② 由不同节点矢量构成的均匀 B 样条函数所描述的形状相同，可看成是函数的简单平移。

从 $n+1$ 个控制点中取相邻的 4 个顶点，可以构造一条三次均匀 B 样条曲线，其表达式为：

$$P_i(t)=[t^3\quad t^2\quad t\quad 1]\frac{1}{6}\begin{pmatrix}-1 & 3 & -3 & 1\\ 3 & -6 & 3 & 0\\ -3 & 3 & 0 & 0\\ 1 & 0 & 0 & 0\end{pmatrix}\begin{pmatrix}P_{i-1}\\ P_i\\ P_{i+1}\\ P_{i+2}\end{pmatrix}\quad t\in[0,1] \tag{1-22}$$

B 样条曲线的性质如下：

① 局部性　k 阶 B 样条曲线上的一点，只被相邻的 k 个顶点所控制，与其他控制顶点无关。当移动一个顶点时，只对其中的一段曲线有影响，对整个曲线的其他部分没有影响。局部性是 B 样条曲线最重要的性质之一，这是 Bezier 曲线所不具备的。

② 凸包性　B 样条曲线的凸包是定义各曲线段的控制顶点的凸包的并集。凸包区域比同一组顶点定义的 Bezier 曲线凸包区域要小，具有比 Bezier 曲线更强的凸包性，B 样条曲线恒位于它的凸包内。

③ 几何不变性　B 样条曲线的几何特征不随坐标变换而变化。

④ 可分割性　可以将一段 B 样条曲线在其中间某一点处分割为两段，每一段仍然为一段新的 B 样条曲线。

2）B 样条曲面

这里仅考虑均匀双三次 B 样条曲面的情况，将均匀三次 B 样条曲线的定义推广可得到均匀双三次 B 样条曲面的定义。已知曲面的控制点 $P_{i,j}(i,j=0,1,2,3)$，参数 $(u,v)\in[0,1]$，则表达式为：

$$P_{i,j}(u,v)=\boldsymbol{UMPM}^{\mathrm{T}}\boldsymbol{V}^{\mathrm{T}} \tag{1-23}$$

式中，$\boldsymbol{U}=[u^3\ \ u^2\ \ u\ \ 1]$，$\boldsymbol{V}=[v^3\ \ v^2\ \ v\ \ 1]$，$\boldsymbol{B}=\begin{pmatrix} P_{0,0} & P_{0,1} & P_{0,2} & P_{0,3} \\ P_{1,0} & P_{1,1} & P_{1,2} & P_{1,3} \\ P_{2,0} & P_{2,1} & P_{2,2} & P_{2,3} \\ P_{3,0} & P_{3,2} & P_{3,2} & P_{3,3} \end{pmatrix}$，$\boldsymbol{M}=\dfrac{1}{6}\begin{pmatrix} -1 & 3 & -3 & 1 \\ 3 & -6 & 3 & 0 \\ -3 & 0 & 3 & 0 \\ 1 & 4 & 4 & 0 \end{pmatrix}$

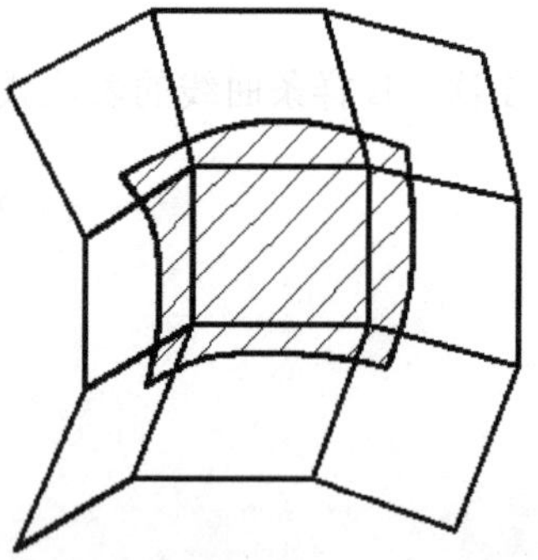

图 1-13 均匀双三次 B 样条曲面

均匀双三次 B 样条曲面如图 1-13 所示，它由 16 个控制网格顶点来定义。

利用此图可更直观地理解均匀双三次B样条曲面的生成：类似 Bezier 曲面的方法，可以理解为首先沿 v 方向构造一簇均匀三次 B 样条曲线 $P_0(v)$、$P_1(v)$、$P_2(v)$、$P_3(v)$，然后沿 u 方向构造 B 样条曲线，此时可以认为是顶点沿着 $P(v)$ 线滑动，每一组顶点对应相同的 v 值，当 v 值连续地由 0 变化到 1 时，即形成 B 样条曲面。

4. NURBS 曲线与曲面

NURBS——非均匀有理 B 样条，这种方法的提出是为了找到与描述自由型曲线、曲面的 B 样条方法相统一的又能精确表示二次曲线弧与二次曲面的数学方法。NURBS 方法主要有以下四个特点：

① NURBS 不仅可以表示自由曲线、曲面，它还可以精确地表示圆锥曲线和规则曲线，所以 NURBS 为计算机辅助几何设计（CAGD）提供了统一的数学描述方法；

② NURBS 具有影响曲线、曲面形状的权因子，故可以设计相当复杂的曲线、曲面形状。若运用恰当，将更便于设计者实现自己的设计意图；

③ NURBS 方法是非有理 B 样条方法在四维空间的直接推广，多数非有理 B 样条曲线、曲面的性质及其相应的计算方法可直接推广到 NURBS 曲线、曲面；

④ 计算稳定且快速。

然而，NURBS 也存在一些缺点：

① 需要额外的存储以定义传统的曲线和曲面；

② 权因子的不合适应用可能导致很坏的参数化，甚至毁掉随后的曲面结构。虽然 NURBS 存在这样一些缺点，但其强大的优点使其已成为自由型曲线、曲面的唯一表示。

1）NURBS 曲线

一条 k 次 NURBS 曲线定义为：

$$p\,(u)=\frac{\sum_{i=0}^{n}\omega_i d_i N_{i,k}(u)}{\sum_{i=0}^{n}\omega_i N_{i,k}(u)} \tag{1-24}$$

其中，$\omega_i, i=0,1,\cdots,n$ 称为权，与控制顶点 $d_i, i=0,1,\cdots,n$ 相关联，其作用类似基函数，但更直接。ω_0，$\omega_n>0$，$\omega_i\geqslant 0$，可防止分母为零、保留凸包性质及曲线不致退化。$d_i, i=0,1,\cdots,n$ 为控制顶点。$N_{i,k}(u)$ 是由节点 $\boldsymbol{U}=[u_0,u_1,\cdots,u_{n+k+1}]$ 决定的 k 次（k+1）阶 B 样条基函数。

对于非周期 NURBS 曲线，两端点的重复度可取为 $k+1$，即 $u_0=u_1=\cdots=u_k$，

$u_{n+1}=u_{n+2}=\cdots=u_{n+k+1}$，且在大多数实际应用中，节点值分别取为 0 和 1。因此，曲线定义域为 $u\in[u_k,u_{n+1}]=[0,1]$。

由于 NURBS 曲线与 B 样条曲线采用相同的基函数，因此 NURBS 曲线具有和 B 样条曲线相同的性质。除此之外，由于权因子的作用，使 NURBS 曲线具有更大的灵活性，且表达能力大大增强，NURBS 曲线能统一表达圆锥曲线、B 样条曲线和 Bezier 曲线。

2）NURBS 曲面

由双参数变量分段有理多项式定义的 NURBS 曲面是：

$$p\ (u,v)=\frac{\sum_{i=0}^{m}\sum_{j=0}^{n}\omega_{i,j}d_{i,j}N_{i,k}(u)N_{j,l}(v)}{\sum_{i=0}^{m}\sum_{j=0}^{n}\omega_{i,j}N_{i,k}(u)N_{j,l}(v)} \tag{1-25}$$

这里控制顶点 $d_{i,j}, i=0, 1, \cdots, m; j=0, 1, \cdots, n$ 呈拓扑矩形阵列，形成一个控制网格。$\omega_{i,j}$ 是与顶点 $d_{i,j}$ 联系的权因子，规定四角顶点处用正权因子即 $\omega_{0,0}$，$\omega_{m,0}$，$\omega_{0,n}$，$\omega_{m,n}>0$，其余 $\omega_{i,j}\geqslant 0$；$N_{i,k}(u)\,(0, 1, \cdots, m)$ 和 $N_{j,l}(v)\,(0, 1, \cdots, n)$ 分别为 u 向 k 次和 v 向 l 次的规范 B 样条基。它们分别由 u 向与 v 向的节点矢量 $\boldsymbol{U}=[u_0, u_1, \cdots, u_{m+k+1}]$ 与 $\boldsymbol{V}=[v_0, v_1, \cdots, v_{n+l+1}]$ 决定。

与 NURBS 曲线性质类似，由于 NURBS 曲面与 B 样条曲面采用相同的基函数，因此 NURBS 曲面具有和 B 样条曲面相同的性质，除此之外，由于权因子的作用，使 NURBS 曲面具有更大的灵活性，且表达能力大大增强，NURBS 曲面能统一表达二次曲面（如球面，柱面、圆环面等）、B 样条曲面和 Bezier 曲面等。

1.3.2　CAD 系统常见曲线、曲面造型

1．CAD 系统中曲线造型

目前 CAD 软件系统中常采用的曲线造型手段主要有以下三种。

① 直接公式定义：直线、圆弧，ACIS 中的 law 等，如图 1-14 所示。

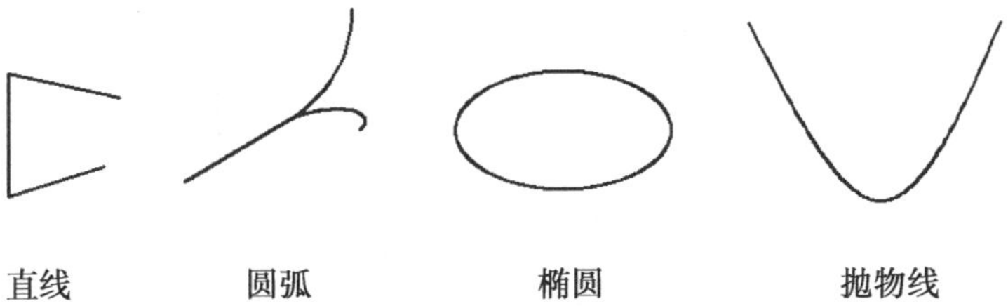

图 1-14　基本曲线

② 输入控制点，如图 1-15 所示。

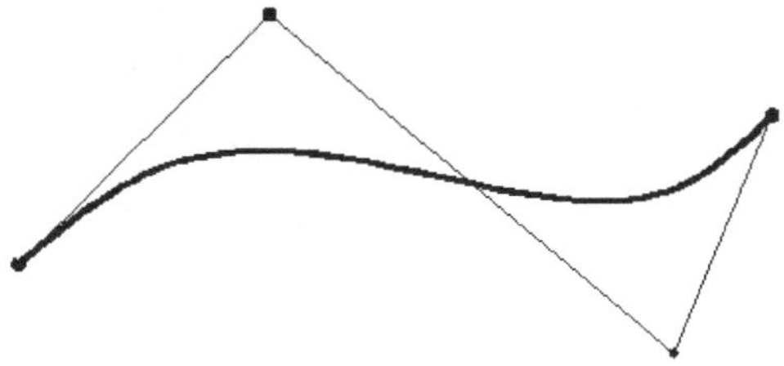

图 1-15　控制点造型

③ 输入型值点（最常见），如图 1-16 所示。

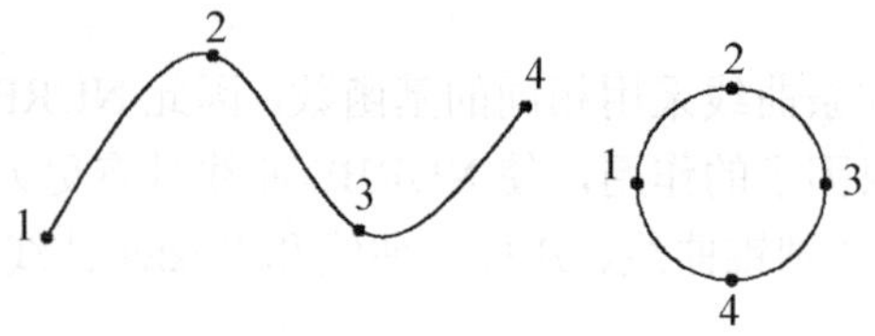

图 1-16 型值点造型

由设计人员输入曲线上的型值点来设计曲线，此时曲线生成就是所谓的曲线反算过程。该方法是曲线设计的主要方法，此方法用户定义、修改曲线直观方便。

2．CAD 系统中曲面造型

目前 CAD 软件系统中常采用的曲面造型手段主要有以下几种。

① 基本曲面：由数学表达式表示二次简单曲面，如图 1-17 所示。

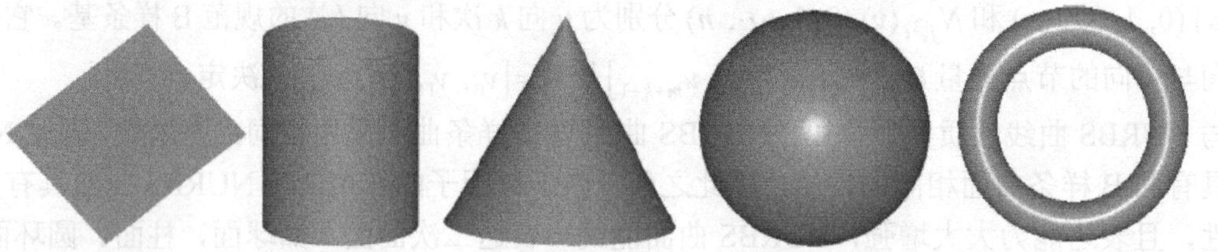

（a）平面　（b）圆柱面　（c）圆锥面　（d）球面　（e）环面

图 1-17 基本曲面

② 拉伸曲面：可沿指定方向扫掠曲线、边、面、草图或曲线特征的 2D 或 3D 部分一段直线距离，由此来创建曲面，如图 1-18 所示。

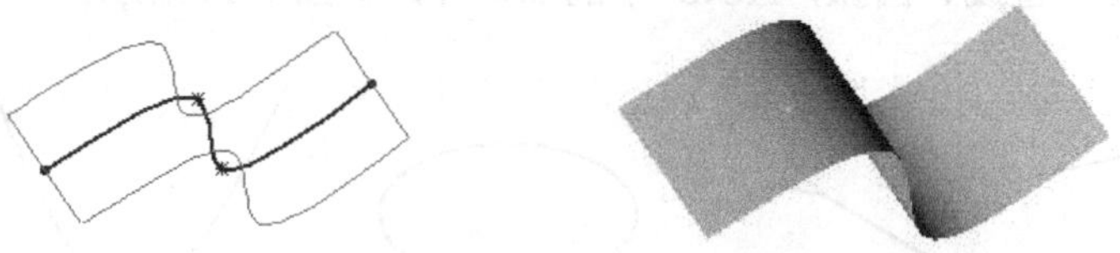

图 1-18 拉伸曲面

③ 回转曲面：可使截面曲线绕指定轴回转一个非零角度，以此创建一个曲面特征，如图 1-19 所示。

图 1-19 回转曲面

④ 扫掠曲面：可通过沿着一条、两条或三条引导线串扫掠一个或多个截面线串，来创建曲

面，如图 1-20 所示。

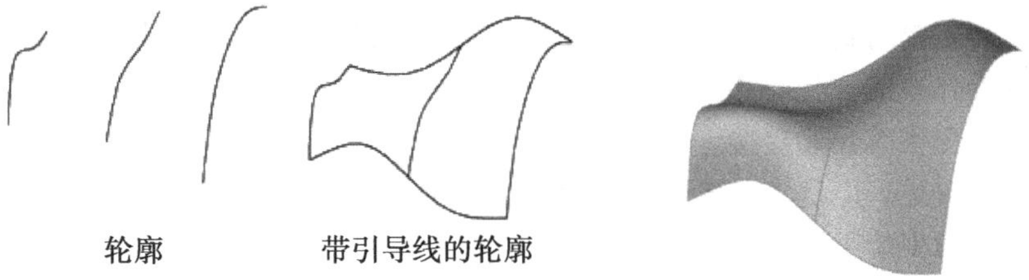

图 1-20　扫掠曲面

⑤网格曲面：可以通过一组曲线截面线串来创建曲面，线串可以由主线串和交叉线串构成，共同控制曲面，如图 1-21 所示。

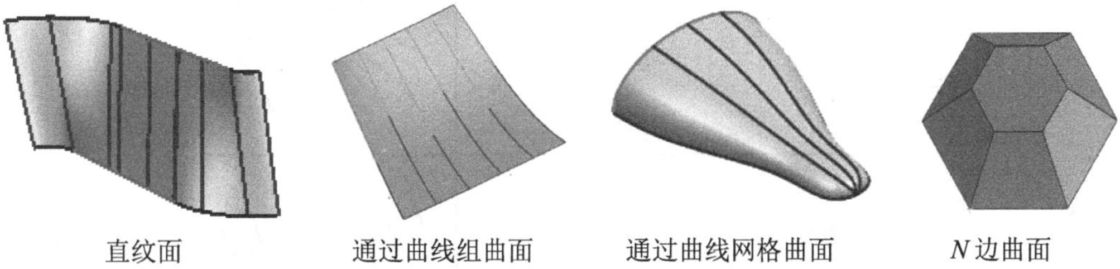

图 1-21　网格曲面

1.3.3　曲线、曲面质量评估分析

1．曲面划分等级

曲面在过渡过程中，根据它们之间的过渡形式划分为三个等级。

① A Class 曲面：达到 G2, G3 连续，即 2 阶或 3 阶连续。面与面之间曲率连续。例如车身外表面，白车身。

② B Class 曲面：达到 G1 连续，即 1 阶连续。面与面之间相切连续，曲率不连续，点连续。

③ C Class 曲面：达到 G0 连续，即 0 阶连续。面与面之间点连续，曲率不连续，相切不连续。

2．曲面过渡类型

曲面连续性可以理解为相互连接的曲面之间过渡的光滑程度。提高连续性级别可以使表面看起来更加光滑、流畅。共有以下 5 种连续性的分类。

① G0-位置连续　两组边界仅仅在端点重合，而连接处的切线方向和曲率均不一致。这种连续性的表面看起来会有一个很尖锐的接缝，属于连续性中级别最低的一种。

② G1-切线连续　两组边界不仅在连接处端点重合，而且切线方向一致。这种连续性的表面不会有尖锐的，连接接缝，但是由于两种表面在连接处曲率突变，所以在视觉效果上仍然会有很明显的差异，会有一种表面中断的感觉。

③ G2-曲率连续　两组边界不但符合上述两种连续性的特征，而且在接点处的曲率也是相同的。这种连续性的曲面没有尖锐接缝，也没有曲率的突变，视觉效果光滑流畅，没有突然中断的感觉（可以用斑马线测试）。这通常是制作光滑表面的最低要求，也是制作 A 级面的最低标准。

④ G3-曲率变化率连续　这种连续级别不仅具有上述连续级别的特征，两组曲线在接点处曲率的变化率也是连续的，这使得曲率的变化更加平滑。这种连续级别的表面有比 G2 更流畅的视觉效果。但是由于需要用到高阶曲线或需要更多的曲线片断，所以通常只用于汽车设计。

⑤ G4-曲率变化率的变化率连续“变化率的变化率”似乎听起来比较深奥，实际上可以这样理解，它使曲率的变化率开始缓慢，然后加快，然后再慢慢地结束。这使得 G4 连续级别能够提供更加平滑的连续效果。但是这种连续级别将比 G3 计算起来更复杂，而且在视觉效果上与 G3 连续基本一致，故很少使用。

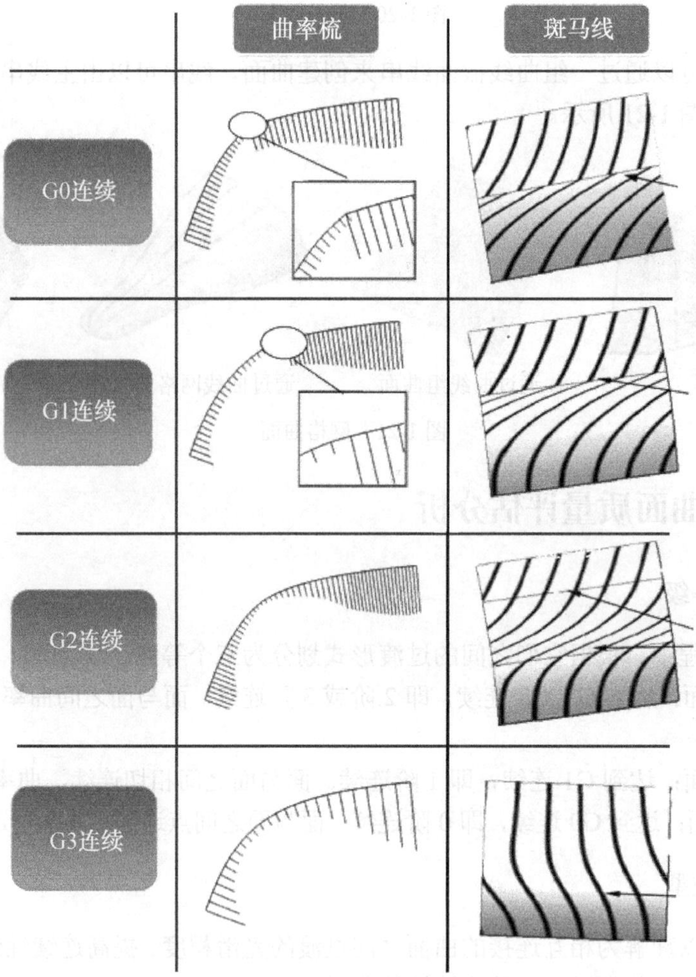

图 1-22　曲线、曲面过渡分析

曲面过渡情况一般可以通过曲率梳和斑马线进行区分，如图 1-22 所示。G0 的斑马线在连接处毫不相关，各走各的，线和线之间不连续，通常是错开的。G1 的斑马线虽然在相接处是相连的，但是从一个表面到另一个表面就会发生很大的变形，通常会在相接的地方产生尖锐的拐角。G2 的斑马线则是相连，且在连接处有一个过渡，通常不会产生尖锐的拐角，也不会错位。G3，G4 这两种连续级别通常不使用，因为它们的视觉效果和 G2 几乎相差无几，而且消耗更多的计算资源。这两种连续级别的优点只有在制作像汽车车体这种大面积、为了得到完美的反光效果而要求表面曲率变化非常平滑的时候才会体现出来。

3．曲面过渡要求

曲面的拓扑关系、位置、切线、曲面边界处的曲率及曲面内部的面片（patch）结构，一般有如下要求。

① 一般 CLASS-A 的阶次与控制点数目都不多，U、V 方向大概有 6~8 个控制点。

② 单独一个 CLASS-A 曲面在 U、V 方向都保证曲率的连续性及变化趋势的一致。

③ CLASS-A 曲面之间的连接至少满足切向连续。

④ 使用多种数学检验方法来检验 CLASS-A 曲面，不应该出现视觉上的瑕疵。必须满足如下要求：

✧ 相邻曲面间的间隙在 0.005mm 以下（有些汽车厂甚至要求到 0.001mm）。

✧ 切率改变（Tangency Change）在 0.16° 以下。

✧ 曲率改变（Curvature Change）在 0.005° 以下。

1.4　图形交换标准

随着 CAD/CAM 技术和计算机图形学的不断发展，各种图形支撑软件系统、CAD/CAM 应用软件系统、CAD/CAM 系统内种类繁多的图形输入和输出设备的投入使用，对图形软件系统的标准化问题提出越来越紧迫的要求，具体表现在以下几个方面：

（1）图形支撑软件系统应能支持 CAD/CAM 应用软件的开发和向其他图形支撑软件系统的移植，这就要求 CAD/CAM 应用软件与图形支撑软件系统之间的接口标准化。

（2）图形支撑软件系统和 CAD/CAM 应用软件系统中，图形数据与其他数据的存储格式是不相同的，因而在系统之间交换数据就会发生困难。为克服这一困难，应用软件中图形数据等的格式应标准化。

（3）图形支撑软件系统应能支持不同规格和型号的图形输入/输出设备，以便于用户配置或更换硬件。这要求在图形支撑软件系统中面向用户的界面程序和面向硬件设备的驱动程序之间的接口标准化。

图形支撑软件标准化的问题对于计算机图形和 CAD/CAM 技术的发展都是非常重要的。图形支撑软件标准化能够增强图形支撑软件系统和 CAD/CAM 系统的竞争力，使用户的应用软件、图形数据文件有较强的可移植性。因此，计算机图形支撑软件标准化问题是图形支撑软件系统开发人员和用户在开发和选购图形支撑软件系统必须考虑的一个重要问题。

1．支撑软件

所谓支撑软件，是支持其他软件实施设计、开发和维护的软件，它是 CAD/CAE/CAM 软件系统的核心。它是为了满足 CAD/CAE/CAM 工作中的共同需要而开发的通用软件。

一般支撑软件的种类繁多，这里主要简述以下几类。

1）图形处理软件

这是 CAD/CAE/CAM 系统中的重要支撑软件，例如，二维 CAD 有 AutoCAD、PCCAD、CAXA EB 等；三维有 UG、Solidworks、CATIA、Pro/E、Solid Edge、Mastercam、Inventor、Cinmatron、CAXA 实体设计等。其基本功能诸如点、线、圆图形元素的生成，图形的平移、放大与旋转，图形的删除与编辑，以及尺寸标注、文字书写等都是绘制模具图时所必需的。它通常以子程序或指令形式提供一整套绘图语句，供用户在高级程序设计语言，如 BSAIC、FORTRAN 等编程中调用。

图形处理软件既有较强的计算能力，又具有图形显示或绘图功能。但这类软件往往是由硬件厂家提供的，因而受到硬件设备型号的制约，不像程序设计中的高级语言那样有良好的通用性，为推广造成一定的困难。为此，在国际上出现了一些图形软件标准，如国际标准化组织（ISO）颁布的计算机图形设备接口标准 CGI、图形交换规范 IGES、图形核心系统 GKS 等。

2）数据库管理系统

为了适应数量庞大的数据处理和信息交换的需要，发展出了数据库管理系统（DBMS）。它除了保证数据资源共享、信息保密外，还能尽量减少数据库内数据的重复。用户是使用数据库管理系统进行工作的，因而它也是用户与数据间的接口。数据库管理系统中使用的数据模型主要有三种：层次模型、网状模型和关系型模型。

由于在工业设计中涉及的数据量异常庞大，因此一般通用的数据库管理系统在工程中并不太适用。CAD/CAE/CAM 的工程数据库管理系统要求能管理数量极大的数据量，数据类型及数据关系也十分复杂，而且信息模式是动态的。因此，工程数据库管理系统多年来一直是重点研究课题。常见的数据库系统有 Oracle、DB2、SQL Server、MySQL、PostgreSQL、SQLite、Firebird 等，规模有大有小，有开源的和闭源的，有文件型和 C/S 型等。现在，很多 CAD 系统借助一般关系型数据库管理系统来实现工程数据的管理，虽然效果不很理想，但基本满足实用的需要。

3）分析软件

分析软件主要用来解决工程设计中各种数值计算问题，如有限元分析，比如 ABAQUS、ADINA、MSC、ANSYS 等；机构分析模拟、模态分析，比如 ADAMS、ME-SCOPE、DASP 等；塑料流动分析、冷却分析模拟，比如 Moldflow、华塑 CAE7.0（HSCAE7.0）、AnyCasting 等，都已有功能很强的商品化软件包。

2．图形标准

自 20 世纪 70 年代中期以来，各国为制定图形支撑软件标准做了大量的工作。尽管如此，到目前为止，还没有一套统一的、通用的标准，但国际上存在一些可供选择的各类标准。有些标准已被有关国际标准化组织采纳，有些尽管仍处于提案阶段，但已被工业界广泛采用，成为事实上的标准。

1）IGES 标准

初始图形交换规范 IGES 由美国国家标准局（NBS）主持，波音公司和通用电气公司参加编制的。IGES 是为在不同厂商的 CAD 系统间进行产品定义数据的交换而确定的具有代表性的文件存储格式。为了实现这种数据交换，两种有关的 CAD 系统各自将原来的数据变换成一个中间数据格式，即 IGES 文件，再将这中间数据格式变换成为对方系统所能接受的数据。因此，各系统要有两种处理器：一种是把本系统的数据变换成为 IGES 文件的前置处理器；另一种是把外面系统传来的 IGES 文件变换成本系统数据的后置处理器。有了这两种处理器，就能对所有的 CAD 系统和数据进行交换，即该规范为产品的定义数字表示和数字传输建立了信息结构，利用该规范可以在不同的 CAD/CAM 系统之间进行产品定义数据的相互兼容性的交换。

IGES 由几何、绘图、结构和其他信息组成，可以处理 CAD/CAM 系统中的大部分信息，而且还有扩展的余地。IGES 目前还不完善，尚不能解决 CAD/CAM 系统所需的全部信息交换问题。IGES 的某些概念对其他图形标准有着重要的影响。

2）PDES 标准

PDES 是美国制定的一种产品数据交换规范，是在 IGES 的基础上发展起来的，但其作用与

IGES 不同。IGES 主要是保证不同 CAD/CAM 系统之间的通信，传递形体的三维图形信息。PDES 的目标是要解决在 CAD/CAM 集成系统中各模块之间产品的完整描述信息，用于定义零件或装配零件，使设计、分析、制造、试验和检查等都能直接应用产品数据（包括几何、拓扑、公差、相互关系、属性和特征等）。PDES 由软件系统直接解释，诸如工艺规程设计程序、CAD 的直接检查以及刀具轨迹的自动计算等均可直接应用 PDES。目前，PDES 标准已被融合进 STEP 标准中，并逐渐被后者替代。

3）STEP 标准

产品数据表达和交换标准 STEP 是由 ISO 组织，美国、法国、德国和日本等国参与共同开发出来的。其原方案是在美国 IGES 委员会的专门会议上提出的，并与 PDES 部门联合制定，经参与国反复修改、补充后，完成的一个新的、统一的国际标准。STEP 标准是由三层结构组成的数据体系，即应用层、逻辑层和物理层。其主要特征是规定了与 IGES 一样的中间数据格式，并进行数据交换；对产品的整个生产工艺建立必要的产品模型数据交换，扩大了 CAD 数据交换的范围；用语言形式来描述产品模型的构成要素，并利用数据的逻辑结构和物理结构的分离及数据库技术，在开发方法上达到统一，并取得明显的效果；在定义该标准的同时，确定了实现方法和检测方法等综合标准体系。

1.5　常用 CAD/CAM/CAE 软件

1.5.1　CATIA 软件

CATIA 是法国达索公司的产品开发旗舰解决方案，作为 PLM 协同解决方案的一个重要组成部分，它可以帮助制造厂商设计他们未来的产品，并支持从项目前阶段、具体的设计、分析、模拟、组装到维护在内的全部工业设计流程。模块化的 CATIA 系列产品旨在满足客户在产品开发活动中的需要，包括风格和外形设计、机械设计、设备与系统工程、管理数字样机、机械加工、分析和模拟。CATIA 产品基于开放式可扩展的 V5 架构，通过 CATIA 解决方案使企业能够重用产品设计知识，缩短开发周期，加快企业对市场需求的反应。自 1999 年以来，市场上广泛采用它的数字样机流程，从而使之成为世界上最常用的产品开发系统。CATIA 系列产品已经在七大领域里成为首要的 3D 设计和模拟解决方案，如汽车、航空航天、船舶制造、厂房设计、电力与电子、消费品和机械制造，CATIA 工作界面如图 1-23 所示。

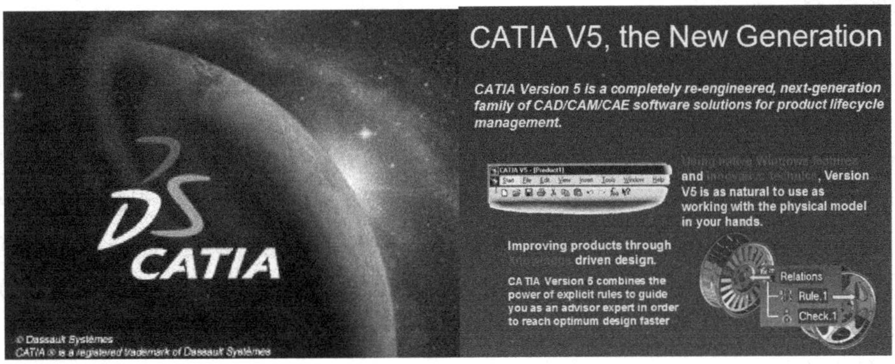

图 1-23　CATIA 工作界面

CATIA V5 版本是 IBM 和达索公司长期以来在为数字化企业服务过程中不断探索的结晶。围绕数字化产品和电子商务集成概念进行系统结构设计的 CATIA V5 版本，可为数字化企业建立一个针对产品整个开发过程的工作环境。在这个环境中，可以对产品开发过程的各个方面进行仿真，并能够实现工程人员和非工程人员之间的电子通信。产品整个开发过程包括概念设计、详细设计、工程分析、成品定义和制造乃至成品在整个生命周期中的使用和维护。CATIA V5 版本具有以下特点。

1. 重新构造的新一代体系结构

为确保 CATIA 产品系列的发展，CATIA V5 新的体系结构突破传统的设计技术，采用了新一代的技术和标准，可快速地适应企业的业务发展需求，使客户具有更大的竞争优势。

2. 支持不同应用层次的可扩充性

CATIA V5 对于开发过程、功能和硬件平台可以进行灵活的搭配组合，可为产品开发链中的每个专业成员配置最合理的解决方案。允许任意配置的解决方案满足从最小的供货商到最大的跨国公司的需要。

3. 与 NT 和 UNIX 硬件平台的独立性

CATIA V5 是在 Windows NT 平台和 UNIX 平台上开发完成的，并在所有所支持的硬件平台上具有统一的数据、功能、版本发放日期、操作环境和应用支持。CATIA V5 在 Windows 平台的应用可使设计师更加简便地同办公应用系统共享数据，而 UNIX 平台上 NT 风格的用户界面，可使用户在 UNIX 平台上高效地处理复杂的工作。

4. 专用知识的捕捉和重复使用

CATIA V5 结合了显式知识规则的优点，可在设计过程中交互式捕捉设计意图，定义产品的性能和变化。隐式的经验知识变成了显式的专用知识，提高了设计的自动化程度，降低了设计错误的风险。

5. 给现存客户平稳升级

CATIA V4 和 V5 具有兼容性，两个系统可并行使用。对于现有的 CATIA V4 用户，V5 引领他们迈向 NT 世界。对于新的 CATIA V5 客户，可充分利用 CATIA V4 成熟的后续应用产品，组成一个完整的产品开发环境。

1.5.2 PTC Creo

Creo 是美国 PTC 公司于 2010 年 10 月推出的 CAD 设计软件包，其工作界面如图 1-24 所示。Creo 是整合了 PTC 公司的软件 Pro/Engineer 的参数化技术、CoCreate 的直接建模技术和 ProductView 的三维可视化技术的新型 CAD 设计软件包，是 PTC 公司闪电计划所推出的第一个产品。作为 PTC 闪电计划中的一员，Creo 具备互操作性、开放、易用三大特点。在产品生命周期中，不同的用户对产品开发有着不同的需求。不同于目前的解决方案，Creo 提供了四项突破性技术，克服了长期以来与 CAD 环境中的可用性、互操作性、技术锁定和装配管理关联的挑战。这些突破性技术包括以下几点。

1）AnyRole Apps

在恰当的时间向正确的用户提供合适的工具，使组织中的所有人都参与到产品开发过程中。

最终结果：激发新思路、创造力以及效率。

2）AnyMode Modeling

提供业内唯一真正的多范型设计平台，使用户能够采用二维、三维直接或三维参数等方式进行设计。在某一个模式下创建的数据能在任何其他模式中访问和重用，每个用户可以在所选择的模式中使用自己或他人的数据。此外，Creo 的 AnyMode Modeling 建模将让用户在模式之间进行无缝切换，而不丢失信息或设计思路，从而提高团队效率。

3）AnyData Adoption

能够统一使用任何 CAD 系统生成的数据，从而实现多 CAD 设计的效率和价值。参与整个产品开发流程的每一个人，都能够获取并重用 Creo 产品设计应用软件所创建的重要信息。此外，Creo 将提高原有系统数据的重用率，降低了技术锁定所需的高昂转换成本。

4）AnyBOM Assembly

为团队提供所需的能力和可扩展性，以创建、验证和重用高度可配置产品的信息。利用 BOM 驱动组件以及与 PTC Windchill PLM 软件的紧密集成，用户将开启并达到团队乃至企业前所未有过的效率和价值水平。

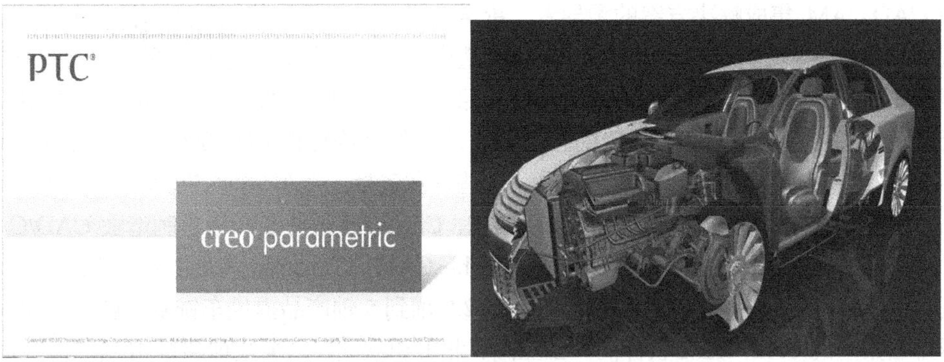

图 1-24　Creo 工作界面

1.5.3　UG NX

UG 从 CAM 发展而来。20 世纪 70 年代，美国麦道飞机公司成立了解决自动编程系统的数控小组，后来发展成为 CAD/CAM 一体化的 UG1 软件。90 年代被 EDS 公司收并，为通用汽车公司服务。2007 年 5 月正式被西门子收购。因此，UG 有着美国航空和汽车两大产业的背景。自 UG 19 版以后，此产品更名为 NX。NX 是 UG 新一代数字化产品开发系统，它可以通过过程变更来驱动产品革新。NX 独特之处是其知识管理基础，它使得工程专业人员能够推动革新以创造出更大的利润。NX 可以管理生产和系统性能知识，根据已知准则来确认每一设计决策。NX 建立在为客户提供无与伦比的解决方案的成功经验基础之上，这些解决方案可以全面地改善设计过程的效率，削减成本，并缩短进入市场的时间。NX 使企业能够通过新一代数字化产品开发系统实现向产品全生命周期管理转型的目标。

UG NX 软件不仅具有强大的实体造型、曲面造型、虚拟装配和产生工程图等设计功能，而且，在设计过程中可进行有限元分析、机构运动分析、动力学分析和仿真模拟，提高设计的可靠性，同时，可用建立的三维模型直接生成数控代码，用于产品的加工，其后处理程序支持多种类型数控机床。另外，它所提供的二次开发语言 UG/Open GRIP，UG/Open API 简单易学，实现功能多，便于用户开发专用 CAD 系统。UG NX 工作界面如图 1-25 所示。

图 1-25 UG NX 工作界面

1.5.4 Cimatron

Cimatron 软件出自著名软件公司以色列 Cimatron 公司。自从 Cimatron 公司 1982 年创建以来，它的创新技术和战略方向使得 Cimatron 有限公司在 CAD/CAM 领域内处于公认领导地位。作为面向制造业的 CAD/CAM 集成解决方案的领导者，承诺为模具、工具和其他制造商提供全面的、性价比最优的软件解决方案，使制造循环流程化，加强制造商与外部销售商的协作以极大地缩短产品交付时间。多年来，在世界范围内，从小的模具制造工厂到大公司的制造部门，Cimatron 的 CAD/CAM 解决方案已成功成为企业装备中不可或缺的工具。今天，在世界范围内有 4000 多客户在使用 Cimatron 的 CAD/CAM 解决方案为各种行业制造产品。这些行业包括：汽车、航空航天、计算机、电子、消费类商品、医药、军事、光学仪器、通信和玩具等。Cimatron 是开发和销售制造业 CAD/CAM 软件的领导者。有两个产品线，分别是 CimatronE 和 GibbsCAM，Cimatron 满足所有的制造业需求，为型腔模和五金模制造商提供专门的解决方案，以及为 2.5 轴到 5 轴产品提供车铣复合解决方案。Cimatron 作为全球排名第六的 CAD/CAM 软件商，在亚洲、北美和欧洲，乃至全球超过 40 个国家和地区的子公司和代理商为客户提供高速、高效的服务。快速响应、高效的销售和技术服务能力，帮助使用 Cimatron 软件的客户发挥最大潜能。Cimatron 的工作界面如图 1-26 所示。

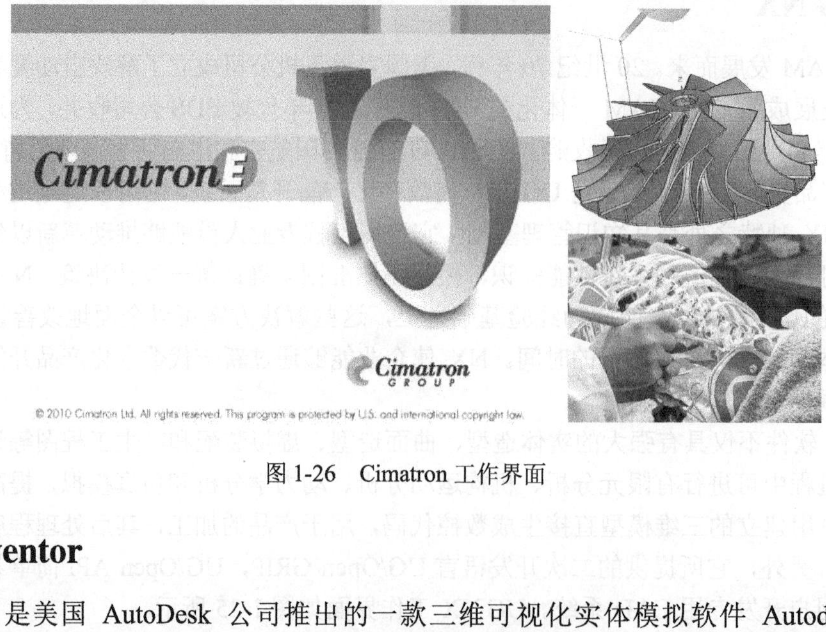

图 1-26 Cimatron 工作界面

1.5.5 Inventor

Inventor 是美国 AutoDesk 公司推出的一款三维可视化实体模拟软件 Autodesk Inventor

Professional（AIP），目前已推出最新版本 AIP2013。Autodesk Inventor Professional 包括 Autodesk Inventor®三维设计软件；基于 AutoCAD 平台开发的二维机械制图和详图软件 AutoCAD Mechanical；还加入了用于缆线和束线设计、管道设计及 PCB IDF 文件输入的专业功能模块，并加入了由业界领先的 ANSYS 技术支持的 FEA 功能，可以直接在 Autodesk Inventor 软件中进行应力分析。在此基础上，集成的数据管理软件 Autodesk Vault-用于安全地管理进展中的设计数据。由于 Autodesk Inventor Professional 集所有这些产品于一体，因此提供了一个无风险的二维到三维转换路径。现在，您能以自己的进度转换到三维，保护现在的二维图形和知识投资，并且清楚地知道自己在使用目前市场上 DWG 兼容性最强的平台。

Autodesk Inventor 软件是一套全面的设计工具，用于创建和验证完整的数字样机；帮助制造商减少物理样机投入，以更快的速度将更多的创新产品推向市场。Autodesk Inventor 产品系列正在改变传统的 CAD 工作流程：因为简化了复杂三维模型的创建，工程师即可专注于设计的功能实现。通过快速创建数字样机，并利用数字样机来验证设计的功能，工程师即可在投产前更容易发现设计中的错误。Inventor 能够加速概念设计到产品制造的整个流程，并凭借着这一创新方法，连续 7 年销量居同类产品之首。Autodesk Inventor 工作界面如图 1-27 所示。

图 1-27 Autodesk Inventor 工作界面

1.6 本章小结

本章主要对三维造型技术的发展历史及其发展趋势进行了介绍。其次，通过对造型技术以及软件中自由曲线与曲面的构建原理、质量分析原理的讲解，为读者合理正确地使用软件奠定了基础理论知识。最后，对目前主流的三维软件进行了重点介绍。

1.7 思考与练习

1. 三维造型技术发展主要经历了哪几个阶段？各自有什么特点？
2. 三维造型软件中目前自由曲线和曲面主要采用哪种构建方法？
3. 构建的曲面如何分析它的连续性？主要的分析手段有哪些？
4. 图形交换标准是什么？为什么要采用统一标准？
5. 目前世界的主流三维设计软件有哪些？各自的特点是什么？

第 2 章　UG NX 8.0 基础操作

本章知识导读

本章主要介绍 UG NX 8.0 的一些基本操作方法，主要包括工作界面、菜单、文件栏的认识和使用，如何进入和退出 UG NX 8.0；文件的各种操作方法，如文件的创建、打开、保存等，以及 UG NX 8.0 与其他 CAD 软件的数据交换和参数设置及转换方法；零件的选择、显示方法以及图层的设置方法等。

通过本章的学习，使读者系统掌握和了解 UG NX 8.0 的操作风格以及通用工具基本操作流程。

本章学习内容

- 熟悉 UG NX 8.0 工作环境；
- 掌握 UG NX 8.0 系统参数的设定；
- 掌握 UG NX 8.0 常用工具；
- 掌握常用系统功能的使用。

2.1　UG NX 8.0 工作环境

2.1.1　UG NX 8.0 工作界面

在 UG NX 8.0 顺利安装完以后，就可以启动 UG NX 8.0 了。单击【开始】→【程序】→【Siemens NX 8.0】→【NX 8.0】，我们就可以打开如图 2-1 所示的 UG NX 8.0 工作窗口了。然后，选择【文件（F）】→【新建（N）】或在工具栏单击【新建】图标按钮，打开如图 2-2 所示的模板窗口。默认“模型”为应用模板，单击【确定】按钮打开如图 2-3 所示的标准显示窗口。

UG NX 8.0 工作模板主要包括四部分。

① 规定系统零部件存放文件夹位置。

② 规定新部件的测量单位：英寸或毫米。

③ 模板预览与零部件属性显示。

④ 相关“应用”模板，由此可以进入不同的“应用”程序环境。

UG NX 8.0 标准显示窗口（主界面窗口）主要包括【标题栏】、【菜单条】、【图形窗口】、【工具条】、【资源条】、【提示行】、【状态行】。

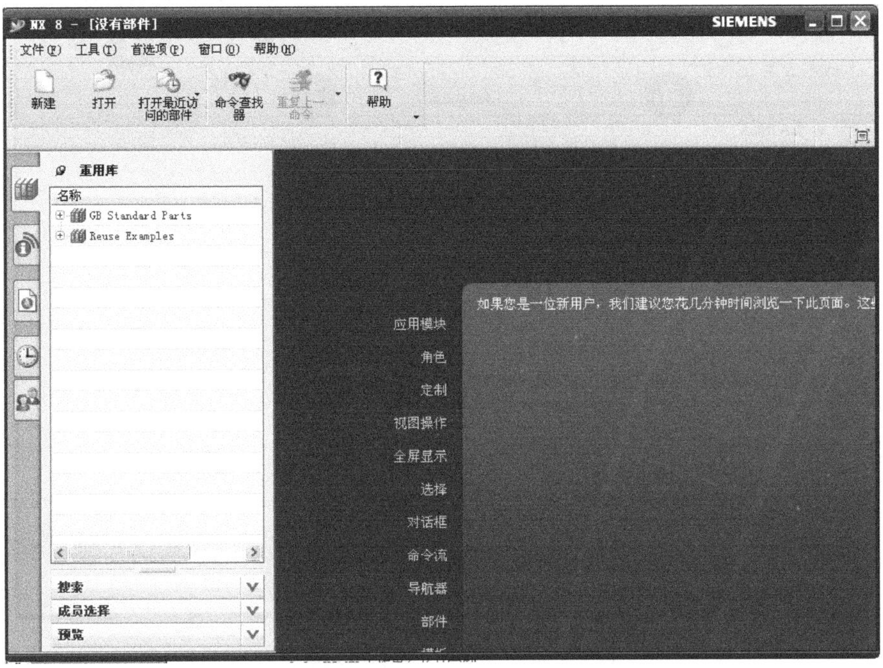

图 2-1　UG NX 8.0 工作窗口

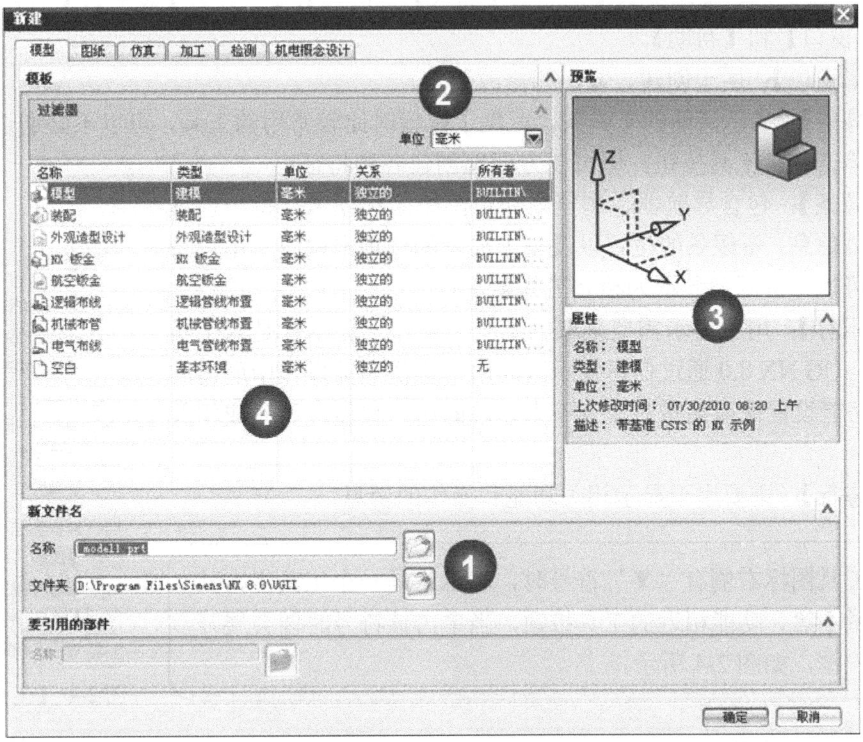

图 2-2　UG NX 8.0 模板窗口

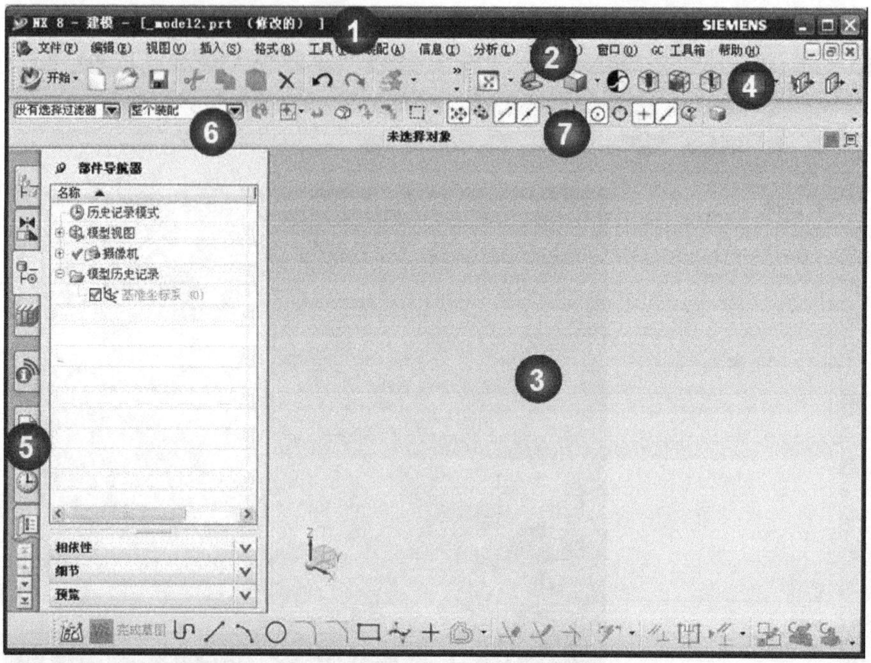

图 2-3　UG NX 8.0 标准显示窗口

①【标题栏】：显示当前部件文件的信息。

②【菜单条】：显示菜单及命令列表。几乎包含了整个软件所需要的各种命令，它主要包含以下几个菜单：【文件】、【编辑】、【视图】、【插入】、【格式】、【工具】、【装配】、【信息】、【分析】、【首选项】、【窗口】和【帮助】。

③【图形窗口】：用于创建、显示和修改部件。

④【工具条】：显示活动的工具条。汇集了建模时比较常用的工具，可以不必通过菜单选择，只需要通过单击各种工具按钮，即可以方便地创建各种特征。

⑤【资源条】：包含导航器、浏览器和资源板的选项卡。每个选项卡均显示一页信息。资源条的位置以及条上显示的选项卡取决于用户特定配置，也可以将资源条显示为独立工具条。

⑥【提示行】：用于提示需要采取的下一个操作。提示行是为了实现人机对话，UG NX 8.0 通过信息提示区向用户提供当前操作中所需的信息，这一功能设置使得某些对命令不太熟悉的用户也能顺利完成相关的操作。

⑦【状态行】：主要用于显示相关功能和操作的消息。

提示： 当工具图标右侧有“▼”符号时，表示这是一个工具组，其中包含数量不等、功能相近的工具按钮，当单击该符号时便会展开相应的列表框，如图 2-4 所示。

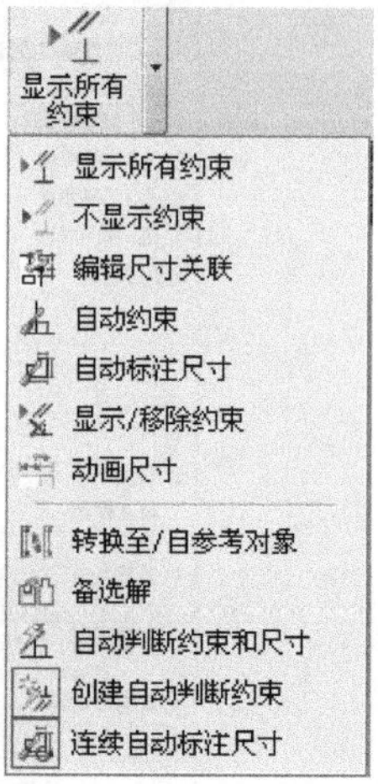

图 2-4 【工具组】菜单

2.1.2　文件的操作

文件的操作主要包括建立新的文件、打开文件、保存文件和关闭文件，这些操作可以通过如

图 2-5 所示的【文件】菜单中的菜单项或者如图 2-6 所示的【标准】工具栏完成。

图 2-5 【文件】菜单

图 2-6 【标准】工具栏

> **提示：** 符号“…”表示该选项有下一级对话框；符号“Ctrl+N”、“Ctrl+O”等表示具有键盘快捷键；符号“▶”表示该选项有一级联菜单。

1．创建文件

单击菜单条中的【文件】→【新建】；或者单击【标准】工具栏中的【新建】图标按钮打开如图 2-7 所示的【新建】对话框，该对话框包含 6 个选项卡。

1）模型

该选项卡中包含执行工程设计的各种模板，制定模板并设置名称和保存路径，单击【确定】按钮，即可以进入制定的工作环境当中。

2）图纸

该选项卡中包含了执行工程设计的各种工程图纸类型，通过指定图纸类型并设置名称和保存路径，然后选择要创建的部件，即可以进入指定图纸的工作环境，如图 2-7 所示。

3）仿真

该选项卡中包含结构仿真操作和分析的各个模块，从而可以进行指定的零部件的线性静力学、模态分析、屈曲分析、非线性分析、热力学等，如图 2-8 所示。

4）加工

该选项卡中包含了加工操作的各个模块，从而可以进行指定零部件的数控加工程序编制，指定模块即可以进入相应的工作环境。

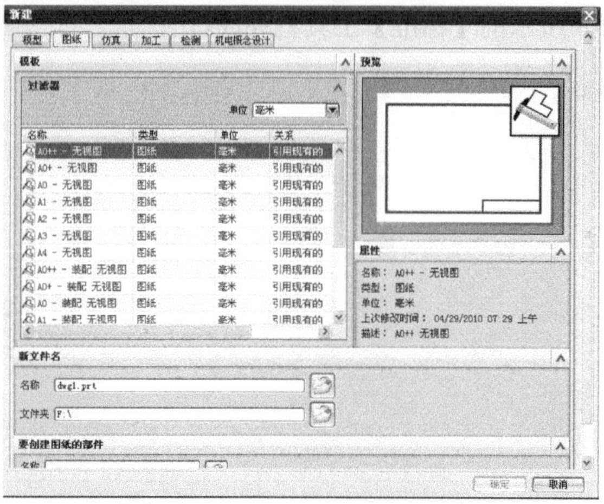

图 2-7 【新建】对话框

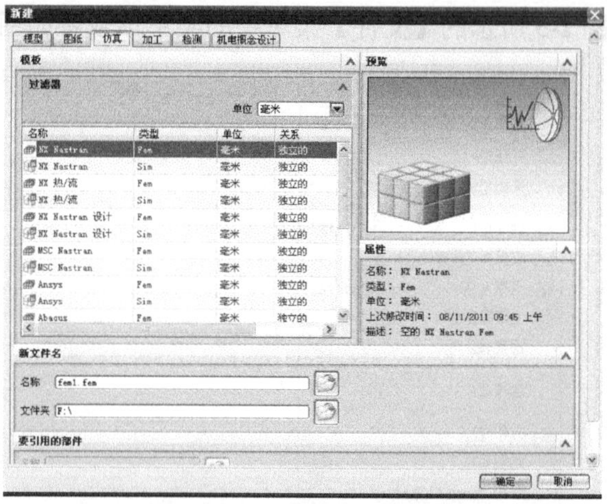

图 2-8 【仿真】选项卡

5）检测

NX CMM 检测编程基于 NX 加工架构，提供了许多灵活方式来检测模型。完成诸多任务的顺序可以多样。NX CMM 检测编程应用模块采用适当的后处理器或其他软件（如 CMM 检测执行）为坐标测量机(CMM）和 NC（数控）机床刀具定义完整、可检验的机床检测程序。NX CMM 检测编程通过使用与主 NX 模型文件同步工作的检测文件将加工车间环境与加工计划和设计联合起来，使车间操作员和设计工程师能够轻松共享明确的检测数据，如图 2-9 所示。

6）机电概念设计

机电一体化概念设计解决方案（MCD）是一种全新解决方案，适用于机电一体化产品的概念设计，可对包含多物理场以及通常存在于机电一体化产品中的自动化相关行为概念进行 3D 建模和仿真。MCD 支持功能设计方法，可集成上游和下游工程领域，包括需求管理、机械设计、电气设计及软件/自动化工程，如图 2-10 所示。

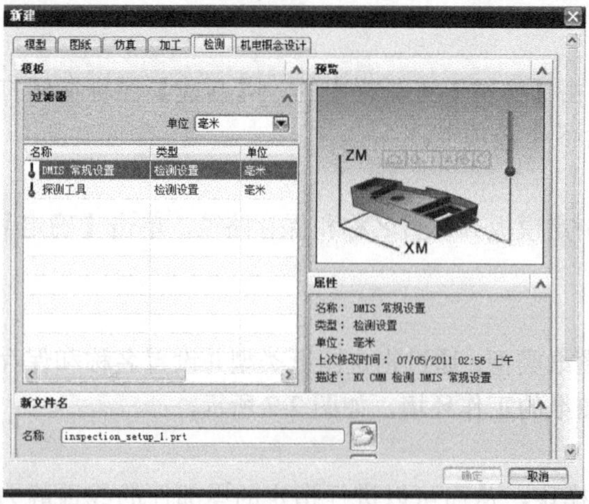

图 2-9 【检测】选项卡

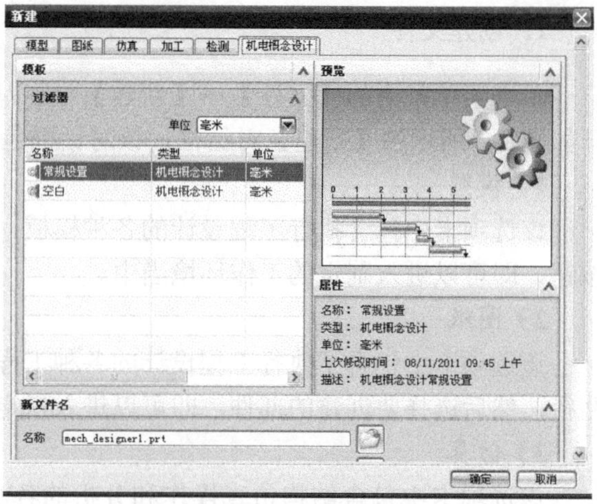

图 2-10 【机电概念设计】选项卡

2. 打开文件

单击【文件】→【打开】菜单项或者单击工具栏中的【打开】图标按钮，就会弹出如图

2-11 所示的【打开】对话框。对话框中的文件列表框中列出了当前工作目录下存在的部件文件。可以直接选择要打开的部件文件，也可以在【文件名】文本框中输入要打开的部件名称。当然，对于当前目录下没有所要的文件，这时可以在【查找范围】里找到文件所在的路径。另外，对话框中还有三个选项，在实际操作中有着很重要的用途。

✧【仅加载结构】：表示仅打开装配结构，而不加载完整组件，在【建模】视图中可以更轻松地进行此操作，因为在将光标置于某个组件的节点上时，该组件的几何体范围就会显示在视图中。

✧【使用部分加载】：如果将装配的所有数据加载到内存中时会导致计算机性能降低，但需要显示特定的组件才能执行工作，这时，部分加载特别有用。如果对组件进行部分加载，则可节约 20%～30%的内存。

✧【使用轻量级表示】：使用轻量级表示可显著节省内存并提高加载和显示性能，在大型装配中工作时尤其如此。

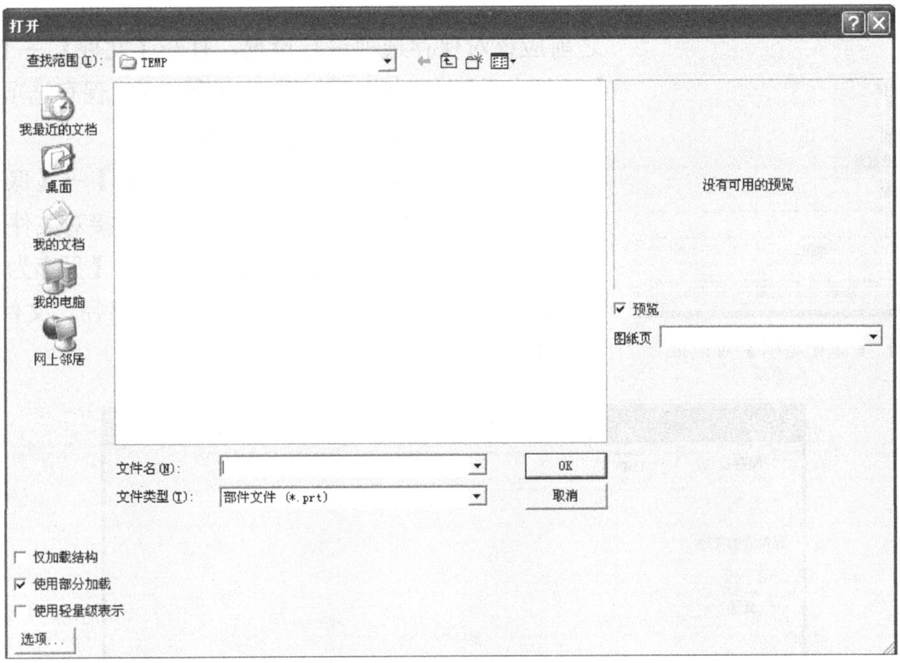

图 2-11　【打开】对话框

对于上次打开过的文件，我们可以用【文件】菜单下的【最近打开的部件】命令来打开，如图 2-12 所示单击【最近打开的部件】命令以后，又打开了一个子菜单，菜单里列出了最近打开过的文件，单击要打开的文件就可以了。

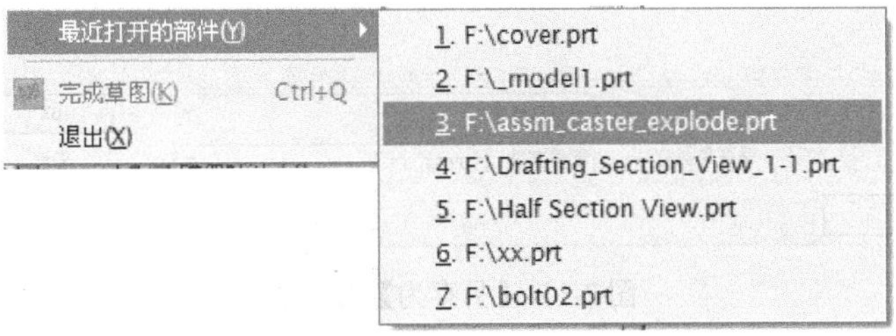

图 2-12　打开【最近打开的部件】文件

也可以用【关闭】子菜单下的两个命令（如图 2-13 所示）分别打开上次打开过的文件。

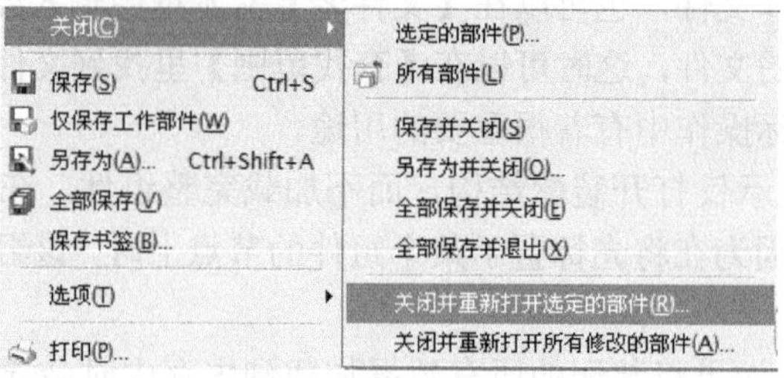

图 2-13 “关闭”命令

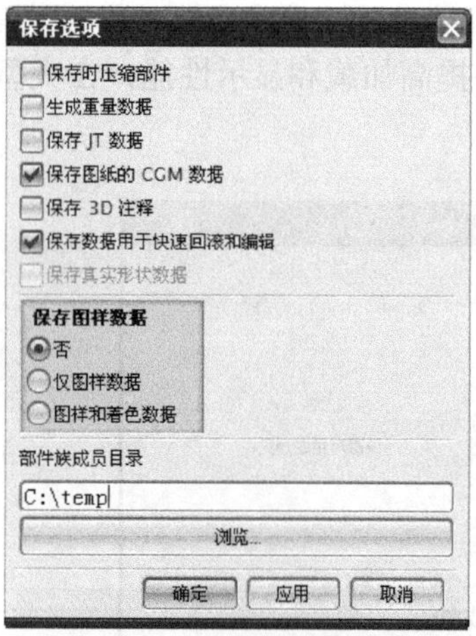

图 2-14 【保存选项】对话框

3．保存文件

保存文件时，既可以保存当前文件，也可以另存文件，还可以保存显示文件或者对文件实体数据进行压缩，当然这之前应该对保存选项进行设置，打开【文件】→【选项】→【保存选项】时，会打开如图 2-14 所示的【保存选项】对话框，在这里可以对保存的选项进行设置。

如果要保存文件，则可以单击【文件】→【保存】，或者单击工具栏【保存】图标按钮，就会直接对文件进行保存，如果单击【文件】→【另存为】则会打开【另存为】对话框，如图 2-15 所示，在对话框里选择保存路径、文件名再单击【OK】按钮就可以对文件进行另存。

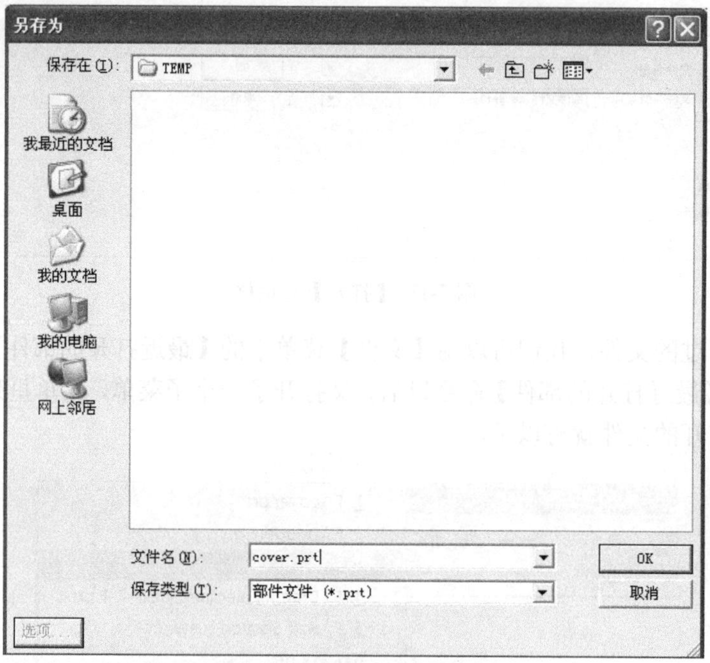

图 2-15 【另存为】对话框

4．关闭文件

在完成建模工作以后，需要将文件关闭。这样可以保证所做的工作不会在系统非意料的情况下被修改，以保存工作成果。关闭文件可以通过【文件】菜单下的【关闭】子菜单下的命令来完成，各命令如图 2-16 所示。

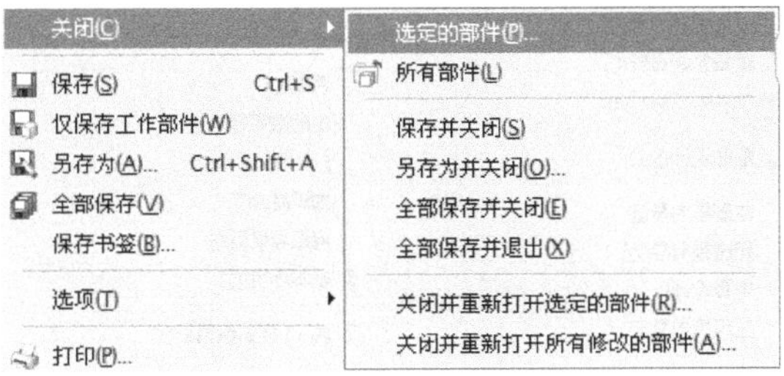

图 2-16 【关闭】子菜单

当然执行的命令不同，所做的操作也不同，如果关闭某个文件时，单击关闭选择的文件【选定的部件】命令，就会出现如图 2-17 所示的【关闭部件】对话框。

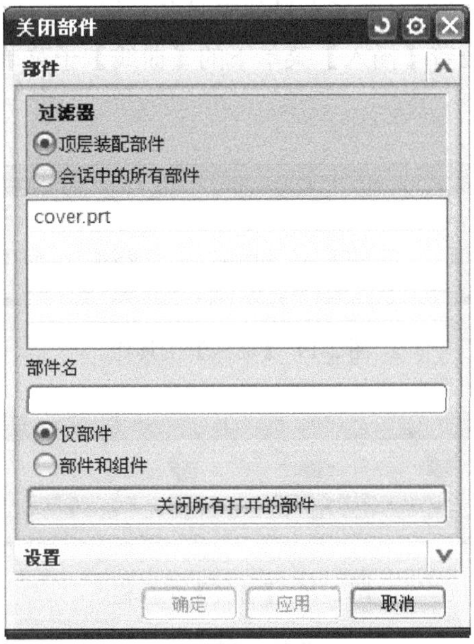

图 2-17 【关闭部件】对话框

对话框中各功能选项如下。

✧ 【顶层装配部件】：文件列表中只列出顶层装配文件，不列出装配中包含的组件。
✧ 【会话中的所有部件】：文件列表中列出当前进程中的所有文件。
✧ 【仅部件】：仅关闭所选择的文件。
✧ 【部件和组件】：如果所选择的文件为装配文件，则关闭属于该装配文件的所有文件。

选择完以上各功能选项，再选择要关闭的文件，单击【确定】按钮就关闭了所要求的文件。

2.1.3　功能模块的进入

前面我们介绍过，UG 提供了许多模块，这些模块在 UG 的主界面上集中为几个模块，并按功能开关形式集中在如图 2-18 所示的【应用】菜单下，这些主要的模块有建模、制图、加工、装配等。打开模型后，也可以通过【开始】下拉菜单选择相应模块。

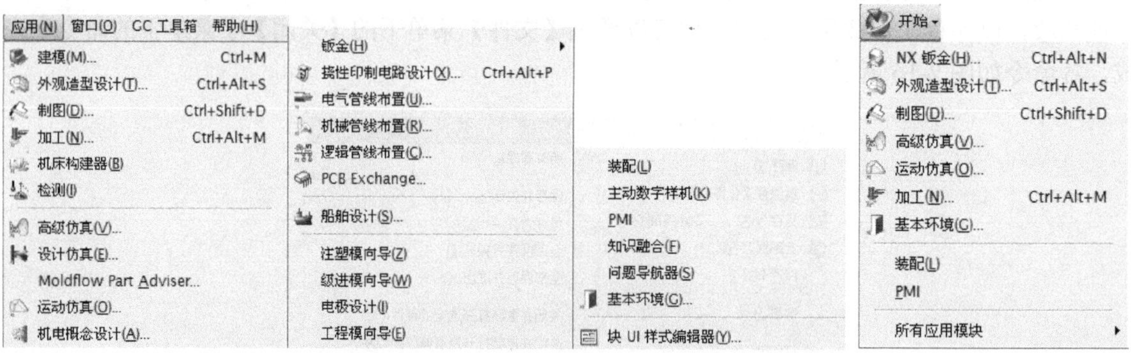

图 2-18 【应用】与【开始】菜单

2.1.4 工具条的制定

在 UG 软件中，为了方便操作提供了大量的工具条，每个工具条的按钮都对应着菜单中的一个命令，例如，图 2-19 就对应着【插入】菜单下的【曲线】子菜单，图 2-20 对应着【插入】菜单下的【设计特征】子菜单。

图 2-19 【曲线】工具栏

图 2-20 【特征】工具栏

有的时候我们需要自己设定工具条，那么可以在工具栏区域的任何位置右击，系统会弹出如图 2-21 所示的工具栏设置快捷菜单。读者可以按照自己工作中的需要，来设置哪些工具栏在界面中显示，以方便操作。设置时，只需要在相应功能的工具栏选项上单击，使其前面出现一个“√”即可。要取消设置，不想让某个工具栏出现在界面上时，只需要再单击该选项，去掉前面的对钩就行了。

对于有些操作命令，在调出的工具条中并没有响应的动作按钮，那么我们可以调出工具条【定制】对话框来调整，单击如图 2-21 所示的快捷菜单中的【定制】选项就会弹出如图 2-22 所示的工具条【定制】对话框。

对话框中包括的功能选项卡：【工具条】、【命令】、【选项】、【布局】、【角色】。选择相应的选项以后，对话框的内容也相应地改变。通过设置相关选项，可以进行相应工具条定制。

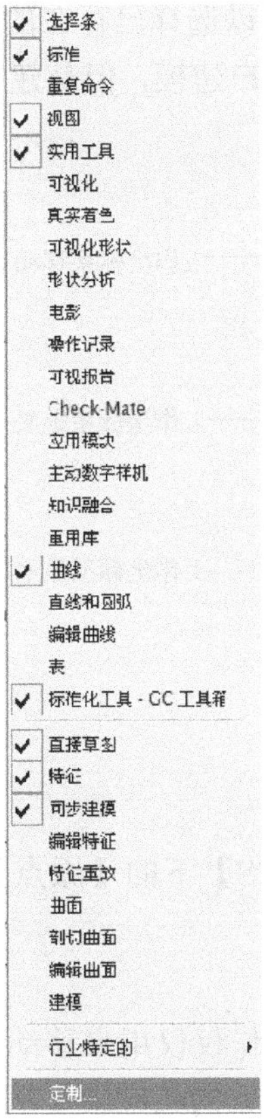

图 2-21 【工具栏】设置快捷菜单

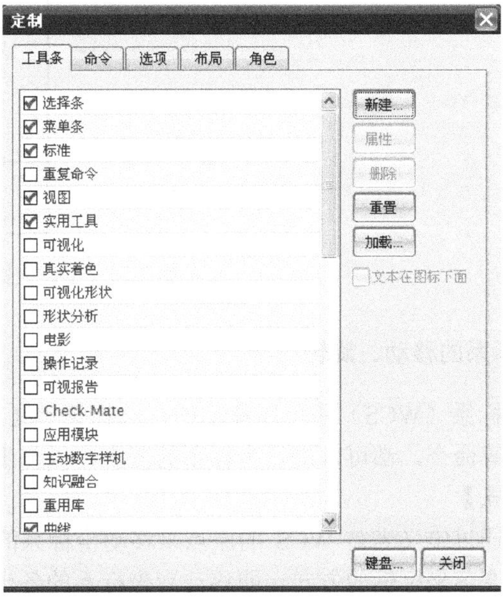

图 2-22 工具条【定制】对话框

✧ 【工具条】

【工具条】选项卡主要用来显示或隐藏某些工具条，或装入工具条定制文件，或者按工具条定义文件中的初始定义来重置工具条。

✧ 【命令】

【命令】选项卡主要用来显示或隐藏工具条中的某些图标。选择【命令】选项卡，在对话框的【工具条】类别中选择要定制的具体工具条，然后在【命令】栏中，对于工具条下的具体命令进行隐藏或者显示。

✧ 【选项】

【选项】选项卡用于设定工具条图标的颜色和尺寸、工具条图标的大小方式，以及主界面中提示行和状态行的位置等。

✧ 【布局】

【布局】选项卡用于设定提示信息、工具条等摆放的位置形式。

2.1.5 坐标系

UG 一般可以在一个文件中使用多个坐标系，但是与用户直接相关的有三个，一个是绝对坐标系 ACS(Absolute Coordinate System)，一个是工作坐标系 WCS（Work Coordinate System)，另外一个是机械坐标系 MCS(Machine Coordinate System)。绝对坐标系 ACS 是 UG 中用于定义实体的坐标参数的，这种坐标系在文件已建立的时候就存在，而且在使用过程中，不能被更改，从而使实体在建立以后在文件中以及相对之间的坐标是固定并唯一的。工作坐标系也就是用户坐标系，如图 2-23 所示，即用户当前正在使用的坐标系，用户在使用的时候可以选择已存在的坐标系，也可以规定新的坐标系，工作坐标系是可以移动和旋转的，这样方便用户建模，但是建立的实体在坐标系中的坐标参数是随时都可能改变的。

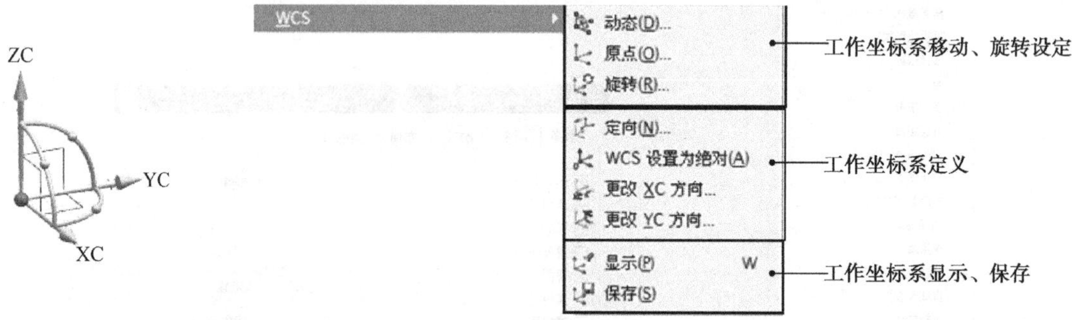

图 2-23 工作坐标系

1．坐标系的移动、旋转

工作坐标系（WCS）是可以移动的，选择菜单【格式】→【WCS】下的【原点】、【动态】和【旋转】等命令，都可以进行坐标系的变换，以产生新的坐标系。

1）【原点】

该命令通过定义当前 WCS 的原点来移动坐标系的位置。但该操作仅仅用来移动 WCS 的位置，而不改变各坐标轴的方向，即移动后坐标系的各坐标轴与原坐标系的相应轴是平行的。

关于【点】构造器的具体应用以后会说明，这里只讲解如何选择选项来移动坐标系。在【点】构造器对话框中，如图 2-24 所示，先选择在哪个坐标系里移动，图上所示为用户坐标系，三个坐标分别为 XC、YC、ZC。如果选择【绝对】，则坐标系变为绝对坐标系，三坐标分别为 X、Y、Z，在三个坐标栏中输入移动的值，则原点移动到选定的坐标系的相应坐标点上。当然这种移动不改变坐标轴的方向，即新坐标系的各坐标轴与原坐标系相应轴平行。

2）【动态】

该命令能通过步进的方式来移动或旋转当前的 WCS。用户可以在绘图工作区中拖动坐标系到指定的位置，也可以设定步进参数使坐标系逐步移动指定的距离参数，如图 2-25 所示。

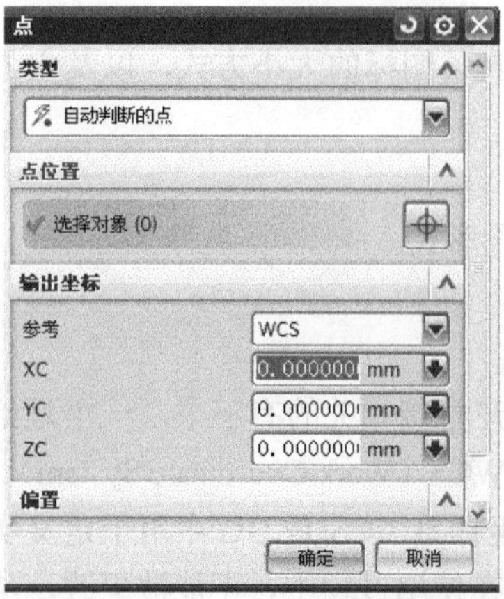

图 2-24 【点】构造器对话框

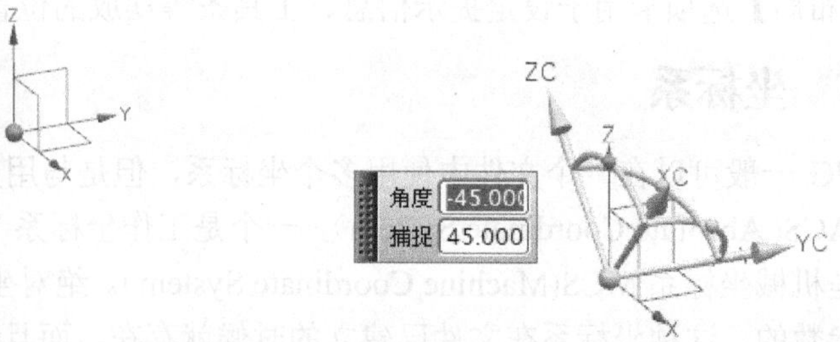

图 2-25 【动态】方式设定坐标系

3）【旋转】

该命令通过将当前的 WCS 绕其某一坐标轴旋转一个角度，来定义一个新的 WCS。选择该菜单命令后，系统弹出如图 2-26 所示的【旋转 WCS 绕...】对话框，其中提供了 6 个确定旋转方向的单选项，即旋转轴分别为 3 个坐标轴的正、负方向，旋转方向的正向由右手法则确定。【角度】文本框用于输入旋转的角度值，单击【确定】按钮就可以了。

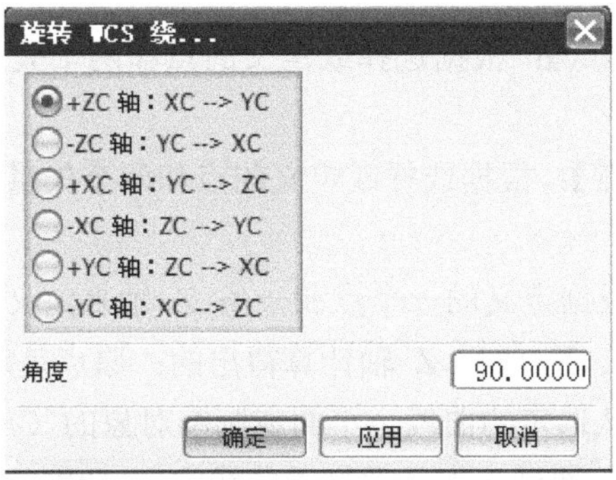

图 2-26 【旋转 WCS 绕...】对话框

2．定义坐标系

UG NX 8.0 中有 16 种定义坐标系的方法，这些都集中在【WCS】菜单下。如图 2-23 所示的【WCS】菜单中有四个定义坐标系的命令。

更改 XC 或 YC 方向是在原坐标系的基础上通过改变一个坐标轴来重新定义坐标系。而单击菜单【WCS】→【定向】，就会弹出如图 2-27 所示的【CSYS】对话框。

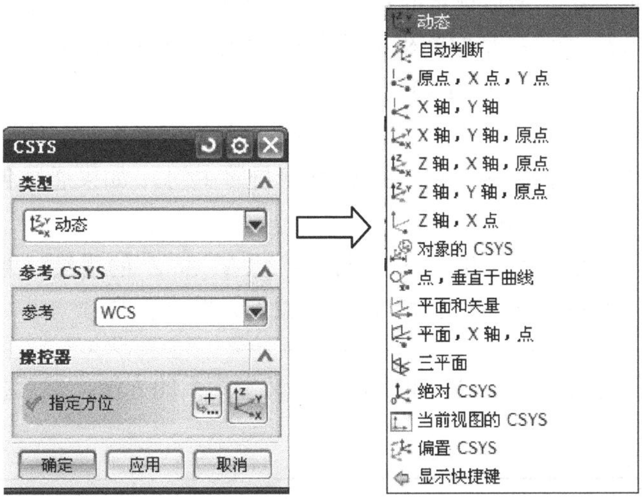

图 2-27 【CSYS】对话框

在对话框的定义坐标系方式选项中，提供了 16 种定义方式。其中比较常用的如下。

✧ 【动态】：可以手动移动 CSYS 到任何位置或方位，或创建一个关联、相对于选定 CSYS 动态偏置的 CSYS。

✧ 【自动判断】：定义一个与选定几何体相关的 CSYS 或通过 X、Y 和 Z 分量的增量来定义 CSYS。实际所使用的方法是基于选定的对象和选项。

✧ 【原点，X 点，Y 点】：根据选择或定义的三个点来定义 CSYS。X 轴是原点到 X 点的矢量，Y 轴是原点到 Y 点的矢量。
✧ 【X 轴，Y 轴】：根据选择或定义的两个矢量来定义 CSYS。X 轴和 Y 轴是矢量。原点是矢量交点。
✧ 【X 轴，Y 轴，原点】：根据选定或定义的一点和两个矢量来定义 CSYS。X 轴和 Y 轴都是矢量，原点为一点。
✧ 【Z 轴、X 轴、原点】：根据选择或定义的点和两个矢量定义 CSYS。Z 轴和 X 轴是矢量，原点是一点。
✧ 【Z 轴、Y 轴、原点】：根据选择或定义的点和两个矢量定义 CSYS。Z 轴和 Y 轴是矢量，原点是一点。
✧ 【Z 轴，X 点】：根据定义的一个点和一条 Z 轴来定义 CSYS。X 轴是从 Z 轴矢量到点的矢量；Y 轴是从 X 轴和 Z 轴计算得出的；原点是这三个矢量的交点。
✧ 【对象的 CSYS】：从选定的曲线、平面或制图对象的 CSYS 来定义相关的 CSYS。
✧ 【点，垂直于曲线】：通过一点且垂直于曲线定义 CSYS。当选择线性曲线时，X 轴是从曲线到点的垂直矢量；Y 轴是 Z 轴与 X 轴的矢量积；Z 轴是垂直点的切矢；原点是曲线上的点。
✧ 【平面和矢量】：根据选定或定义的平面和矢量来定义 CSYS。X 轴方向为平面法向；Y 轴方向为矢量在平面上的投影方向；原点为平面和矢量的交点。
✧ 【平面，X 轴，点】：通过选择基准坐标系所存在平面，X 轴坐标系及坐标原点来定义坐标系。
✧ 【三平面】：根据三个选定的平面来定义 CSYS。首先选定两个基准平面的法矢可指定三条正交轴中的两条。最后选定的基准平面用于确定原点并派生第三条轴。
✧ 【绝对 CSYS】：指定模型空间坐标系作为坐标系。X 轴和 Y 轴是【绝对 CSYS】的 X 轴和 Y 轴；原点为【绝对 CSYS】的原点。
✧ 【当前视图的 CSYS】：将当前视图的坐标系设置为坐标系。X 轴平行于视图底部；Y 轴平行于视图的侧面；原点为视图的原点（图形屏幕中间）。如果通过名称来选择，CSYS 将不可见或在不可选择的图层中。
✧ 【偏置 CSYS】：根据所选坐标系中所指定 X、Y 和 Z 的增量距离来定义 CSYS。X 轴和 Y 轴为现有 CSYS 的 X 轴和 Y 轴；原点为指定的点。

> 提示：定义坐标系的时候，先在对话框中选取定义坐标系的方法，然后按相应的操作来完成定义。

3. 坐标系的保存和显示

选取图 2-23 上所示的命令，就可以完成保存坐标系，显示、隐藏坐标系的操作。
✧ 【显示 WCS】：在图形窗口中开启和关闭 WCS 的显示。
✧ 【保存 WCS】：按当前 WCS 原点和方位创建坐标系对象。可以删除任何已保存的坐标系对象，但不能删除当前 WCS。

2.1.6　图层操作

图层是 UG 建模的时候，为了方便各实体以及建立实体所做的辅助图线、面、实体等之间的区分而采用的。不同图素放在不同的层中间，可以通过对图层的操作来对一类图素进行共同操作。层的概念类似于设计师在透明覆盖层上建立模型的方法，一个层类似于一个透明覆盖层。不同的是，在一层上对象可以是三维的。

一个 UG 部件可以含有 1～256 层，每一个层上可以含有任意数量的对象。因此一个层可以含有部件的所有对象，也可以是一个部件分布在任意多层中。

一般在一个部件的所有层中，只有一个层是工作层，当前的操作也只能在工作层上进行，而其他的层可以对其可见性进行选择性操作。一般当前的工作层的层号显示在主窗口的当前图层栏中，对图层的操作可以在【格式】菜单下完成，如图 2-28 所示。

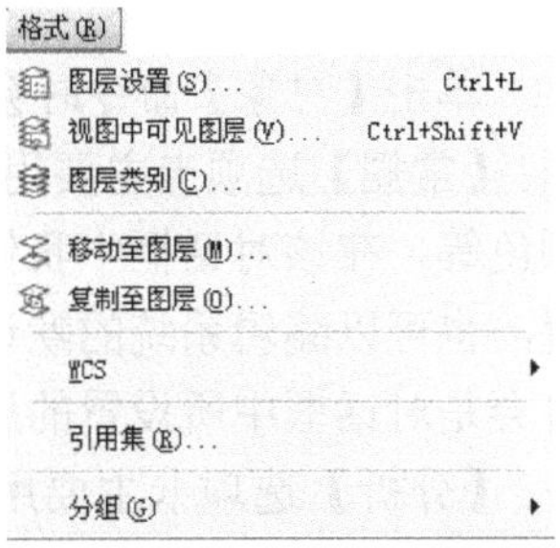

图 2-28 【格式】菜单

一般来说，UG 在新建立一个实体文件以后，所有的层已经是存在的了，操作者只需调出来使用而已，例如，我们想在第 21 层工作，那么就应该将第 21 层设为工作层，只需要将当前图层栏中的图层号改为 21，然后回车，就将 21 激活设置为工作层了。我们还可以将一图层中的对象移动或者复制到别的层中，这个操作也可以用【格式】菜单下的两个命令来完成。单击【移动至图层】命令，先弹出如图 2-29 所示的【类选择】对话框。

【类选择】对话框的具体功能在以后的类选择器工具中再讲解，现在我们选择要移动的对象，单击图中对象使之变颜色表明已经被选中，选择完对象以后，单击【确定】按钮，接着就会弹出如图 2-30 所示的【图层移动】对话框。

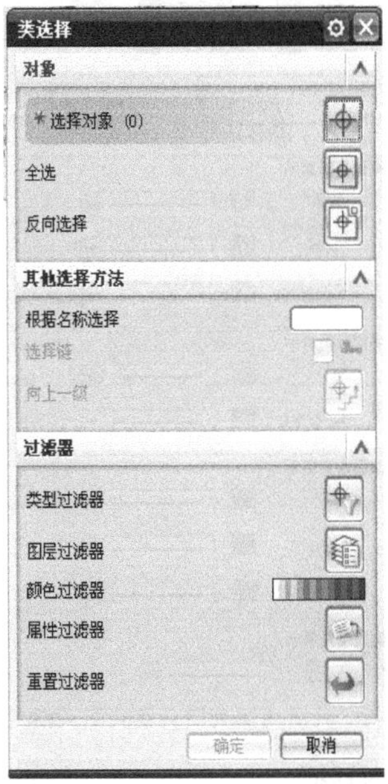

图 2-29 【类选择】对话框

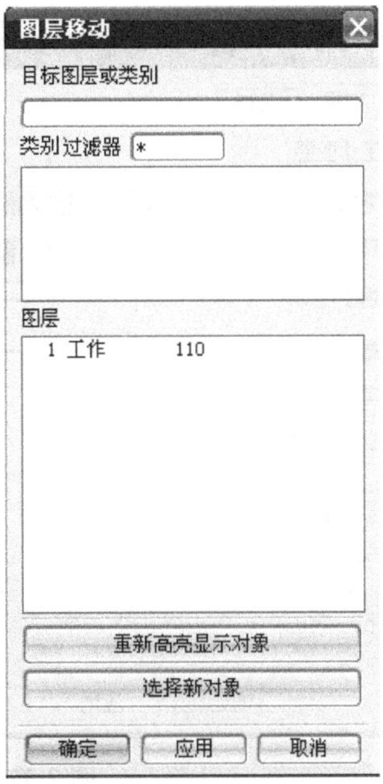

图 2-30 【图层移动】对话框

在【图层移动】对话框中选择要移入的层号，再单击【确定】按钮。对于复制到层的操作，与移动操作类似。

2.2 UG NX 8.0 系统参数设定

UG 系统中有许多系统参数，如对象参数、可视化参数、选择参数、用户界面参数、3D 输入设备参数、栅格和工作平面参数、背景参数、草图参数、产品制造信息参数、焊接参数等。这些参数可以通过如图 2-31 所示的【首选项】菜单下的命令来设置。

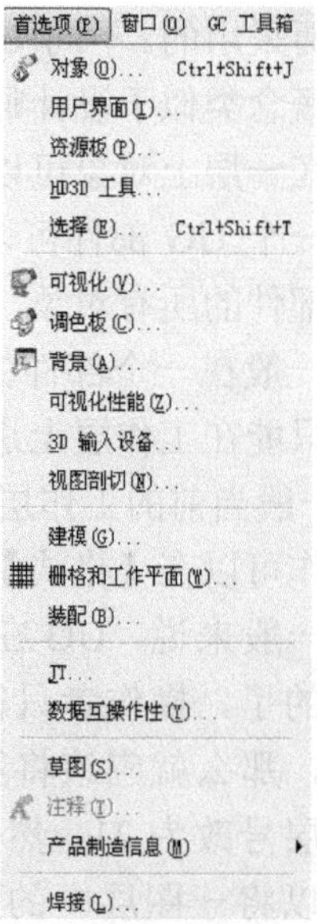

图 2-31 【首选项】菜单

2.2.1 对象参数的设置

单击【对象】命令时会出现如图 2-32 所示的【对象首选项】对话框。【常规】选项卡主要用于设置产生新对象的属性，如线型、宽度、颜色等，在该对话框中我们可以按照新对象的类型进行个别属性的设置，也可以编辑系统的默认值。参数修改后，再绘制的对象，其属性将会是对话框中所设置的属性。

【分析】选项卡主要用于设置曲面连续性显示的颜色。单击复选框后面的颜色小方块，可以打开【颜色】对话框，读者可以在【颜色】对话框中选择一种颜色作为曲面连续性显示的颜色，此外，读者还可以在该选项卡中设置截面分析显示的颜色、偏差度量显示和高亮显示的颜色等。

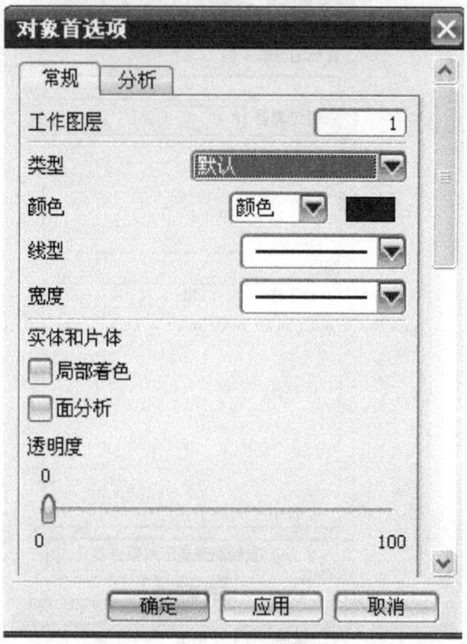

图 2-32 【对象首选项】对话框

【类型】、【颜色】、【线型】、【宽度】都分别有自己的下拉菜单，如图 2-33 所示，单击颜色会出现如图 2-34 所示的【颜色】调色板。

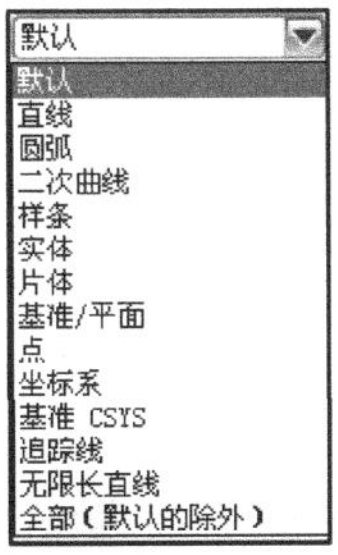

【类型】下拉菜单

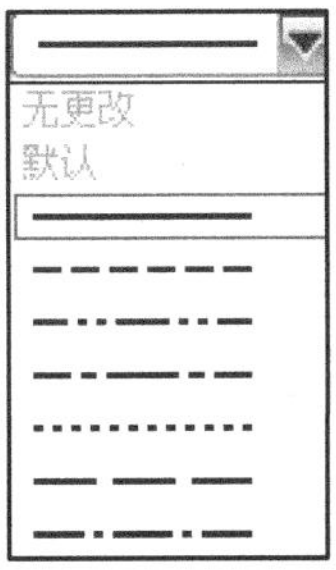

【线型】下拉菜单

【宽度】下拉菜单

图 2-33　各选项的下拉菜单

由于可以对类型分别定义，所以定义的时候，先选择类型，然后定义它的线型和宽度等属性，再单击【应用】按钮，这样在不退出对话框的状态下完成类型的定义，接着再定义下一类型。“继承”图标按钮主要用于继承某个对象的属性设置。在想要继承某个对象的属性参数之前，先选择对象类型，接着单击此按钮，选择要继承的对象，这样新设置的对象就会和原来的某个对象有同样的属性参数。“设置信息”图标按钮主要用于显示对象属性设置的信息对话框。单击此按钮后，系统会显示对象属性设置的清单，列出了各种对象类型属性设置的值。

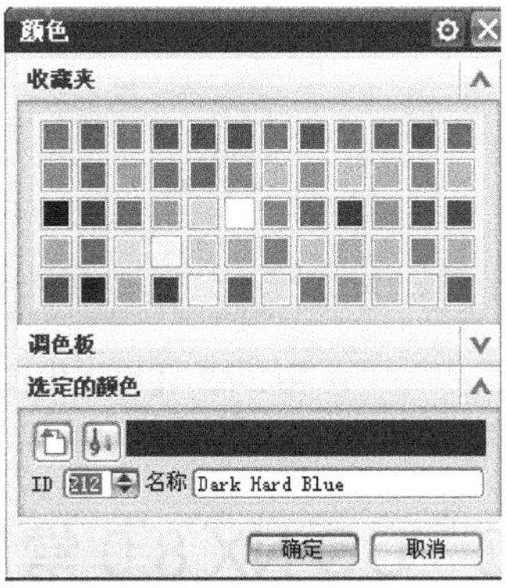

图 2-34 【颜色】调色板

2.2.2　可视化参数设置

单击【可视化】命令，会弹出如图 2-35 所示的【可视化首选项】对话框，该对话框主要对窗口显示参数进行设置，如部件渲染样式、选择和取消着重边缘及直线反锯齿。窗口中共有 8 个选项卡，提供不同的对象设置。下面介绍常用的选项。

- ✧【直线】：指定直线、曲线和边的显示属性，包括线型和宽度属性以及用于从模型数据计算显示曲线的公差。
- ✧【可视】：指定如何显示视图中的对象。控制着色、隐藏边样式、透明度以及其他属性。
- ✧【特殊效果】：使用特殊效果选项可控制雾化效果或启用工作视图的立体视图。
- ✧【小平面化】：指定公差及其他选项，根据模型数据计算小平面几何体。
- ✧【视图/屏幕】：校准监视器屏幕的物理尺寸。该选项还能帮您设置拟合百分比，即拟合操作后模型所占视图的部分。
- ✧【颜色/线型】：选择用于在图形窗口中显示文本的字体选项，并选择具有特殊用途的颜色。这些选项包括选择颜色、用于显示工作平面范围外对象的淡化颜色，以及用于显示装配中非工作部件的淡化颜色。
- ✧【手柄】：指定用于手柄的颜色及尺寸，还可以打开或关闭手柄提示。
- ✧【名称/边界】：指定对象名称的显示属性，并控制视图名和边界的显示。

2.2.3　背景参数设置

单击【背景】命令，会弹出如图 2-36 所示的【编辑背景】对话框，该对话框主要对窗口背景特性进行设置，如颜色和渐变效果。

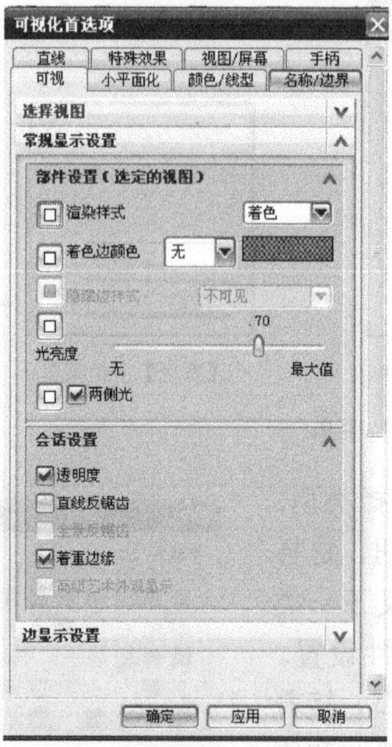

图 2-35 【可视化首选项】对话框

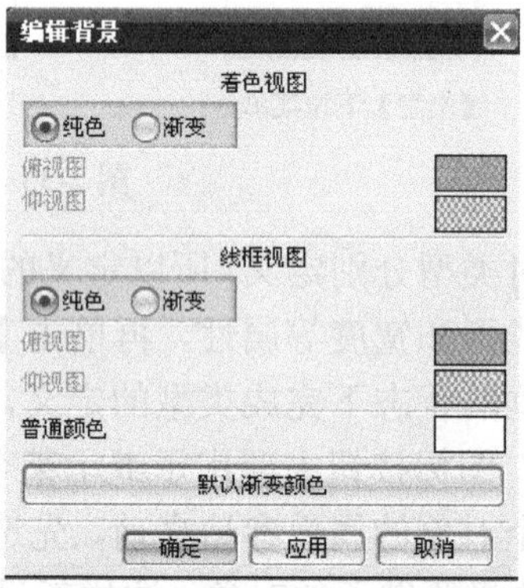

图 2-36 【编辑背景】对话框

2.3 UG NX 8.0 常用工具

2.3.1 点构造器

在实体建模的过程中，许多情况下都需要利用【点】构造器对话框来定义点的位置。单击工具栏中的+“点”图标按钮或者单击菜单【插入】→【基准/点】→【点】命令时，就会弹出【点】构造器对话框。在不同的情况下，【点】构造器对话框的形式和所包含的内容可能会有所差别，具体如图 2-37 所示。

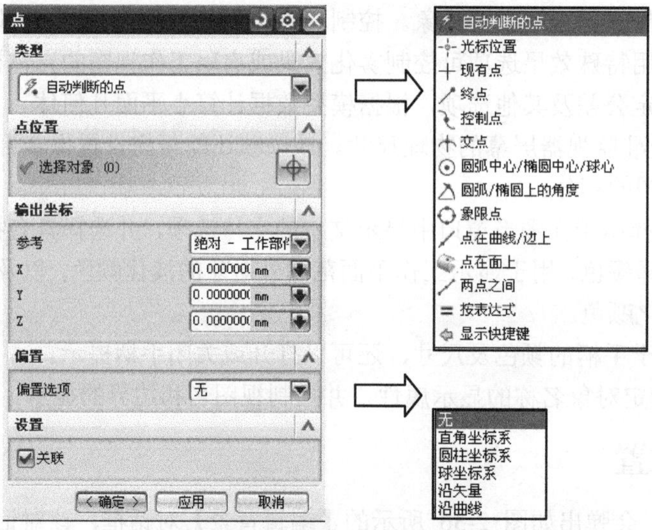

图 2-37 【点】构造器对话框

【点】构造器对话框创建点的方式有三种，现在分别介绍如下。

1．输入创建点的坐标值

在【点】构造器对话框中的【输出坐标】选项组中，有设置点坐标的 XC、YC、ZC 三个文本框。用户可以直接在文本框中输入点的坐标值，然后单击【确定】按钮，系统会自动按输入的坐标值生成并定位点。同时，对话框中提供了坐标系选择项，当用户选择了“WCS”时，在文本框中输入的坐标值是相对于用户坐标系的，当用户选择了“绝对”时，坐标文本框的标志变为了“X、Y、Z”，此时输入的坐标值为绝对坐标值，它是相对于绝对坐标系的。

2．捕点方式生成

该方式是利用捕点方式功能，捕捉所选对象相关的点。系统一共提供了如下 13 种点的捕捉方式。

- ✧ 【自动判断的点】：根据选择内容指定要使用的点类型。系统自动捕捉确定点，所以自动推断的选项被局限于光标位置（仅当光标位置也是一个有效的点时方法有效）、现有点、终点、控制点以及圆弧/椭圆中心。
- ✧ 【光标位置】：表示在光标的位置指定一个点位置。
- ✧ 【现有点】：表示通过选择一个现有点对象来指定一个点位置。通过选择一个现有点，使用该选项在现有点的顶部创建一个点或指定一个点位置。
- ✧ 【终点】：表示在现有直线、圆弧、二次曲线以及其他曲线的端点指定一个点位置。
- ✧ 【控制点】：表示在几何对象的控制点上指定一个点位置。
- ✧ 【交点】：在两条曲线的交点或一条曲线和一个曲面或平面的交点处指定一个点位置。
- ✧ 【圆弧中心/椭圆中心/球心】：捕捉圆弧、椭圆、圆或椭圆边界或球的中心点位置。
- ✧ 【圆弧/椭圆上的角度】：在沿着圆弧或椭圆的成角度的位置指定一个点位置。XC 轴作为角度的参考正方向，并沿圆弧按逆时针方向测量它。
- ✧ 【象限点】：表示在圆弧或椭圆的四分点指定一个点位置。
- ✧ 【点在曲线/边上】：表示在曲线或边上指定一个点位置。
- ✧ 【点在面上】：表示在面上指定一个点位置。
- ✧ 【两点之间】：表示在两点之间指定一个点位置。
- ✧ 【按表达式】：创建一个数学表达式构造点。

对于以上各捕点方式，我们首先单击各选项激活捕点方式，然后单击要捕点的对象，最后系统自动按方式生成点。

3．利用偏移方式生成

该方式是通过指定偏移参数的方式来确定点的位置。在操作时，用户先利用捕点方式确定偏移的参考点，再输入相对于参考点的偏移参数（其参数类型和数量取决于选择的偏移方式）来创建点。

在【点】构造器对话框中的【偏置】选项组可以设置偏移的方式，系统一共提供了五种偏移方式，下面分别进行说明。

1）直角坐标系

用于从参考点的方向创建一个偏置点，键入值可以选择在绝对坐标系或工作坐标系下。选定的坐标系及其方位决定偏置的方向，坐标系的原点对偏置无影响，如图 2-38 所示。

2）圆柱坐标系

通过指定圆柱坐标系来偏置一个点，需要指定半径、角度和沿 Z 轴（ZC 增量）的距离参数，需要注意指定半径和角度总是在 XC-YC 平面上，如图 2-39 所示。

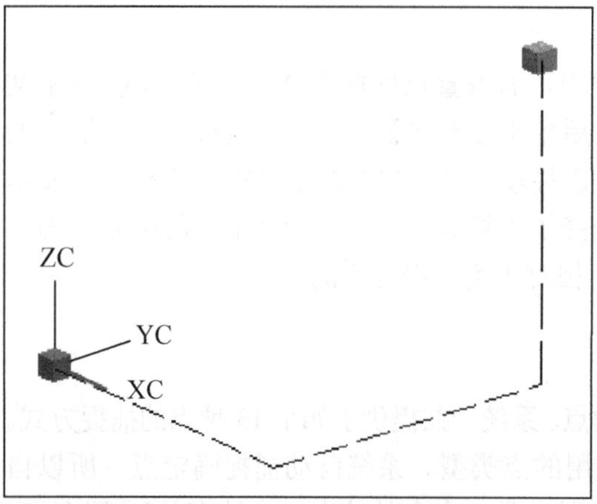

图 2-38 【直角坐标系】构建方式

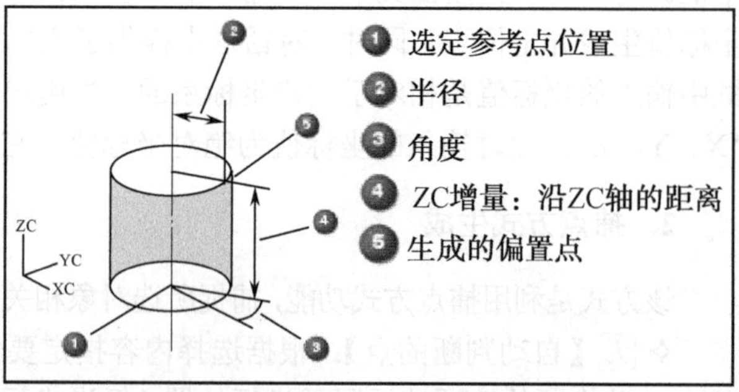

图 2-39 【圆柱坐标系】构建方式

3）球坐标系

用于通过球坐标系偏置一个点：主要参数包括两个角度和一个半径。角度 1 通过选定参考点测量得出，位于 X-Y 平面上。角度 2 是 X-Y 平面偏置点的提升角。半径定义参考点和偏置点之间的距离，如图 2-40 所示。

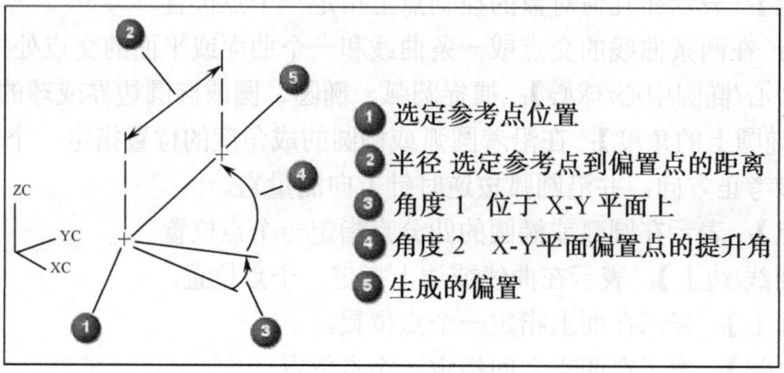

图 2-40 【球坐标系】构建方式

4）沿矢量

用于通过指定方向和距离来偏置一个点。选择一条直线以定义方向。该点沿最靠近选择端点的直线端点的方向偏置，如图 2-41 所示。

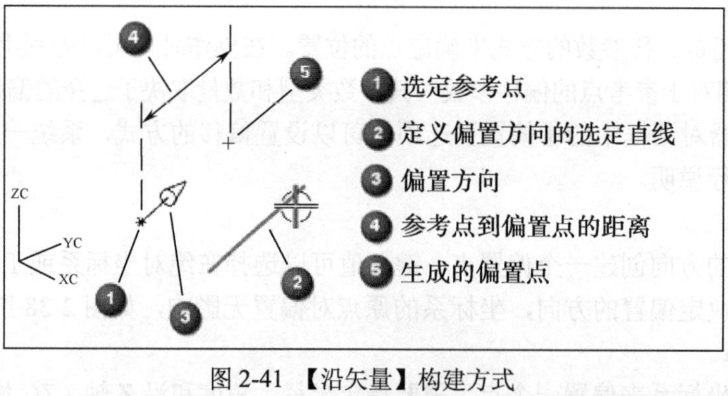

图 2-41 【沿矢量】构建方式

5）沿曲线

用于按指定的弧长距离或曲线完整路径长度的百分比来沿曲线偏置一个点，如图 2-42 所示。其中弧长表示用于通过表示部分弧长的一个值将点定位到曲线上或沿曲线定位。百分比表示用于通过表示总长度百分比的一个值将点定位到曲线上或沿曲线定位。

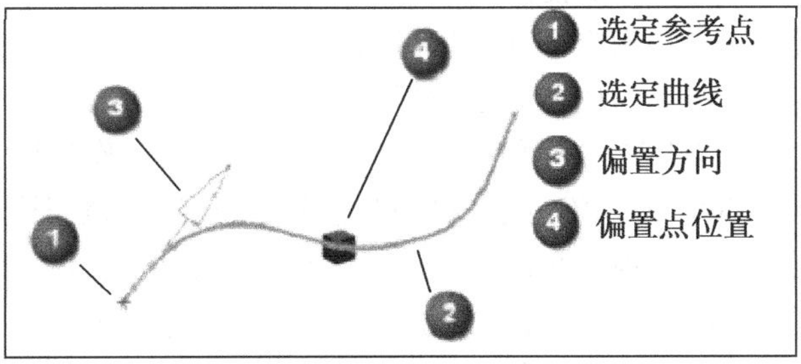

图 2-42 【沿曲线】构建方式

2.3.2 平面工具

在 UG 建模过程中经常用到平面，比如定基准平面、参考平面、切割平面、定位平面以及建模的时候使用的其他辅助平面。这些平面在使用前都需要去构建，因此 UG NX 8.0 中提供了 15 种构建平面的方法。

单击工具栏中【基准平面】图标按钮或者单击菜单【插入】→【基准/点】→【基准平面】命令时，系统会弹出如图 2-43 所示的【基准平面】对话框。

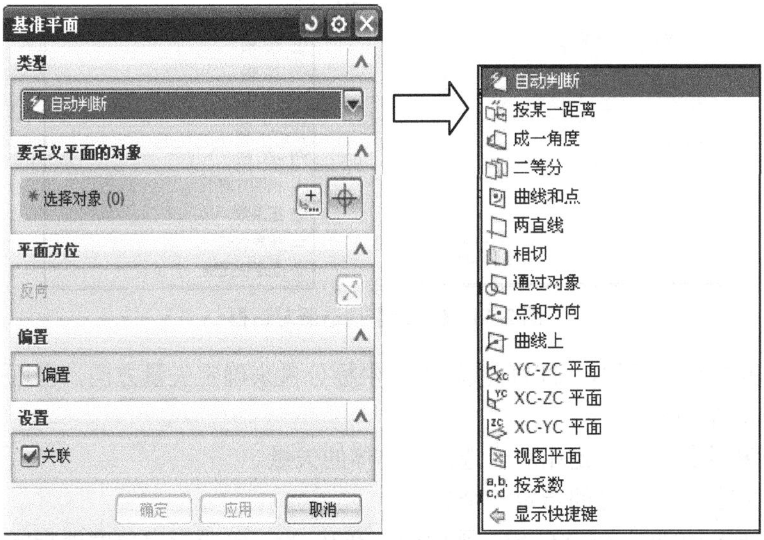

图 2-43 【基准平面】对话框

对话框中的 15 个选项分别对应着 15 种不同的定义平面的方式，下面分别进行说明。

✧ 自动判断：根据所选的对象确定要使用的最佳基准平面类型。

✧ 按某一距离：创建与一个平整面或其他基准平面平行且相距指定距离的基准平面。

✧ 成一角度：按照与选定平面对象所呈的特定角度创建平面。

✧ 二等分：在两个选定的平的面或平面的中间位置创建平面。如果输入平面互相呈一角度，则以平分角度放置平面。

✧ 曲线和点：使用点、直线、平的边、基准轴或平的面的各种组合来创建平面（例如，三个点、一个点和一条曲线等）。

✧ 两直线：使用任何两条线性曲线、线性边或基准轴的组合来创建平面。

✧ 相切：创建与一个非平的曲面相切的基准平面（相对于第二个所选对象）。

✧ 通过对象：在所选对象的曲面法向上创建基准平面。

✧ 点和方向：根据一点和指定方向创建平面。

✧ 曲线上：在曲线或边上的位置处创建平面。

✧ YC-ZC 平面、XC-ZC 平面、XC-YC 平面：沿工作坐标系（WCS）或绝对坐标系（ABS）的 XC-YC、XC-ZC 或 YC-ZC 轴创建固定的基准平面。

✧ 视图平面：创建平行于视图平面并穿过 WCS 原点的固定基准平面。

✧ 系数：使用含 A、B、C 和 D 系数的方程在 WCS 或绝对坐标系上创建固定的非关联基准平面，$Ax+By+Cz=D$。

2.3.3 矢量构造器

在 UG 建模过程中，还经常用到矢量构造器来构造矢量位置，比如实体构建时的生成方向、投影方向、特征生成方向等。如图 2-44 所示为【矢量】构造器对话框。

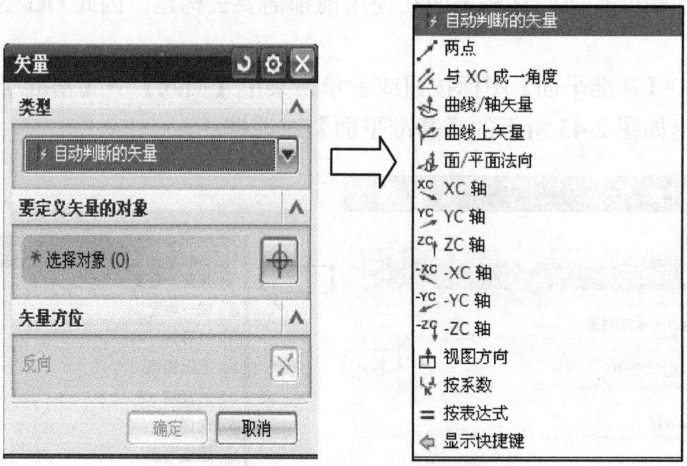

图 2-44 【矢量】构造器对话框

矢量定义的方式有很多种，可以直接输入各坐标分量来确定矢量方向，也可以用矢量定义方式来确定，下面分别讲解。

✧ 自动判断的矢量：指定相对于选定几何体的矢量。

✧ 两点：在任意两点之间指定一个矢量。

✧ 与 XC 成一角度：在 XC-YC 平面中，在从 XC 轴成指定角度处指定一个矢量。

✧ 曲线/轴矢量：指定与基准轴的轴平行的矢量，或者指定与曲线或边在曲线、边或圆弧起始处相切的矢量。如果是完整的圆，将在圆心并垂直于圆面的位置处定义矢量。如果是圆弧，将在垂直于圆弧平面并通过圆弧中心的位置处定义矢量。

✧ 曲线上矢量：在曲线上的任一点指定一个与曲线相切的矢量。可按照弧长或百分比弧长来指定位置。

✧ 面/平面法向：指定与基准面或平的面的法向平行的矢量。对于 B 曲面，可以指定矢量的通过点。这个点可以是原始拾取点，或者可以指定一个不同的点。指定的点将投影到 B

曲面上来确定法矢。

- ✧ XC 轴：指定一个与现有 CSYS 的 XC 轴或 X 轴平行的矢量。
- ✧ YC 轴：指定一个与现有 CSYS 的 YC 轴或 Y 轴平行的矢量。
- ✧ ZC 轴：指定一个与现有 CSYS 的 ZC 轴或 Z 轴平行的矢量。
- ✧ -XC 轴：指定一个与现有 CSYS 的负方向 XC 轴或负方向 X 轴平行的矢量。
- ✧ -YC 轴：指定一个与现有 CSYS 的负方向 YC 轴或负方向 Y 轴平行的矢量。
- ✧ -ZC 轴：指定一个与现有 CSYS 的负方向 ZC 轴或负方向 Z 轴平行的矢量。
- ✧ 视图方向：指定与当前工作视图平行的矢量。
- ✧ 按系数：按系数指定一个矢量。
- ✧ 按表达式：使用矢量类型的表达式来指定矢量。

2.3.4 类选择器

UG 建模过程中，经常面临选择对象，特别是在复杂的建模中，用鼠标直接选取对象往往很难做到。因此，在 UG 中提供了类选择器，在选择过程中来限制对象类型和构造过滤器，以便快速选择。如图 2-45 所示为【类选择】对话框。

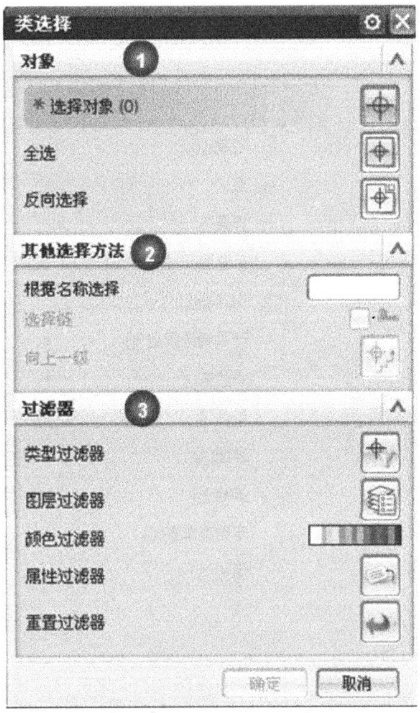

图 2-45 【类选择】对话框

【类选择】对话框提供了基于类型、颜色或图层等特定准则来选择对象，其选择的方式有很多种，下面分别讲解。

1.【对象】

- ✧ 选择对象：用于基于当前指定的过滤器、鼠标动作和选择规则来选择对象。
- ✧ 全选：用于根据在过滤器组中设立的对象过滤器设置，选择工作视图中所有的可见对象。
- ✧ 反向选择：根据过滤器组中的设置，取消选择所有当前选定的对象，并选择先前未选定的所有对象。

2.【其他选择方法】

- ✧ 根据名称选择：根据指派的对象名称选择单个对象或一系列对象。可以使用通配符按名称选择对象。
- ✧ 选择链：选择连接的对象、线框几何体或实体边。
- ✧ 向上一级：选取选择层次结构中的下级组件或组。

3.【过滤器】

- ✧ 类型过滤器：打开按类型选择对话框，可在其中选择一个或多个要包含或排除的对象类型。
- ✧ 图层过滤器：打开按图层选择对话框，且在所有当前可选择的图层初始已选定条件下，指定一个图层、一系列图层或一个现有类别。
- ✧ 颜色过滤器：打开颜色对话框，且所有颜色初始已选定。选择或取消选择调色板中的颜色。
- ✧ 属性过滤器：打开按属性选择对话框，在其中可按线型、宽度、字体和用户定义属性（整数、实数、字符串或日期属性的范围）来过滤对象。

✧ 重置过滤器：将所有过滤器重置为原始状态。

2.3.5 信息查询工具

信息查询工具主要查询几何对象和零件信息，便于用户在产品设计中快速收集当前设计信息，提高产品设计的准确性和有效性。UG NX 8.0 提供了信息查询功能，它包含了曲线、实体特征和其他一些项目的查询，并以信息对话框的形式将查询信息反馈给用户。在菜单栏中选择【信息】，弹出如图 2-46 所示【信息】菜单，本节主要介绍常用的几个查询功能。

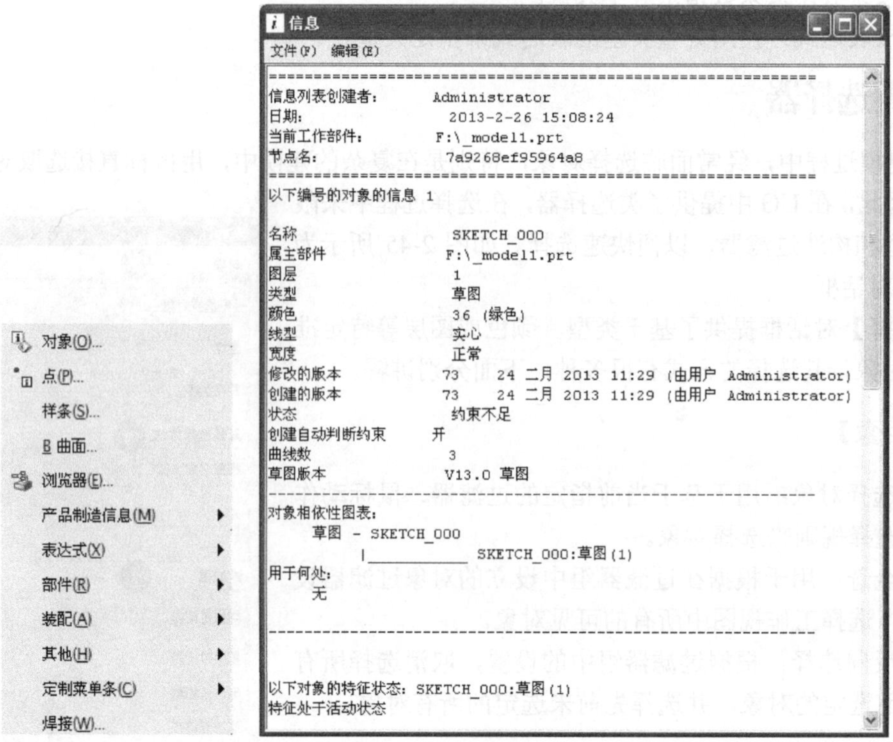

图 2-46 【信息】菜单及查询对话框

1.【对象】信息查询

【对象】信息查询主要用于对指定的对象进行查询，选择【对象】选项会弹出【类选择】对话框，然后在模型中选择需要查询的信息，单击【确定】按钮，系统便会弹出【信息】窗口。里面包含了被查询的每个对象的所有信息，主要包括名称、图层、颜色、线型和单位等。

2.【点】信息查询

【点】信息查询包括信息清单创建者、日期、当前工作部件、节点名、信息单位和点的工作坐标和绝对坐标。

3.【浏览器】信息查询

【浏览器】信息查询是对制定特征的详细信息进行查询，当选择【浏览器】选项时，弹出【特征浏览器】对话框，然后在过滤器下的列表框中选择需要查询的特征，单击【确定】按钮，系统便会弹出【信息】窗口，里面包含了该特征的详细信息，如图 2-47 所示。

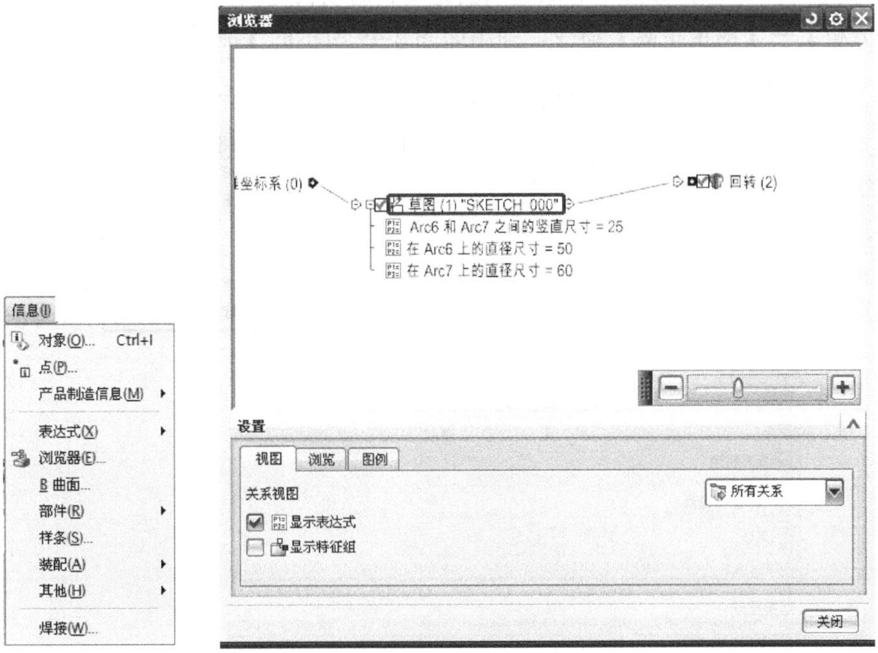

图 2-47　【浏览器】信息查询对话框

2.3.6　对象分析工具

对象和模型分析与信息查询获得部件中已存数据不同，对象分析功能是依赖于被分析的对象，通过临时计算获得所需要的结果。在产品设计过程中，应用 UG NX 8.0 中的分析工具，可以及时对三维模型进行几何计算或物理特性分析，及时发现设计过程中的问题，从而根据分析结果及时修改设计参数，以提高设计的可靠性和设计效率。

在菜单栏中选择【分析】，弹出如图 2-48 所示【分析】菜单，下面主要介绍常用的几个分析功能。

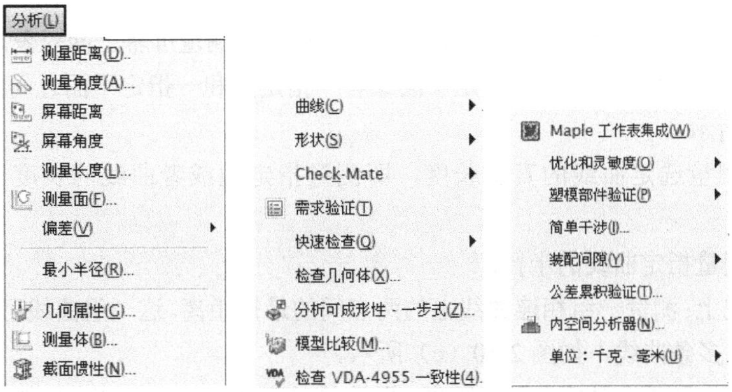

图 2-48　【分析】菜单

1.【测量距离】

【测量距离】命令可以计算两个对象之间的距离、曲线长度或圆弧、圆周边或圆柱面的半径。选择菜单【分析】→【测量距离】命令，弹出如图 2-49 所示的【测量距离】对话框。

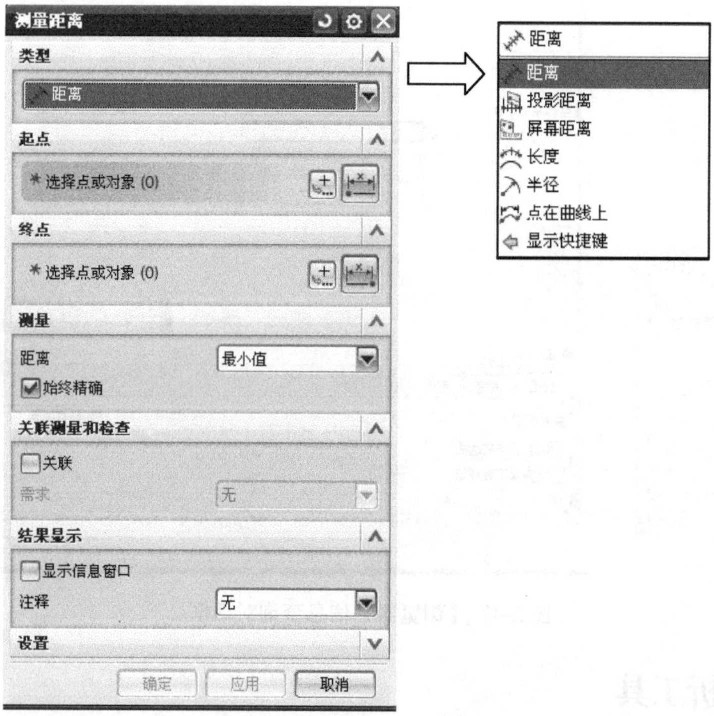

图 2-49 【测量距离】对话框

下面对对话框中的类型列表选项进行介绍。

- ✧ 距离：测量两个对象或点之间的距离。例如，可以使用此选项查找两个孔之间的距离，如图 2-50（a）所示。
- ✧ 投影距离：测量两个对象之间的投影距离，即表示两指定点、两指定平面或者一指定点和一指定平面在指定矢量方向上的投影距离。例如，可以使用此选项查看部件在加工中心是否合适，如图 2-50（b）所示。
- ✧ 屏幕距离：测量屏幕上对象的距离。使用此选项可测量屏幕上两对象之间的近似 2D 距离，即表示测量两指定点、两指定平面或者一指定点和一指定平面之间的屏幕距离，如图 2-50（c）所示。
- ✧ 长度：测量选定曲线的真实长度，即测量指定边或者曲线的长度，如图 2-50（d）所示。
- ✧ 半径：测量指定曲线的半径。
- ✧ 点在曲线上：测量一组相连曲线上的两点间的最短距离。这一组曲线可以包含单条曲线，也可以包含多条曲线，如图 2-50（e）所示。
- ✧ 组间距：测量两组对象之间的距离，即测量装配体之间的距离。只能选择一个装配中的组件作为每个组中的对象，如图 2-50（f）所示。

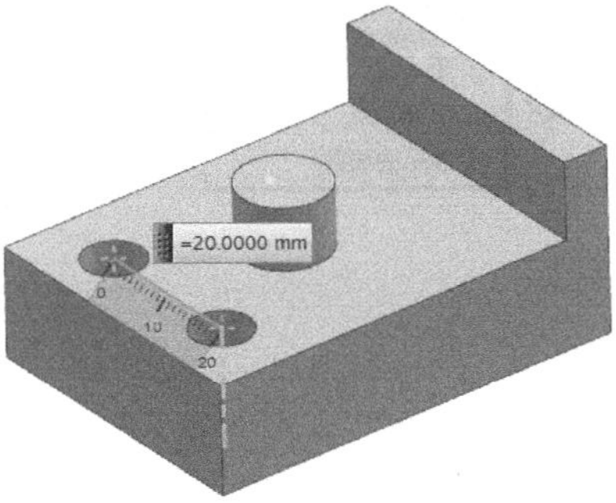

(a) 两个孔之间的距离

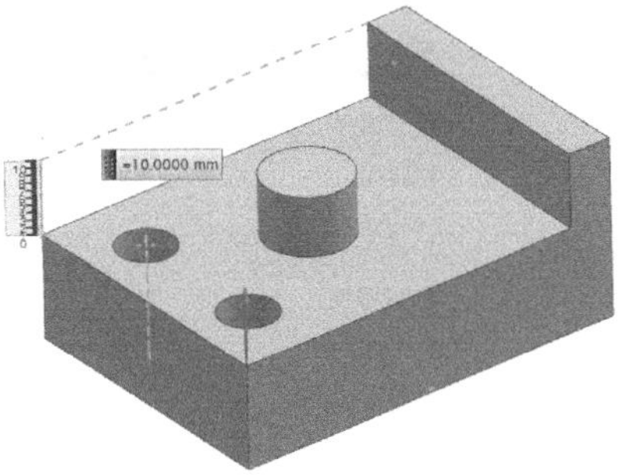

(b) 两个点在指定方向的投影距离

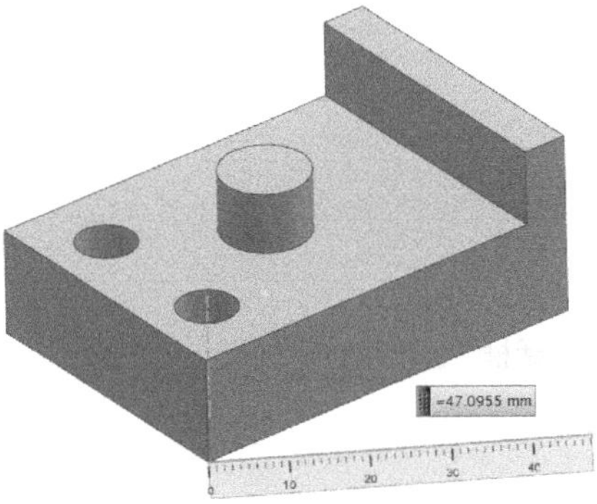

(c) 体上指定点与屏幕上的点之间的距离

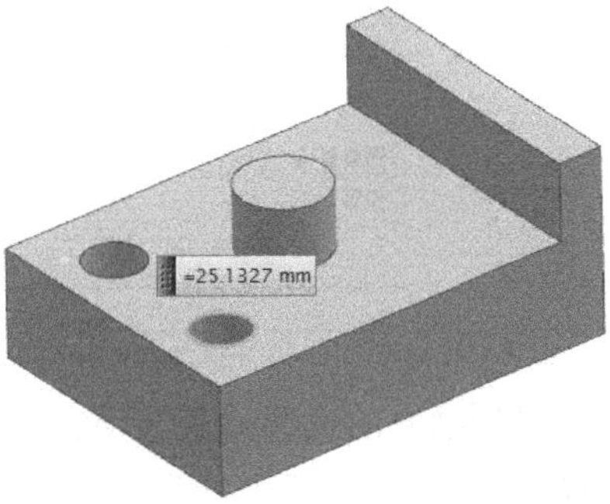

(d) 测量圆周曲线长度

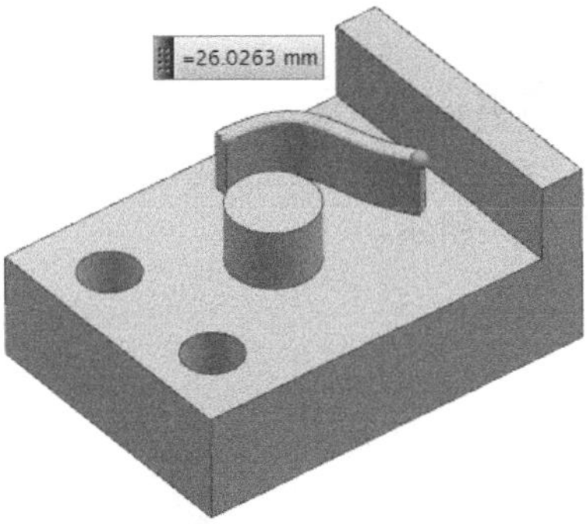

(e) 位于曲线上两点之间的距离

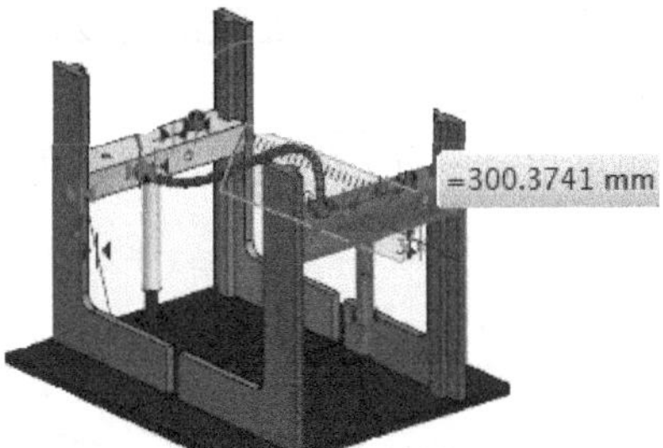

(f) 装配体组件之间的距离

图 2-50 【距离】测量方式

2.【测量角度】

使用角度分析方式可以精确计算两对象之间（两曲线间、两平面间、直线和平面间）的角度参数，如果选中两个平面对象（平面、基准平面或平的面），则系统将决定这两个对象的法矢之间的角度，并且测量角度总是两个法向矢量之间的最小角度。选择菜单【分析】→【测量角度】命令，弹出如图 2-51 所示的【测量角度】对话框。

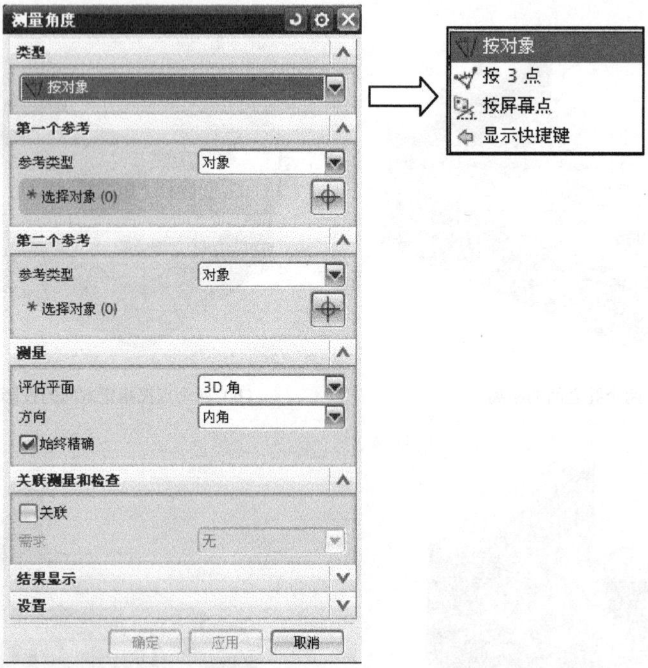

图 2-51 【测量角度】对话框

下面对对话框中的类型列表选项进行介绍。

1）【按对象】

表示测量两指定对象之间的角度，参考对象可以是两直线、两平面、两矢量或者它们的组合，如图 2-52（a）所示。

2）【按 3 点】

表示测量指定三点之间连线的角度，如图 2-52（b）所示。

3）【按屏幕点】

表示测量指定三点之间连线的屏幕角度，如图 2-52（c）所示。

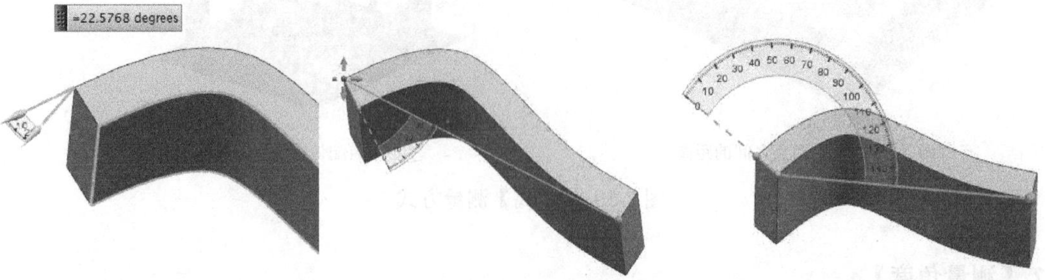

、（a）按对象测量　（b）按 3 点测量　（c）按屏幕点测量

图 2-52 【测量角度】方式

3.【测量体】

【测量体】对话框是对指定的对象测量其体积、质量、惯性矩等计算属性，如图 2-53 所示。下面对对话框中的主要选项进行介绍。

1)【结果显示】

显示信息窗口：单独打开信息显示窗口，显示质量相关属性。

✧【无】：表示在窗口中仅显示体积信息，不显示其他质量属性。

✧【显示尺寸】：表示在图形窗口中显示体积、面积、质量和重量信息。

✧【创建主轴】：表示相对于 WCS 显示具有方向矢量的体的主轴。

2)【设置】

✧【线条颜色】：指定显示指引线条的颜色。

✧【方块颜色】：指定文本框的颜色。

✧【文本颜色】：指定显示文本的颜色。

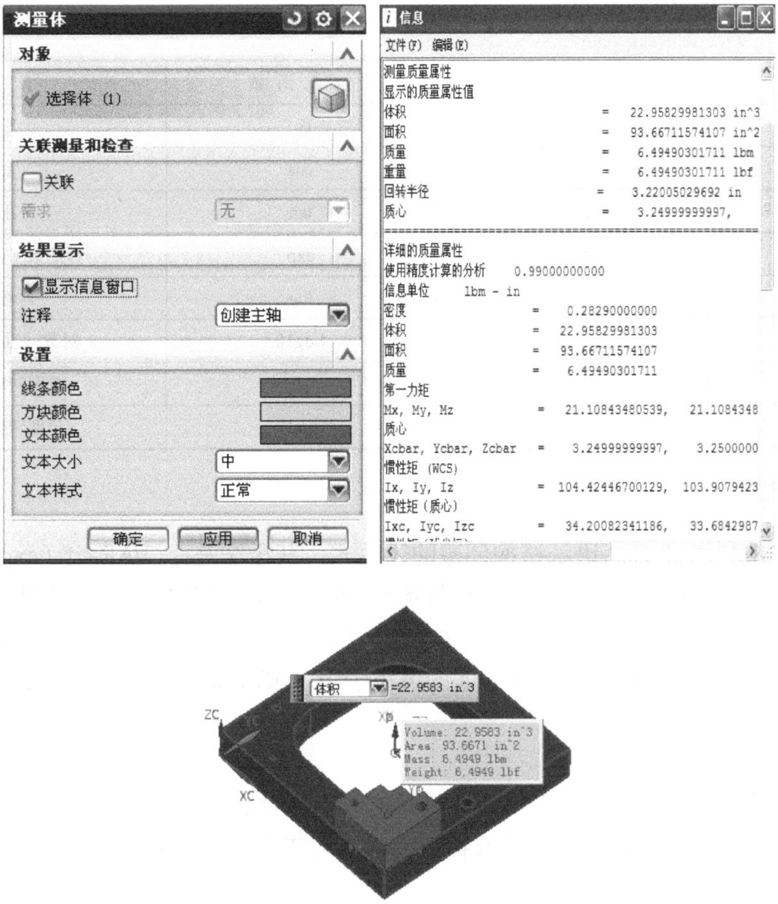

图 2-53 【测量体】对话框及测量方式

2.3.7 表达式

表达式利用算术或条件公式来控制零部件的特性。通过创建参数之间的表达式，不仅可以控制建模过程中特征与特征之间、对象与对象之间、特征与对象之间的尺寸与位置关系，而且可以控制装配过程中部件与部件之间的尺寸与位置关系。

1. 表达式语言

在 UG NX 中，表达式是 UG 编程的一种赋值语句，将等式右边的值赋给等式左边的变量。

表达式由函数、变量、运算符、数字、字母、字符串、常数以及为其添加的注释组成。

1）变量名

在 UG NX 中，变量名是字母数字型的字符串，但第一个元素必须是字母，在变量名中可使用下画线“_”，变量名的最大长度为 32 个字符。表达式的字符区分大小写。

2）运算符

在 UG NX 中，表达式的运算符可以分为算术运算符（+、–、*、/）、关系运算符（<、>、>=）和连接运算符（^），这些运算符与其他程序设计语言中的含义完全一致。

3）内置函数

当建立表达式时，可以使用 UG NX 的任一内置函数，如表 2-1 所示。

表 2-1 UG NX 内置函数

内置函数	含义	内置函数	含义
abs	绝对值	sin	正弦
asin	反正弦	cos	余弦
acos	反余弦	tan	正切
atan	反正切	exp	幂函数（以 e 为底）
ceil	向上取整	log	自然对数
floor	向下取整	Log10	对数（以 10 为底）
Tprd	平方根	deg	弧度转化为角度
Pi	常数 π	rad	角度转化为弧度

2. 条件表达式

条件表达式是利用 if else 语法结构创建的表达式，其语法是：“VAR=if（exp1）（exp2）else（exp3）”，其中，VAR 为变量名，exp1 为判断条件表达式，exp2 为判断条件表达式为真时所执行的表达式，exp3 为判断条件表达式为假时所执行的表达式。例如，条件表达式“Radius=if(Delta<10)（3）else（5）”，其含义，如果表达式 Delta 的值小于 10，则 Radius 的值为 3，否则为 5。

3. 建立和编辑表达式

在 UG NX 中，通过【表达式】对话框可以使对象与对象之间、特征与特征之间存在关联，修改一个特征或对象，将引起其他对象或特征按照表达式进行相应的改变。

1）自动创建表达式

在 UG NX 建模过程中，当用户进行如下操作时，系统自动建立起各类必要的表达式。

（1）在特征建立时，即当创建一个特征时，系统会自动为特征的各个尺寸参数和定位参数建立各自独立的表达式。

（2）在绘制草图时，创建一个草图平面，系统将以草图 XC 和 YC 基准坐标建立表达式。

（3）在标注草图时，标注某个尺寸，系统自动会对该尺寸建立相应的表达式。

（4）在装配建模时，设置一个装配条件，系统自动建立相应的表达式。

2）手动创建表达式

除了系统自动生成表达式外，还可以根据设计需要建立表达式，单击菜单【工具】→【表达式】命令，打开【表达式】对话框，如图 2-54 所示。

图 2-54 【表达式】对话框

3）电子表格编辑

当修改的表达式较大时，可以在 Microsoft Excel 中编辑表达式，其设置方法是单击【表达式】对话框中的【电子表格编辑】图标按钮，打开 Excel 窗口，在电子表格中，第一列为表达式名称，列出所有表达式的变量名称；第二列为公式，列出驱动该变量的代数式；第三列为数值，列出公式代数式的值，通过修改该表中各个变量对应的公式，就可以实现表达式的修改。

4）从文件导入表达式

在 UG NX 建模过程中，对于模型已建立的表达式，可以将其导入当前模型的表达式中，并根据需要对该表达式进行再编辑。单击【表达式】对话框中的“从文件中导入表达式”图标按钮，打开如图 2-55 所示的对话框，在对话框中选择读入的表达式文件（扩展名为*.exp），单击【OK】按钮，即可以完成该表达式内容的导入。同理也可“导出表达式到文件”。

图 2-55 【导入表达式文件】对话框

2.4 UG NX 8.0 基本操作功能

2.4.1 UG NX 8.0 鼠标操作

1. 利用鼠标 Mouse 操作视图

✧ 按住 MB2（中键）并移动 Mouse 可以实现任意旋转。
✧ 按住 MB2（中键）保持 0.5 秒后，移动 Mouse 可以实现以光标点为中心旋转。

2. 利用鼠标 Mouse 平移视图

✧ 长按 Mouse 中键 MB2 和右键 MB3。
✧ 按 Shift+Mouse 中键 MB2。

3. 利用鼠标缩放视图

✧ 长按 Mouse 左键 MB1+中键 MB2。
✧ 按 Ctrl+Mouse 中键 MB2。
✧ 滚动 Mouse 中键 MB2，光标位置为缩放中心。

4. 鼠标三键基本功能

✧ 左键 MB1：主要用于选择菜单、选择物体、拖动物体等。
✧ 中键 MB2：作为菜单上的【确定】或【OK】键，以及用于视图的缩放与旋转功能。
✧ 右键 MB3：在图形区里按鼠标右键可以出现视图操作图标按钮以及相应快捷菜单。

2.4.2 UG NX 8.0 常用快捷键

查看快捷键和设置快捷键：依次选择【工具】→【定制】，弹出【定制】对话框，如图 2-56 所示。然后单击【键盘】按钮，弹出【定制键盘】对话框，如图 2-57 所示，此时即可设置快捷键；若要查看已存在的快捷键，则单击右下角的【报告】按钮即可。常用快捷键见表 2-2。

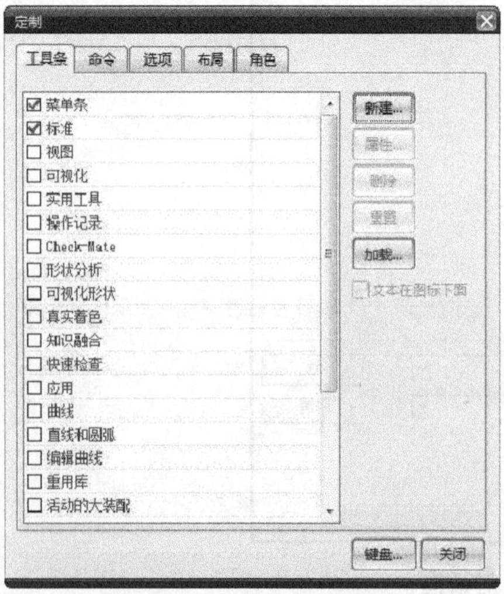

图 2-56 【定制】对话框

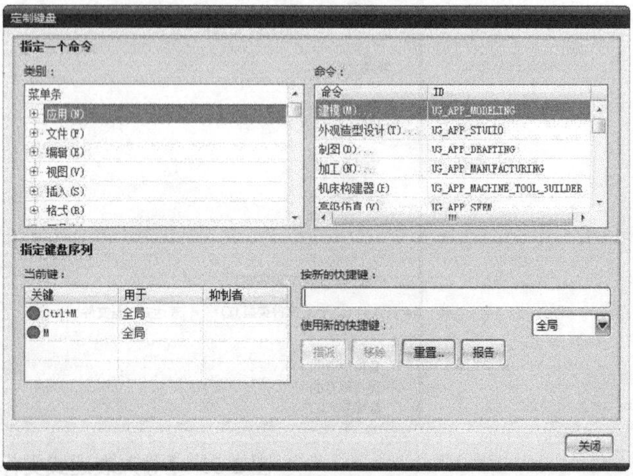

图 2-57 【定制键盘】对话框

表 2-2　常用快捷键

功　能	操　作	功　能	操　作
文件(F）_新建(N）...	Ctrl+N	编辑(E）_选择(L）_最高选择优先级_特征(F）	Shift+F
文件(F）_打开(O）...	Ctrl+O	编辑(E）_选择(L）_最高选择优先级_面(A）	Shift+G
文件(F）_保存(S）	Ctrl+S	编辑(E）_选择(L）_最高选择优先级_体(B）	Shift+B
文件(F）_另存为(A）...	Ctrl+Shift+A	编辑(E）_选择(L）_最高选择优先级_边(E）	Shift+E
文件(F）_绘图(L）...	Ctrl+P	编辑(E）_选择(L）_最高选择优先级_组件(C）	Shift+C
文件(F）_完成草图(K）	Ctrl+Q	编辑(E）_选择(L）_全选(A）	Ctrl+A
编辑(E）_撤消列表(U）_	Ctrl+Z	编辑(E）_对象显示(J）...	Ctrl+J
编辑(E）_重做(R）	Ctrl+Y	编辑(E）_显示和隐藏(H）_显示和隐藏(O）...	Ctrl+W
编辑(E）_剪切(T）	Ctrl+X	编辑(E）_显示和隐藏(H）_立即隐藏(M）...	Ctrl+Shift+I
编辑(E）_复制(C）	Ctrl+C	编辑(E）_显示和隐藏(H）_隐藏(H）...	Ctrl+B
编辑(E）_粘贴(P）	Ctrl+V	编辑(E）_显示和隐藏(H）_显示(S）...	Ctrl+Shift+K
编辑(E）_删除(D）...	Ctrl+D	编辑(E）_显示和隐藏(H）_全部显示(A）	Ctrl+Shift+U
视图(V）_布局(L）_新建(N）...	Ctrl+Shift+N	编辑(E）_显示和隐藏(H）_反转显示和隐藏(I）	Ctrl+Shift+B
视图(V）_布局(L）_打开(O）...	Ctrl+Shift+O	编辑(E）_移动对象(O）...	Ctrl+T
视图(V）_布局(L）_适合所有视图(F）	Ctrl+Shift+F	编辑(E）_草图曲线(K）..._快速修剪(Q）...	T
视图(V）_信息窗口(I）	Ctrl+Shift+S	编辑(E）_草图曲线(K）..._快速延伸(X）...	E
视图(V）_当前对话框(C）	F3	视图(V）_操作(O）_适合窗口(F）	Ctrl+F
视图(V）_HD3D 工具 UI	Ctrl+3	视图(V）_操作(O）_缩放(Z）...	Ctrl+Shift+Z
视图(V）_全屏(F）	Alt+Enter	视图(V）_操作(O）_旋转(R）...	Ctrl+R
视图(V）_定向视图到草图(K）	Shift+F8	视图(V）_截面(S）_编辑工作截面(C）...	Ctrl+H
视图(V）_重置方位(E）	Ctrl+F8	视图(V）_可视化(V）_高质量图像(H）...	Ctrl+Shift+H
格式(R）_图层设置(S）...	Ctrl+L	帮助(H）_关联(C）...	F1
格式(R）_视图中可见图层(V）...	Ctrl+Shift+V	完成草图(K）	Ctrl+Q
格式(R）_WCS_显示(P）	W	定向视图到草图(K）	Shift+F8
工具(T）_表达式(X）...	Ctrl+E	刷新(S）	F5
工具(T）_操作记录(J）_播放(P）...	Alt+F8	缩放(Z）	F6
工具(T）_操作记录(J）_编辑(E）...	Alt+F11	旋转(O）	F7
工具(T）_宏(R）_开始录制(R）...	Ctrl+Shift+R	定向视图(R）_正二测视图(T）	Home
工具(T）_宏(R）_回放(P）...	Ctrl+Shift+P	定向视图(R）_正等测视图(I）	End
工具(T）_电影(E）_录制(R）...	Alt+F5	定向视图(R）_俯视图(O）	Ctrl+Alt+T
工具(T）_电影(E）_暂停(P）	Alt+F6	定向视图(R）_前视图(F）	Ctrl+Alt+F
工具(T）_电影(E）_停止(S）	Alt+F7	定向视图(R）_右视图(R）	Ctrl+Alt+R
工具(T）_定制(Z）...	Ctrl+1	定向视图(R）_左视图(L）	Ctrl+Alt+L
工具(T）_重复命令(R）_1 定制	F4	捕捉视图(N）	F8
信息(I）_对象(O）...	Ctrl+I	粘贴(P）	Ctrl+V
分析(L）_曲线(C）_刷新曲率图(R）	Ctrl+Shift+C	重复命令(R）_1 定制	F4
首选项(P）_对象(O）...	Ctrl+Shift+J	工具(T）_更新(U）_将第一个特征设为当前的(F）	Ctrl+Shift+Home
首选项(P）_选择(E）...	Ctrl+Shift+T	工具(T）_更新(U）_将上一个特征设为当前的(P）	Ctrl+Shift+Left_Arr
应用(N）_建模(M）...	Ctrl+M	工具(T）_更新(U）_将下一个特征设为当前的(N）	Ctrl+Shift+Right_Arr
应用(N）_钣金(H）_NX 钣金(H）...	Ctrl+Alt+N	工具(T）_更新(U）_将最后一个特征设为当前的(L）	Ctrl+Shift+End
应用(N）_外观造型设计(T）...	Ctrl+Alt+S	应用(N）_加工(N）...	Ctrl+Alt+M
应用(N）_制图(D）...	Ctrl+Shift+D		

2.5 本章小结

本章主要针对 UG NX 8.0 基础操作进行了讲解，主要包括文件操作、功能模块、工具条定制、坐标系设置等，另外对系统的常用参数和常用工具也进行了说明。最后对 UG 环境下鼠标的基本操作和常用快捷键进行了讲解。通过本章的学习，主要让读者能够快速熟悉掌握 UG NX 8.0 操作风格和操作技巧。

2.6 思考与练习

1. UG NX 8.0 坐标系有几种？用户坐标系如何设定？方法有哪几种？
2. UG NX 8.0 常用的工具有哪些？分别如何使用？
3. UG NX 8.0 如何设置背景颜色？类选择器如何使用？
4. UG NX 8.0 表达式的作用是什么？具体如何建立一个表达式？
5. UG NX 8.0 常用快捷键有哪些？用户如何自己设定？

第 3 章　曲线造型设计

本章知识导读

曲线是构建实体模型的关键特征，特别是构建曲面特征的基础，曲线的质量直接影响到曲面质量。本章主要介绍 UG NX 8.0 中常用的曲线工具，包括曲线构建工具，编辑曲线工具，曲线操作工具及曲线分析工具四个方面的内容，为后续实体建模和曲面建模奠定基础。

本章学习内容

- 掌握基本曲线创建方法；
- 掌握特殊曲线的创建方法；
- 掌握曲线操作与编辑基本方法；
- 掌握曲线常用分析工具。

3.1　曲线工具概述

曲线工具按功能分为三大类：生成曲线工具、曲线操作工具以及编辑曲线工具。

3.1.1　生成曲线工具

生成曲线工具主要包括【直线】、【艺术样条】、【矩形】、【椭圆】、【文本】和【直线和圆弧工具条】等几何要素的创建。生成曲线工具主要位于【曲线】工具栏，如图 3-1 所示。

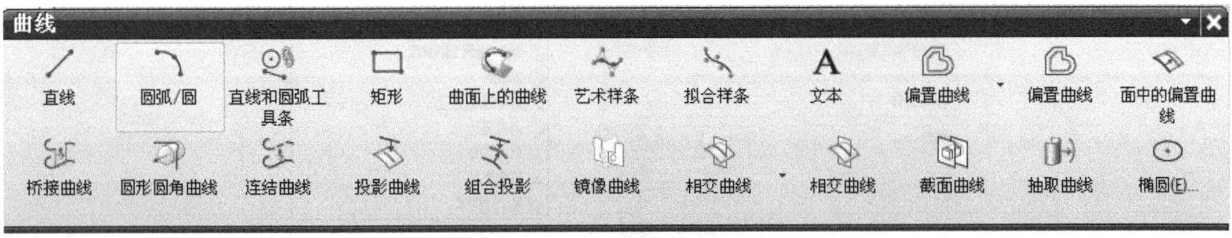

图 3-1 【曲线】工具栏

在【曲线】工具栏上单击【直线和圆弧工具条】图标按钮，可以弹出如图 3-2 所示的【直线和圆弧】工具栏。

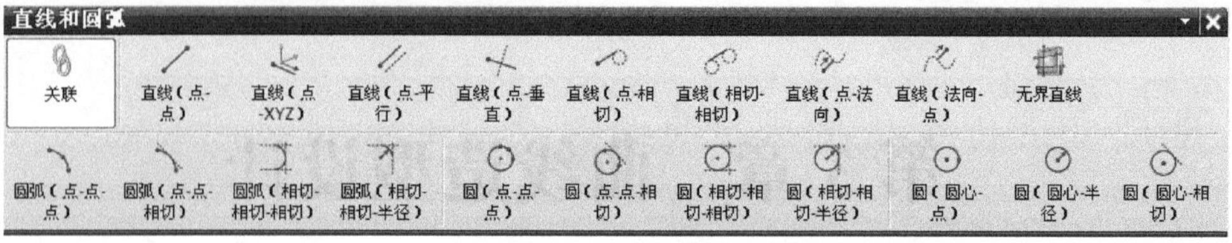

图 3-2 【直线和圆弧】工具栏

3.1.2 曲线操作工具

曲线操作工具主要集成在【曲线】工具栏上，如图 3-1 所示。

3.1.3 曲线编辑工具

用于编辑修改现有曲线，【编辑曲线】工具栏如图 3-3 所示。

图 3-3 【编辑曲线】工具栏

3.2 曲线构建

3.2.1 点

点是最小的几何构造元素，它不仅可以按一定次序和规律来构造曲线，还可以通过大量的点云集来构造曲面。

单击工具栏【插入】→【基准/点】→【点】按钮，弹出如图 3-4 所示的【点】对话框。【点】对话框参数设置具体说明可以参考第 2 章 2.3.1 节。

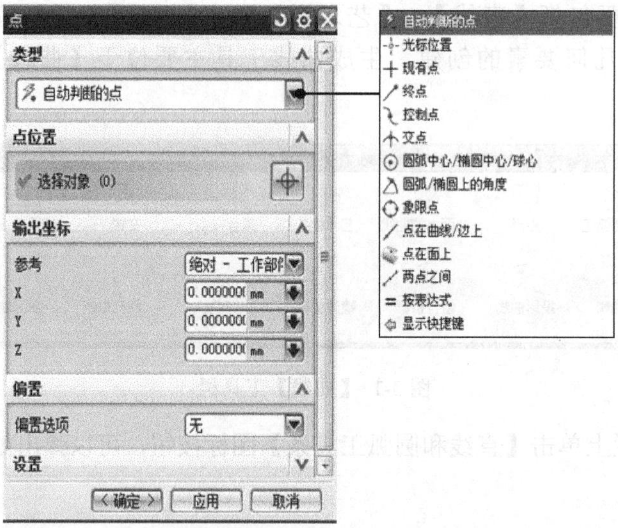

图 3-4 【点】对话框

利用【点】构造器依次可以创建光标点、坐标点和捕捉特征点。

1.【光标点】

在【光标点】状态下，单击即可以在鼠标点击的位置创建一个点。光标点只能位于当前工作坐标系的 XC-YC 平面内。

2.【坐标点】

在指定的坐标位置创建点，在【点】构造器的【输出坐标】选项组内输入点的坐标值，单击【确定】按钮即可在指定坐标处创建一点。

3.【特征点】

特征点是几何体上的特殊位置点，例如：曲线的终点、中点、控制点、交点、圆弧中心、象限点、已存在点、点在曲线上、点在曲面上等，【点】控制输入形式如图 3-5 所示。

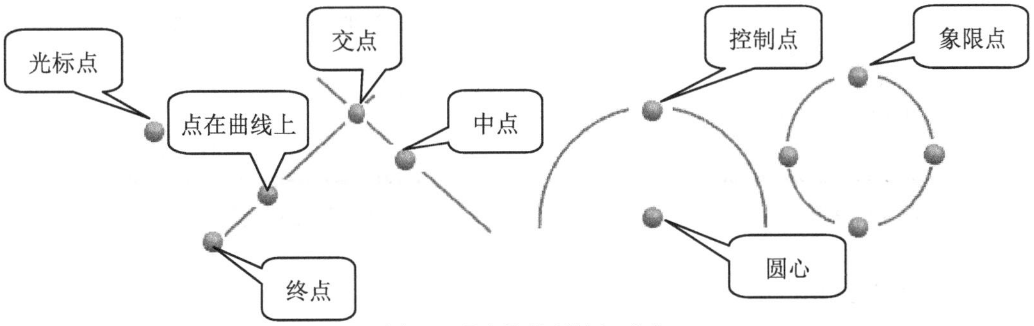

图 3-5　【点】控制输入形式

3.2.2　直线

1. 【基本曲线】直线构建方式

直线是由空间的两点产生的一条线段。直线作为组成平面图形的最小单元，在空间中无处不在。在【曲线】工具栏中单击【基本曲线】按钮来创建直线，弹出如图 3-6 所示的对话框。

对话框中各选项的基本含义如下。

- ✧【无界】：选中该选项，则所创建的直线是无限长的，即达到视图的边界。该选项不能与【线串模式】和【增量】模式同时使用。
- ✧【增量】：通过设置相对于起始点的 XC、YC、ZC 方向增量来确定终点。设置增量时需要先按 Tab 键激活【跟踪条】，然后输入坐标值，输入完毕按回车键确认。
- ✧【点方法】：该下拉列表中提供选择点和创建点的多种构建方式。
- ✧【线串模式】：选择该项，可以画连续线。单击【打断线串】或单击鼠标中键可以终止连续画线模式。
- ✧【锁定模式】：指定直线的起点后，选择另一条直线（不能选择控制点），只能创建与所选直线平行、垂直或持一定角度的直线。通过鼠标移动可以在三种模式中轮流切换。在某一模式下，按中键或单击【锁定模式】按钮就可以锁定该模式。
- ✧【平行于】：指定直线起点后，单击【平行于】选项组中的 XC、YC 或 ZC 按钮，皆可以创建一条平行于三根坐标轴的直线。

✧【按给定距离平行于】：创建与指定直线平行的直线。其中【原始的】表示只对原始的直线进行偏置。【新的】：表示每次偏置都是以最新生成的偏置线为基准。

✧【角度增量】：指以一定角度增量创建直线。例如：若角度增量设置为 90°，则直线的斜角只能是 0°、90°、180°、270°。

2. 【直接】直线构建方式

单击工具栏【插入】→【曲线】→【直线】来创建直线，弹出如图 3-7 所示的对话框。

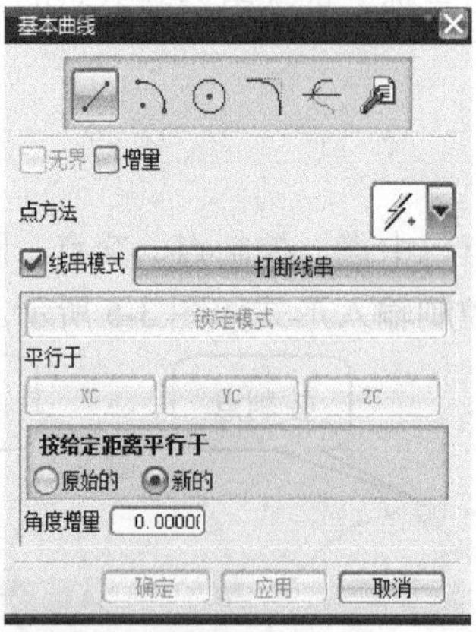

图 3-6 【基本曲线】对话框

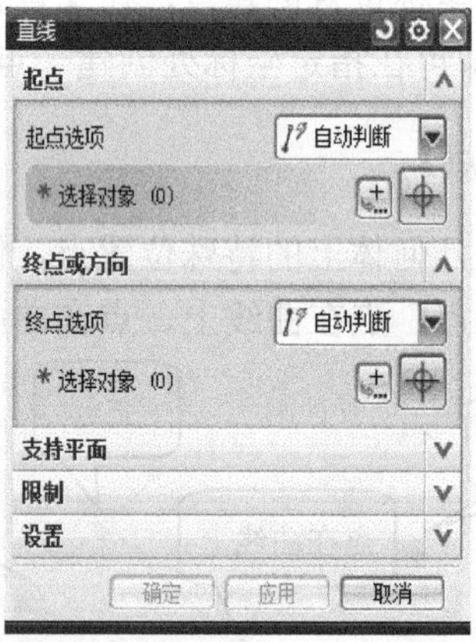

图 3-7 【直线】对话框

3.【自动判断】直线构建方式

同时也可以利用 UG NX 8.0 提供的【直线和圆弧】工具栏进行直线创建。

1）创建（点-点）直线

通过两点创建直线是最常用的创建直线的方法。单击【直线和圆弧】工具栏中的图标，弹出【直线（点-点）】对话框，如图 3-8 所示，在工作区中选择直线的起点和终点，即可创建。

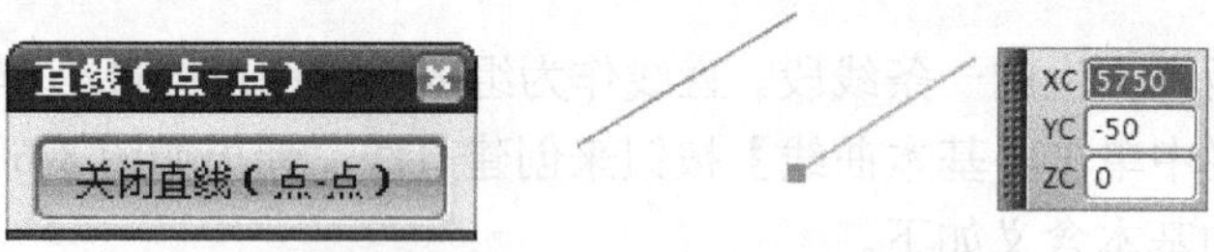

图 3-8 【直线（点-点）】创建方式

2）创建（点-XYZ）直线

【直线（点-XYZ）】方式创建直线是指定一点作为直线的起点，然后选择 XC,YC,ZC 坐标轴的任意一个方向作为直线的延伸方向，如图 3-9 所示。

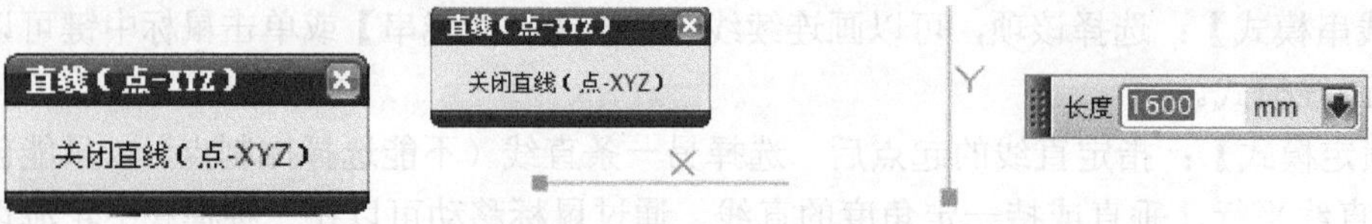

图 3-9 【直线（点-XYZ）】创建方式

3）创建（点-平行）直线

【直线（点-平行）】方式创建直线是指定一点作为直线的起点，与选择的平行参考线平行，并指定直线的长度，如图 3-10 所示。

4）创建（点-垂直）直线

【直线（点-垂直）】方式创建直线是通过指定一点作为直线的起点，再选择一条直线作为垂直参考。如图 3-11 所示。

图 3-10 【直线（点-平行）】创建方式

图 3-11 【直线（点-垂直）】创建方式

5）创建（点-相切）直线

【直线（点-相切）】方式创建直线是通过指定一点作为直线的起点，然后选择一相切的圆或圆弧，在起点与切点间创建一直线，如图 3-12 所示。

6）创建（相切-相切）直线

【直线（相切-相切）】方式创建直线是指在两相切参照（圆或圆弧）间创建直线，如图 3-13 所示。

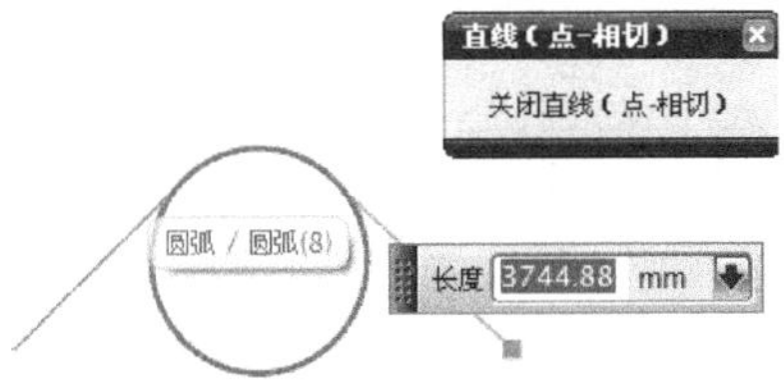

图 3-12 【直线（点-相切）】创建方式

图 3-13 【直线（相切-相切）】创建方式

7）创建（点-法向）直线

【直线（点-法向）】方式创建直线是指创建从一点出发并与一条曲线垂直的直线，如图 3-14 所示。

8）创建（法向-点）直线

【直线（法向-点）】方式创建直线是指创建垂直于一条曲线并指向一点的直线，如图 3-15 所示。

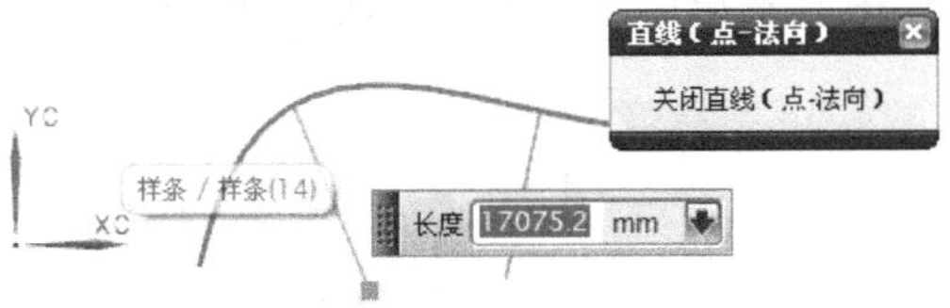

图 3-14 【直线（点-法向）】创建方式

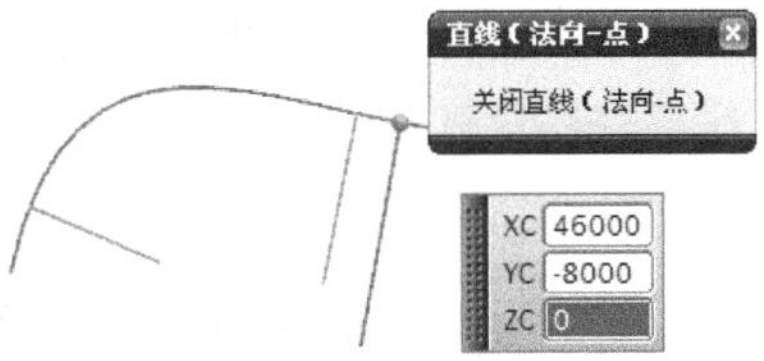

图 3-15 【直线（法向-点）】创建方式

9）创建（无界）直线

【无界直线】方式创建直线是指创建延伸至图形窗口边界的直线。

3.2.3 圆弧

圆弧的创建可以通过【直线和圆弧】工具栏创建，也可以通过基本曲线命令创建。

1.【基本曲线】圆/圆弧构建方式

单击工具栏【插入】→【曲线】→【基本曲线】，弹出如图 3-16 所示的对话框。

单击按钮，然后通过三种方式即可创建圆/圆弧：中心点、圆上的点方式；中心点、圆的半径或直径方式；中心点、相切对象方式。

其他参数参照 3.2.2 节介绍。

2.【直接】圆/圆弧构建方式

单击工具栏【插入】→【曲线】→【圆弧】来创建圆弧，弹出如图 3-17 所示的对话框。

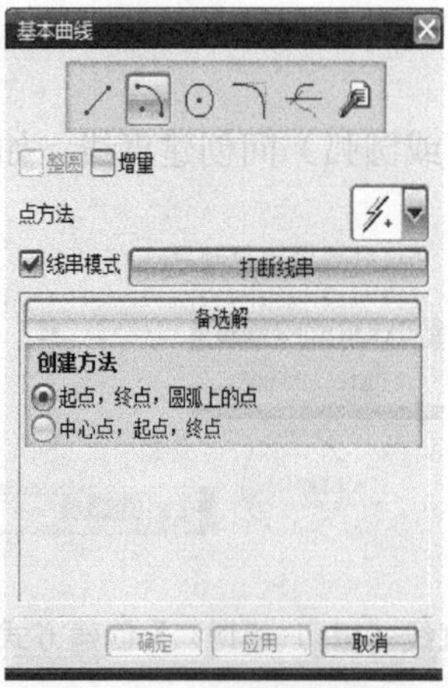

图 3-16 【基本曲线】对话框

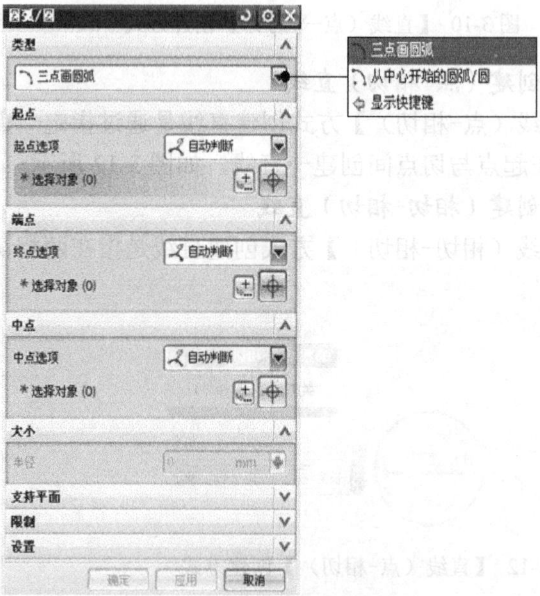

图 3-17 【圆弧/圆】对话框

对话框中主要的选项含义如下。

【类型】用于选择创建圆弧或圆的方法类型，其中包含了两项。

①【三点画圆弧】表示在指定圆弧必须通过的三个点或指定两个点和半径时创建圆弧，如图 3-18 所示。

②【从中心开始的圆弧/圆 】表示在指定圆弧中心及第二个点或半径时创建圆弧，如图 3-19 所示。

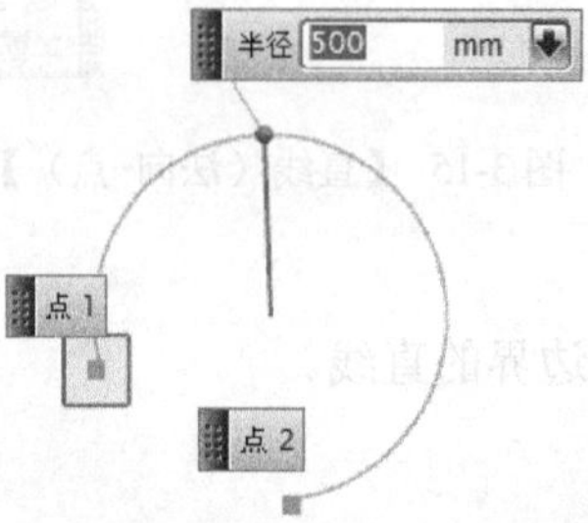

图 3-18 【三点画圆弧】创建方式

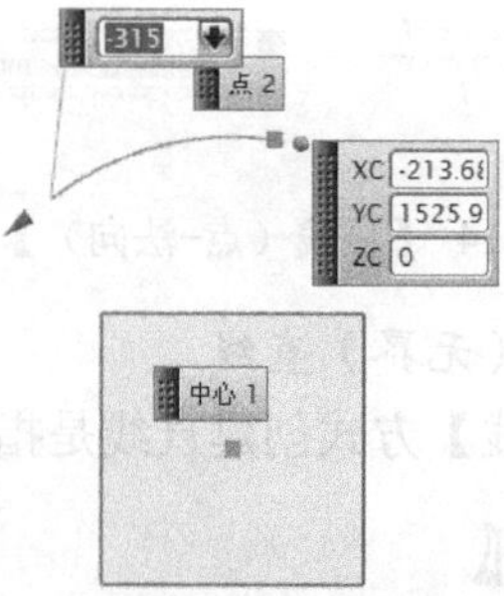

图 3-19 【从中心开始的圆弧/圆】创建方式

3.【自动判断】圆/圆弧构建方式

1）创建（点-点-点）圆弧

三点创建圆弧是指分别选择三点为圆弧的起点、中点、终点，在三点间创建圆弧，如图 3-20 所示。

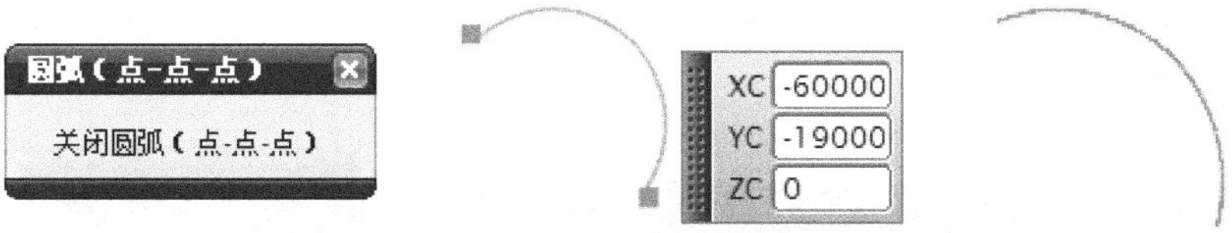

图 3-20 【圆弧（点-点-点）】创建方式

2）创建（点-点-相切）圆弧

【圆弧（点-点-相切）】创建圆弧是指经过两点，然后与一曲线相切创建一个圆弧，如图 3-21 所示。

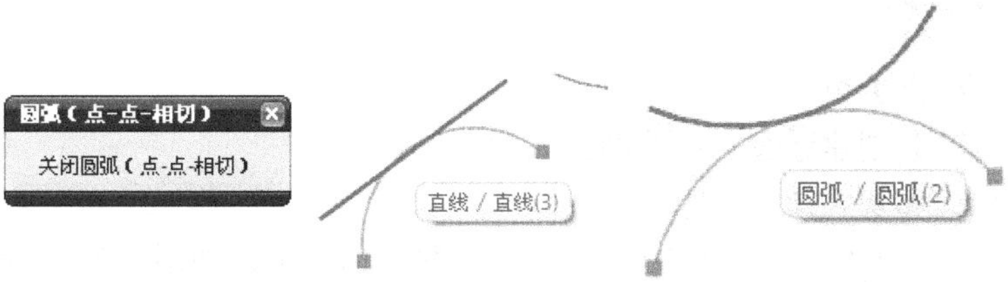

图 3-21 【圆弧（点-点-相切）】创建方式

3）创建（相切-相切-相切）圆弧

【圆弧（相切-相切-相切）】创建圆弧是指创建与三条参照曲线相切的圆弧，如图 3-22 所示。

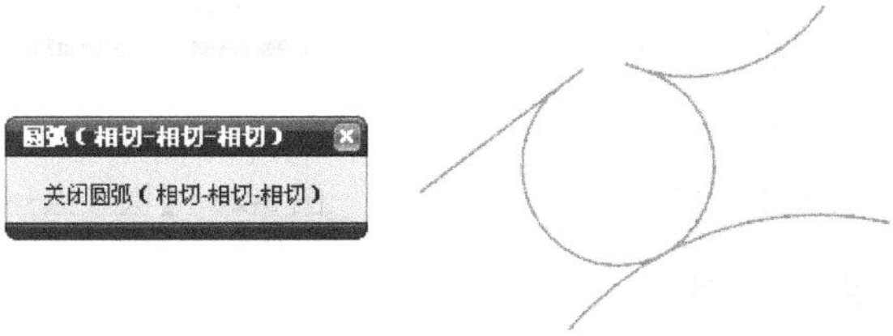

图 3-22 【圆弧（相切-相切-相切）】创建方式

4）创建（相切-相切-半径）圆弧

【圆弧（相切-相切-半径）】创建圆弧是指创建与两条参照曲线相切并指定一个半径的圆弧，如图 3-23 所示。

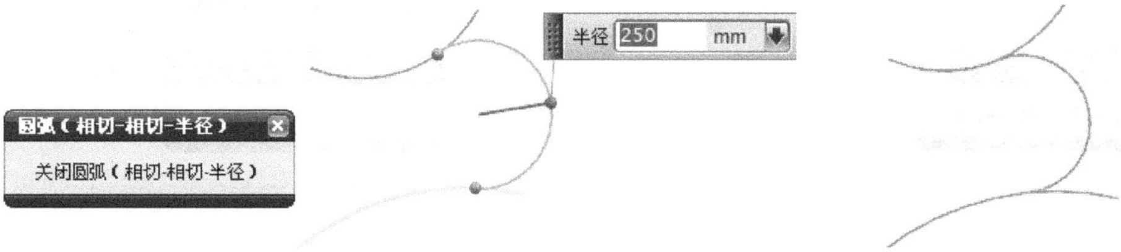

图 3-23 【圆弧（相切-半径-相切）】创建方式

3.2.4 圆

圆是基本曲线的一种特殊情况，由它可产生球体、圆柱体、圆台、球面以及多种自由曲面等特征。

1.【基本曲线】圆构建方式

单击工具栏【插入】→【曲线】→【基本曲线】，弹出如图 3-6 所示的对话框，以及【跟踪条】，如图 3-24 所示。

图 3-24 曲线【跟踪条】

先指定圆心位置，然后指定半径或直径即可创建圆。当在图形工作区绘制了一个圆后，若选择【多个位置】复选框，在图形工作区输入圆心后就会生成与已绘制圆同样大小的圆。

2.【自动判断】圆构建方式

1）创建（点-点-点）圆

【圆（点-点-点）】创建通过三点的圆，如图 3-25 所示。

2）创建（点-点-相切）圆

【圆（点-点-相切）】创建通过两点且与一条曲线相切的圆，如图 3-26 所示。

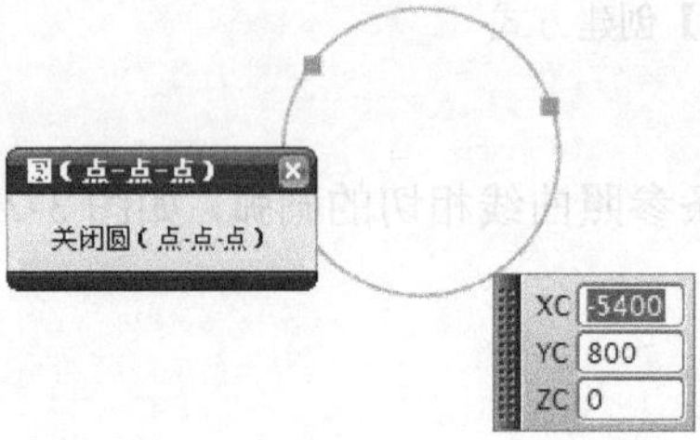

图 3-25 【圆（点-点-点）】创建圆

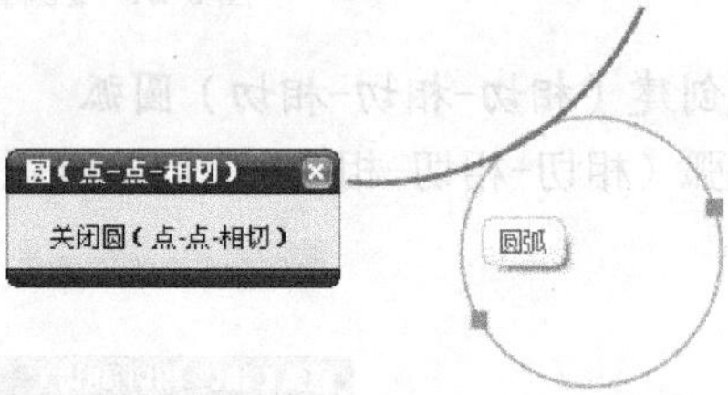

图 3-26 【圆（点-点-相切）】创建圆

3）创建（相切-相切-相切）圆

【圆（相切-相切-相切）】创建与三条曲线相切的圆，如图 3-27 所示。

4）创建（相切-相切-半径）圆

【圆（相切-相切-半径）】创建具有指定半径且与两条曲线相切的圆，如图 3-28 所示。

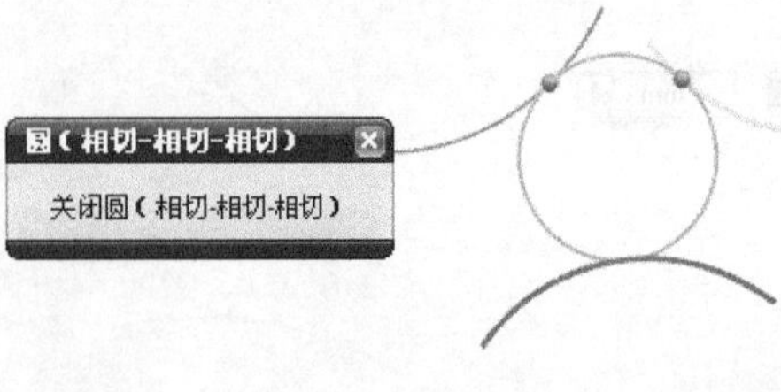

图 3-27 【圆（相切-相切-相切）】创建圆

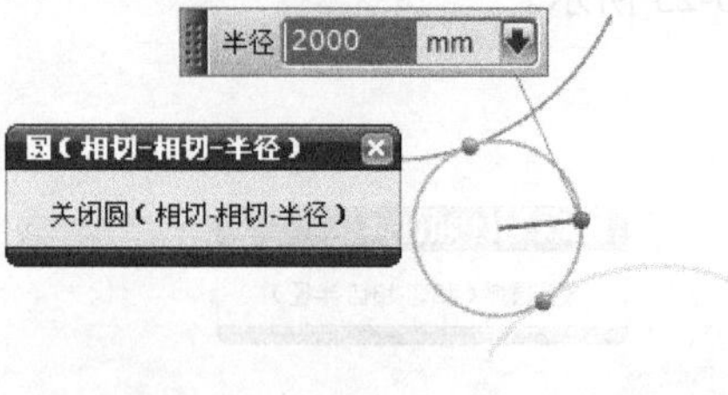

图 3-28 【圆（相切-相切-半径）】创建圆

5）创建（圆心-点）圆

【圆（圆心-点）】创建指定中心点和圆上一点的圆，如图 3-29 所示。

6）创建（圆心-半径）圆

【圆（圆心-半径）】创建指定中心点和半径的圆，如图 3-30 所示。

7）创建（圆心-相切）圆

【圆（圆心-相切）】创建指定中心点并与一条曲线相切的圆，如图 3-31 所示。

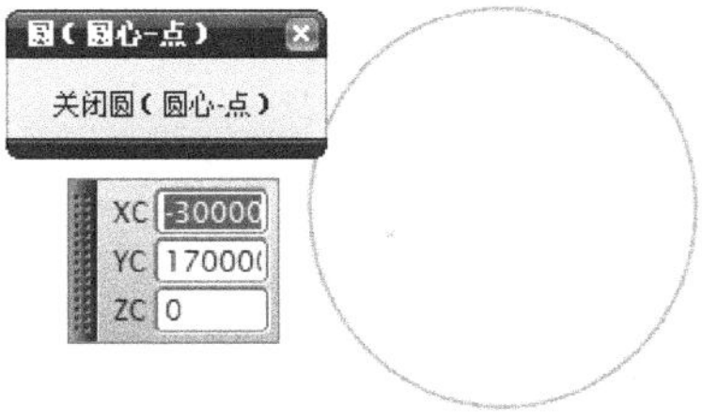

图 3-29 【圆（圆心-点）】创建圆

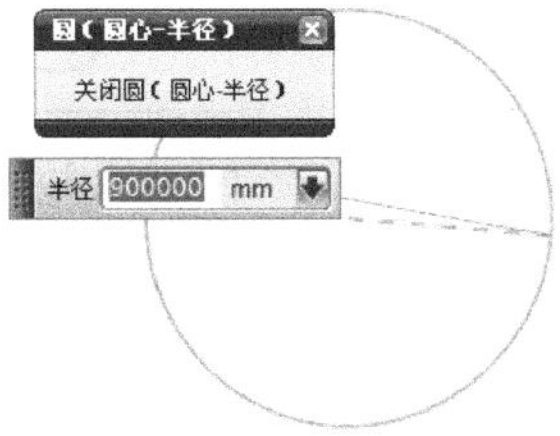

图 3-30 【圆（圆心-半径）】创建圆

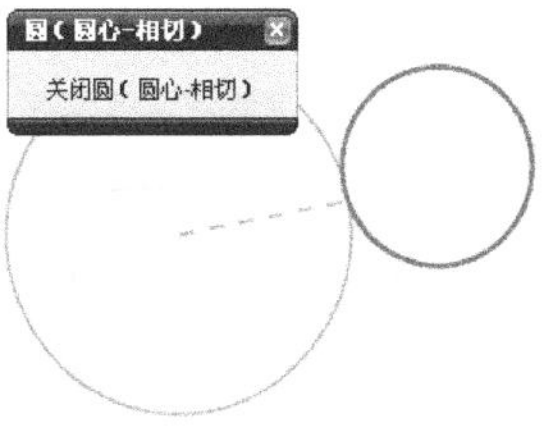

图 3-31 【圆（圆心-相切）】创建圆

3.2.5　基本曲线

【基本曲线】综合了直线、圆弧、圆、倒圆角、修剪和编辑曲线参数等命令，可以快速地绘制直线、圆和圆弧。前面已经介绍了该功能下的直线、圆弧、圆的创建方法，下面简单介绍圆角的创建。

在如图 3-16 所示的【基本曲线】对话框中单击【简单圆角】图标按钮，弹出如图 3-32 所示的【曲线倒圆】对话框。

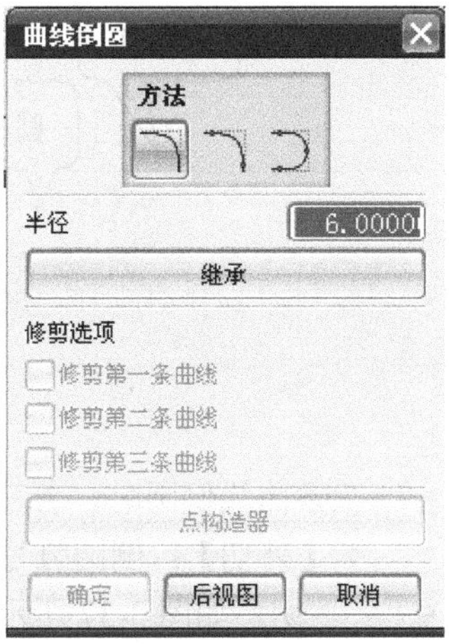

图 3-32 【曲线倒圆】对话框

1.【简单倒圆】

【简单倒圆】只能用于对直线进行倒圆，其创建步骤如图 3-33 所示。

- ✧ 在半径中输入用户所需的数值，或单击【继承】按钮，在图形工作区中选择已存在圆弧，则倒圆的半径和所选圆弧的半径相同。
- ✧ 单击两条直线的倒圆角处，生成倒角并同时修剪直线。

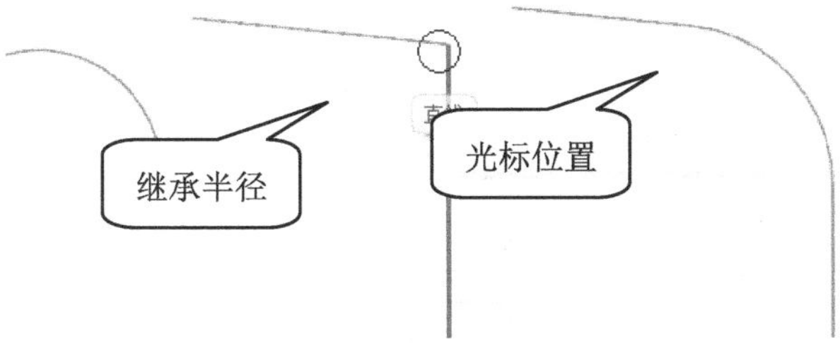

图 3-33　简单倒圆

2.【两条曲线倒圆】

【曲线倒圆】不仅可以对直线倒圆，而且还可以对曲线倒圆，即在两条曲线（包括点、直线、圆、二次曲线或样条）之间构造圆角。两条曲线圆角是从第一条选定曲线到第二条曲线沿逆时针方向生成的。操作与【简单倒圆】相似，如图 3-34 所示。圆弧按照选择曲线的顺序逆时针产生，在生成圆弧时，用户也可以选择【修剪选项】来决定在倒圆角时是否裁剪曲线，如图 3-35 所示。

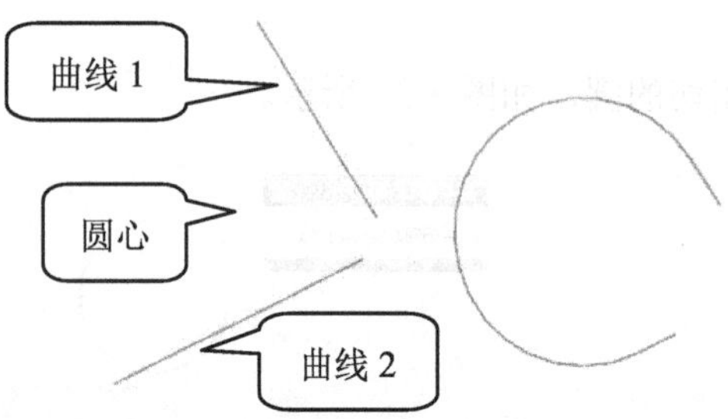

图 3-34　两条曲线倒圆

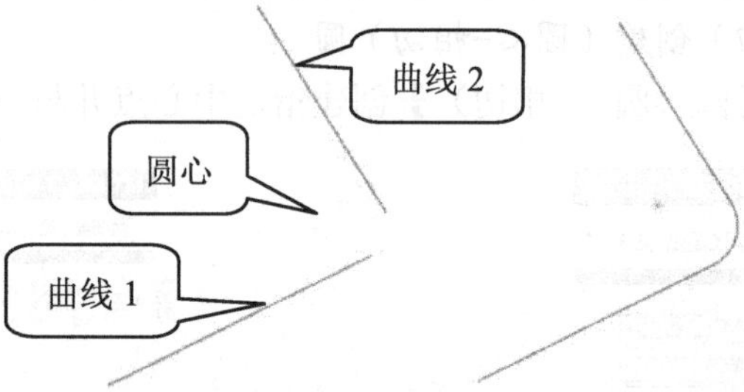

图 3-35　选择【修剪选项】决定是否裁剪曲线

3. 【三条曲线倒圆】

在三条曲线之间创建圆角，它们可以是点、直线、圆弧、二次曲线和样条的任意组合。与两条曲线倒圆一样，不同的是不需要用户输入倒圆半径，系统自动计算半径值，如图 3-36 所示。

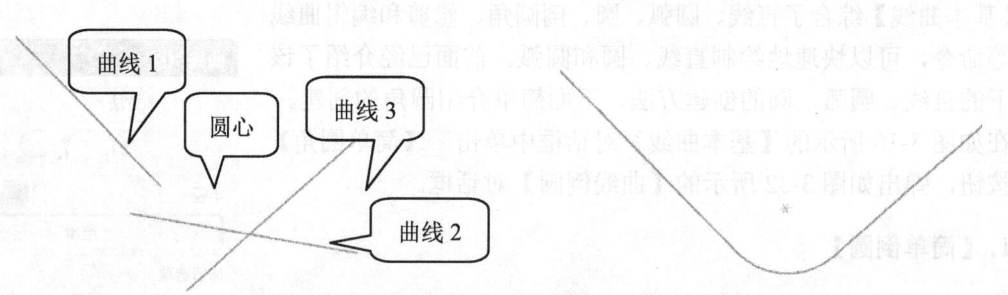

图 3-36　三条曲线倒圆

三条曲线倒圆时，若三条曲线中有圆弧，系统会弹出一个对话框提供额外的控制信息。

✧ 【外切】：倒圆弧与曲线圆弧相外切，曲线 1 是个圆，若选择该选项则倒圆角与曲线 1 外切，如图 3-37 所示。

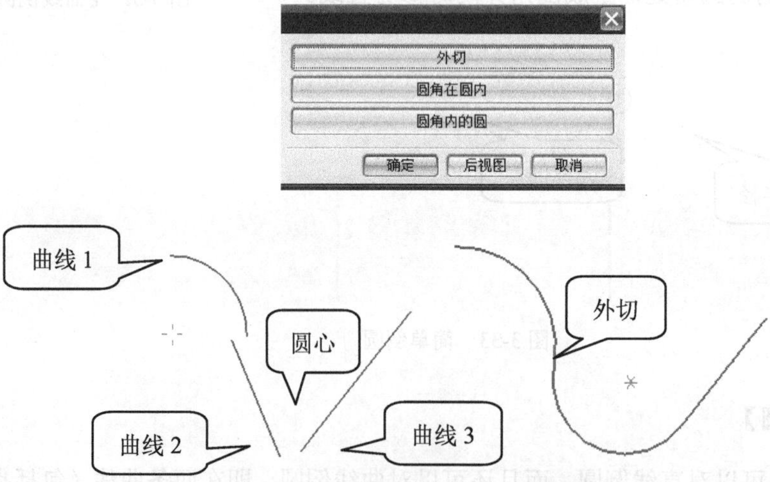

图 3-37　曲线倒圆角【外切】方式

✧【圆角在圆内】：倒圆弧内切于曲线，如图 3-38 所示。

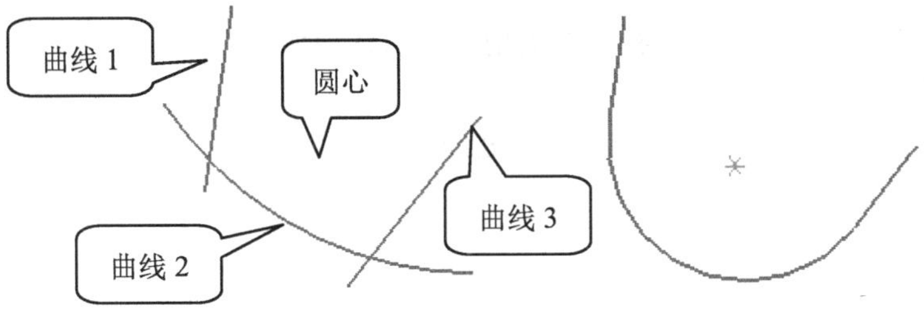

图 3-38　曲线倒圆角【圆角在圆内】方式

✧【圆角内的圆】：曲线内切于倒圆弧，如图 3-39 所示。

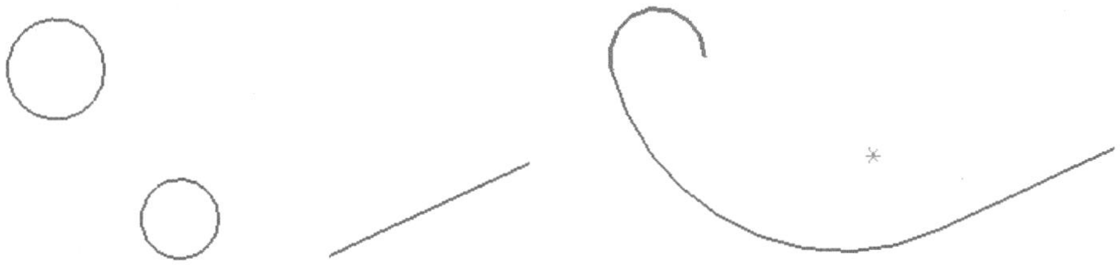

图 3-39　曲线倒圆角【圆角内的圆】方式

3.2.6　点集

【点集】一般用于在曲线或边缘上按照指定规则创建一群点。选择【插入】→【基准/点】→【点集】，弹出如图 3-40 所示的【点集】对话框，读者便可根据对话框的提示自行创建点集。

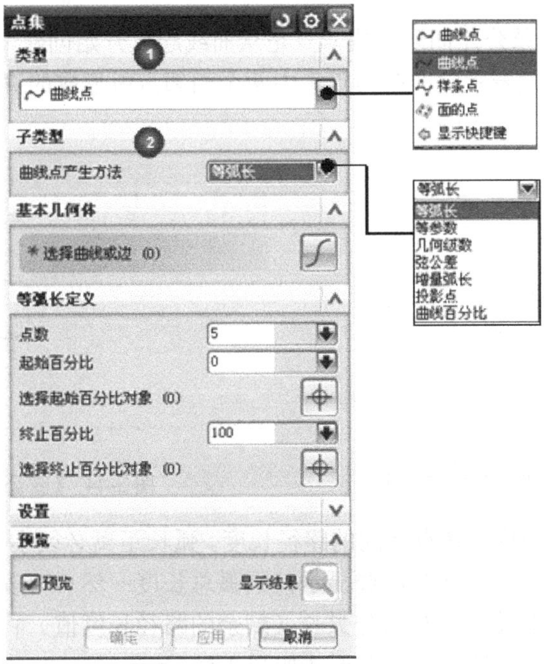

图 3-40　【点集】对话框

对话框中各选项的基本含义如下。

1.【类型】

用【类型】于指定要创建的【点集】特征的类型。可用选项如下。

✧【曲线点】：沿现有曲线创建一组点。

✧【样条点】：在样条的结点、极点或定义点处创建一组点。

✧【面的点】：在现有面上创建一组点。

2.【子类型】

【子类型】用于指定曲线点的生成方法。

✧【等弧长】：在起点与终点之间，沿曲线路径以等弧长方式创建指定数目的点集。其分布形式如图 3-41 所示。

✧【等参数】：在起点与终点之间，以等参数的方式创建指定数目的点集。其分布形式如图 3-42 所示。

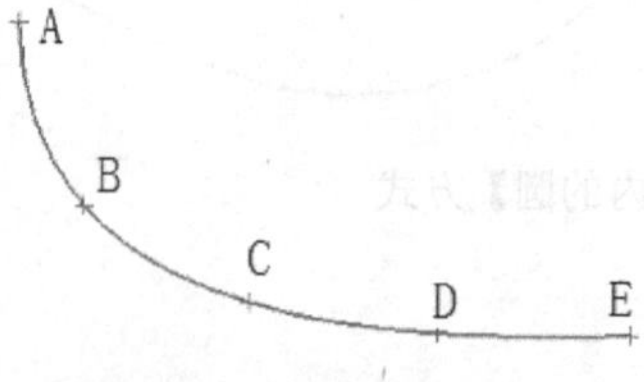

图 3-41 【等弧长】分布形式

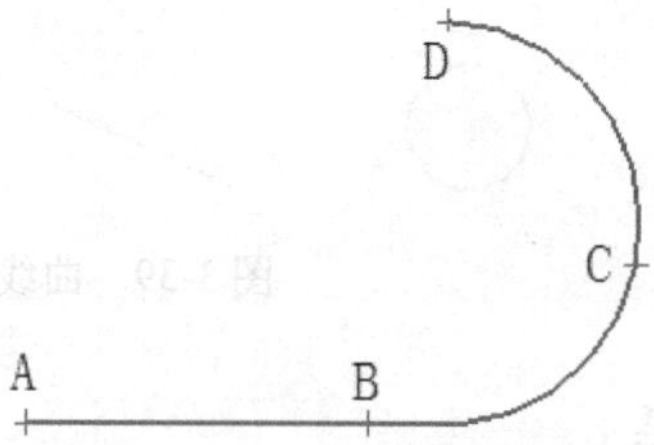

图 3-42 【等参数】分布形式

✧【几何级数】：在起点与终点之间按指定的几何比例来创建指定数目的点集。其分布形式如图 3-43 所示。

✧【弦公差】：基于弦公差间隔点集。点是从曲线起点开始创建，直到曲线终点而止。在弦公差框中输入的值表示父曲线与点集中两个相邻点所形成的直线（弦）之间的最大距离。其分布形式如图 3-44 所示。

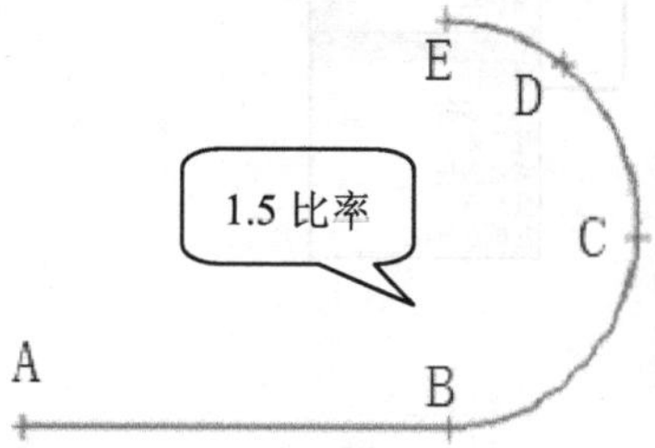

图 3-43 【几何级数】分布形式

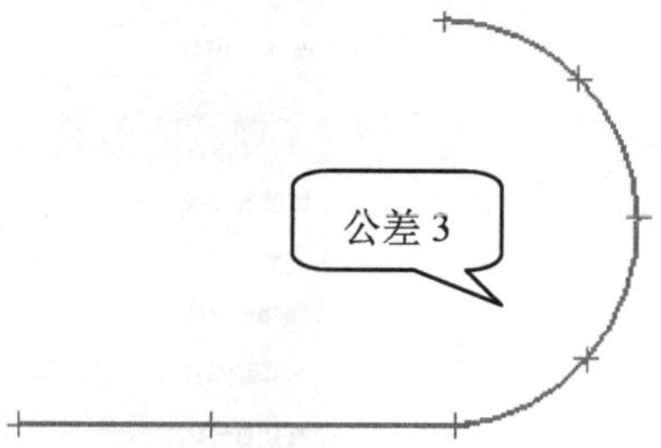

图 3-44 【弦公差】分布形式

✧【增量弧长】：用于输入各点之间的路径长度。弧长距离必须小于等于所选择曲线的长度，并且大于 0。当选择曲线时，会显示其圆弧总长度；然后可以输入弧长（两点之间所需的路径长度）。总的点数和部分弧长（剩余的路径长度值）将基于输入的弧长和选中曲线的圆弧总长度来计算。其分布形式如图 3-45 所示。

✧【投影点】：将选定点投影到指定曲线并在该位置创建一个点。如果投影点未投影在选定曲线上，就要在最靠近投影点可能落下的曲线末端处创建一个点。如果选择了多个曲线，就要在每个曲线上创建一个点。如果选择了多个点，就要将每个点投影到曲线上。投影到同一位置的多个点可创建重叠点。其分布形式如图 3-46 所示。

✧【曲线百分比】：以表示指定百分比的距离在每条曲线上创建点。例如，如果选择三条曲线并将曲线百分比指定为 10%，则将在每条曲线上 10%的曲线长度位置处创建点。

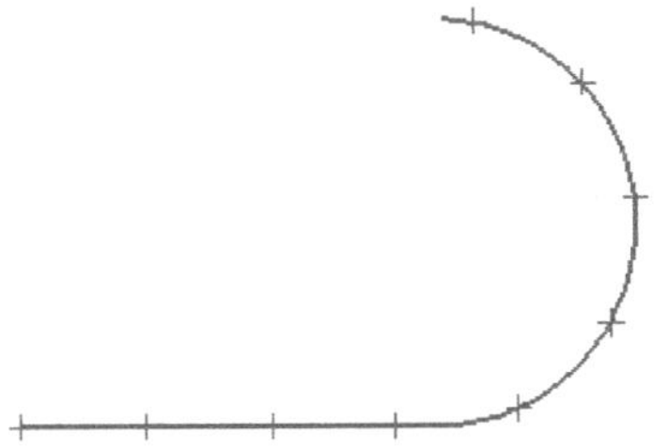

图 3-45 【增量弧长】分布形式

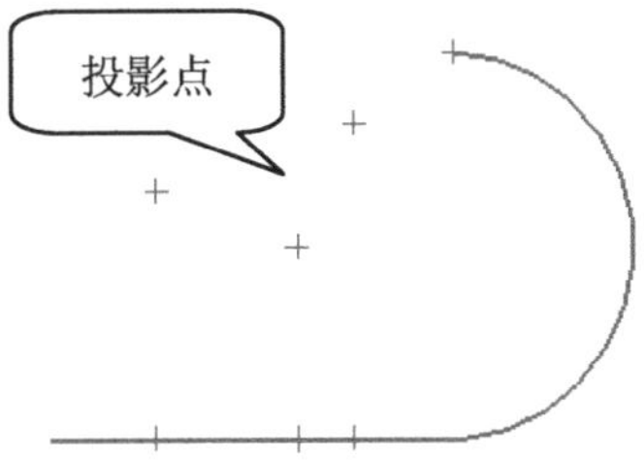

图 3-46 【投影点】分布形式

3.2.7 样条曲线

样条曲线是由一系列给定点控制的单段（或分段）多项式的光滑曲线。样条曲线包括一般样条曲线和艺术样条曲线两种类型。它是通过多项式曲线和所设定的参数来拟合曲线，其形状由点来控制，是一种用途广泛的曲线。

1. 一般样条曲线

单击【曲线】工具栏的【样条】～图标按钮，弹出如图 3-47 所示的对话框。

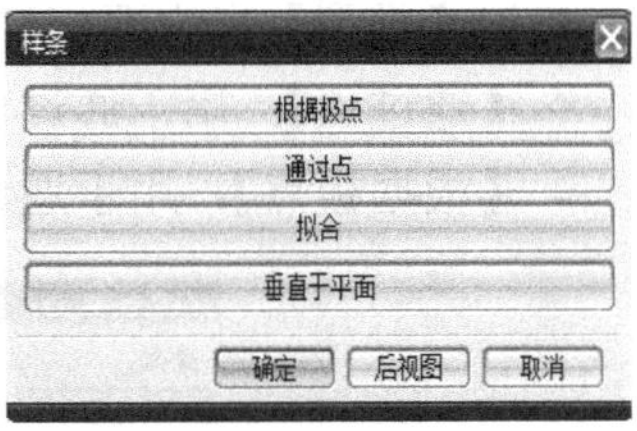

图 3-47 【样条曲线】对话框

样条曲线的各选项的具体含义如下。

1）【根据极点】

该选项是利用极点建立样条曲线，即用选定点建立的控制多边形来控制曲线的形状，所建立的样条只通过两个端点，不通过中间的控制点，如图 3-48 所示。

图 3-48 【根据极点】方式

2）【通过点】

该选项是通过设置样条曲线的各定义点，生成一条通过各点的样条曲线，它与根据极点的最大区别在于生成的样条曲线通过各个控制点，如图 3-49 所示。

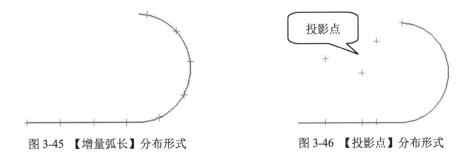

图 3-49 【通过点】方式

3）【拟合】

该选项是利用曲线拟合的方式确定样条曲线的各个中间点，只精确地通过曲线的端点，对于其他点则在给定的误差范围内尽量逼近，如图 3-50 所示。

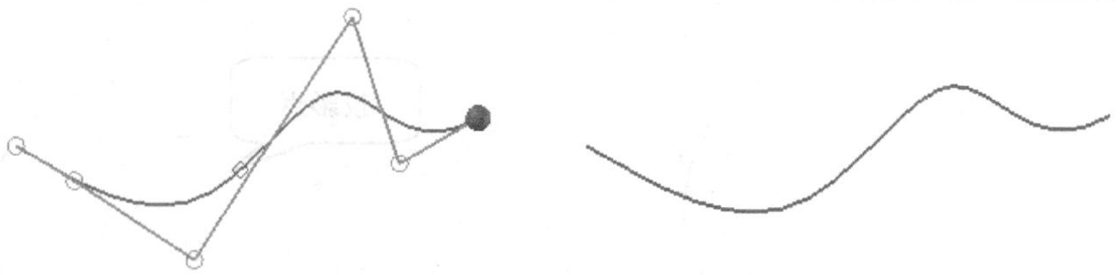

图 3-50 【拟合】方式

4）【垂直于平面】

样条通过并垂直于平面集中的各个平面。首先定义起始平面，然后选择起始点，接着定义下一个平面，且定义建立曲线的方向，然后继续选择所需的平面，完成后单击【确定】按钮。

2. 艺术样条曲线

创建艺术样条曲线时可以指定样条定义点的斜率，也可以拖动样条的定义点或者极点。单击【曲线】工具栏的【艺术样条】图标按钮，弹出如图 3-51 所示的对话框。

艺术样条曲线的主要选项的具体含义如下。

（1）【类型】指定要创建的样条的类型，如图 3-52 所示。

✧【通过点】：用于通过延伸曲线使其穿过定义点来创建样条。

✧【根据极点】：用于通过构造和操控样条极点来创建样条。

图 3-51 【艺术样条】对话框

【通过点】方式　　【根据极点】方式

图 3-52 【类型】选项

（2）【点位置】在平面上定义样条点或极点的位置。

【约束】包含以下几种类型。

- ✧ 【无】：点或极点没有约束。如果点或极点有约束，使用“无”，则将删除点或极点上的任何约束。
- ✧ 【G1（相切）】：在所选样条点上施加相切约束。在 G1 幅值框中指定此约束的幅值因子。其数学含义表示曲线或任意平面与该曲面的交线处处连续，且一阶导数连续。
- ✧ 【G2（曲率）】：在所选样条点上施加曲率约束。在 G2 半径框中指定此约束的半径。其数学含义表示曲线或任意平面与该曲面的交线处处连续，且二阶导数连续。
- ✧ 【G3（流）】：在旋转点施加曲率相切连续约束，即曲面或曲线点点连续，并且其曲率曲线或曲率曲面分析结果为相切连续。曲率曲线连续，且平滑无尖角。
- ✧ 【对称建模】：使一个端点对称到指定方向。使用此类型的约束，可以随后再镜像样条，并与其副本相接。

（3）【制图平面】指定创建样条和约束样条的平面。

（4）【移动】在指定的方向上或沿指定的平面移动样条点和极点。

（5）【延伸】表示延伸或缩短样条曲线，包含了 3 种类型。

- ✧ 【无】：不创建延伸。
- ✧ 【按值】：用于指定延伸的值。
- ✧ 【根据点】：用于定义延伸的延展位置。

3.2.8　曲线倒斜角

【曲线倒斜角】该功能是对两条边的直线或曲线的尖角进行倒斜角。单击【曲线】工具栏中的图标按钮，弹出如图 3-53 所示的【倒斜角】对话框。选择拐角时，尽量使两条直线都在选择球内，且选择球的中心在所需拐角内部。根据倒圆角要求，可以按需要缩短或延伸直线，以创建倒斜角。

【倒斜角】对话框选项的含义如下。

1）【简单倒斜角】

在同一平面内的两条直线之间建立倒角，其倒角度数为 45°，即两边的偏置相同，如图 3-54 所示。

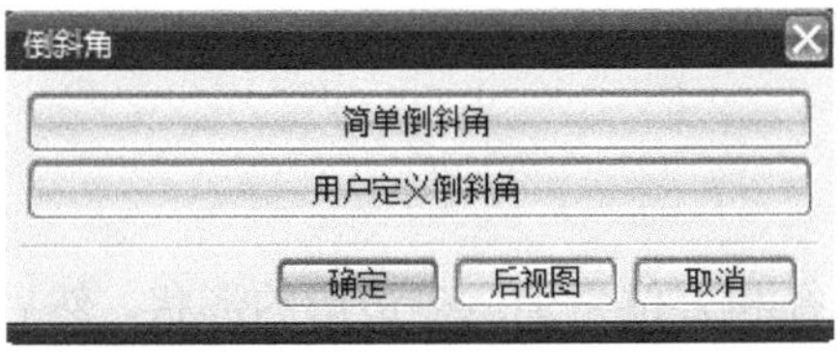

图 3-53 【倒斜角】对话框

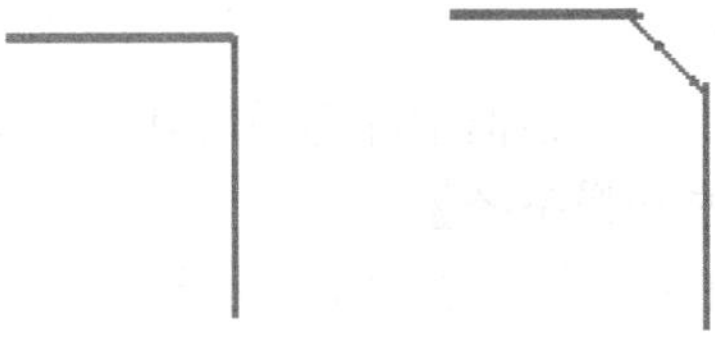

图 3-54 【简单倒斜角】形式

2）【用户定义倒斜角】

在同一平面内的两条共面曲线（包括直线、圆弧、样条和二次曲线）之间创建斜角，可以设置倒角度数和偏置值。该选项还提供了更多对修剪的控制，如图 3-55 所示。

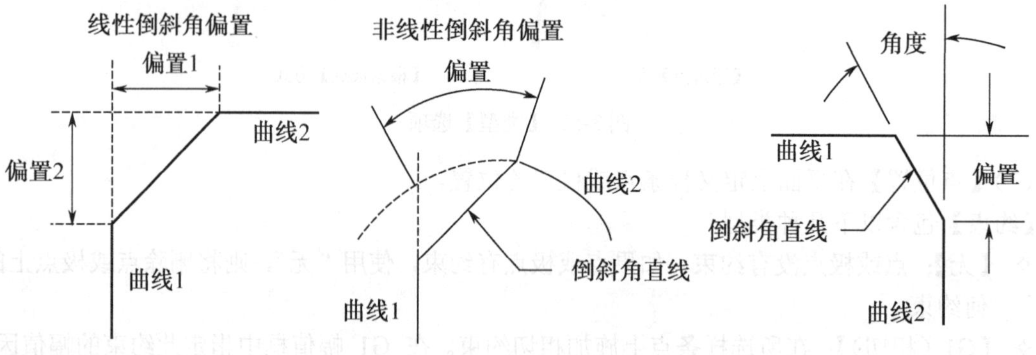

图 3-55 【用户定义倒斜角】形式

3.2.9 矩形

该功能是通过选择两个对角来创建矩形。单击【曲线】工具栏中的□图标按钮，选择矩形的两个点即可绘制矩形，如图 3-56 所示。

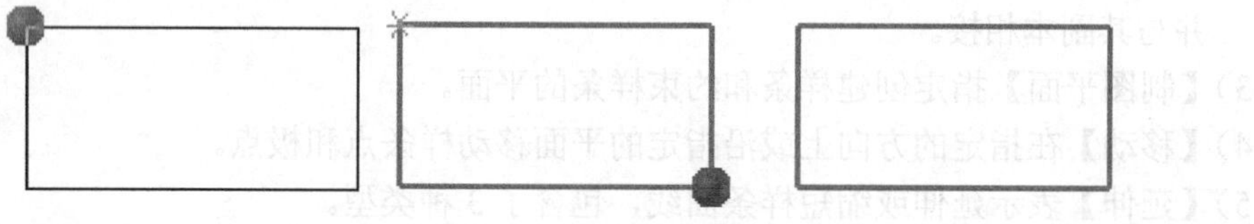

图 3-56 【矩形】创建

3.2.10 多边形

通过此命令可以生成具有指定边数量的多边形曲线。单击【曲线】工具栏中的⊙图标按钮，弹出如图 3-57（a）所示的【多边形】对话框。在【边数】文本框中输入多边形的边数，单击【确定】按钮，弹出如图 3-57（b）所示的【多边形】对话框。

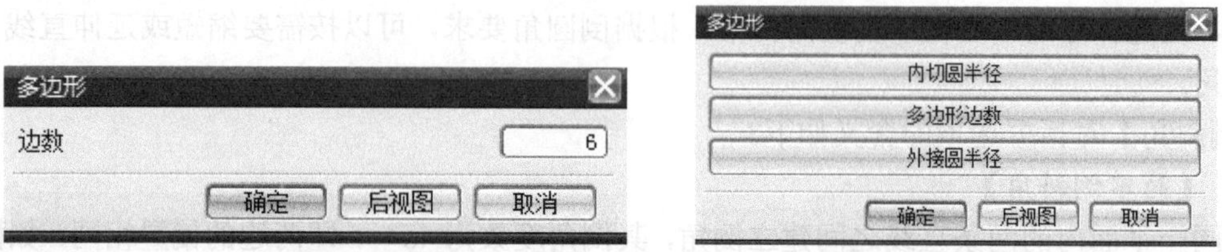

（a）　（b）

图 3-57 【多边形】对话框

【多边形】对话框中各选项的具体含义如下。

1）【内切圆半径】

绘制的多边形将与圆内切。通过输入内切圆半径和方位角确定多边形的形状，然后指定多边形的中心点，即可绘制多边形，如图 3-58（a）所示。

2）【多边形边数】

根据方位角来绘制多边形。通过输入多边形的边长值(侧)和方位角来确定正多边形的形状，然后指定多边形的中心点，即可绘制多边形，如图 3-58（b）所示。

3）【外接圆半径】

绘制的多边形与圆外接。通过输入外接圆半径和方位角来确定正多边形的形状，然后指定多边形的中心点，即可绘制多边形，如图 3-58（c）所示。

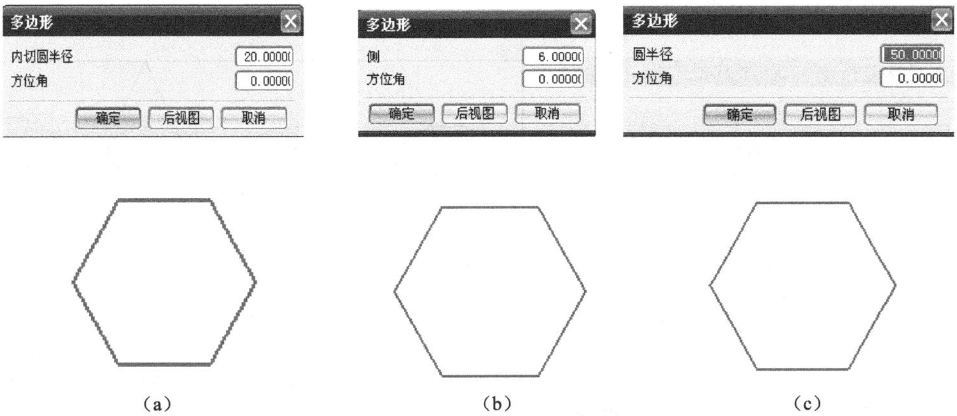

图 3-58 【多边形】不同创建方式

3.2.11　椭圆

单击【曲线】工具栏中的图标按钮，通过此命令可以创建椭圆或椭圆弧。椭圆有两根轴："长轴"和"短轴"，每根轴的中点都在椭圆的中心，另外，椭圆是绕 ZC 轴正向沿着逆时针方向创建的，起始角和终止角确定椭圆的起始和终止位置，如图 3-59 所示。

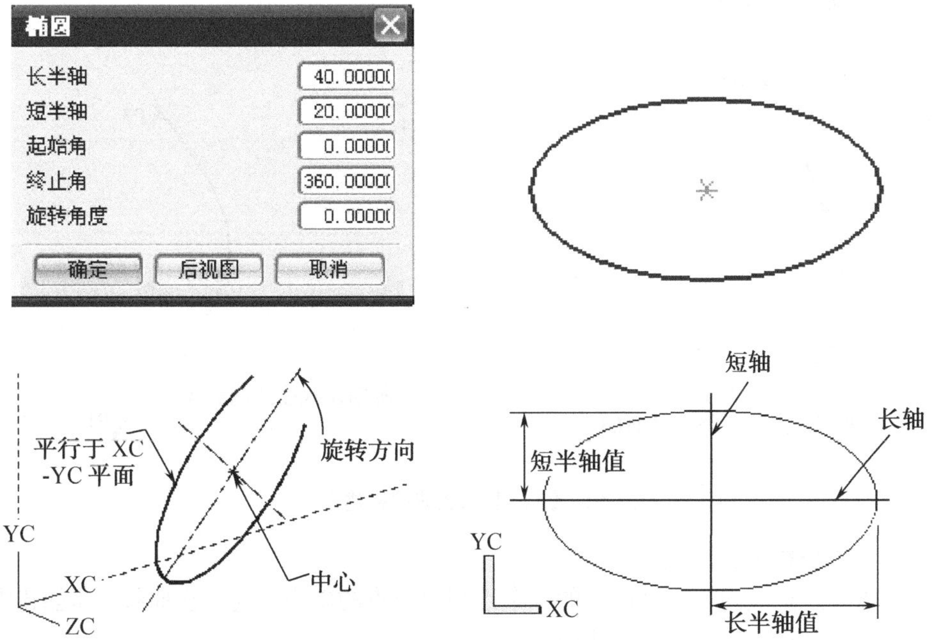

图 3-59 【椭圆】创建

3.2.12 一般二次曲线

一般二次曲线,是指使用各种放样方式或者一般二次曲线公式建立的二次曲线。在数学上，二次曲线是通过剖切圆锥而创建的曲线。根据截面通过圆锥的角度不同，剖切所得到的曲线类型也会有所不同。二次曲线位于平行于工作平面（XC-YC 平面）的一个平面上，其中心在指定点处。一般二次曲线比椭圆、圆、抛物线和双曲线更加灵活。单击【曲线】工具栏中【一般二次曲线】按钮，弹出如图 3-60 所示的对话框。

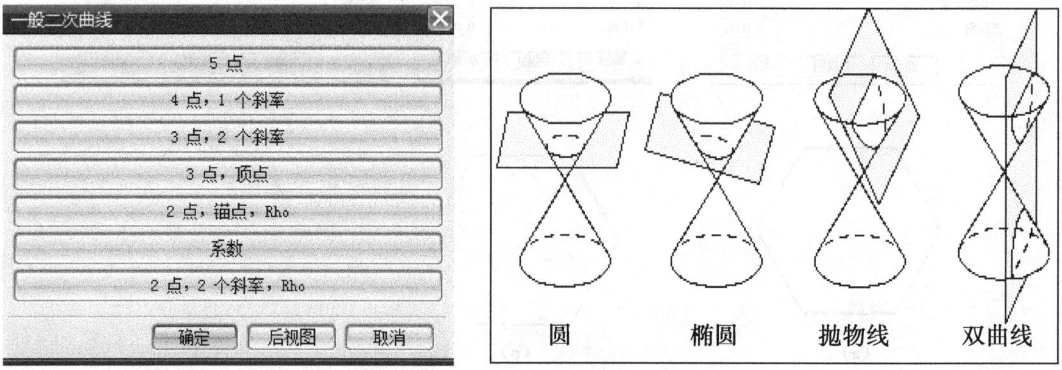

图 3-60 【一般二次曲线】对话框

【一般二次曲线】对话框中主要选项的含义具体如下。

1）【5 点】方式

选择该选项，然后根据【点】对话框中的提示，依次在工作区中选取 5 个点，再单击【确定】按钮即可创建，即创建一个由五个共面点定义的二次曲线截面。如果创建的二次曲线截面是一条双曲线，则第一点和第五点不必相连。即使两个分支上的点已定义，也只创建两个分支中的一个，如图 3-61 所示。

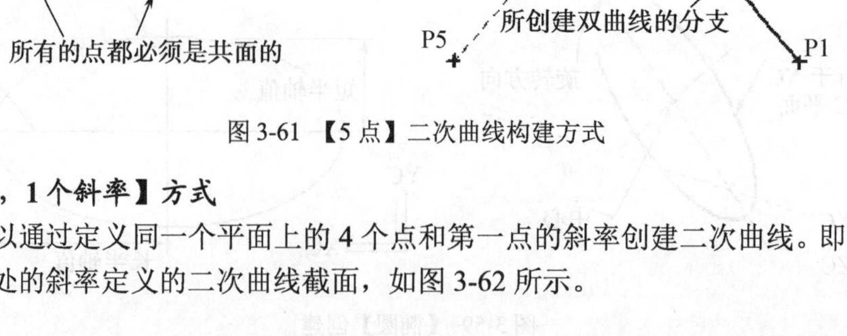

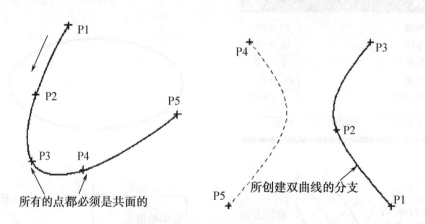

图 3-61 【5 点】二次曲线构建方式

2）【4 点，1 个斜率】方式

该选项可以通过定义同一个平面上的 4 个点和第一点的斜率创建二次曲线。即创建由四个共面点及第一点处的斜率定义的二次曲线截面，如图 3-62 所示。

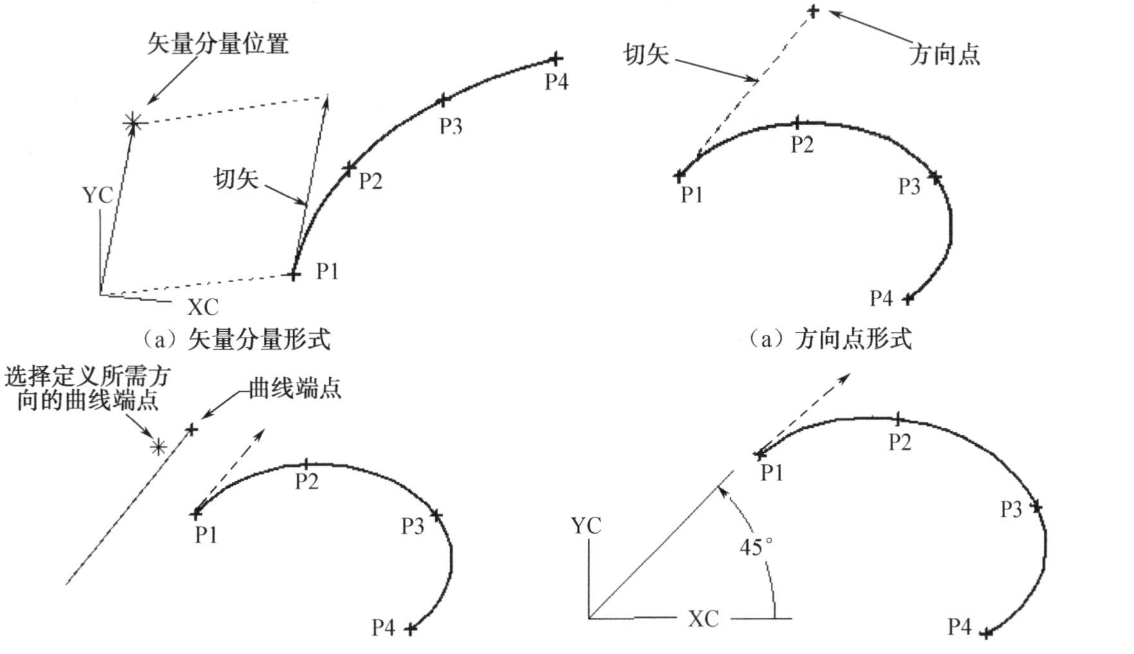

图 3-62 【4 点，1 个斜率】二次曲线构建方式

3）【3 点，顶点】方式

选择该选项，然后利用打开的【点】对话框，在工作区依次选取 3 个点和一个顶点，再单击【确定】按钮即可创建二次曲线。即创建由二次曲线上的三个点以及两端切矢的交点定义的二次曲线截面。顶点提供了修改曲线斜率的方法。顶点距离端点越远，曲线就越圆，如图 3-63 所示。

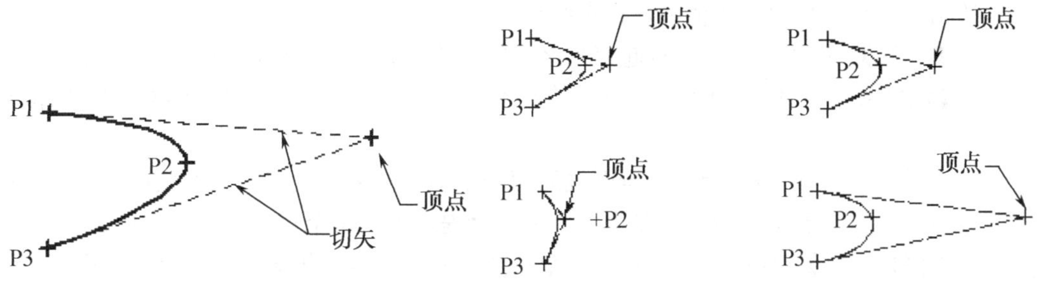

图 3-63 【3 点-顶点】二次曲线构建方式

4）【系数】方式

这个方法使用方程 $Ax^2+Bxy+Cy^2+Dx+Ey+F=0$[其中控制二次曲线的参数（A、B、C、D、E 和 F）是用户定义的]来创建二次曲线。创建的二次曲线位于工作平面内。二次曲线的方位和形状，二次曲线的限制形状，以及退化二次曲线可以通过输入系数来定义。

3.2.13 规律曲线

规律曲线就是 X、Y、Z 坐标值按设定的规则变化的曲线。要创建规则曲线，需要设定一组 X、Y、Z 参数式。规律曲线常在自由形状特征创建工具中作为一个选项被采用，如控制螺旋线的半径，控制面倒圆角的截面线等。选择工具栏【曲线】→【规律曲线】 图标按钮，弹出【规律曲线】对话框，如图 3-64 所示。

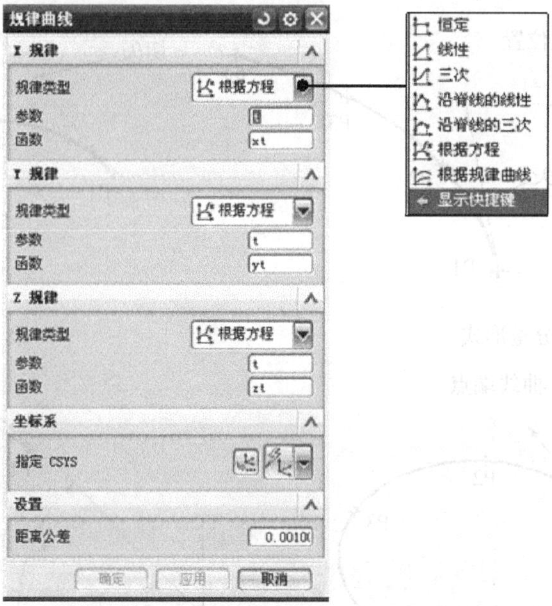

图 3-64 【规律曲线】对话框

【规律曲线】主要选项的具体含义如下。

1.【规律类型】选项卡

- ✧【恒定】：用于给整个规律函数定义一个常数值。当沿着基本曲线串移动时得到延伸曲面，其截面曲线的长度保持常数值。
- ✧【线性】：用于为延伸曲线或曲面定义从起点到终点更改的线性率。可以使用起始值参数指定起点，使用终止值参数指定终点。
- ✧【三次】：用于定义一个从起点到终点的三次变化率。指定起始值和终止值。
- ✧【沿脊线的线性】：使用沿着脊线的两个或多个点来定义线性规律函数。在选择脊线后，可以沿着该脊线指出多个点。
- ✧【沿脊线的三次】：指定沿着脊线的两个或多个点来定义一个三次规律函数。在选择脊线后，可以沿着该脊线指出多个点。系统会提示您在每个点处输入一个值。
- ✧【根据方程】：使用表达式和“参数表达式变量”定义规律。必须事先使用【表达式】对话框定义所有变量，并且表达式必须使用参数表达式变量“*t*”。
- ✧【根据规律曲线】：允许用户选择一条由光顺连接的曲线组成的线串来定义一个规律函数。

2.【根据方程】建立规律曲线的基本步骤

例如：单击【工具】→【表达式】，在【表达式】对话框中依次键入（//后面的文字表示注释，创建表达式时不能输入）：

```
A=100                  //定义一个常数；t=0  //变量 t 是参数，是系统内不变量；
xt=A*cos(3140*t)       // 建立 x(t)表达式；yt=A*sin(3140*t) //建立 y(t)表达式；
zt=A*t                 //建立 y(t)表达式；
```

（1）单击【曲线】工具栏上的【规律曲线】图标。

（2）定义 X 的方程：在对话框中选择【根据方程】，指定表达式的参数，这里指定【t】。

（3）按鼠标中键，指定 X 的表达式，这里输入【xt】，然后按鼠标中键，回到【规律曲线】

对话框。

（4）再次参照步骤（2），定义 t、yt；定义 t、zt。

（5）zt 定义完后，系统会弹出如图 3-65 所示的对话框，用于设定规律曲线的方位、原点及参考坐标系。直接按鼠标中键（接受默认值），即可生成曲线。

图 3-65 【根据方程】构建规律曲线

3.3 曲线操作

3.3.1 偏置曲线

偏置曲线用于对已存在的曲线（直线、圆弧、二次曲线、样条、边和草图）以一定的偏置方式偏置得到新的曲线。得到的新曲线与原曲线是相关的。即当原曲线发生改变时，新的曲线也会随之改变。单击【插入】→【来自曲线集的曲线】→【偏置】选项，或单击【曲线】工具栏中的【偏置】图标按钮，弹出如图 3-66 所示的【偏置曲线】对话框。

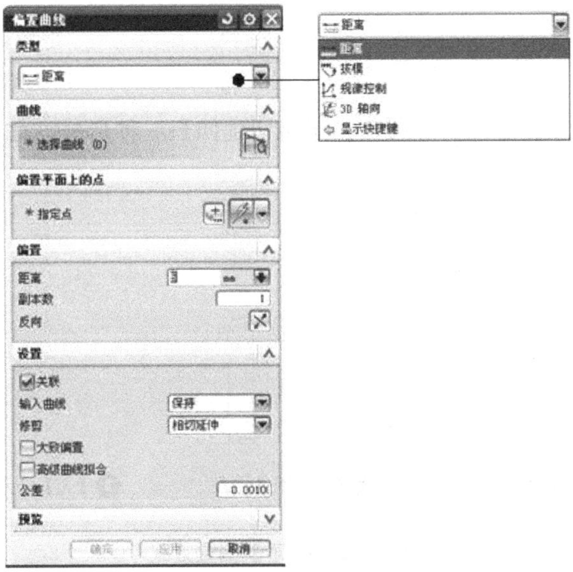

图 3-66 【偏置曲线】对话框

【偏置曲线】对话框各选项的具体含义如下。

1.【类型】

【类型】包含以下四种方式：

✧【距离】：在输入曲线的平面上以恒定距离创建偏置曲线。

✧【拔模角】：在与输入曲线平面平行的平面上创建指定角度的偏置曲线，如图 3-67 所示。

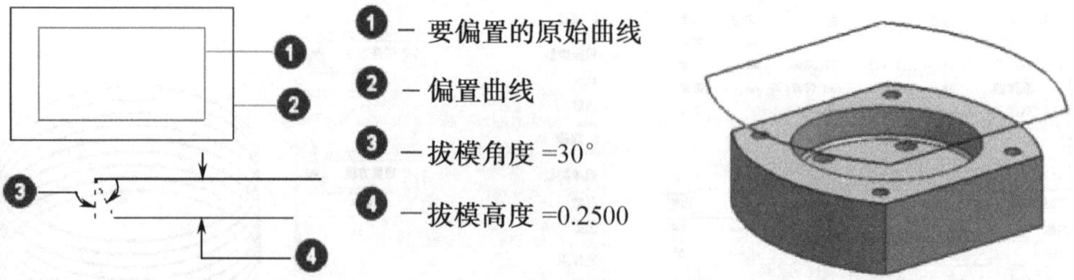

图 3-67 【拔模】偏置方式

✧【规律控制】：在输入曲线的平面上，按照指定规律所定义的方式创建偏置曲线。

✧【3D 轴向】：创建共面或非共面的 3D 曲线。

2.【偏置】

【偏置】包含以下三种方式：

✧【距离】：仅针对距离和 3D 轴类型的偏置曲线使用。在箭头矢量指示的方向上，指定与选定曲线之间的偏置距离。距离值为负将在相反方向创建偏置曲线。

✧【高度】：对拔模类型的偏置使用。用于指定拔模高度（从输入曲线平面到生成的偏置曲线平面之间的距离）。

✧【角度】：对拔模类型的偏置使用。用于指定从偏置矢量到输入曲线所在的参考平面的垂直线之间的夹角。

3.【修剪】方式

【修剪】方式主要包含了【无】、【圆角】、【相切延伸】三种形式，如图 3-68 所示。

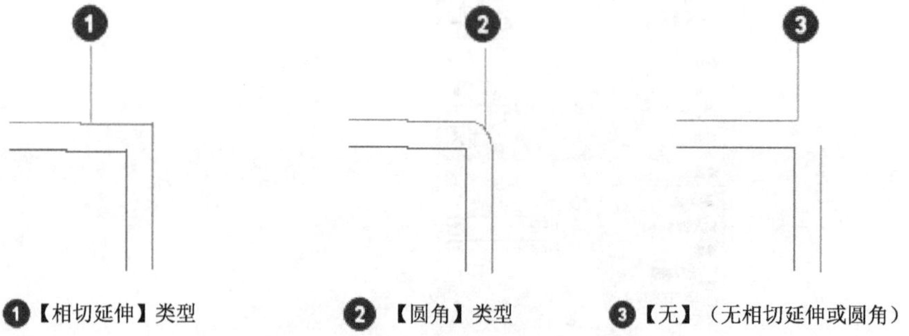

图 3-68 【拔模角】偏置方式

3.3.2　桥接曲线

桥接曲线是在曲线上通过指定的点对两条不同位置的曲线进行倒圆角或融合操作，具体使用桥接曲线命令可创建、定型及约束曲线、点、曲面或曲面边之间的桥接曲线，也可以使用此命令跨基准平面创建对称的桥接曲线。

单击【曲线】工具栏中的【桥接曲线】，弹出如图 3-69 所示的对话框，或者单击【插入】→【来自曲线集的曲线】→【桥接曲线】图标按钮。

【桥接曲线】对话框中主要选项的含义如下。

- ✧【桥接曲线属性】：可以为桥接曲线的起点与终点单独设置连续性、位置及方向选项，包括相切连接、曲率连续等，桥接位置可以通过滑动滑杆或输入百分比或直接拖动视图中的圆点加以调整。
- ✧【形状控制】：用于设定桥接曲线的形状，可以通过相切幅值、深度和歪斜度、二次曲线及参考成型曲线的方式来控制桥接曲线的形状。

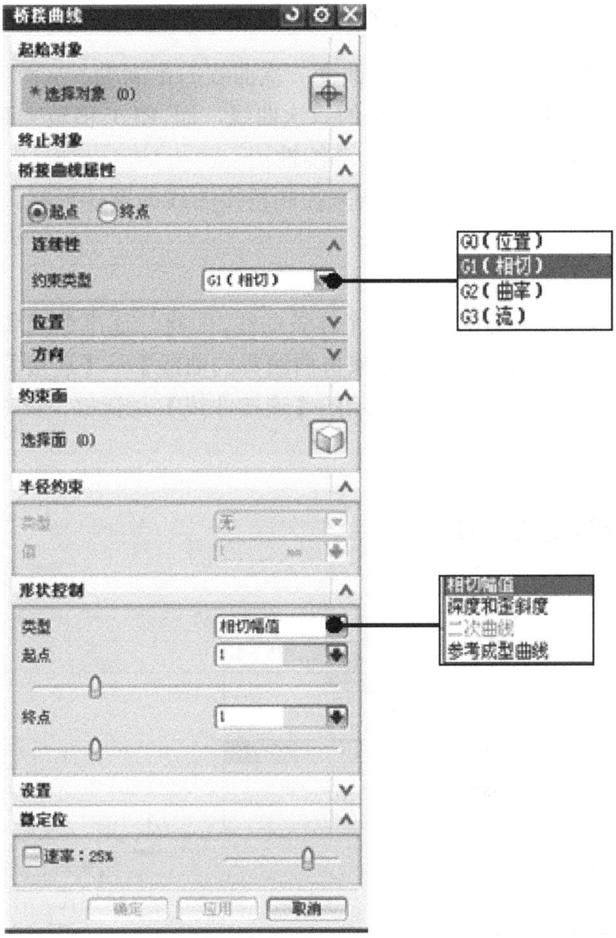

图 3-69 【桥接曲线】对话框

①【相切幅值】：表示起始值和终止值的相切百分比。这些值初始设置为 1。要获得反向相切桥接曲线，可单击【反向】按钮。

②【深度和歪斜度】：其中“深度”控制曲线曲率来影响桥接的方式，“歪斜度”控制最大

曲率的位置。【深度和歪斜度】控制方式如图 3-70 所示。

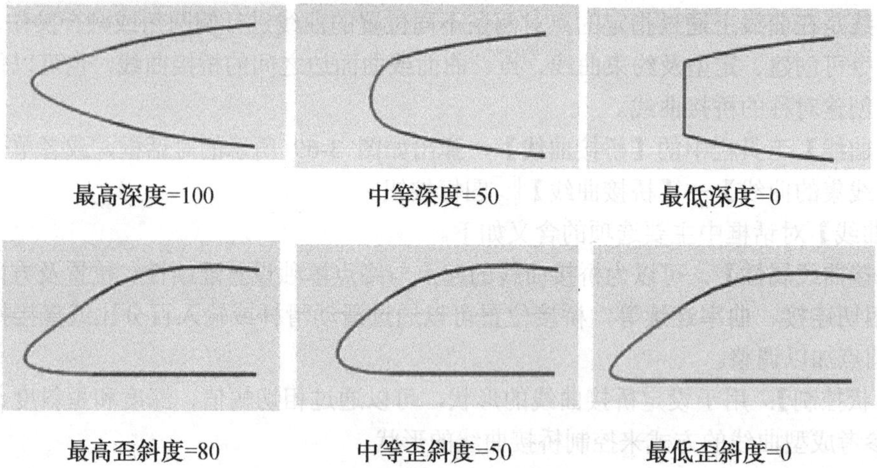

图 3-70 【深度和歪斜度】控制方式

③【二次曲线】：根据指定的 Rho 值来改变二次曲线的饱满度，从而更改桥接曲线形状。有效值为 0.01 到 0.99。Rho 值较小时生成平的二次曲线，而 Rho 值较大时生成尖头二次曲线。二次曲线仅支持 G0（位置）和 G1（相切）连续性。

④【参考成型曲线】：用于选择现有样条来控制桥接曲线的整体形状。

3.3.3 连接曲线

该功能是将曲线链连接在一起以创建单个样条曲线，即将一连串曲线和/或边连接为整体曲线特征或非关联的 B 样条。选择【插入】→【来自曲线集的曲线】→【连接】选项，或单击【曲线】工具栏中的图标按钮，弹出如图 3-71 所示的【连接曲线】对话框，该对话框用于设置合并操作曲线的类型，读者可根据提示自行练习。

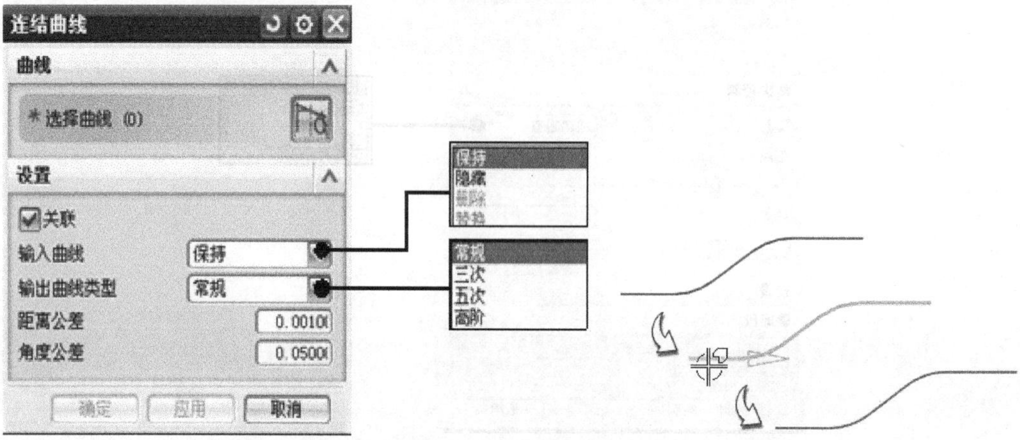

图 3-71 【连接曲线】对话框

【连接曲线】对话框中主要选项【输出曲线类型】介绍如下。

✧【常规】：创建可精确表示输入曲线的样条。使用常规选项可以创建比三次或五次类型更高阶次的曲线。在可以接受逼近表示的应用模块中，可以选择使用三次或五次。

✧【三次】：使用 3 次多项式样条逼近输入曲线。使用此选项可最小化结点数。
✧【五次】：使用 5 次多项式样条逼近输入曲线。
✧【高阶】：仅使用一个分段重新构建曲线，直至达到最高阶次参数所指定的阶次数。如果公差不符合最高阶次参数，则增加段数，直至达到最大段数定义的数目。如果组合的最高阶次和最大段数仍与公差不符，则会创建曲线并显示一条消息，即曲线与指定的公差不符。

3.3.4　投影曲线

【投影曲线】方法可以把点、曲线和边缘曲线根据投影的方向投影到片体、曲面和基准平面上。投影方向可以是矢量，也可以与矢量成一定的角度，还可以是面的方向。单击【曲线】工具栏中的图标按钮，弹出如图 3-72 所示的【投影曲线】对话框。

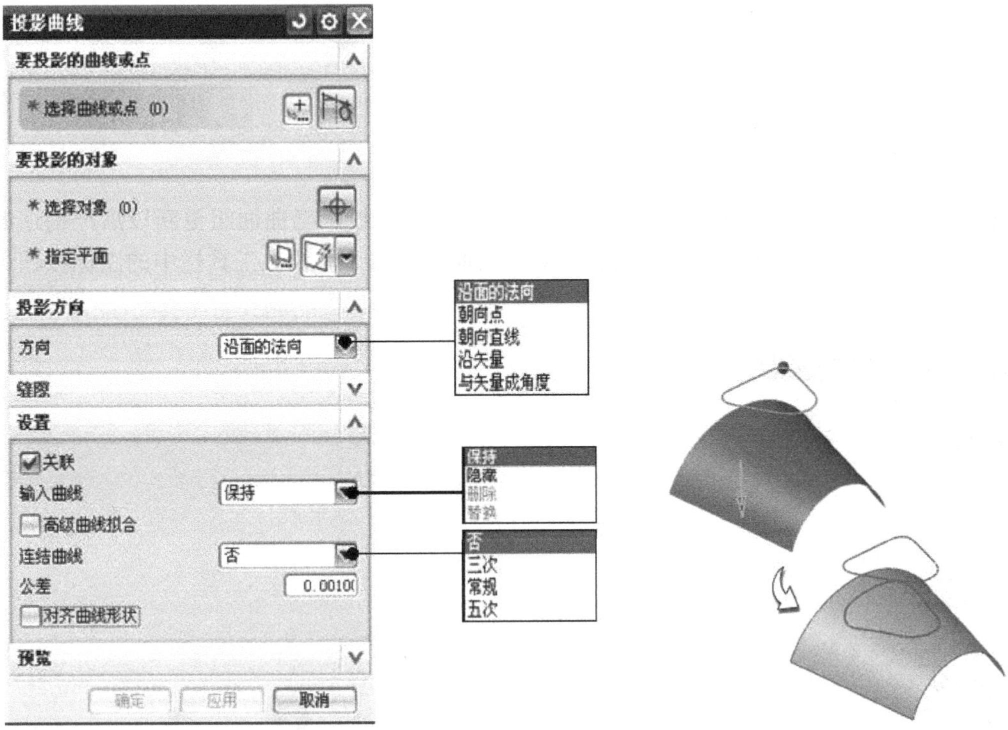

图 3-72 【投影曲线】对话框

【投影曲线】对话框中主要选项【投影方向】介绍如下（见图 3-73）。
✧【沿面的法向】：将所选点或曲线沿曲面或平面的法线方向投影到曲面或平面上。
✧【朝向点】：将所选点或曲线与指定点相连，与投影曲面交线即为点或曲线在投影面上的投影。
✧【朝向直线】：投影点是自垂直于指定直线的选定点延伸的直线的交点。投影的曲线是曲面的相交曲线。
✧【沿矢量】：用于通过矢量列表或矢量构造器来指定方向矢量。
✧【与矢量成角度】：与指定的矢量成指定角度来投影曲线。根据选择的角度值（向内的角度为负值），该投影可以相对于曲线的近似形心按向外或向内的角度生成。

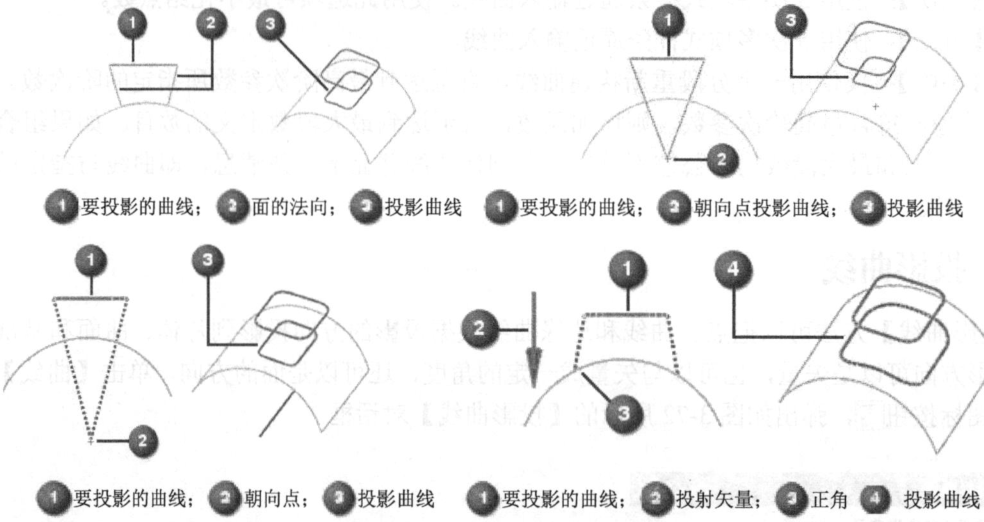

图 3-73 【投影方向】形式

3.3.5 相交曲线

【相交曲线】方法可以在指定的平面组之间构造相交曲线，当曲面组更新以后，构造的相交曲线也随之更新。在一个曲面组中可以选择多个曲面。单击【曲线】工具栏中的图标按钮，弹出如图 3-74 所示的【相交曲线】对话框。

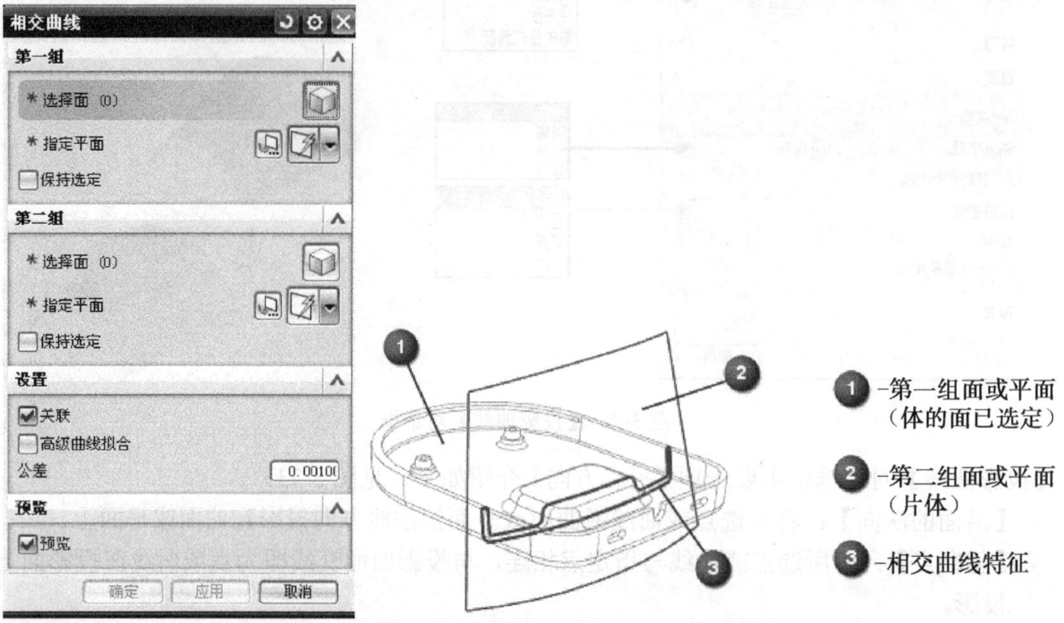

图 3-74 【相交曲线】对话框

【相交曲线】对话框中主要选项设置介绍如下。

✧ 【关联】：使相交曲线关联。

✧ 【高级曲线拟合】：包含如下三项含义。

①【阶次和段】：使用此选项可指定输出曲线的阶次和段。

②【阶次和公差】：使用此选项可指定最大阶次和公差来控制输出曲线的参数。

③【自动拟合】：使用此选项可指定最小阶次、最大阶次、最大段数和公差数，以控制输出曲线的参数。

3.3.6　组合投影

【组合投影】方法可以通过组合现有两条曲线的投影来创建一条新的曲线。两条曲线的投影必须相交。单击【曲线】工具栏中的图标按钮，弹出如图 3-75 所示的【组合投影】对话框。

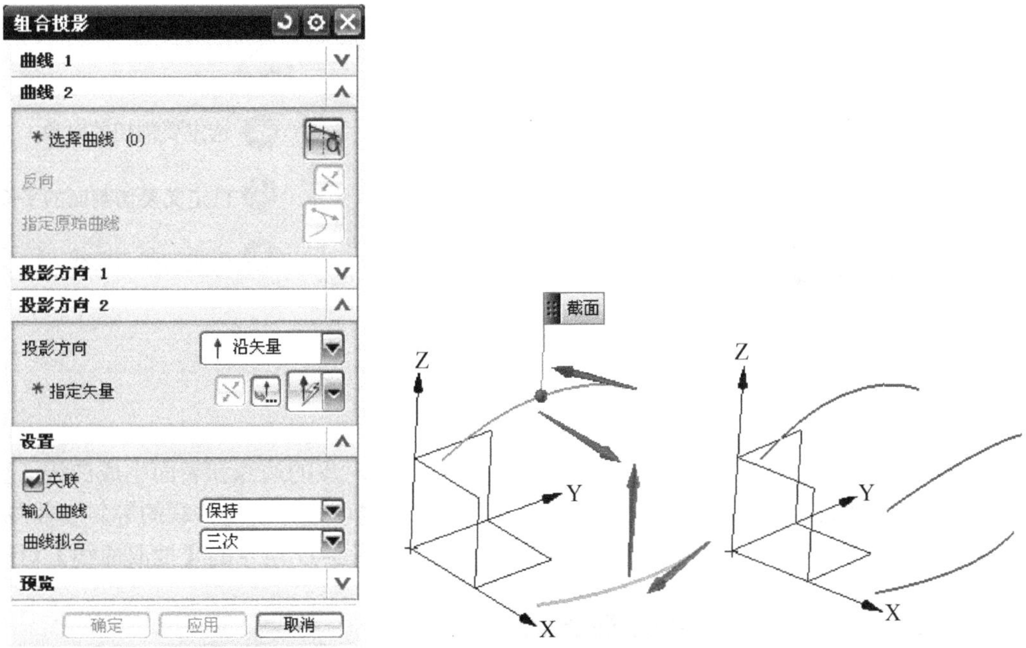

图 3-75　【组合投影】对话框

【设置】选项中【曲线拟合】具体含义如下。

✧【三次】：在创建或编辑组合投影曲线特征的同时指定拟合方法，使用 3 次样条线。

✧【五次】：使用 5 次样条线。

✧【高级】：仅使用一个分段重新构建曲线，直到达到最高次数参数所指定的次数。

3.3.7　截面曲线

【截面曲线】命令可在指定的平面与体、面或曲线之间创建相交几何体。单击【曲线】工具栏中的图标按钮，弹出如图 3-76 所示的【截面曲线】对话框。

【截面曲线】对话框中【类型】具体含义如下。

✧【选定的平面】：使用选定的现有个体平面或在过程中定义的平面来创建截面曲线。

✧【平行平面】：使用指定的一系列平行平面来创建截面曲线。可以指定基本平面、步长值（平面之间的距离）以及起始与终止距离。

✧【径向平面】：使用指定的一组平面（从指定的轴“散开”）来创建截面曲线。可以指定枢轴及点来定义基本平面、步长值（平面之间夹角）以及起始角与终止角。

✧【垂直于曲线的平面】：使用垂直于曲线或边的多个剖切平面来创建截面曲线，可以控制剖切平面沿曲线的间距。

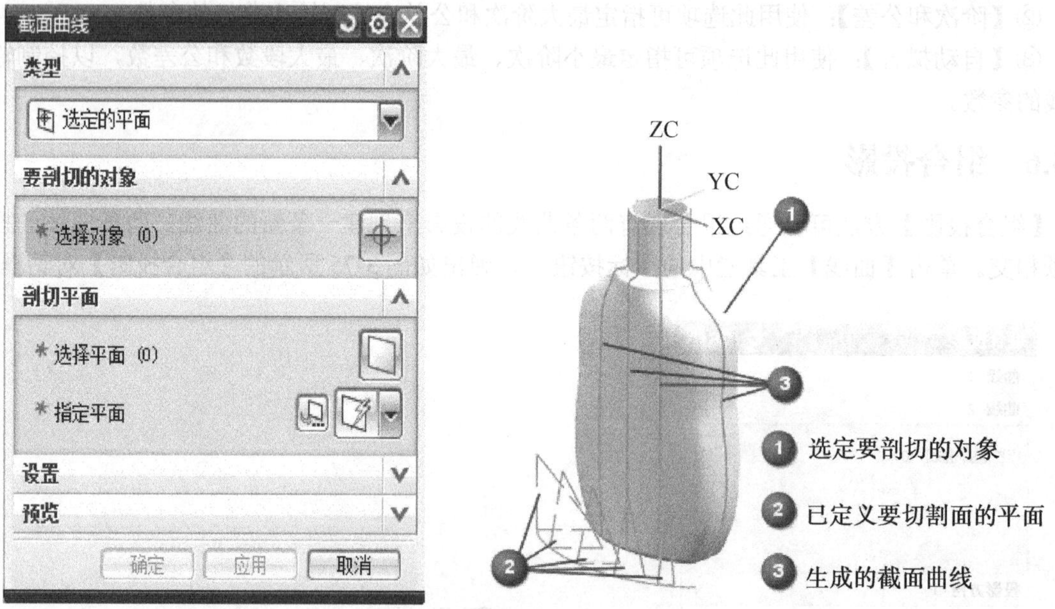

图 3-76 【截面曲线】对话框

3.3.8 抽取曲线

【抽取曲线】是从体的边和面创建曲线。通过一个或多个对象的边缘和表面生成曲线（直线、圆弧、二次曲线和样条）。大多数抽取曲线是非关联的，但也可选择创建关联的等斜度曲线或阴影轮廓曲线。单击【曲线】工具栏中的图标按钮，弹出如图 3-77 所示的【抽取曲线】对话框。

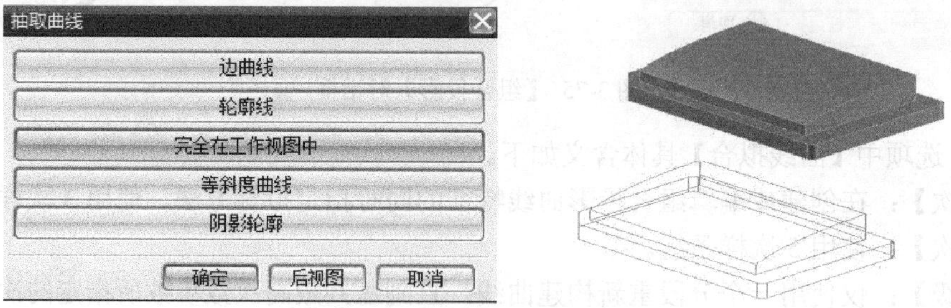

图 3-77 【抽取曲线】对话框

【抽取曲线】对话框中主要选项的具体含义如下。

✧【边曲线】：在表面或实体的边缘创建曲线。

✧【轮廓线】：根据轮廓线创建曲线。

✧【完全在工作视图中】：在工作视图内的所有边缘创建曲线。

✧【等斜度曲线】：创建相等斜度的曲线。

① 角度：斜度曲线与矢量之间的夹角。

② 步进：等斜度曲线的倾角增量。

✧【阴影轮廓】：对选定对象的不可见轮廓线创建曲线。

使用【完全在工作视图中】、【轮廓线】或【阴影轮廓】创建的曲线，在创建它们时所在的工作视图是视图相关的。

3.3.9　在面上偏置曲线

【面中的偏置曲线】生成曲面上的偏置曲线。与【偏置曲线】不同的是，它只能选择面上的曲线作为偏置对象，并且生成的曲线也附着于曲面上。

3.4　编辑曲线

编辑曲线常用命令主要有：【编辑曲线参数】、【修剪曲线】、【修剪拐角】、【分割曲线】、【编辑圆角】、【拉伸曲线】、【曲线长度】和【光顺样条】。

3.4.1　编辑曲线参数

【编辑曲线参数】主要用于修改无参数的直线、圆弧、圆、样条线、二次曲线、螺旋线、投影线等。

单击【编辑曲线】工具栏中的图标按钮，弹出如图 3-78 所示的【编辑曲线参数】对话框。根据曲线的类型可以实现相应的编辑修改。

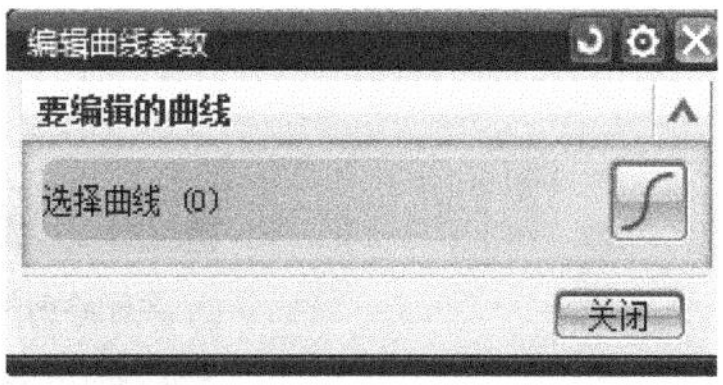

图 3-78　【编辑曲线参数】对话框

3.4.2　修剪曲线

修剪曲线的多余部分到指定的边界对象，或者延长曲线一端到指定的边界对象。单击【编辑】→【曲线】→【修剪】选项,或单击【编辑曲线】工具栏中的图标按钮，弹出如图 3-79 所示的【修剪曲线】对话框。

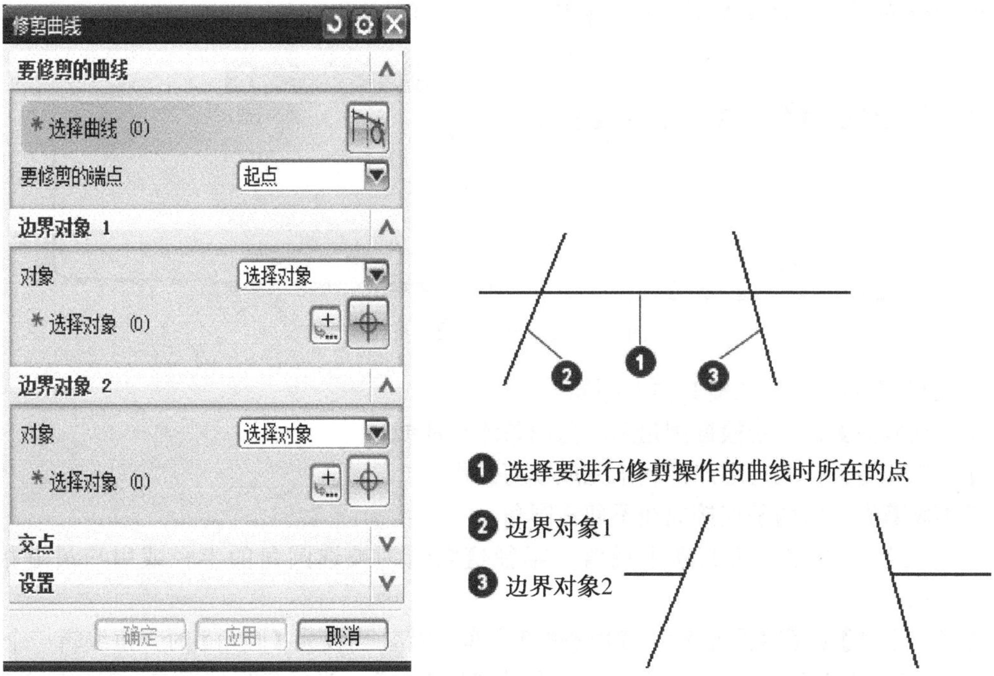

图 3-79　【修剪曲线】对话框

【修剪曲线】对话框中部分功能介绍如下。

✧【要修剪的曲线】：修剪的一条或多条曲线。

✧【边界对象 1】：选择修剪的第一条边界对象。

✧【边界对象 2】：选择修剪的第二条边界对象。

3.4.3 修剪拐角

将两相交曲线修剪或延长至其交点，相对于交点，被选择的部分将被剪去。使用此功能可以快速将两曲线修剪形成一拐角。单击【编辑曲线】工具栏中的图标按钮，弹出如图 3-80 所示的【修剪拐角】对话框，可对曲线进行修改。

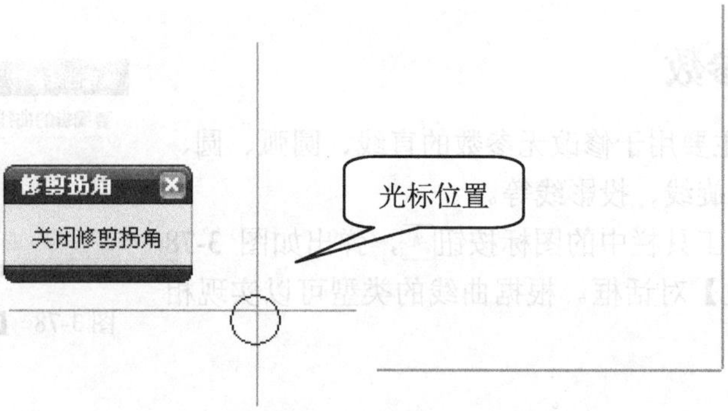

图 3-80 【修剪拐角】对话框

3.4.4 编辑圆角

编辑现有圆角，类似于两曲线重新倒圆角。单击【编辑曲线】工具栏中的图标按钮，弹出如图 3-81 所示的【编辑圆角】对话框，利用该对话框可以编辑圆角。

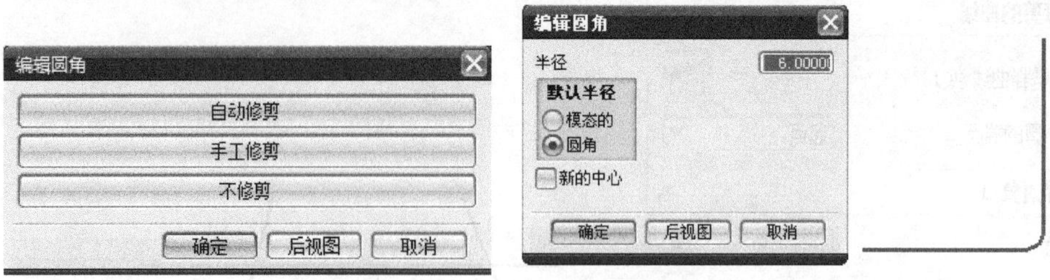

图 3-81 【编辑圆角】对话框

【编辑圆角】对话框中功能具体介绍如下。

✧【自动修剪】：系统根据圆角来裁剪两条连接曲线。

✧【手工修剪】：通过用户控制来完成裁剪工作。

✧【不修剪】：对两条连接曲线不剪裁圆角。

✧【半径】：指定圆角的新半径值。半径值默认为被选圆角的半径或用户最近指定的半径。

✧【默认半径】：在【圆角】和【模态的】之间切换。当设为【圆角】时，每编辑一个圆角，半径值就默认为它的半径。如果默认值为【模态的】，半径值保持恒定，直到输入新的半径或半径默认值被更改为【圆角】。

✧【新的中心】：用于选择是否指定新的近似中心。如果设为【否】，当前圆角的圆弧中心用于开始计算修改的圆角。

3.4.5　分割曲线

将指定曲线分割成多个曲线段，所创建的每个分段都是单独的曲线，并且与原始曲线使用相同的线型。单击【编辑】→【曲线】→【分割】选项，或单击【编辑曲线】工具栏中的图标按钮，弹出如图 3-82 所示的【分割曲线】对话框。

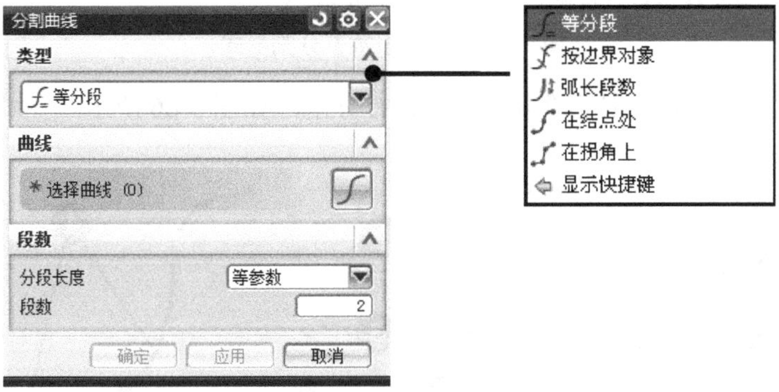

图 3-82　【分割曲线】对话框

【类型】下拉列表中有 5 个选项，具体含义如下。

✧【等分段】：将曲线分成相等的段，如图 3-83 所示。

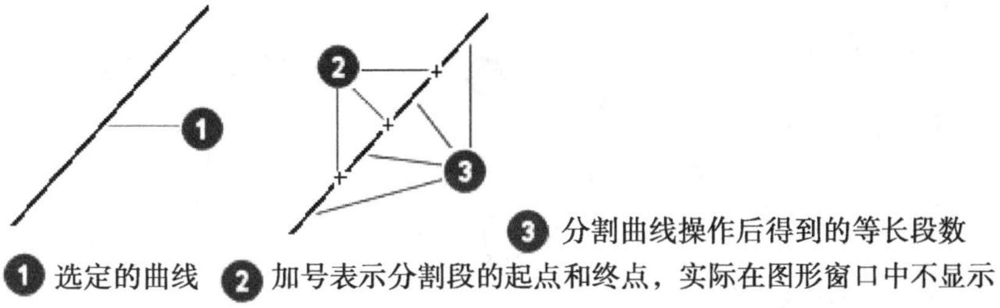

图 3-83　【等分段】分割形式

✧【按边界对象】：根据对象的边界把曲线分成多段，如图 3-84 所示。

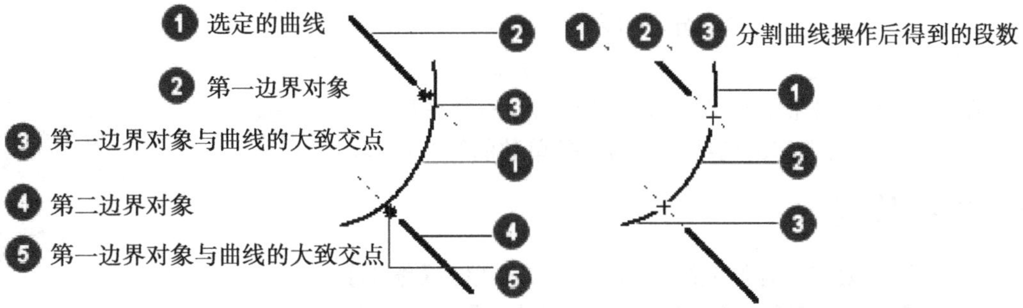

图 3-84　【按边界对象】分割形式

✧【弧长段数】：根据圆弧的长度把曲线分段，如图 3-85 所示。

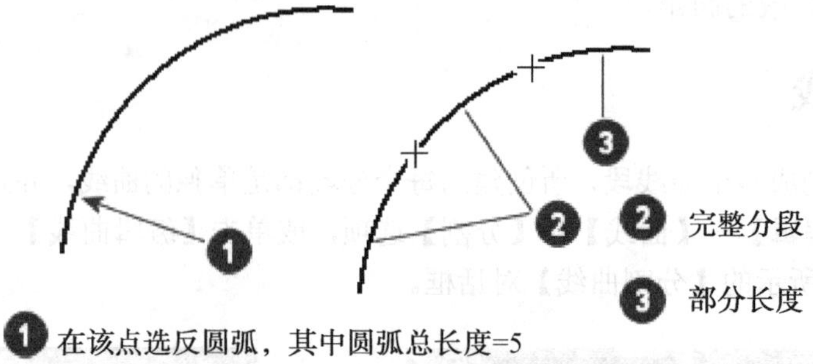

图 3-85 【弧长段数】分割形式

✧【在结点处】：根据指定的阶段对曲线进行分割，如图 3-86 所示。

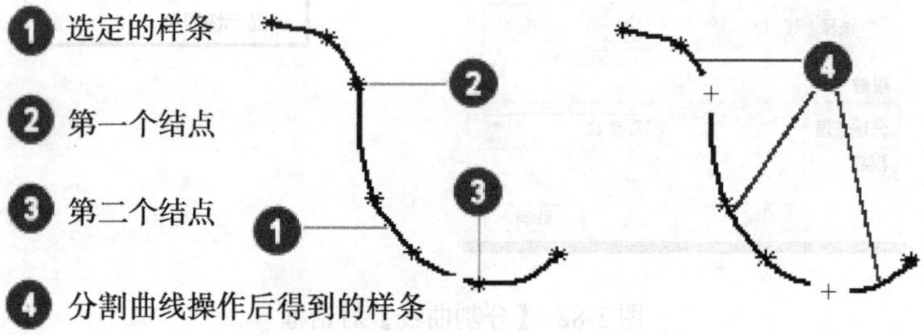

图 3-86 【在结点处】分割形式

✧【在拐角上】：在样条曲线的拐角处对曲线进行分割，如图 3-87 所示。

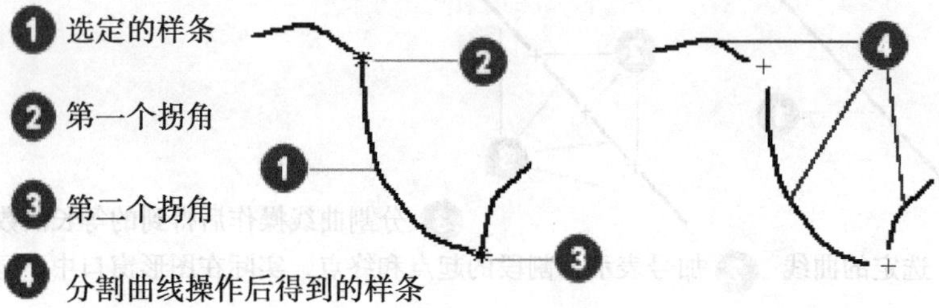

图 3-87 【在拐角上】分割形式

【段数】下拉列表中具体含义如下。

✧【等参数】：根据曲线的参数特性将选定的曲线等分。曲线的参数因曲线类型而异，如果选择直线，则根据输入的段数分割起点和终点之间的总线性距离；如果选择圆弧或椭圆，则根据输入的段数分割圆弧的总夹角。

✧【等弧长】：将选定的曲线分割为几条单独的等长曲线。

3.4.6 曲线长度

【曲线长度】主要实现延伸或缩短曲线的长度。单击【编辑】→【曲线】→【曲线长度】选项,或单击【编辑曲线】工具栏中的图标按钮，弹出如图 3-88 所示的【曲线长度】对话框，根据对话框的提示能获得总的曲线长度。

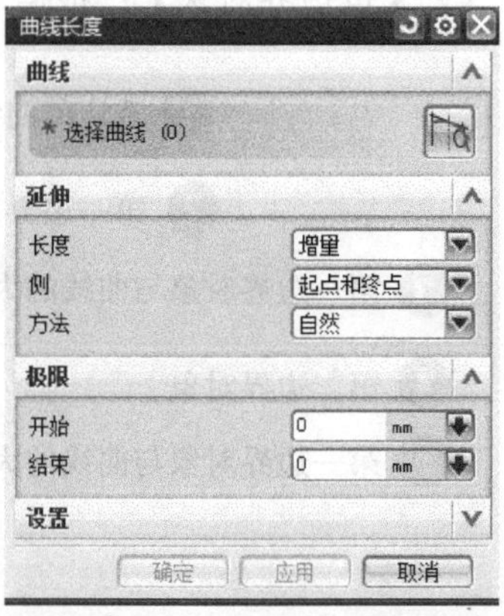

图 3-88 【曲线长度】对话框

【延伸】选项的具体含义如下。

【长度】用于将曲线拉伸或修剪所选的曲线长度。

✧【增量】：以给定曲线长度增量来延伸或修剪曲线。曲线长度增量为用于从原先的曲线延伸或修剪的长度。这是默认的延伸方法，如图 3-89 所示。

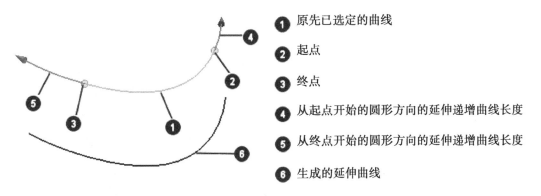

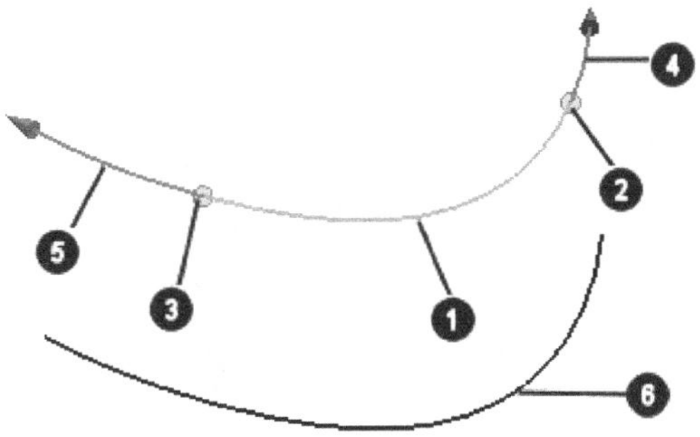

图 3-89 【增量】方式延伸

✧【全部】：以曲线的总长度来延伸或修剪曲线。总曲线长度是指沿着曲线的精确路径从曲线的起点到终点的距离，如图 3-90 所示。

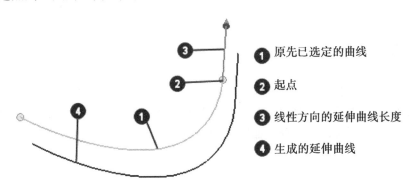

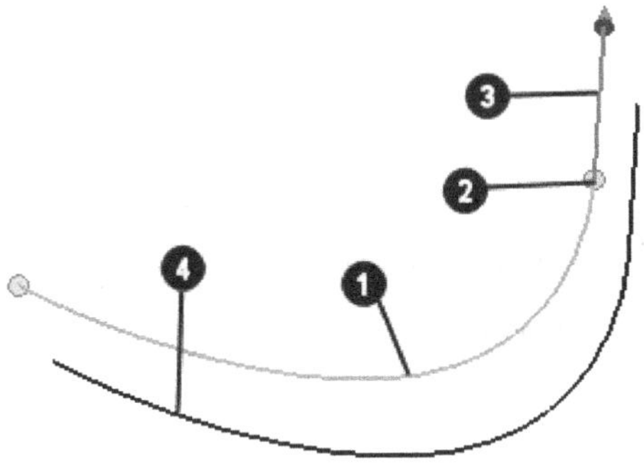

图 3-90 【全部】方式延伸

【方法】用于选择要修剪或延伸的曲线的方向形状。

✧【自然】：沿着曲线的自然路径修剪或延伸曲线的端点。

✧【线性】：沿着通向切线方向的线性路径，修剪或延伸曲线的端点。

✧【圆形】：沿着圆形路径，修剪或延伸曲线的端点。

3.4.7　光顺样条

【光顺样条】主要是通过最小化曲率或曲率变化来移除样条中的小缺陷。单击【编辑】→【曲线】→【光顺样条】选项,或单击【编辑曲线】工具栏中的图标按钮，弹出如图 3-91 所示的【光顺样条】对话框，根据对话框的提示能获得总的曲线长度。

其中【类型】下拉列表中【曲率】表示通过最小化曲率来光顺 B 样条。【曲率变化】表示通过最小化曲率变化来光顺 B 样条。

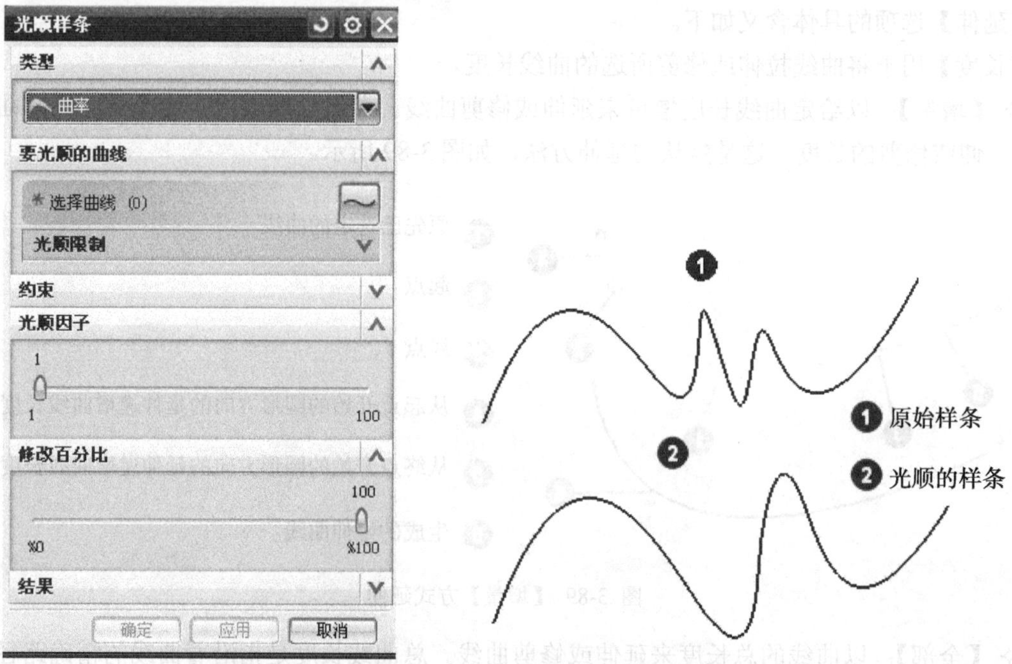

图 3-91 【光顺样条】对话框

3.5 曲线分析

曲线的品质直接影响到曲面质量，因此曲线设计完成后，往往需要对曲线进行形状分析和验证，以确定建立的曲线满足设计要求。本节主要介绍几种常用的曲线分析命令，例如：曲率梳分析、峰值分析、拐点分析等，曲线分析如图 3-92 所示。

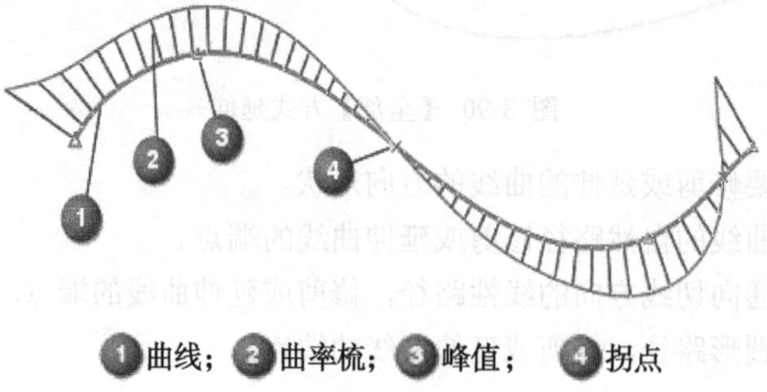

图 3-92 曲线分析

3.5.1 常用曲线分析命令

曲率梳是指用梳状图形来表示曲线上各点的曲率变化情况，梳状图形中的直线与曲线上该点的切线方向垂直，直线的长度表示曲率的大小。曲率梳可以分析曲线上各点的曲率方向、曲率半径变化的相对大小。当曲率梳线条显示变化比较均匀时，则表示曲线的光顺性比较好，反之，则比较差，这时可以通过调整曲线的定义点或极点使曲线变得光滑。

单击【形状分析】工具栏上【曲线分析】图标按钮，弹出如图 3-93 所示的【曲线分析】

对话框，主要对【曲率梳】、【峰值】、【拐点】进行分析。

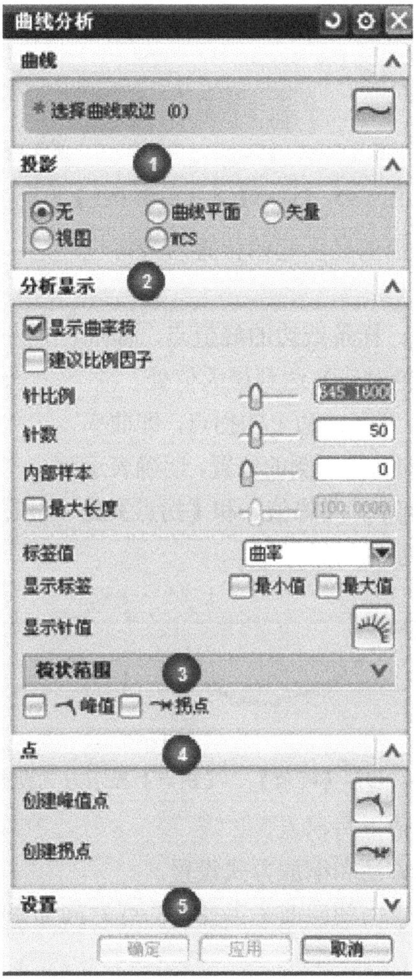

图 3-93 【曲线分析】对话框

【曲线分析】对话框中部分功能介绍如下。

(1)【投影】选项指定投影平面和方法。

(2)【分析显示】定义显示形式。

✧【显示曲率梳】：显示选定曲线、样条或边的曲率梳。

✧【建议比例因子】：自动将比例因子设置为最佳大小。【针比例】设置如图 3-94 所示。

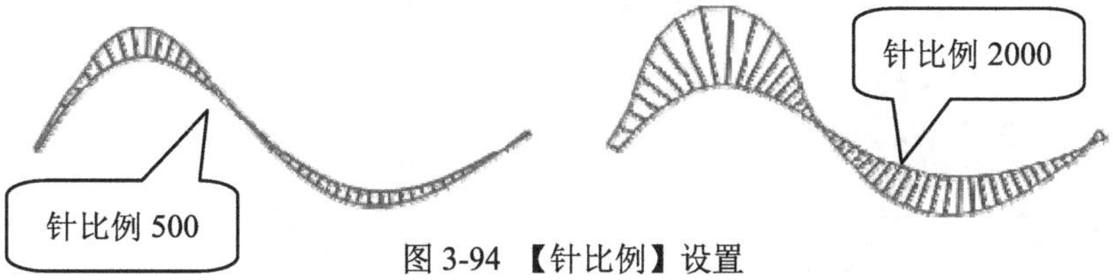

图 3-94 【针比例】设置

✧【曲率】：在曲线的最大曲率和最小曲率点处显示曲率值，如图 3-95 所示。

✧【曲率半径】：在曲线的最大曲率半径和最小曲率半径点处显示曲率半径值，如图 3-95 所示。

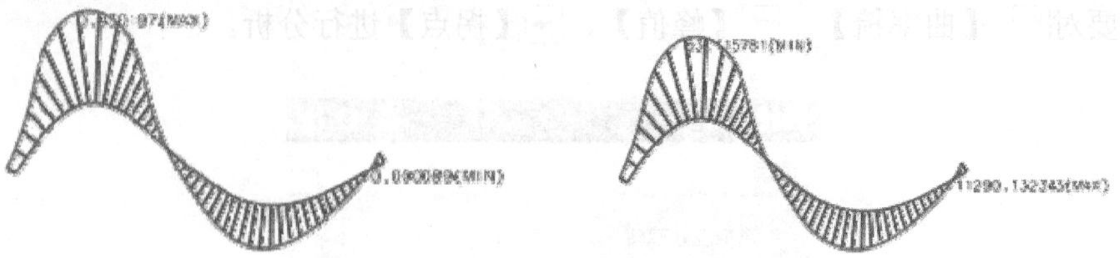

曲率最大和最小值　　曲率半径最大和最小值

图 3-95 【曲率】和【曲率半径】设置

(3)【梳状范围】指定曲率梳的显示起始位置与最终位置，如图 3-96 所示。

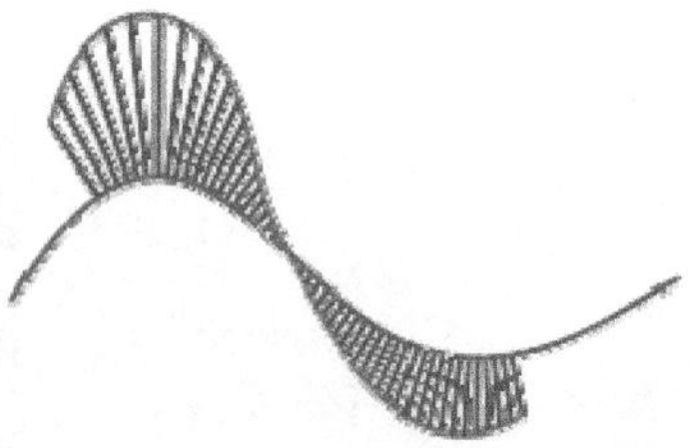

图 3-96 【梳状范围】设置（开始值=10%，结束值 = 75%）

✧【峰值】：显示选定曲线、样条或边的峰值点，即局部曲率半径（或曲率的绝对值）达到最大值处。

✧【拐点】：显示选定曲线、样条或边上的拐点，即曲率矢量从曲线一侧更改方向到另一侧的位置，明确表示曲率符号发生变化的任何点，【峰值】和【拐点】显示方式设置如图 3-97 所示。

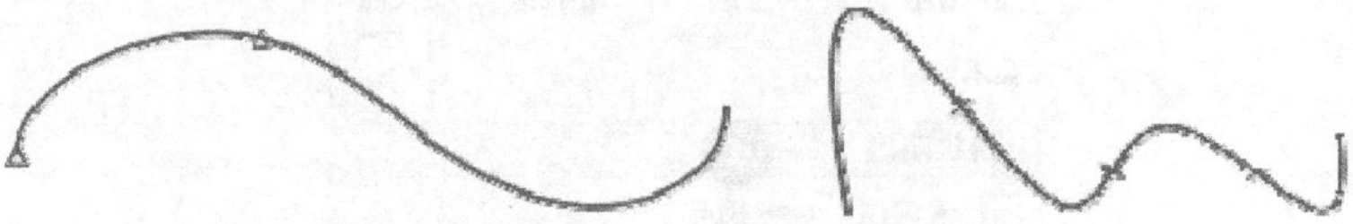

峰值　　拐点

图 3-97 【峰值】、【拐点】显示方式设置

(4)【点】在曲线上创建峰值点与拐点。

(5)【设置】针方向、计算方法和缩放方式设置。

✧【针方向】：将针方向设置为朝向曲率半径中心或背向曲率半径中心，如图 3-98 所示。

针方向-内部　　针方向-外部

图 3-98 【针方向】显示形式

✧【计算方法】：采用曲率值表示或曲率半径值表示曲率梳，如图 3-99 所示。

✧【缩放方法】：使用线性缩放方法或对数缩放方法创建曲率梳。

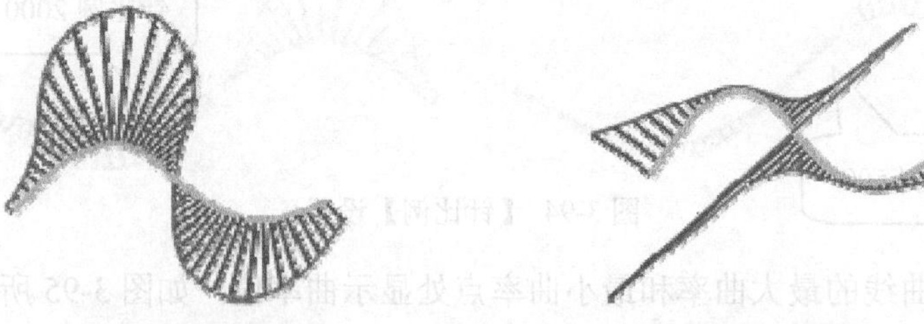

曲率计算方法　　曲率半径计算方法

图 3-99 【计算方法】设置形式

3.5.2　曲线连续性

【曲线连续性】主要用于检查曲线和参考对象之间的连续性。分析参考对象可以是面、边、曲线或基准平面。 可以在曲线端点和参考对象最近点之间显示 G0、G1、G2 和 G3 连续性值。单击【形状分析】工具栏上【曲率连续性】图标按钮，弹出如图 3-100 所示【曲线连续性】对话框。

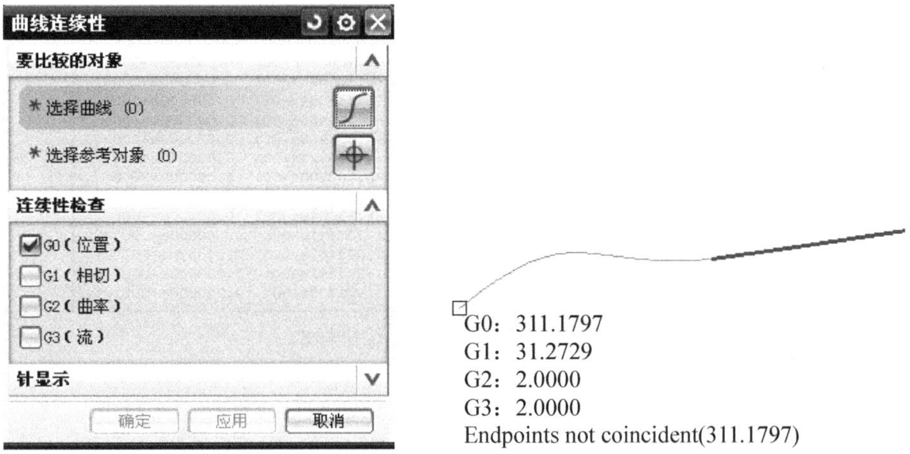

图 3-100 【曲线连续性】对话框

3.5.3　曲率图

【曲率图】命令可以打开【曲率图】对话框，允许在编辑曲线的同时分析曲线。 单击【形状分析】工具栏上【曲率图】图标按钮，弹出如图 3-101 所示的【曲率图】对话框。

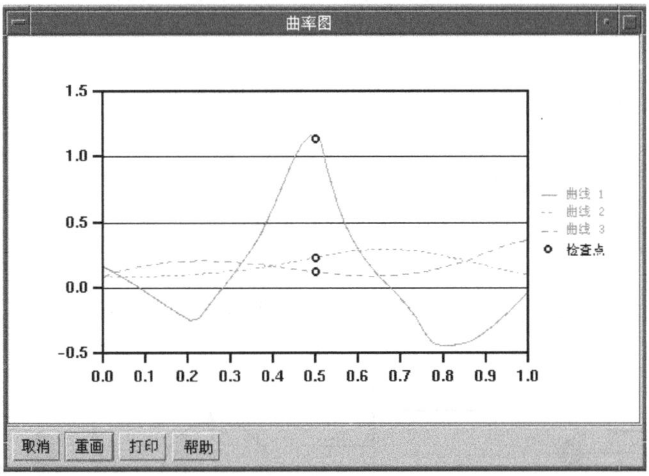

图 3-101 【曲率图】对话框

3.5.4　输出列表

【输出列表】命令可以在设计过程中协助检测严重的部件缺陷。启用该选项后，则在【信息】窗口中显示所有选定曲线的所有曲率数据，如图 3-102 所示。

信息

文件(F) 编辑(E)

曲线的曲率分析

检查点的个数= 50

投影平面= 曲线的平面

分析曲线 # 1

投影矢量 = (0.000000 0.000000 -1.000000)

参数	XC	YC	ZC	曲率	扭矩
0.000000	-1.513177	1.619457	0.000000	1.617510e-001	0.000000e+000
0.020408	-1.401205	1.682347	0.000000	1.263648e-001	0.000000e+000
0.040816	-1.289343	1.742824	0.000000	8.825673e-002	0.000000e+000
0.061224	-1.177740	1.801560	0.000000	4.795630e-002	0.000000e+000
0.081633	-1.066545	1.859229	0.000000	5.967810e-003	0.000000e+000
0.102041	-0.955906	1.916505	0.000000	-3.720595e-002	0.000000e+000
0.122449	-0.845975	1.974063	0.000000	-8.102802e-002	0.000000e+000
0.142857	-0.736899	2.032575	0.000000	-1.248854e-001	0.000000e+000
0.163265	-0.628828	2.092715	0.000000	-1.680483e-001	0.000000e+000
0.183673	-0.521911	2.155157	0.000000	-2.096408e-001	0.000000e+000
0.204082	-0.416297	2.220576	0.000000	-2.486331e-001	0.000000e+000
0.224490	-0.312128	2.289611	0.000000	-2.280700e-001	0.000000e+000
0.244898	-0.209343	2.361985	0.000000	-1.440332e-001	0.000000e+000
0.265306	-0.107652	2.436386	0.000000	-6.330848e-002	0.000000e+000
0.285714	-0.006752	2.511451	0.000000	1.707641e-002	0.000000e+000
0.306122	0.093659	2.585817	0.000000	1.004163e-001	0.000000e+000
0.326531	0.193883	2.658119	0.000000	1.902442e-001	0.000000e+000
0.346939	0.294222	2.726994	0.000000	2.901970e-001	0.000000e+000

图 3-102 【输出列表】输出样本

3.6 本章小结

本章主要针对 UG NX 8.0 介绍了曲线的创建与编辑方法。曲线的创建包括两大类：曲线的生成；曲线操作。曲线的编辑主要包括：编辑曲线参数、修剪曲线、编辑圆角、分割曲线、编辑曲线长度等。最后，对曲线质量分析手段进行了讲解。

三维造型技术中，曲线是构建体与面的关键，它的质量直接影响到模型的精度和质量。因此，熟练掌握曲线的构建、编辑、操作方法以及掌握曲线分析方法尤为重要。

3.7 思考与练习

1. 试用【直线】工具和【基本曲线】工具创建两圆公共切线。

2. 任意绘制两条样条曲线，通过【桥接曲线】工具进行曲线过渡，并利用曲线分析工具进行分析。

3. 试用【修剪曲线】工具对如图 3-103 所示的曲线进行编辑修剪。

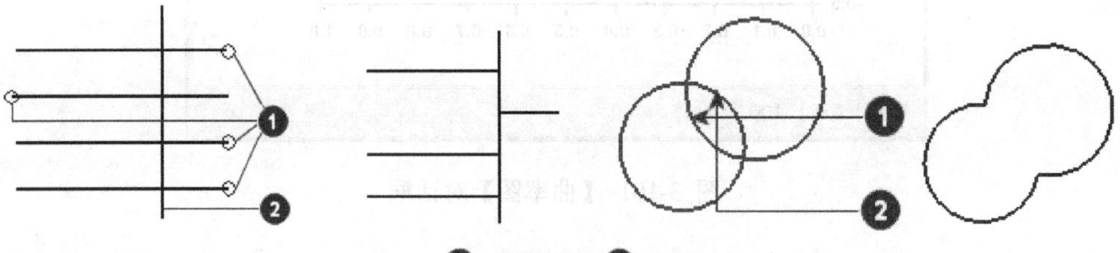

❶ 修剪部分 ❷ 边界对象

图 3-103 思考与练习题 3 曲线

4.试用曲线创建、编辑、操作工具完成如图 3-104 所示曲线的构建。

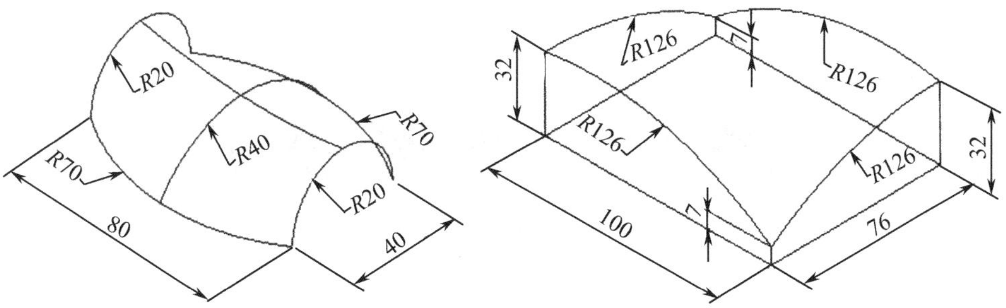

图 3-104　思考与练习题 4 曲线

5.试用曲线创建、编辑、操作工具完成如图 3-105 所示的线架模型的构建。

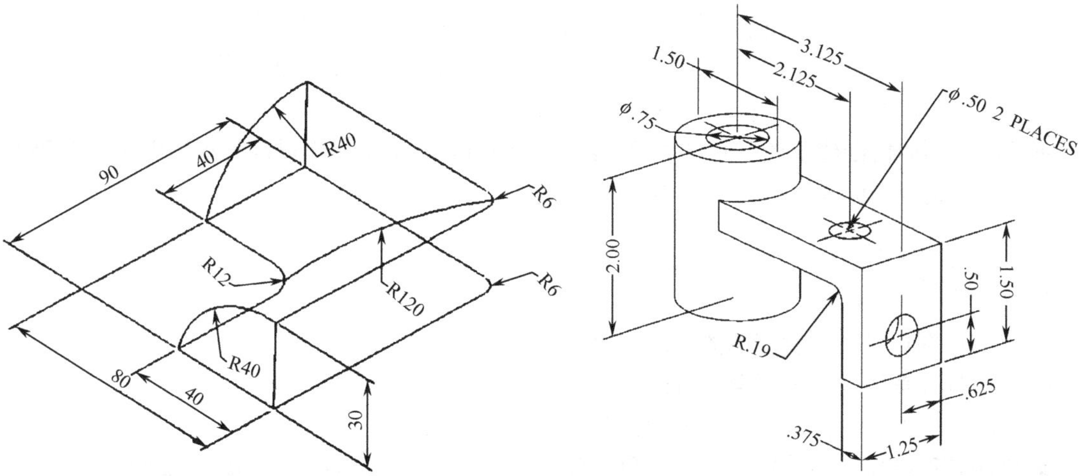

图 3-105　思考与练习题 5 曲线

第 4 章 草 图 设 计

本章知识导读

草图与曲线功能相似，也是一个用来构建二维曲线轮廓的工具，其最大的特点是绘制二维图时只需先绘制出一个大致的轮廓，然后通过约束条件来精确定义图形。当约束条件改变时，轮廓曲线也自动发生改变，因而使用草图功能可以快捷、完整地表达设计者的意图。草图是 UG NX 8.0 软件中建立参数化模型的一个重要工具。

本章将介绍如何创建草图和草图对象、约束草图对象、草图操作以及管理与编辑草图等方面的内容，最后结合实例来讲解草图的实际应用。

本章学习内容

- 了解草图环境及创建草图的一般步骤；
- 掌握创建草图与草图对象的方法；
- 掌握草图约束方法，尺寸约束和几何约束；
- 掌握草图操作工具，镜像草图对象、偏置曲线、编辑草图曲线、编辑定义线；
- 掌握草图管理工具，草图视图显示、草图重新附着、更新模型等。

4.1 概述

草图是组成轮廓曲线的二维图形的集合，通常与实体模型相关联。草图最大的特征是绘制二维图时只需要先绘制出一个大致的轮廓，然后通过约束条件来精确定义图形，因而使用草图功能可以快速完整地表达设计者的意图。

4.1.1 草图与特征

草图在 UG NX 8.0 中被视为一种特征，每创建一个草图，【部件导航器】都将添加一个对应的草图特征。如图 4-1 所示，在绘图区中的草图（六边形）与左边【部件导航器】中的【草图(1) “SKETCH_000”】相对应。因此，部件导航器所支持的任何编辑功能对草图同样有效。

4.1.2 草图与图层

UG NX 8.0 设计了关联到图层的草图的行为。草图位于创建草图时的工作层上，一个草图必须且只能位于一个图层上，草图对象不会横跨多个图层。草图和图层按以下方法交互：

（1）选择草图使其活动时，草图所驻图层自动成为工作图层。

（2）停用某一草图时，草图图层的状态由【草图首选项】对话框中的【保存图层状态】选项决定。

（3）如有需要，当添加曲线到活动草图时，它们会自动移到与草图相同的图层。

（4）停用草图时，不是草图图层上的所有几何体和尺寸都会移到草图图层上。

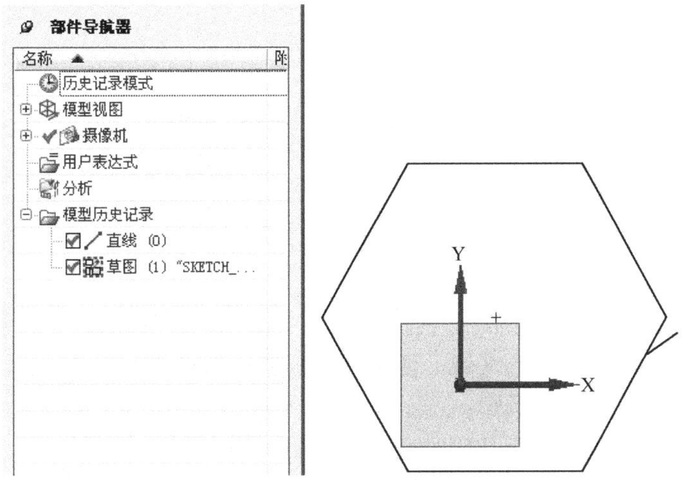

图 4-1 【部件导航器】

4.1.3 草图参数预设置

草图参数预设置是指在绘制草图之前，设置一些操作规定。进入【草图】工作环境，单击【首选项】→【草图】，弹出如图 4-2 所示的【草图首选项】对话框。

图 4-2 【草图首选项】对话框

可以通过对【草图样式】、【会话设置】和【部件设置】三个选项卡进行设置，获得需要的草图参数。

4.1.4 建立草图的一般步骤

建立草图的一般步骤如下：

（1）新建或打开部件文件；

（2）检查和修改草图参数预设置，定义工作层；

（3）创建草图，命名草图，选择草图平面，进入草图环境；

（4）创建和编辑草图对象；

（5）定义约束（几何约束、尺寸约束）；

（6）完成草图，单击 完成草图 退出草图生成器。

绘制草图的技巧如下：

（1）草图是二维曲线，它必须在一个平面里；

（2）草图尽可能是一个封闭的区域，便于其他操作；

（3）草图中尽量不要绘制倒圆角；

（4）草图曲线绘制后应先进行几何约束，再添加尺寸约束；

（5）草图中尽可能地用几何约束和表达式约束代替尺寸约束；

（6）草图平面尽可能地选择实体表平面和相对基准平面。

4.2 创建草图

【直接草图】工具条和【草图任务环境】提供了两种草图创建和编辑模式。

要执行以下操作时可使用【直接草图】工具条：

✧ 在建模、外观造型设计或钣金应用模块中创建或编辑草图。

✧ 查看草图更改对模型产生的实时效果。

要执行以下操作时可以使用【草图任务环境】：

✧ 编辑内部草图，尝试对草图进行更改，或在其他应用模块中创建草图。

✧ 需要对图形进行参数化驱动时。

✧ 用草图建立用标准成型特征无法实现的形状。

✧ 如果形状可以用拉伸、旋转或沿导线扫描的方法建立，可将草图作为模型的基础特征。

✧ 将草图作为自由形状特征的控制线。

草图是一个二维工作环境，需要指定一个平面作为草图所在平面。基本创建步骤如下：

1）进入草图模块

选择菜单【插入】→【草图】或单击【特征】工具条上的【草图】图标按钮，即可进入草图模块，并弹出【创建草图】对话框，如图 4-3 所示。

2）指定草图工作面

在图 4-3 所示对话框的【平面方法】列表中可以选择【现有平面】或【创建平面】。选择【现有平面】选项时，可以选择一个实体的表面（必须是平面）、主平面（XOY、XOZ、YOZ）或基准面作为草图的工作平面，选定之后，按鼠标中键确认。

选择【创建平面】选项时，可利用平面构造器构建一个平面，然后按鼠标中键确认。

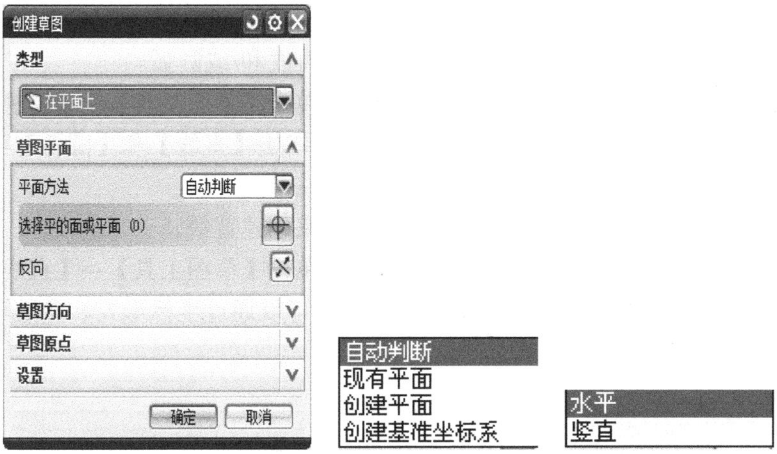

图 4-3 【创建草图】对话框

3）指定草图方位

可选择实体的一条边缘线作为参考线：水平线（草图的 XC 轴）或竖直线（草图的 YC 轴）。

4）定义草图名称

创建一个草图后，草图的名称默认为 SKETCH_加三位数字，例如第一个草图的名称为 SKETCH_000，第二个草图的名称为 SKETCH_001，以此类推。

草图名称也可由用户自行命名：修改草图名称组合框中的草图名称，然后按回车键确认；也可以在【部件导航器】中选择草图节点，然后按鼠标右键，在弹出的快捷菜单中选择【更名】选项，输入新的草图名即可。

4.3　草图工具条简介

4.3.1　草图工具条

【草图】生成器工具条如图 4-4 所示，其主要包括与草图管理器相关的功能，如进入/退出草图模块、显示/更改草图名称、草图显示、重新附着、定位、更新等。

图 4-4 【草图】生成器工具条

4.3.2　草图曲线

【草图工具】工具条如图 4-5 所示，其中包括绘制各种草图曲线的工具。

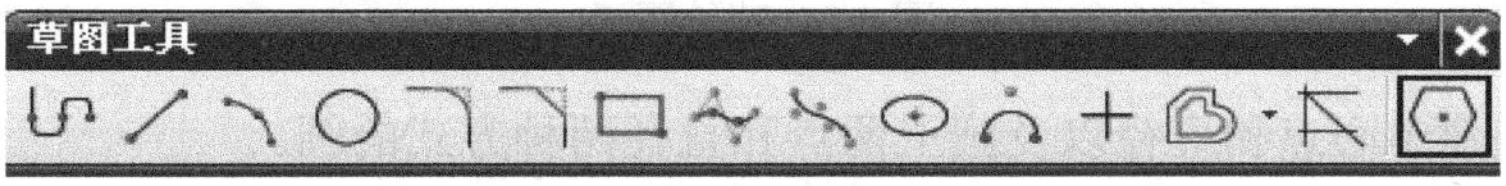

图 4-5 【草图曲线】工具条

下面对常用草图曲线工具使用方法进行介绍。

（1）【轮廓】表示在线串模式下创建一系列的相连直线和/或圆弧。

单击菜单栏【插入】→【草图曲线】→【轮廓】或单击【草图工具】→【轮廓】图标按钮，弹出【轮廓】对话框，在绘图区显示光标的位置信息，单击【直线】和【圆弧】可以绘制需要的草图轮廓，如图 4-6 所示。

（2）【直线】可使用直线命令，根据约束自动判断来创建直线。

单击菜单栏【插入】→【草图曲线】→【直线】或单击【草图工具】→【直线】图标按钮，弹出【直线】对话框，在绘图区显示光标的位置信息，可以通过坐标形式和参数输入方式定位曲线，如图 4-7 所示。

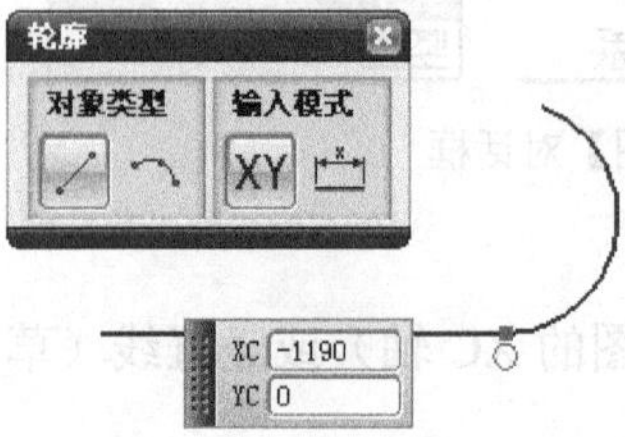

图 4-6 草绘轮廓曲线

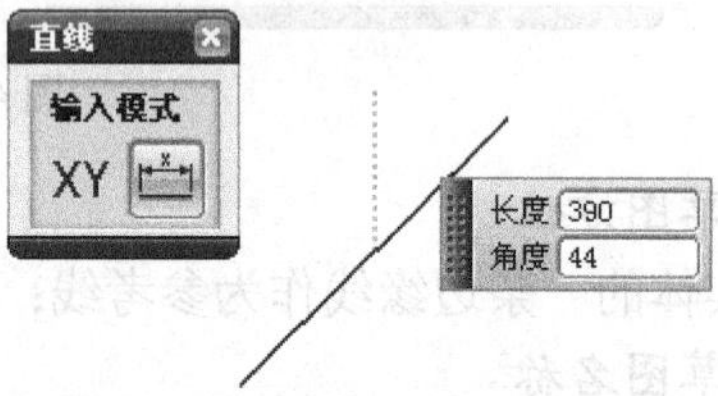

图 4-7 草绘直线

（3）【派生直线】基于现有直线创建已知直线的平行线和两条线的平分线。

单击菜单栏【插入】→【草图曲线】→【派生直线】或单击【草图工具】→【派生直线】图标按钮。

① 要从基线偏置一条直线，可在基线上单击，并再次单击以放置这条新直线。

② 要从同一条基线偏置多条直线，按住 Ctrl 键，并在基线上单击。然后再次单击，放置各条新直线。

③ 要在其间的中点上创建直线，选择两条平行线，通过拖动鼠标或在长度输入框中输入值可设置直线长度。

④ 要构造平分线，请选择两条非平行直线。可以以图形方式放置直线终点，或在长度输入框中输入一个值。注：可以在成角度两直线所夹的任意象限放置平分线。

（4）【圆弧】以起点-终点-半径方式和圆弧中心-起点-终点方式构建圆弧。

单击菜单栏【插入】→【草图曲线】→【圆弧】或单击【草图工具】→【圆弧】图标按钮，如图 4-8 所示。

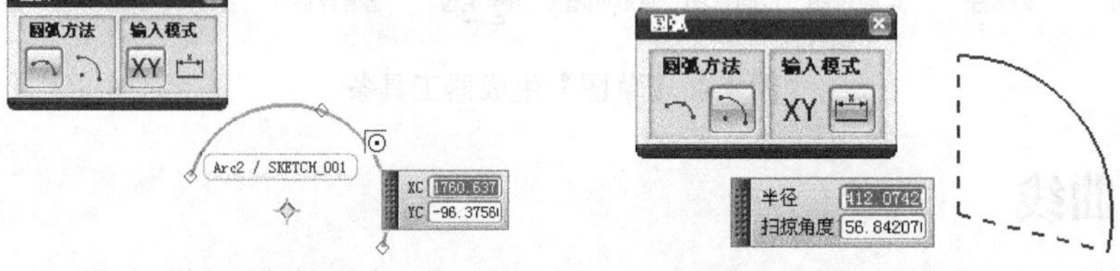

起点-终点-半径方式　　圆弧中心-起点-终点

图 4-8 草绘圆弧

（5）【圆】构建中心点和直径以及圆上两点和直径两种方式的圆。

单击菜单栏【插入】→【草图曲线】→【圆】或单击【草图工具】→【圆】图标按钮。

（6）【圆角】可以在两条或三条曲线之间创建一个圆角。

单击菜单栏【插入】→【草图曲线】→【圆角】或单击【草图工具】→【圆角】图标按钮。其中倒圆角包括修剪模式，取消修剪模式，删除第三条曲线，如图 4-9 所示。

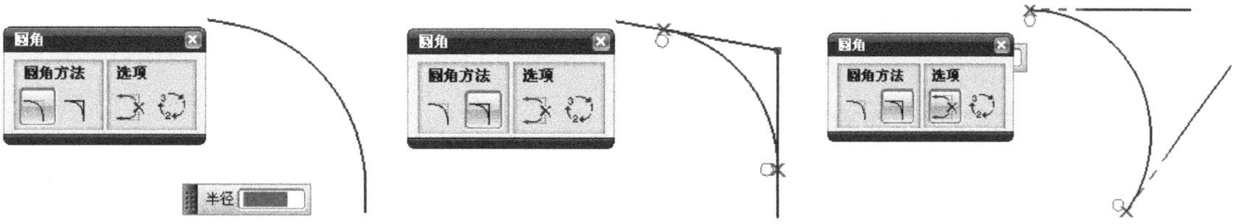

修剪模式倒圆角　　取向修剪模式倒圆角　　删除第三条曲线倒圆角

图 4-9　草绘倒圆角

（7）【倒斜角】在斜接两条草图线之间创建尖角。

单击菜单栏【插入】→【草图曲线】→【倒斜角】或单击【草图工具】→【倒斜角】图标按钮，弹出如图 4-10 所示的对话框，其中倒斜角包括三种形式：【对称】该倒斜角与交点有一定距离，且垂直于等分线；【非对称】指定沿选定的两条直线分别测量的距离值。【偏置和角度】指定倒斜角的角度和距离值。

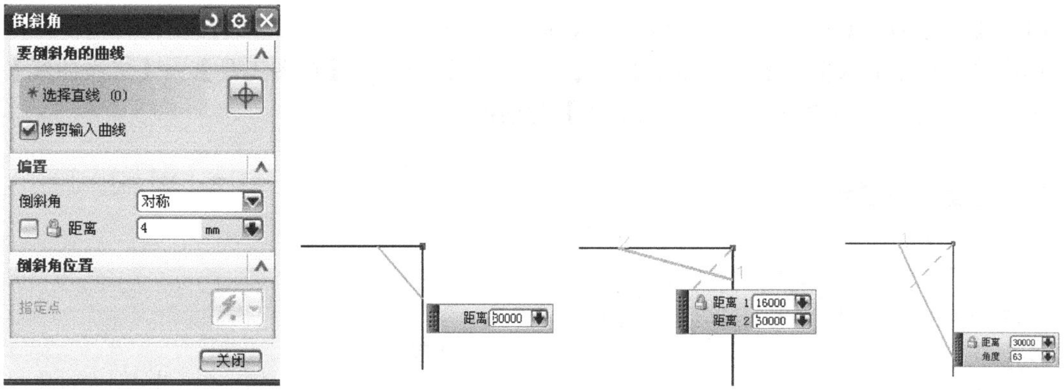

图 4-10　草绘倒斜角

（8）【矩形】构建矩形。

单击菜单栏【插入】→【草图曲线】→【矩形】或单击【草图工具】→【矩形】图标按钮。其中矩形包括【按 2 点矩形】根据对角上的两点创建矩形？矩形与 XC 和 YC 草图轴平行；【按 3 点创建矩形】从起点和决定宽度、高度和角度的终点来创建矩形，矩形可与 XC 和 YC 轴成任何角度；从中心点、决定角度和宽度的第二点以及决定高度的第三点来创建矩形，矩形可与 XC 和 YC 轴成任何角度。

（9）【多边形】构建多边形。

单击菜单栏【插入】→【草图曲线】→【多边形】或单击【草图工具】→【多边形】图标按钮。其中多边形创建方式包括【内切圆半径】、【外接圆半径】、【多边形的边】。

（10）【样条曲线】通过点或极点动态创建样条。该功能与“建模”艺术样条功能相同。

（11）【拟合样条】通过将样条拟合到指定的数据点来创建样条。该功能与“建模”艺术样条功能相同。

（12）【椭圆】构建椭圆。

单击菜单栏【插入】→【草图曲线】→【椭圆】或单击【草图工具】→【多边形】图标按

钮，弹出如图 4-11 所示的【椭圆】对话框。

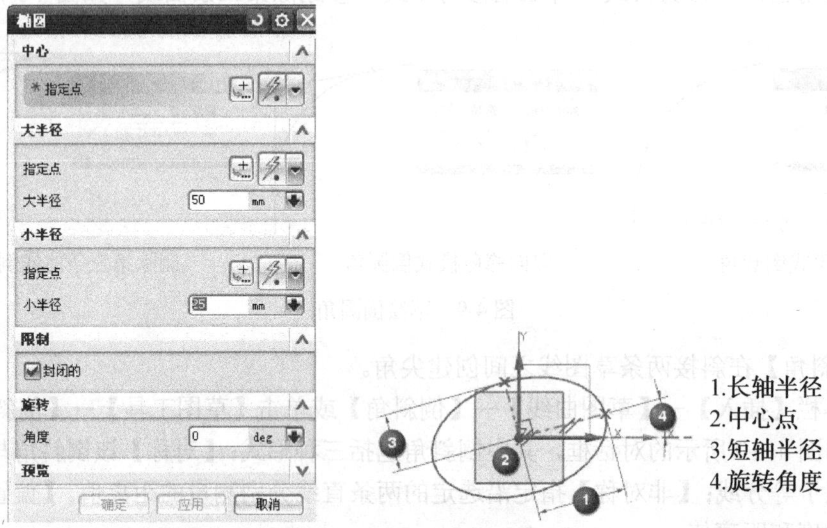

图 4-11 【椭圆】对话框

(13)【二次曲线】构建平面和圆锥的相交曲线。

单击菜单栏【插入】→【草图曲线】→【二次曲线】或单击【草图工具】→【二次曲线】图标按钮，弹出如图 4-12 所示的【二次曲线】对话框。

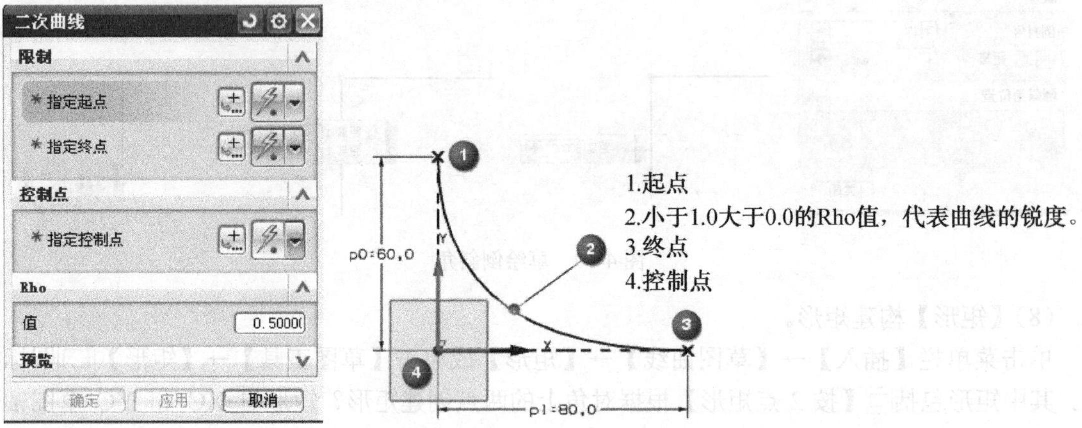

图 4-12 【二次曲线】对话框

4.3.3 草图约束

约束命令是向草图几何图形添加几何条件。通过约束维持草图几何图形（或草图几何图形之间）的条件，草图约束工具栏如图 4-13 所示。

图 4-13 草绘约束工具栏

1. 约束工具栏上各图标按钮的具体含义

- ✧ 【显示所有约束】：可显示应用于草图的所有几何约束。
- ✧ 【约束】：添加草图几何约束条件。
- ✧ 【不显示约束】：可用于隐藏已施加到草图的所有几何约束。
- ✧ 【创建自动判断约束】：在曲线构造过程中激活自动判断约束。
- ✧ 【自动判断约束和尺寸】：系统自动判断尺寸约束和几何约束条件。
- ✧ 【自动约束】：设置自动约束的类型。
- ✧ 【备选解】：可针对尺寸约束和几何约束显示备选条件，并供选择其中一个结果。
- ✧ 【显示/移除约束】：显示与选定的草图几何图形关联的几何约束，并移除所有这些约束或列出信息。【显示/移除约束】对话框如图 4-14 所示。

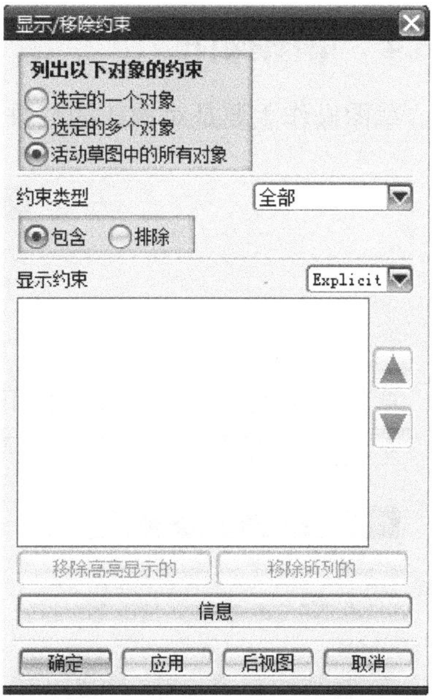

图 4-14 【显示/移除约束】对话框

【显示/移除约束】对话框中各选项介绍如下。

①【选定的一个对象】：显示选中的草图对象的几何约束。

②【活动草图中的所有对象】：显示当前草图中的所有对象的几何约束。

③【包含】：显示指定类型的几何约束。

④【排除】：显示指定类型以外的其他几何约束。

⑤【显示约束】：显示符合约束条件的对象。

⑥【信息】：查询约束信息。单击该按钮，会弹出【信息】窗口。

2. 施加几何约束

施加几何约束的方法有两种，一种是手动施加几何约束条件；另一种是自动施加几何约束条件。具体约束条件含义如下：

- ✧ 【固定】：根据几何体特性添加固定约束。
- ✧ 【完全固定】：完全定义草图几何图形的位置和方位，创建足够的约束。
- ✧ 【重合】：定义两个或多个有相同位置的点。
- ✧ 【同心】：定义两个或多个有相同中心的圆弧或椭圆弧。
- ✧ 【共线】：定义两条或多条位于相同直线上或穿过同一直线的直线。
- ✧ 【点在曲线上】：定义一个位于曲线上的点的位置。
- ✧ 【点在线串上】：定义一个位于投影曲线上的点的位置。必须先选择点，再选择曲线。
- ✧ 【中点】：定义一点的位置，使其与直线或圆弧的两个端点等距。
- ✧ 【水平】：定义一条水平线。
- ✧ 【竖直】：定义一条竖直线。
- ✧ 【平行】：定义两条或多条直线或椭圆，使其互相平行。

✧ 【垂直】：定义两条直线或椭圆，使其互相垂直。
✧ 【相切】：定义两个对象，使其相切。
✧ 【相等】：定义两条或多条等长直线。
✧ 【等半径】：定义两个或多个等半径圆弧。
✧ 【恒定长度】：定义一条长度恒定的直线。
✧ 【恒定角度】：定义一条角度恒定的直线。
✧ 【设为对称】：定义相互对称的对象。

4.3.4 草图操作

草图操作主要是对构建的二维草图进行镜像、偏置、阵列等操作，如图 4-15 所示。

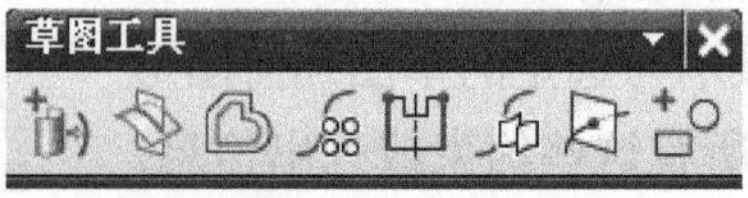

图 4-15 草图操作工具

草图操作工具具体包括以下几种。

✧ 【镜像】：定义两个相互镜像的对象，如图 4-16 所示。

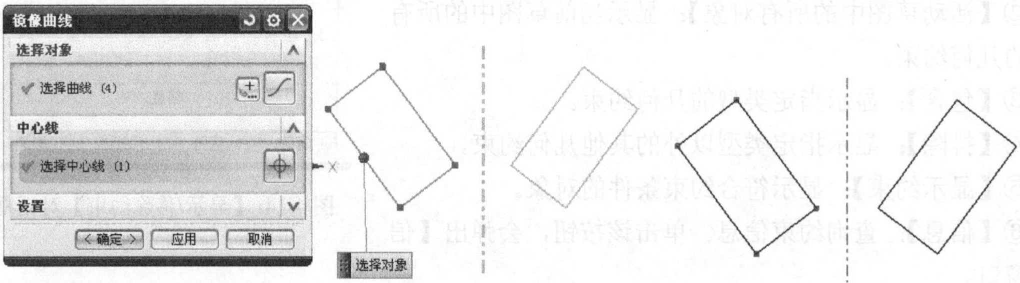

图 4-16 【镜像】曲线

✧ 【投影曲线】：可将草图外的曲线、边或点沿着草图平面的法线投影到草图上，如图 4-17 所示。

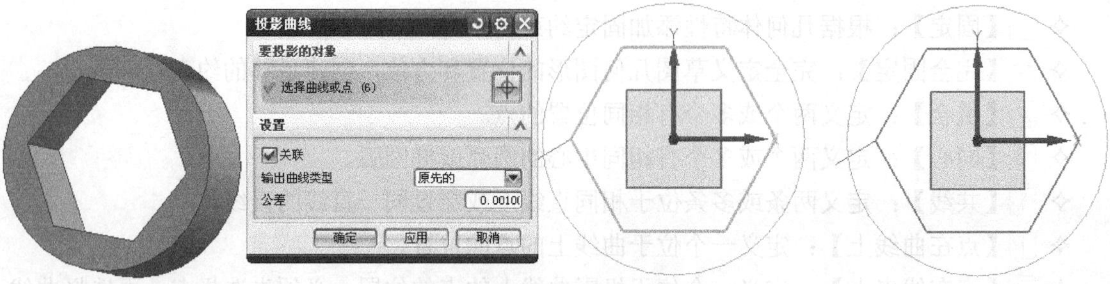

图 4-17 投影曲线至草图

✧ 【阵列曲线】：曲线的复制阵列，主要包括【圆形】、【线性】、【常规】三种方式，如图 4-18 所示。
✧ 【偏置曲线】：针对曲线链、投影曲线或曲线/边偏移一定的距离，如图 4-19 所示。

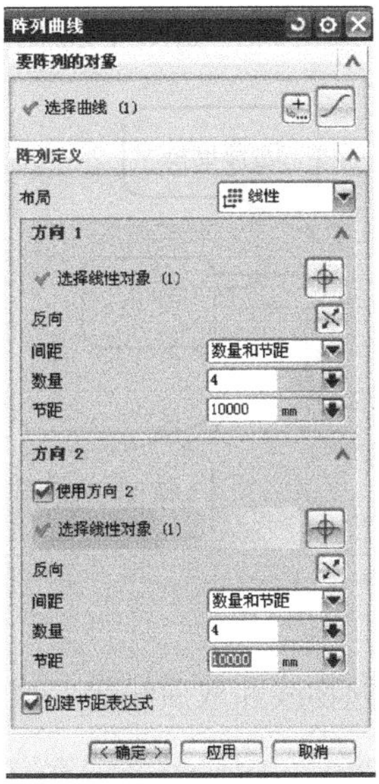

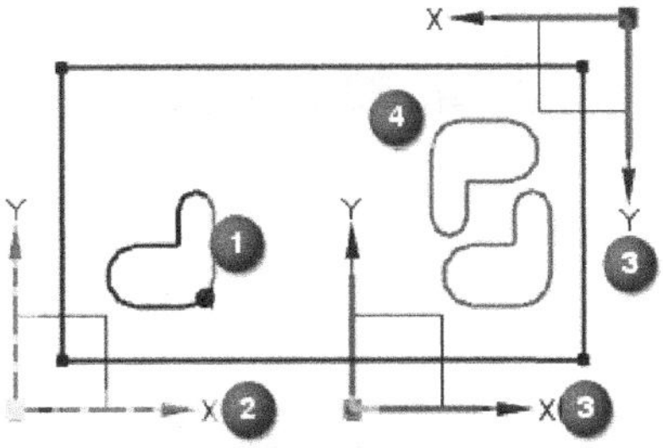

常规阵列方式

① 用于选定阵列的曲线。

② 选定的从坐标系：从点或 CSYS。

③ 选定的至坐标系：到一个点或坐标系，或到许多点或坐标系。

④ 方位 = 遵循图样。

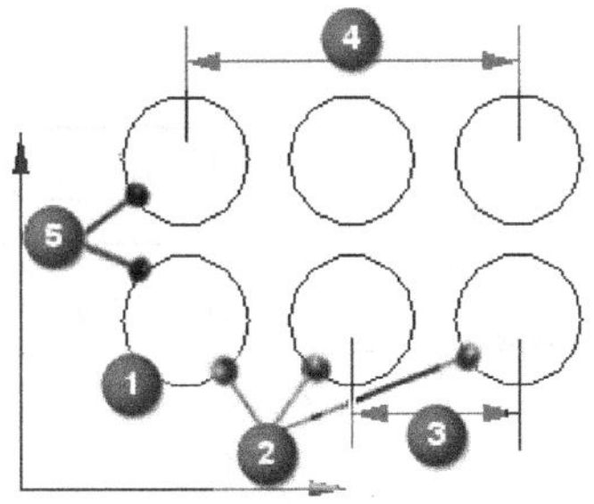

线性阵列方式

① 用于选定阵列的曲线。

② 方向 1：设置方向 1 的阵列对象数。例如：图中数量 = 3。

③ 节距：设置选定曲线的每个副本之间的距离。

④ 跨距：设置从选定曲线到阵列中最后一条曲线的距离。

⑤ 方向 2：设置方向 2 的阵列对象数。例如：图中数量 = 2。

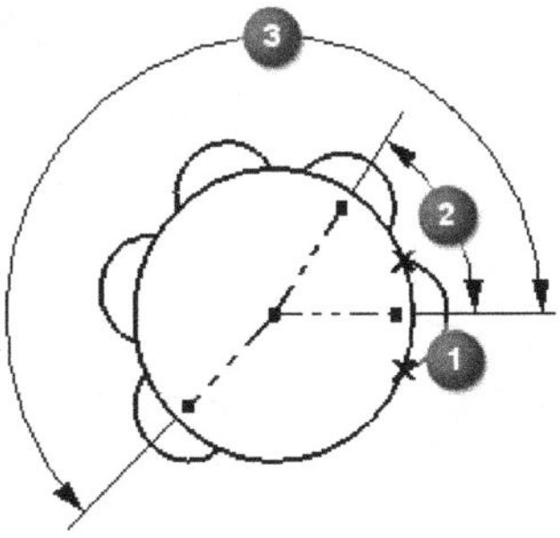

① 用于选定阵列的曲线，设置从选定曲线到阵列中最后一条曲线的角度。

② 节距角：设置选定曲线的每个副本之间的角度。

③ 跨角：设置阵列中的对象数，例如：图中数量 = 5。

图 4-18　阵列曲线

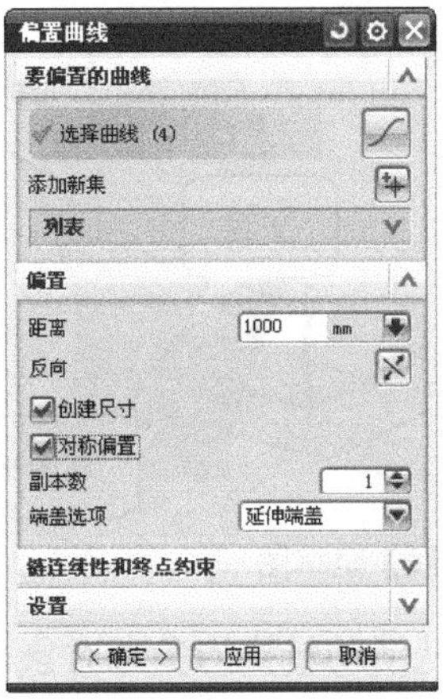

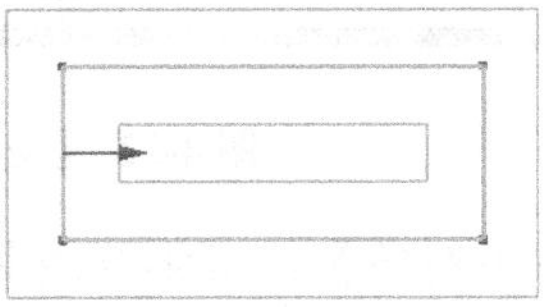

图 4-19　偏置曲线

✧ 【交点】：表示创建曲线与草绘平面的一个关联点和基准轴，如图 4-20 所示。

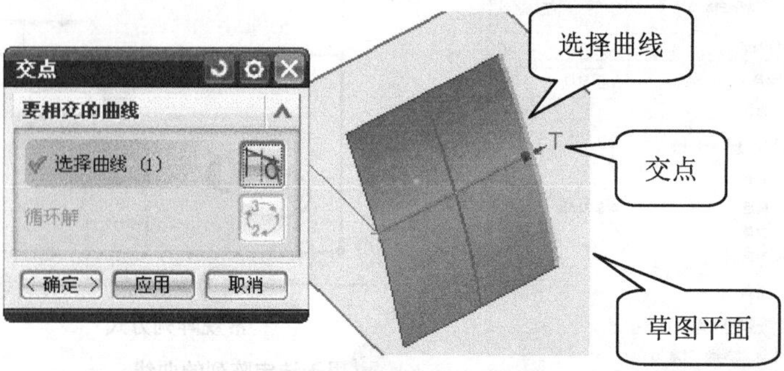

图 4-20 交点至草图

✧ 【添加曲线】：将已经存在的曲线和点，以及椭圆、抛物线和双曲线等二次曲线添加到活动草图中，如图 4-21 所示。

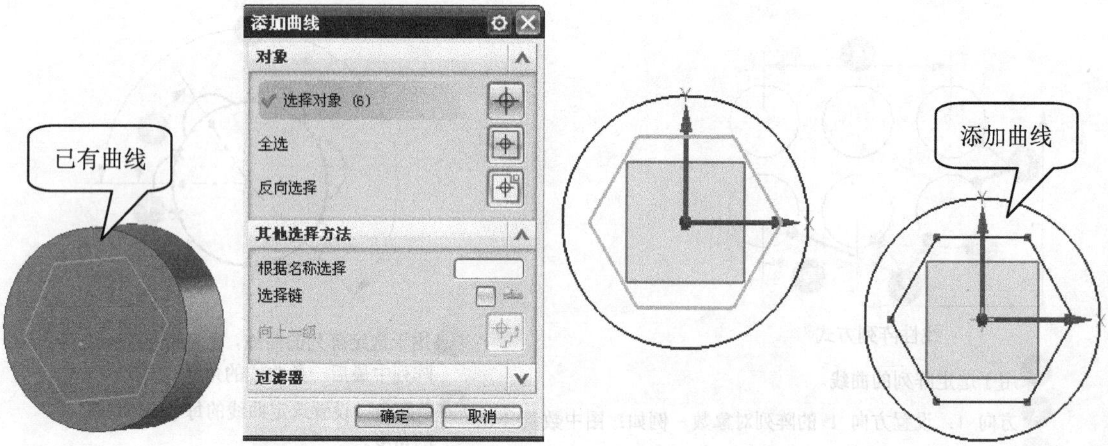

图 4-21 添加曲线至草图

✧ 【相交曲线】：可在一组相切连续面与草图平面相交处创建一个光顺的曲线链，如图 4-22 所示。

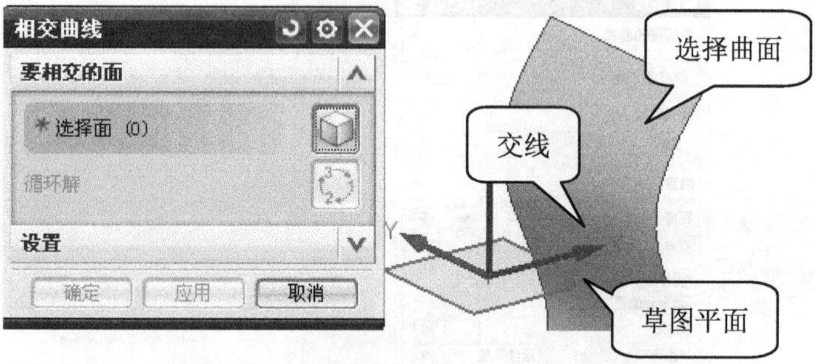

图 4-22 【交线曲线】至草图

✧ 【转换至/自参考对象】：可将草图曲线从活动转换为参考对象，或将尺寸从驱动转换为参考对象，如图 4-23 所示。

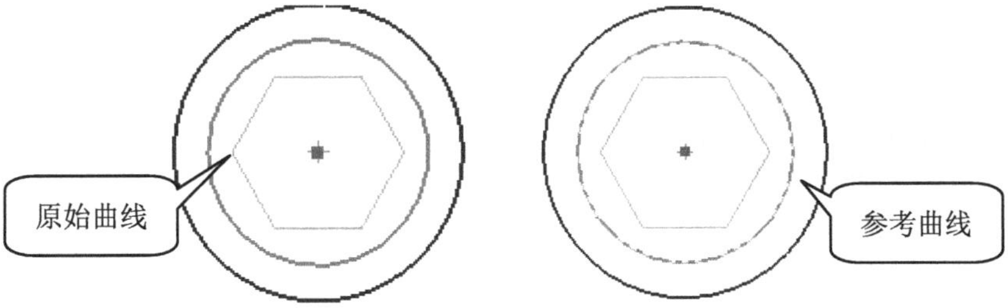

图 4-23　转化为参考曲线

4.3.5　草图编辑

草图编辑主要是指对各种草图对象进行快速修剪、快速延伸、制作拐角等。草图编辑工具如图 4-24 所示。

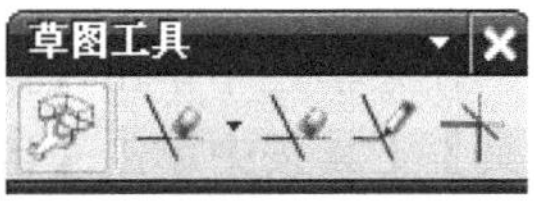

图 4-24　草图编辑工具

草图编辑主要包含以下操作。

✧ 【快速修剪】：该功能是以任意方向将曲线修剪至最近的交点或选定的边界。

选择【编辑】→【曲线】→【快速修剪】选项，或在【草图工具】工具条中单击图标按钮，弹出如图 4-25 所示的【快速修剪】对话框。在修剪过程中，按住鼠标左键，并拖过多条曲线，以同时裁剪这些曲线。

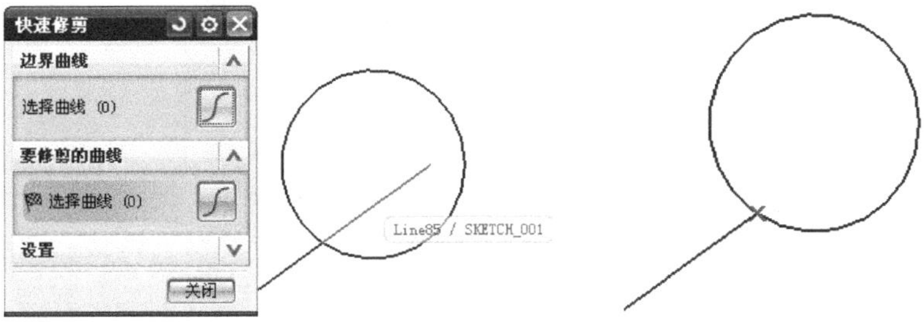

图 4-25 【快速修剪】对话框

✧ 【快速延伸】：该功能可以将曲线延伸到它与另一条曲线的实际交点或虚拟交点处。

选择【编辑】→【曲线】→【快速延伸】选项，或在【草图工具】工具条中单击图标按钮，弹出如图 4-26 所示的【快速延伸】对话框。同理依次拖动鼠标左键，可以延伸多条曲线。

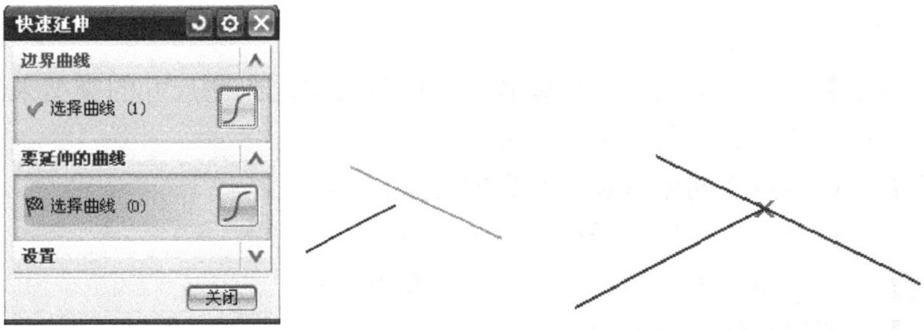

图 4-26 【快速延伸】对话框

✧ 【制作拐角】：将两条输入曲线延伸和/或修剪到一个公共交点来创建拐角。
选择【编辑】→【曲线】→【制作拐角】选项，或在【草图工具】工具条中单击图标按钮，弹出如图 4-27 所示的【制作拐角】对话框。

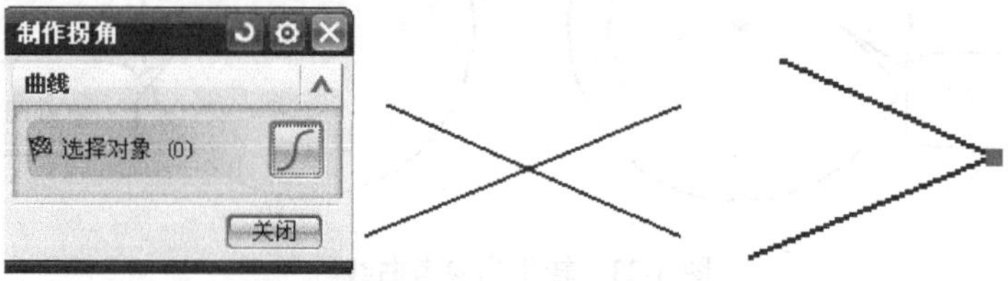

图 4-27 【制作拐角】对话框

4.3.6 尺寸约束类型

在菜单栏中单击【插入】→【尺寸】→【自动判断】选项，或者在如图 4-28 所示的【草图工具】工具条中单击【自动判断尺寸】图标按钮，弹出如图 4-29（a）所示的【尺寸】工具栏，在该工具条中单击图标按钮，弹出如图 4-29（b）所示的【尺寸】对话框。

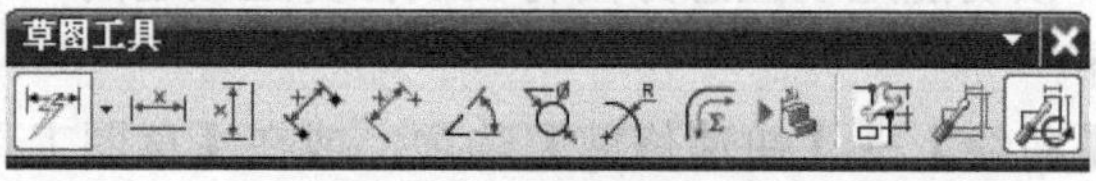

图 4-28 【草图工具】工具条

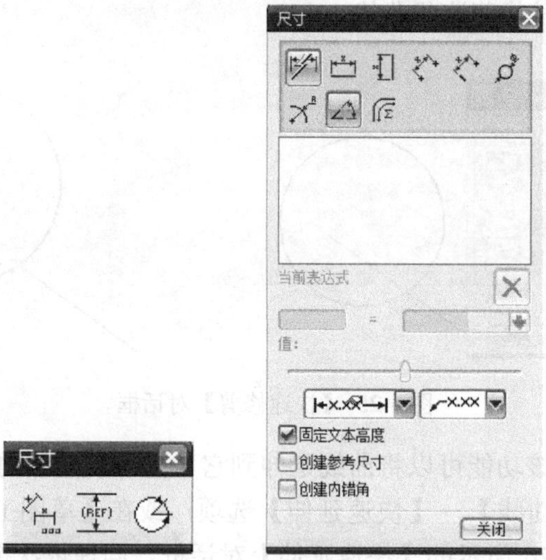

（a） （b）

图 4-29 【尺寸】工具栏和【尺寸】对话框

该对话框提供的尺寸约束类型如下。

✧ 【自动判断】：通过选定的对象或者光标的位置自动判断尺寸的类型来创建尺寸约束。
✧ 【水平】：在两点之间创建水平约束。
✧ 【竖直】：在两点之间创建竖直距离的约束。
✧ 【平行】：在两点之间创建平行距离的约束。
✧ 【角度】：在两条不平行的直线之间创建角度约束。
✧ 【垂直】：通过直线和点创建垂直距离的约束。
✧ 【直径】：在圆弧或圆之间创建直径约束。

✧ 【半径】：在圆弧或圆之间创建半径约束。
✧ 【周长】：通过创建周长约束来控制直线或圆弧的长度。

4.4　草图管理

4.4.1　草图视图显示

进入草图之后，视图可以定向到草图平面，也可以定向到进入草图环境之前的视图。在【草图】生成器工具条中单击【定向视图到草图】图标按钮，视角将转换到草图的 XC-YC 平面。单击【定向视图到模型】图标，将定向到进入草图之前的视图。

4.4.2　草图重新附着

草图重新附着的作用是在不改变草图曲线元素的情况下，把草图上所有元素重新附着在指定的实体表面上，在【草图】生成器工具条中单击【重新附着】图标按钮，弹出如图 4-30 所示的对话框。

【类型】选项提供了以下两种重新附着草图的方法。

✧ 【在平面上】：可以将现有草图元素直接附着在指定的实体表面上。
✧ 【基于路径】：该方法可以将草图元素重新附着在所建的草图平面上。

图 4-30　【重新附着草图】对话框

4.4.3　更新模型

单击【草图】生成器工具条上【更新模型】图标按钮，根据对草图的更改来更新模型。退出草图任务环境时，模型自动更新。

4.5　本章小结

本章首先讲解了草图绘制的基础，强调了草图绘制的一般方法与技巧；其次，对草图的曲线构建、几何约束、曲线编辑、尺寸约束等具体操作命令进行了讲解；最后，对草图管理和草图设置进行了说明。熟练掌握草图设计是三维设计的基础，因此，读者应该反复琢磨各个功能，就能够熟练进行草图构建。

4.6　思考与练习

1. 草图绘制的一般顺序是什么？需要注意哪些？
2. 草图几何约束都有哪些？具体如何操作？出现过约束时如何解除？
3. 【直接草图】和【草图任务环境】主要用于哪些场合？有哪些差异？
4. 请综合利用草图命令绘制如图 4-31 所示的几组草图。

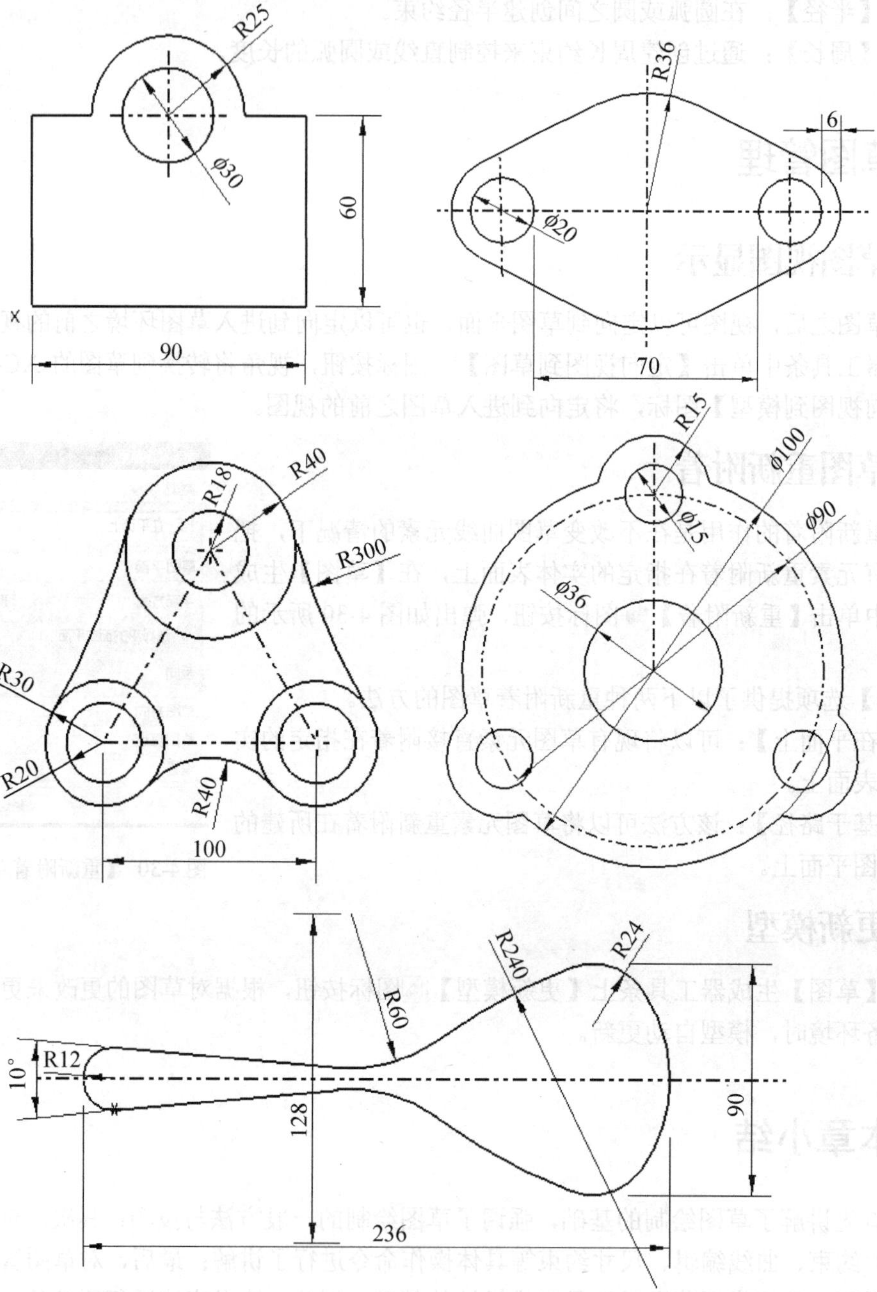

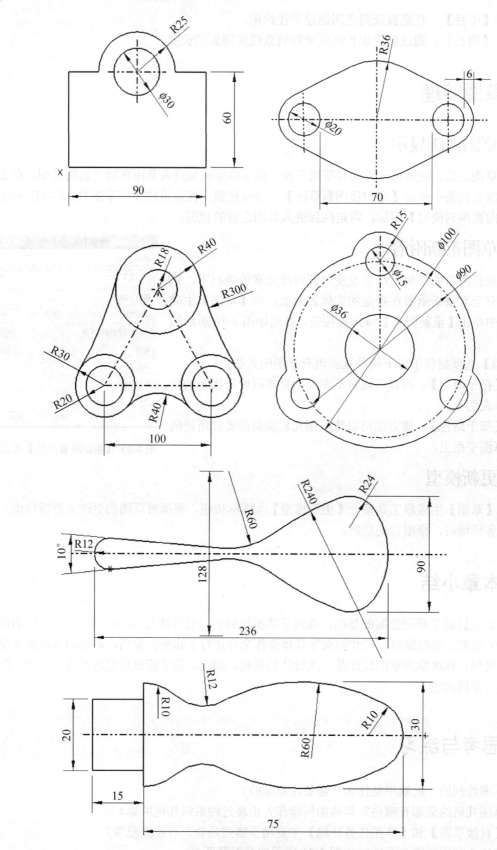

图 4-31 思考与练习题 4 草图

第 5 章　实体造型设计

本章知识导读

实体造型就是利用实体模块所提供的功能，将二维轮廓图延伸为三维实体模型，然后在此基础上添加所需的特征，如抽壳、钻孔，倒圆角等。除此之外，UG NX 8.0 实体模块还提供了将自由曲面转换为实体的功能，如将一个曲面增厚为一个实体，将若干个围成封闭空间的曲面缝合为一个实体。采用实体模型，可以方便地计算出产品的体积、面积、质心、质量、惯性矩等，让人们真实了解产品。实体模型还可以用于装配间隙分析、有限元分析和运动分析等，从而让设计人员能够在设计阶段就发现问题。因此构建三维实体模型尤为重要。

通过本章的学习重点掌握实体建模常用命令、粗加工命令、精加工特征命令。

本章学习内容

- 掌握常用扫描构建实体的工具命令：拉伸、回转、扫掠、管道等。
- 掌握基准构建方法：基准轴、基准点、基准平面。
- 掌握常用工程特征工具命令：拔模、倒角、倒圆角、抽壳、凸台、凸垫、腔体等。
- 掌握实体布尔运算工具。
- 掌握关联复制特征工具：抽取、引用特征、镜像特征、移动对象等。
- 掌握特征的编辑方法：编辑特征参数、移动特征、抑制特征、特征回放等。

5.1　实体建模概述

UG NX 8.0 实体建模是基于特征的参数化系统，具有交互创建和编辑复杂实体模型的能力，能够帮助用户快速进行概念设计和细节结构设计。另外，系统还将保留每步的设计信息，与传统基于线框和实体的 CAD 系统相比，具有特征识别的编辑功能。本章主要介绍三维实体模型的创建和编辑。

5.1.1　基本术语

✧【特征】：是由一定几何、拓扑信息以及功能和工程语义信息组成的集合，是定义产品模型的基本单元。例如，孔、凸台等。

✧【片体、壳体】：指一个或多个没有厚度概念的集合。

✧【实体】：具有三维形状和质量，能够描述物体的几何模型。在基于特征的造型系统中，实体是各类特征的集合。

✧【体】：包括实体和片体两大类。

✧【面】：由边缘封闭而成的区域，面可以是实体的面，也可以是一个壳体。

✧【截面线】：即扫描特征截面的曲线，可以是曲线、实体边缘、草图。
✧【对象】：包括点、曲线、实体边缘、表面、特征、曲面等。

5.1.2 UG NX 8.0 特征的分类

UG NX 8.0 特征分为以下三大类。

✧ 【参考几何特征】：辅助面、辅助轴线等。
✧ 【实体特征】：零件的构成单元，可通过各种造型方法得到。
✧ 【高级特征】：包括曲面造型、曲线造型等生成特征。箱盖实体模型如图 5-1 所示。

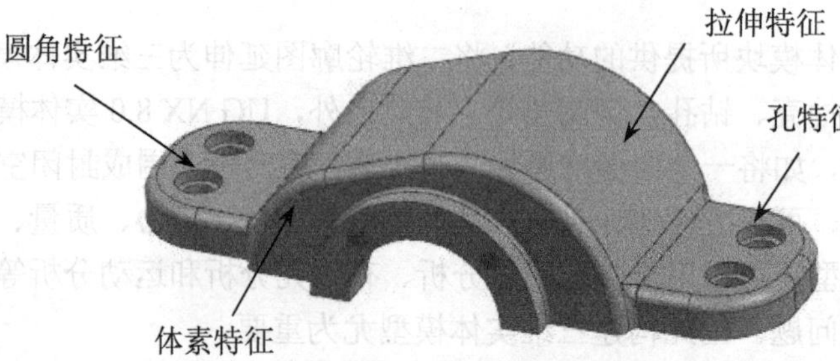

图 5-1 箱盖实体模型

UG NX 8.0 实体造型的基本思路：基于仿真零件加工过程进行特征建模，实体造型基本流程如图 5-2 所示。

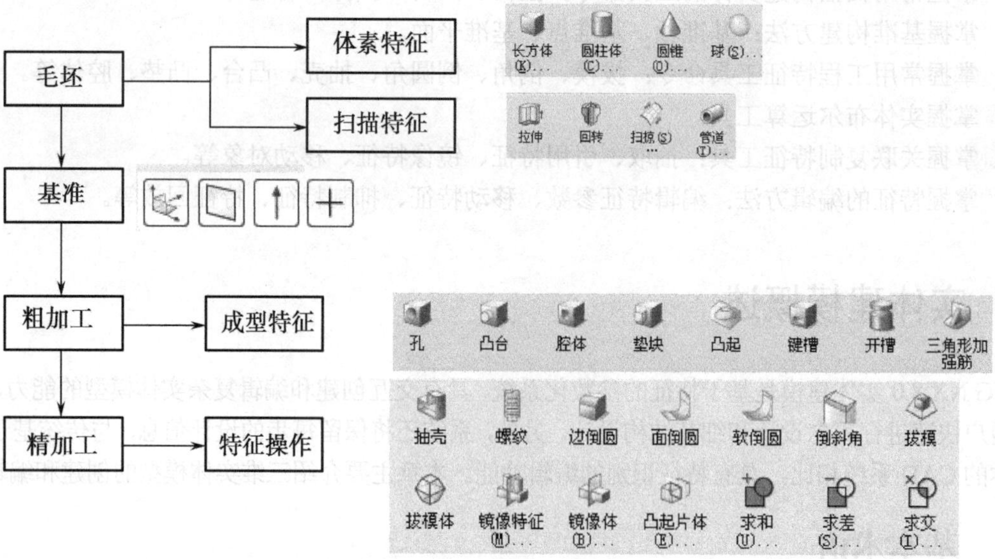

图 5-2 实体造型基本流程

5.1.3 UG NX 8.0 实体特征工具

UG NX 8.0 实体特征工具包括造型特征、特征操作、特征编辑。

1. 造型特征

造型特征工具栏如图 5-3 所示，主要包括以下几方面。

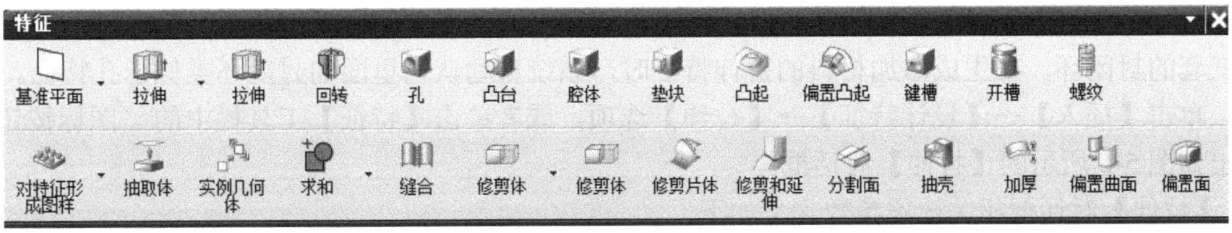

图 5-3　造型特征工具栏

- ✧【扫描特征】：通过拉伸、旋转截面，或沿引导线扫掠等方法创建实体，所创建的实体与界面线相关。
- ✧【成型特征】：在已存在的实体模型上，添加具有一定意义的特征，如孔、旋转槽、腔体等。
- ✧【参考特征】：基准平面和基准轴，起辅助创建实体的作用。
- ✧【体素特征】：利用矩形、圆柱体、球体等快速创建实体。

造型特征工具主要分布在菜单栏【插入】→【设计特征】、【关联特征】等中，同时也可以从【特征】工具栏中调用。

2. 特征操作

特征操作是对实体进行修饰操作。特征操作工具集中在菜单【插入】中【组合】、【修剪】、【偏置/缩放】以及【细节特征】中，也可在【特征】工具栏中调用，如图 5-4 所示。

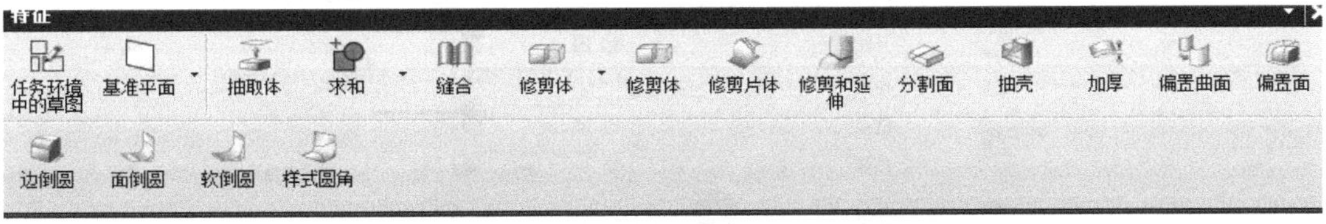

图 5-4　特征操作工具栏

3. 特征编辑

特征编辑主要包括编辑特征参数、编辑定位尺寸、移动特征、特征重排序、删除特征等。特征编辑工具集中在菜单【编辑】→【特征】中，也可以从【编辑特征】工具栏调用，如图 5-5 所示。

图 5-5　特征编辑工具栏

5.2　扫描特征

5.2.1　拉伸特征

拉伸特征是将截面轮廓草图进行拉伸生成实体或片体。其草绘截面可以是封闭的也可以是开口的，可以由一个或者多个封闭环组成，封闭环之间不能自交，但封闭环之间可以嵌套，如果存在嵌套的封闭环，在生成添加材料的拉伸特征时，系统自动认为里面的封闭环类似于孔特征。

单击【插入】→【设计特征】→【拉伸】选项，或者单击【特征】工具栏中的图标按钮，弹出如图 5-6 所示的【拉伸】对话框。

【拉伸】对话框相关选项参数含义如下。

1. 【截面】

用于指定拉伸的二维轮廓。

✧【选择曲线】：用来指定使用已有草图来创建拉伸特征，在如图 5-51 所示的对话框中默认选择图标按钮。

✧【绘制草图】：在如图 5-6 所示的对话框中单击图标按钮，可以在工作平面上绘制草图来创建拉伸特征。

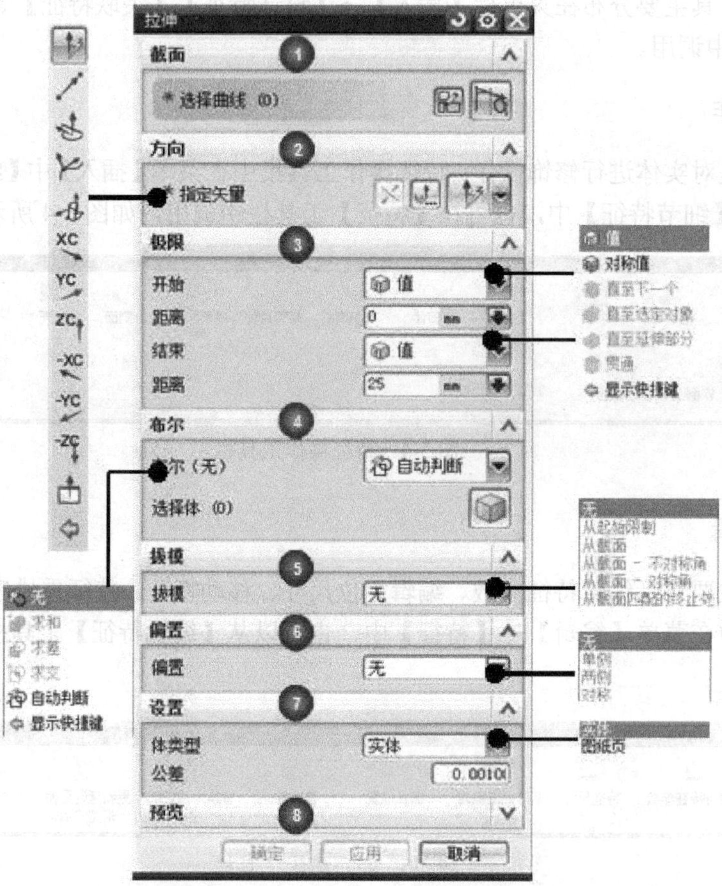

图 5-6 【拉伸】对话框

2. 【方向】

【方向】指定拉伸的方向侧。

✧ 【指定矢量】：用于设置所选对象的拉伸方向。

✧ 【反向】：在如图 5-6 所示的对话框中单击图标，使拉伸方向反向。

3. 【极限】

【极限】定义拉伸特征的整体构造方法和拉伸范围。

✧ 【值】：指定拉伸起始或结束的值。
✧ 【对称值】：开始的限制距离与结束的限制距离相同。
✧ 【直至下一个】：将拉伸特征沿路径延伸到下一个实体表面，如图 5-7（a）所示。
✧ 【直至选定对象】：将拉伸特征延伸到选择的面、基准平面或体，如图 5-7（b）所示。

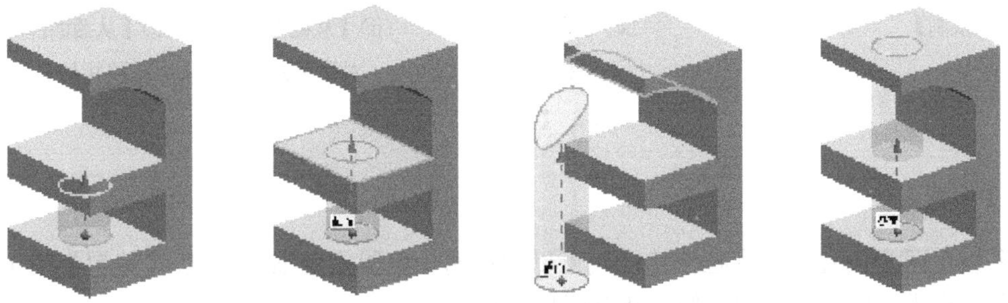

（a）【直至下一个】 （b）【直至选定对象】 （c）【直至延伸部分】 （d）【贯通】

图 5-7 【拉伸】不同方式

✧ 【直至延伸部分】：截面在拉伸方向超出被选择对象时，将其拉伸到被选择对象延伸位置为止，如图 5-7（c）所示。
✧ 【贯通】：沿指定方向的路径延伸拉伸特征，使其完全贯通所有的可选体，如图 5-7（d）所示。

4. 【布尔】

【布尔】指定布尔运算操作。

在创建拉伸特征时，还可以与存在的实体进行布尔运算。如果当前界面只存在一个实体，选择布尔运算时，自动选中实体；如果存在多个实体，则需要选择进行布尔运算的实体。

5. 【拔模】

在拉伸特征的一侧或多侧添加斜率。在拉伸时，为了方便出模，通常会对拉伸体设置拔模角度，共有 6 种拔模方式。

✧ 【无】：不创建任何拔模。
✧ 【从起始限制】：从拉伸开始位置进行拔模，开始位置与截面形状一样，如图 5-8（a）所示。
✧ 【从截面】：从截面开始位置进行拔模，截面形状保持不变，开始和结束位置进行变化，如图 5-8（b）所示。
✧ 【从截面-不对称角】：截面形状不变，起始和结束位置分别进行不同的拔模，两边拔模角可以设置不同角度，如图 5-8（c）所示。
✧ 【从截面-对称角】：截面形状不变，起始和结束位置进行相同的拔模，两边拔模角度相同，如图 5-8（d）所示。
✧ 【从截面匹配的终止处】：截面两端分别进行拔模，拔模角度不一样，起始端和结束端的形状相同，如图 5-8（e）所示。

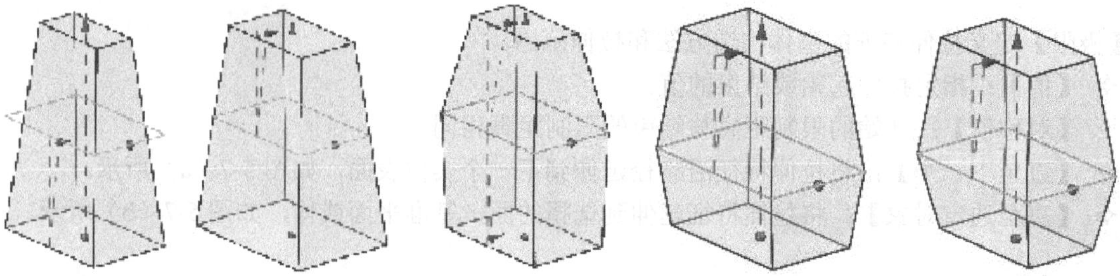

(a)【从起始限制】 (b)【从截面】 (c)【从截面-不对称角】 (d)【从截面-对称角】 (e)【从截面匹配的终止处】

图 5-8 【拔模】不同方式

6. 【偏置】

最多指定两个偏置添加到拉伸特征，可以为这两个偏置指定唯一的值。【偏置】用于设置拉伸对象在垂直于拉伸方向上的延伸，共有四种方式。

- ✧ 【无】：不创建任何偏置。
- ✧ 【单侧】：向拉伸添加单侧偏置，如图 5-9（a）所示。
- ✧ 【两侧】：向拉伸添加具有起始和终止值的偏置，如图 5-9（b）所示。
- ✧ 【对称】：向拉伸添加具有完全相等的起始和终止值（从截面相对的两侧测量）的偏置，如图 5-9（c）所示。

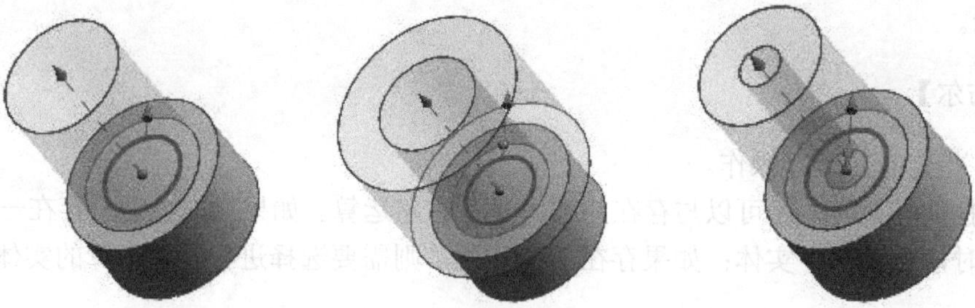

(a)【单侧】 (b)【两侧】 (c)【对称】

图 5-9 【偏置】不同方式

7. 【设置】

【设置】用于设置拉伸特征为片体或实体。要获得实体，截面曲线必须为封闭曲线或带有偏置的非闭合曲线。

8. 【预览】

选中【启用预览】复选框后，用户可预览绘图工作区的临时实体的生成状态，以便及时修改和调整。

案例 1：利用【拉伸】工具创建拉伸体。

（1）调用【拉伸】工具。

（2）选择如图 5-10（a）所示的截面线串。

（3）接受系统默认的方向，默认方向为选定截面曲线的法向。
（4）在【极限】组中设置【起始】为【值】,【距离】为 0,【结束】为【贯通】。
（5）设置【布尔】为【求差】，系统自动选中长方体。
（6）设置【拔模】为【从起始限制】，输入【角度】为-2。
（7）设置【偏置】为【单侧】，输入【结束】为-2，如图 5-10（b）所示。
（8）设置【体类型】为【实体】，其余参数保持默认值。
（9）单击【确定】按钮，结果如图 5-10（c）所示。

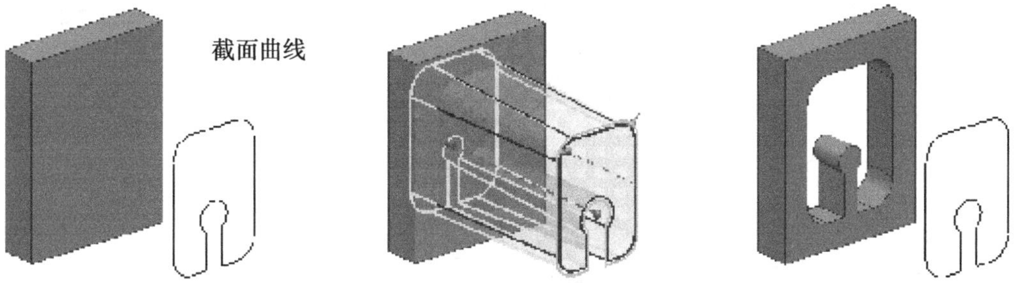

（a）　（b）　（c）

图 5-10　拉伸特征创建

5.2.2　回转特征

回转特征是由特征截面曲线绕旋转中心线旋转而成的一类特征，它适合于构造回转体零件特征。单击【插入】→【设计特征】→【回转】选项，或者单击【特征】工具栏中的图标按钮，弹出如图 5-11 所示的【回转】对话框，可选择用于定义回转特征的截面曲线。

【回转】对话框各选项的具体含义如下。

1.【截面】

【截面】用于指定旋转截面。

- ✧【选择曲线】：用来指定已有草图来创建旋转特征，在如图 5-11 所示的对话框中默认选择图标按钮。
- ✧【绘制草图】：单击图标，可以在工作平面上绘制草图来创建回转特征。

2.【轴】

【轴】用于定义一个基准轴作为回转轴线。

- ✧【反向】：在如图 5-11 所示对话框中单击图标，使旋转轴方向反向。
- ✧【指定点】：在指定点下拉列表中可以选择要进行旋转操作的基准点。单击按钮，可通过捕捉点直接在视图区中进行选择。

3.【极限】

【极限】用于指定旋转角度。

- ✧【开始】：在设置以【值】或【直至选定对象】方式进行旋转操作时，用于限制旋转的起始角度。
- ✧【结束】：在设置以【值】或【直至选定对象】方式进行旋转操作时，用于限制旋转的终止角度。

4.【布尔】

【布尔】指定布尔运算操作。在下拉列表中选择布尔操作类型。

5.【偏置】

【偏置】指定增加材料的侧。

✧【无】：直接以截面曲线生成回转特征。

✧【两侧】：指在截面曲线两侧生成回转特征，以结束值和起始值之差作为实体的厚度。

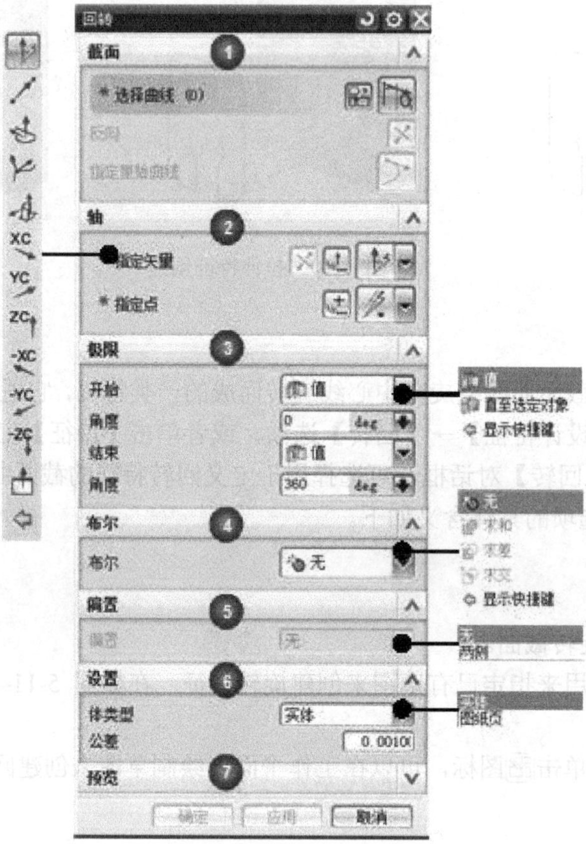

图 5-11 【回转】对话框

6.【设置】

在【体类型】设置为【实体】的前提下，以下情况将生成实体：①封闭的轮廓；②不封闭的轮廓，旋转角度为360°；③不封闭的轮廓，有任何角度的偏置或增厚。

7.【预览】

用户可预览绘图工作区的临时实体的生成状态，以便及时修改和调整。

案例 2：利用【回转】工具创建旋转体。

（1）调用【回转】工具。

（2）选择截面曲线。

（3）选择基准坐标系的 Y 轴为【指定矢量】，选择原点为【指定点】。

（4）在【限制】栏中设置起始角度为 0，结束角度为-150，其余参数保持默认值，如图 5-12 所示。

（5）单击【确定】按钮，完成回转体的创建。

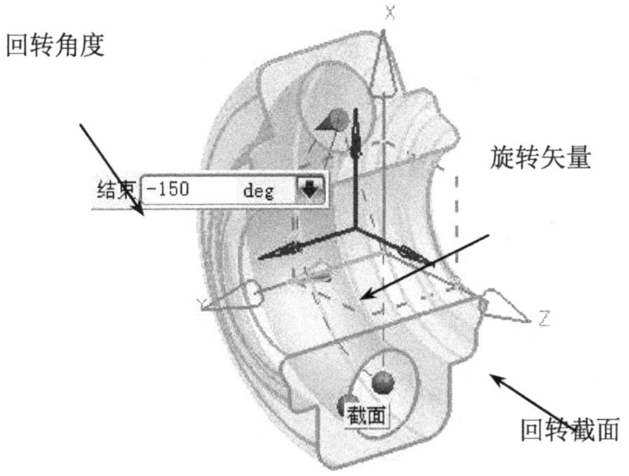

图 5-12　回转特征创建

5.2.3　沿引导线扫掠特征

沿引导线扫掠特征是指由截面曲线沿引导线扫描而成的一类特征。通过沿一引导线串（路径）扫掠一“开口”或“封闭”边界草图、曲线、边缘或表面建立一单个实体或片体。

单击【插入】→【扫掠】→【沿引导线扫掠】选项，或者单击【特征】工具栏中的图标按钮，弹出如图 5-13 所示的【沿引导线扫掠】对话框。

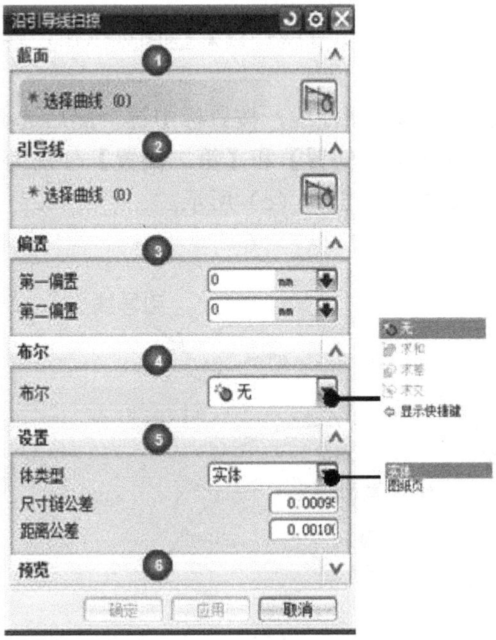

图 5-13 【沿引导线扫掠】对话框

【沿引导线扫掠】对话框各选项的具体含义如下。

1.【截面】

【截面】选择要扫掠的截面草绘。

2.【引导线】

【引导线】选择用于扫掠的引导线草绘。如果引导路径上两条相邻的线以锐角相交，或引导路径上的圆弧半径对于截面曲线而言太小，将无法创建扫掠特征。换言之，路径必须是光顺的、切向连续的。

3.【偏置】

【偏置】设定第一偏置和第二偏置。

4.【布尔】

【布尔】确定布尔操作类型，即可完成操作。

5.【设置】

【设置】设置体类型和公差。

6.【预览】

【预览】在图形区域中预览结果。

> **提示：**如果引导路径上两条相邻的线以锐角相交，或引导路径上的圆弧半径对于截面曲线而言满足以下情况之一将生成实体：①引导线封闭，截面线不封闭；②截面线封闭。

案例 3：利用【沿引导线扫掠】创建扫掠体。

（1）单击【特征】工具栏上的【沿引导线扫掠】图标按钮，弹出如图 5-14（a）所示的对话框。

（2）如图 5-14（b）所示，选择截面曲线，按鼠标中键，然后选择引导线。

（3）在【偏置】组中，输入【第一偏置】和【第二偏置】分别为-0.5 和 0.3。

（4）单击【确定】按钮，结果如图 5-14（c）所示。

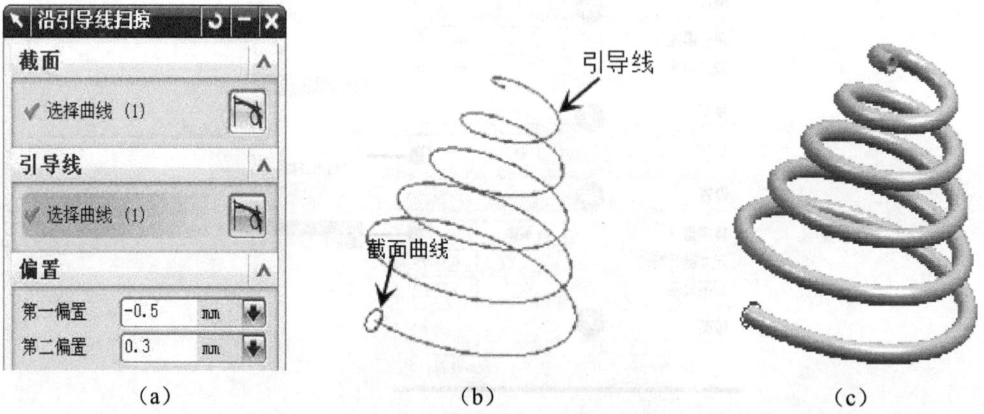

图 5-14 【沿引导线扫掠】特征创建

5.2.4　管道特征

【管道特征】是指把引导线作为旋转中心线旋转而成的一类特征。需要注意的是，引导线必须光滑、相切和连续。使用管道特征可以通过沿着一个或多个相切连续的曲线或边扫掠一个圆形横截面来创建单个实体。

单击【插入】→【扫掠】→【管道】选项，或者单击【特征】工具栏中的图标按钮，弹出如图 5-15 所示的【管道】对话框。

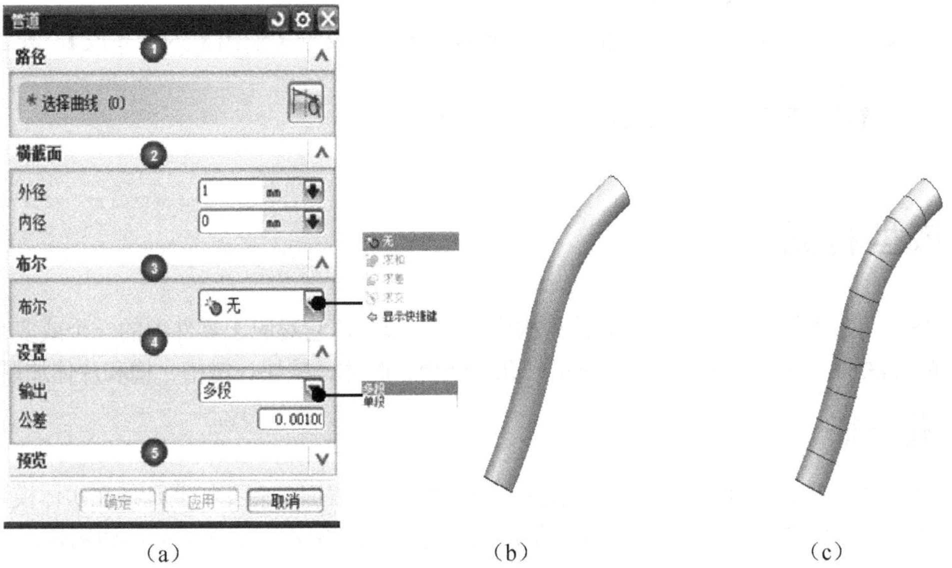

图 5-15 【管道】对话框

【管道】对话框各选项的具体含义如下。

1. 【路径】

【路径】指定管道延伸的路径。

2. 【横截面】

【横截面】用于设置管道的内、外径。外径值必须大于 0.2，内径值必须大于或等于 0，且小于外径值。

3. 【布尔】

【布尔】指定布尔运算操作。

4. 【设置】

【设置】用于设置管道截面的类型，有单段和多段两种类型。选定的类型不能在编辑过程中被修改。

- ✧【单段】：在整个样条路径长度上只有一个管道面（存在内直径时为两个）。这些表面是 B 曲面，如图 5-15（b）所示。
- ✧【多段】：多段管道用一系列圆柱和圆环面沿路径逼近管道表面，如图 5-15（c）所示。

其依据是用直线和圆弧逼近样条路径（使用建模公差）。对于直线路径段，把管道创建为圆柱。对于圆形路径段，把管道创建为圆环。

5.【预览】

【预览】在图形区域中预览结果。

案例 4：利用【管道】特征创建管道。

（1）单击【特征】工具栏上的【管道】图标按钮，弹出如图 5-15 所示的【管道】对话框。

（2）选择样条线作为【路径】。

（3）在【外径】和【内径】文本框中分别输入 1 和 0，设置【输出】为【多段】，其余参数保持默认值，如图 5-15（a）所示。

（4）单击【确定】按钮，结果如图 5-15（b）所示。

5.3 成型特征

特征是由一定拓扑关系的一组实体体素构成的特定形体，它对应于零件上的一个或多个功能，能被固定的方法加工成型。常见的特征包括：孔、凸台、腔体、垫块、键槽、槽和片体加厚等。

5.3.1 孔特征

【孔】主要指的是圆柱形的内表面，也包括非圆柱形的内表面。而孔特征是指在实体模型中去除圆柱、圆锥或同时存在的两种特征的实体特征。通过【孔】命令可以在部件或装配中添加特征。

单击【特征】工具栏中的图标按钮，弹出如图 5-16 所示的【孔】对话框。使用孔可以在部件或装配中添加孔特征。

【孔】对话框中选项含义如下。

1.【类型】

【类型】定义孔的创建类型。

2.【位置】

【位置】指定孔中心的位置。图标按钮表示在草图中，通过指定放置面及方位来确定孔的中心。表示可使用现有的点来指定孔的中心。

3.【方向】

【方向】指定孔方向。默认的孔方向为沿-ZC 轴。

4.【形状和尺寸】

【形状和尺寸】指定孔特征的形状和尺寸。孔特征有以下 4 种成形方式。

- ✧【简单孔】：该方式通过指定孔表面的中心点，并指定孔的生产方向，然后设置孔的参数，即可创建。
- ✧【沉头孔】：是指紧固件的头完全沉入的阶梯孔。
- ✧【埋头孔】：是指紧固件的头部不完全沉入的阶梯孔。

✧【锥形孔】：该方式通过指定孔表面的中心点，并指定孔的生产方向，然后设置孔的直径、孔深度以及锥角参数，即可完成创建。

5.【布尔】

【布尔】指定布尔运算操作。

6.【设置】

【设置】指定定义选项和参数的标准和公差。

7.【预览】

【预览】在图形区域中预览结果。

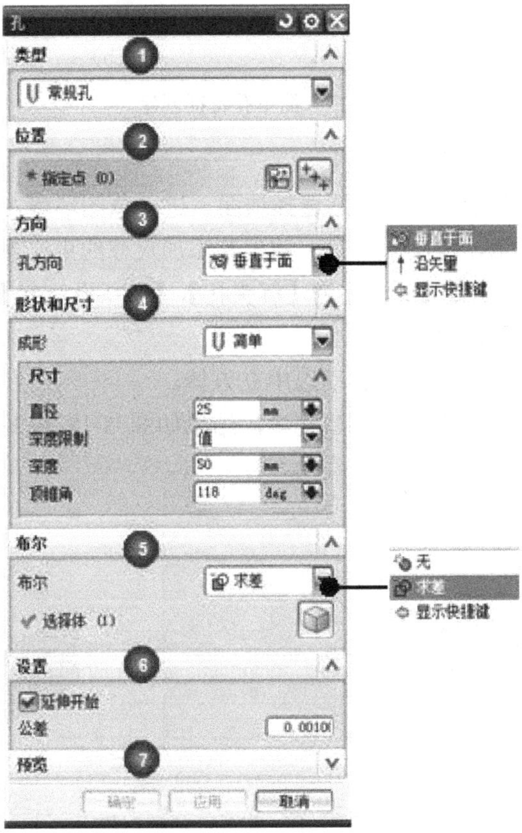

图 5-16 【孔】对话框

提示：此命令与 NX 版本之前的【孔】的区别主要有：①可以在非平面上创建孔，可以不指定孔的放置面。②通过指定多个放置点，在单个特征中创建多个孔。③通过【指定点】对孔进行定位，而不是利用【定位方式】对孔进行定位。④通过使用格式化的数据表为【钻形孔】、【螺钉间隙孔】和【螺纹孔】创建孔特征。⑤使用 ANSI、ISO、DIN、JIS 等标准。⑥创建孔特征时，可以使用【无】和【求差】布尔运算。⑦可以将起始、结束或退刀槽倒斜角添加到孔特征上。

案例 5：利用【孔】命令创建一简单孔。

（1）在【类型】下拉列表中选择【常规孔】。

（2）如图 5-17（a）所示，选择凸台圆弧中心。

（3）在【形状和尺寸】组中设置【成形】为【简单】，【直径】为 20，【深度限制】为【贯通体】。

（4）【布尔】设置为【求差】，系统自动选中立方体。

（5）单击【应用】按钮，简单通孔创建完毕，结果如图 5-17（b）所示。

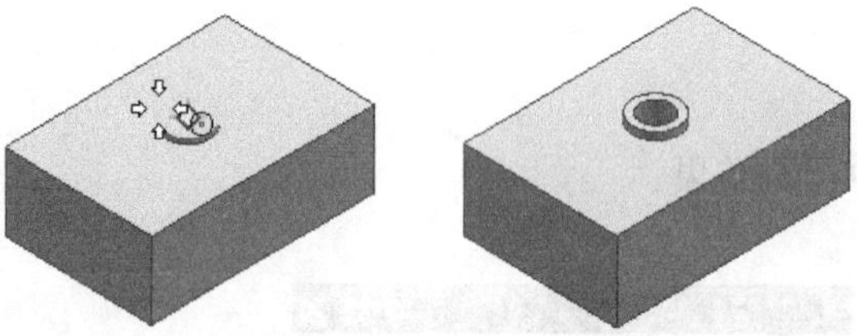

（a） （b）

图 5-17 简单孔特征创建

案例 6：利用【孔】命令创建一沉头孔。

（1）在如图 5-18（a）所示的位置附近选择顶面，进入草图环境，并弹出【点】对话框。

（2）如图 5-18（b）所示，绘制一个点，并为其添加尺寸约束，然后退出草图环境。

（3）【形状和尺寸】组中设置【成形】为【沉头孔】，【沉头孔直径】为 30，【沉头孔深度】为 5，【直径】为 20，【深度限制】为【贯通体】。

（4）【布尔】设置为【求差】，系统自动选中立方体。

（5）单击【应用】按钮，沉头通孔创建完毕，结果如图 5-18（c）所示。

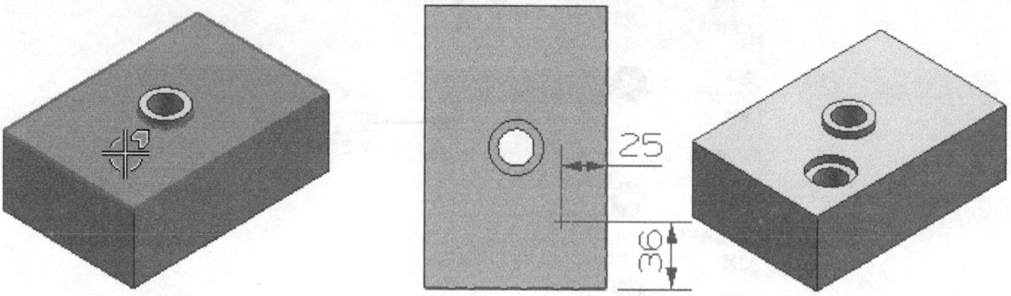

（a） （b） （c）

图 5-18 沉头孔特征创建

5.3.2 凸台特征

在机械设计过程中，常常需要设置一个凸台以满足结构上和功能上的要求，而此特征就可以快速地创建凸台。

单击【特征】工具栏中的图标按钮，弹出如图 5-19 所示的【凸台】对话框。通过该对话框可以在已存在的实体表面上创建圆柱形或圆锥形凸台，也可以在平的表面或基准平面上创建凸台，如图 5-20 所示。

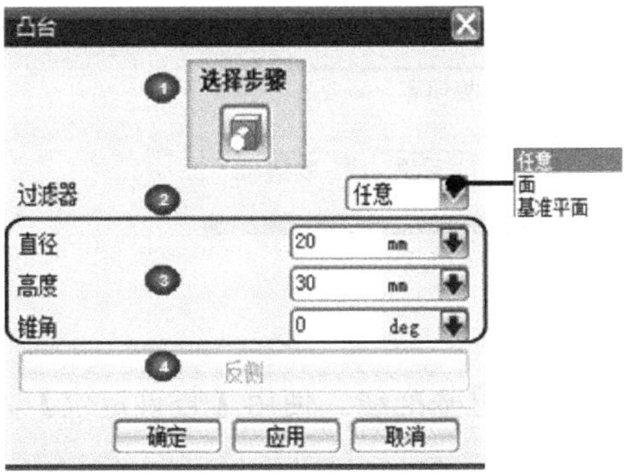

图 5-19 【凸台】对话框

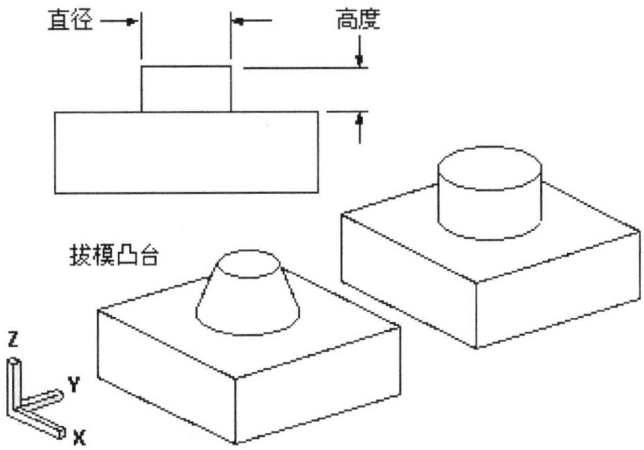

图 5-20 【凸台】特征创建

【凸台】对话框中各功能介绍如下。

1. 【选择步骤】

放置面是指从实体上开始创建凸台的平面表面或者基准平面。

2. 【过滤器】

【过滤器】通过限制可用的对象类型帮助用户选择需要的对象。这些选项是：任意、面和基准平面。

3. 凸台设计参数

- ✧【直径】：圆台在放置面上的直径。
- ✧【高度】：圆台沿轴线的高度。
- ✧【锥角】：若指定为非 0 值，则为锥形凸台。正的角度值为向上收缩（即在放置面上的直径最大），负的角度为向上扩大（即在放置面上的直径最小）。

4. 【反侧】

若选择的放置面为基准平面，则可单击此按钮改变圆台的凸起方向。

案例 7：利用【凸台】命令创建一凸台。

（1）单击【特征】工具栏上的【凸台】图标按钮，弹出如图 5-19 所示的【凸台】对话框。

（2）选择圆柱体的上表面作为凸台的放置面。

（3）输入如图 5-19 所示的参数。

（4）单击【应用】按钮，弹出【定位】对话框。

（5）单击【定位】对话框中的【点到点】按钮。

（6）如图 5-21（a）所示，选择圆柱体上表面的边缘，系统弹出如图 5-21（b）所示的【设置圆弧的位置】对话框。单击【圆弧中心】按钮，完成凸台的创建，结果如图 5-21（a）所示。

UG NX 8.0 中定位特征包含以下 9 种方法。

- ✧ 【水平定位】：首先指定水平参考方向（尺寸线与水平参考线平行），然后指定定位基准线。

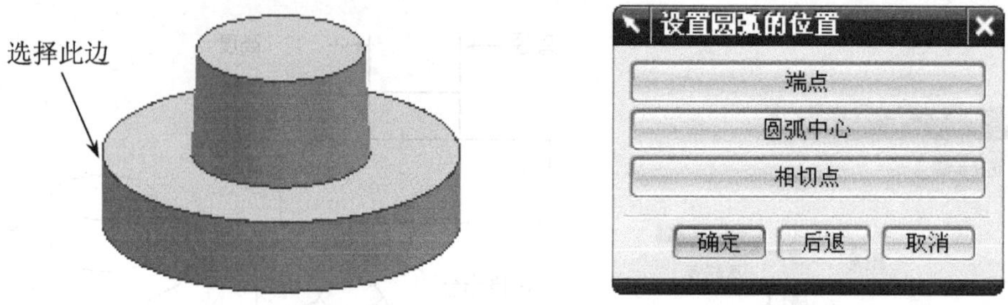

（a）　　（b）

图 5-21　凸台特征创建

✧ 【竖直定位】：首先定位竖直参考方向，然后指定定位基准线。使用【竖直定位】方法可在两点之间创建定位尺寸。

水平/竖直定位尺寸标注如图 5-22 所示。

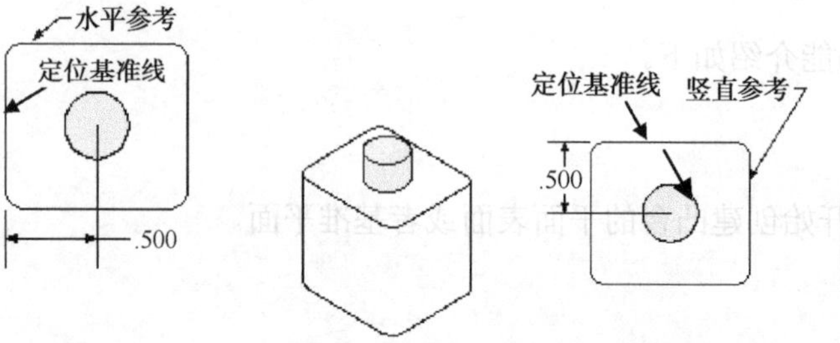

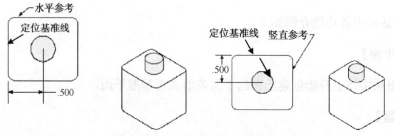

图 5-22　水平/竖直定位尺寸标注

✧ 【平行定位】：限制两点间的距离，例如现有点、实体端点、圆弧中心点或圆弧切点之间的距离，并平行于工作平面测量。

✧ 【垂直定位】：通过指定特征实体上某一点与某一元素的边缘与特征，或选择任何现有曲线（不必在目标实体上），定位到基准。

平行/垂直定位尺寸标注如图 5-23 所示。

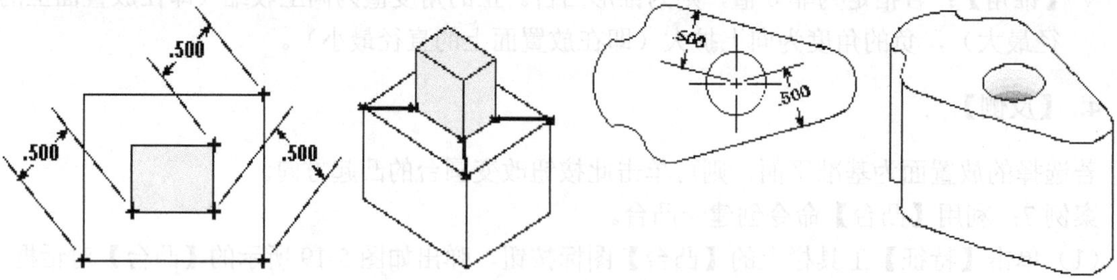

图 5-23　平行/垂直定位尺寸标注

✧ 【按一定距离平行】：通过限制指定特征实体上线性边缘与某一线性参考元素平行，及其相互之间的距离，从而定位特征。

✧ 【角度】：通过指定特征实体上的线性边缘与另一线性参考元素的角度实现定位。

按一定距离平行/角度定位尺寸标注如图 5-24 所示。

✧ 【点到点定位】：与【平行】选项相同，但是两点之间的固定距离设置为零。

✧ 【点落在线上】：与【垂直】选项相同，但是边或曲线与点之间的距离设置为零。

✧ 【线落在线上】：与使用【按一定距离平行】选项相同，但特征和目标实体上线性边或曲线之间的距离设置为零。

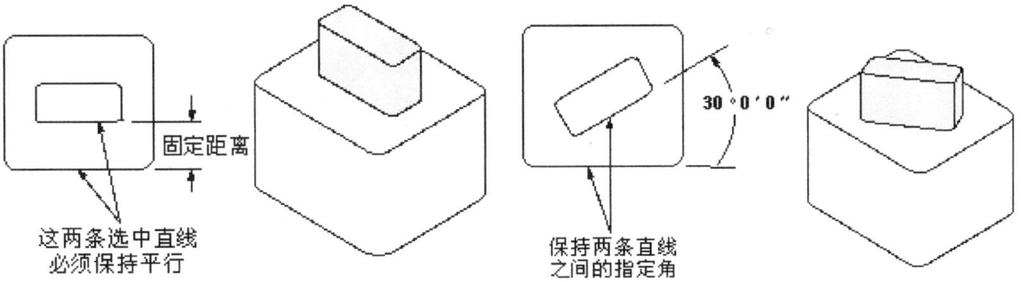

图 5-24　按一定距离平行/角度定位尺寸标注

点到点定位/线落在线上定位尺寸标注如图 5-25 所示。

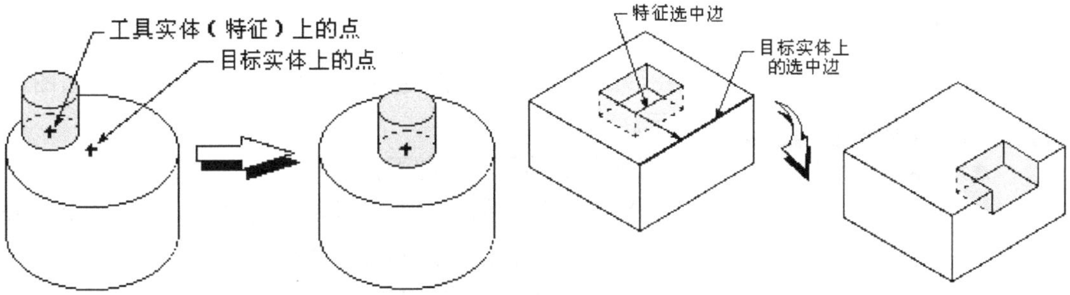

图 5-25　点到点定位/线落在线上定位尺寸标注

5.3.3　腔体特征

使用腔体可以在现有体上创建圆柱形、矩形和用户自定义的型腔。单击【特征】工具栏中的图标按钮，弹出如图 5-26 所示的【腔体】对话框。该对话框用于从实体移除材料或用沿矢量对截面进行投影生成的面来修改片体。

【腔体】对话框中各项功能介绍如下。

图 5-26 【腔体】对话框

1.【柱】

【柱】定义一个圆柱形腔体，有一定的深度，有或没有圆角的底面，具有直面或斜面，如图 5-27 所示。

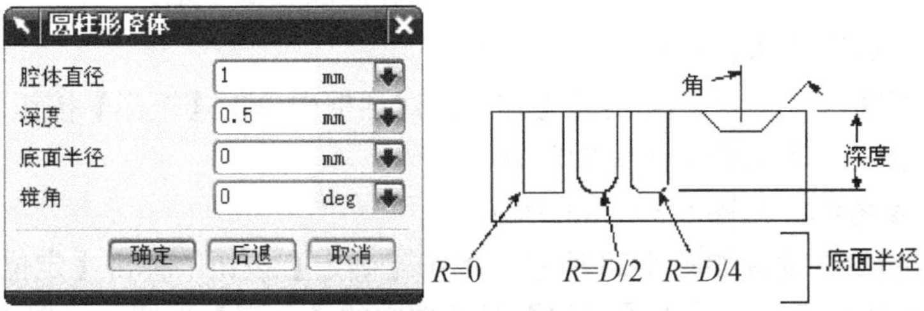

图 5-27 【圆柱形腔体】特征构建

2.【矩形】

【矩形】定义一个矩形腔体，有一定的长度、宽度和深度，在拐角和底面处有指定的半径，具有直面或斜面，如图 5-28 所示。

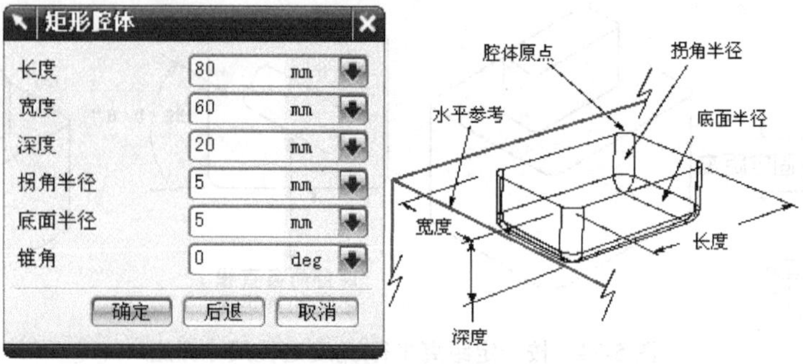

图 5-28 【矩形腔体】特征构建

3.【常规】

【常规】在定义腔体时，比照圆柱形的腔体和矩形的腔体选项有更大的灵活性，如图 5-29 所示。

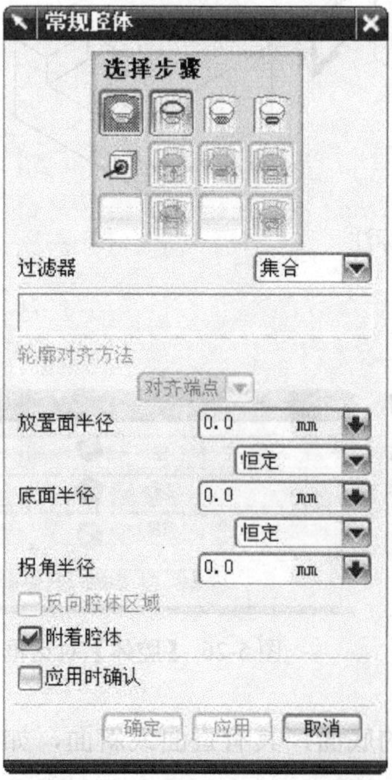

图 5-29 【常规腔体】对话框

【常规腔体】具有如下特性：

- ✧ 常规腔体的放置面可以是自由曲面，而不像其他腔体选项那样，要严格是一个平面。
- ✧ 腔体的底部定义有一个底面，如果需要的话，底面也可以是自由曲面。
- ✧ 可以在顶部和/或底部通过曲线链定义腔体的形状。曲线不一定位于选定面上，如果没有位于选定面，它们将按照选定的方法投影到面上。
- ✧ 曲线没有必要形成封闭线串，也可以是开放的，甚至可以让线串延伸出放置面的边。
- ✧ 在指定放置面或底面与腔体侧面之间的半径时，可以将代表腔体轮廓的曲线指定到腔体侧面与底面的理论交点，或指定到圆角半径与放置面或底面之间的相切点。
- ✧ 腔体的侧面是定义腔体形状的理论曲线之间的直纹面。如果在圆角切线处指定曲线，系统将在内部创建放置面或底面的理论交集。

案例 8：利用【矩形腔体】命令创建一腔体。

（1）调用【腔体】工具，并在弹出的【腔体】对话框中单击【矩形】按钮。

（2）选择长方体的上表面作为腔体的放置面。

（3）选择水平参考线，如图 5-30（a）所示。

（4）矩形腔体的参数设置如图 5-28 所示，单击【确定】按钮，弹出【定位】对话框。

（5）如图 5-30（b）所示，单击【定位】对话框中的【垂直】按钮，根据【提示栏】的信息分别选择目标边 1 和工具边 1，然后在表达式文本框中输入距离 50，按鼠标中键。

（6）再次单击【定位】对话框中的【垂直】按钮，用同样的方式定义目标边 2 和工具边 2 之间的距离 40。

（7）单击【确定】按钮，完成矩形腔体的创建，结果如图 5-30（b）所示。

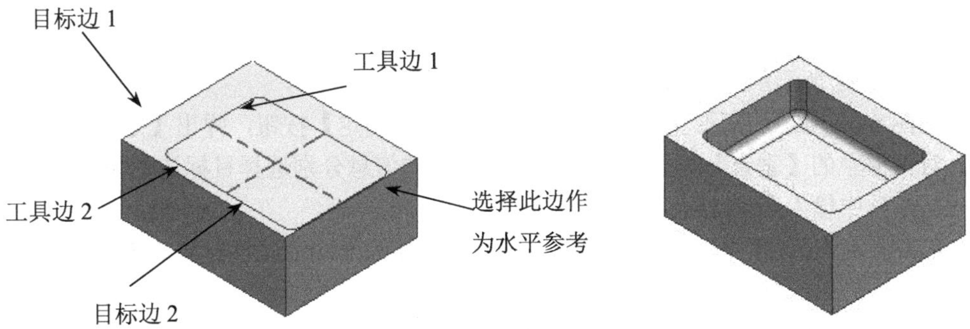

（a）　（b）

图 5-30　矩形腔体特征创建

5.3.4　垫块特征

垫块与凸台最主要的区别在于垫块创建的是矩形凸起，而凸台创建的是圆柱或圆锥凸起。使用【垫块】命令可以在一已存实体上建立一矩形垫块或常规垫块。单击【特征】工具栏中的图标按钮，弹出如图 5-31 所示的【垫块】对话框。

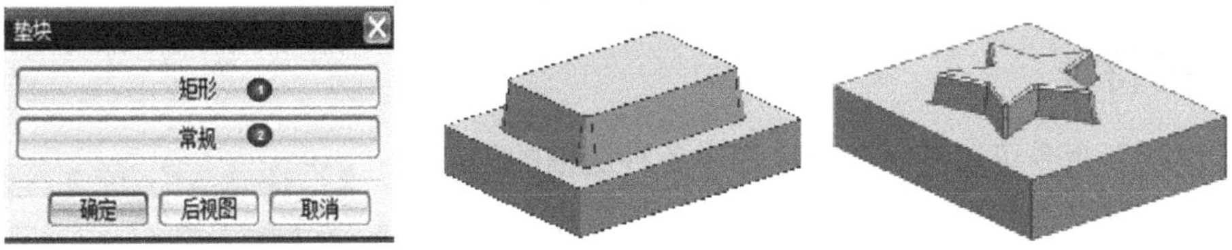

图 5-31　【垫块】类型选择对话框

【垫块】对话框中各项功能介绍如下。

1.【矩形】

【矩形】定义一个有指定长度、宽度和深度，在拐角处有指定半径，具有直面或斜面的垫块，如图 5-32 所示。

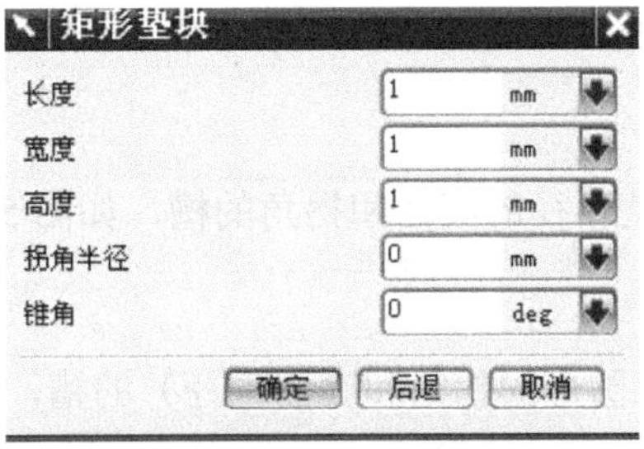

图 5-32　【矩形垫块】对话框

2.【常规】

【常规】定义一个比矩形垫块选项更有灵活性的垫块。常规垫块的特性和创建方法与常规腔体类似，故此处不再赘述。

案例 9：利用【垫块】创建矩形垫块

（1）单击【特征】工具栏上的【垫块】命令图标，弹出【垫块】对话框，单击对话框中的【矩形】按钮。

（2）选择长方体的上表面作为矩形垫块的放置面。

（3）选择如图 5-33 所示的边作为水平参考。

（4）输入如图 5-32 所示的矩形垫块的各个参数，单击【确定】按钮，弹出【定位】对话框。单击【定位】对话框中的【垂直】按钮，根据【提示栏】的信息分别选择目标边 1 和工具边 1，然后在表达式文本框中输入距离 15，按鼠标中键。

（6）再次单击【定位】对话框中的【垂直】按钮，用同样的方式定义目标边 2 和工具边 2 之间的距离 20。

（7）单击【确定】按钮，完成矩形垫块的创建，结果如图 5-33 所示。

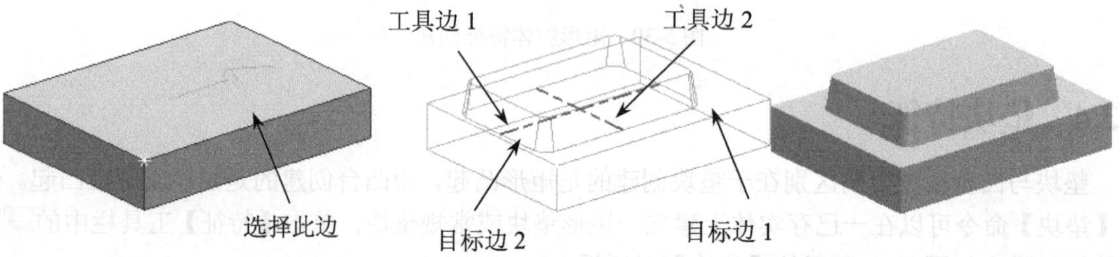

图 5-33　矩形垫块特征创建

5.3.5　键槽特征

使用【键槽】命令可以满足建模过程中各种键槽的创建。在机械设计中，键槽主要用于轴、齿轮、带轮等实体上，起到周向定位及传递扭矩的作用。所有键槽类型的深度值都按垂直于平面放置面的方向测量。单击【插入】→【设计特征】→【键槽】选项，或单击【特征】工具栏中的图标按钮，弹出【键槽】对话框，如图 5-34 所示。

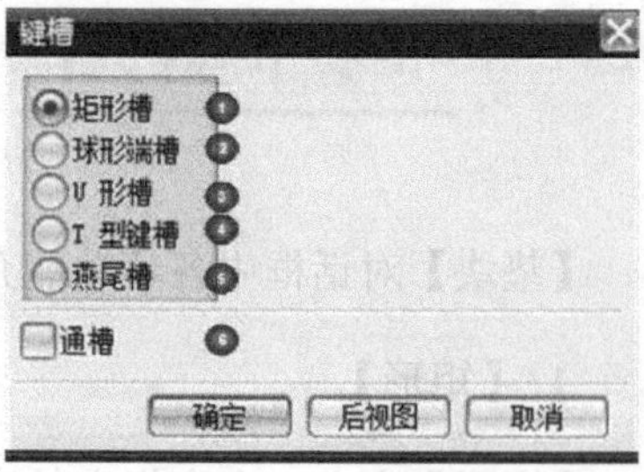

图 5-34　【键槽】对话框

【键槽】对话框中各项功能介绍如下。

1.【矩形槽】

【矩形槽】沿着底面创建有锐边的槽，如图 5-35（a）所示。

2.【球形端槽】

【球形端槽】创建一个有完整半径的底面和拐角的槽，如图 5-35（b）所示。

3.【U 形槽】

【U 形槽】创建一个 U 形（圆形的拐角和底面半径）的槽，如图 5-35（c）所示。

4.【T 形键槽】

【T 形键槽】创建一个槽，它的横截面是一个倒转的 T 字形，如图 5-35（d）所示。

5.【燕尾槽】

【燕尾槽】创建一个“燕尾”形（尖角和成角度的壁）的槽，如图 5-35（e）所示。

6.【通槽】

【通槽】创建一个完全通过两个选定面的槽。

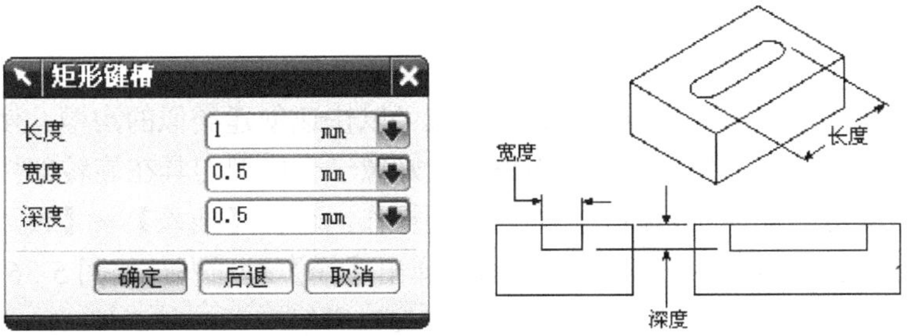

（a）

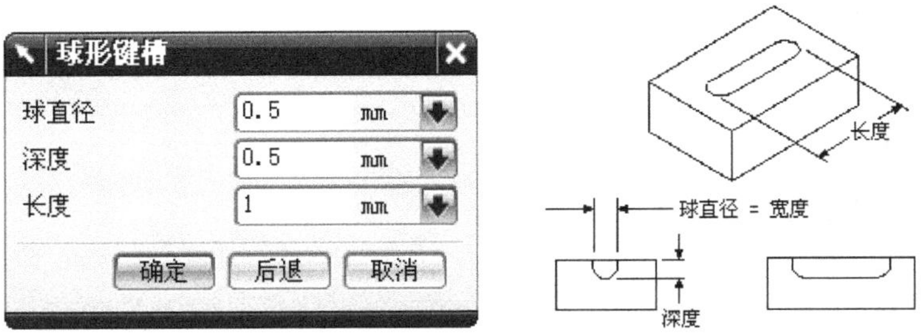

（b）

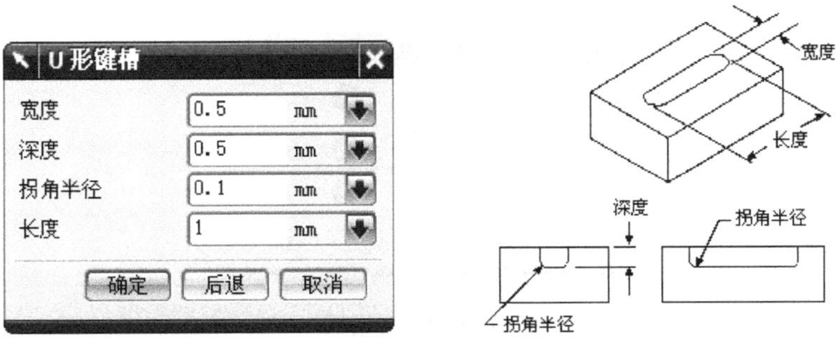

（c）

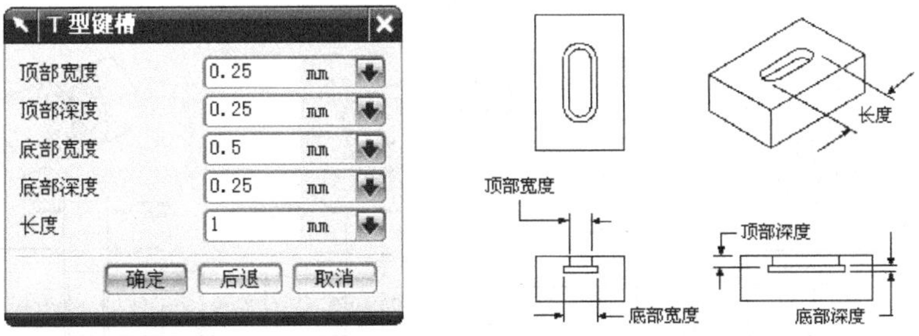

（d）

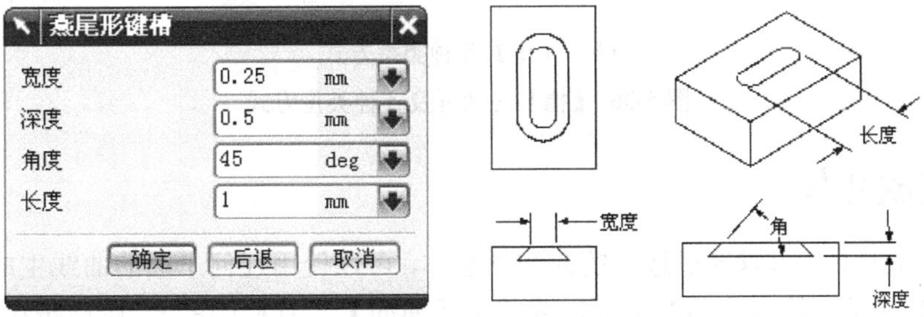

（e）

图 5-35 【键槽】各种类型方式

5.3.6 槽特征

在机械加工螺纹时，常常有退刀槽，此特征就可以快速创建类似的沟槽。使用【槽】命令可以在圆柱体或锥体上创建一个外沟槽或内沟槽，就好像一个成型刀具在旋转部件上向内（从外部定位面）或向外（从内部定位面）移动，如同车削操作。单击【插入】→【设计特征】→【槽】选项，或单击【特征】工具栏中的图标按钮，弹出【槽】对话框，如图 5-36（a）所示。

【槽】对话框中各项功能介绍如下，如图 5-36（a）所示。

1.【矩形槽】

【矩形槽】横截面形状为矩形。

2.【球形端槽】

【球形端槽】横截面形状为半圆形。

3.【U 形槽】

【U 形槽】横截面形状为 U 形。

（a）【槽】对话框

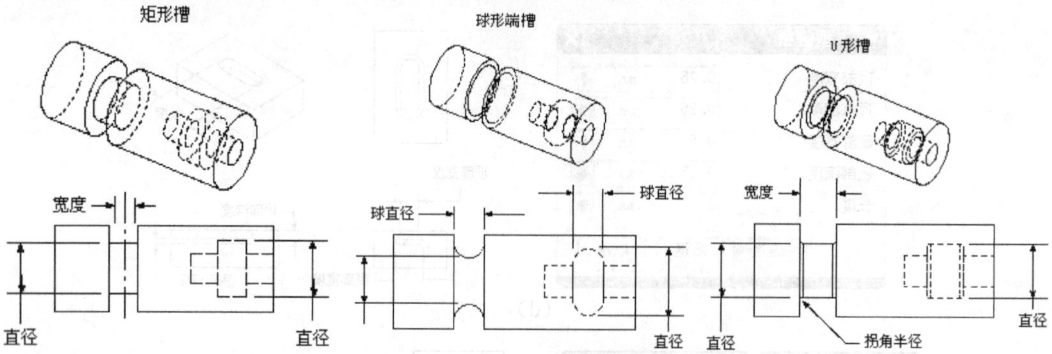

（b）【槽】各种类型方式

图 5-36 【槽】对话框及各种类型方式

5.3.7 曲线成片体

使用【曲线成片体】可以通过选择的曲线创建体，可以使用任何平面的曲线生成体。单击【插入】→【曲面】→【曲线成片体】选项，或单击【曲面】工具栏中的图标按钮，弹出【从曲线获得面】对话框，如图 5-37 所示。

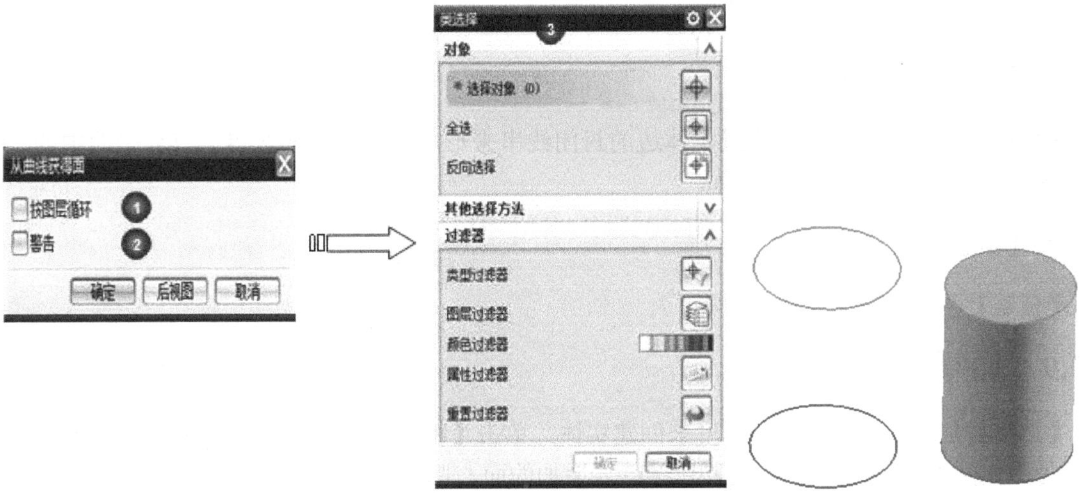

图 5-37 【从曲线获得面】对话框

【从曲线获得面】对话框中各项功能介绍如下。

1.【按图层循环】

【按图层循环】每次在一个图层上处理所有可选的曲线，这会使系统同时处理一个图层上的所有可选曲线，从而创建体。可以减少计算量和处理时间。

2.【警告】

警告用户有曲线的非封闭平面环和非平面的边界。

3.【类选择】

【类选择】帮助快速选取需要的曲线。

5.3.8 有界平面

【有界平面】是根据所选的数条共面的封闭边界线来创建一个平面。可以一次选取几个封闭边界，但要有一个边界包含其余所有的小边界。使用【有界平面】可以创建由一组端相连的平面曲线封闭的平面片体，如图 5-38 所示，曲线必须共面，且形成封闭形状。

单击【插入】→【曲面】→【有界平面】选项，或单击【曲面】工具栏中的图标按钮，弹出【有界平面】对话框，如图 5-38 所示。

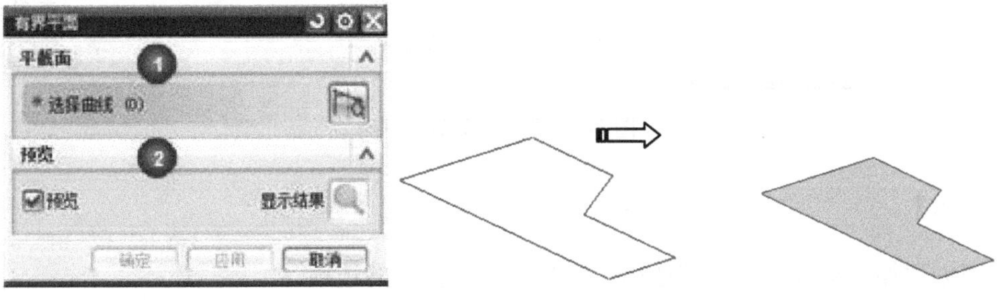

图 5-38 【有界平面】对话框

【有界平面】对话框中各项功能介绍如下。

1.【平截面】

【平截面】选择端到端曲线或实体边的封闭线串来形成有界平面的边界。有界平面中的孔定义为内部边界，在那里不创建片体。

2.【预览】

【预览】在图形区域中预览结果。

5.3.9 加厚特征

【加厚】是通过为片体增加厚度来创建实体。单击【特征】工具栏中【加厚】图标按钮，弹出如图 5-39 所示的对话框，主要包括欲要增加的面、厚度，厚度由两个偏置值来确定。

【加厚】对话框中选项含义如下。

1.【面】

【面】可以选择要加厚的面和片体。所有选定对象必须相互连接。

2.【厚度】

【厚度】为加厚特征设置一个或两个偏置。正偏置值应用于加厚方向，由显示的箭头表示。负偏置值应用在负方向上。

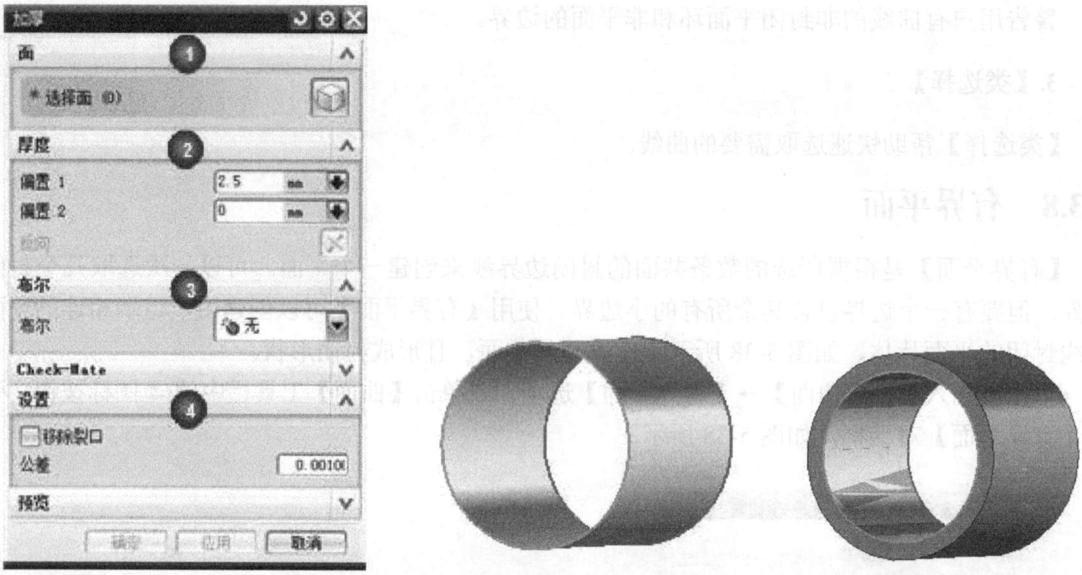

图 5-39 【加厚】对话框

3.【布尔】

如果在创建加厚特征时遇到其他体，则列出可以使用的选项。

4.【设置】

✧【公差】：为加厚操作设置距离公差。

5.3.10　螺纹特征

使用【螺纹】可以在具有圆柱面的特征上创建符号螺纹或详细螺纹。这些特征包括孔、圆柱、凸台以及圆周曲线扫掠产生的减去或增添部分。单击【插入】→【设计特征】→【螺纹】选项，或者单击【特征】工具栏中的 图标按钮，弹出如图 5-40 所示的【螺纹】对话框。该命令用于在圆柱面、圆锥面上或孔内创建螺纹。

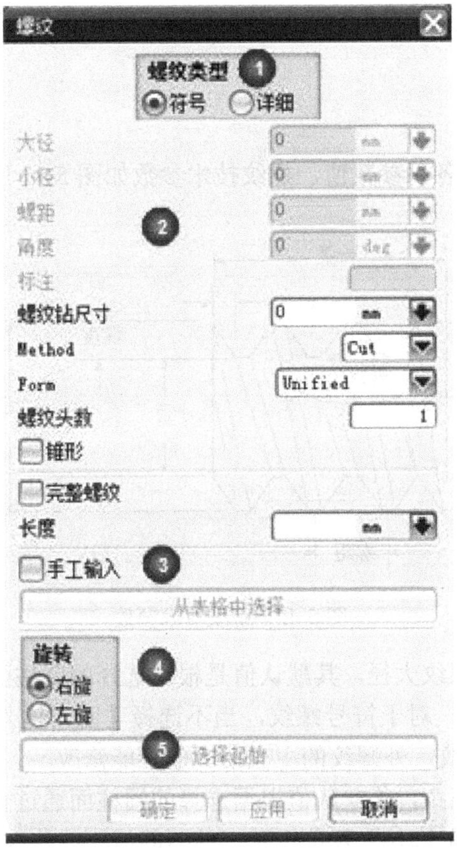

图 5-40　【螺纹】对话框

【螺纹】对话框中的各选项的含义如下。

1.【螺纹类型】

【螺纹类型】指定要创建的螺纹类型，有两种类型：【符号】类型和【详细】类型，如图 5-41 所示。

✧【符号】：用于创建符号螺纹。系统生成一个象征性的螺纹，用虚线表示。同时节省内存，加快运算速度。推荐用户采用符号螺纹的方法。

✧【详细】：用于创建详细螺纹。系统生成一个仿真的螺纹。该操作很消耗硬件内存和速度，所以一般情况下不建议使用。

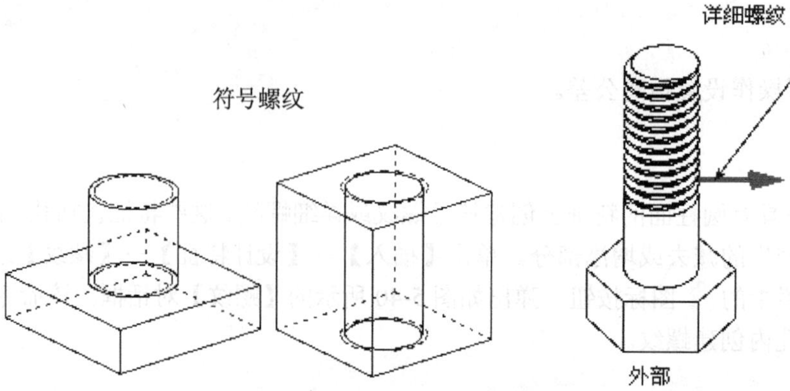

图 5-41 螺纹类型

2.【螺纹参数】

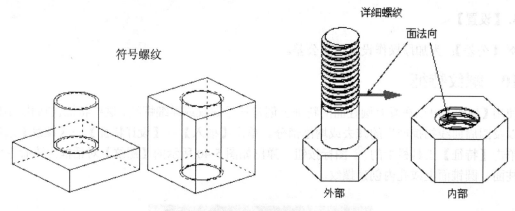

【螺纹参数】输入螺纹的各种参数值。螺纹技术参数如图 5-42 所示。

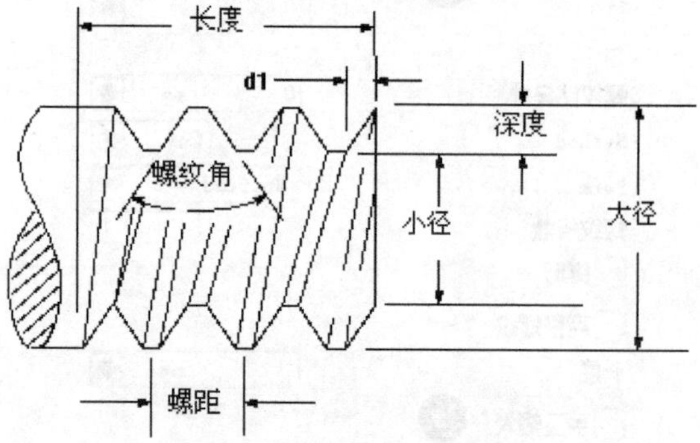

图 5-42 螺纹技术参数

- ✧【大径】：用于设置螺纹大径，其默认值是根据选择的圆柱面直径和内外螺纹的形式，通过查螺纹参数表获得。对于符号螺纹，当不选择【手工输入】复选框时，主直径的值不能修改。对于详细螺纹，外螺纹的主直径的值不能修改。
- ✧【螺距】：用于设置螺距，其默认值根据选择的圆柱面通过查螺纹参数表获得。对于符号螺纹，当不选择【手工输入】复选框时，螺距的值不能修改。
- ✧【角度】：用于设置螺纹牙型角，默认值为螺纹的标准值。当不选择【手工输入】复选框时，角度的值不能修改。
- ✧【螺纹钻尺寸】：用于设置外螺纹轴的尺寸或内螺纹的钻孔尺寸，也就是螺纹的名义尺寸，其默认值根据选择的圆柱面通过查螺纹参数表获得。
- ✧【螺纹头数】：用于设置螺纹的头数，即创建单头螺纹还是多头螺纹。
- ✧【长度】：用于设置螺纹的长度，其默认值根据选择的圆柱面通过查螺纹参数表获得。螺纹长度是沿平行轴线方向，从起始面进行测量的。

3.【手工输入】

对螺纹参数都采用手工输入或是从表格中选取。

4.【旋转】

【旋转】指定螺纹的旋向，主要包括左旋和右旋两种。

5.【选择起始】

通过在实体上或基准平面上选择平表面，为符号螺纹或详细螺纹指定一个新的起始位置。

5.4　基准特征

5.4.1　基准平面

基准平面的主要作用为辅助在圆柱、圆锥、球、回转体上建立形状特征，当特征定义平面和目标实体上的表面不平行（垂直）时，辅助建立其他特征，或者作为实体的修剪面。单击【插入】→【基准/点】→【基准平面】选项或单击【特征】工具栏中的图标按钮，弹出如图 5-43 所示的【基准平面】对话框。

图 5-43 【基准平面】对话框

【基准平面】对话框的选项含义如下。

- ✧ 【自动判断】：系统根据所选对象创建基准平面。
- ✧ 【按某一距离】：通过对已存在的参考平面或基准平面进行偏置得到新的基准平面。
- ✧ 【成一角度】：通过与一个平面或基准平面成指定角度来创建基准平面。
- ✧ 【二等分】：通过两个平面间的中心对称平面来创建基准平面。
- ✧ 【曲线和点】：通过选择曲线和点来创建基准平面。
- ✧ 【两直线】：选择两条直线，若两条直线在同一平面内，则以这两条直线所在平面创建基准平面。
- ✧ 【相切】：通过和一曲面相切且通过该曲面上点或线或平面来创建基准平面。
- ✧ 【通过对象】：以对象平面为基准平面。
- ✧ 【点和方向】：通过选择一个参考点和一个参考矢量来创建基准平面。
- ✧ 【曲线上】：通过已存在曲线，创建在该曲线某点处和该曲线垂直的基准平面。

✧ 【YC-ZC 平面】、【XC-ZC 平面】、【XC-YC 平面】：沿工作坐标系 (WCS) 或绝对坐标系 (ABS) 的 XC-YC、XC-ZC 或 YC-ZC 平面创建固定的基准平面。
✧ 【视图平面】：创建平行于视图平面并穿过 WCS 原点的固定基准平面。
✧ 【按系数】：使用含 *A*、*B*、*C* 和 *D* 系数的方程在 WCS 或绝对坐标系上创建固定的非关联基准平面，$Ax+By+Cz=D$。

5.4.2 基准轴

基准轴的主要作用为建立回转特征的旋转轴线，建立拉伸特征的拉伸方向。选择【插入】→【基准/点】→【基准轴】选项或单击【特征】工具栏中的图标按钮，弹出如图 5-44 所示的【基准轴】对话框。

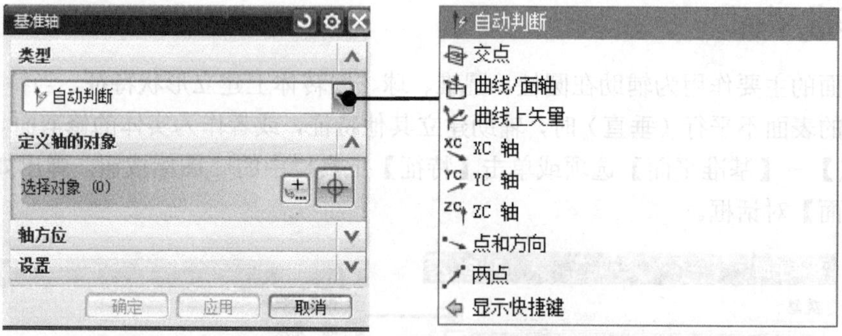

图 5-44 【基准轴】对话框

【基准轴】对话框中选项含义如下。

✧ 【自动判断】：根据所选的对象确定要使用的最佳基准轴类型。
✧ 【交点】：在两个平的面、基准平面或平面的相交处创建基准轴。
✧ 【曲线/面轴】：沿线性曲线或线性边，或者圆柱面、圆锥面或圆环的轴创建基准轴。
✧ 【曲线上矢量】：创建与曲线或边上的某点相切、垂直或双向垂直，或者与另一对象垂直或平行的基准轴。
✧ 【XC 轴】：以工作坐标系 (WCS) 的 XC 轴创建固定基准轴。
✧ 【YC 轴】：以 WCS 的 YC 轴创建固定基准轴。
✧ 【ZC 轴】：以 WCS 的 ZC 轴上创建固定基准轴。
✧ 【点和方向】：从某个指定的点沿指定方向创建基准轴。
✧ 【两点】：定义两个点，经过这两个点创建基准轴。

5.5 基本体素特征

基本体素特征是实体建模的基础，通过相关操作可以建立各种基本实体，包括长方体、圆柱、圆锥和球等。

5.5.1 长方体

通过设定长方体的原点和 3 条边的长度来建立长方体。单击【特征】工具栏中的图标按钮，或选择【插入】→【特征】→【设计特征】→【长方体】，弹出如图 5-45 所示的【块】对话框。

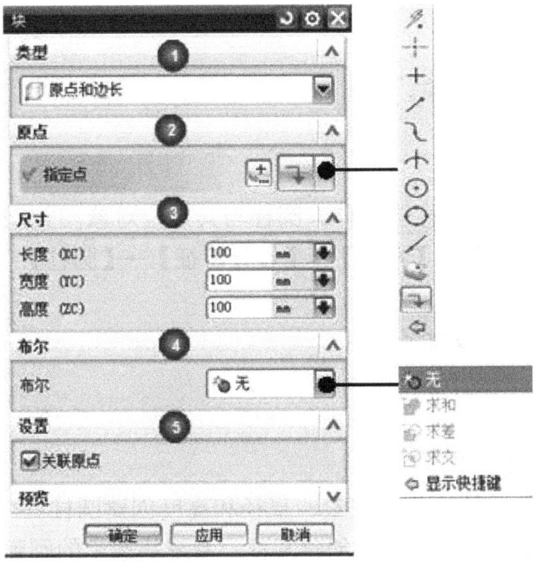

图 5-45 【块】对话框

【块】对话框中各选项含义如下。

1.【类型】

【类型】定义长方体的三种类型，如图 5-46 所示。

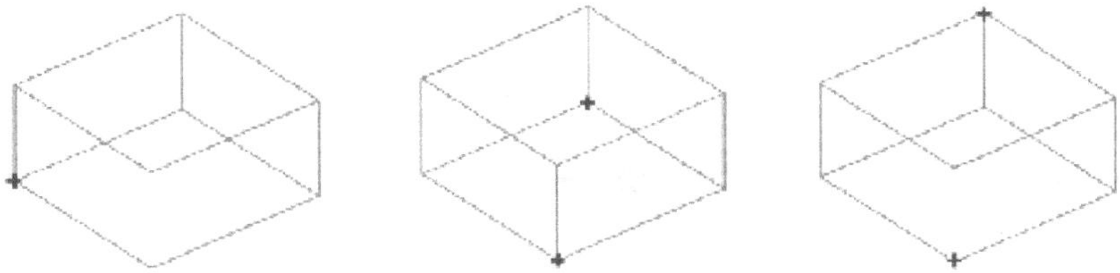

原点和边长　　二点和高度　　两个对角点

图 5-46 【长方体】类型

- ✧ 【原点和边长】：通过定义每条边的长度和顶点来创建长方体。
- ✧ 【二点和高度】：通过定义底面的两个对角点和高度来创建长方体。如果第二个点在不同于第一个点的平面（不同的 Z 值）上，则系统通过垂直于第一个点的平面投影该点来定义第二个点。
- ✧ 【两个对角点】：通过定义两个代表对角点的 3D 体对角点来创建长方体。

2.【原点】

【原点】使用“点构造器”定义块基座的第一个点。

3.【尺寸】

【尺寸】定义长方体的长度、宽度和高度。

4.【布尔】

【布尔】指定布尔运算操作。

5.【预览】

【预览】在图形区域中预览结果。

5.5.2 圆柱

使用【圆柱】可以创建基本圆柱形实体。圆柱与其定位对象相关联。单击【特征】工具栏中的图标按钮，或选择【插入】→【特征】→【设计特征】→【圆柱】，弹出如图 5-47 所示的【圆柱】对话框。

【圆柱】对话框中各选项含义如下。

1.【类型】

【类型】定义圆柱的两种类型。

✧【轴、直径和高度】：使用方向矢量、直径和高度创建圆柱。

✧【圆弧和高度】：使用圆弧和高度创建圆柱。系统从选定的圆弧获得圆柱的方位。圆柱的轴垂直于圆弧的平面，且穿过圆弧中心。矢量会指示该方位。选定的圆弧不必为整圆，系统会根据任一圆弧对象创建完整的圆柱。

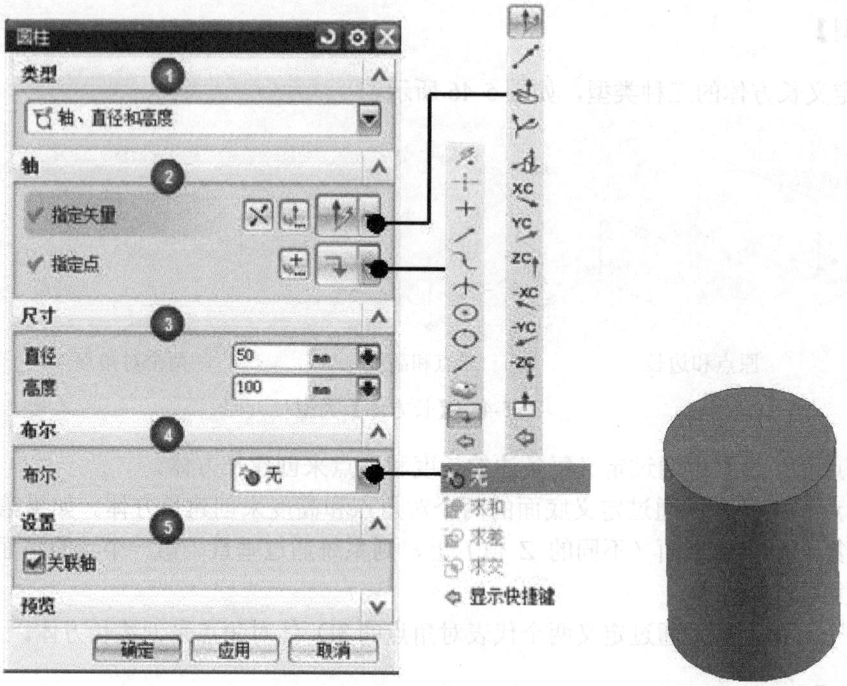

图 5-47 【圆柱】对话框

2.【轴】

【轴】指定圆柱的轴。

3.【尺寸】

【尺寸】定义圆柱的直径和高度。

4.【布尔】

【布尔】指定布尔运算操作。

5.【设置】

【设置】使圆柱轴原点及其方向与定位几何体相关联。

5.5.3　圆锥

单击【特征】工具栏中的图标按钮，或选择【插入】→【特征】→【设计特征】→【圆锥】，弹出如图 5-48 所示的【圆锥】对话框。

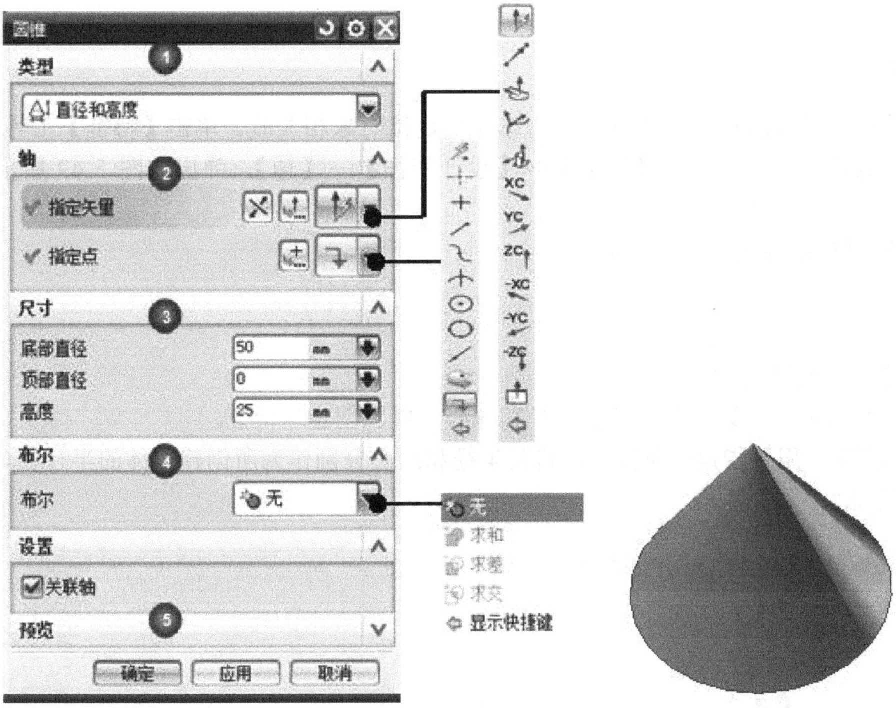

图 5-48　【圆锥】对话框

【圆锥】对话框中各选项含义如下。

1.【类型】

【类型】定义圆锥的五种类型。

✧ 【直径和高度】：用于指定圆锥的顶部直径、底部直径和高度，创建圆锥。
✧ 【直径和半角】：通过定义底部直径、顶部直径和半角值创建圆锥。
✧ 【底部直径、高度、半角】：用于指定圆锥的底部直径、高度和锥顶半角，创建圆锥。
✧ 【顶部直径、高度、半角】：用于指定圆锥的顶部直径、高度和锥顶半角，创建圆锥。
✧ 【两个共轴的弧】：用于指定两个共轴的圆弧分别作为圆锥的顶部和底部，创建圆锥。

2.【轴】

【轴】指定圆锥的轴。

✧ 【底部圆弧】：指定圆柱的轴。
✧ 【顶部圆弧】：定义圆柱的直径和高度。

3.【尺寸】

【尺寸】定义圆锥的直径、高度或半角。

4.【布尔】

【布尔】指定布尔运算操作。

5.【预览】

【预览】在图形区域中预览结果。

5.5.4 球

使用【球】可以创建基本球形实体。球与其定位对象相关联。单击【特征】工具栏中的图标按钮，或选择【插入】→【特征】→【设计特征】→【球】，弹出如图 5-49 所示的【球】对话框。

【球】对话框中各选项含义如下。

1.【类型】

【类型】定义球的两种类型。

✧ 【中心点和直径】：用于指定直径和球心位置，创建球特征。
✧ 【圆弧】：用于指定一条圆弧，将其半径和圆心分别作为所创建球体的半径和球心，创建球特征。

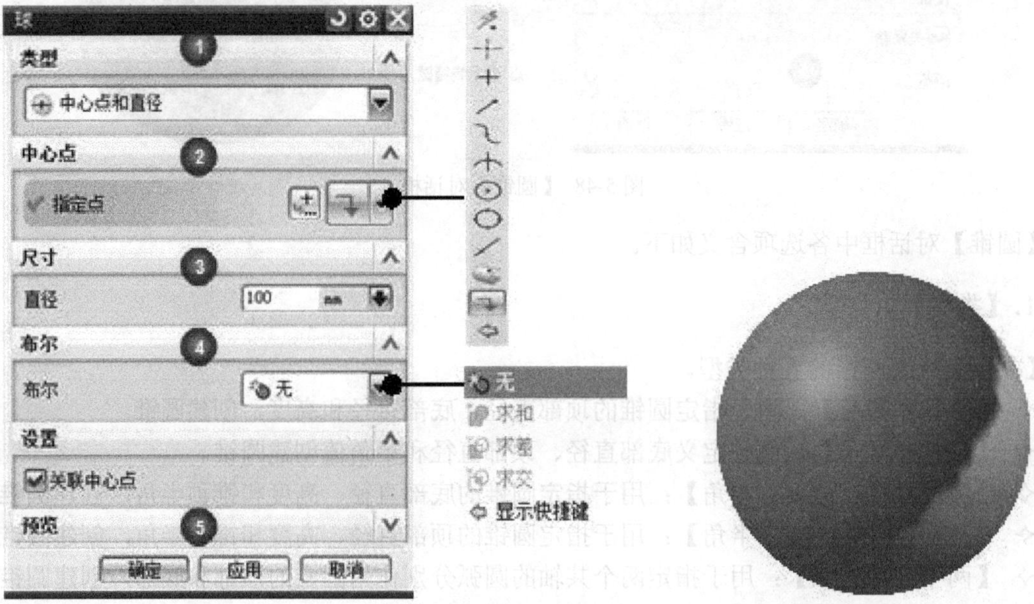

图 5-49 【球】对话框

2.【中心点】

【中心点】指定球的球心。

3.【尺寸】

【尺寸】定义球的直径。

4.【布尔】

【布尔】指定布尔运算操作。

5.【预览】

【预览】在图形区域中预览结果。

5.6　特征操作

5.6.1　拔模

使用【拔模】可以对一个部件上的一组或多组面应用斜率（从指定的固定对象开始）。单击【插入】→【细节特征】→【拔模】选项，或者单击【特征】工具栏中的图标按钮，弹出如图 5-50 所示的【拔模】对话框。

【从边】拔模对话框各选项含义如下。

1.【类型】

【类型】指定采用的拔模方式，【从边】方式如图 5-51 所示。

【从边】类型用于从实体边开始，与拔模方向成拔模角度对指定的实体表面进行拔模。

2.【脱模方向】

【脱模方向】为所选拔模类型定义脱模方向。

3.【固定边缘】

【固定边缘】选择边对象作为固定边缘。

4.【可变拔模点】

【可变拔模点】为定义的每个点指定可变拔模角。

5.【设置】

【设置】设置公差值、拔模方法以及是否应用到阵列。

6.【预览】

【预览】在图形区域显示预览结果。

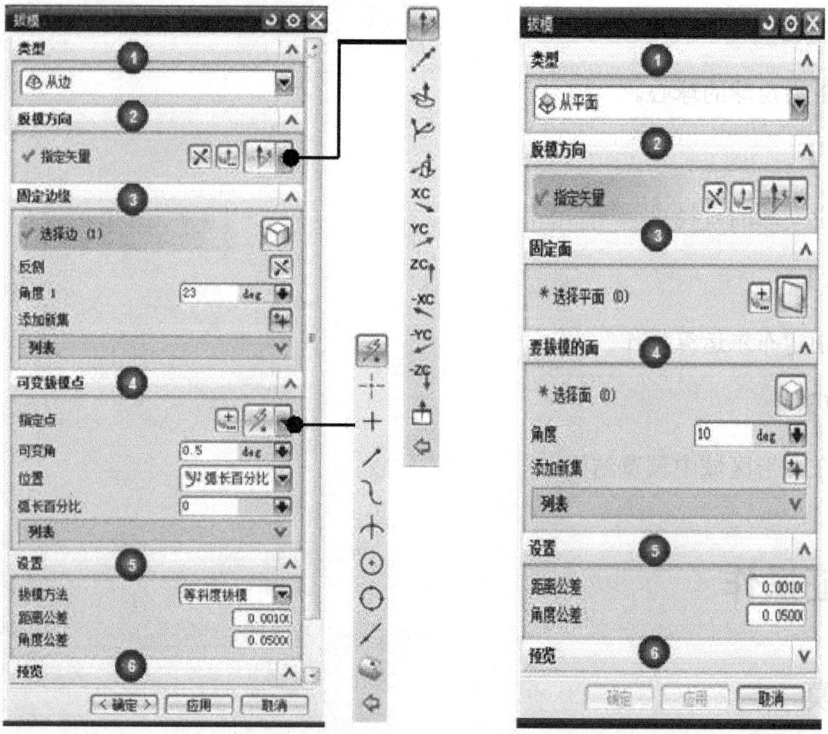

（a）【从边】拔模方式　　（b）【从平面】拔模方式

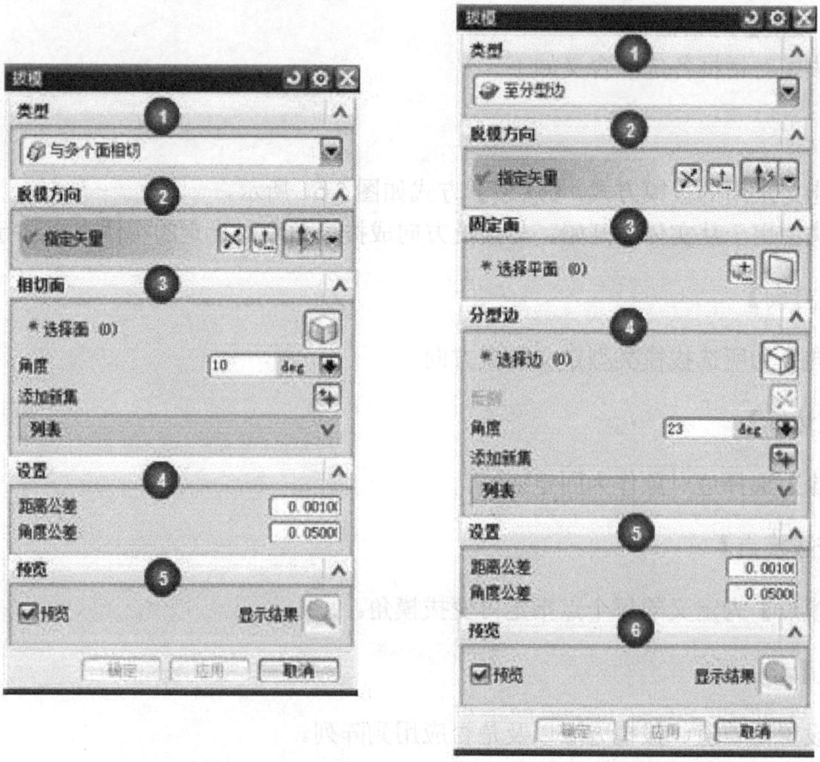

（c）【与多个面相切】拔模方式　　（d）【至分型边】拔模方式

图 5-50 【拔模】对话框

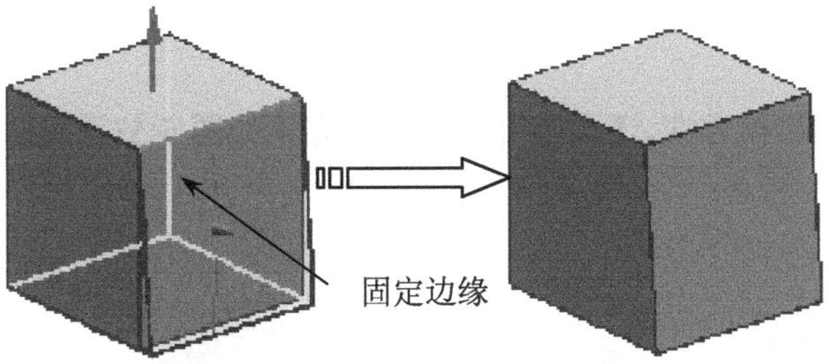

图 5-51 【从边】拔模类型

【从平面】拔模对话框各选项含义如下。

1.【类型】

【类型】指定采用的拔模方式，【从平面】方式如图 5-52 所示。

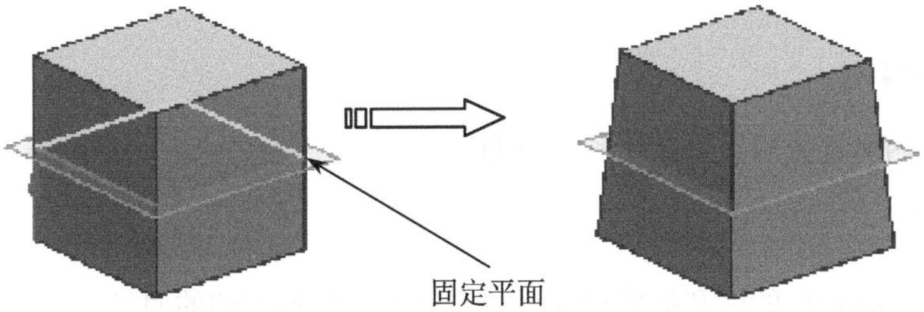

图 5-52 【从平面】拔模类型

【从平面】类型用于从参考平面开始，与拔模方向成拔模角度对指定的实体表面进行拔模。所谓固定平面是指该处的尺寸不会改变。

2.【脱模方向】

【脱模方向】为所选拔模类型定义脱模方向。

3.【固定面】

【固定面】选择平面对象作为固定面。

4.【要拔模的面】

【要拔模的面】选择面对象作为需要拔模的面。

5.【设置】

【设置】设置公差值以及是否应用到阵列。

6.【预览】

【预览】在图形区域显示预览结果。
【与多个面相切】拔模对话框中各选项含义如下。

1.【类型】

【类型】指定采用的拔模方式，【与多个面相切】方式如图 5-53 所示。

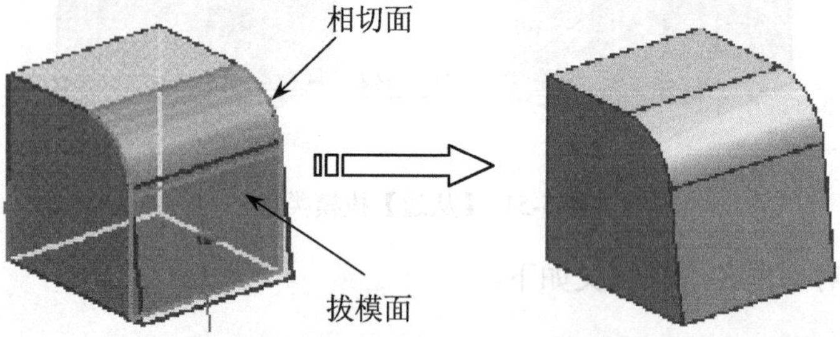

图 5-53 【与多个面相切】拔模类型

【与多个面相切】类型，用于与拔模方向成拔模角度对实体进行拔模，并使拔模面相切于指定的实体表面。

2.【脱模方向】

【脱模方向】为所选拔模类型定义脱模方向。

3.【相切面】

【相切面】选择要拔模的面和拔模操作后与它们必须保持相切的面。

4.【设置】

【设置】设置公差值以及是否应用到阵列。

5.【预览】

【预览】在图形区域显示预览结果。

【至分型边】拔模对话框中各选项含义如下。

1.【类型】

【类型】指定采用的拔模方式，【至分型边】方式如图 5-54 所示。

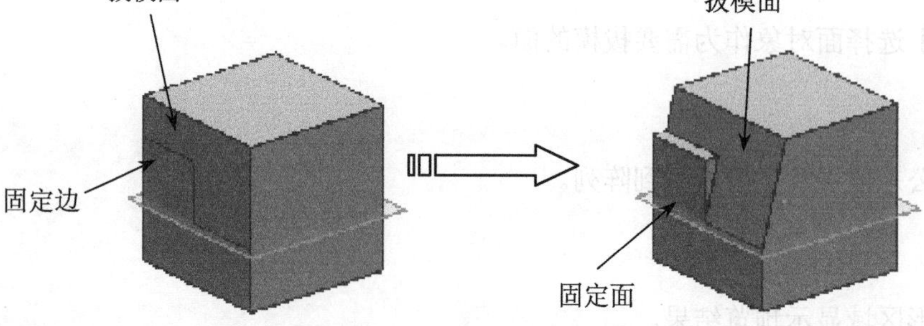

图 5-54 【至分型边】拔模类型

【至分型边】类型，该选项可以在分型边缘不发生改变的情况下拔模，并且分型边缘不在固定平面上。用于从参考面开始，与拔模方向成拔模角度，沿指定的分割边对实体进行拔模。

2.【脱模方向】

【脱模方向】为所选拔模类型定义脱模方向。

3.【固定面】

【固定面】选择平面对象作为固定面。

4.【分型边】

【分型边】用于指定分型边缘。

5.【设置】

【设置】设置公差值以及是否应用到阵列。

6.【预览】

【预览】在图形区域显示预览结果。

5.6.2　边倒圆

单击【插入】→【细节特征】→【边倒圆】选项，或者单击【特征】工具栏中的图标按钮，弹出如图 5-55 所示的【边倒圆】对话框。该对话框用于在实体上沿边缘去除材料或添加材料，使实体上的尖锐边缘变成圆滑表面（圆角面）。

【边倒圆】对话框中各选项含义如下。

1.【要倒圆的边】

此选项主要用于倒圆边的选择与添加，以及倒角值的输入。若要对多条边进行不同圆角的倒角处理，则单击【添加新集】按钮即可。列表框中列出了不同倒角的名称、值和表达式等信息。

2.【可变半径点】

通过向边倒圆添加半径值唯一的点来创建可变半径圆角。

3.【拐角倒角】

在三条线相交的拐角处进行拐角处理。选择三条边线后，切换至拐角栏，选择三条线的交点，即可进行拐角处理。可以改变三个位置的参数值来改变拐角的形状。

4.【拐角突然停止】

使某点处的边倒圆在边的末端突然停止。

5.【修剪】

可将边倒圆修剪至明确选定的面或平面，而不是依赖系统默认修剪面。

6.【溢出解】

当圆角的相切边缘与该实体上的其他边缘相交时，就会发生圆角溢出。选择不同的溢出解，得到的效果会不一样，可以尝试组合使用这些选项来获得不同的结果。

7. 【设置】

【设置】主要是控制输出操作的结果。

✧ 【在凸/凹 Y 处特殊倒圆】：使用该复选框，允许对某些情况选择两种 Y 型圆角之一。

✧ 【移除自相交】：将倒圆自身的相交替换为光顺曲面补片。

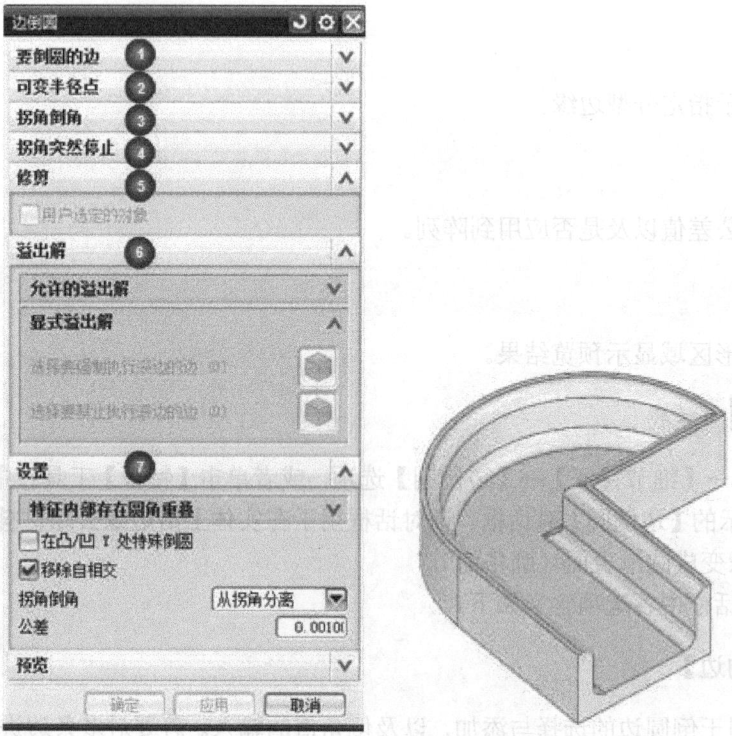

图 5-55 【边倒圆】对话框

5.6.3 面倒圆

使用【面倒圆】可以创建复杂的圆角面，与两组输入面集相切，并通过选项来修剪并附着圆角面。可以在实体和/或片体的面之间创建面倒圆。单击【插入】→【细节特征】→【面倒圆】选项，或者单击【特征】工具栏中的图标按钮，弹出如图 5-56 所示的【面倒圆】对话框。

【面倒圆】对话框中选项的具体含义如下。

1.【类型】

【类型】指定设置面倒圆的横截面的定位方式。

2.【面链】

【面链】用于选择第一个和第二个面集。可以是一张面，也可以是多张面，在选择时可以通过【选择意图工具条】辅助选择。选择后，面的法向应指向圆角中心，可以双击箭头或单击【反向】图标更改面的法向。

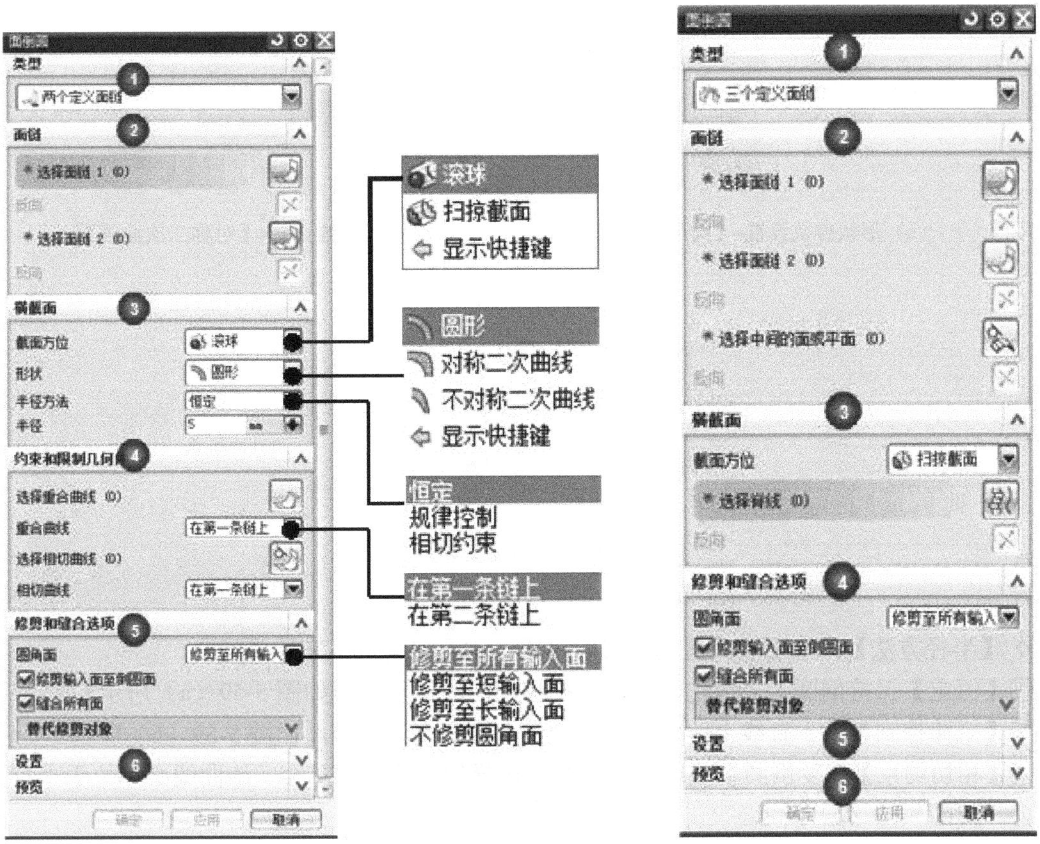

图 5-56 【面倒圆】对话框

3.【横截面】

【横截面】指定横截面的形状以及大小参数。

- ✧【滚球】：创建面倒圆，就好像与两组输入面恒定接触时滚动的球对着它一样，倒圆横截面平面由两个接触点和球心定义，如图 5-57（a）所示。
- ✧【扫掠截面】：沿着脊线扫掠横截面，倒圆横截面的平面始终垂直于脊线，如图 5-57（b）所示。

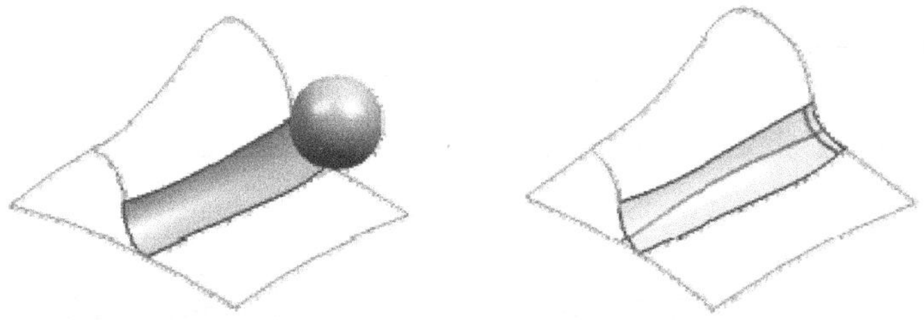

（a）【滚球】方式　　（b）【扫掠截面】方式

图 5-57 【横截面】参数设置

- ✧【圆形】：这种形状就等于一个球沿着两面集交线滚过所形成的样子，如图 5-58（a）所示。
- ✧【二次曲线】：这种类型倒出来的圆角截面是一个二次曲线，相对来说圆角形状比较复杂，可控参数也比较多，如图 5-58（b）和（c）所示。

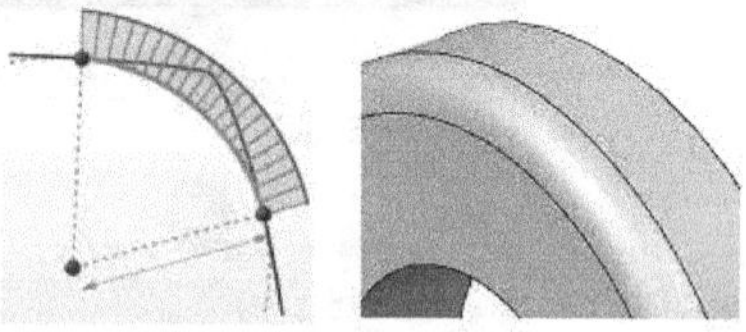

（a）形状参数设置-【圆形】

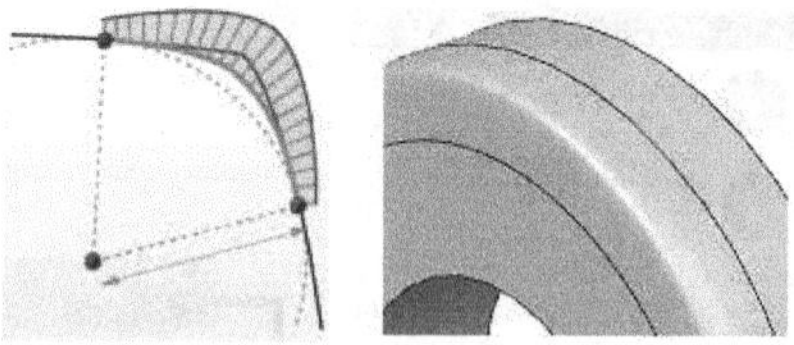

（b）形状参数设置-【对称二次曲线】

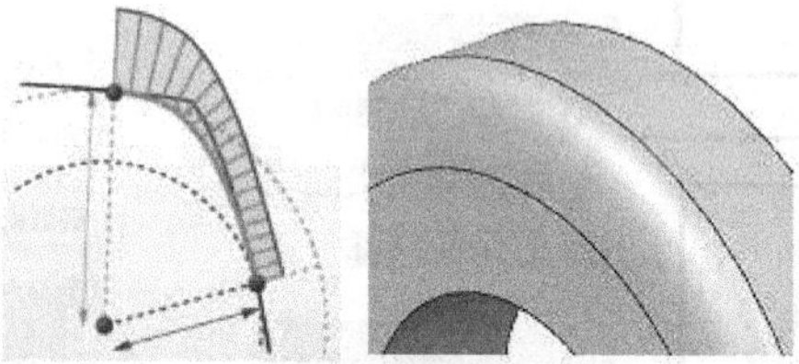

（c）形状参数设置-【非对称二次曲线】

图 5-58　形状参数设置

✧【半径方法】：当形状设置为圆形时可用。主要包含以下三种类型。

①【恒定】保持倒圆半径恒定，除非选择相切的约束曲线，如图 5-59（a）所示。

②【规律控制】基于脊线上两个或多个个体点改变倒圆半径，如图 5-59（b）所示。

③【相切约束】改变倒圆半径以使其切线与选择的曲线或边重合。该曲线必须位于一个定义面链内，如图 5-59（c）所示。

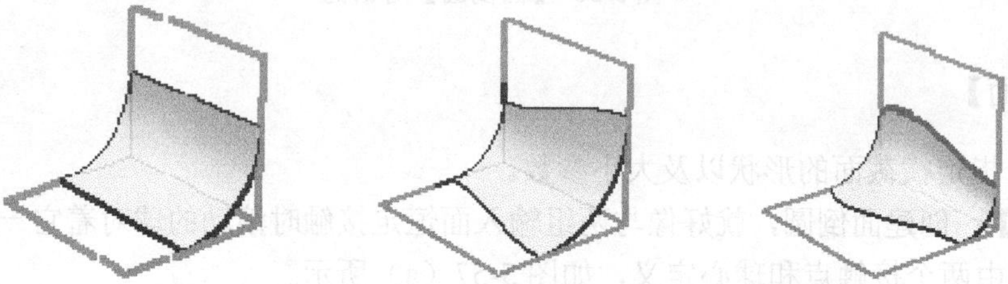

（a）　　（b）　　（c）

图 5-59　形状参数设置-【半径方法】

4.【约束和限制几何体】

【约束和限制几何体】指定圆角的重合曲线，如图 5-60（a）所示，或指定相切曲线，如图 5-60（b）所示。

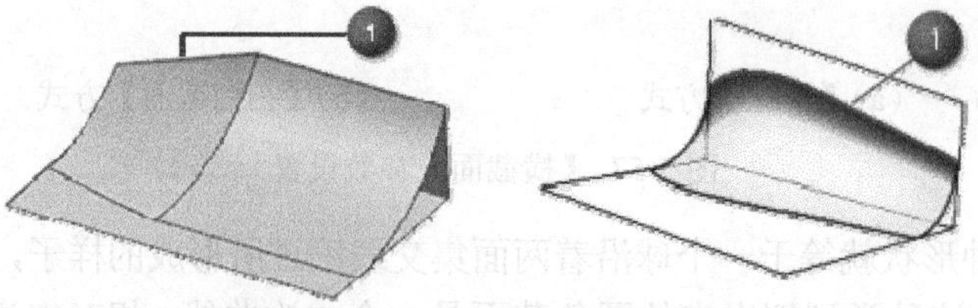

（a）　　（b）

图 5-60　【约束和限制几何体】方式

5.【修剪和缝合选项】

【修剪和缝合选项】指定圆角及其输入面的修剪方式；是否进行修剪和缝合。

✧【修剪至所有输入面】选择此选项，并将【修剪输入面至倒圆面】选中，如图 5-61（a）所示。
✧【修剪至长输入面】选择此选项，并将【修剪输入面至倒圆面】和【缝合所有面】选中，如图 5-61（b）所示。
✧【修剪至短输入面】选择此选项，并将【修剪输入面至倒圆面】选中，如图 5-61（c）所示。
✧【不修剪圆角面】选择此选项，并将【修剪输入面至倒圆面】和【缝合所有面】选中，如图 5-61（d）所示。

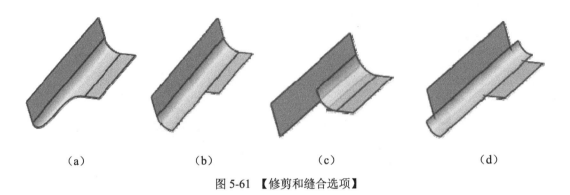

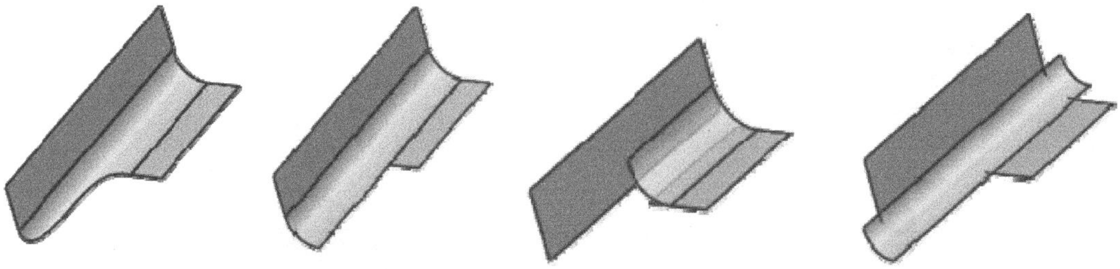

（a）（b）（c）（d）

图 5-61 【修剪和缝合选项】

6.【设置】

【设置】设置面倒圆的一些特殊参数。

7.【预览】

【预览】在图形区域显示预览结果。

5.6.4 软倒圆

通过【软倒圆】命令可以创建其横截面形状不是圆弧的圆角，这可以帮助避免出现有时与圆弧倒圆相关的生硬的“机械”外观。这个功能可以对横截面形状有更多的控制，并允许创建比圆角类型更美观悦目的设计。调整圆角的外形可以产生具有更低重量或更好应力、阻力属性的设计。

单击【插入】→【细节特征】→【软倒圆】选项，或者单击【特征】工具栏中的图标按钮，弹出如图 5-62 所示的【软倒圆】对话框。该对话框用于根据两相切曲线及形状控制参数来决定倒圆形状，可以更好地控制倒圆的横截面形状。【软倒圆】与【面倒圆】的选项与操作基本相似。不同之处在于【面倒圆】可指定两相切曲线来决定倒角类型及半径，而【软倒圆】则根据两相切曲线及形状参数来决定倒角的形状。

【软倒圆】对话框的各项功能简要说明如下。

1.【选择步骤】

✧ 第一倒角面：让用户选择第一组面。选择一个面后，会显示一个矢量，这个矢量应该指向圆角的中心。如果必要，单击【法向反向】按钮来反转矢量的方向。

✧ 第二倒角面：让用户选择第二组面。

✧ 第一相切线：让用户通过维持圆角曲面和沿着指定第一相切曲线或边的底层面组的相切，来控制球的半径或二次曲线的偏置。

✧ 第二相切线：让用户通过维持圆角曲面和沿着指定第二相切曲线或边的底层面组的相切，来控制球的半径或二次曲线的偏置。

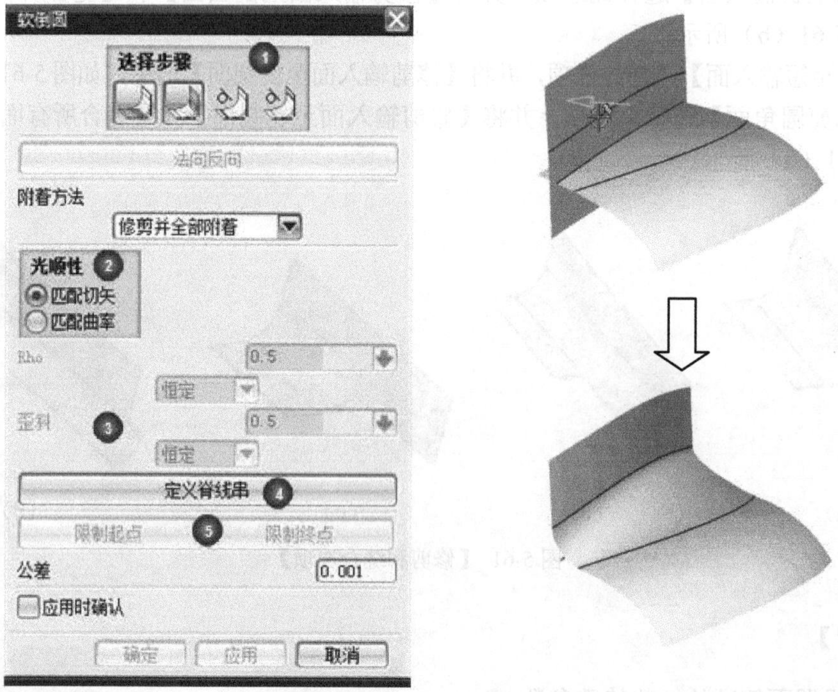

图 5-62 【软倒圆】对话框

2.【光顺性】

✧ 匹配切矢：倒角面与相邻面相切连续。此时，截面形状为椭圆曲线，且【Rho】和【歪斜】选项不被激活。

✧ 匹配曲率：斜率与曲率都连续。此时可用【Rho】和【歪斜】选项控制倒角的形状。

3.【歪斜】

该选项用于设置斜率。该值在 0～1 之间。其值越接近 0，则倒角面顶端越接近第一面链，其值越接近 1，则倒角面顶端越接近第二面链。图 5-62 给出软倒圆参数和实例图，读者可根据上面软倒圆的介绍，自己练习每个命令，以便加深理解。

4.【定义脊线串】

【定义脊线串】定义软倒圆的脊线串。

5.【限制起点/限制终点】

使用平面构造器在起点处和/或终点处为【修剪圆角面】和【不修剪】来定义平面从而修剪圆角。

5.6.5　倒斜角

使用【倒斜角】可以将一个或多个实体的边斜接。根据实体的形状，倒斜角通过添加或减去材料来将边斜接。单击【插入】→【细节特征】→【倒斜角】选项，或者单击【特征】工具栏中的图标按钮，弹出如图 5-63 所示的【倒斜角】对话框。该对话框用于在已存在的实体上沿指定的边缘做倒角操作。

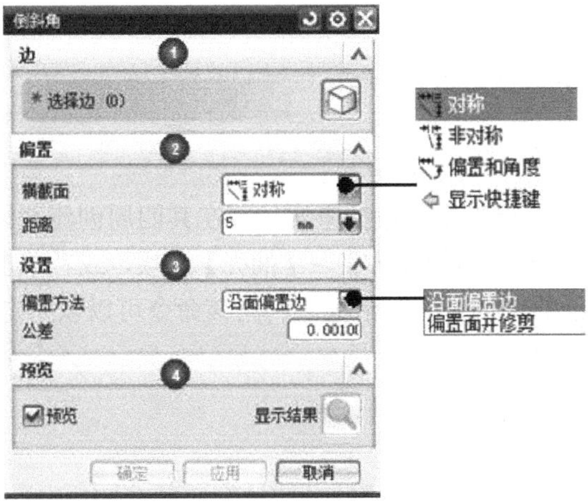

图 5-63　【倒斜角】对话框

【倒斜角】对话框中各选项含义如下。

1.【边】

【边】用于选择要倒斜角的一条或多条边。

2.【偏置】

【偏置】为横截面偏置定义方法以及输入距离值。

- ✧【对称】：用于对倒角边邻接的两个面采用同一个偏置方式来创建简单的倒角。选择该方式【距离】文本框被激活，在该文本框中输入倒角边要偏置的值，单击【确定】按钮，即可创建倒角，如图 5-64（a）所示。
- ✧【非对称】：用于对倒角边邻接的两个面分别采用不同偏置值来创建倒角。选择该方式，【距离 1】和【距离 2】文本框被激活，在这两个文本框中输入用户所需的距离值，单击【确定】按钮，即可创建【非对称】倒角，如图 5-64（b）所示。

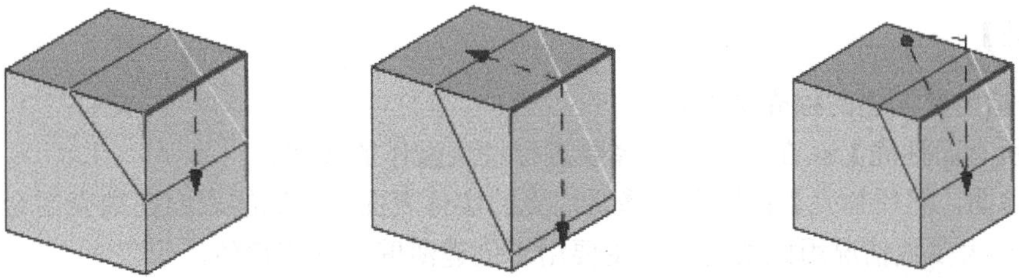

（a）　　（b）　　（c）

图 5-64　【倒斜角】偏置方式

✧【偏置和角度】：用于由一个偏置值和一个角度来创建倒角。选择该方式，【距离】和【角度】文本框被激活，在这两个文本框中输入用户所需的距离值和角度，单击【确定】按钮创建倒角。

3.【设置】

【设置】设置偏置边的偏置方法以及是否应用于阵列。

4.【预览】

【预览】在图形区域显示操作结果。

5.6.6 抽壳

使用【抽壳】可以根据为壁厚指定的值抽空实体或在其四周创建壳体，也可为面单独指定厚度并移除单个面。单击【插入】→【偏置/缩放】→【抽壳】选项，或者单击【特征】工具栏中的图标按钮，弹出如图 5-65 所示的【抽壳】对话框。利用该命令可以以一定的厚度值抽空一实体。

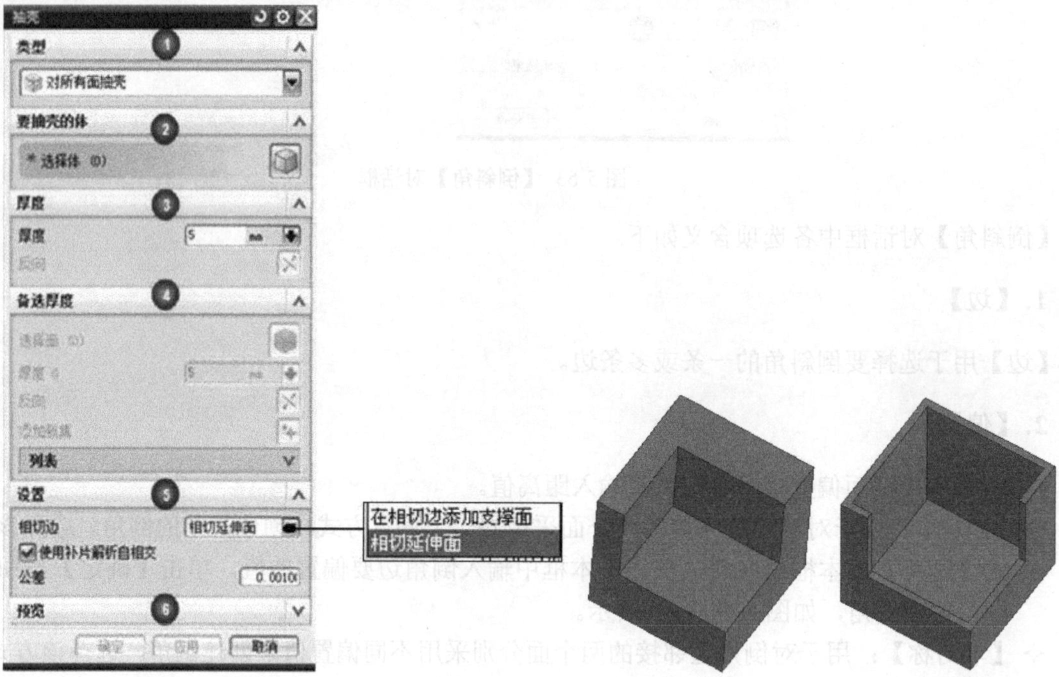

图 5-65 【抽壳】对话框

【抽壳】对话框各选项具体含义如下。

1.【类型】

【类型】指定要创建的抽壳类型。

✧【对所有面抽壳】：在视图区选择要进行抽壳操作的实体。

✧【移除面，然后抽壳】：用于选择要抽壳的实体表面，所选的表面在抽壳后会形成一个缺口。在大多数情况用此类型，它主要用于创建薄壁零件或箱体。

2.【要抽壳的体】

【要抽壳的体】用于从要抽壳的体中选择一个或多个面。

3.【厚度】

【厚度】用于指定抽壳的壁厚，向壳壁添加厚度与向其添加偏置类似。

4.【备选厚度】

【备选厚度】用于为当前所选厚度集合特征指定厚度值，此值独立于为厚度选项定义的值。

5.【设置】

【设置】设置相切边延伸类型以及公差。

- ✧【在相切边添加支撑面】：允许选择的移除面与其他面相切，抽壳后在移除面的边缘处添加支撑面。
- ✧【相切延伸面】：沿着移除面延伸相切面对实体进行抽壳。

6.【预览】

【预览】在图形区域显示操作结果。

> **提示：**【对所有面抽壳】和【移除面，然后抽壳】的不同之处在于：前者对所有面进行抽空，形成一个空腔；后者在对实体抽空后，移除所选择的面。

5.6.7　缝合

使用【缝合】可以将两个或更多片体连接成一个片体。缝合特征是连接两个或多个壳体，使之成为单一特征。如果参与缝合的面围成一个封闭的体，则缝合成一个实体。也可缝合两个实体，但这两个实体，必须有一个或多个共同的面。单击菜单【插入】→【组合体】→【缝合】，或单击【特征】工具栏中的图标按钮，弹出如图 5-66 所示的【缝合】对话框。

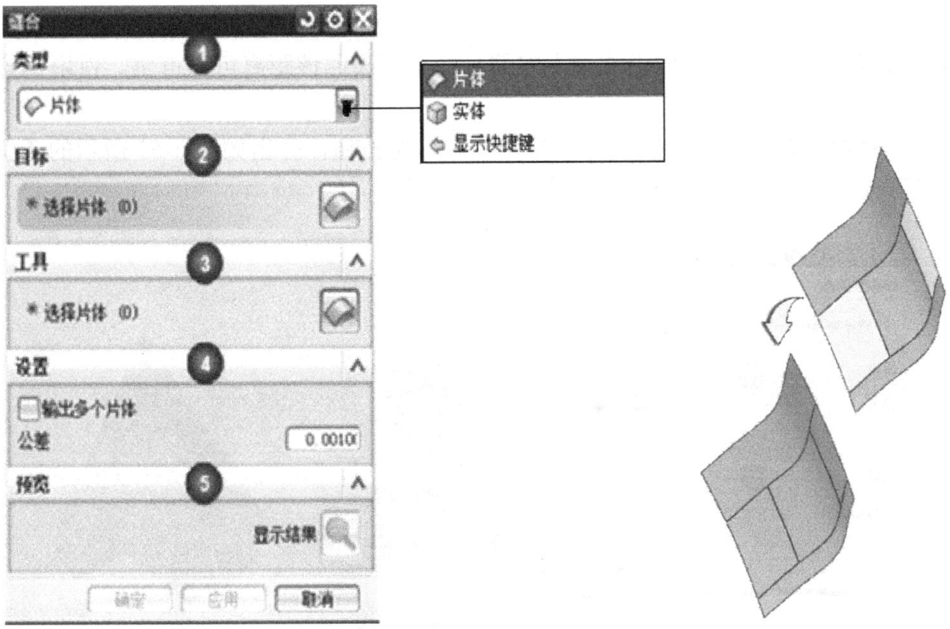

图 5-66 【缝合】对话框

【缝合】对话框中各选项的具体含义如下。

1.【类型】

【类型】指定要被缝合对象的类型，包含片体缝合和实体缝合。

2.【目标】

【目标】选择一个片体作为目标体。

3.【工具】

【工具】选择单个或多个与目标体相邻的片体作为工具体。

4.【设置】

【设置】设置缝合的输出类型以及缝合公差。

5.【预览】

【预览】在图形区域显示操作结果。

> **提示**：如果因为缝合到一起的片体严重不匹配而导致缝合失败，则可以尝试以下操作：
> a.使用【插入】→【关联复制】→【抽取】，将片体的基本曲面转换为B样条曲面。
> b.使用【编辑】→【曲面】，更改边匹配所转换片体的边。
> c.再次把片体缝合到一起。
> 如果缝合操作仍失败，将片体或体之间的距离与缝合公差进行比较。如果缝合公差小于片体或体之间的距离，请尝试加大缝合公差。

5.6.8 偏置面

【偏置面】是将实体的轮廓面沿法线方向偏置一个距离，该距离可正可负。使用偏置面可以沿面的法向偏置一个或多个面。

其操作步骤为：先单击【特征】工具栏中的图标按钮，弹出如图5-67所示的【偏置面】对话框，然后选择要偏置的面，再设置参数，即可完成。

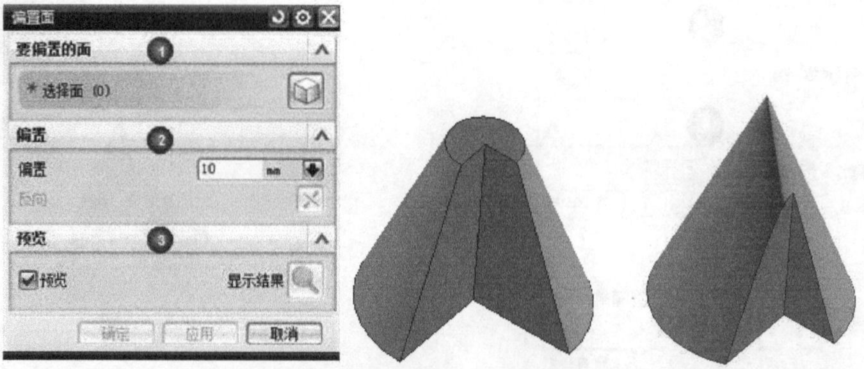

图5-67 【偏置面】对话框

【偏置面】对话框中各选项具体含义如下。

1.【要偏置的面】

【要偏置的面】选择要偏置的面。

2.【偏置】

【偏置】为偏置面指定偏置值并且可以切换偏置方向。

3.【预览】

【预览】在图形区域显示操作结果。

5.7　几何体运算

几何体运算主要包括【修剪体】、【实例特征】、【布尔运算】等体的操作。

5.7.1　修剪体

使用【修剪体】可以用一个面或基准平面修剪一个或多个目标体。选择要保留的体的一部分，并且被修剪的体具有修剪几何体的形状。修剪面必须完全通过实体，否则会出错。实体修剪后仍然是参数化实体。

单击菜单【插入】→【修剪】→【修剪体】，或单击【特征】工具栏中的图标按钮，弹出如图 5-68 所示的对话框。

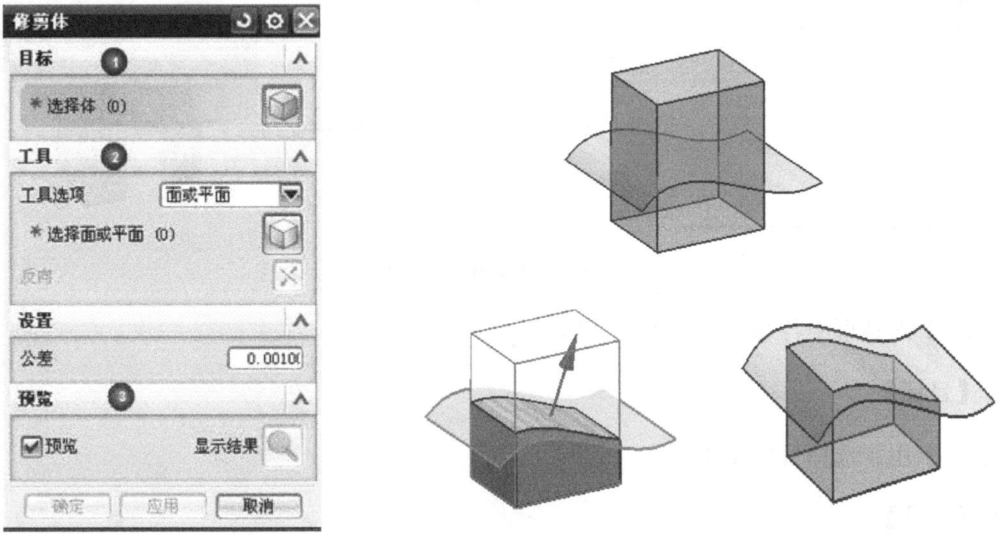

图 5-68　【修剪体】对话框

【修剪体】对话框中各选项的具体含义如下。

1.【目标】

【目标】指定要修剪的一个或多个目标体。

2.【工具】

【工具】指定工具的定义方式，并选择工具。

3.【预览】

【预览】在图形区域显示预览结果。

> **提示：** a. 法矢的方向确定保留目标体的哪一部分，矢量指向远离保留的体的部分。
> b. 当使用面修剪实体时，面的大小必须足以完全切过体。

5.7.2 求和

【求和】工具是将两个或两个以上的实体结合起来，使之成为一个单一实体。其中目标体只有一个，工具体可以有多个。

单击菜单【插入】→【组合】→【求和】，或单击【特征】工具栏中的图标按钮，弹出如图 5-69 所示的对话框。

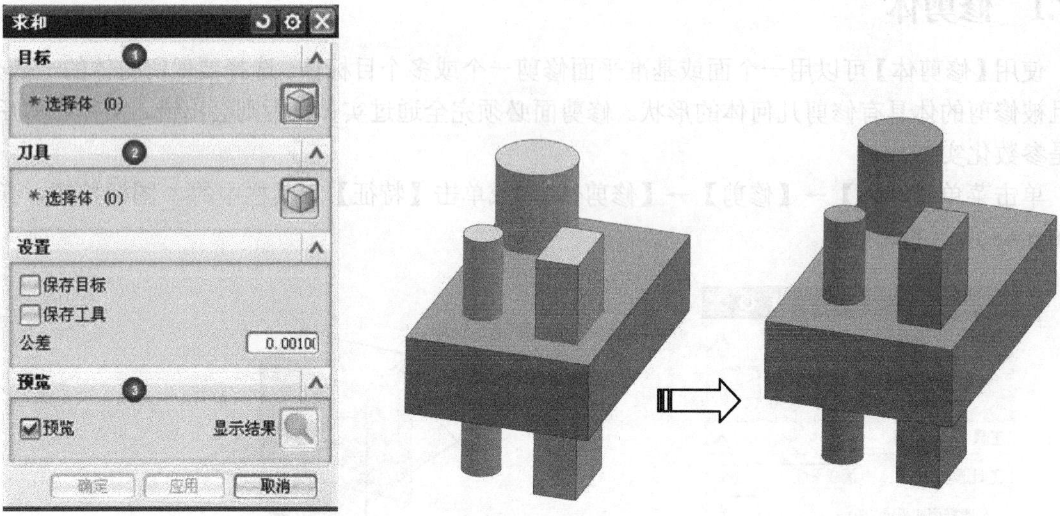

图 5-69 【求和】对话框

【求和】对话框中各选项的具体含义如下。

1.【目标】

【目标】用于选择目标实体。

2.【刀具】

【刀具】用于选择一个或多个刀具实体以修改选定的目标体。

3.【设置】

【设置】设置求和后是否保留目标和刀具副本。

4.【预览】

【预览】在图形区域显示预览结果。

> **提示：** 运用【求和】的时候，目标体和刀具体之间必须有公共部分。这两个体之间正好相切，其公共部分是一条交线，即相交的体积是 0，这种情况下是不能求和的，系统会提示刀具体完全在目标体外，这个要注意。

5.7.3　求差

【求差】是从目标体中减去一个或多个实体形成一个新的实体，求差的时候，目标体与刀具体之间必须有公共的部分，体积不能为零。

单击菜单【插入】→【组合】→【求差】，或单击【特征】工具栏中的图标按钮，弹出如图 5-70 所示的对话框。

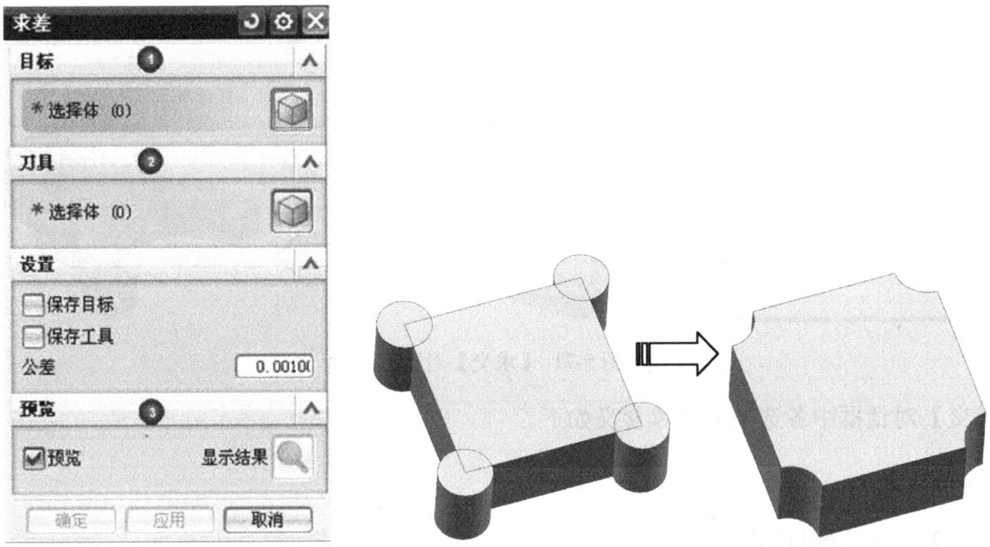

图 5-70　【求差】对话框

【求差】对话框中各选项的具体含义如下。

1.【目标】

【目标】用于选择目标实体。

2.【刀具】

【刀具】用于选择一个或多个刀具实体以修改选定的目标体。

3.【设置】

【设置】设置求差后是否保留目标和刀具副本。

4.【预览】

【预览】在图形区域显示预览结果。

5.7.4 求交

使用【求交】可以创建包含目标体与一个或多个刀具体的共享体积或区域的体。【求交】是求出目标体和刀具体的共同部分，并形成一个新的实体。使用【求交】命令：①可以使用一组体作为刀具体；②可以将实体与实体、片体与片体以及片体与实体相交，如果选择片体作为刀具体，则结果将是完全参数化相交特征，其中保留所有区域；③如果刀具体将目标体完全分割为多个实体，则所得实体为参数化特征。正常结果为包含目标体与所有刀具体的相交体积的实体。

单击菜单【插入】→【组合】→【求交】，或单击【特征】工具栏中的图标按钮，弹出如图 5-71 所示的对话框。

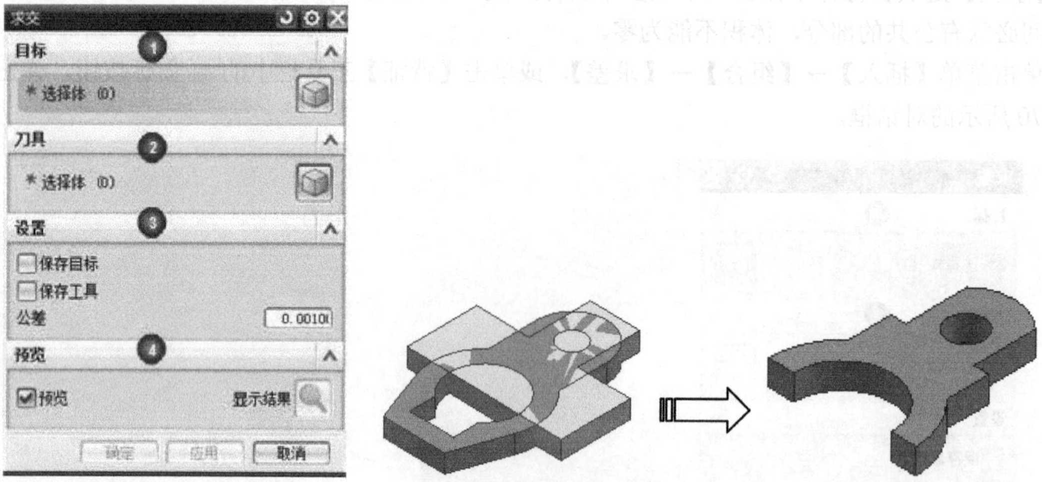

图 5-71 【求交】对话框

【求交】对话框中各选项的具体含义如下。

1.【目标】

【目标】用于选择目标实体。

2.【刀具】

【刀具】用于选择一个或多个刀具体以修改选定的目标体。

3.【设置】

【设置】设置求交后是否保留目标和刀具副本。

4.【预览】

【预览】在图形区域显示预览结果。

5.8 关联复制特征

UG NX 8.0 中可以用几何变换（快捷键 Ctrl＋T）复制特征，但这样复制的特征之间没有关联。要使【源特征】（被复制特征）与【实例特征】（复制后的特征）相关联，需要用关联复制的方法。此功能集中在菜单【插入】→【关联复制】下拉菜单中。如图 5-72 所示。

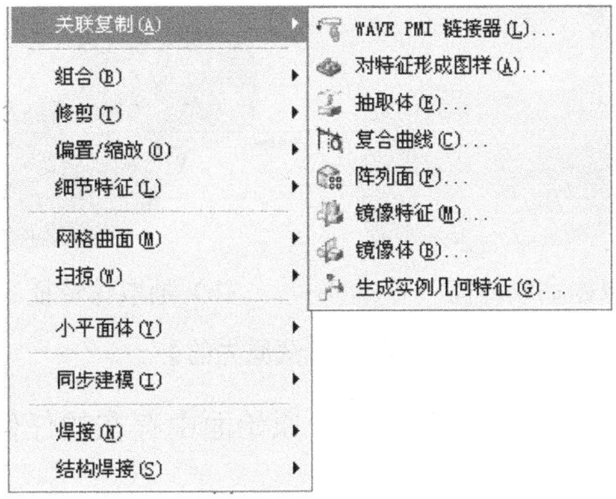

图 5-72 【关联复制】菜单

5.8.1　抽取体

可通过从其他体中抽取面来创建关联体。单击菜单【插入】→【关联复制】→【抽取体】或单击【特征】工具栏中的图标按钮，弹出如图 5-73 所示的对话框。

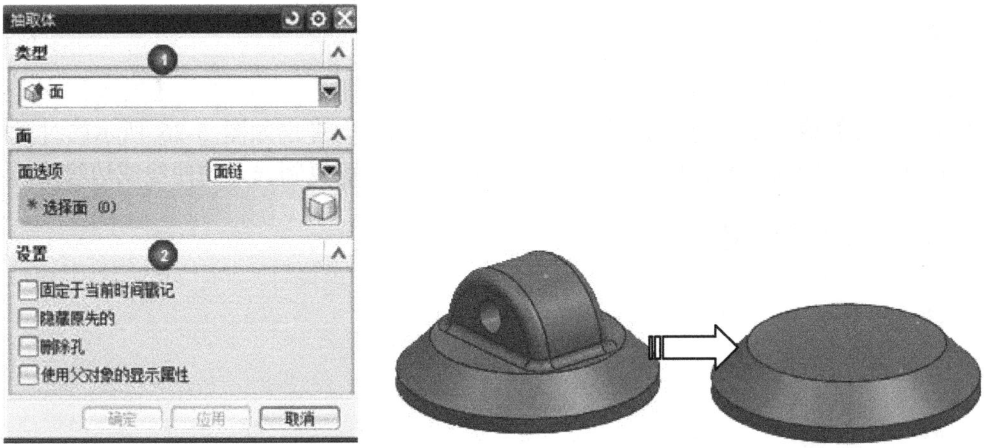

图 5-73 【抽取体】对话框

【抽取体】对话框中各选项的具体含义如下。

1.【类型】

【类型】用于指定要创建的抽取特征的类型。

✧ 【面】：创建要抽取的选定面片。
✧ 【面区域】：创建一个片体，该片体是连接到种子面且受边界面限制的面的集合。
✧ 【体】：创建整个体的副本。

2.【设置】

✧【固定于当前时间戳记】：指定在创建后续特征时，抽取的特征在部件导航器中保留其时间戳记顺序。如果不选中此复选框，抽取的特征始终作为最后的特征显示在部件导航器中。

✧【隐藏原先的】：在创建抽取的特征后隐藏原始几何体，如图 5-74 所示。

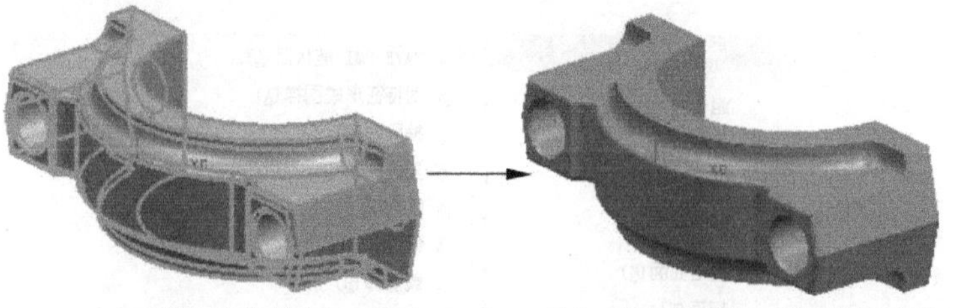

（a）原始抽取特征　　（b）抽取体特征（隐藏原先的）

图 5-74 【隐藏原先的】

✧【删除孔】：创建一个抽取面，其中不含原始面中存在的任何孔，如图 5-75 所示。

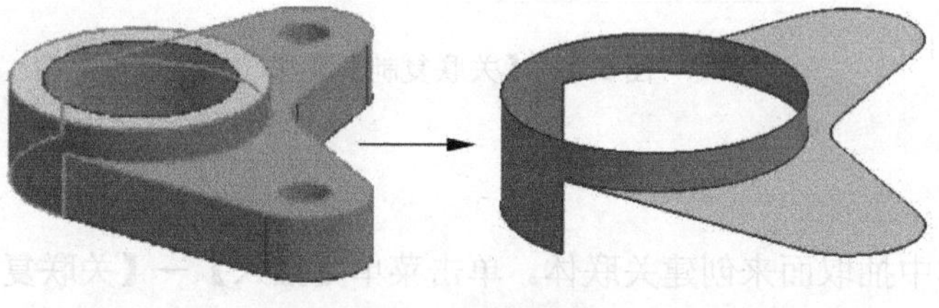

图 5-75 【删除孔】

5.8.2 复合曲线

【复合曲线】工具用于从曲线、曲面、实体上析出边界曲线。单击菜单【插入】→【关联复制】→【复合曲线】或单击【特征】工具栏中的图标按钮，弹出如图 5-76 所示的对话框。选择欲要析出的曲线、曲面或实体的边缘线后，按鼠标中键即可复制选定的曲线或边缘线。

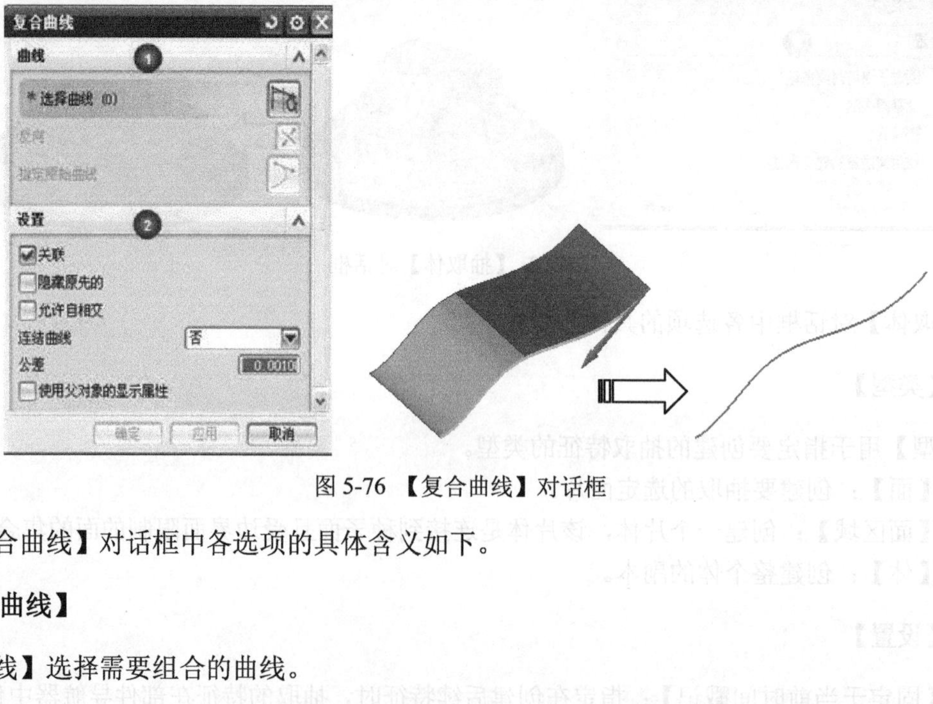

图 5-76 【复合曲线】对话框

【复合曲线】对话框中各选项的具体含义如下。

1.【曲线】

【曲线】选择需要组合的曲线。

2.【设置】

【允许自相交】用于选择自相交曲线作为输入曲线。

【连结曲线】用于指定是否要将复合曲线的各段连接为单条曲线。

- ✧【否】：不连接复合曲线段。
- ✧【三次】：连接输出曲线以形成 3 次多项式样条曲线，使用此选项可最小化结点数。
- ✧【常规】连接输出曲线以形成常规样条曲线，创建可精确表示输入曲线的样条，此选项可以创建阶次高于三次或五次类型的曲线。
- ✧【五次】连接输出曲线以形成 5 次多项式样条曲线。

5.8.3　阵列面

【阵列面】工具是复制时所选的特征，并将得到的实例按一定规律进行排列，例如圆孔、肋板、圆角、斜角、螺纹特征等。单击菜单【插入】→【关联复制】→【阵列面】或单击【特征】工具栏中的【关联复制】组合下拉菜单中图标按钮，弹出如图 5-77 所示的对话框。

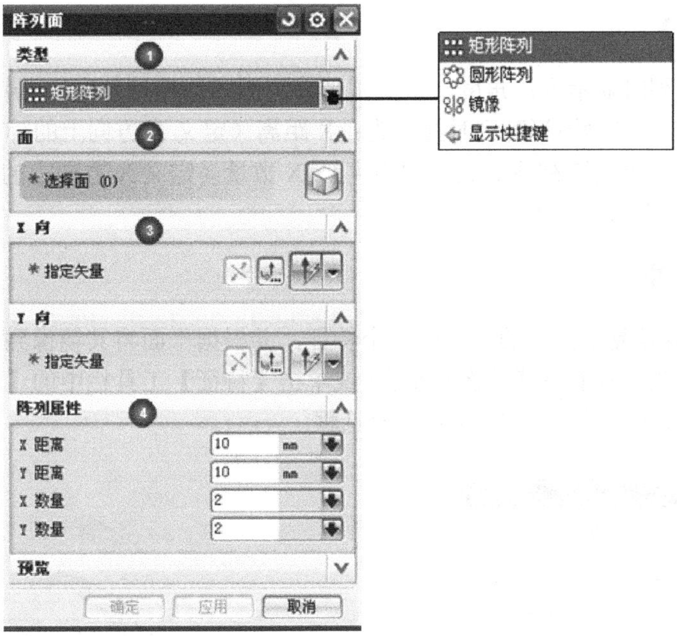

图 5-77 【阵列面】对话框

【阵列面】对话框中各选项的具体含义如下。

1.【类型】

【类型】用于选择阵列的方式，有矩形特征、圆形阵列、镜像，如图 5-78 所示。

- ✧【矩形特征】：复制所选的特征，并按矩形阵列实例特征，即阵列后的特征成员成矩形（行数×列数）排列。其要素为待阵列的特征、矩形阵列参数。
- ✧【圆形阵列】：复制所选的特征，且特征成员成圆周分布。要素包括：阵列特征、环形阵列参数（阵列个数、角度、对称轴和对称轴通过的点等）。
- ✧【镜像】：能够通过复制一个面或一组面来创建这些面的镜像阵列。

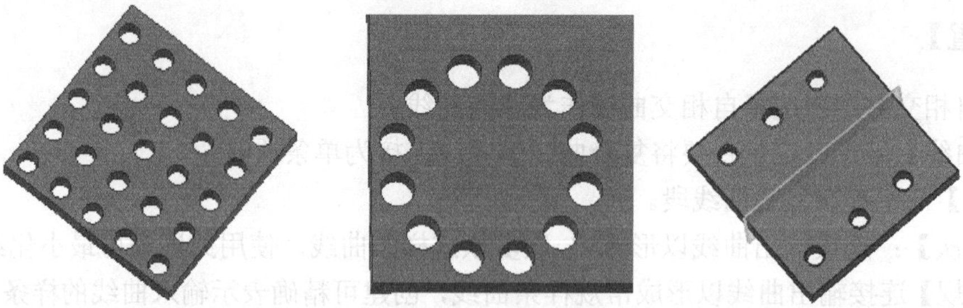

图 5-78 【阵列面】类型

2.【面】

【面】用于选择一个或多个面。

3.【X 向 / Y 向】

【X 向 / Y 向】仅在选择矩形阵列作为类型时才显示。用于指定用于创建阵列的矢量。

4.【阵列属性】

类型为圆形阵列时显示为：角度（定义圆形阵列圆弧的扫掠角度），圆数量（定义阵列圆弧上的阵列成员数）。类型为矩形阵列时显示为：X 距离（定义 X 方向上的阵列成员之间的距离），Y 距离（定义 Y 方向上的阵列成员之间的距离），X 数量（定义 X 方向上的阵列成员数）Y 数量（定义 Y 方向上的阵列成员数）。

5.8.4 镜像特征

【镜像特征】就是复制指定的一个或多个特征，并根据平面将其镜像到该平面的另一侧。单击【插入】→【关联复制】→【镜像特征】，或单击【特征】工具栏中的【关联复制】组合下拉菜单中图标按钮，弹出如图 5-79 所示的对话框。

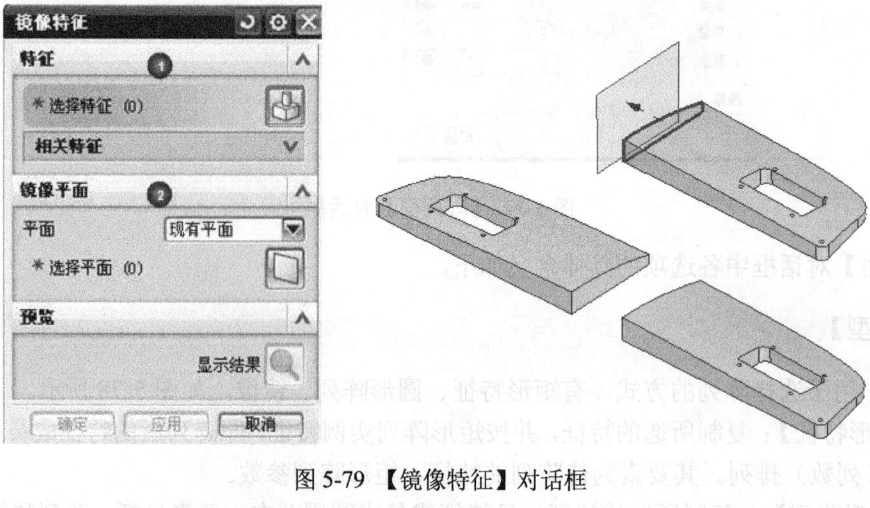

图 5-79 【镜像特征】对话框

【镜像特征】对话框中各选项的具体含义如下。

1.【特征】

【特征】指定部件中要镜像的特征。可以使用相关特征快速选取选中特征的子特征或父特征。

✧ 【相关特征】：包括所选特征的相关特征。
✧ 【添加体中的全部特征】：包括所选特征的原体上的所有特征。
✧ 【候选特征】：显示部件中可以镜像的合格特征列表。

2.【镜像平面】

【镜像平面】选择要镜像特征的基准平面或平面。

✧ 【现有平面】：允许选择现有的平面。
✧ 【新平面】：允许定义新平面。

5.8.5　镜像体

该工具可以以基准平面为镜像平面，镜像所选的实体或片体。与镜像特征不同的是镜像体不能以自身的表面作为镜像平面。单击【插入】→【关联复制】→【镜像体】，或单击【特征】工具栏中的【关联复制】组合下拉菜单中图标按钮，弹出如图 5-80 所示的对话框。

图 5-80　【镜像体】对话框

【镜像体】对话框中各选项的具体含义如下。

1.【体】

【体】选择部件中要镜像的体。

2.【镜像平面】

【镜像平面】选择要镜像体的基准平面。

3.【设置】

【设置】设置是否在镜像体上固定时间戳记。

4.【预览】

【预览】图形区域显示预览结果。

提示：
a. 镜像体、原体和基准平面之间的关系如下：如果在原体中修改特征的任何参数，这种更改将反映在镜像体中；如果修改相关基准平面的参数，则镜像体将相应地更新；
如果删除原先的体或基准平面，则也会同时删除镜像体；如果移动原先的体，则镜像体也会移动；可以使用求和选项将原体和镜像体结合，来创建对称模型。
b. 镜像体和镜像特征的不同之处：创建镜像特征时，允许定义新的平面，但是镜像体不可以，只能在创建镜像体之前先定义好基准平面。

5.8.6 对特征形成图样

使用【对特征形成图样】命令可创建特征的阵列（线性、圆形、多边形等），并通过各种选项来定义阵列边界、实例方位、旋转方向和变化。单击【插入】→【关联复制】→【对特征形成图样】，或单击【特征】工具栏中的【关联复制】组合下拉菜单中图标按钮，弹出如图5-81所示的对话框。

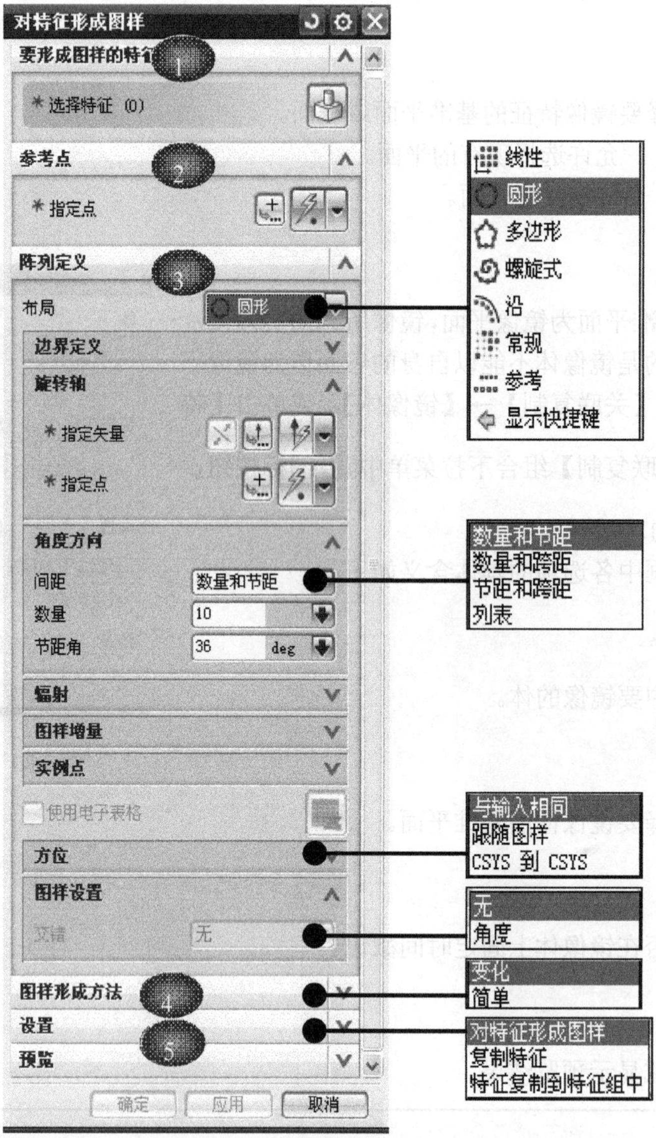

图5-81 【对特征形成图样】对话框

【对特征形成图样】对话框中各选项的具体含义如下。

1.【要形成图样的特征】

【要形成图样的特征】选择一个或多个要形成阵列的特征。

2.【参考点】

【参考点】输入特征指定位置参考点。

3.【阵列定义】

【布局】用于定义阵列的布局方式，总共包含了 7 种方式。

✧ 【线性】：通过一个或两个方向定义阵列。
✧ 【圆形】：通过旋转轴和可选径向间距参数定义阵列。
✧ 【多边形】：通过正多边形和可选径向间距参数定义阵列。
✧ 【螺旋式】：通过使用螺旋路径定义阵列。
✧ 【沿】：通过定义一个连续曲线链或者同时选取第二条曲线链或矢量进行同步阵列。
✧ 【常规】：通过使用由一个或多个目标点或坐标系定义的位置来定义阵列。
✧ 【参考】：通过参考现有阵列定义布局。

【方位】确定阵列特征是保持恒定方位还是跟随从某些定义几何体派生的方位。

✧ 【与输入相同】：将阵列特征定向到与输入特征相同的方位，如图 5-82（a）所示。
✧ 【跟随图样】：将阵列特征定向为跟随布局的方位。当布局设置为线性或参考时此项不可用，如图 5-82（b）所示。
✧ 【垂直于路径】：根据所指定路径的法向或投影法向来定向阵列特征，如图 5-82（c）所示。
✧ 【CSYS 到 CSYS】：根据指定的 CSYS 定向阵列特征，如图 5-82（d）所示。

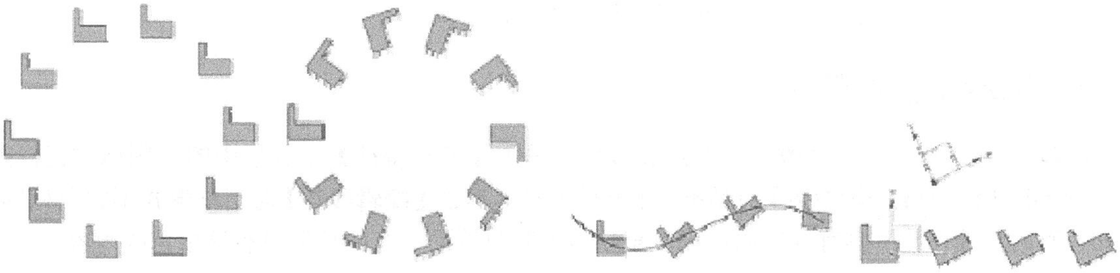

（a）　（b）　（c）　（d）

图 5-82 【方位】不同定义方式

4.【图样形成方法】

✧ 【变化】将多个特征作为输入以创建阵列特征对象，如图 5-83（a）所示。
✧ 【简单】将单个特征作为输入以创建阵列特征对象，如图 5-83（b）所示。

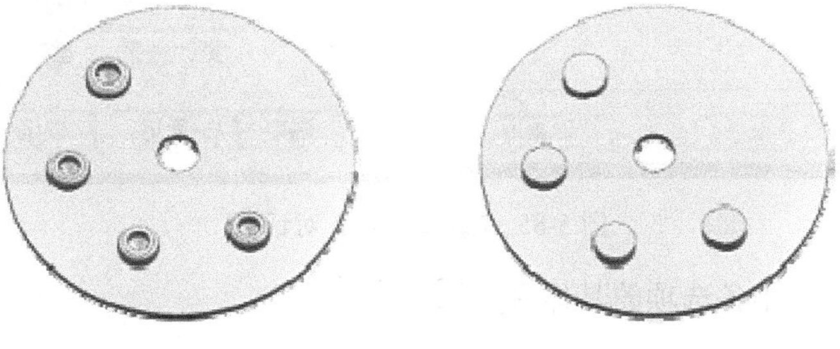

（a）　（b）

图 5-83 【图样形成方法】

5.【设置】

【设置】确定在进行阵列操作时创建的对象类型。

- ✧【对特征形成图样】如果阵列方法设置为【变化】，并且输入由多个特征组成，则输出将是单个【阵列特征】对象。如果阵列方法设置为【简单】，并且输入由多个特征组成，则输出将是多个【阵列特征】对象。
- ✧【复制特征】输出输入特征的单个副本，而不作为【特征阵列】对象。
- ✧【特征复制到特征组中】输出输入特征的单个副本并将其放入【特征】组中。

5.9 编辑特征

【编辑特征】是对已有的特征进行修改和删除。【编辑特征】工具栏如图 5-84 所示。主要包括【编辑特征参数】、【抑制特征】、【取消抑制特征】、【移动特征】和【替换特征】等。

图 5-84 【编辑特征】工具栏

5.9.1 编辑特征参数

【编辑特征参数】用来修改特征的定义参数。单击【编辑特征】工具栏中的图标按钮，弹出如图 5-85 所示的【编辑参数】对话框，不同的特征具有的【编辑参数】对话框形式不完全相同。例如，有的特征（孔）具有放置面，可以重新修改其放置面；有的特征没有这项修改内容。

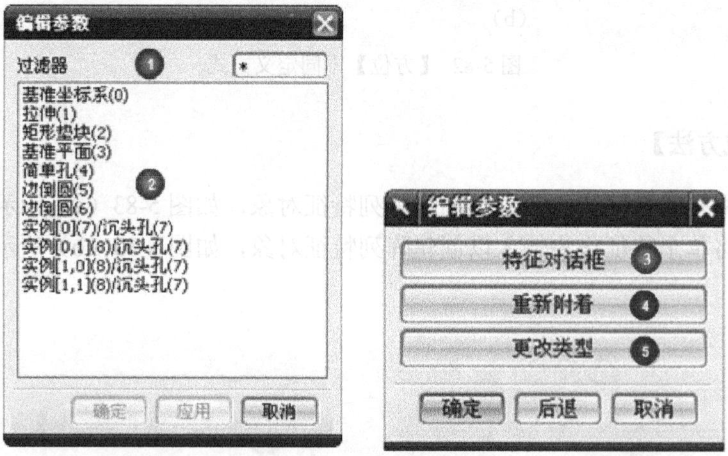

图 5-85 【编辑参数】对话框

【编辑参数】对话框中各选项的具体含义如下。

1.【过滤器】

【过滤器】通过过滤器快速选择要编辑参数的特征。

2.【参数列表】

【参数列表】列出当前部件文件中可用的特征，通过此列表可以选择要编辑参数的特征。

提示：【编辑参数】对话框中的内容会随着所选择的实体的不同而发生变化，通常与创建该实体特征时的对话框相似。创建实体时需要设置的参数在编辑特征参数时均可重新设置。

3.【特征对话框】

【特征对话框】用于编辑特征的存在参数。单击该按钮，弹出创建所选特征时对应的参数对话框，修改需要改变的参数值即可。

4.【重新附着】

【重新附着】用于重新指定所选特征附着平面。可以把建立在一个平面上的特征重新附着到新的平面上去。已经具有定位尺寸的特征，需要重新指定新平面上的参考方向和参考边。

5.【更改类型】

【更改类型】用于编辑成型特征的类型。可以把一个成型的特征更改为这个特征的其他类型。

5.9.2　移动特征

使用【移动特征】可以把无关联的特征移到需要的位置。不能用此选项来移动位置已经用定位尺寸约束的特征。【移动特征】工具与先前的【变换】工具有所区别。【变换】工具移动的对象是一个实体，而【移动特征】工具是移动实体中的某一个特征。单击【编辑特征】工具栏中的图标按钮，弹出如图 5-86 所示的【移动特征】对话框。

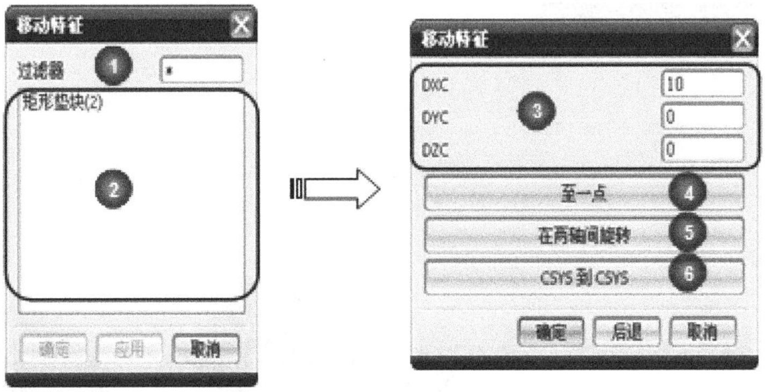

图 5-86 【移动特征】对话框

【移动特征】对话框中各选项的具体含义如下。

1.【过滤器】

【过滤器】通过过滤器快速选择要编辑参数的特征。

2.【参数列表】

【参数列表】列出当前部件文件中可用的特征，通过此列表可以选择要编辑参数的特征。

3.【DXC、DYC、DZC 增量】

【DXC、DYC、DZC 增量】通过使用矩形（XC 增量、YC 增量、ZC 增量）坐标指定距离和方向，从而移动一个特征。

4.【至一点】

【至一点】将特征从参考点移动到目标点。

5.【在两轴间旋转】

【在两轴间旋转】通过在参考轴和目标轴之间旋转特征，来移动特征。

6.【CSYS 到 CSYS】

【CSYS 到 CSYS】将特征从参考坐标系中的位置重定位到目标坐标系中。

5.9.3 抑制特征

【抑制特征】是指将所选择的特征暂时抑制，隐去不显示。当建模的特征较多时，为了更好地观察和创建模型，可以将其他特征隐去不显示，这可提高计算机速度。

单击【编辑特征】工具栏中的图标按钮，弹出如图 5-87 所示的【抑制特征】对话框。该对话框用于将一个或多个特征从视图区和实体中临时删除。被抑制特征并没有从特征数据库中删除，可以通过【取消抑制特征】命令重新显示。【取消抑制特征】是与【抑制特征】相反的操作。

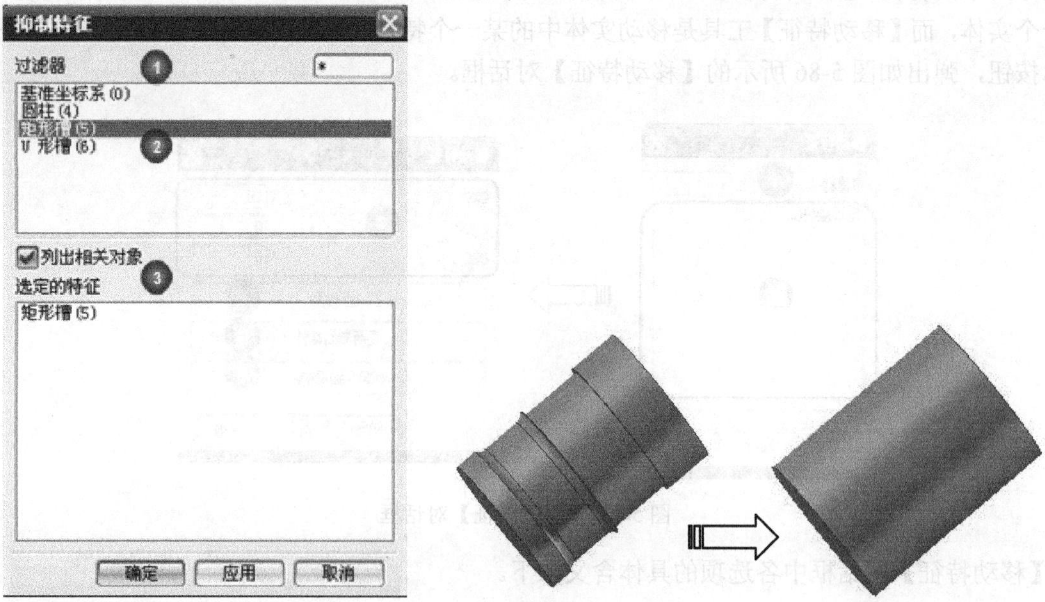

图 5-87 【抑制特征】对话框

【抑制特征】对话框中各选项的具体含义如下。

1.【过滤器】

【过滤器】使用过滤器快速拾取需要抑制的特征。

2.【特征列表】

【特征列表】显示当前部件文件中的特征，可以从中选取要被抑制的特征。

3.【子特征列表】

【子特征列表】显示将要被抑制特征的子特征。通过【抑制特征】命令可以抑制选取的特征，即暂时在图形窗口中不显示特征。这有以下很多好处：

- ✧ 减小模型的大小，使之更容易操作，尤其当模型相当大时，加速了创建、对象选择、编辑和显示时间。
- ✧ 在进行有限元分析前隐藏一些次要特征以简化模型，被抑制的特征不进行网格划分，可加快分析的速度，而且对分析结果也没多大的影响。
- ✧ 在建立特征定位尺寸时，有时会与某些几何对象产生冲突，这时可利用【抑制特征】操作。如要利用已经建立倒圆的实体边缘线来定位一个特征，就不必删除倒圆特征，新特征建立以后再取消抑制被隐藏的倒圆特征即可。

提示：实际上，抑制的特征依然存在于数据库里，只是将其从模型中删除了。因为特征依然存在，所以可以用【取消抑制特征】调用它们。【取消抑制特征】是【抑制特征】的反操作，即在图形窗口重新显示被抑制了的特征。设计中，最好不要在“抑制特征”位置创建新特征。

5.9.4　取消抑制特征

使用【取消抑制特征】可以检索先前抑制的特征。在【取消抑制特征】对话框中会显示所有抑制特征的列表，提示用户选择要取消抑制的特征。单击【编辑特征】工具栏中的图标按钮，弹出如图 5-88 所示的【取消抑制特征】对话框。然后在【过滤器】中选择特征，单击【确定】按钮即可取消抑制所选特征。

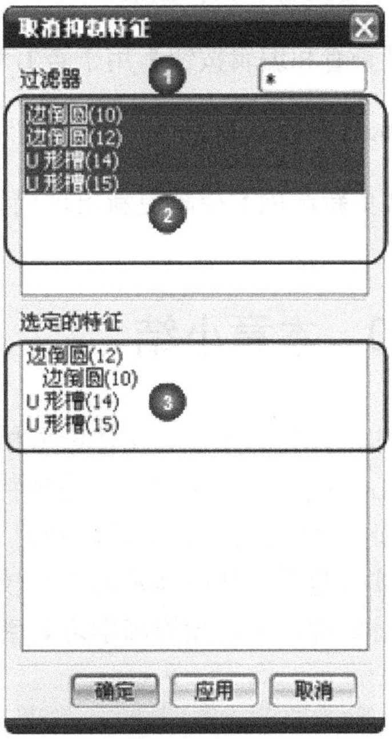

图 5-88 【取消抑制特征】对话框

【取消抑制特征】对话框中各选项的具体含义如下。

1.【过滤器】

【过滤器】使用过滤器快速拾取需要取消抑制的特征。

2.【抑制特征列表】

【抑制特征列表】显示当前部件文件中全部已经被抑制的特征。

3.【选定的特征】

【选定的特征】显示已经选中的抑制特征，这些抑制特征将被取消抑制。

5.9.5 特征回放

【特征回放】功能可使用户清晰地观看实体创建的整个过程。单击【编辑特征】工具栏中的【特征回放】图标按钮，弹出如图 5-89 所示的【更新时编辑】对话框。不断单击图标，视图区域就会逐步显示该实体的创建过程。

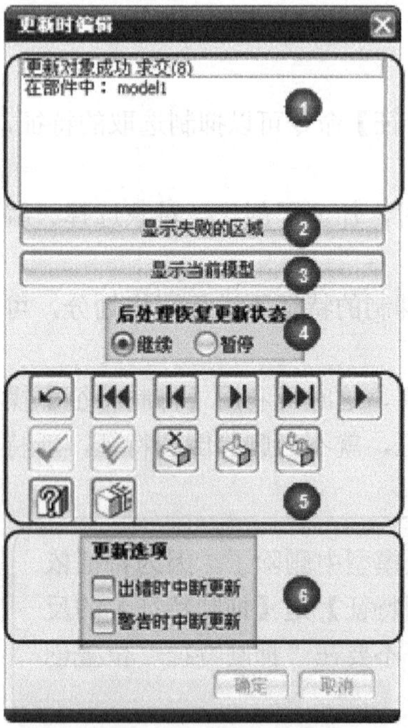

图 5-89 【更新时编辑】对话框

【更新时编辑】对话框中各选项的具体含义如下。

1.【消息窗口】

【消息窗口】显示所有的应用错误或警告消息，还显示当前更新的特征是成功的还是失败的。

2.【显示失败的区域】

【显示失败的区域】临时显示失败的几何体。

3.【显示当前模型】

【显示当前模型】显示模型成功地重新构建的部分。

4.【后处理恢复更新状态】

【后处理恢复更新状态】允许指定完成选定的图标选项后发生什么。

5.【查看和编辑按钮】

【查看和编辑按钮】用于查看和编辑的选项按钮。

6.【更新选项】

【更新选项】控制更新出现错误或警告时是否出现【更新时编辑】对话框。

5.10 本章小结

本章首先介绍了与实体造型相关的一些基本概念，然后结合案例详细介绍了实体建模中常用的核心功能命令，例如：从毛坯特征（基本体素，扫描特征）粗加工特征（成型特征），到精加工特征（特征操作），最后，介绍了实体建模特征的编辑方法。

实体建模设计所涉及的工具较多，本章重点对使用频率最高的功能进行了介绍，希望读者能够熟练掌握，为后续提高学习效率奠定基础。

5.11 思考与练习

1. 什么是特征？常用特征工具有哪些？

2. 成型特征有哪些？其是否能独立使用？
3. 什么是【关联复制特征】？其与【移动对象】有哪些区别？
4. 为什么采用特征抑制？如何解除特征抑制？
5. 试根据实体建模特征命令，完成以下实体建模，如图 5-90 所示。

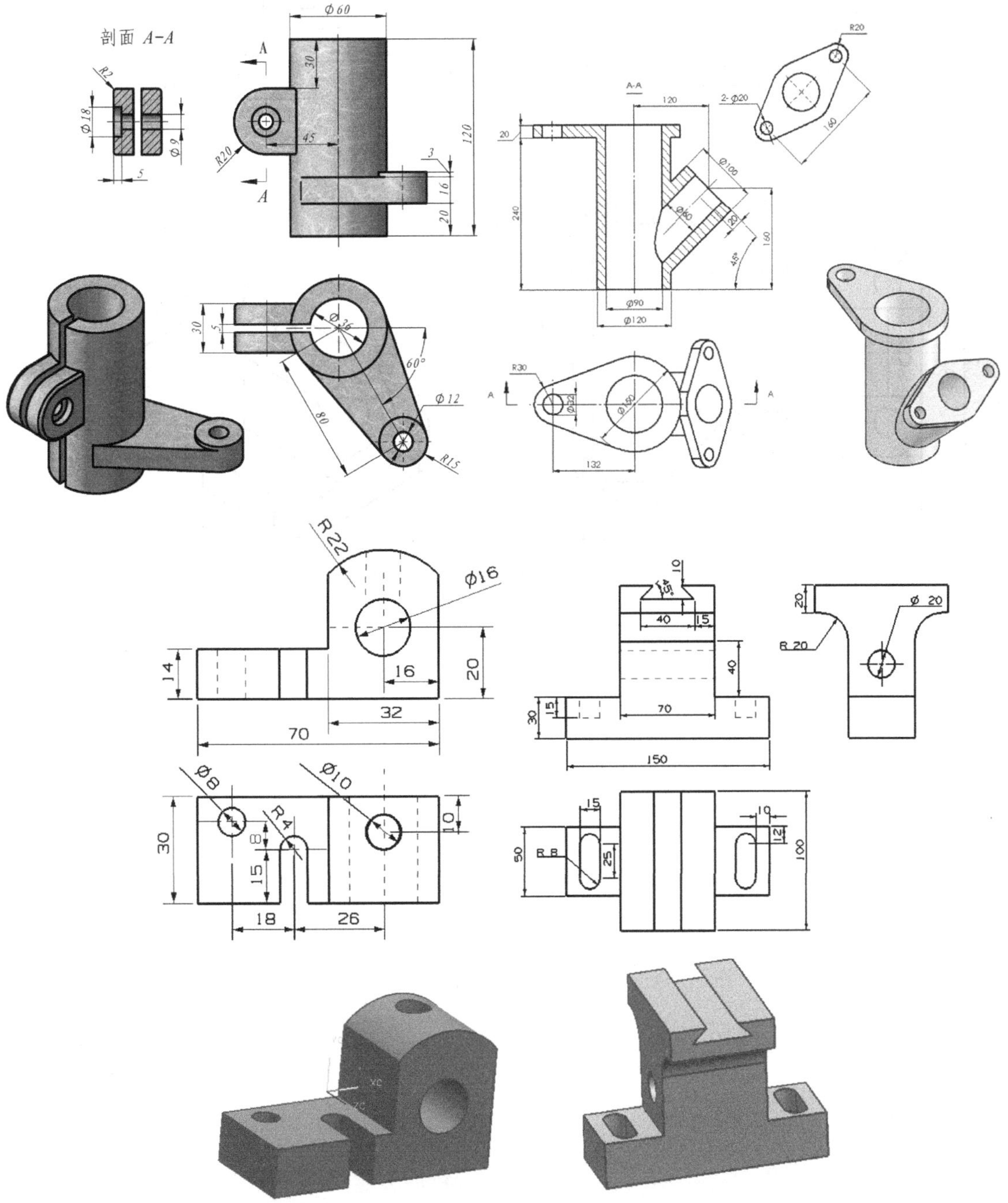

图 5-90　思考与练习题 5 实体建模设计基础练习

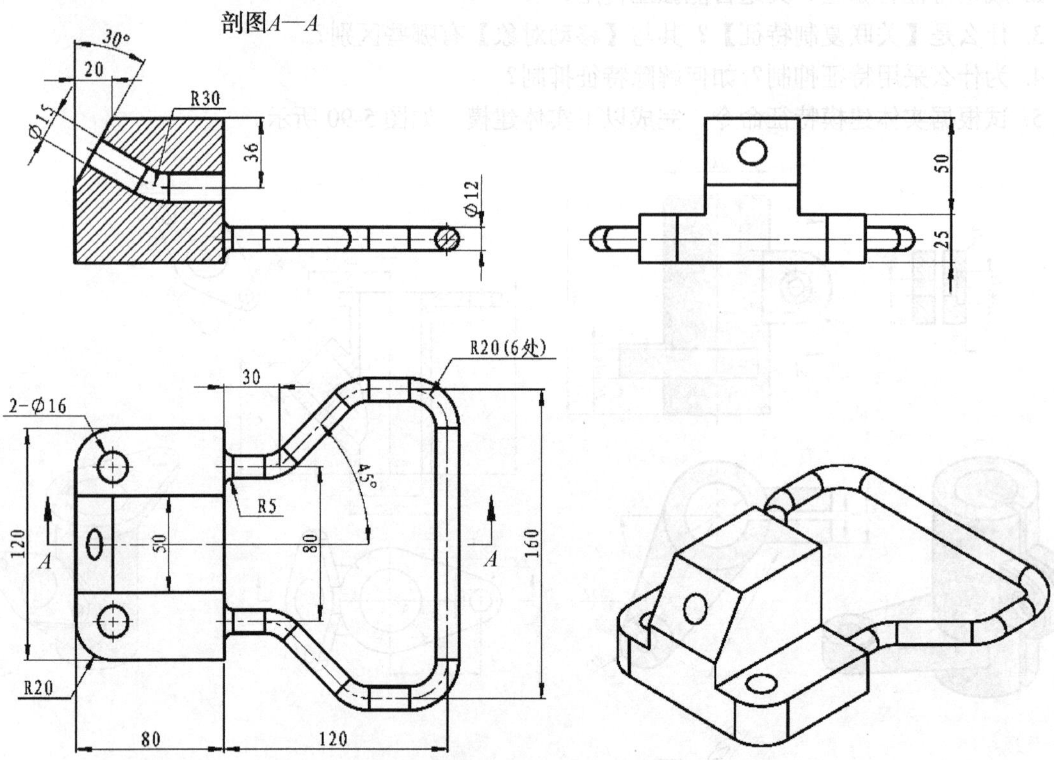

图 5-90　思考与练习题 5 实体建模设计基础练习（续）

第 6 章　曲面造型设计

本章知识导读

曲面是指空间具有两个自由度的点构成的轨迹。同实体模型一样，都是模型主体的重要组成部分，但又不同于实体特征，区别在于曲面有大小但没有质量，在特征的生成过程中，它不影响模型的特征参数。曲面建模广泛应用于飞机、汽车、电机及其他工业造型设计过程，用户利用它可以方便地设计产品上的复杂曲面形状。

UG NX 8.0 曲面建模的方法繁多，功能强大，使用方便。全面掌握和正确合理使用是用好该模块的关键。曲面的基础是曲线，构造曲线要避免重叠、交叉和断点等缺陷。曲面建模的应用范围包括以下四个方面：① 构造用标准方法无法创建的形状和特征；②修剪一个实体而获得一个特殊的特征形状；③将封闭曲面缝合成一个实体；④对线框模型蒙皮。

本章学习内容

- 熟悉曲面造型的基本工具；
- 掌握曲面的基本操作；
- 掌握曲面的编辑；
- 掌握曲面的分析工具。

6.1　概述

6.1.1　自由曲面构造方法

按曲面构成原理，将构造自由曲面的方法分为三类。

1．基于点构成曲面

根据输入的点数据生成曲面，如【通过点】、【从极点】、【从点云】等功能。此类曲面的特点是曲面精度高，但光顺性差。

2．基于曲线构成曲面

根据现有曲线构建曲面，如【直纹面】、【通过曲线】、【网格面】、【扫掠面】等。此类曲面的特点是参数化的，编辑曲线，曲面会自动更新。

3．基于曲面构成新的曲面

根据已有曲面构建新的曲面，如【桥接曲面】、【延伸曲面】、【放大面】。此类曲面也是全参数化的。

6.1.2 自由曲面工具条

自由曲面工具条主要集中在【曲面】工具栏中，如图 6-1 所示。

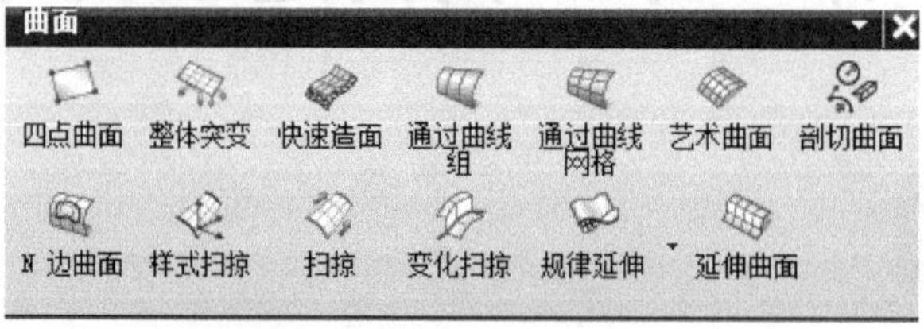

图 6-1 【曲面】工具栏

自由曲面编辑工具主要集中在【编辑曲面】工具栏中，如图 6-2 所示。

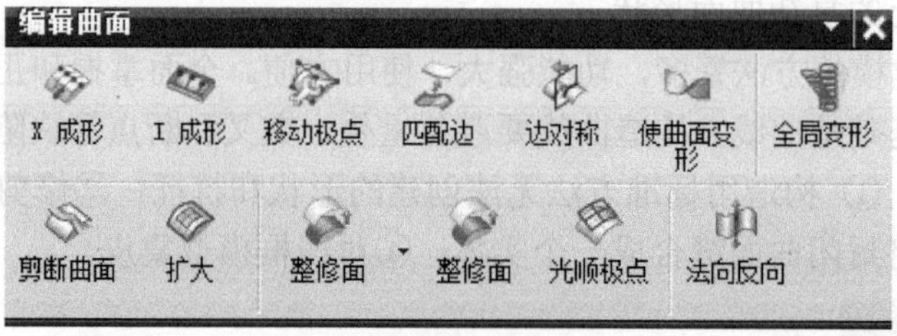

图 6-2 【编辑曲面】工具栏

6.1.3 基本概念

1．片体

片体指没有厚度概念的曲面集合，通常所说的曲面也就是片体。

2．U,V 方向

曲面的行与列用 U，V 来表示。曲面横截面线串的方向为 V 方向，扫掠方向或引导线方向为 U 方向。

3．阶数

曲面参数方程的最高阶数就是该曲面的阶数。构建曲面时，需要定义 U,V 两个方向的阶数，且阶数介于 2 到 24，一般取 3 到 5 阶构建曲面。

4．补片

曲面可以由单一曲面构成，也可由多个曲面构成。曲面是单一补片，即该曲面只有一个曲面参数方程。

5．栅格线

在线框模式下，为便于观察曲面形状，常采用栅格线来显示曲面。栅格线对曲面特征没有影响，可以通过两种方式设置栅格线的显示数量：（1）选择菜单【编辑】→【对象显示】，弹出【类选择器】对话框，选择需要编辑的曲面对象后，弹出【编辑对象显示】对话框，在【线框显示】

组中可以设置 U、V 栅格数；（2）选择菜单【首选项】→【建模】，可以在【建模首选项】对话框中进行设置。

6.1.4　基本原则与技巧

一般曲面在构件时，需要注意以下几点：

- ✧ 曲面的构造线应尽可能简单且保持光滑连续；
- ✧ 曲面次数应尽可能采用 3 到 5 次，避免采用高阶次曲面；
- ✧ 在满足曲面创建功能的前提下，补片数越少越好。
- ✧ 构建曲面时尽量采用全参数化；
- ✧ 面之间的圆角过渡尽量在实体上进行；
- ✧ 尽可能先修剪实体，再用【抽壳】的方法创建薄壳类零件；
- ✧ 对于复杂曲面，应先完成主要面或大面，再光顺连接曲面，最后进行编辑修改，完成整体造型。

6.2　基于点的自由特征

点构建曲面的功能包括：【通过点】、【从极点】、【从点云】，其原理与构建样条相似。常用的是【从点云】，是用拟合的方式创建曲面，因此所创建的曲面比较光顺，但并不一定通过所选取的所有点。

选择菜单命令【插入】→【曲面】→【从点云】或单击【曲面】工具栏中的图标按钮，将弹出如图 6-3 所示的【从云点】对话框。

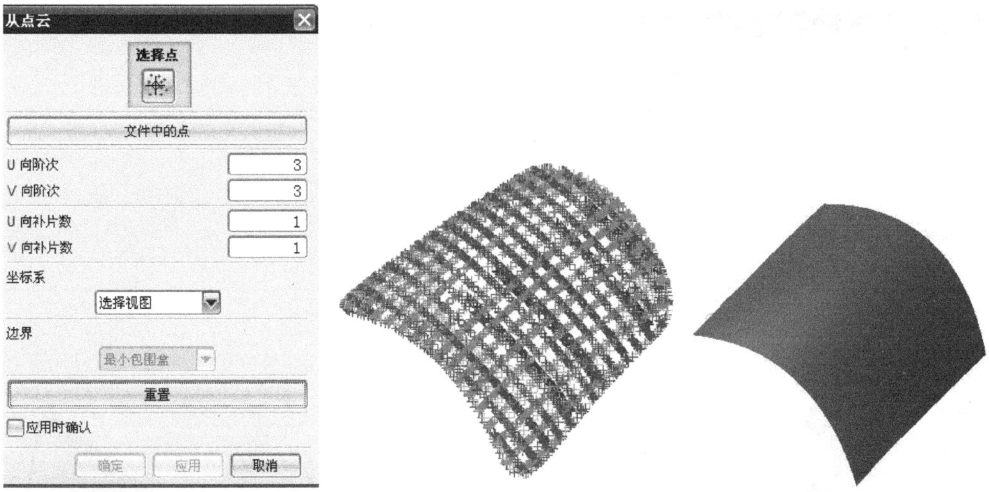

图 6-3 【从云点】对话框

【从点云】对话框参数设置具体说明如下，该命令提供了两种选点方式，其中【选择点】为默认方式。下面介绍一下新增选项。

（1）【U 向补片数】：用于设置 U 方向的偏移面数值。

（2）【V 向补片数】：用于设置 V 方向的偏移面数值。

（3）【坐标系】：该选项用于改变 U、V 向量方向及片体法线方向的坐标系，当改变该坐标系后，其所产生的片体也会随着坐标系的改变而产生相应的变化。这里提供了五种定义坐标系的方式。

- ✧【选择视图】：设置第一次定义的边界为 U、V 平面的坐标，定义后它的 U、V 平面即固定，当旋转视图后，其 U、V 平面仍为第一次定义的坐标轴平面。
- ✧【WCS】：将当前的工作坐标作为选取点的坐标轴。
- ✧【当前视图】：以当前的视角作为 U、V 平面的坐标，该选项与工作坐标系统无关。
- ✧【指定的坐标系】：将定义新坐标系所设置的坐标轴作为 U、V 向的平面。如果还没有在指定新坐标系选项中设置，系统即会显示【坐标副功能】对话框，定义坐标系。
- ✧【指定新的坐标系】：该选项用于定义坐标系，并应用于指定的坐标系。当选取该选项后，系统会显示【坐标副功能】对话框，并用【坐标副功能】对话框定义云点构面的坐标系。

（4）【边界】：该选项用于设置框选点的范围，配合坐标系统所设置的平面选取点。

- ✧【指定的边界】：沿法线方向，并以选取框选取指定新的边界。
- ✧【指定新的边界】：定义新边界，并应用于指定的边界。

6.3 基于曲线的自由曲面特征

6.3.1 直纹面

【直纹面】是指用户可以通过选定曲线轮廓线或截面线串来创建直纹片体或实体。截面线串可由单个对象或多个对象组成，其对象类型可以是曲线、实体边或实体面，也可以通过选择曲线上的点或端点使其作为第一个截面线串。

单击【插入】→【网格曲面】→【直纹】，弹出如图 6-4 所示的【直纹】对话框。

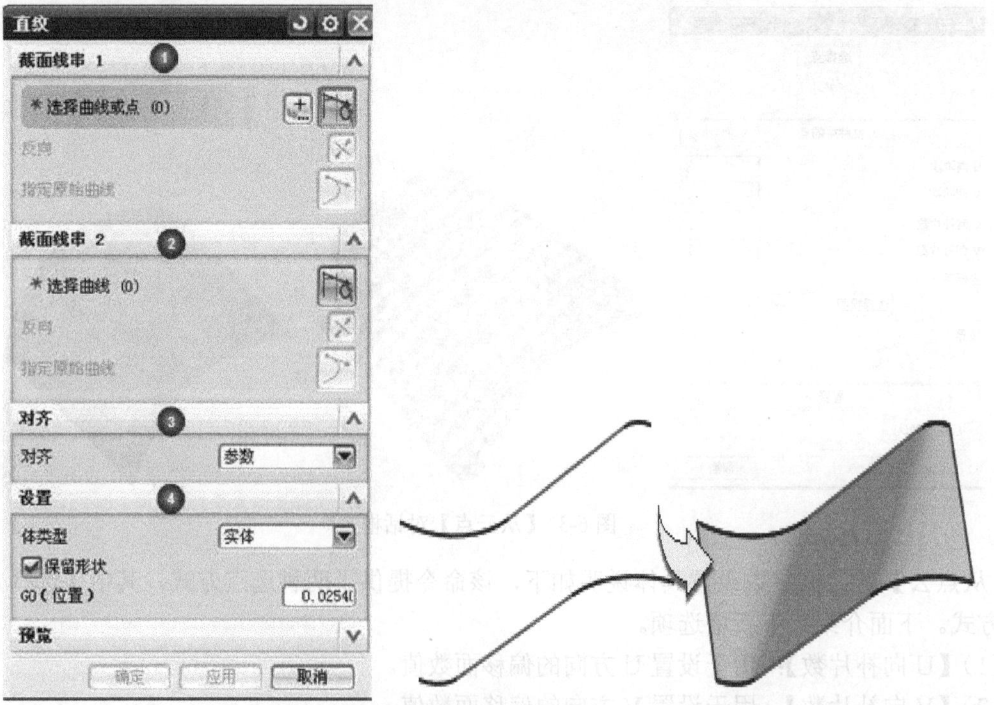

图 6-4 【直纹】对话框

【直纹】对话框中参数设置具体说明如下。

1.【截面线串】

该选项为直纹面创建选择必需的线串。线串可以是曲线、实体边或实体面。

2.【对齐】

该选项主要是指截面线串上的连接点的分布规律和两条截面线串的对齐方式。当用户选择完截面线串后，系统将在截面线串上产生一些控制连接点控制曲面。其中主要包含以下两项。

✧【参数】：是指沿曲线等参数点分布连接点，即曲线要通过的点以相等的参数间隔隔开。如果截面线是直线，则等间距分布连接点。如果截面线是曲线，则等弧长分布连接点。该选项是默认方式。

✧【根据点】：连接点控制方式如图 6-7 所示，可以沿截面放置对齐点及其对齐线。如果对现有控制连接点不满意，还可以通过【重置】添加和删除对齐点，并可通过在截面上拖动来移动这些点。

3.【设置】

该选项主要通过在文本框中输入公差数值，来设置指定曲线和生成曲线之间的公差。

案例 1：利用【直纹】创建网格面。

（1）选择【插入】→【网格曲面】→【直纹】。

（2）选择第一个截面。

a．在选择条上，将【曲线规则】设置为【相连曲线】。

b．在【直纹】对话框的截面线串 1 组中，单击选择曲线，然后在图形窗口中选择第一个截面，如图 6-5 所示。

（3）选择第二个截面。

a．在选择条上，将【曲线规则】设置为【相连曲线】。

b．在截面线串 2 组中，单击选择曲线，然后在图形窗口中选择第二个截面，如图 6-6 所示。

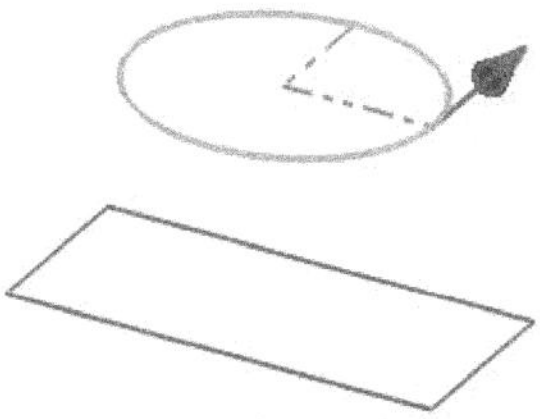

图 6-5　选择截面 1

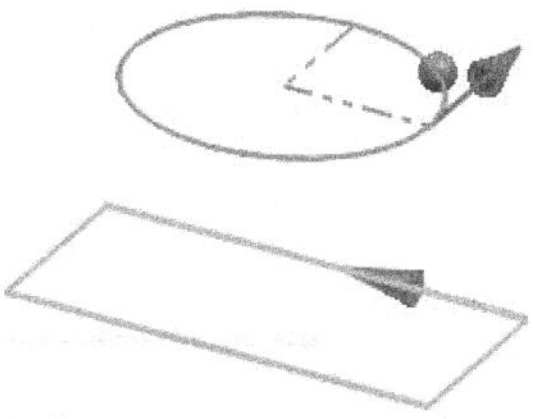

图 6-6　选择截面 2

（4）在【对齐】组中，从【对齐】列表中选择一种方法。对于本例，从【对齐】列表中选择【根据点】，如图 6-7 所示。

（5）单击【确定】或【应用】按钮以创建直纹面，如图 6-8 所示。

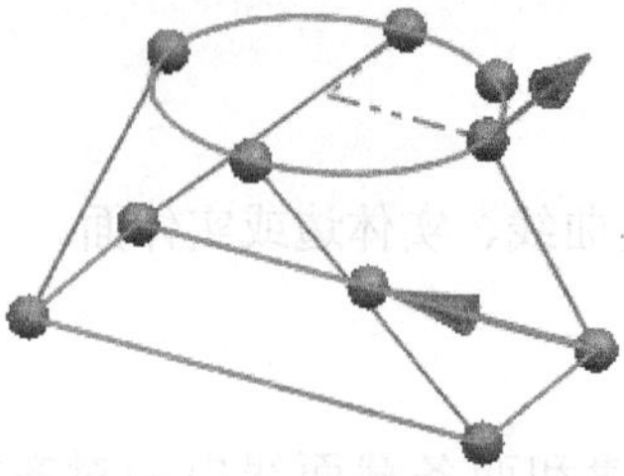

图 6-7 设置对齐方式

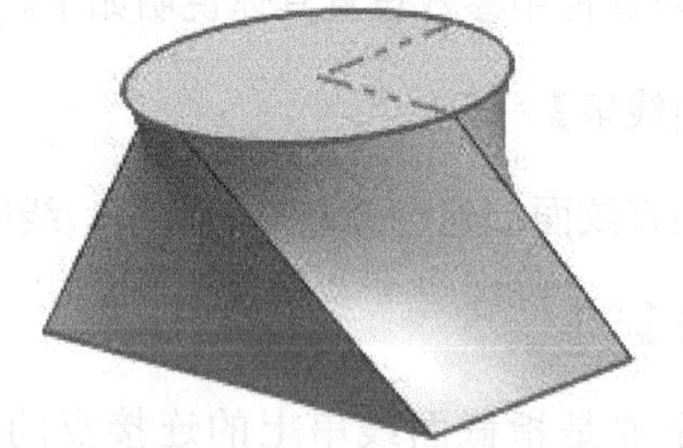

图 6-8 创建直纹面

6.3.2 通过曲线组曲面

【通过曲线组】构造曲面，可以让用户选择多条截面线串（最多 150 条）来创建片体或实体，线串的选择和直纹面一样，可以是曲线、实体边，也可以是实体面。另外，截面之间可以是线性连接，也可以是非线性连接。

单击【插入】→【网格曲面】→【通过曲线组】，弹出如图 6-9 所示的【通过曲线组】对话框。

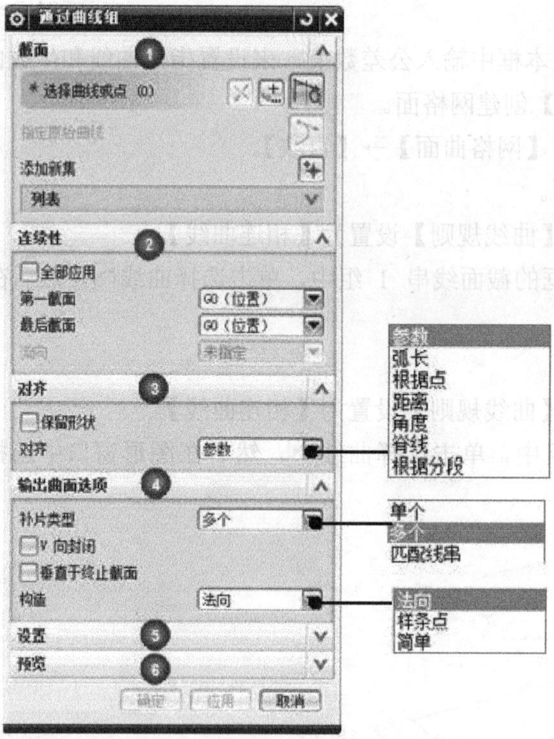

图 6-9 【通过曲线组】对话框

【通过曲线组】对话框的参数设置具体说明如下。

1.【截面】

该选项让用户根据需要选择截面线串。截面线串类型和直纹面一样，被选中的截面线串会被显示在列表框中。

当用户在绘图区选择一个截面线串后，该截面线串将以高亮方式显示，同时在线串的一端出现绿色的箭头，表明了曲线的方向，用户可以通过【反向】箭头更改曲线方向，曲线的箭头方向对生成的曲面有着直接影响。一般来讲，选择的几条截面曲线的箭头指示方向应该一致，否则将会出现曲面扭曲或者无法生成曲面。需要注意的是，当第一组截面线串选择后，还需要添加新的线串组时，必须单击【添加新集】图标按钮增添新的截面线串。

2.【连续性】

曲面的连续方式是指创建的曲面与用户的体边界之间的过渡方式。其中主要包含三种，一种是位置连续（G0 连续），一种是相切连续（G1 连续），还有一种是曲率连续（G2 连续）。其中在【第一截面】下拉列表中选择连续方式，指定创建的曲面第一条截面线串处与用户指定的体边界的过渡方式。在【最后截面】下拉列表中选择连续方式，用来指定曲面在最后一条截面线串处与用户指定体边界的过渡方式。连续过渡形式如图 6-10 所示。

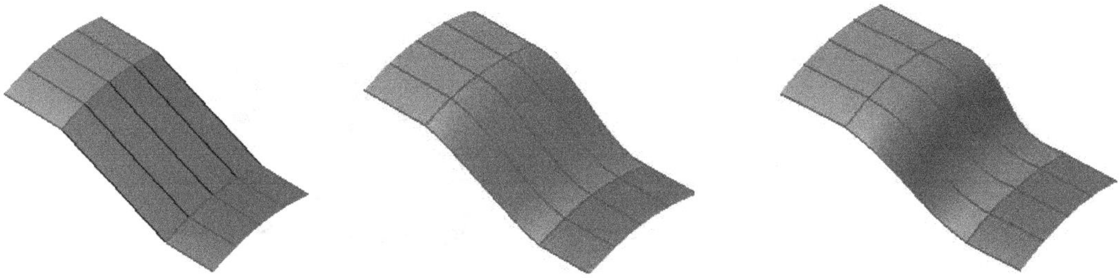

（a）G0 连续　　（b）G1 连续　　（c）G2 连续

图 6-10　连续过渡形式

3.【对齐】

✧【参数】：表示沿截面线串以相等的圆弧长参数间隔隔开等参数曲线连接点，如图 6-11（a）所示。

✧【弧长】：表示沿定义的曲线以相等的圆弧长参数间隔隔开等参数曲线连接点，如图 6-11（b）所示。

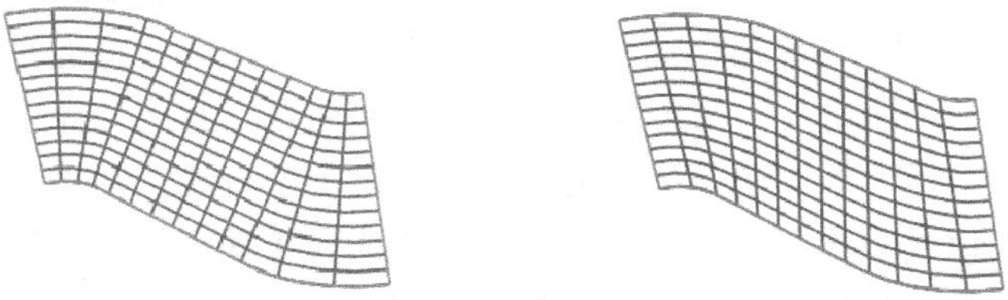

（a）参数对齐　　（b）弧长对齐

图 6-11　对齐方式

✧【根据点】：表示用户在不同形状截面线串之间对齐点，其含义和直纹面中的设置相同。

✧【距离】：在指定方向上将点沿每个截面以相等的距离隔开。这样会得到全部位于垂直于指定方向矢量的平面内的等参数曲线，如图 6-12（a）所示。

✧【角度】：在指定轴线周围将点沿每条曲线以相等的角度隔开。这样得到所有在包含有轴线的平面内的等参数曲线，如图 6-12（b）所示。

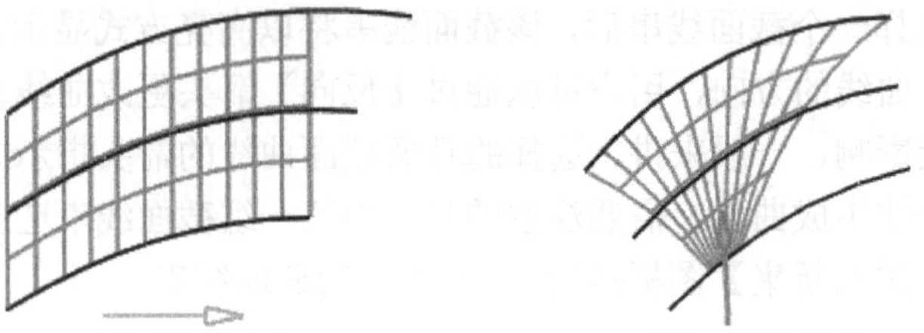

（a）距离对齐　　（b）角度对齐

图 6-12　对齐方式

✧【脊线】：将点放置在选定曲线与垂直于输入曲线的平面的相交处。得到的体的范围取决于这条脊线的限制，如图 6-13（a）所示。

✧【根据分段】：与参数对齐方法相似，只是沿每条曲线段等距隔开等参数曲线，而不是按相同的圆弧长参数间隔隔开，如图 6-13（b）所示。

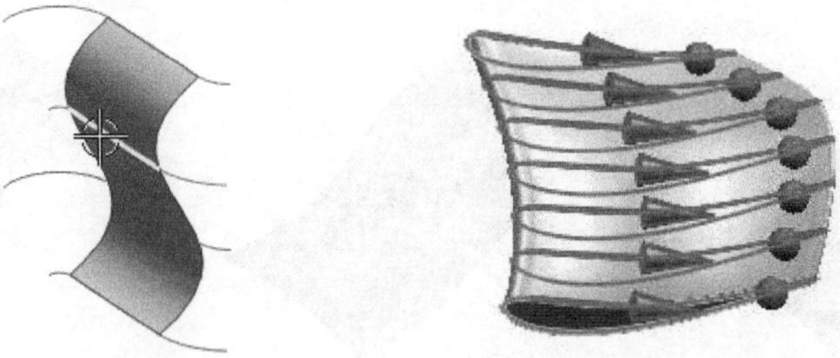

（a）脊线对齐　　（b）根据分段对齐

图 6-13　对齐方式

4.【输出曲面选项】

✧【单个】：该选项指定创建的曲面由单个补片组成，其中截面线串的最大数为 25。

✧【多个】：创建的曲面是由多个补片组成，该选项是默认补片类型，此时用户可以指定 V 向的阶次。

✧【匹配线串】：该选项表示系统根据用户选择的截面线串的数量来决定组成曲面的补片数量。

✧【V 向封闭】：系统根据用户选择的截面线串在 V 向形成封闭曲线，最终生成一个实体。

✧【垂直于终止截面】：使输出曲面垂直于终止截面。如果终止截面是平的，则曲面将在终止截面处平行于平面法矢；如果终止截面是空间曲线，则将计算平均法矢，并且曲面将在终止截面处平行于平均法矢；如果终止截面是一条直线，则将计算法矢，以便它从终止截面指向终止截面的下一个截面。需要注意选择【垂直于终止截面】时，连续性、第一截面和最后截面以及 V 向封闭选项都将不可用。

✧【构造】：该选项用来指定构造曲面的方法。构造曲面的方法有 3 种，第一种是法向构造，第二种是样条点构造，第三种是简单构造。

①【法向】：该选项建立的网格曲面和其他的构造选项相比，将使用更多数目的补片来创建体或曲面。

②【样条点】：表示通过输入曲线使用点和这些点处的斜率值来创建体。对于此选项，选择的曲线必须是有相同数目定义点的单根 B 样条曲线。这些曲线通过它们的定义点临时重新参数化并且保留所有用户定义的相切值。

③【简单】：表示建立尽可能简单的曲线网格曲面，使曲面中补片数和边界杂质最小化。

5.【设置】

此选项主要控制曲面的控制方式，其构建曲面的方式有 3 种：【无】、【手工】、【高级】，如图 6-14 所示，具体设置参数含义如下。

✧【保留形状】：该选项仅用于参数和根据点对齐。通过强制公差值为 0 来保持尖角。

✧【重新构建】：该选项仅当【输出曲面选项】下的【构造】设置为【法向】时可用，通过重新定义截面线串的阶次或段数，构造一个高质量的曲面。其中包含了以下三项。

①【无】：该选项是系统默认选项，表示按照默认的 V 向阶次构建曲面。

②【手工】：表示系统按照指定的 V 向阶次构建曲面，可以通过单击【阶次】微调框调整构建曲面的 V 向阶次。

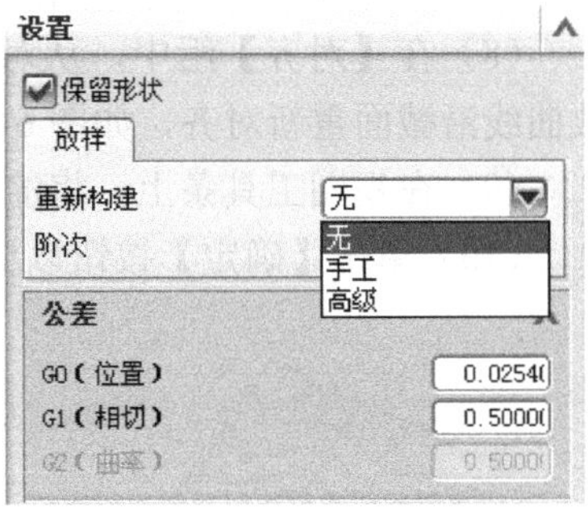

图 6-14　【设置】下拉列表对话框

③【高级】：表示系统按照用户设置的最高阶次和最大段数构建曲面。此时【阶次】微调框变为了【最高阶次】和【最大段数】。

✧【阶次】：主要用于指定多补片曲面的阶次。

✧【公差】：分别通过 G0（位置）、G1（相切）、G2（曲率）来表示，其中 G1 和 G2 连续性公差可控制重新构建的曲面相对于输入曲线的精度。

6.【预览】

当用户设置满足要求时，系统将根据用户设置的参数和默认控制参数在绘图区生成相应的曲面，以便于用户及时预览当前参数生成的曲面是否满足设计要求。

案例 2：利用【通过曲线组】创建网格面。

（1）在【曲面】工具栏上，单击【通过曲线组】图标按钮，或选择【插入】→【网格曲面】→【通过曲线组】命令。

（2）在选择条上，从【曲线规则】列表中选择【相切曲线】。

（3）选择曲线并单击鼠标中键以完成选择第一个截面。选择了上端的第一条曲线，如图 6-15 所示。

由于将相切曲线选作选择规则，因此将两条相切曲线添加到模型中，并在列表框中显示为截面 1。

（4）选择其他曲线并添加为新截面。选择每一组相切曲线并添加为新截面，如图 6-16 所示。

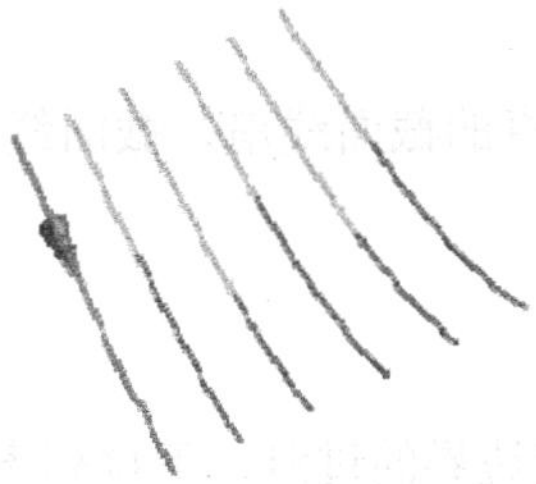

图 6-15　选择第一条曲线

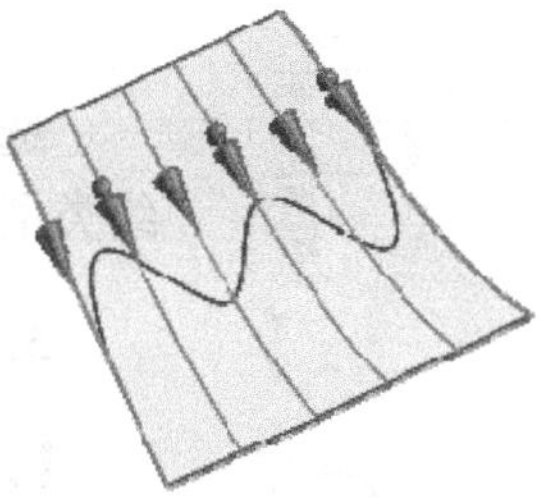

图 6-16　添加网格曲线

（5）单击【确定】或【应用】按钮以创建【通过曲线组】曲面。该曲面通过使用【对齐】与【输出曲面选项】组中的默认选项来创建，使用默认的参数对齐方法，如图 6-17 所示。

（6）双击【通过曲线组】曲面对它进行编辑，打开【通过曲线组】对话框。

（7）在【设置】组中，清除【保留形状】选项以使其他对齐方法可供选择。

（8）在【对齐】组中，从对齐列表中选择一个选项，从对齐列表中选择【弧长】。曲面等参数曲线沿截面重新对齐，如图 6-18 所示。

（9）在视图工具条上，将渲染样式下拉列表设置为【带边着色】。

（10）单击【确定】按钮以更新曲面，如图 6-19 所示。

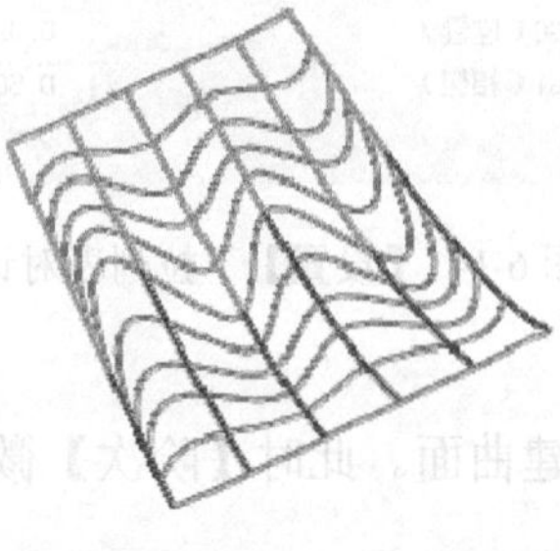

图 6-17 默认对齐方式

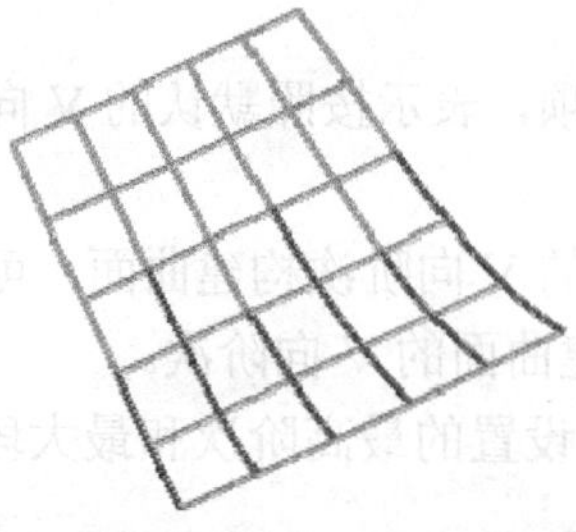

图 6-18 弧长对齐方式

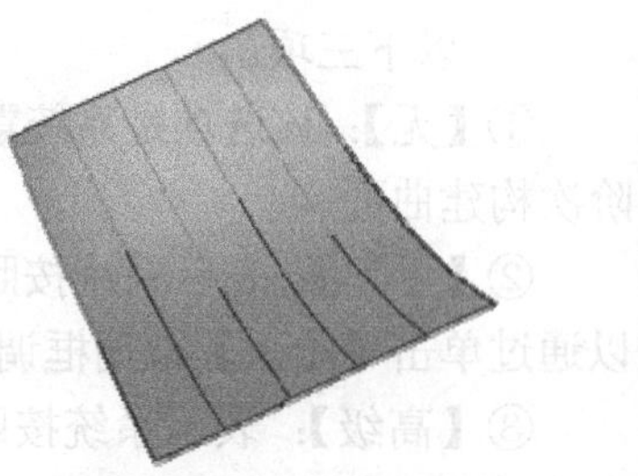

图 6-19 通过曲线组曲面

6.3.3 通过曲线网格曲面

【通过曲线网格】构建曲面的方法是根据用户选择的两组截面线串生成片体或者实体，其中大体方向一致的截面线串可以构成一组主线串，另外一组与主线串大致垂直的截面线串构成了交叉线串。因此，在选择截面线串时应该将方向相同的截面线串作为一组。

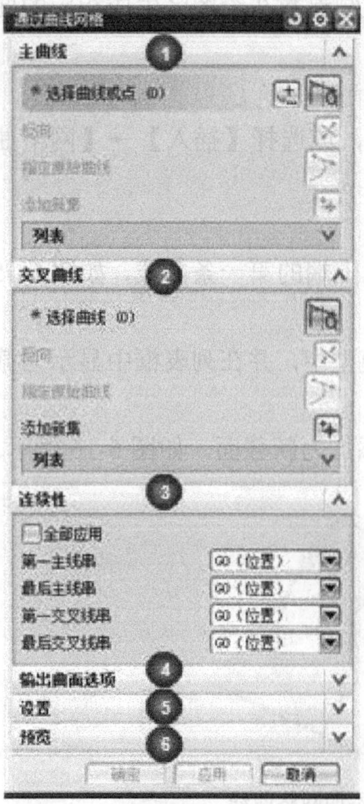

图 6-20 【通过曲线网格】对话框

单击【插入】→【网格曲面】→【通过曲线网格】，弹出 6-20 所示的【通过曲线网格】对话框。

【通过曲线网格】对话框的参数设置具体说明如下。

1.【主曲线】

在绘图区选择第一条曲线作为第一条主曲线，此时该曲线以高亮方式显示，并在曲线的一端显示一个绿色箭头，表明曲线的方向。截面线串可以由一个对象或多个对象组成，并且每个对象既可以是曲线、实体边，也可以是实体面。

2.【交叉曲线】

选择与主曲线相垂直的截面线串，截面线串的类型和主曲线类型一致。

3.【连续性】

【连续性】主要约束边界的过渡，下拉列表框如图 6-21 所示。约束可以沿公共边匹配约束，也可以当曲线网格体的边在约束体内部时匹配约束。选择时可以选择第一个或最后一个主截面或交叉截面上的约束面，然后指定连续性。

【全部应用】将相同的连续性应用于第一个和最后一个截面线串。

- ✧【第一主线串】、【最后主线串】、【第一交叉线串】、【最后交叉线串】：分别指定曲面与指定边界的连续过渡方式。可以从每个列表中为模型选择相应的 G0、G1 或 G2 连续性。如果选中了【全部应用】复选框，则选择一个便可更新【最后主线串】和【最后交叉线串】。

4.【输出曲面选项】

【输出曲面选项】主要用于设置强调方向，里面包含了两项，如图 6-22 所示。

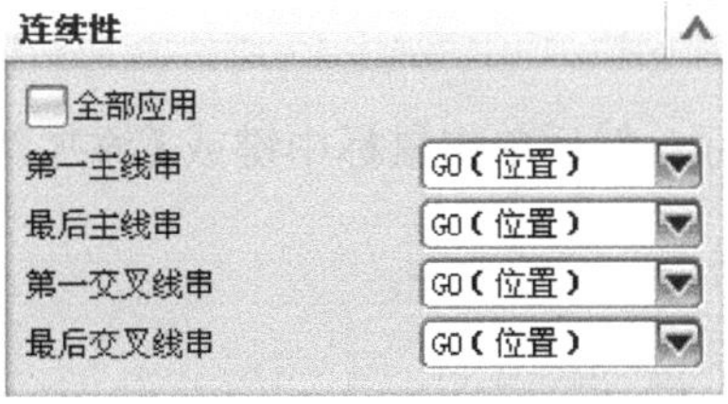

图 6-21 【连续性】下拉列表

图 6-22 【输出曲面选项】下拉列表对话框

- ✧【着重】：该选项主要用于控制创建的曲面既靠近主线串也靠近交叉线串，这样创建的曲面一般会在两线串之间通过。其中【两者皆是】表示主线串和交叉线串有同样效果；【主线串】表示主线串更有影响；【交叉线串】表示交叉线串更有影响。
- ✧【构造】：该选项下拉列表框与【通过曲线组】对话框设置含义相同。

5.【设置】

【设置】主要控制曲面的控制方式，其构建曲面的方式有 3 种：【无】、【手工】、【高级】。具体设置参数和【通过曲线组】对话框设置含义相同。

【公差】设置和【通过曲线组】对话框设置含义相同。

6.【预览】

当用户设置满足要求时，系统将根据用户设置的参数和默认控制参数在绘图区生成相应的曲面，以便于用户及时预览当前参数生成的曲面是否满足设计要求。

案例 3：利用【通过曲线网格】创建网格面。

（1）在【曲面】工具栏上，单击【通过曲线网格】图标按钮，或选择【插入】→【网格曲面】→【通过曲线网格】命令。

（2）选择主曲线。

a. 在选择条上，将【曲线规则】设置为【单条曲线】。

b. 在【主曲线】组中，确保【选择曲线或点】处于活动状态。

c. 选择顶部的曲线作为第一个主集，如图 6-23 所示，然后单击鼠标中键或【添加新集】以完成选择。

d. 选择第二个主集，然后单击鼠标中键或【添加新集】以完成选择，如图 6-24 所示。

图 6-23 添加第一组曲线

图 6-24 添加第二组曲线

e．选择第三个主集，然后单击鼠标中键或【添加新集】以完成选择，如图 6-25 所示。

（3）选择交叉曲线。

a．在选择条上，将【曲线规则】设置为【单条曲线】。

b．在【交叉曲线】组中，单击【选择曲线】。

c．选择左侧的曲线作为第一个交叉集，如图 6-26 所示，然后单击鼠标中键或【添加新集】以完成选择。

图 6-25 添加第三组曲线

图 6-26 添加第一交叉线

d．选择右侧的曲线作为第二个交叉集，如图 6-27 所示，然后单击鼠标中键或【添加新集】以完成选择。

（4）在【连续性】组中，选择连续性约束并指定约束面。对于本例，可执行以下操作：

a．选中【全部应用】复选框。

b．从【第一主线串】列表中，选择【G1（位置）】。【选择面】可用于所有的主曲线及交叉曲线。

c．在【第一主线串】下，单击【选择面】，然后选择【顶部相切面】，如图 6-28 所示。

d．在【最后主线串】下，单击【选择面】，然后选择【底部相切面】，如图 6-29 所示。

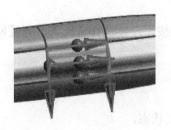

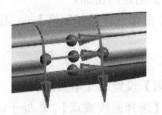

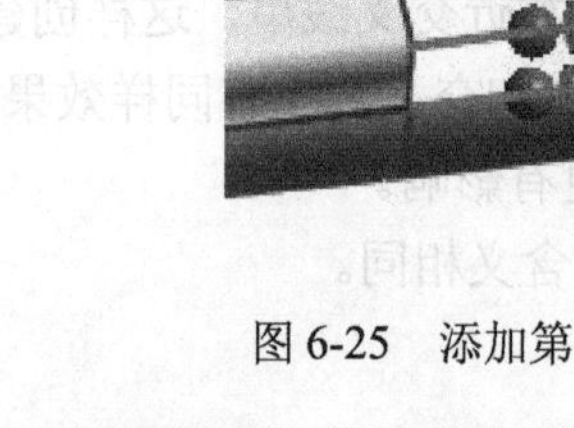

图 6-27 添加第二交叉线

图 6-28 设定边界条件

图 6-29 设定边界条件

e．在【第一交叉线串】下，单击【选择面】，然后选择【左侧相切面】，如图 6-30 所示。

f．在【最后交叉线串】下，单击【选择面】，然后选择【右侧相切面】，如图 6-31 所示。

（5）在【输出曲面选项】组中，确保【着重】设置为所需的值。对于本例，将它设置为【两者皆是】。

（6）在【设置】组中，确保【重新构建】设置为【所需的值】。对于本例，将它设置为【无】。

（7）单击【确定】或【应用】按钮以创建网格曲面，如图 6-32 所示。

图 6-30　设定边界条件

图 6-31　设定边界条件

图 6-32　通过曲线网格曲面

6.3.4　扫掠曲面

【扫掠】就是将轮廓曲线沿空间路径曲线扫描，从而形成一个曲面。扫描路径称为引导线串，轮廓曲线称为截面线串。

单击【插入】→【扫掠】→【扫掠】，弹出 6-33 所示的【扫掠】对话框。

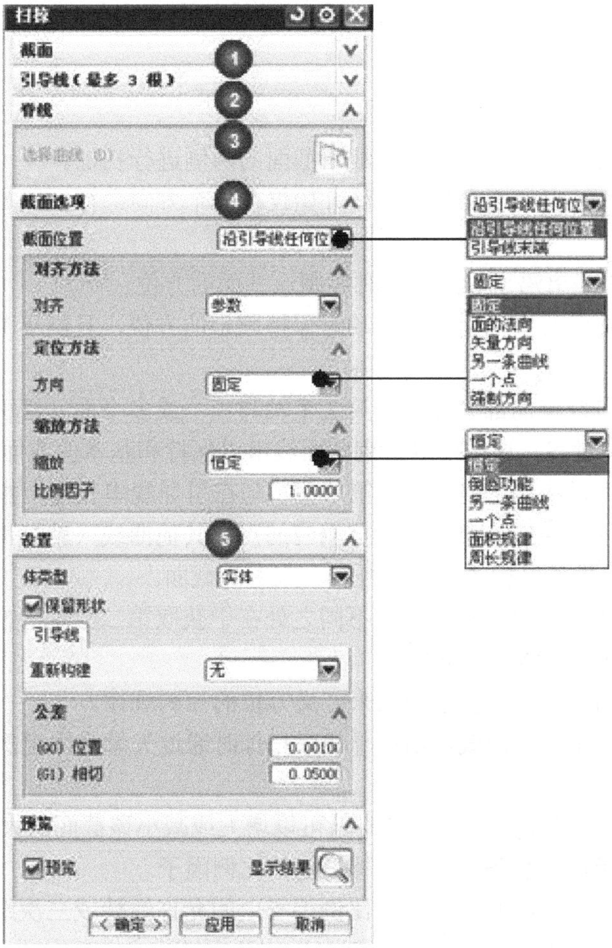

图 6-33 【扫掠】对话框

【扫掠】对话框的参数设置具体说明如下。

1.【截面】

该选项主要选择形体的控制界面，选择的截面线串最多 150 个。截面线串可以由一个对象或多个对象组成，并且每个对象既可以是曲线、实体边，也可以是实体面。被选择的截面线串可以包含尖角，并且每个线串内的对象数可以不同。如果所有的引导线串形成了闭环，则可以通过将第一个截面线串重新选择为最后一个截面线串来创建实体。为了保证生成的曲面光顺，所有截面线串都必须具有相同的方向。

2.【引导线】

该选项主要选择形体的变化趋势轨迹方向。引导线串可以由一个对象或多个对象组成，并且每个对象既可以是曲线、实体边，也可以是实体面。每条引导线串的所有对象必须光顺而且连续。如果所有的引导线串形成了闭环，则可以将第一个截面线串重新选择为最后一个截面线串。

3.【脊线】

该选项主要进一步控制扫掠曲面的大致走向，使用脊线可控制截面线串的方位，避免在引导线上不均匀分布参数导致的变形。当脊线串处于截面线串的法向时，该线串状态表现得最好。

4.【截面选项】

（1）【截面位置】

✧ 【沿引导线任何位置】：可以沿引导线在截面的两侧进行扫掠。

✧ 【引导线末端】：可以沿引导线从截面开始仅在一个方向进行扫掠。

（2）【定位方法】

【定位方法】在截面线串沿引导线移动时控制该截面的方位。

✧ 【固定】：可在截面线串沿引导线移动时保持固定的方位，且结果是平行地或平移地简单扫掠。

✧ 【面的法向】：可以将局部坐标系的第二个轴与一个或多个面（沿引导线的每一点指定公共基线）的法矢对齐。这样可以约束截面线串以保持和基本面或面的一致关系。

✧ 【矢量方向】：可以将局部坐标系的第二根轴与在引导线串长度上指定的矢量对齐。

✧ 【另一曲线】：使用通过连接引导线上相应的点和其他曲线（就好像在它们之间构造了直纹片体）获取的局部坐标系的第二根轴，来定向截面。

✧ 【一个点】：与【另一曲线】相似，不同之处在于获取第二根轴的方法是通过引导线串和点之间的三面直纹片体的等价物。

✧ 【角度规律】：用于通过规律子函数来定义方位的控制规律。

✧ 【强制方向】：用于在截面线串沿引导线串扫掠时通过矢量来固定剖切平面的方位。

（3）【缩放方法】

【缩放方法】在截面沿引导线进行扫掠时，可以增大或减小该截面的大小。

✧ 【恒定】：可以指定沿整条引导线保持恒定的比例因子。

✧ 【倒圆功能】：在指定的起始与终止比例因子之间允许线性或三次缩放，这些比例因子对应于引导线串的起点与终点。

✧ 【另一曲线】：类似于【定位方法】组中的【另一曲线】方法。此缩放方法以引导线串和其他曲线或实体边之间的划线长度上任意给定点的比例为基础。

✧【一个点】：和【另一曲线】相同，但是使用点而不是曲线。当同时还使用用于方位控制的相同点构建一个三面扫掠体时，请选择此方法。

✧【面积规律】：用于通过规律子函数来控制扫掠体的横截面积。

✧【周长规律】：类似于面积规律，不同之处在于可以控制扫掠体的横截面周长，而不是它的面积。

5.【设置】

【设置】部分内容如图 6-34 所示。

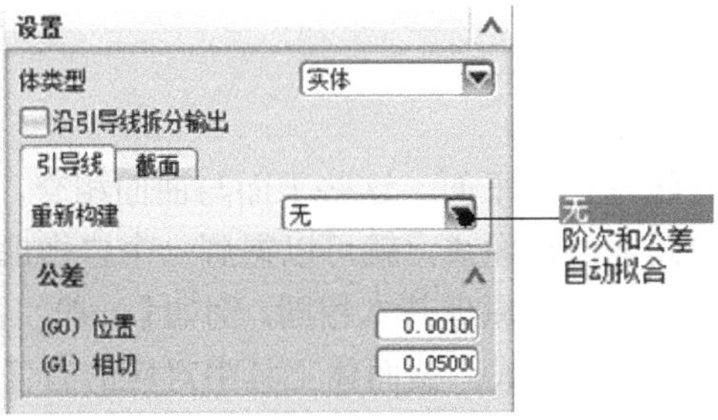

图 6-34 【设置】部分内容

（1）【重新构建】

所有【重新构建】选项都可用于截面线串及引导线串。单击【设置】组中的【引导线】或【截面】选项卡，分别为引导线串或截面线串选择重新构建选项。

✧【无】：可以关闭重新构建。

✧【阶次和公差】：使用指定的阶次重新构建曲面，可插入段以达到指定的公差。

✧【自动拟合】：可以在所需公差内创建尽可能光顺的曲面。

（2）【公差】：指定输入几何体与得到的体之间的最大距离。

案例 4：利用【扫掠】创建扫掠特征。

（1）在【曲面】工具栏中，单击【扫掠】图标按钮，或选择【插入】→【扫掠】→【扫掠】，此时打开【扫掠】对话框。

（2）在图形窗口中，选择显示的曲线以用作截面线串，如图 6-35 所示。

（3）单击鼠标中键，截面线串选择会保存并显示在【截面】组的列表框中。

（4）单击鼠标中键以完成对截面的选择。此时【引导线】组选择处于活动状态。

（5）在图形窗口中，选择第一条引导线串，如图 6-36 所示。

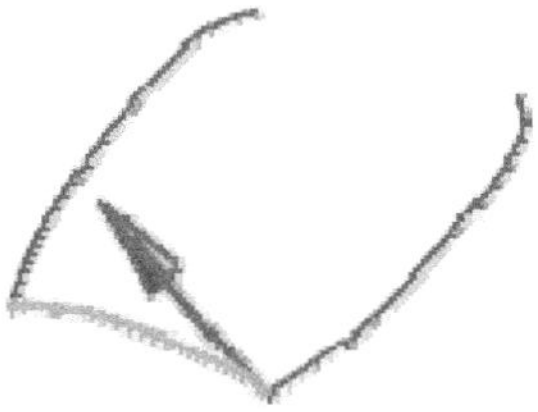

图 6-35　选择截面

图 6-36　选择第一条引导线串

（6）单击鼠标中键以接受第一条引导线串。

（7）单击第二条引导线串,如图 6-37 所示。

（8）单击鼠标中键以完成对引导线串的选择。

（9）单击鼠标中键或【确定】以创建扫掠曲面，如图 6-38 所示。

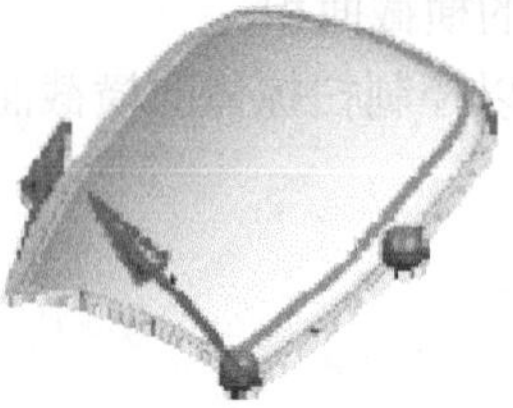

图 6-37　选择第二条引导线串

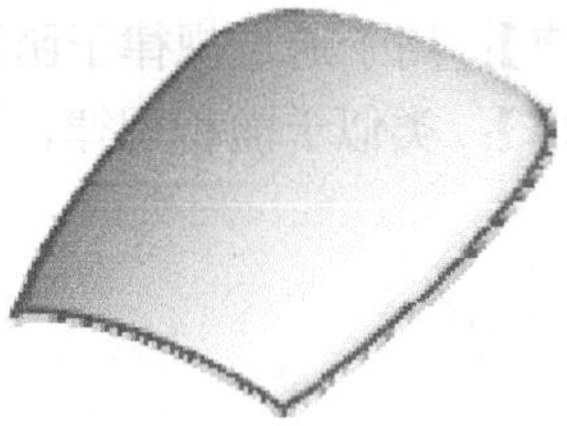

图 6-38　创建扫掠曲面

6.3.5　截切面体

在脊线上悬挂一系列与脊线垂直的平面，这些平面与曲面相交，可以得到一系列的截面线，反之，若指定了脊线及脊线平面上的截面线，就可以得到一个自由曲面。在截切面体工具中，构建截面线的方法与构建一般二次曲线的原理基本相同，例如【一般二次曲线】工具中提供【5 点】、【4 点，1 斜率】、【3 点，2 斜率】等方式，截面体工具中对应的有【五点】方式、【四点-斜率】方式、【端点-斜率-顶线】方式。截面体工具使用户更加自由地创建平面。

单击【曲面】工具栏的图标按钮，弹出如图 6-39 所示【剖切曲面】对话框。

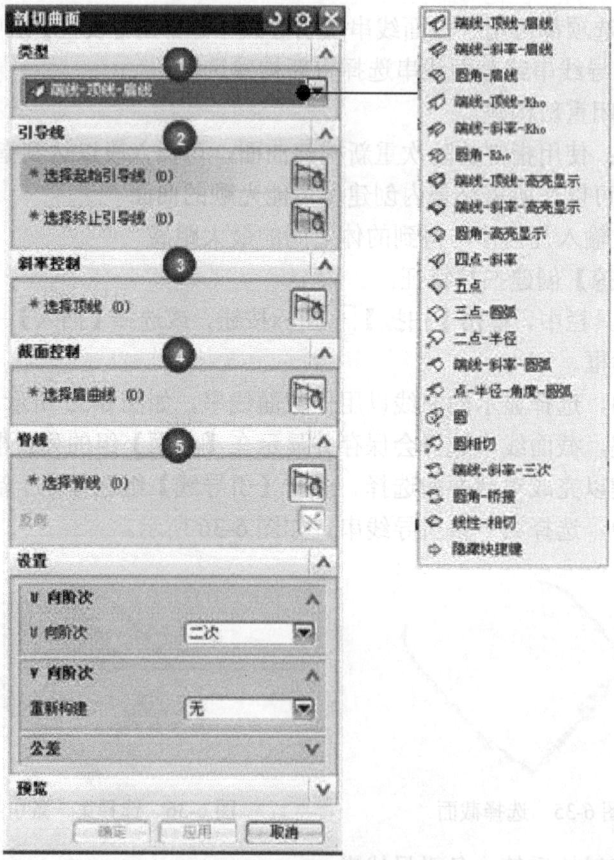

图 6-39　【剖切曲面】对话框

【剖切曲面】对话框参数设置具体说明如下。

1．类型

- ✧ 【端线-顶线-肩线】：创建一个剖切曲面，其起始于第一引导曲线，穿过内部肩曲线并终止于终止引导曲线。
- ✧ 【端线-斜率-肩线】：创建一个剖切曲面，其起始于第一引导曲线，穿过内部肩曲线并终止于终止引导曲线。
- ✧ 【圆角-肩线】：创建剖切曲面，它可在分别位于两个体的两条曲线之间形成光顺圆角。
- ✧ 【端线-顶线-Rho】：创建一个剖切曲面，使其起始于起始引导曲线，终止于终止引导曲线。
- ✧ 【端线-斜率-Rho】：创建一个剖切曲面，使其起始于起始引导曲线，终止于终止引导曲线。
- ✧ 【圆角-Rho】：创建剖切曲面，它可在分别位于两个体的两条曲线之间形成光顺圆角。
- ✧ 【端线-顶线-高亮显示】：创建一个剖切曲面，其起始于起始引导曲线，终止于终止引导曲线，且与根据高亮显示曲线而计算的线相切。
- ✧ 【端线-斜率-高亮显示】：创建一个剖切曲面，其起始于起始引导曲线，终止于终止引导曲线，且与根据高亮显示曲线而计算的线相切。
- ✧ 【圆角-高亮显示】：创建剖切曲面，它可在分别位于两个体上（并与通过高亮显示曲线计算的线相切）的起始与终止引导曲线之间形成光顺圆角。
- ✧ 【四点-斜率】：创建在起始引导曲线上开始，穿过两条内部曲线，并在终止引导曲线上终止的剖切曲面。
- ✧ 【五点】：使用五条现有曲线作为控制曲线来创建剖切曲面。
- ✧ 【三点-圆弧】：创建剖切曲面，它起始于起始引导曲线，穿过内部引导曲线并终止于终止引导曲线。
- ✧ 【二点-半径】：创建带有指定半径的圆形截面的曲面。
- ✧ 【端线-斜率-圆弧】：创建一个剖切曲面，其起始于起始引导曲线，终止于终止引导曲线。
- ✧ 【点-半径-角度-圆弧】：创建一个剖切曲面，方法是，在相切面上定义一条起始引导曲线，以及关于曲率半径和曲面所跨角度的规律。
- ✧ 【圆】：通过起始引导曲线创建完整圆形剖切曲面。
- ✧ 【圆相切】：使用起始引导曲线、相切面和规律来创建与面相切的圆形剖切曲面，以定义曲面的半径。
- ✧ 【端线-斜率-三次】：创建一个 S 形剖切曲面，其在起始引导曲线与终止引导曲线之间形成一个光顺三次圆角。
- ✧ 【圆角-桥接】：创建在两组面上的两条曲线之间形成桥接的剖切曲面。
- ✧ 【线性-相切】：创建一个与一个或多个面相切的线性截面。

2.【引导线】

【引导线】指定剖切曲面的起始和终止几何体。起始引导线与终止引导线可以为剖切曲面及曲面流指定起始与终止几何体。可以在任一端选择曲线或边，而无须考虑方向。

3.【斜率控制】

【斜率控制】控制端点与其他边界的过渡情况。

4.【截面控制】

【截面控制】控制剖切曲截面的方式。根据选择的类型，可以是曲线、边或面等。

5.【脊线】

创建剖切曲面时，需要脊线来控制计算的剖切平面的方位。脊线可以减少由于引导曲线上的参数分配不均而导致的变形。简单脊线可产生简单布置的 U 参数曲线，并减少自相交的风险或过于复杂的曲面。如图 6-40 所示为一条曲线被选作脊线及圆弧被选作脊线时产生的剖切曲面的 U 参数曲线。

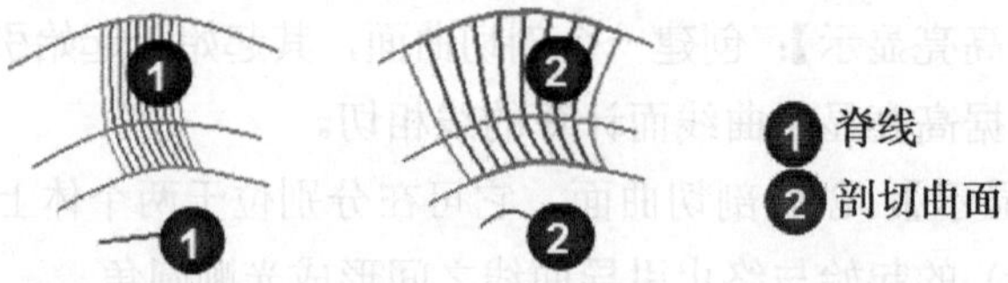

图 6-40 脊线

6.4 基于曲面的自由曲面特征

6.4.1 桥接曲面

“桥接”（Bridge）是在两张曲面之间建立一个过渡曲面，过渡曲面与两张曲面之间可以是相切连续也可以是曲率连续。有时为了更进一步控制桥接曲面的形状，可以选择两组曲面或曲线作桥接曲面的侧边界条件。

单击【曲面】工具栏的图标按钮，弹出如图 6-41 所示的【桥接曲面】对话框。

【桥接曲面】对话框的参数设置具体说明如下。

1.【边】

✧ 【选择边 1】：用于选择第一条侧线串。

✧ 【选择边 2】：用于选择第二条侧线串。

2.【约束】

【约束】部分内容如图 6-42 所示。

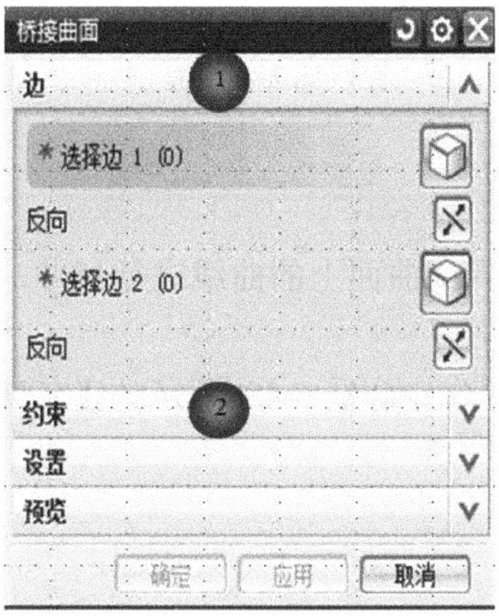

图 6-41 【桥接曲面】对话框

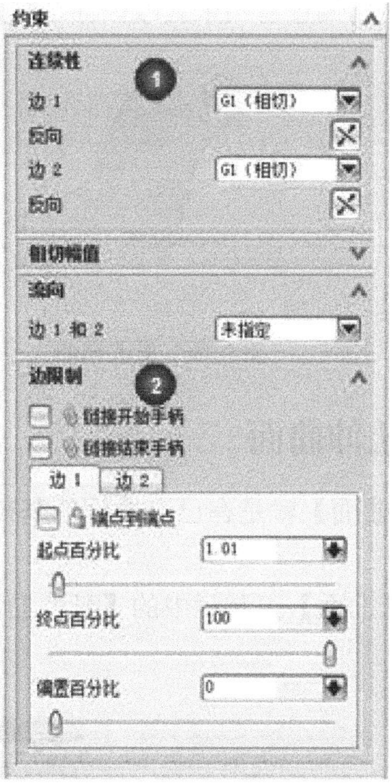

图 6-42 【约束】部分内容

3.【连续性】

✧ 【位置】：桥接面与主面不相切。
✧ 【相切】：桥接面与主面相切连续。
✧ 【曲率】：桥接面与主面曲率连续。

4.【边限制】

如果没有选中【端点到端点】复选框，则可在刚生成的过渡曲面两端按住鼠标左键反复拖动，动态地更改其形状。

案例 5：利用【桥接】在两个面之间创建桥接曲面并创建所需的形状。

（1）选择【插入】→【细节特征】→【桥接】。

（2）在边组中高亮显示【选择边 1】，在图形窗口中选择第一条边，如图 6-43 所示。

（3）在边组中高亮显示【选择边 2】，在图形窗口中选择第二条边，如图 6-44 所示。

（4）选择相切幅值箭头以更改曲面形状，如图 6-45 所示。

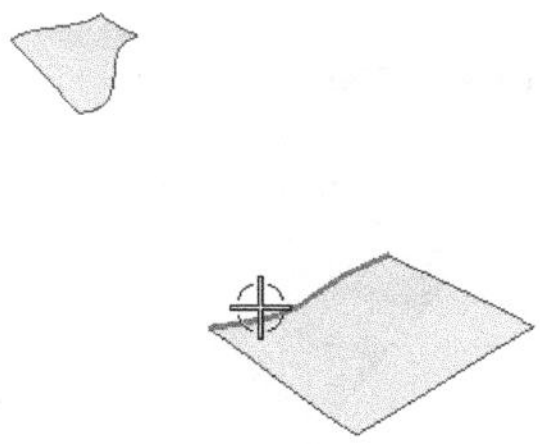

图 6-43　选择第一条边

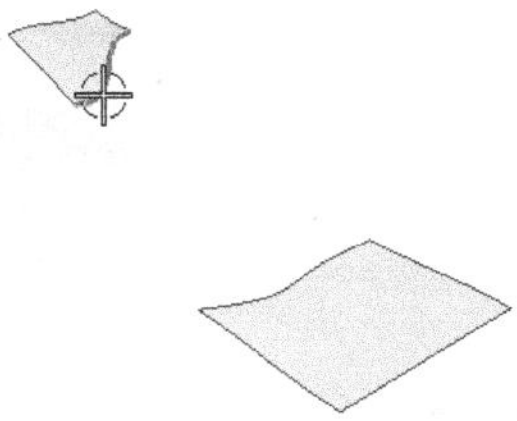

图 6-44　选择第二条边

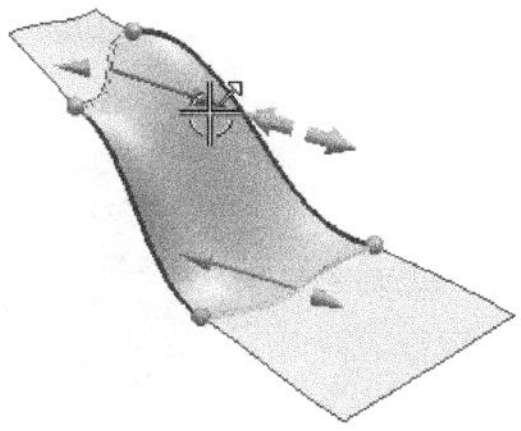

图 6-45　更改曲面形状

（5）选择边箭头以沿引导边更改曲面大小，如图 6-46 所示。

（6）拖动偏置箭头来更改曲面边偏置，如图 6-47 所示。

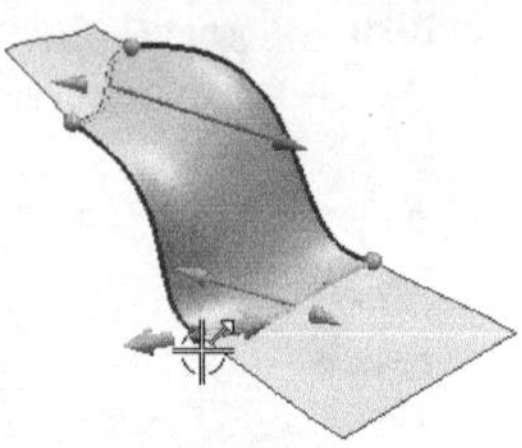

图 6-46 更改曲面大小

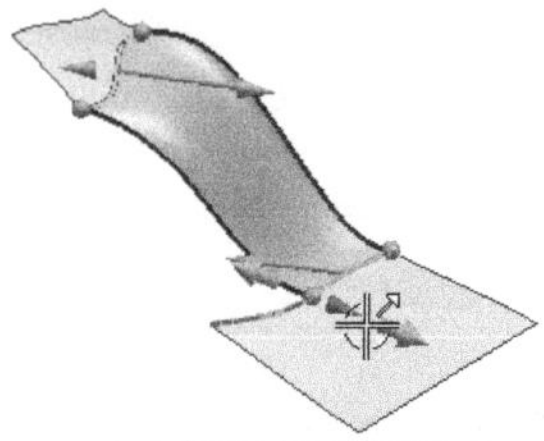

图 6-47 更改曲面边偏置

6.4.2 延伸曲面

【延伸曲面】就是在已有曲面的基础上，将曲面的边界或曲面上的曲线进行延伸，生成新的曲面。

单击【曲面】工具栏中的【延伸曲面】图标按钮，弹出如图 6-48 所示的【延伸曲面】对话框。

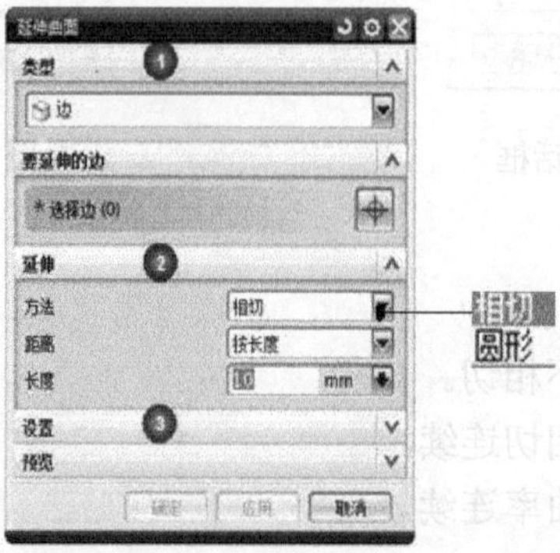

图 6-48 【延伸曲面】对话框

【延伸曲面】对话框的参数设置具体说明如下。

1.【类型】

✧ 【边】：用于在要延伸面的指定边上创建延伸曲面特征。一次只能延伸一条边，如图 6-49（a）所示。

✧ 【拐角】：用于在指定的面拐角处创建延伸曲面特征。基于拐角的延伸曲面使用原始曲面的指定 U 和 V 百分比来确定已延伸曲面的大小，如图 6-49（b）所示。

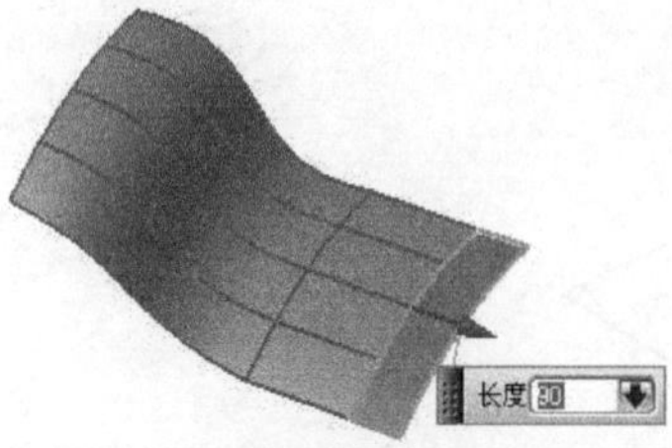

（a）【边】延伸

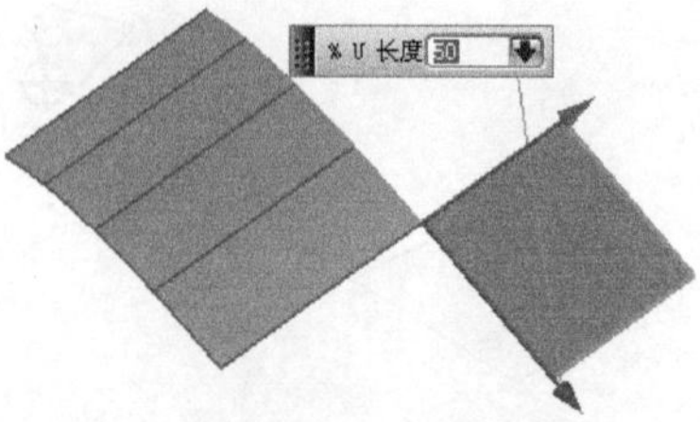

（b）【拐角】延伸

图 6-49 曲面延伸类型

2.【延伸】

✧【相切】：从指定的曲面边缘，沿着曲面的切向延伸，生成一个与该曲面相切的延伸面。相切延伸在延伸方向的横截面上是一条直线，原始曲面如图 6-50（a）所示，相切延伸如图 6-50（b）所示。

✧【圆形】：从指定的曲面边缘，沿着曲面的切向延伸，生成一个与该曲面相切的延伸面。圆形延伸部分的横截面是一段圆弧，圆弧的半径与曲面边界处的曲率半径相等，圆形延伸如图 6-50（c）所示。

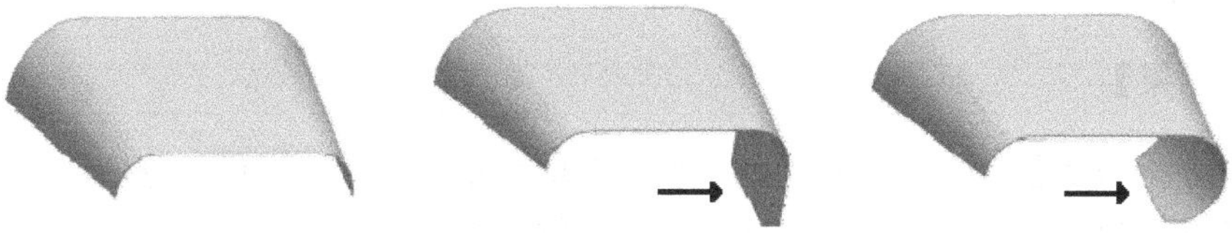

（a）原始曲面　（b）相切延伸　（c）圆形延伸

图 6-50　曲面延伸形式

3.【设置】

【公差】：用于设置基本曲面和延伸曲面之间的最大允许距离。

6.4.3　偏置曲面

将指定的面沿法线方向偏置一定的距离，生成一个新的曲面。偏置曲面与基面间具有关联性，修改基面，偏置曲面跟着改变，但修剪基面，不能修剪偏置曲面；删除基面，偏置曲面也不会被删除。

单击【曲面】工具栏中的【偏置曲面】图标按钮，弹出如图 6-51 所示的【偏置曲面】对话框。

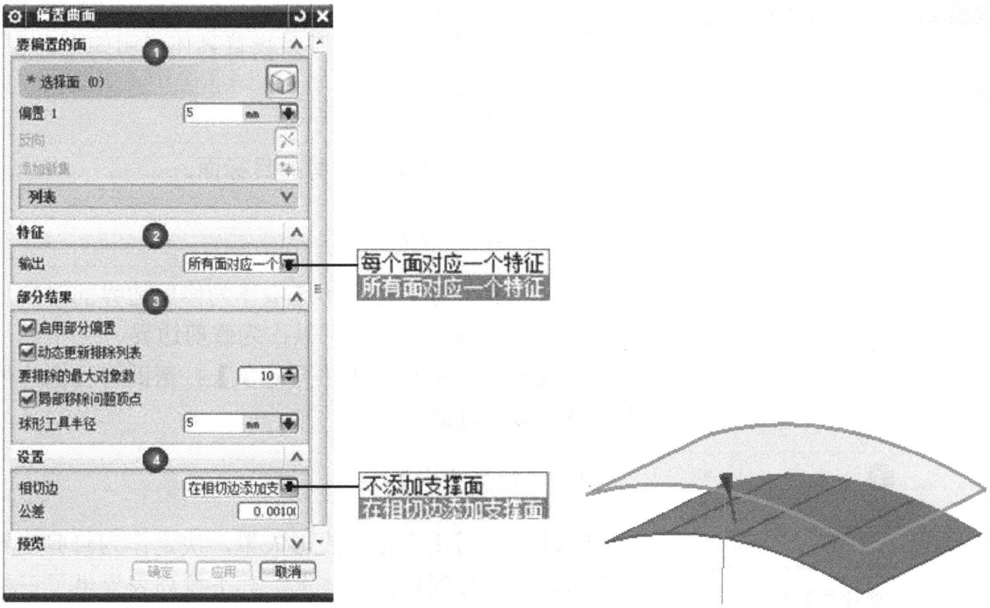

图 6-51　【偏置曲面】对话框

【偏置曲面】对话框的参数设置具体说明如下。

1.【要偏置的面】

【选择面】用于选择要偏置的面。面可以分组到具有相同偏置值的多个集合中。它们将在列表框中显示为偏置集。

2.【特征】

✧【每个面对应一个特征】：为每个选定的面创建偏置曲面特征。

✧【所有面对应一个特征】：为所有选定并相连的面创建单个偏置曲面特征。

3.【部分结果】

✧【启用部分偏置】：无法从指定的几何体获取完整结果时，提供部分偏置结果。

✧【动态更新排除列表】：在选中【启用部分偏置】复选框时可用。

✧【局部移除问题顶点】：使用具有球形工具半径中指定半径的刀具球头，从部件中减去问题顶点。

4.【设置】

✧【不添加支撑面】：将不在相切边处创建任何支撑面。

✧【在相切边添加支撑面】：在以有限距离偏置的面和以零距离偏置的相切面之间的相切边处创建支撑面。

6.4.4 修剪片体

在曲面设计中，构造的曲面长度大于实体模型的曲面长度，用【修剪片体】可将曲面修剪成所需要的曲面形状。

单击【插入】→【修剪】→【修剪片体】，弹出如图 6-52 所示的【修剪片体】对话框。

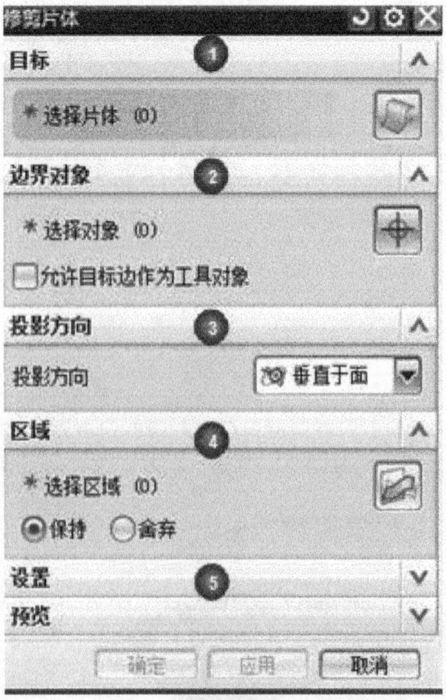

图 6-52 【修剪片体】对话框

【修剪片体】对话框的参数设置具体说明如下。

1. 【目标】

【目标】用于选取被修剪的目标面。

2. 【边界对象】

✧【选择对象】：用于选取作为修剪边界的对象。边、曲线、表面、基准表面都可以作为修剪边界。

✧【允许目标边作为工具对象】：帮助将目标片体的边作为修剪对象过滤掉。

3. 【投影方向】

【投影方向】用于指定投影矢量，决定作为修剪边界的曲线或边如何投影到目标片体上。其下拉列表提供了三种选择模式，包括【垂直于面】、【垂直于曲线平面】或【沿矢量】。

4. 【区域】

✧ 【保持】：保留被指定的区域，去掉其他区域。
✧ 【舍弃】：去掉被指定的区域。

5. 【设置】

(1)【保存目标】：指出被修剪的目标体是否被保留。

(2)【输出精确的几何体】：利用相交边界作为修剪边界，只有当投影沿面法向和边或曲线用于修剪对象时，系统使用公差值控制修剪连界。

案列 6：利用【修剪片体】修剪曲面。

(1) 在【特征】工具栏上，单击【修剪片体】图标按钮，或选择【插入】→【修剪】→【修剪片体】。在目标组中，【选择片体】处于活动状态。

(2) 选择要修剪的片体，如图 6-53 所示。

(3) 在【边界对象】组中，使【选择对象】选项处于活动状态，然后选择要用来修剪所选片体的对象，如图 6-54 所示。

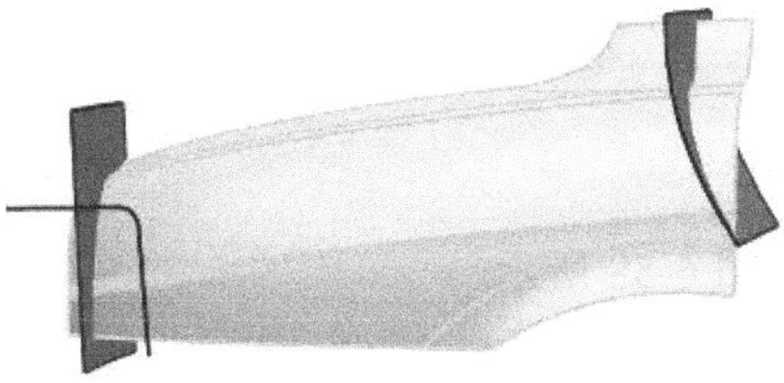

图 6-53 选择要修剪的片体

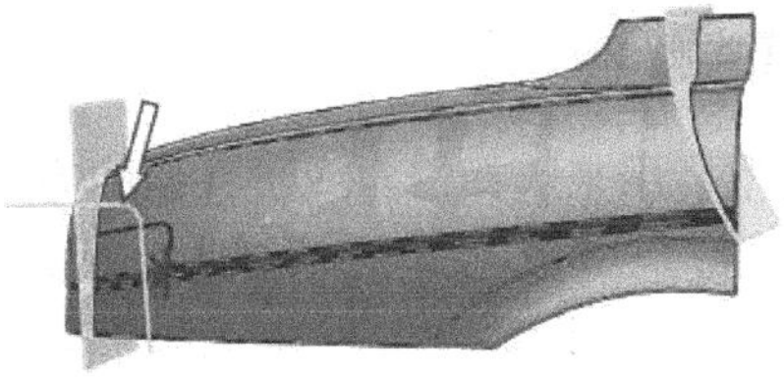

图 6-54 选择修剪所选片体的对象

(4) 从【投影方向】选项列表中选择投影方向为【垂直于曲线平面】，如图 6-55 所示。

(5) 在【区域】组中，使用【选择区域】选项来选择由要舍弃的曲线和曲面定义的边界内的片体区域。

(6) 在【区域】组中，选择【舍弃】选项。

(7) 单击【确定】或【应用】按钮来创建修剪片体特征，如图 6-56 所示。

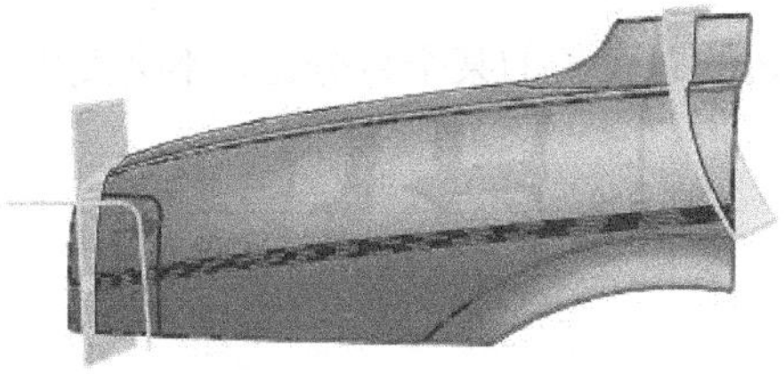

图 6-55 选择投影方向

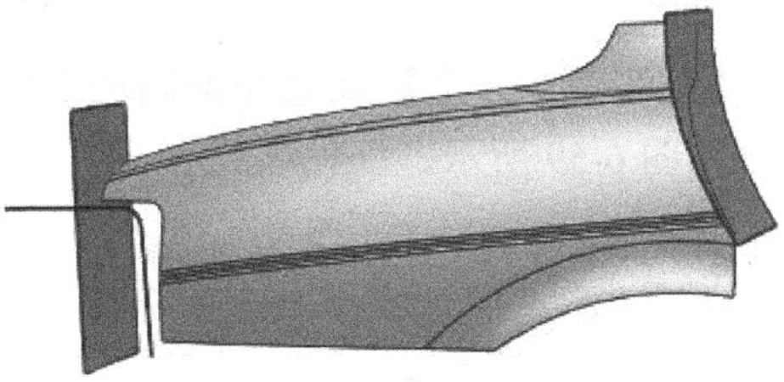

图 6-56 创建修剪片体特征

6.4.5 修剪和延伸

【修剪和延伸】是按距离或与一组面的交点修剪或延伸一组面。不仅可以对曲面进行相切延伸，还可以进行连续延伸。

单击【特征】工具栏中的图标按钮，弹出如图 6-57 所示的【修剪和延伸】对话框。

图 6-57 【修剪和延伸】对话框

【修剪和延伸】对话框的参数设置具体说明如下。

1.【类型】

【类型】用来选择修剪或延伸面的方式。

✧ 【按距离】：使用值延伸边，不会发生修剪，如图 6-58 所示。

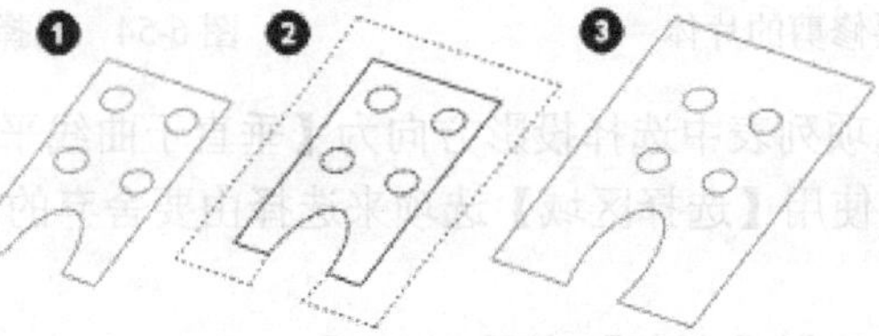

❶ 延伸前的原始片体 ❷ 选定边高亮显示（红色） ❸ 得到的延伸片体

图 6-58 【按距离】延伸修剪方式

✧ 【已测量百分比】：将边延伸到选中的其他测量边的总弧长的某个百分比，不会发生修剪，如图 6-59 所示。

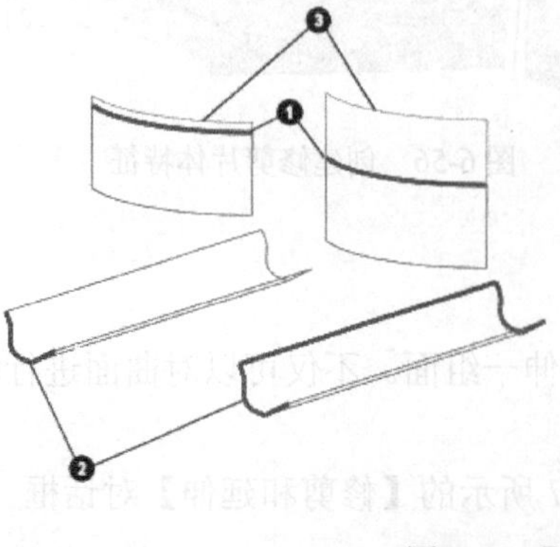

❶ 要延伸的选定边

❷ 选定的一个限制边（左侧）或三个限制边（右侧）

❸ 得到的有一个限制边（左侧）或三个限制边（右侧）的延伸边

图 6-59 【已测量百分比】延伸修剪方式

✧【直至选定对象】：使用选中的边或面作为工具修剪或延伸目标，如图 6-60 所示。

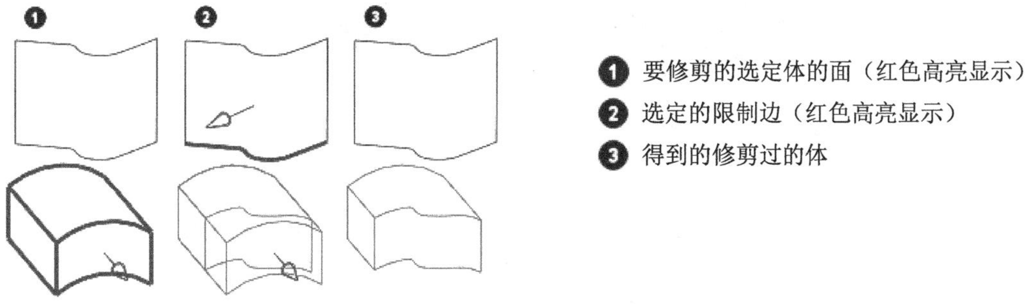

图 6-60 【直至选定对象】延伸修剪方式

✧【制作拐角】：将在目标和工具之间形成拐角，如图 6-61 所示。

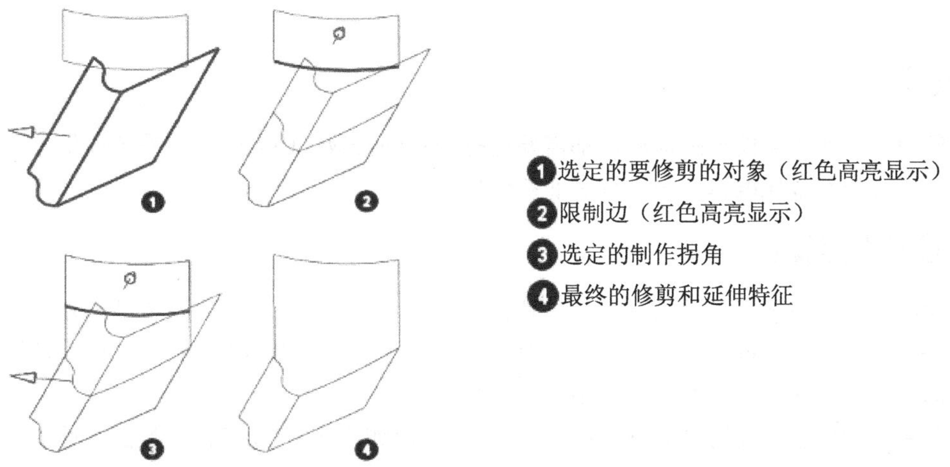

图 6-61 【制作拐角】延伸修剪方式

2.【设置】

【设置】用来控制延伸后曲面与原曲面的连续性。其中【自然曲率】是线性连续，【自然相切】是相切连续，【镜像的】是控制曲面与原曲面的曲率呈镜像分布。

案例 7：利用【修剪和延伸】延伸片体。

（1）选择【插入】→【修剪】→【修剪和延伸】。

（2）对于【类型】，选择【按距离】。

（3）选择要延伸的边，如图 6-62（a）所示。

（4）在【延伸】组的【距离】框中，键入片体边要延伸的距离值。在本例中，距离值为 37。

（5）对于【延伸方法】，选择【自然曲率】。

（6）查看延伸效果。如果不是想要的结果，在【设置】组中更改距离值或其他相应的参数。

（7）单击【确定】按钮延伸目标边，如图 6-62（b）所示。

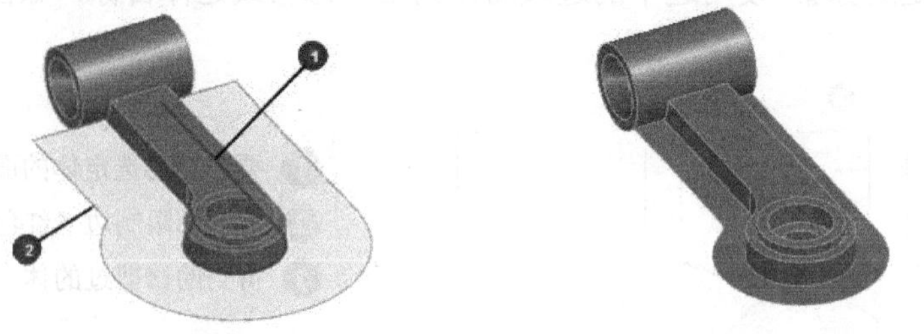

❶ 选定的要延伸的边　　❷ 延伸后的边的预览

（a）　　（b）

图 6-62　延伸片体

6.5　曲面的编辑

6.5.1 概述

大多数设计工作不可能一蹴而就，都需要进行一定的修改。UG NX 8.0 系统提供了两种曲面编辑方式：一种是参数化编辑，另一种是非参数化编辑。

6.5.2　参数化编辑

参数化编辑方法只能用于编辑参数化的特征，非参数化特征不能用此方法进行编辑。

一般来说，参数化编辑对话框与创建曲面特征时的对话框是相同的。只需在该对话框中进行相关设置即可。参数化编辑曲面特征可用以下三种方法。

选择菜单【编辑】→【特征】→【编辑参数】，弹出如图 6-63【编辑参数】对话框，然后选择欲要编辑的特征。

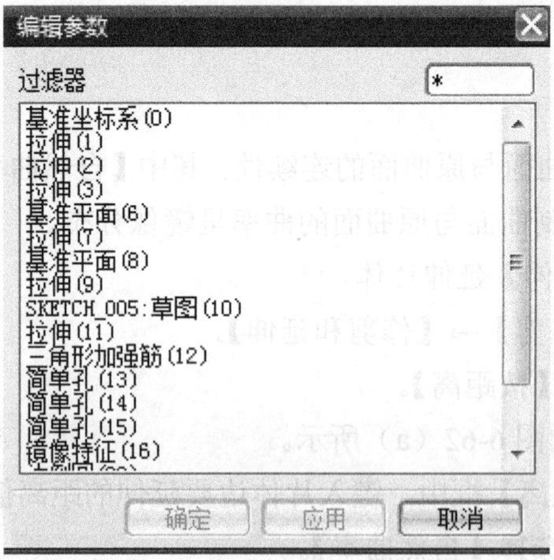

图 6-63 【编辑参数】对话框

（1）在部件导航器中对应节点双击鼠标左键，或在要编辑的特征上单击鼠标右键，然后在右键菜单中选择【编辑参数】。

（2）双击欲要编辑的曲面特征。

（3）通过【编辑】→【特征】→【编辑参数】调用。

6.5.3　扩大曲面

【扩大】曲面就是将未经修剪的曲面进行扩大或缩小，形成一个新的曲面。

单击【编辑曲面】工具栏中的【扩大】图标按钮，弹出如图 6-64 所示的对话框。

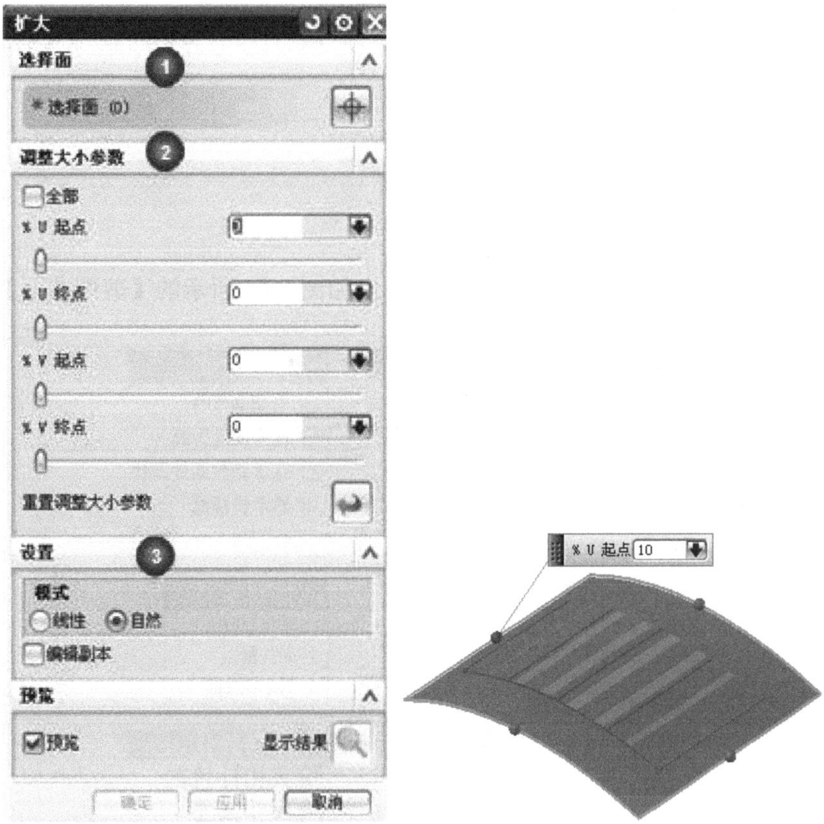

图 6-64 【扩大】对话框

【扩大】对话框的参数设置具体说明如下。

1.【选择面】

【选择面】用于选择要修改的面。

2.【调整大小参数】

✧【全部】：将相同修改应用到片体的所有边。
✧【% U 起点、%U 终点、%V 起点、%V 终点】：指定片体各边的修改百分比。要标志边，选择边手柄。
✧【重置调整大小参数】：在创建模式下，将参数值和滑块位置重置为默认值（0,0,0,0）。

3.【设置】

✧【线性】：在一个方向上线性延伸片体的边。
✧【自然】（默认）：顺着曲面的自然曲率延伸片体的边。使用此选项可增大或减小片体的尺寸。

✧ 【编辑副本】：对片体副本执行扩大操作。如果没有选中这个框，则运算符将扩大原始片体。命令自动选择这一选项，并在扩大任意曲面（平面、圆柱、圆锥、球或圆环）或任意接合、缝合或连接到另一曲面的曲面时使该选项不可用。在图形区域中的右下方出现一条警报，告知已启用【编辑副本】。

6.5.4 剪断曲面

【等参数修剪/分割】命令的功能与【剪断曲面】命令进行了合并。可使用【剪断曲面】命令执行以下操作：

✧ 沿曲面等参数剪断。
✧ 用曲面剪断。
✧ 编辑原始曲面的副本。
✧ 查看被剪断曲面与原始曲面的偏差显示。

单击工具栏中的【剪断曲面】图标按钮，弹出如图 6-65 所示的【剪断曲面】对话框。

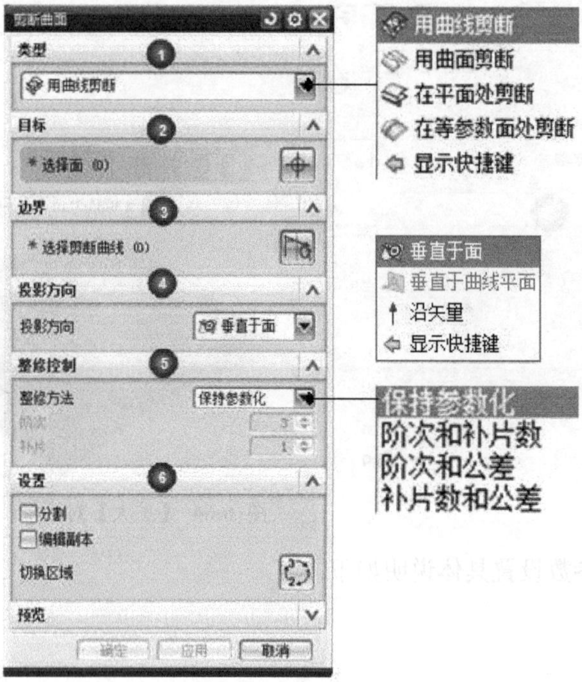

图 6-65 【剪断曲面】对话框

【剪断曲面】对话框的参数设置具体说明如下。

1.【类型】

【类型】用于指定剪断所选曲面的方法。

✧ 【用曲线剪断】：通过选择横越目标面的曲线或边来定义剪断边界。
✧ 【用曲面剪断】：通过选择与目标面交叉并横越目标面的曲面来定义剪断边界。
✧ 【在平面处剪断】：通过选择与目标面交叉并横越目标面的平面来定义剪断边界。
✧ 【在等参数面处剪断】：通过指定沿 U 或 V 向的总目标面的百分比来定义剪断边界。

2.【目标】

【目标】选择要剪断的面。目标面必须是：

✧ 仅包含一个面的片体。
✧ 未经修剪的。

3.【边界】

【边界】用于定义剪断边界，为定义边界而选择的对象必须接触目标曲面的对侧。

4.【投影方向】

【投影方向】定义将边界曲线或边投影到目标面的矢量方向。

✧ 【垂直于面】：使用目标面的法向作为投影方向矢量。
✧ 【垂直于曲线平面】：基于选定曲线的形状计算平面，并使用该平面的法矢计算投影方向矢量。
✧ 【沿矢量】：使用【矢量】构造器指定【矢量】或【矢量】列表指定矢量。

5.【整修控制】

【整修控制】通过沿剪断曲线方向调整控制点结构来修复美学方面不可接受的面。

✧ 【保持参数化】：在无整修的情况下产生剪断的曲面。剪断的曲面将具有与原曲面相同的阶次和补片结构。
✧ 【阶次和补片数】：定义新曲面的阶次和补片数值。
✧ 【阶次和公差】：指定新曲面的阶次值，以及将用于创建新边界的公差范围。在整修过程中，阶次按指定的值保持固定，新的曲面就分成许多补片以满足指定的公差。
✧ 【补片数和公差】：指定新曲面的补片值，以及将用于创建新边界的公差范围。在整修过程中，补片值固定为指定的值，而新曲面的阶次经过修改，以符合指定的公差。

6.【设置】

✧ 【分割】：保留目标曲面的两个区域，并对每个区域创建一个剪断曲面特征。要仅保留剪断曲面的选定部分，清除【分割】复选框。

✧ 【编辑副本】：创建所选目标面的副本，并对副本进行编辑，而不在原始面上进行。

✧ 【切换区域】：选择要保留的曲面区域。

此选项用于根据 U 或 V 等参数方向的百分比来修剪或分割 B 曲面。可以修剪或分割一个片体（当指定的参数在 0.0% 和 100.0% 之间时），或延伸它（当指定的参数小于 0.0% 或大于 100.0% 时）。

6.6　曲面分析

6.6.1　截面分析

【截面分析】命令可用来剖切分析曲面或小平面体的形状和质量。

单击【分析】→【形状】→【截面分析】，弹出如图 6-66 所示的【截面分析】对话框。

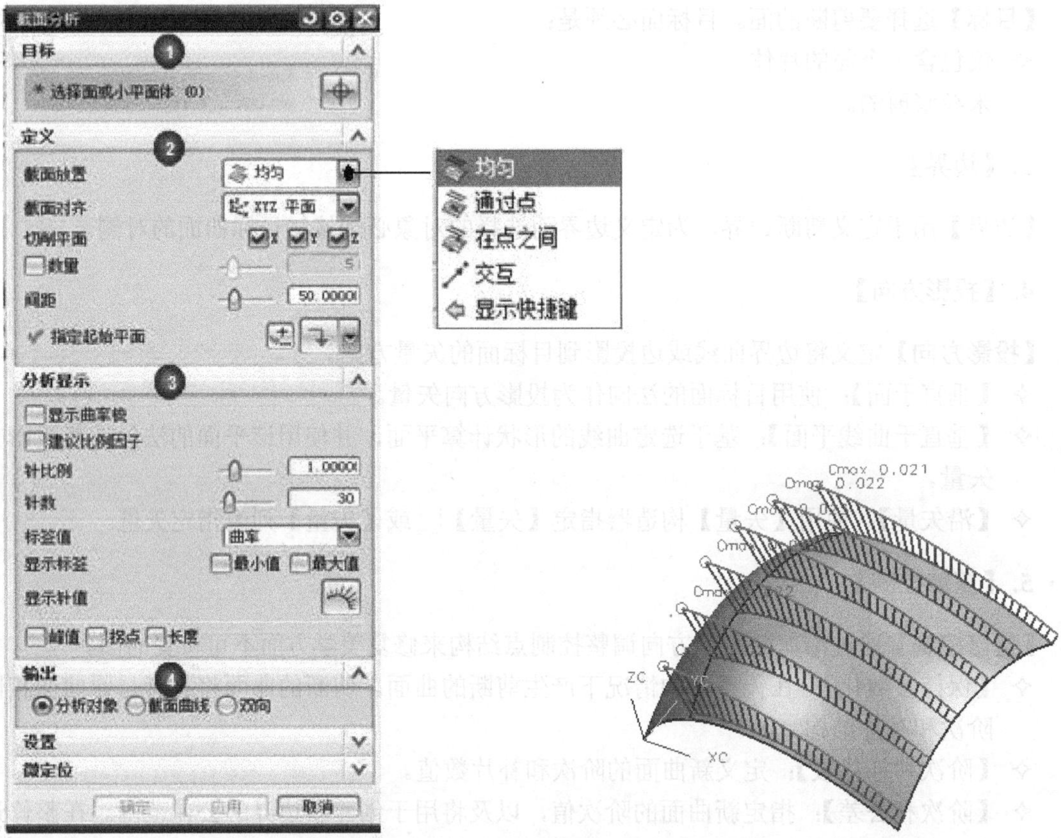

图 6-66 【截面分析】对话框

使用【截面分析】，可以实现以下功能。

（1）在每个截面上显示曲率梳、拐点、峰值点和标签。

（2）将截面分析作为分析对象和截面曲线与部件文件一起保存。

（3）动态查看分析随曲面或剖切平面更改时的自动更新。

（4）重用截面分析对象，方法是将其添加到分析模板。

【截面分析】对话框的参数设置具体说明如下。

1.【目标】

【目标】选择要在其上创建截面分析的一个或多个面或小平面体。

2.【定义】

✧【均匀】：基于截面数或截面间的间距均匀地剖切截面，如图 6-67（a）所示。

✧【通过点】：过指定点剖切每个截面，如图 6-67（b）所示。

✧【在点之间】：在针对截面数或截面间距进行调整而指定的两个点之间剖切截面，如图 6-67（c）所示。

✧【交互】：通过两个定义点绘制每个截面以在选定对象上剖切截面。截面按视图方向剖切，如图 6-67（d）所示。

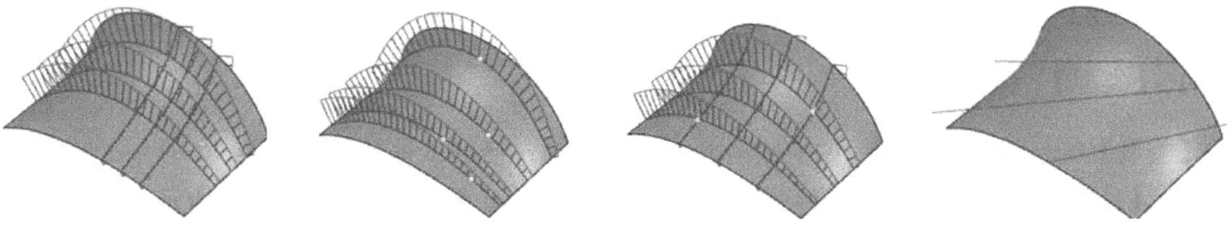

(a) (b) (c) (d)

图 6-67 截面放置方式

3.【分析显示】

✧【显示曲率梳】：显示截面的曲率梳，当选定面的形状更改时，曲率梳会自动更新。曲率梳仅应用于面上的截面，如果所有选定对象都是小平面化的体，则曲率梳不可用。

✧【建议比例因子】：将曲率梳中曲率针的大小设为最优。

4.【输出】

✧【分析对象】：截面分析创建一个分析对象，其中包括拐点、峰值、曲率梳等。

✧【截面曲线】：从选定面的分析截面曲线创建简单的 B 样条曲线或直线。

✧【双向】：对当前定义的截面分析创建分析对象和截面曲线。

6.6.2 高亮线分析

使用【高亮线】命令评估曲面的质量，方法是根据指定光源平面上的指定数量的光源生成一组高亮线。光源平面与操控器结合使用以定位光源。

单击【分析】→【形状】→【高亮线】，弹出如图 6-68 所示的【高亮线】对话框。

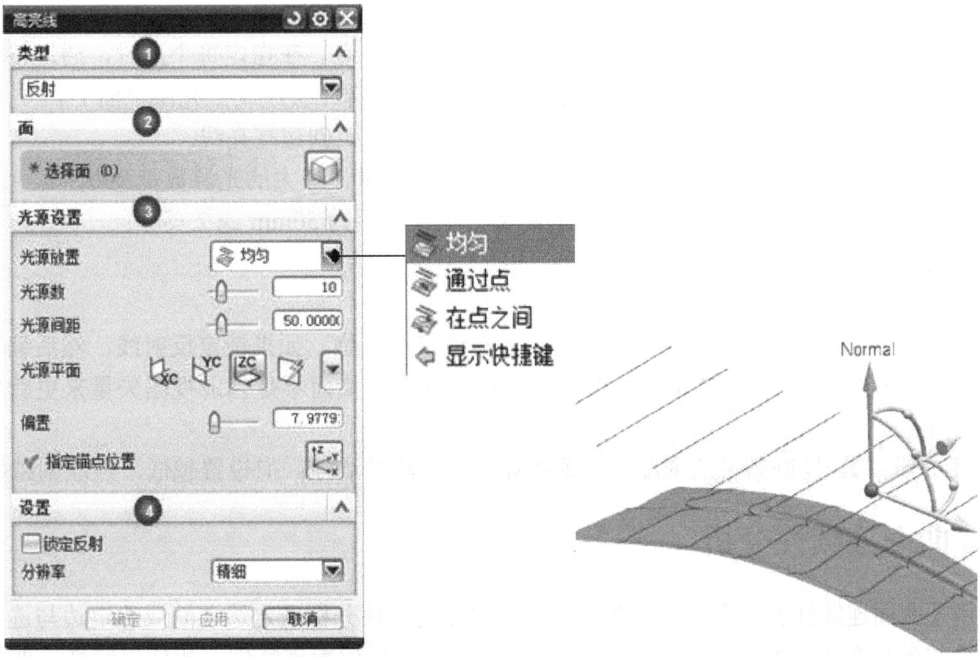

图 6-68 【高亮线】对话框

【高亮线】对话框的参数设置具体说明如下。

1.【类型】

【类型】确定线类型以及线如何映射到选定的面，包括以下选项。

✧ 【反射】：基于当前视图方向矢量产生一条反射的光线，如图 6-69（a）所示。

✧ 【投影】：产生一个光源方向（点和矢量），以建立一个光源平面来定义光源的物理位置。高亮线与位置相关，与视图无关，如图 6-69（b）所示。

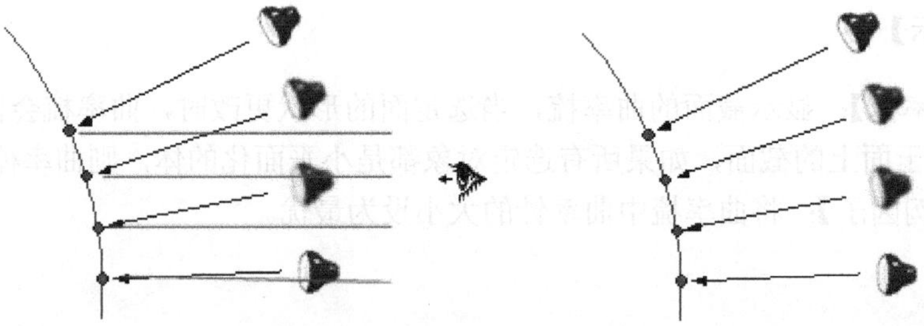

（a）反射　　（b）投影

图 6-69　高亮线类型

2.【面】

【面】确定高亮线将在其上投影的面。

3.【光源设置】

【光源设置】光源设置有三种方式。

✧ 【均匀】：在选定面上创建一组间隔均匀的高亮线。

✧ 【通过点】：创建高亮线，使其通过选定面上的指定点。在指定每个点时，通过将选定位置投影到光源平面，创建其对应的高亮线。这些光源不会绘制到光源平面上。

✧ 【在点之间】：在选定面的两个指定点之间以均匀间距创建高亮线。

【光源数】：用于增加或减少投影到部件上的光源的数量，最大的光源数是 200。

【光源间距】：用于增大或减小光带间的距离，默认间距为 50mm 或 2 英寸。

4.【设置】

✧ 【锁定反射】：控制反射线是动态更新还是锁定在原位。如果锁定反射线，然后编辑一个或多个面，则在几何体更改时会使用存储的视图矢量而不是当前视图矢量来更新反射线分析。

✧ 【分辨率】：控制条带清晰度。设置越高，高亮线越清晰；但设置越低，性能则越好。

6.6.3　曲面连续性分析

使用【曲面连续性】命令可分析曲面偏差。曲面连续性分析选定边之间或选定边与选定面之间连续性的各种变化，并以梳状图形显示结果。 可以分析位置连续性、相切连续性、曲率连续性或加速度连续性。

单击【分析】→【形状】→【曲面连续性】，弹出如图 6-70 所示的【曲面连续性】对话框。

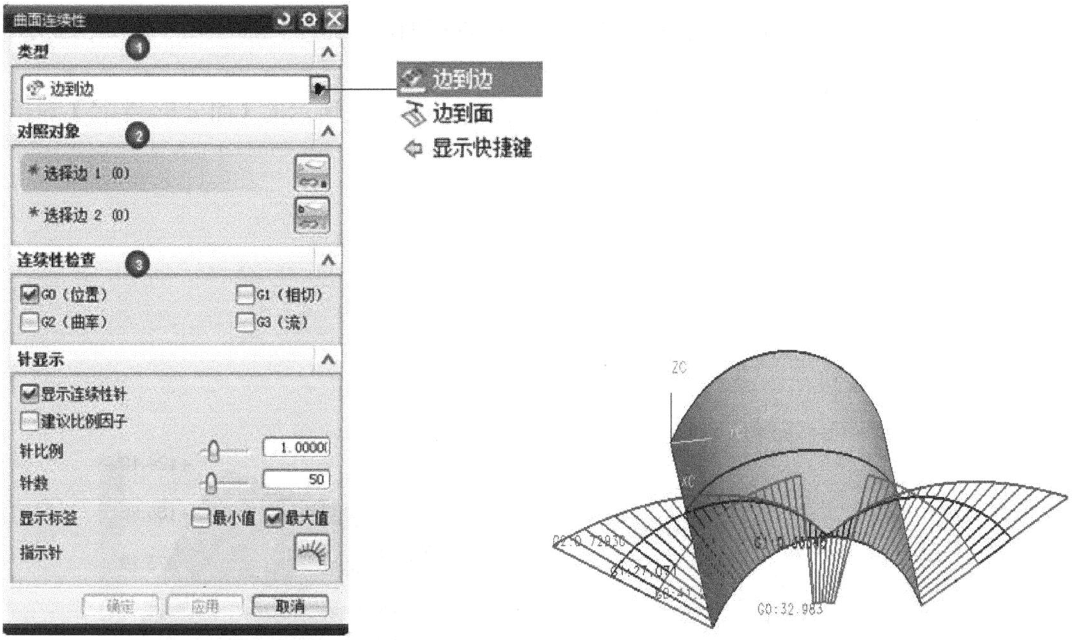

图 6-70 【曲面连续性】对话框

【曲面连续性】对话框的参数设置具体说明如下。

1.【类型】

【类型】用于指定如何定义参考对象。可以沿着公共边界比较曲面，或者可以将一个曲面的边和另一个面的内侧做比较。

✧【边到边】：用于选择两个集，每个集包含一条或多条边，这两个集通常处于两个不同的面上。连续性是在这些边之间进行测量的。
✧【边到面】：用于选择包含一条或多条边及一个面的集。测量一组边和该面之间的连续性。

2.【对照对象】

✧【选择边 1】：用于选择第一个面集，作为连续性检查的基准。应该选择靠近要用作参考的一条边或多条边的每个面。
✧【选择边 2】：仅当类型设为【边到边】时显示。

3.【连续性检查】

【连续性检查】用于指定要执行的一种或多种连续性检查。选中任意复选框时，针对选定连续性检查就会显示一个连续性梳状图。

✧【G0（位置）】：检查两个选定对象集是否位置连续。
✧【G1（相切）】：检查两个选定对象集是否相切连续。
✧【G2（曲率）】：检查两个选定对象集是否曲率连续。
✧【G3（流）】：检查两个选定对象集在曲率变化时是否连续。

6.6.4 半径分析

半径分析主要用于分析曲面的曲率半径，并且可以在曲面上把不同曲率以不同颜色显示，从而可以清楚地分辨半径的分布情况以及曲率变化。

单击【分析】→【形状】→【面分析-半径】，弹出如图 6-71 所示的【面分析-半径】对话框。

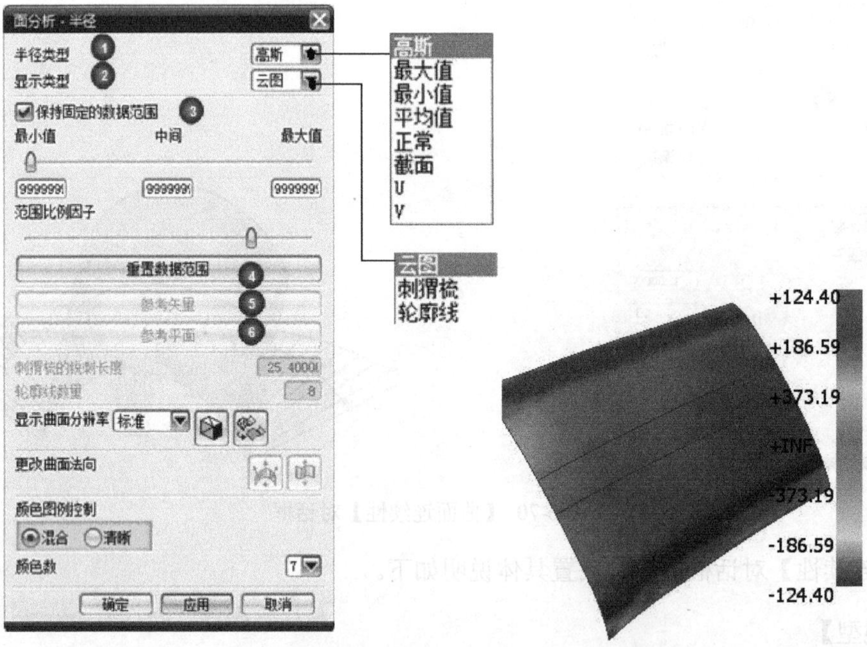

图 6-71 【面分析-半径】对话框

【面分析-半径】对话框的参数设置具体说明如下。

1.【半径类型】

- ✧【高斯】：显示曲面上每一个分析点的高斯曲率半径。
- ✧【最大值\平均值\最小值】：显示曲面上每一点的最大\中间\最小曲率半径。
- ✧【正常】：显示在包含有每个分析点处曲面法向和参考矢量的截面平面内的曲面曲率。如果矢量与曲面法向平行，则将该点处的法向曲率设置为 0。这在分析流体沿参考矢量方向流过曲面时很有用。要选择参考矢量，应使用【指定参考矢量】选项。
- ✧【截面】：显示平行于参考平面的截面平面内的曲面曲率。如果参考平面平行于某点处的剖切平面，则此点处的截面曲率设置为 0。要选择参考平面，应使用【指定参考平面】选项。
- ✧【U】：使用【云图】、【刺猬梳】和【轮廓线】分析类型时，【U】半径方向选项可用。
- ✧【V】：使用【云图】、【刺猬梳】和【轮廓线】分析类型时，【V】半径方向选项可用。

2.【显示类型】

- ✧【云图】：着色显示曲率半径，颜色变化代表曲率变化。
- ✧【刺猬流】：显示曲面上各栅点的曲率半径梳图，并且使用不同的颜色代表曲率半径，每一点上的曲率半径梳直线垂直于曲面，用户可以自定义刺猬流的锐刺长度。

✧【轮廓线】：使用恒定半径的轮廓线来表示曲率半径，每一条曲线的颜色都不相同，用户可以指定显示轮廓线数量，最大为 64 条。

3.【保持固定的数据范围】

【保持固定的数据范围】确定分析是否在指定的数据范围内运行。

4.【重置数据范围】

【重置数据范围】重置数据范围值。如果【固定的数据范围】切换为【关】，则此值以灰色显示。

5.【参考矢量】

【参考矢量】允许指定参考矢量。打开【矢量】构造器对话框。

6.【参考平面】

【参考平面】允许选择参考平面。距离是曲面上任意点到参考平面的距离。要选择参考平面，则使用【指定参考平面】选项。

6.6.5　反射分析

反射分析主要是仿真曲面上的反射光，以分析曲面的反射特性。由于反射图形类似于斑马条纹，故其条纹又称为斑马线。利用斑马线可以评价曲面的连续情况。

单击【形状分析】工具栏上的【面分析-反射】图标按钮，弹出如图 6-72 所示的对话框。

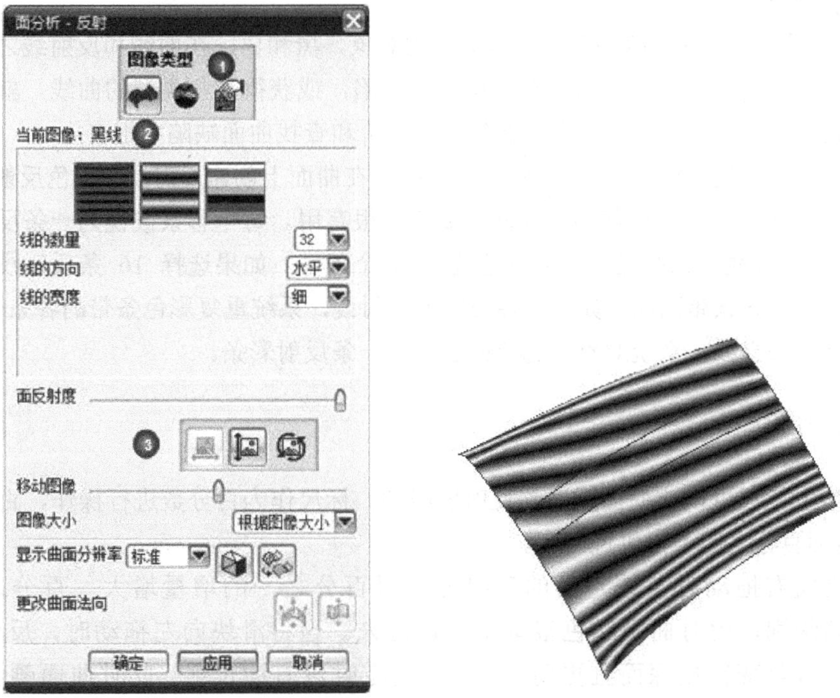

图 6-72 【面分析-反射】对话框

【面分析-反射】对话框的参数设置具体说明如下。

1.【图像类型】

✧【直线图像类型】：使用【直线图像】图标从【黑线】、【黑白线】、【彩色线】三种【反射】类型中选择。

✧【场景图像类型】：使用场景图像的步骤如下。

① 选择【分析】→【形状】→【反射】，这将显示【面分析-反射】对话框。

② 选择要参与反射的面。

③ 单击【场景图像】图标。

④ 选择所提供的场景图像之一来反射。

⑤ 单击【应用】或【确定】按钮。

✧ 用户指定图像类型：要使用自己的图像来反射。

① 选择【分析】→【形状】→【反射】，这将显示【面分析-反射】对话框。

② 选择要参与反射的面。

③ 单击图标按钮（用户指定图像），这将显示【反射图像文件】对话框。

④ 选择要用于反射的文件（TIFF、JPEG 或 PNG）。

⑤ 单击【应用】或【确定】按钮。

2.【当前图像】

✧【黑线】：该选项在曲面上创建由黑线组成的反射。黑色反射线在曲面分析评估和查找曲面缺陷时很有用。

✧【黑白线】：该选项以两种颜色显示选定的对象，黑和白，在曲线和反射线之间提供了平滑过渡。使用此图像类型来查找曲面上的缺陷，或获得某些类型的曲线。就像黑色和彩色反射线一样，黑白反射线在曲面的分析评价和查找曲面缺陷中很有用。

✧【彩色线】：此选项使用一系列 8 种对比颜色在曲面上创建反射。像黑色反射线一样，彩色反射线在曲面分析评估和查找曲面缺陷时很有用。每个彩条被视为一条反射线。如果指定 8 条直线，系统显示反射彩色线的 8 个条带。如果选择 16 条反射线，系统重复彩色条带的各条带两次。如果选择 32 条反射线，系统重复彩色条带的各条带 4 次。如果指定一条直线，系统对整个选定曲面显示一条反射彩条。

3.【面反射度】

【面反射度】标尺可以改变面反射的反射度级别。标尺作为百分数进行操作，百分之百提供最大的反射度而百分之零不提供反射度。

当将滑块向右拖动时，选定面的反射能力以百分之一的增量增大。百分之百时，面反射处于最高级别，此时曲面颜色根本不显现出来。当将滑块向左拖动时，反射度的级别降低并且曲面颜色变得更深而且更明显。百分之零时没有面反射，此时曲面颜色为其正常级别。

6.6.6　斜率分析

【斜率分析】是分析曲面上每一点的法向与参考矢量之间的夹角，并以不同颜色在曲面上表示出来。若以模具的拔模方向为参考矢量，则可分析曲面的拔模角范围。斜率分析与反射分析相似，不同之处是需要指定一个矢量方向。在此不再赘述。

6.6.7　拔模分析

【拔模分析】命令用于对部件的反拔模（倒扣）状况进行可视反馈，并定义一个最佳冲模冲压方向，以使反拔模达到最小值。此分析有助于避免压模锁情况、确定合适的分模线以及获得加工切削尺寸的合理建议等。

单击【形状分析】工具栏上的【拔模分析】图标按钮，弹出如图 6-73 所示的对话框。

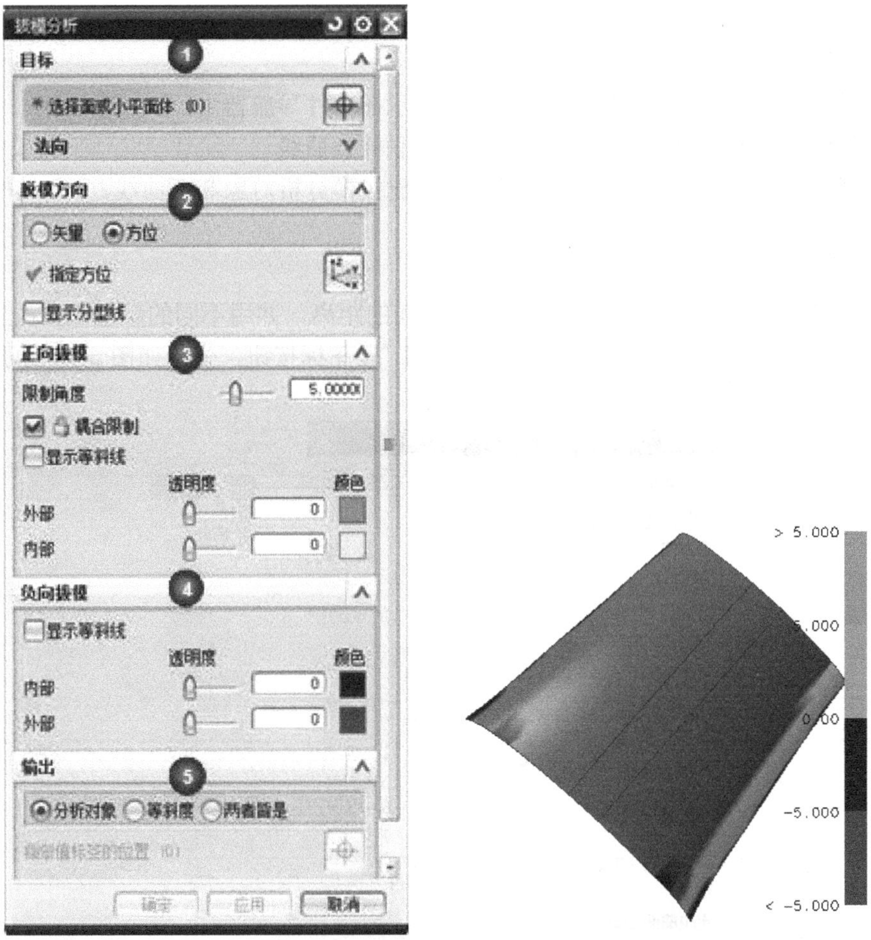

图 6-73 【拔模分析】对话框

【拔模分析】对话框的参数设置具体说明如下。

1.【目标】

【目标】用于选择一个或多个面或小平面体以在其上运行拔模分析。

2.【脱模方向】

【脱模方向】用于通过矢量或定制方位来定义脱模方向。

3.【正向拔模】

✧ 【限制角度】：控制拔模角度，该角度可确定正拔模外部和内部颜色区域之间的分界线。
✧ 【外部】：显示拔模角度大于（外部）正拔模限制角度的区域。
✧ 【内部】：显示拔模角度大于（内部）正拔模限制角度的区域。

4.【负向拔模】

✧ 【限制角度】：控制拔模角度，该角度可确定负拔模内部和外部颜色区域之间的分界线。
✧ 【显示等斜线】：在负拔模区域的内部和外部之间以指定限制角度画出一条等斜线。

5.【输出】

✧ 【分析对象】：创建拔模分析对象，将其显示在部件导航器中。
✧ 【等斜线】：为当前显示的等斜线创建无关联样条曲线。
✧ 【两者皆是】：为所有显示的等斜线同时创建拔模分析对象和新曲线。

6.6.8 距离分析

【距离分析】用于分析曲面与指定参考平面之间的距离，并用不同的颜色在曲面上表示。单击【形状分析】工具栏上的【面分析-距离】图标按钮，弹出如图 6-74 所示的对话框。

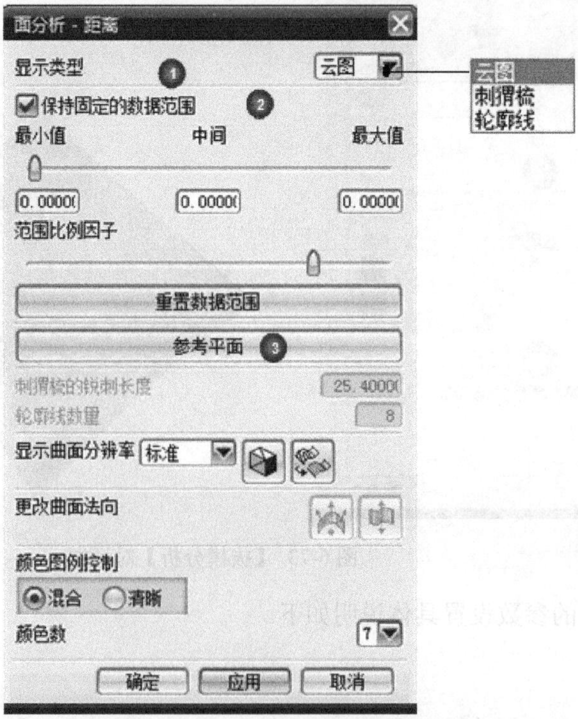

图 6-74 【面分析-距离】对话框

【面分析-距离】对话框的参数设置具体说明如下。

1.【显示类型】

- ✧【云图】：显示使用着色图和颜色编码绘制的曲面。分析变量的各个值通过不同的颜色来描述。如果没有变化，则只显示一种颜色。
- ✧【刺猬梳】：显示面栅格点上经颜色编码的脊线。每个分析变量的值用曲面棋盘方格顶点处的直线来描述。每条线的颜色都代表变量的值。这些线垂直于曲面。如果选择【刺猬梳】显示类型，则使用【锐刺长度】字段以当前的 NX 度量单位（即英寸）来指定经颜色编码的脊线的长度。
- ✧【轮廓线】：显示选定分析变量为常数值的曲线。每条轮廓线都以不同的颜色显示。窗口右侧的图例显示每条轮廓线所表示分析变量的值。这些值在一个范围内等间距排列，此范围可以用【面分析】对话框上的两个滑块进行修改。如果选择了【轮廓线】显示类型，在【轮廓线数】字段输入轮廓线的数量值（最大为 64）。

2.【保持固定的数据范围】

【保持固定的数据范围】确定分析是否在指定的数据范围内运行。

3.【参考平面】

【参考平面】允许选择参考平面。距离是曲面上任意点到参考平面的距离。要选择参考平面，则使用【指定参考平面】选项。

6.7　本章小结

本章讲述了曲面造型设计、构建的最基础的元素——基准特征、基础曲面、高级曲面、曲面的编辑和曲面的分析等知识点。

在实际三维设计的过程中，曲面建模设计是设计的灵魂，希望读者能够通过实际操作，逐步掌握。曲面造型实际可以拆分为若干个基础曲面特征与高级曲面特征，通过将基础曲面与高级曲面组合，即可完成一个复杂的曲面造型设计。外加曲面的编辑及分析，通过对曲面进行修复、完善，最终才可以得到一个高质量的外观。

6.8　思考与练习

1. 曲面建模主要涉及哪些类型？各有什么特点？
2. 曲面建模的技巧和设计原则是什么？
3. 自由曲面特征有哪些？相互之间的关系是什么？
4. 曲面常用的分析工具有哪些？具体一个面应该如何进行一系列分析？
5. 完成如图 6-75 所示曲面模型，要求外壁光滑。

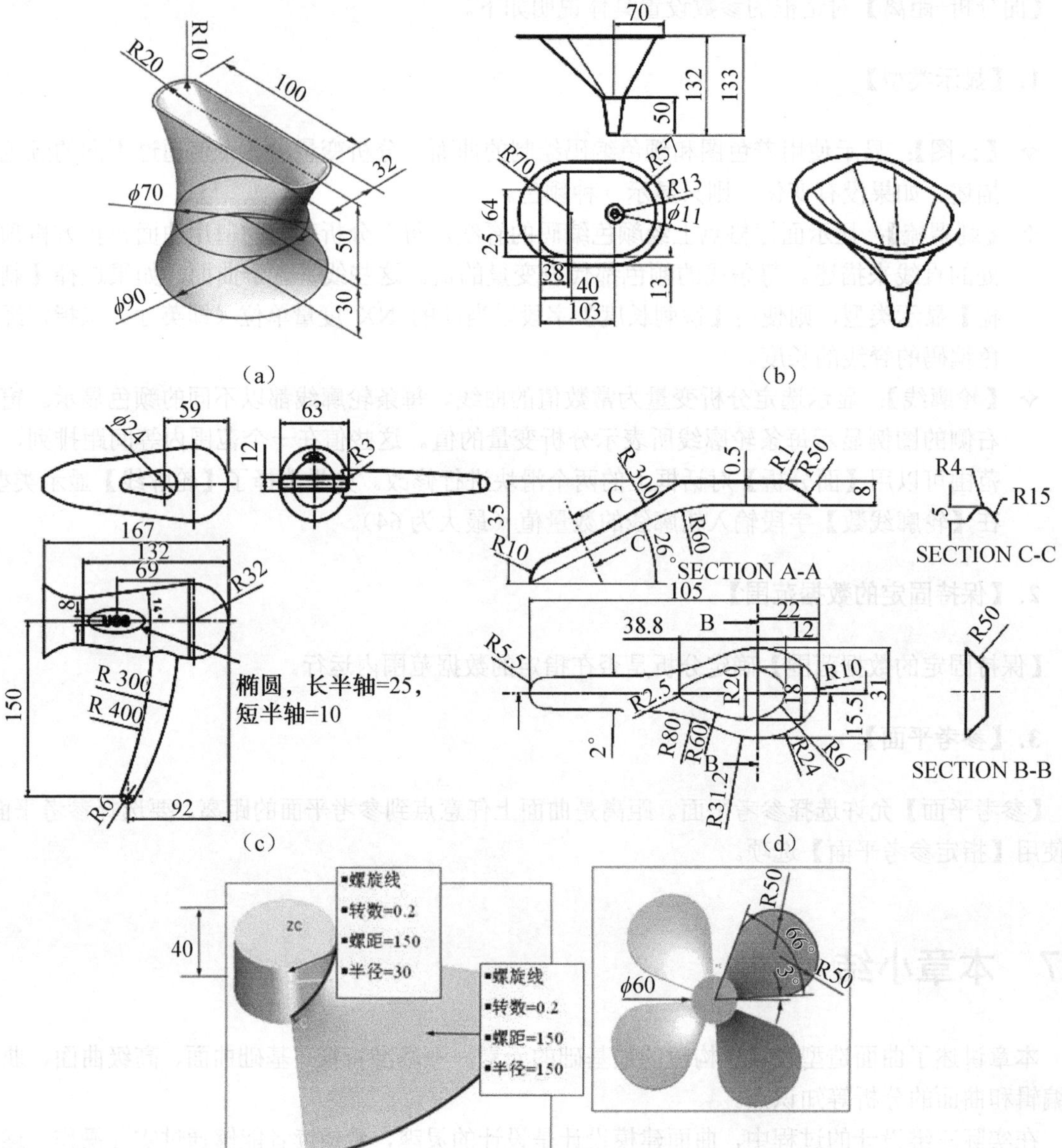

图 6-75　思考与练习题 5 曲面基础设计模型

第 7 章　工程制图设计

本章知识导读

本章主要介绍 UG NX 8.0 工程制图的一般过程及工程图有关工作界面。包括工程图的概念及发展、UG NX 8.0 工程图的特点、UG NX 8.0 工程图基本设置及工作界面、创建工程图视图、工程图的二维草图绘制、工程图的标注、表格以及工程图的一些高级应用等。

本章最后通过一个操作实例，对 UG NX 8.0 工程图设计进行讲解和说明。

本章学习内容

- 熟悉有关工程图的概念；
- 掌握工程图管理功能；
- 掌握视图管理功能；
- 掌握视图编辑操作；
- 掌握工程图尺寸标注功能；
- 掌握工程图注释和标签功能；
- 掌握工程图表格功能；
- 掌握工程图的数据交换功能；
- 本章实例。

7.1　工程图设计概述

在产品实际加工制作过程中，一般都需要二维工程图来辅助设计，UG NX 8.0 工程制图模块主要是为了满足二维出图功能需要，是 UG NX 8.0 系统的重要应用之一。通过特征建模模块创建的实体可以快速地引入工程制图模块，从而快速生成二维图。

UG NX 8.0 制图模块可以把由【建模】应用模块创建的特征模型生成二维工程图。创建的工程图中的视图与模型完全关联，即对模型所做的任何更改都会引起二维工程图的相应更新。此关联性使用户可以根据需要对模型进行多次更改，从而极大地提高设计效率。

7.1.1　UG NX 8.0 工程图特点

UG NX 8.0 的工程图模块提供了绘制和管理工程图和技术图完整的过程与工具，由于它是基于三维实体模型的，因此具有以下这些显著特征：

（1）图与设计模型完全关联。

（2）具有创建与父图完全关联的实体剖视图的功能。

（3）能自动生成实体中隐藏线的显示特征。

（4）有直观的图形界面。

（5）具有制图参数可视化描述。

（6）大部分制图对象的创建和编辑都用相同的对话框。

（7）支持装配树结构和并行工程。

（8）自动生成及对齐正交视图。

（9）制图过程中基于屏幕的信息反馈和所见即所得的功能，减少了制图作业的返工时间。

7.1.2 制图界面

单击菜单栏【应用】→【制图】或在【标准】工具栏【开始】下拉菜单中单击【制图】或按快捷键 Ctrl+Shift+D，即可进入工程图环境界面如图 7-1 所示。

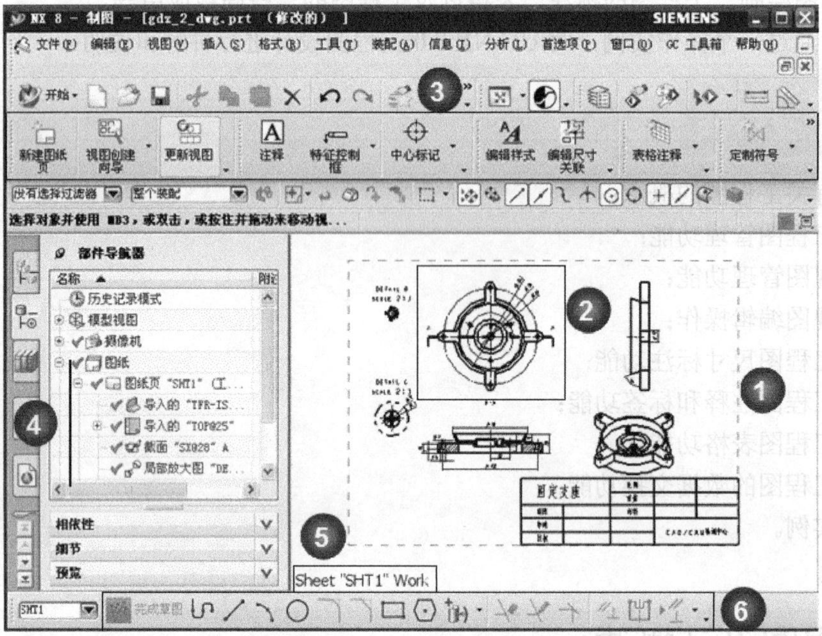

图 7-1 工程图环境界面

UG NX 8.0 工程图模版，主要包括以下六部分：

①工程图边界框；②基本视图边界框；③制图工具栏；④部件导航器上图纸节点；⑤图纸页面名称；⑥草图工具栏。

【制图】模块的菜单内容、工具栏及视图等都与【建模】模块的用户界面有较大的差异，特别是工具栏变化最大。第一次进入该模块，应对工具栏进行定制，只保留常用的工具栏与按钮，如图 7-2～图 7-4 所示。

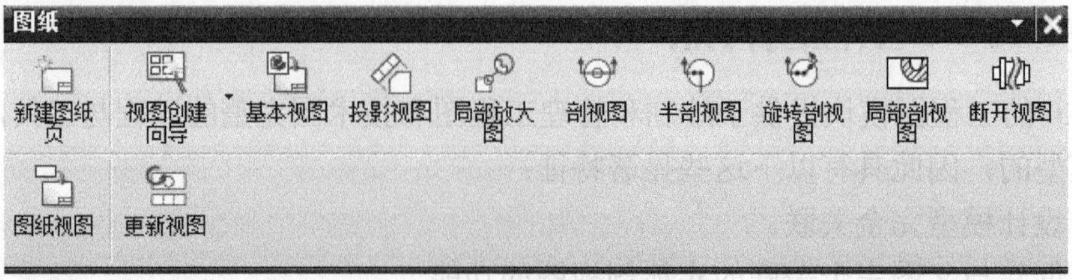

图 7-2 图纸管理工具栏

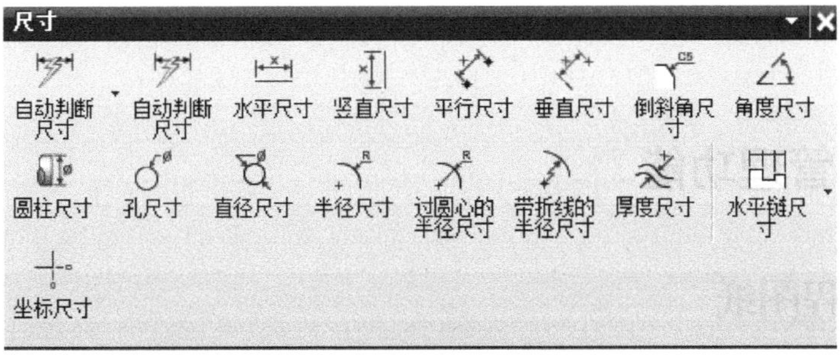

图 7-3　尺寸标注工具栏

图 7-4　相关工具栏

7.1.3　UG NX 8.0 出图的一般过程

制图模块出图的主要工作是设置好投影视图的布局之后，完成工程图纸所需的其他信息的绘制、标注和说明。UG NX 8.0 出图的一般过程如图 7-5 所示。

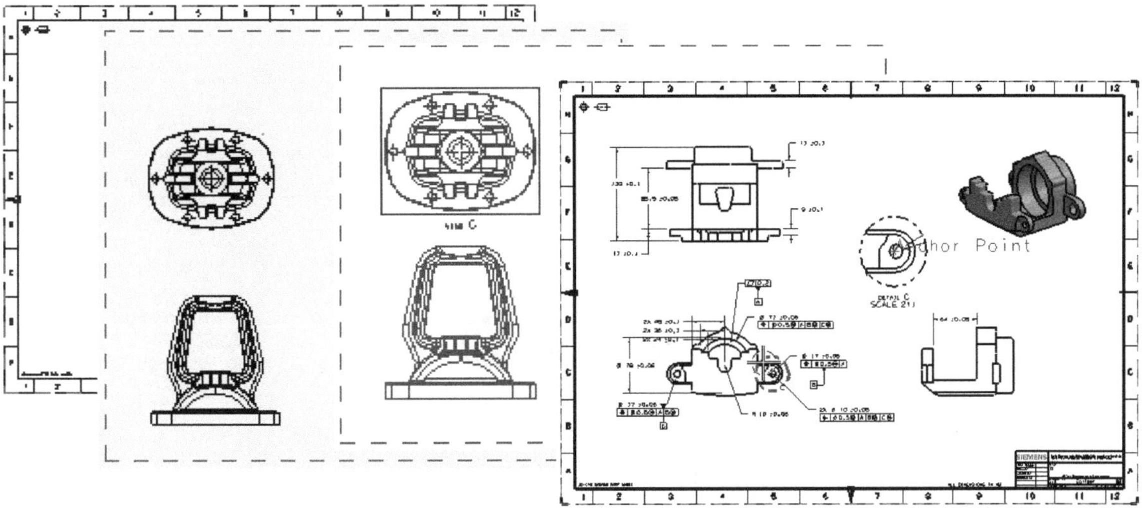

图 7-5　UG NX 8.0 出图的一般过程

（1）打开部件文件，并加载【建模】及【制图】模块。

（2）创建工程图纸(如设置图纸的尺寸、比例及投影角度等参数)。

（3）添加基本视图（如 TOP、FRONT、LFR-ISO 等模型视图）及其他视图（如投影视图、辅助视图、剖视图等）。

（4）视图布局（如移动、设置、对齐、删除视图，定义视图边界等）。

（5）视图编辑（添加图线、擦除图线等）。

（6）标注尺寸及添加注释（如技术要求，形位公差等）。

（7）存储并关闭文件。

7.2 工程图管理功能

7.2.1 创建工程图纸

进入【制图】模块后，单击【插入】→【图纸页】或单击【图纸】工具栏的图标按钮，弹出【图纸页】对话框，如图 7-6 所示。设置图纸的规格、名称、单位及投影角度后，单击鼠标中键即可创建图纸页。

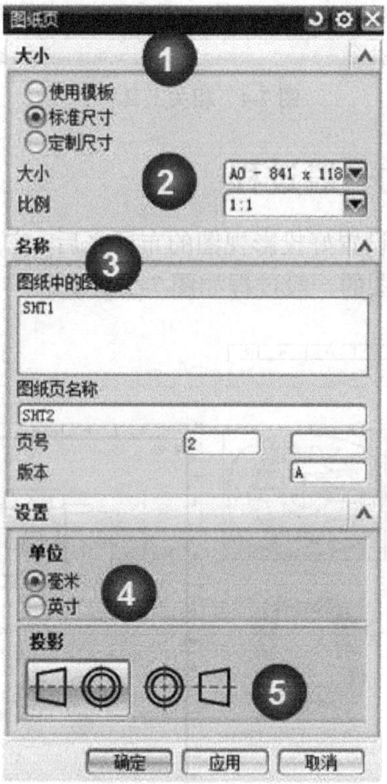

图 7-6 【图纸页】对话框

【图纸页】对话框的各选项具体含义如下。

（1）【大小】：可以使用标准的工程图纸规格，也可定制非标准的图纸。

（2）【比例】：分子为图纸中的长度，分母为实际代表的长度。

（3）【图纸页名称】：指定所创建非工程图纸的名称。名称最多可包含 30 个字符，但不能含有中文、空格等特殊字符。

（4）【单位】：可为英寸或毫米，我国的标准是公制单位。

（5）【投影】：第一角度投影或第三角度投影，我国的标准是第一角度投影。

7.2.2 打开工程图纸

单击【图纸】工具栏上的图标按钮，弹出如图 7-7 所示的【打开图纸页】对话框。列表框中有所有已创建的图纸清单，选择要打开的图纸，或在【图纸页名称】文本输入框中输入图纸名称，单击鼠标中键即可打开所选图纸。

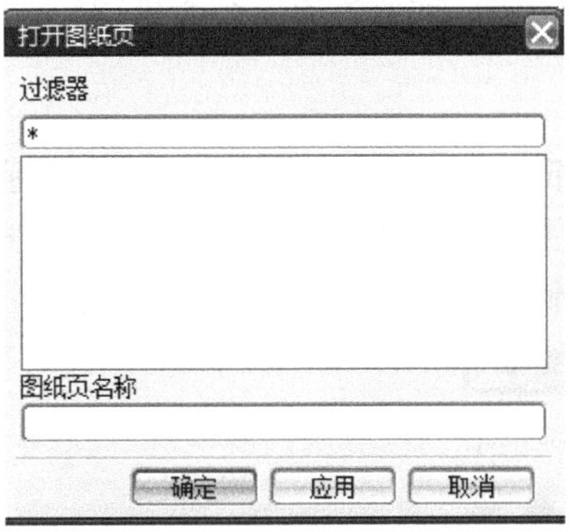

图 7-7 【打开图纸页】对话框

7.2.3　编辑工程图纸

单击菜单【编辑】→【图纸页】，或在【部件导航器】中图纸页节点上单击鼠标右键选择【编辑图纸页】，会弹出和新建图纸页一样的对话框，在图纸中的图纸页列表中，选择一张工程图纸，修改图纸名称、图纸尺寸或制图单位，然后单击鼠标中键即可修改相关参数。

7.2.4　删除工程图纸

在【部件导航器】中选择要删除的图纸页节点，单击鼠标右键，然后在快捷菜单中选择【删除】，即可删除所选图纸页，如图 7-8 所示。

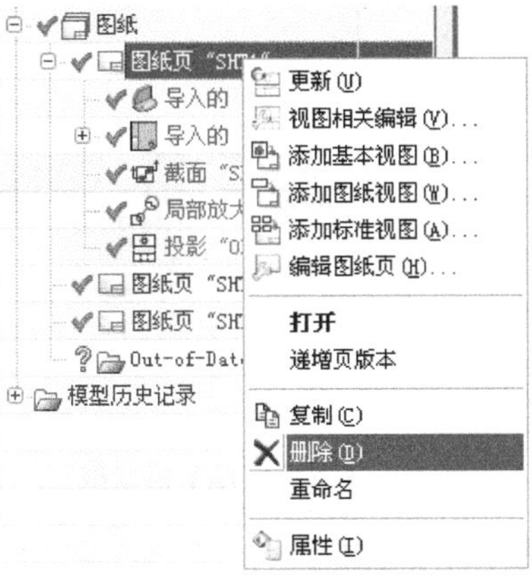

图 7-8　删除图纸页

7.3　视图管理功能

7.3.1　视图的建立

创建好工程图纸后，就可以向工程图纸添加所需要的视图，如基本视图、投影视图、局部放大视图以及剖视图等。基本视图是基于三维实体模型添加到工程图纸上的视图，所以又称为模型视图。除基本视图外的视图都是基于图纸页上的其他视图建立的，被用来当作参考的视图称为父视图。每添加一个视图，除基本视图，都需要指定其父视图。

7.3.2 基本视图

新创建图纸页后，单击【图纸】工具栏上的【基本视图】图标按钮，弹出如图 7-9 所示的【基本视图】对话框。使用【基本视图】命令可以在一张图纸上创建一个或多个基本视图。基本视图可以是独立的视图，也可以是其他图纸类型的父视图。

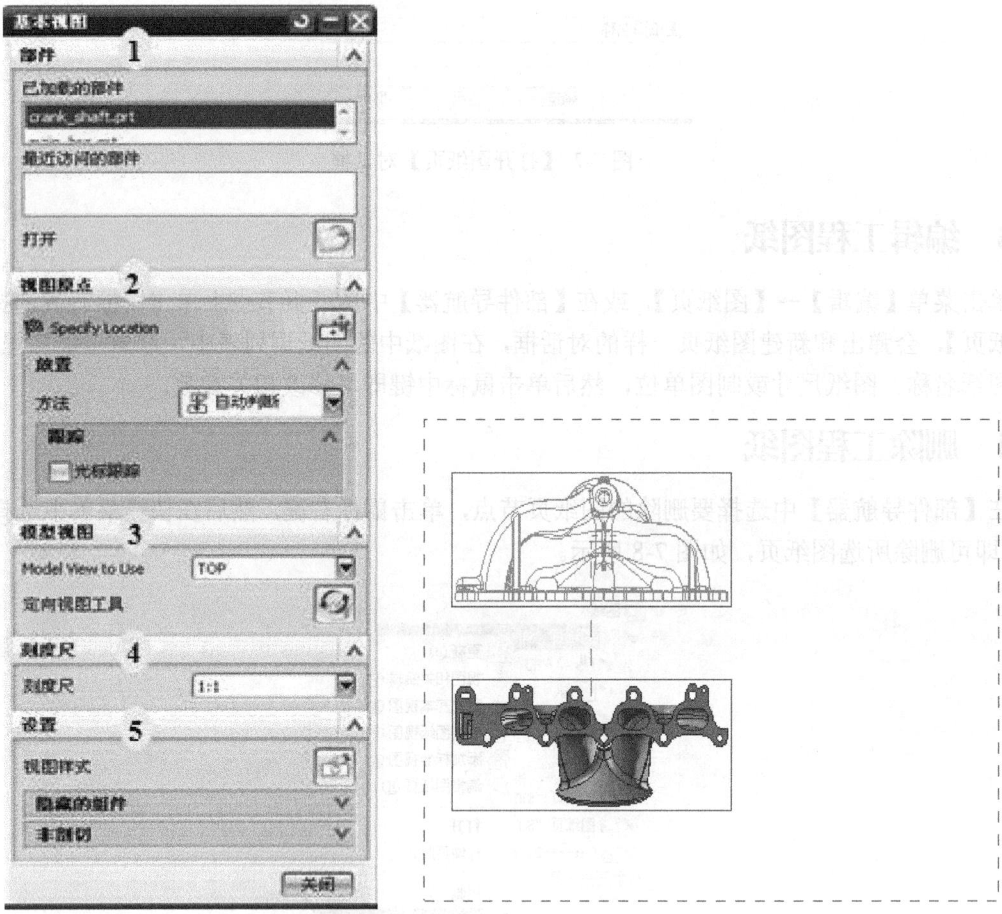

图 7-9 【基本视图】对话框

【基本视图】对话框的主要选项含义如下。

（1）【部件】：从指定的部件添加视图。

（2）【视图原点】：指定将要创建的视图的放置位置。

（3）【模型视图】：选择已经存在的模型视图作为基本视图。

（4）【刻度尺】：为将要创建的基本视图创建一个特定的比例值。

（5）【设置】：设置基本视图的视图样式。

7.3.3 投影视图

投影视图是根据所选父视图创建相应的正交视图或辅助视图。在【图纸】工具栏中单击图标按钮，弹出如图 7-10 所示的【投影视图】对话框。

【投影视图】对话框中各选项具体含义如下。

（1）【父视图】：选取其他视图作为父视图。

（2）【铰链线】：使用铰链线定义投影方向。

（3）【视图原点】：指定将要创建的视图的放置位置。

（4）【设置】：设置基本投影视图的视图样式。

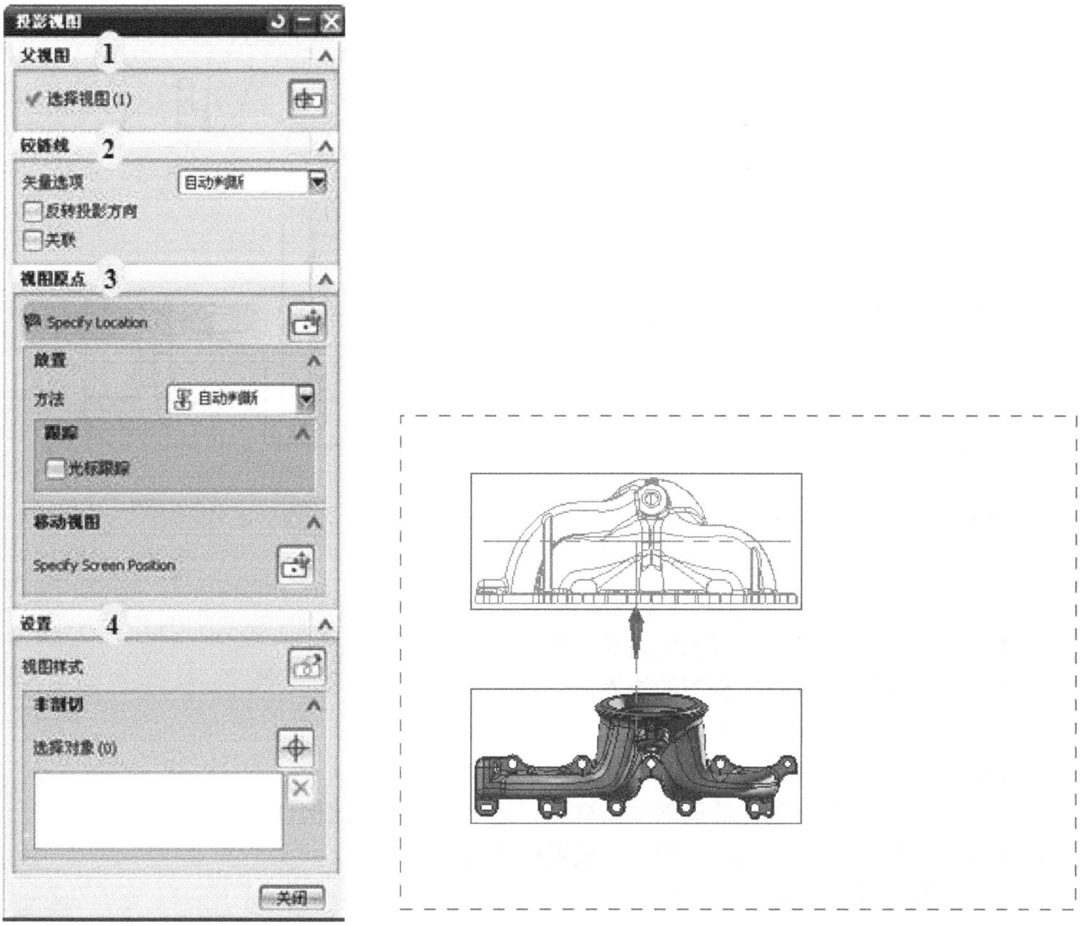

图 7-10 【投影视图】对话框

【投影视图】创建的基本步骤：单击菜单【插入】→【视图】→【投影】，弹出【投影视图】对话框，并且所创建的基本视图自动被作为投影视图父视图，由于【铰链线】默认为【自动判断】，所以移动光标，系统的铰链线及投影方向都会自动改变，移动光标至合适位置处单击鼠标左键，即可添加一正交投影视图。

7.3.4 局部放大图

当机件上某些细小结构在视图中表达不够清楚或者不便标注尺寸时，可将该部分结构用大于原图的比例画出，得到的图形为局部放大图。其边界可定义为圆形，也可为矩形。

单击【图纸】工具栏上的图标按钮，弹出如图 7-11 所示的【局部放大图】对话框。

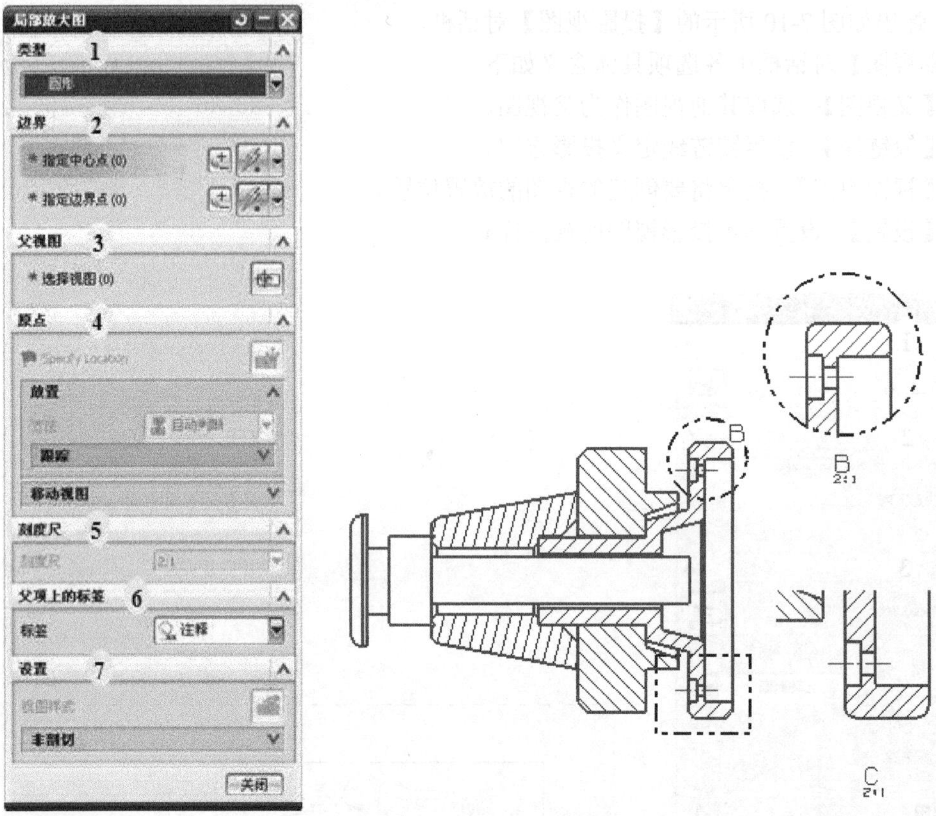

图 7-11 【局部放大图】对话框

【局部放大图】对话框中各选项具体含义如下。

（1）【类型】：选择局部放大视图的边界类型。

（2）【边界】：创建局部放大视图的边界。

（3）【父视图】：选择将创建的局部放大视图的父视图。

（4）【原点】：指定将要创建的视图的放置位置。

（5）【刻度尺】：为将要创建的局部放大视图创建一个特定的比例值。

（6）【父项上的标签】：提供在父视图上放置标签选项。

（7）【设置】：设置局部放大视图的视图样式。

【局部放大图】创建的基本步骤：单击菜单【插入】→【视图】→【局部放大图】，弹出【局部放大图】对话框，首先选择放大视图的边界、类型，然后在视图中指定要放大处的中心点，接着指定放大视图的边界点，设置放大比例，最后，在绘图区中的适当位置放置视图即可。

7.3.5 剖视图

全剖视图是以一个假想平面为剖切面，对视图进行整体的剖切操作，【剖视图】命令可以创建具有剖切性质的视图，包括全剖视图和阶梯剖视图。要创建全剖视图，在【图纸】工具栏中单击【剖视图】图标按钮，打开如图 7-12 所示的【剖视图】对话框。

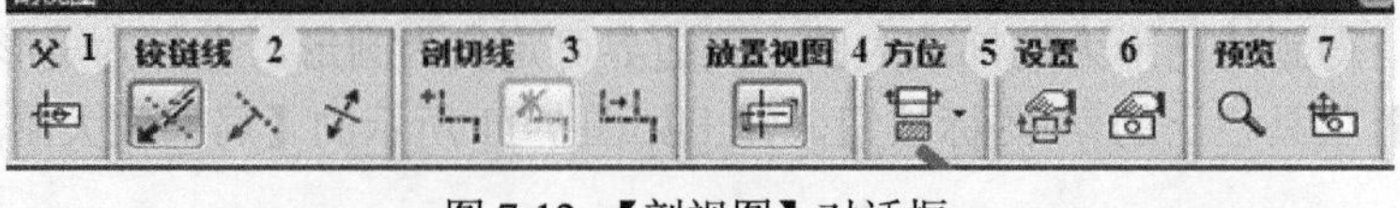

图 7-12 【剖视图】对话框

【剖视图】对话框中各选项具体含义如下。

（1）【父】：选择一个基本视图作为父视图。

（2）【铰链线】：设置剖视图的查看方向。

（3）【剖切线】：设置视图的剖切位置，用于创建全剖视图。

（4）【放置视图】：用于指定创建的视图的放置位置。

（5）【方位】：在不同的方向创建剖视图。

（6）【设置】：设置剖切线样式和视图样式。

（7）【预览】：提供了 3D 查看剖切平面和效果以及可移动视图。

【全剖视图】创建的基本步骤：单击菜单【插入】→【视图】→【剖视图】图标按钮，选择要剖切的视图，即选择父视图，定义剖切位置，将光标移出视图并移动到期望视图位置，单击鼠标左键以放置剖视图，如图 7-13 所示。

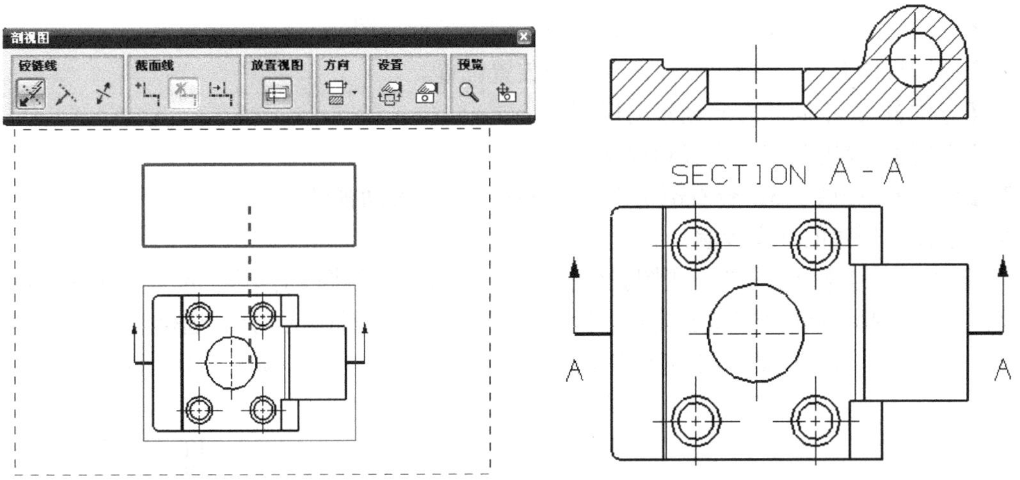

图 7-13 【全剖视图】创建

【阶梯剖视图】创建的基本步骤：

单击菜单【插入】→【视图】→【剖视图】图标按钮，选择要剖切的视图，即选择父视图，定义剖切位置，单击鼠标右键并选择【添加段】，选择下一个点并单击鼠标左键，根据需要继续折弯和剖切，然后单击 （【放置视图】），并将光标移至所需要的位置。单击鼠标左键以放置视图，如图 7-14 所示。

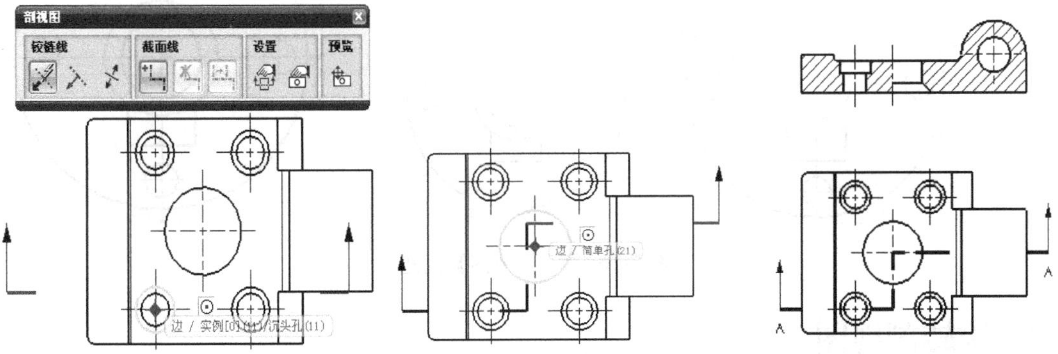

图 7-14 【阶梯剖视图】创建

7.3.6 半剖视图

半剖视图是指当零件具有对称平面时，向垂直于对称平面进行投影所得到的图形。

在【图纸】工具栏中单击【半剖视图】图标按钮，打开如图 7-15 所示的【半剖视图】对话框。

图 7-15 【半剖视图】对话框

【半剖视图】对话框各选项具体含义如下。

（1）【父】：选择一个基本视图作为父视图。

（2）【铰链线】：设置剖视图的查看方向。

（3）【剖切线】：设置视图的剖切位置，用于创建半剖视图。

（4）【放置视图】：用于指定创建的视图的放置位置。

（5）【方位】：在不同的方向创建剖视图。

（6）【设置】：设置剖切线样式和视图样式。

（7）【预览】：提供了 3D 查看剖切平面和效果以及可移动视图。

【半剖视图】创建的基本步骤：

单击【图纸】工具栏上的【半剖视图】图标按钮，弹出【半剖视图】对话框，选择父视图，TOP@1，指定旋转中心，选择大圆的圆心，指定第一段通过的点，单击左键确认，然后选择小圆圆心，指定第二段通过的点，单击左键确认。将半剖视图移到合适位置，单击左键，如图 7-16 所示。

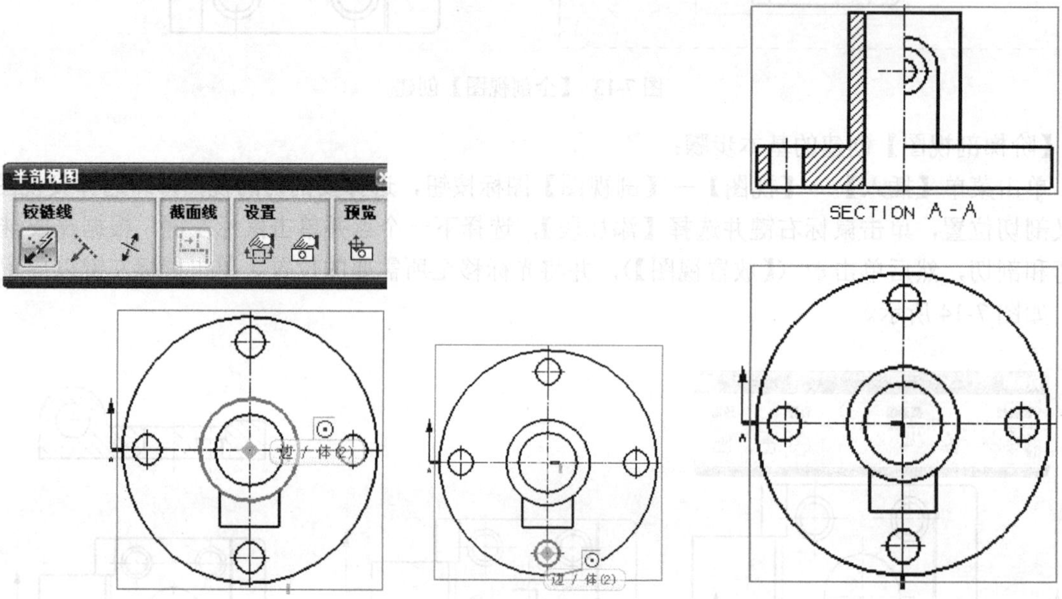

图 7-16 【半剖视图】创建

7.3.7 旋转剖视图

用两个成一定角度的剖切面剖开机件，以表达具有回转特征机件的内部形状的视图，称为旋转剖视图。使用【旋转剖视图】命令可以创建围绕轴旋转的剖视图。旋转剖视图可包含一个旋转剖面，也可以包含阶梯以形成多个剖切面。在【图纸】工具栏中单击【旋转剖视图】图标按钮，弹出【旋转剖视图】对话框，如图 7-17 所示。

图 7-17 【旋转剖视图】对话框

【旋转剖视图】对话框中各选项具体含义如下。

（1）【父】：选择一个基本视图作为父视图。

（2）【铰链线】：设置剖视图的查看方向。

（3）【剖切线】：设置视图的剖切位置，用于创建旋转剖视图。

（4）【放置视图】：用于指定创建的视图的放置位置。

（5）【方位】：在不同的方向创建剖视图。

（6）【设置】：设置剖切线样式和视图样式。

（7）【预览】：提供了 3D 查看剖切平面和效果以及可移动视图。

【旋转剖视图】创建的基本步骤：

单击【图纸】工具栏【旋转剖视图】图标按钮，弹出【旋转剖视图】对话框，选择父视图，TOP@1，指定旋转中心，选择大圆的圆心，指定第一段通过的点，选择图 7-18（a）所示的小圆圆心，然后，指定第二段通过的点，选择图 7-18（b）所示的小圆圆心，单击对话框上的【添加段】按钮，选择第二段剖切线，指定新通过的点，如图 7-18（c）所示圆心，然后单击对话框上的【移动段】按钮，将第二段剖切线移动至图 7-18（d）～（e）位置。最后，单击【放置视图】按钮，将所创建的视图移动至合适位置，单击左键，如图 7-18（g）所示。

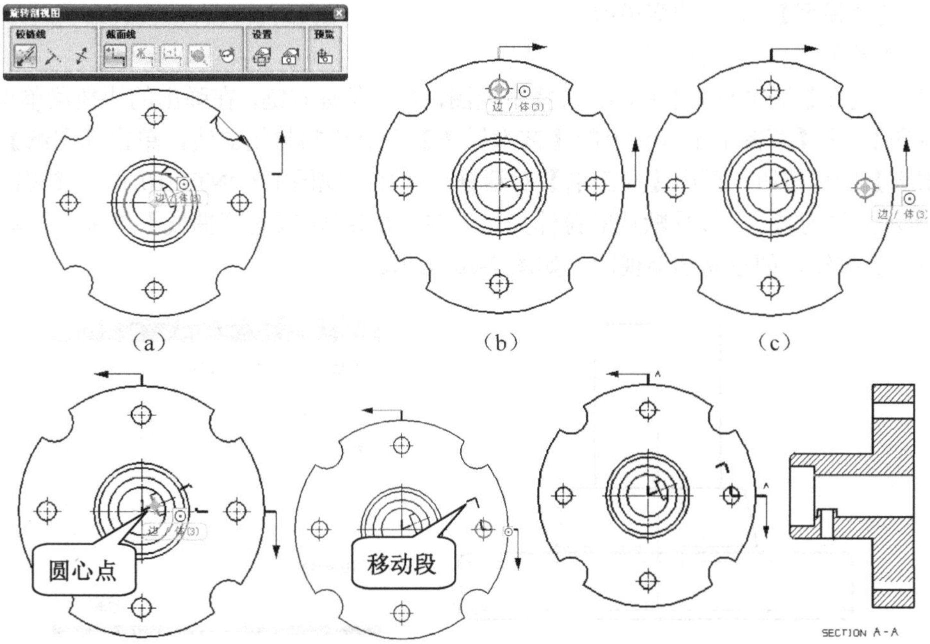

（a）　（b）　（c）

（d）　（e）　（f）　（g）

图 7-18 【旋转剖视图】创建

7.3.8 局部剖视图

局部剖视图是用剖切平面局部地剖开机件所得的视图。其常用于轴、连杆、手柄等实心零件上有小孔、槽、凹坑等要表达局部结构的零件。使用局部剖视图命令可以通过移除部件的某个区域来查看部件内部。该区域由闭环的局部剖切线来定义，可用于正交视图和轴测图。

在【图纸】工具栏上单击【局部剖】图标按钮，弹出如图 7-19 所示的【局部剖】对话框，该对话框中各主要选项的含义介绍如下。

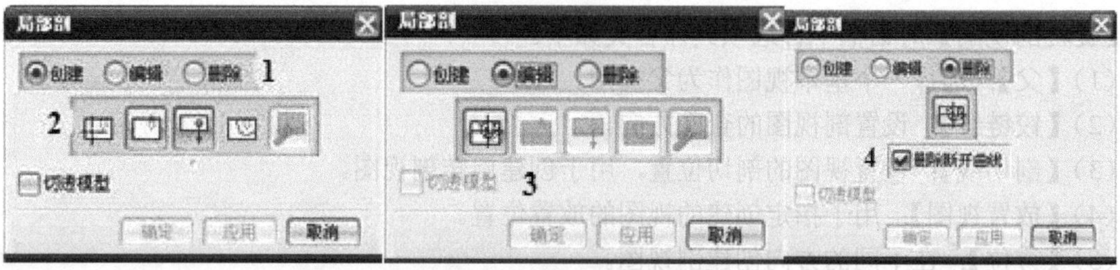

图 7-19 【局部剖】对话框

（1）【操作】：创建或修改局部剖视图。

（2）【创建步骤】：依次为选择视图、指定基点、指出拉伸矢量、选择曲线和编辑边界这五个步骤。

① 【选择视图】:在绘图工作区选择已建立的局部剖视图边界的视图作为视图。

② 【指定基点】：选取一点作为指定剖切位置。但基点不能选择局部剖视图的点，而要选择其他视图中的点。

③ 【指出拉伸矢量】：指定投影方向。

④ 【选择曲线】：指定剖切范围。

（3）【切透模型】：完全切穿模型。

（4）【删除】：删除剖切视图以及剖切线。

【局部剖视图】创建的基本步骤：选择主视图，单击鼠标右键，在弹出的快捷菜单里选择【活动草图视图】，用【草图】工具栏上的【艺术样条】命令绘制封闭曲线，单击【图纸】工具栏中的【局部剖】图标按钮，弹出【局部剖】对话框，选择主视图 FRONT@10 作为父视图，选择如图 7-20 所示点作为基点，接受默认的拉伸矢量方向，直接单击【选择曲线】图标，选择草图曲线，单击【应用】按钮，创建局部剖视图，如图 7-20 所示。

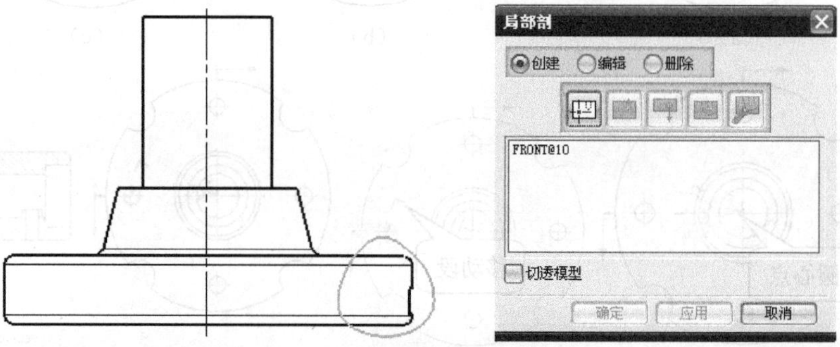

图 7-20 【局部剖视图】创建

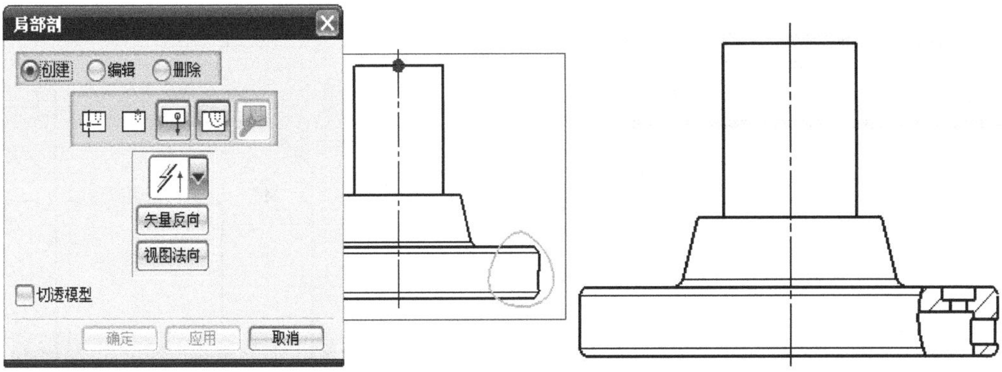

图 7-20 【局部剖视图】创建（续）

7.3.9　展开剖视图

使用具有不同角度的多个剖切面对视图进行剖切操作，所得视图为展开剖视图，使用【展开的点到点剖视图】命令可以创建对应剖切线的展开剖视图，该剖视图包括多个无折弯段的剖切段。段是在与该铰链线平行的面上展开的。展开剖视图常用于多孔的板类零件，或内部结构复杂且不对称类零件。在 UG NX 8.0 中包含两种展开剖视图工具。

（1）【展开的点到点剖视图】：是使用任何父视图中连接一系列指定点的剖切线来创建一个展开的剖视图。

（2）【展开的点和角度剖视图】：是通过制定剖切线分段的位置和角度来创建剖视图。

在【图纸】工具栏中单击【展开的点到点剖视图】图标按钮，弹出如图 7-21 所示的对话框。

图 7-21 【展开的点到点剖视图】对话框

【展开的点到点剖视图】对话框中各选项含义具体如下。

（1）【铰链线】：设置剖视图的查看方向。

（2）【剖切线】：设置视图的剖切位置，用于创建剖视图。

（3）【放置视图】：用于指定创建的视图的放置位置。

（4）【设置】：设置剖切线样式和视图样式。

（5）【预览】：提供了 3D 查看剖切平面和效果以及可移动视图。

【展开的点到点剖视图】创建的基本步骤：单击【图纸】工具栏上【展开的点到点剖视图】图标按钮，弹出【展开的点到点剖视图】对话框，旋转俯视图（TOP@5）作为父视图，选择图 7-22 所示边作为剖切线方向，依次选择点 1、2、3、4 作为旋转中心，单击【放置视图】，将视图放到合适位置，单击鼠标左键，如图 7-22 所示。

在【图纸】工具栏中单击【展开的点和角度剖视图】图标按钮，弹出【展开剖视图-线段和角度】对话框，如图 7-23 所示。

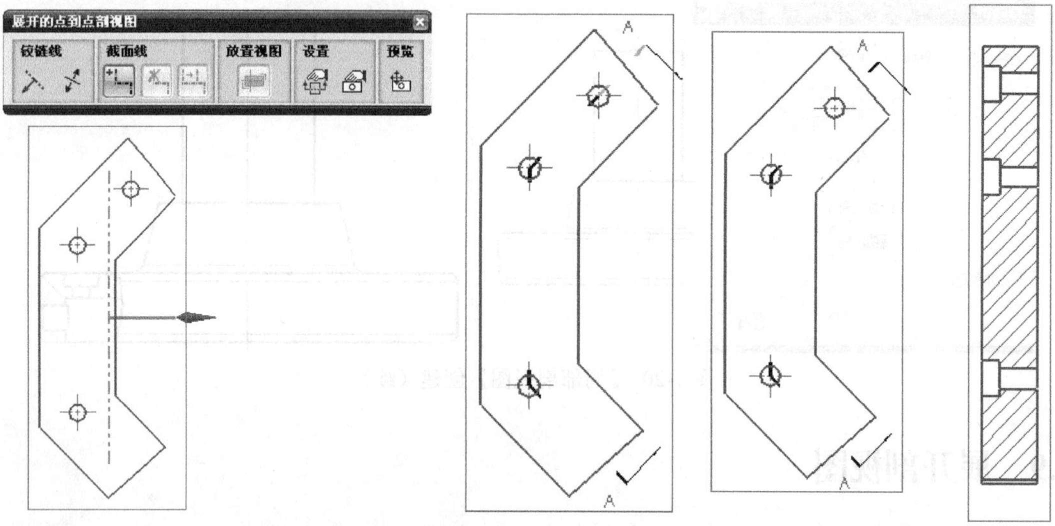

图 7-22 【展开的点到点剖视图】创建

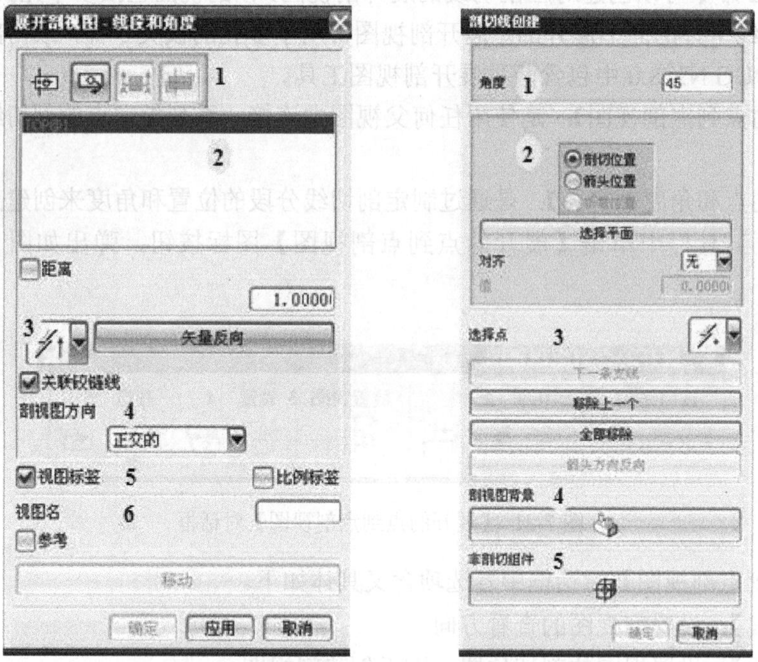

图 7-23 【展开剖视图-线段和角度】对话框

【展开剖视图-线段和角度】对话框中各选项含义具体如下。

（1）【创建步骤】：依次按照选择父视图、定义铰链线和放置视图步骤来创建展开剖视图。

（2）【视图选择列表】：提供模型视图列表，模型视图用于创建其他视图（如正交视图、剖视图等）。

（3）【矢量构造】：定义铰链线的方向。

（4）【剖视图方向】：用于沿着任何视图方向创建剖视图。

（5）【视图标签】：创建关联的视图标签。

（6）【视图名】：在将视图放到图纸上之前，输入视图的名称。

【剖切线创建】对话框中各选项具体含义如下。

（1）【角度】：设置剖切线与水平方向的夹角。

（2）【线段位置】：创建剖切线、箭头以及折弯等剖切面要素。

（3）【选择点】：通过【点】构造器方式，确定线段的位置。

（4）【剖视图背景】：用于选择要保留在剖视图中的面或体。

（5）【非剖切组件】：选择要使其成为非剖切的组件。

【展开剖视图-线段和角度】创建的基本步骤：单击【图纸】工具栏上【展开剖视图-线段和角度】图标按钮，弹出【展开剖视图-线段和角度】对话框，选择俯视图作为父视图，选择如图 7-24 所示参考边 1 作为剖切线方向，单击【应用】按钮，弹出【剖面线创建】对话框，选择参考边 2 中点为起始剖切位置，输入旋转角度-135°，然后选择圆心点 1 作为第二剖切参照位置，输入角度 90 度，再次选择圆心点 2 作为第三剖切参照位置，输入-135°。最后，单击【放置视图】，将视图放到合适位置，单击鼠标左键，如图 7-24 所示。

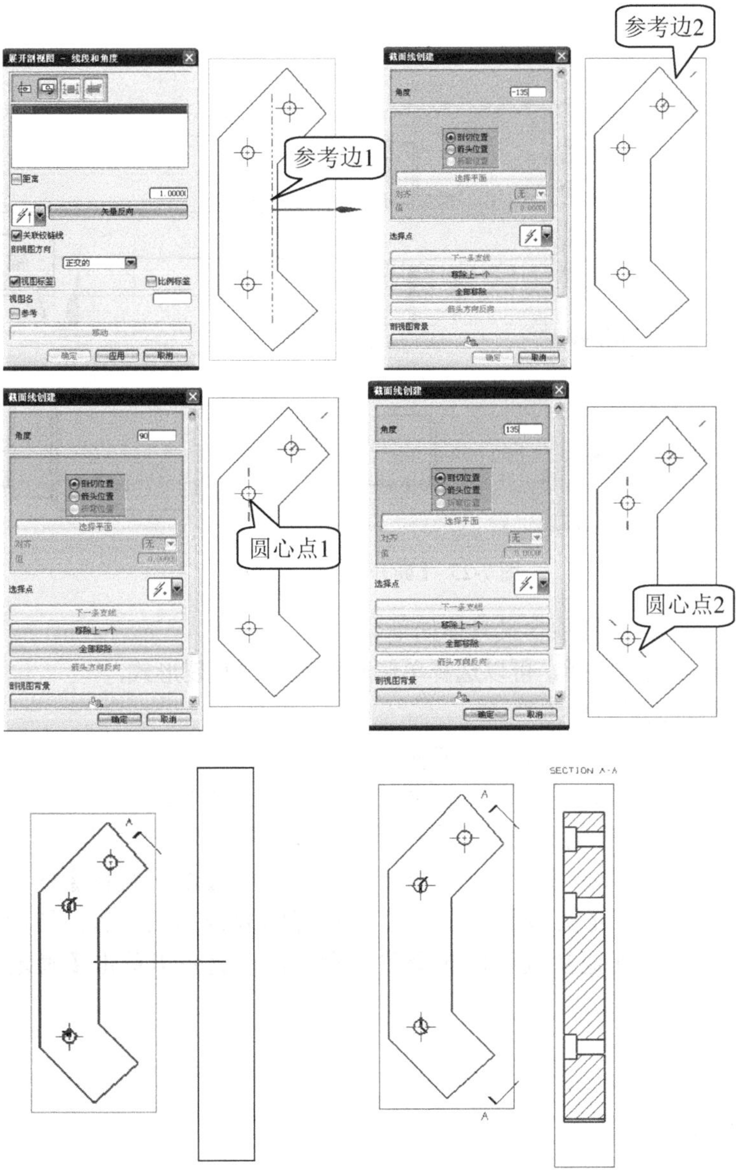

图 7-24 【展开剖视图-线段和角度】创建

7.3.10 断开视图

使用【断开视图】命令可以创建、修改和更新带有多个边界的压缩视图。它不能应用于剖视图、局部视图以及带有小平面表示的视图。在【图纸】工具栏中单击【断开视图】图标按钮，弹出如图 7-25 所示的对话框。

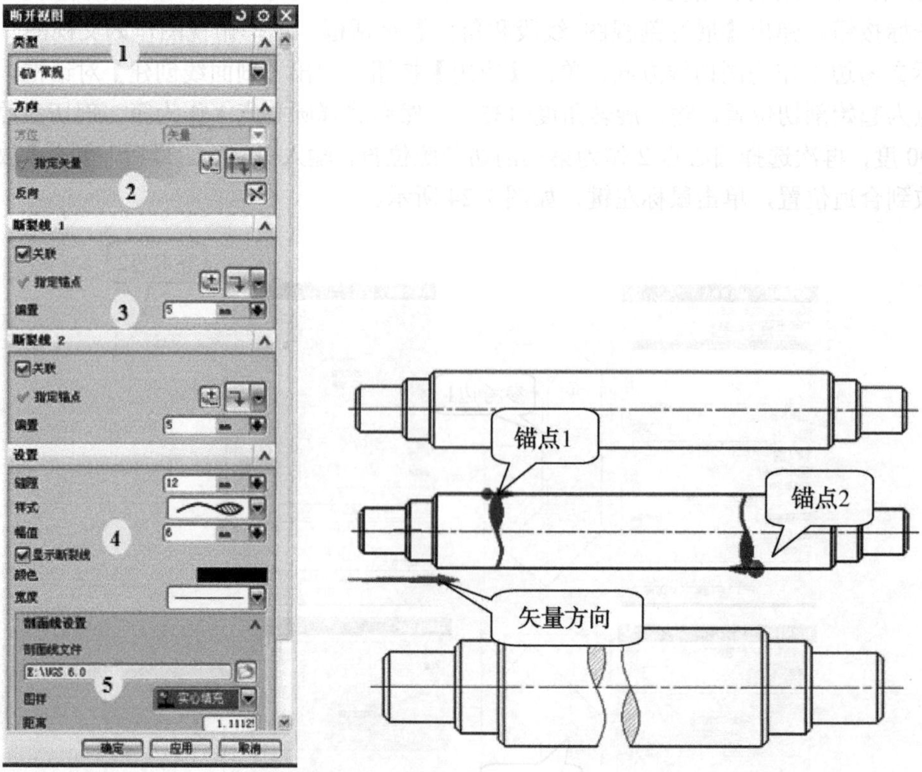

图 7-25 【断开视图】对话框

【断开视图】对话框中各选项含义具体如下。

（1）【类型】：断裂类型选择。可以选择单侧和双侧常规断裂形式。

（2）【方向】：断裂矢量方向选择。

（3）【断裂线】：断裂线位置选择及偏置距离设定。

（4）【设置】：设定断裂面之间间距，断裂线样式以及线宽和颜色。

（5）【剖面线设置】：填充剖面线设置，包括填充样式、线宽、颜色等。

【断开视图】创建的基本步骤：单击【图纸】工具栏上【断开视图】图标按钮，弹出【断开视图】对话框，选择断开【类型】为“常规”，选择断裂线锚点位置，然后设置断裂面【样式】及断裂面之间间距，其他参数可以接受默认设置，设置完毕单击【确定】按钮创建断开视图。

7.4 视图编辑

前面介绍的有关视图操作都是对工程图的宏观操作，而视图相关编辑则属于细节操作，其主要作用是对视图中的几何对象进行编辑和修改，包括移动与复制视图、对齐视图、移除视图、编辑截面线等。

7.4.1　移动与复制视图

要移动和复制视图，单击【图纸】工具栏上的图标按钮，弹出如图 7-26 所示的【移动/复制视图】对话框。

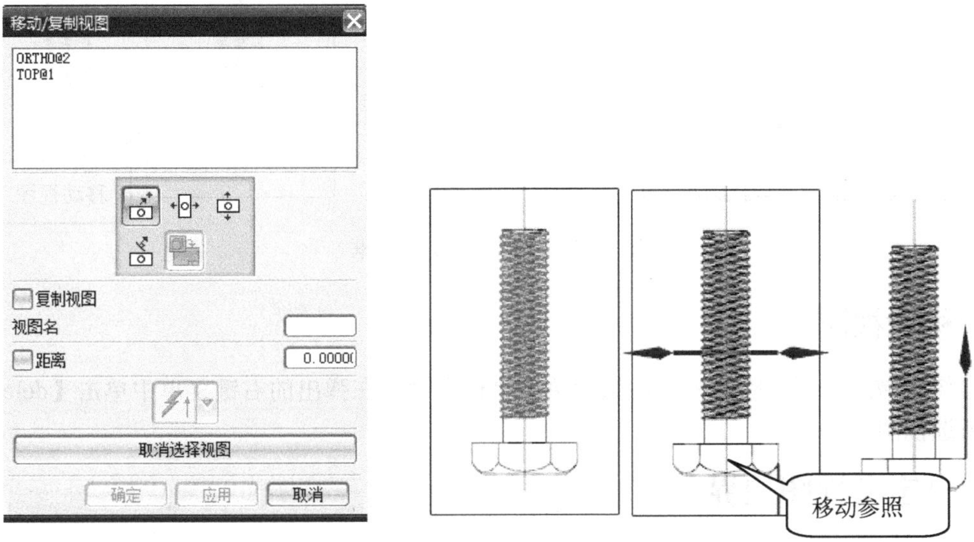

图 7-26 【移动/复制视图】对话框

【移动/复制视图】对话框中各选项具体含义如下。

（1）【至一点】：单击该按钮，移动视图的虚拟边框到指定位置，然后单击鼠标左键，即可完成移动和复制视图。

（2）【水平】：水平方向移动和复制该视图。

（3）【竖直】：竖直方向移动和复制该视图。

（4）【垂直于线】：沿垂直于一条直线的方向移动或复制视图。

【移动与复制视图】基本操作步骤：单击【图纸】工具栏上的图标按钮，选择复制/移动方式，然后选择需要复制/移动的视图，拖动鼠标至合适位置，单击鼠标左键即可。

7.4.2　对齐视图

单击【图纸】工具栏上的图标按钮，弹出如图 7-27 所示的【对齐视图】对话框。

【对齐视图】对话框中各选项具体含义如下。

（1）【叠加】：以所选视图的第一视图的基准点为基准，对所有视图做重合对齐。

（2）【水平】：以所选视图的第一视图的基准点为基准，对所有视图做水平对齐。

（3）【竖直】：以所选视图的第一视图的基准点为基准，对所有视图做竖直对齐。

（4）【垂直于直线】：单击该图标按钮后，然后选取一条直线为视图对齐的参照线，此时其他视图将以参照视图的垂直线为对齐基准进行对齐操作。

（5）【自动判断】：将根据基准点的不同，用自动判断的方式对齐视图。

【对齐视图】基本操作步骤：单击【图纸】工具栏上的图标按钮，选择对齐方式后，再选择需要对齐的两个视图，单击鼠标左键即可。

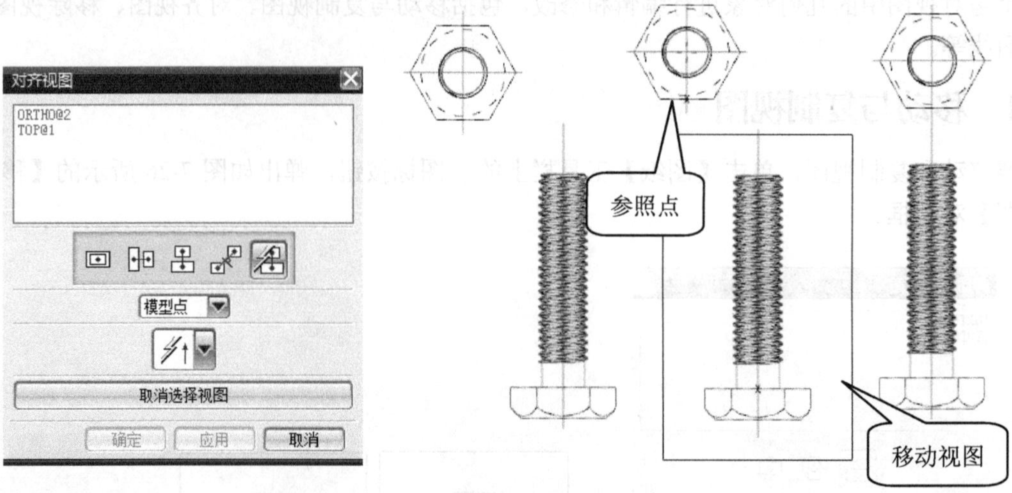

图 7-27 【对齐视图】对话框

7.4.3 移除视图

在绘图区域选择要删除的视图，然后单击鼠标右键，在弹出的右键菜单中单击【delete】即可移除所选视图。

7.4.4 自定义视图边界

自定义视图边界是将所定义的矩形线框或封闭曲线作为界限进行显示的操作。

单击【图纸】工具栏上的【视图边界】图标按钮，弹出如图 7-28 所示的【视图边界】对话框。

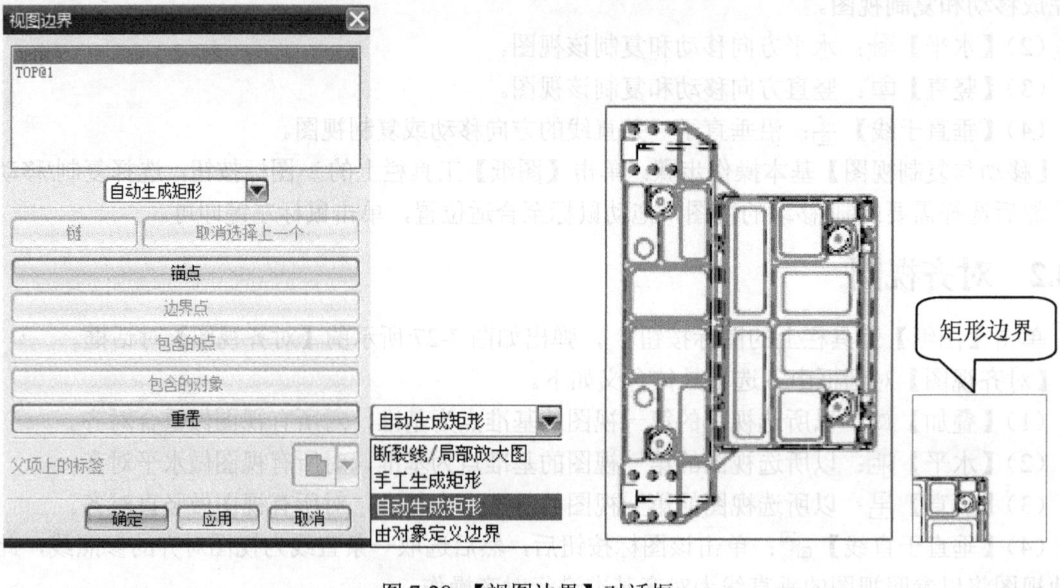

图 7-28 【视图边界】对话框

【视图边界】类型常用的包括三类，其基本含义如下。

（1）【自动生成矩形】：随模型的更改自动调整视图的边界。

（2）【手动生成矩形】：指定一矩形边界，则系统只显示指定矩形边界内的视图。

（3）【断裂线/局部放大图】：用于手动生成矩形。不同的是断开线边界是由曲线工具所指定的任意形状的边界。该方式可方便地创建截断视图。

【视图边界】基本操作步骤：单击【图纸】工具栏上【视图边界】图标按钮，选择一个视图，然后在下拉列表中选择边界方式，拖动鼠标左键形成矩形边界，或者通过【活动草图视图】创建边界，设定完边界后，单击【确定】按钮即可。

7.4.5　编辑截面线

编辑截面线是用来编辑剖切线的样式的，主要是对阶梯剖、旋转剖、展开剖等的剖切线进行编辑。单击【制图编辑】工具栏上的图标按钮，弹出如图 7-29 所示的【截面线】对话框。

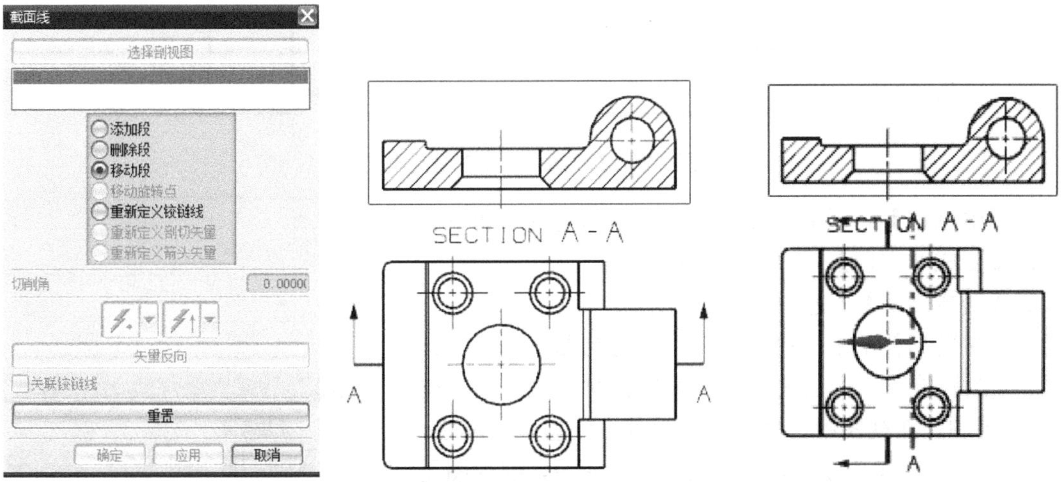

图 7-29　【截面线】对话框

【截面线】对话框中各选项具体含义如下。

（1）【列表框】：显示工作窗口中的剖视图名称。

（2）【添加段】：对视图进行适当添加，使剖视图表达更加完整，同时对话框中【点】构造器将会被激活。

（3）【删除段】：对视图中多余的剖切线进行删除。

（4）【移动段】：通过移动定义参照点的位置来移动端点附近的曲线。

（5）【重新定义铰链线】：对话框中的矢量选项将会被激活，然后可以对剖切线的矢量方向进行定义。

（6）【重新定义剖切矢量】：对视图的剖切矢量进行重新定义。

（7）【切削角】：在右侧文本框中输入数值，可以对视图切削角进行定义。

（8）【关联铰链线】：选该选项后，铰链线之间将存在关联性。

7.4.6　组件剖视

在装配图中，有些部件如螺栓、螺母、销钉等标准件是不能剖切的，【视图中剖切】就是用来设置装配图中部件剖视图中组件的剖切属性的。

单击【制图编辑】工具栏上的图标按钮，弹出如图 7-30 所示的【视图中剖切】对话框。

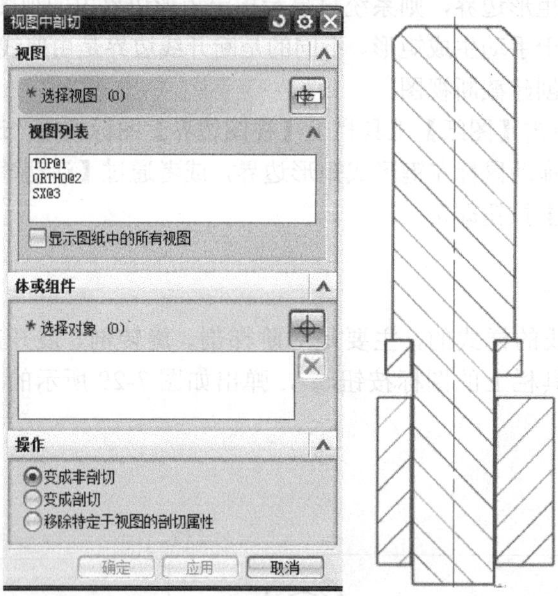

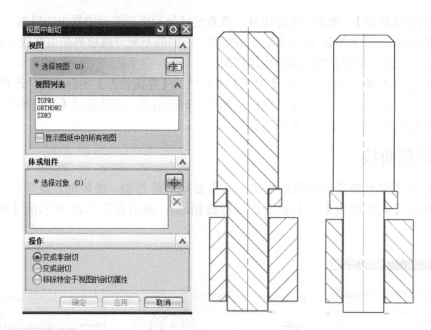

图 7-30 【视图中剖切】对话框

【视图中剖切】对话框中【操作】选项功能说明如下。

(1)【变成非剖切】：使用所选组件不剖。

(2)【变成剖切】：使用所选组件剖切。

【视图中剖切】基本操作步骤：单击【制图编辑】工具栏上的图标按钮，弹出【视图中剖切】对话框，选择待编辑的剖视图，在视图中选择待编辑组件，设置剖切属性，单击鼠标中键，或单击【确定】按钮，设置完后，剖视图无变化，此时单击【图纸】工具栏上的【更新视图】按钮，更新后视图才可显示出编辑效果。

7.4.7 视图相关编辑

视图相关编辑是对视图中图形对象的显示进行编辑，同时不影响其他视图中同一对象的显示。单击【制图编辑】工具栏中的【视图相关编辑】图标按钮，弹出如图 7-31 所示的【视图相关编辑】对话框。

该对话框中主要选项含义如下。

1.【添加编辑】

【擦除对象】：将所选对象隐藏起来，无法擦除有尺寸标注的对象。

【编辑完全对象】：用于编辑视图或工程图中所选整个对象的显示方式。编辑的内容包括颜色、线型、线宽。

【编辑着色对象】：用于编辑视图中某一部分的显示方式。

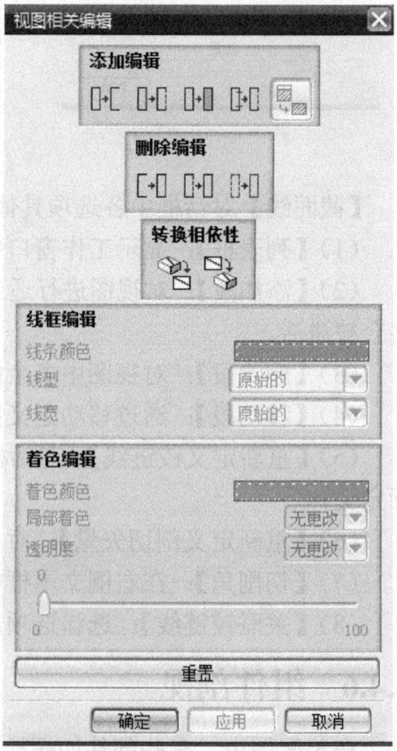

图 7-31 【视图相关编辑】对话框

【编辑对象段】：用于编辑视图中所选对象的某个片段的显示方式。
【编辑剖视图的背景】：用于编辑剖视图的背景。

2.【删除编辑】

【删除选择的擦除】：用于删除前面的擦除操作，使删除的对象显示出来。
【删除选择的编辑】：用于删除所选视图的某些修改操作，使编辑对象回到原来的显示状态。
【删除所有编辑】：用于删除所选视图先前进行的所有编辑。

3.【转换相依性】

【模型转换到视图】：用于转换模型中存在的单独对象到视图中。
【视图转换到模型】：用于转换视图中存在的单独对象到模型中。
【视图相关编辑】基本操作步骤如下。

1.【编辑完全对象】

用鼠标右键单击视图边界并选择【视图相关编辑】。在【添加编辑】组中，单击【编辑完全对象】图标按钮。在【线框编辑】组中，从【线型】列表选择【实线】，单击【应用】按钮，选择要编辑的对象，最后单击【确定】按钮，如图 7-32 所示。

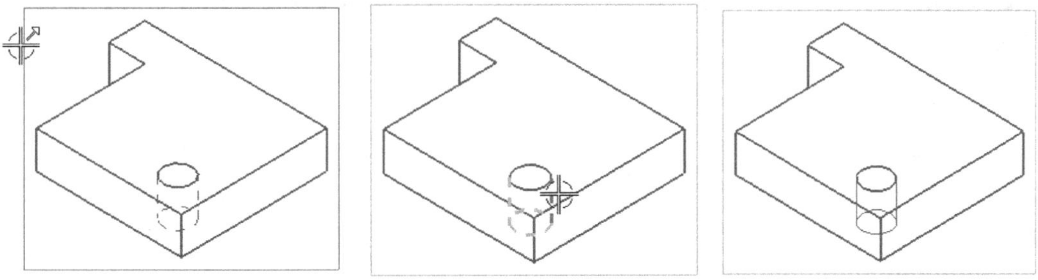

图 7-32 【编辑完全对象】操作

2.【编辑着色对象】

设置视图样式以使局部着色对象在视图中显示出来。单击鼠标右键选择【视图边界样式】。在【着色】选项卡上，从【渲染样式】列表中选择【局部着色】，单击【确定】按钮。用鼠标右键单击视图边界并选择【视图相关编辑】。单击【编辑着色对象】图标按钮。选择部件上的两个面，单击【确定】按钮。在【着色编辑】组中，从【局部着色】列表中选择【是】，将透明度滑块移至大约 50 处，单击【确定】按钮，如图 7-33 所示。

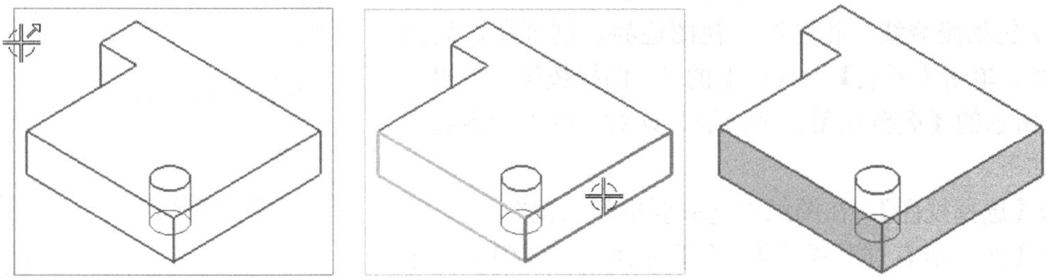

图 7-33 【编辑着色对象】操作

3.【删除选择的擦除】

单击鼠标右键选择【视图相关编辑】。在【删除编辑】组中，单击【删除选择的擦除】图标按钮。先前擦除的对象将在视图中高亮显示。选择要恢复到视图的对象，单击【确定】按钮。【视图相关编辑】对话框将一直保持活动状态，直至单击【确定】或【取消】按钮，如图 7-34 所示。

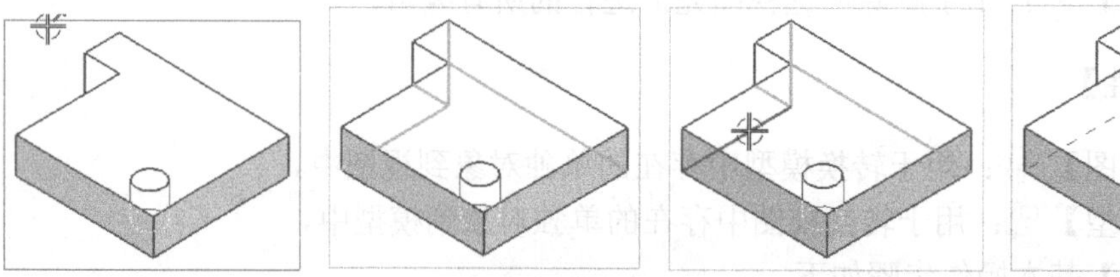

图 7-34 【删除选择的擦除】操作

4.【删除选择的编辑】

单击鼠标右键选择【视图相关编辑】。在【删除编辑】组中，单击【删除选择的编辑】图标按钮。之前编辑的对象将在视图中高亮显示。选择要在视图中恢复的两个着色面，单击【确定】按钮。【视图相关编辑】对话框将一直保持活动状态，直至单击【确定】或【取消】按钮，如图 7-35 所示。

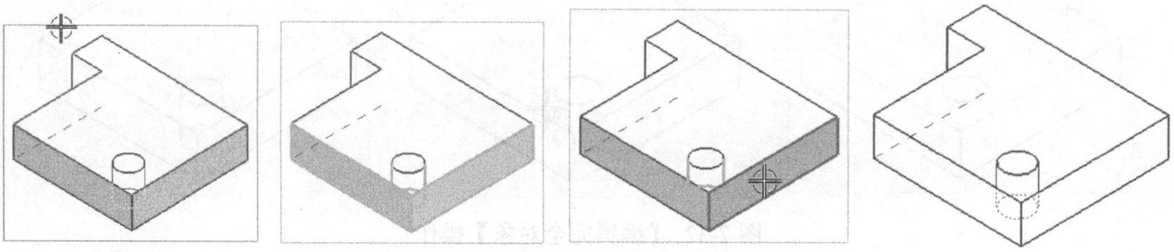

图 7-35 【删除选择的编辑】操作

7.4.8 更新视图

由于实体的模型更改或可见性更改，或者关联视图方位、关联视图锚点、关联视图边界曲线、关联铰链线或追踪线的更改，图纸会过时，此时需要更新视图，更新视图可以更新包括隐藏线、轮廓线、视图边界、剖视图、局部放大图等。单击【图纸】工具栏上的图标按钮，弹出如图 7-36 所示的【更新视图】对话框。该对话框中的各选项的含义如下。

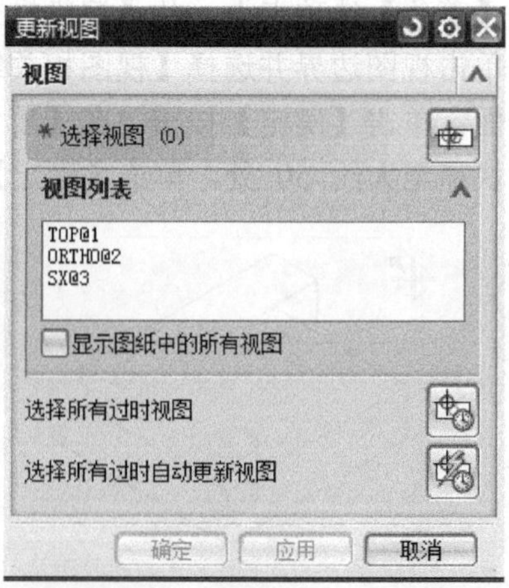

图 7-36 【更新视图】对话框

（1）【选择视图】：在图纸中选取要更新的视图。

（2）【选择所有过时视图】：用于选择工程图中所有过时的视图。

（3）【选择所有过时自动更新视图】：用于自动选择工程图中所有过时的视图。

7.5　尺寸标注

工程图的尺寸标注是反映零件尺寸和公差信息的最重要方式。利用标注功能，可以向工程图中添加尺寸、形位公差、制图符号和文本注释等内容。

7.5.1　尺寸标注的类型

UG NX 8.0 工程图中可标注 19 种类型的尺寸。尺寸标注工具可从工具栏调用，也可从菜单【插入】→【尺寸】中调用。在标注尺寸前，先要选择正确的尺寸类型，如图 7-37 所示。

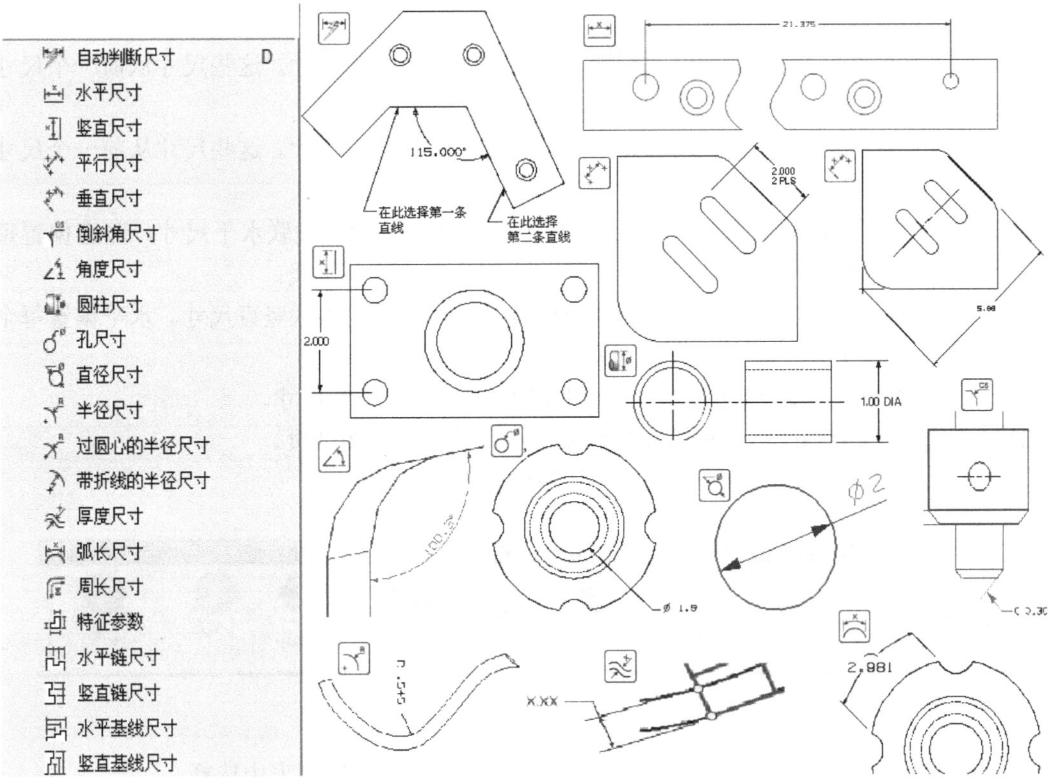

图 7-37　基本尺寸类型

【尺寸类型】具体含义如下。

（1）【自动判断尺寸】：系统自动判断尺寸类型，根据光标位置和选中的对象进行创建。

（2）【水平尺寸】：创建平行于 *X* 轴方向的尺寸。

（3）【竖直尺寸】：创建平行于 *Y* 轴方向的尺寸。

（4）【平行尺寸】：创建两个平行点之间的尺寸。

（5）【垂直尺寸】：创建基线与定义的点之间的垂直尺寸。其中基线可以是已有的直线、线性中心线、对称线或圆柱中心线。

（6）【倒斜角尺寸】：创建 45 度倒斜角的倒斜角尺寸。对于非 45 度的倒斜角，必须使用其他尺寸命令标注尺寸。

（7）【角度尺寸】：创建基线和第二条线之间的角度的尺寸。

（8）【圆柱尺寸】：创建两个对象或点位置之间的线性距离的尺寸。

（9）【孔尺寸】：通过单一指引线为圆形特征标注直径尺寸。

（10）【直径尺寸】：对圆或圆弧的直径进行尺寸标注。使用【尺寸样式】对话框可将箭头定向至圆或圆弧的内部或外部。

（11）【半径尺寸】：创建一个半径尺寸。

（12）【过圆心的半径尺寸】：创建一个半径尺寸，该尺寸从圆弧中心绘制一条延伸线。

（13）【带折线的半径尺寸】：可为半径极大的圆弧创建半径尺寸，该半径的中心在绘图区之外。若中心在图纸之外，需要以缩短或折叠的方式显示半径。

（14）【厚度尺寸】：创建第一条曲线上的点与第二条曲线上的交点之间的距离。距离从第一条曲线上指定的点开始沿法向测量。

（15）【弧长尺寸】：创建弧长的尺寸。

（16）【水平链尺寸】：创建以端到端方式放置的多个水平尺寸。这些尺寸从前一个尺寸的延伸线连续延伸，从而形成一组成链尺寸。

（17）【竖直链尺寸】：创建以端到端方式放置的多个竖直尺寸。这些尺寸从前一个尺寸的延伸线连续延伸，从而形成一组成链尺寸。

（18）【水平基线尺寸】：创建一系列根据公共基线测量的关联水平尺寸。竖直偏置每个连续尺寸，以防止重叠上一个尺寸，所选的第一个对象定义公共基线。

（19）【竖直基线尺寸】：创建一系列根据公共基线测量的关联竖直尺寸。水平偏置每个连续尺寸，以防止重叠上一个尺寸，所选的第一个对象设置公共基线。

（20）【周长尺寸】：通过周长约束控制直线和圆弧的长度尺寸。

（21）【特征参数】：将孔和螺纹参数或草图尺寸继承到图纸页。

【尺寸标注】对话框，如图 7-38 所示，其图标含义如下所示。

图 7-38 【尺寸标注】对话框

（1）【值】：指定尺寸的公差值。可以从可用公差类型的列表中选择。

（2）【公差】：指定创建尺寸时的上限和下限公差值。

（3）【文本编辑器】：显示【文本编辑器】对话框以输入符号和附加文本。

（4）【直线位置选项】：用于为角度尺寸的创建选择或定义管理线。

（5）【结果】：显示角度尺寸的备选求解方案。

（6）【设置】：打开【尺寸样式】对话框，只显示应用于尺寸的属性页以及对设置的参数进行重置、恢复初始值。

（7）【驱动】：指出应将尺寸处理为草图尺寸还是文档尺寸，可在输入框中输入尺寸值。

（8）【层叠】：用于将新尺寸与图纸页上的其他注释堆叠。

（9）【对齐】：用于将新尺寸与图纸页上的其他注释自动水平或竖直对齐。

7.5.2　标注尺寸的一般步骤

（1）在创建任何尺寸之前，可以首先设置尺寸对象的局部首选项。选择【首选项】→【注释】，或单击【注释】工具栏上的【注释首选项】。

（2）在制图应用模块中，选择【插入】→【尺寸】，选择要创建的尺寸类型，或在【尺寸】工具栏上单击所需要的尺寸图标按钮。选择您想标注尺寸的对象。在放置尺寸之前，可以使用快捷菜单选项控制尺寸的显示和位置。如果要与其他注释叠放尺寸，则在对话框中选择【层叠注释】图标按钮。如果要与其他注释竖直或水平对齐尺寸，则在对话框中选择【水平或竖直对齐】图标按钮。

（3）单击鼠标左键以【放置尺寸】，系统在指定的位置创建一个尺寸标注。

7.6　注释和标签设置

工程图的标注是反映零件尺寸和公差信息的最重要方式，利用标注功能，用户可以向工程图中添加尺寸、形位公差、制图符号、粗糙度、基准和文本注释等内容。

7.6.1　注释设置

单击菜单【插入】→【注释】→【注释】，弹出如图 7-39 所示的【注释】对话框，通过注释可以向工程图中添加文本、制图符号等。

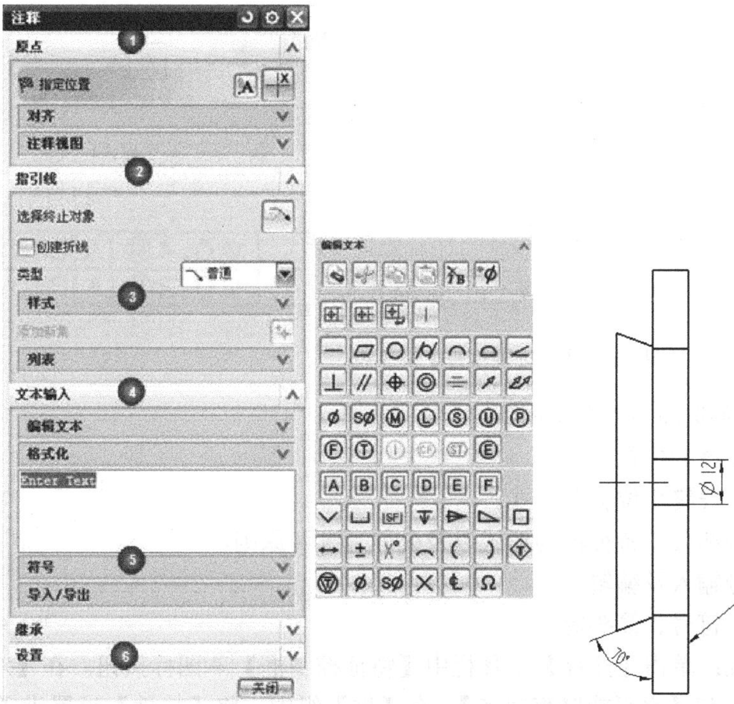

图 7-39 【注释】对话框

【注释】对话框中各选项主要含义如下。

（1）【原点】：用于指定注释的位置。

（2）【指引线】：设置指引线终止位置及样式。

（3）【样式】：设定箭头的样式及短画线长度。

（4）【文本输入】：文本、符号输入及编辑。

（5）【符号】：制图符号、公差符号等符号输入。

（6）【设置】：设置文本的倾斜角度、字体宽度及文本对齐方式。

7.6.2 形位公差设置

单击菜单【插入】→【注释】→【特征控制框】，弹出如图 7-40 所示的【特征控制框】对话框，通过此对话框可以向工程图中添加形位公差等。

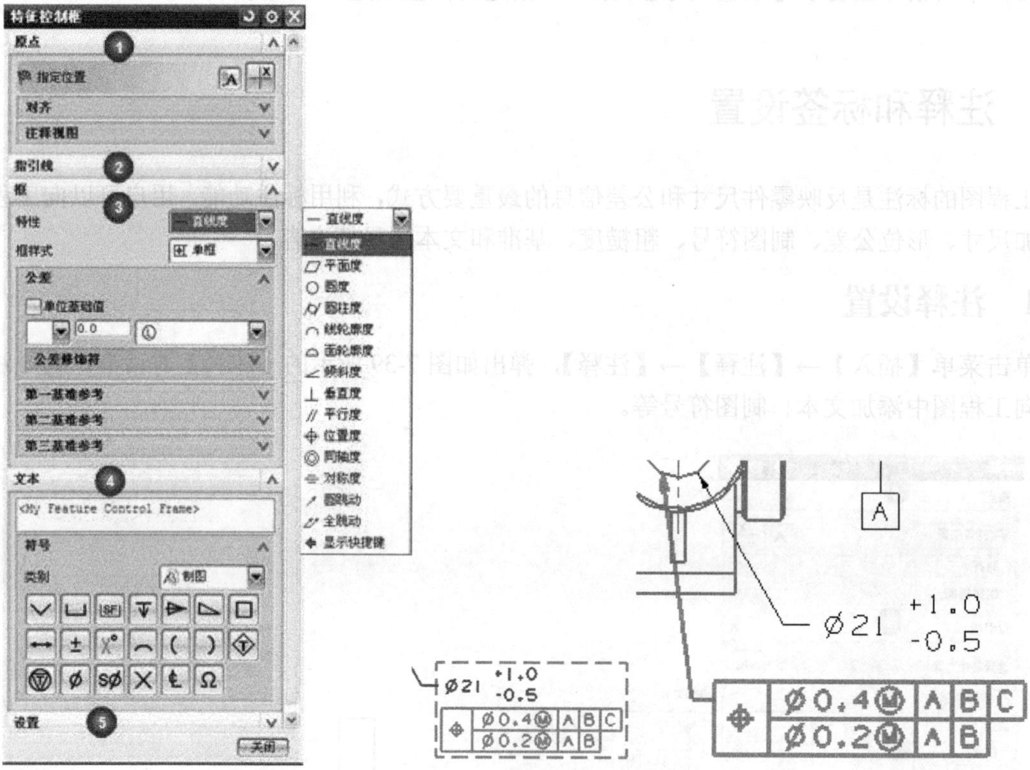

图 7-40 【特征控制框】对话框

【特征控制框】对话框中各选项主要含义如下。

（1）【原点】：用于指定注释的位置。

（2）【指引线】：设置指引线终止位置及样式。

（3）【框】：设定公差符号和公差特征框的形式以及公差基准和原则。

（4）【文本】：文本、符号输入及编辑。

（5）【设置】：设置文字、符号、箭头等。

形位公差创建的基本步骤：单击【注释】工具栏中【特征控制框】图标按钮。在【对齐】组选项中，选择【层叠注释】和【水平或竖直对齐】。在【框】组中，将【特性】设置为【位置度】，将【框样式】设置为【复合框】。确保框 1 在列表中高亮显示。设置公差选项，将【公差形状】设置为【直径】。在【公差值】框中输入公差值。将【公差材料修饰符】设置为【最佳材料状况】Ⓜ。将【第一基准参考】设置为 A，将【第二基准参考】设置为 B，将【第三基准参考】设置为 C。从【列表】框中选择【Frame 2】。根据需要设置公差和基准参考，【公差】设置为 0.2，【第一基准参考】是 A，【第二基准参考】是 B。【符号】类型选择定位形位公差，使其在孔尺寸下方层叠。在【指引线】组中，单击选择【终止对象】，然后单击孔边缘以附加指引线。确保在选择孔边缘之前，选择条中的【曲线上的点】选项可用。在【指引线】组中，将【指引线类型】设置为【基准】，然后单击【孔尺寸短画线】并拖动以定位。

7.6.3　表面粗糙度设置

单击菜单【插入】→【注释】→【表面粗糙度】，弹出如图 7-41 所示的【表面粗糙度】对话框。

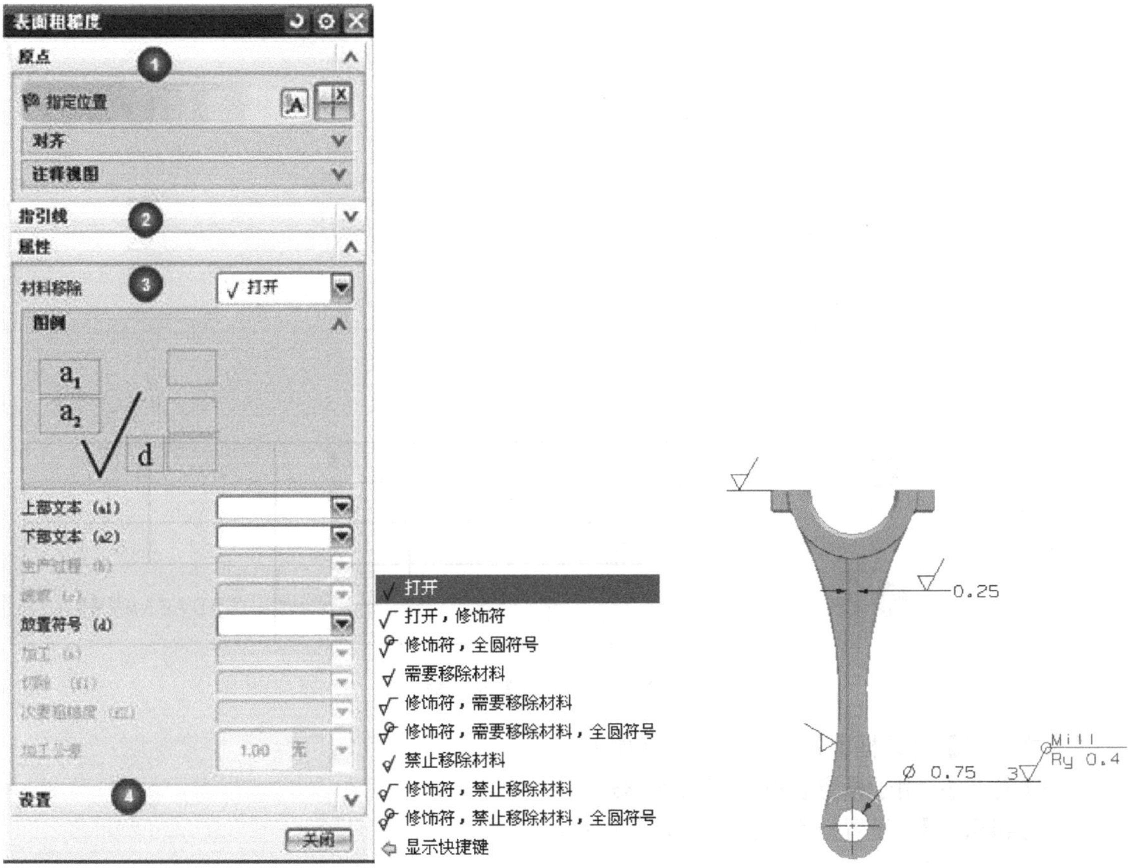

图 7-41　【表面粗糙度】对话框

【表面粗糙度】对话框中各选项主要含义如下。

（1）【原点】：用于指定注释的位置。

（2）【指引线】：设置指引线终止位置及样式。

（3）【属性】：设定材料去除方式、符号类型、粗糙度值大小等。

（4）【设置】：设置文本的倾斜角度、尺寸、文字、单位及粗糙度符号等。

7.7　表格设置

通过表格设置可以插入表格和创建标题栏、零件明细表。单击菜单【插入】→【表格】→【表格注释】，弹出如图 7-42 所示的【表格注释】对话框。

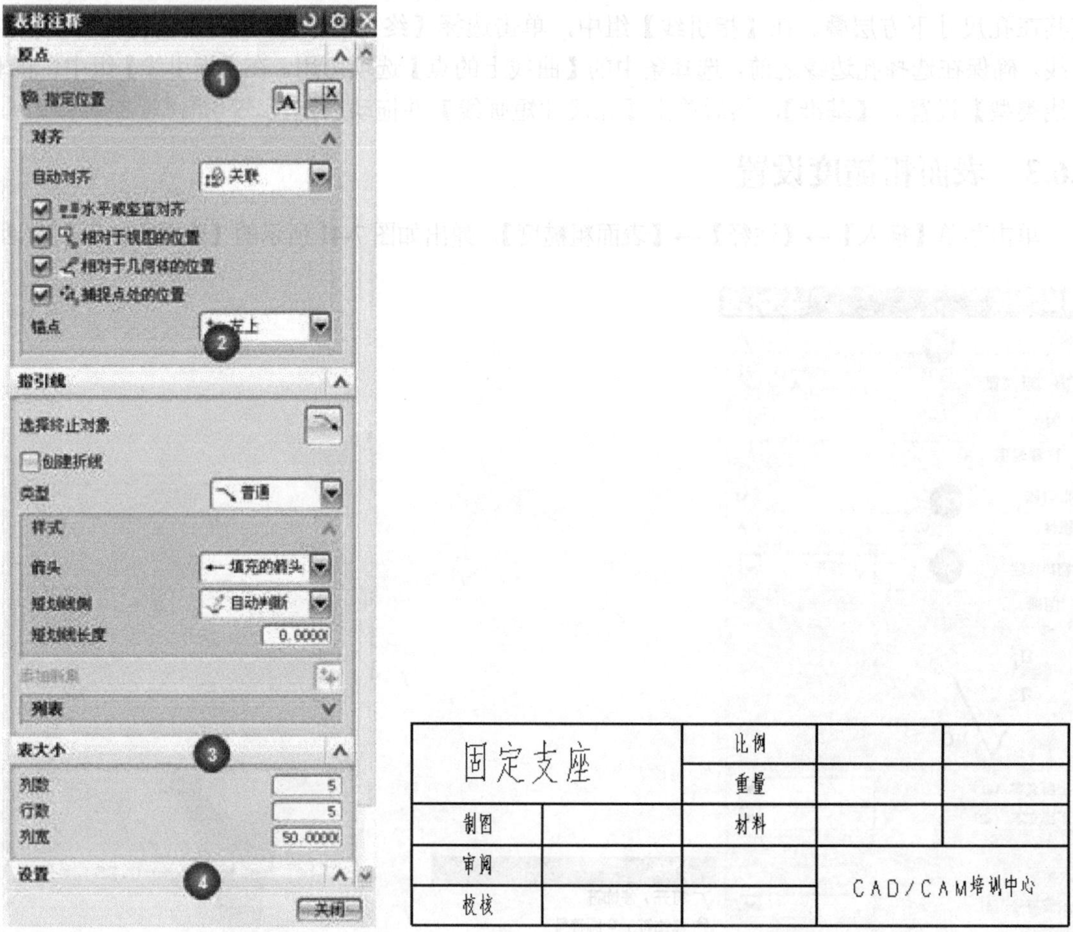

图 7-42 【表格注释】对话框

【表格注释】对话框中各选项主要含义如下。

（1）【对齐】：用于指定表格对齐放置形式。

（2）【指引线】：设置指引线终止位置及样式。

（3）【表大小】：设定表格行列数及大小。

（4）【设置】：设置文字、单元格、截面、注释等内容。

7.8 参数设置

单击菜单【首选项】→【制图】，弹出如图 7-43 所示的【制图首选项】对话框，通常除【视图】选项卡中的【边界】选项外，其他采用默认设置。

7.8.1 视图显示参数设置

单击菜单【首选项】→【视图】，弹出如图 7-44 所示的【视图首选项】对话框。该对话框中各选项卡具体含义如下。

（1）【隐藏线】：用于设置隐藏线的颜色、线型、线宽等显示参数，还可设置参考边线、重接边等是否显示。

（2）【可见线】：用于设置轮廓线的颜色，线型和线宽等显示属性。一般接受默认设置。

（3）【光顺边】：设置光滑边线的显示方式。

（4）【虚拟交线】：设置相交虚线的显示方式，一般接受默认设置。

（5）【截面线】：设置剖面线的显示属性。

① 【背景】：选中，则显示剖视图的背景色，反之，则不显示。

② 【剖面线】：选中，则显示剖面线。

③ 【隐藏剖面线】：选中，则隐藏剖面线。

④ 【装配剖面线】：选中，则装配部件中相邻部件中剖面线方向相反。

（6）【螺纹】：设置螺纹的显示属性。

（7）【基本】：用于设置通用显示选项属性。

① 【轮廓线】：设置外形轮廓在视图中的显示方式。

② 【UV 栅格】：选中，则在视图中显示 UV 网格。

③ 【公差】：设置轮廓线的曲线弦高公差，公差值越小，则显示的轮廓曲线越精确。

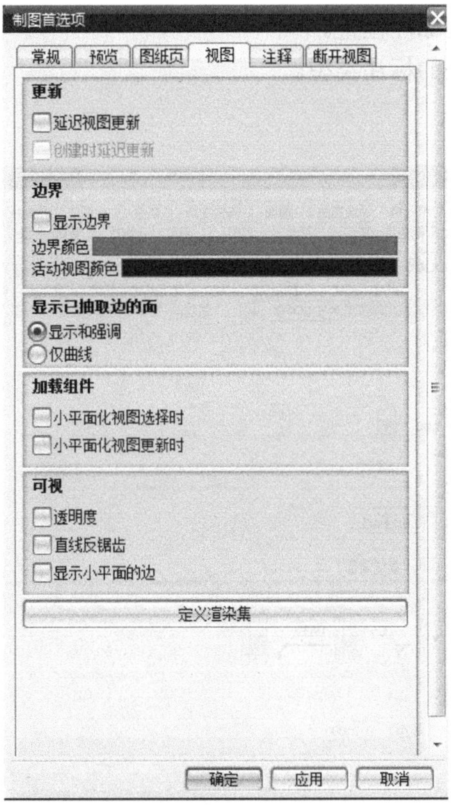

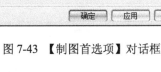

图 7-43 【制图首选项】对话框

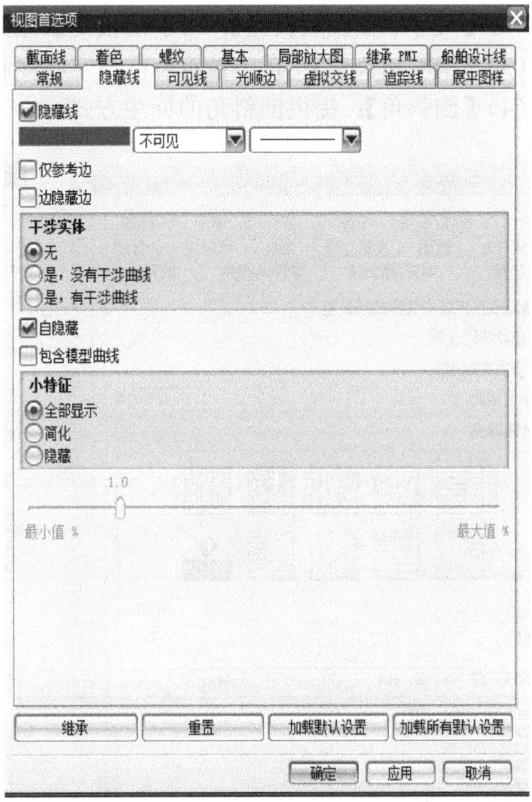

图 7-44 【视图首选项】对话框

7.8.2　标注参数预设置

单击菜单【首选项】→【注释】，弹出如图 7-45 所示的【注释首选项】对话框。

该对话框中各主要选项卡的含义具体如下。

1. 剖面线参数设置

单击【填充/剖面线】选项卡，如图 7-45 所示。

(1)【剖面线和区域填充边界曲线公差】：输入公差越小，剖面线边界将与剖面线越接近。
(2)【区域填充】：指定或修改填充的图样。
①【比例】：设置填充图样的比例。
②【角度】：设置填充图样的旋转角度。
(3)【剖面线角度及间距设置】
①【距离】：设置剖面线间隔距离。
②【角度】：设置剖面线角度，一般为45°。
(4) 颜色：设置填充图样和剖面线的颜色。
(5) 宽度：设置剖面线的宽度。

2. 尺寸参数设置

单击【尺寸】选项卡，如图 7-46 所示。

(1)【尺寸线设置】：可设置是否显示引出线和箭头。
(2)【尺寸放置参数设置】：可手动指定放置文本的标注位置。
(3)【精度和公差】：在下拉组合框指定精度和公差的标注类型。
(4)【倒斜角】：提供倒斜角的标注方式。

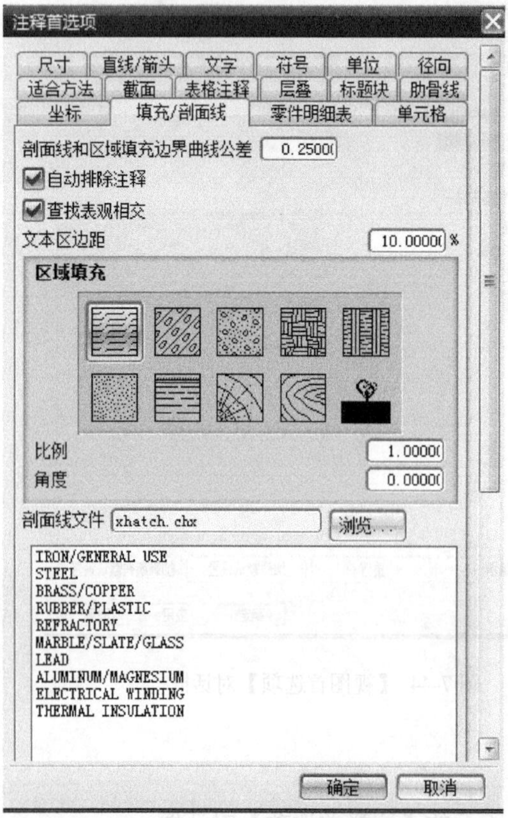

图 7-45 【填充/剖面线】选项卡

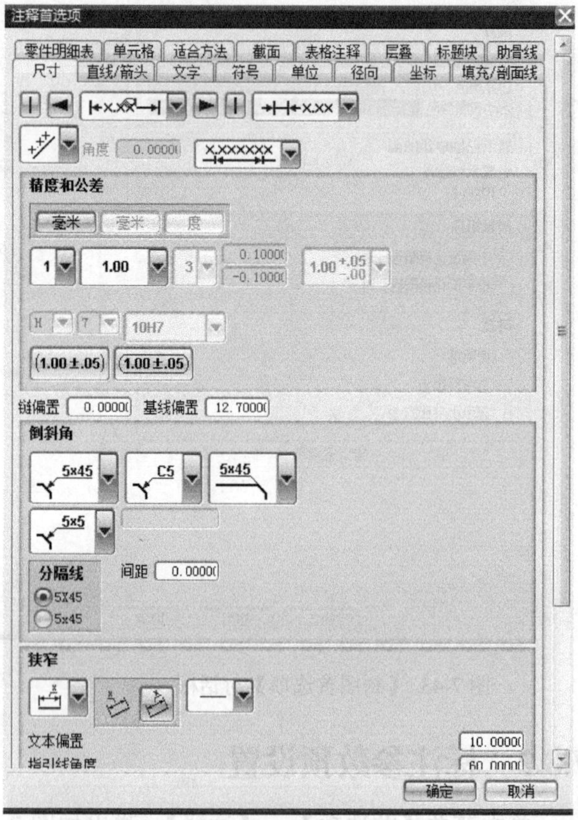

图 7-46 【尺寸】选项卡

3．箭头参数设置

通过【直线/箭头】选项卡可以设置尺寸线与箭头的形状参数、显示颜色、线型和宽度等，如图 7-47 所示。

4．字符参数设置

通过【文字】选项卡可以设置文字的对齐方式、字体类型、字号大小、字符集及颜色等，如图 7-48 所示。

5．单位设置

通过【单位】选项卡可以进行公英制单位转化及尺寸显示格式设置。

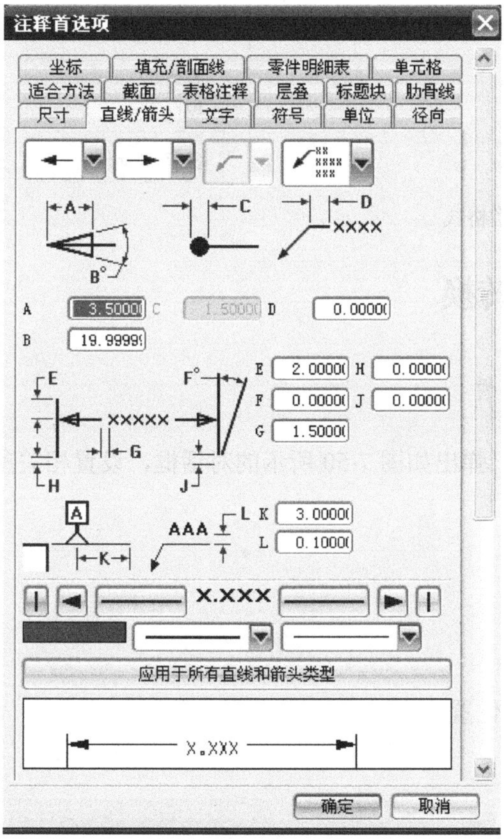

图 7-47 【直线/箭头】选项卡

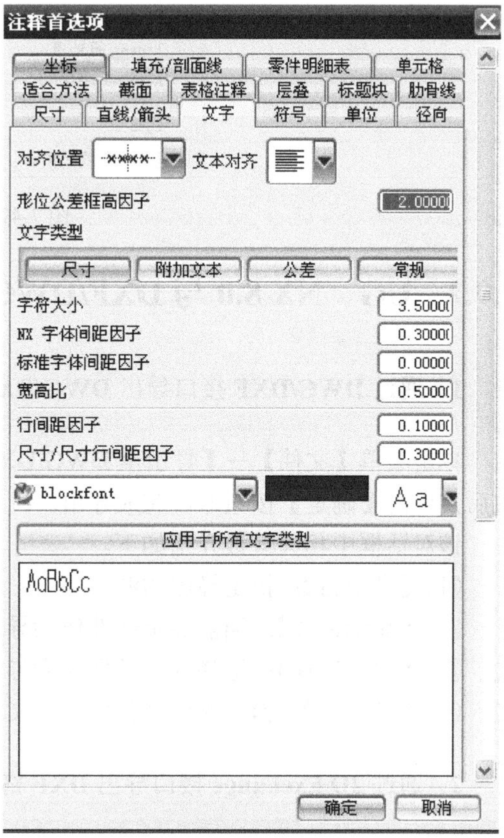

图 7-48 【文字】选项卡

7.9　数据转换

7.9.1　概述

由于目前 CAD/CAM/CAE 软件很多，如 UG NX 8.0、CATIA、Pro/E 等。不同的 CAD/CAM/CAE

软件的数据格式并不一致，因此就存在不同软件间的数据交换问题。

UG NX 8.0 以文件的输入和输出方式实现数据转换。UG NX 8.0 可输入的数据格式有 CGM、DXF、STL、IGES、STEP 等常用数据格式，如图 7-49 所示。通过这些数据格式可与 AutoCAD、Solid Edge、ANSYS 等软件进行数据交换。

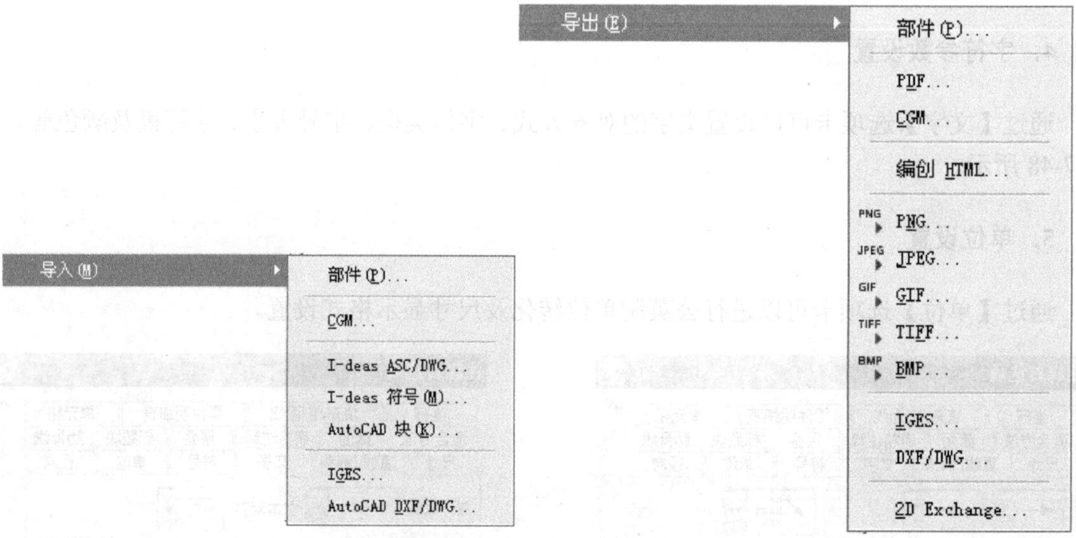

图 7-49　数据交换格式

7.9.2　UG　NX 8.0 与 DXF/DWG 格式转换

1．通过 DWG/DXF 接口导出 DWG/DXF 格式文件

单击菜单【文件】→【导出至 DWG/DXF 选项】，弹出如图 7-50 所示的对话框，设置相关参数后，单击【确定】按钮即可完成导出。

该对话框中相关参数介绍如下。

（1）【导出自】：指定导出的源。

① 【显示部件】：当前显示部件作为导出源。

② 【现有部件】：选择其他部件作为导出源。

（2）【导出至】：指定输出文件格式及文件的输出位置。

2．通过 2D Exchange 接口导出 DXF 格式文件

操作步骤与【DWG/DXF】接口导出基本相同。通过【2D Exchange】接口导出比【DWG/DXF】接口导出速度更快，效果更好，推荐采用此接口导出。

3．导入 AutoCAD DXF/DWG 格式

单击【文件】/【导入】/【AutoCAD DXF/DWG】，弹出如图 7-51 所示的对话框。设置相关参数后，单击【确定】按钮即可完成导入。

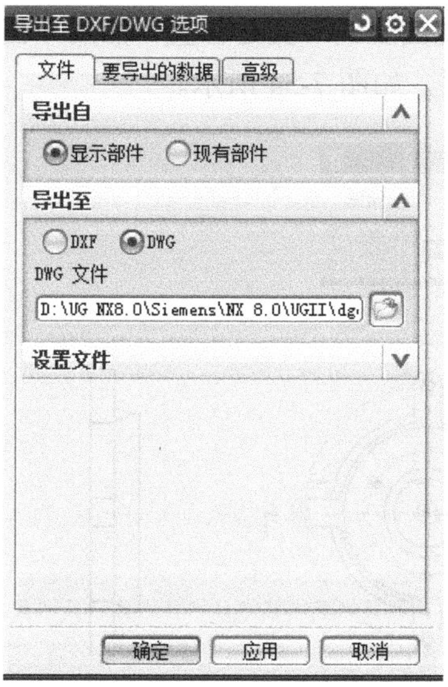

图 7-50 【导出至 DWG/DXF 选项】对话框

图 7-51 【AutoCAD DXF/DWG 导入向导】对话框

7.10　固定支座工程图案例

启动【UG NX 8.0】，打开模型，单击【开始】→【制图】，或按组合键【Ctrl+Shift+D】切换进入工程图环境。单击【新建图纸页】图标按钮，弹出【图纸页】对话框，【大小】选择【标准尺寸】，图纸大小选为【A3】，取消【自动启动视图创建】勾选，如图 7-52 所示。

单击【基本视图】图标按钮，在图纸适当位置单击创建主视图和左视图，如图 7-53 所示。

图 7-52 【图纸页】对话框

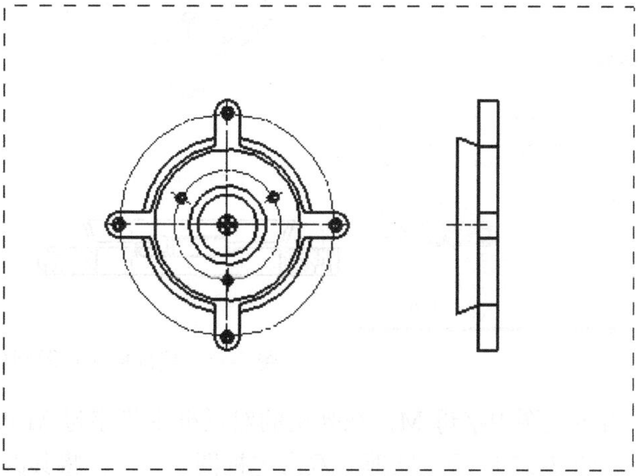

图 7-53　基本视图创建

选择主视图，然后单击【剖视图】图标按钮，单击主视图上的 a 圆心位置，然后单击对话框中的【截面线】按钮，选择 b，c 两圆心点，创建剖视图，如图 7-54 所示。

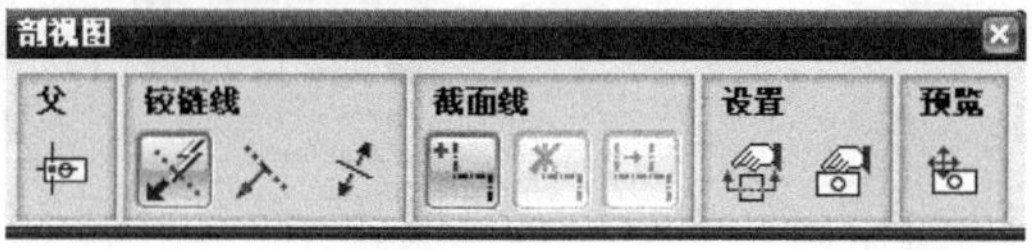

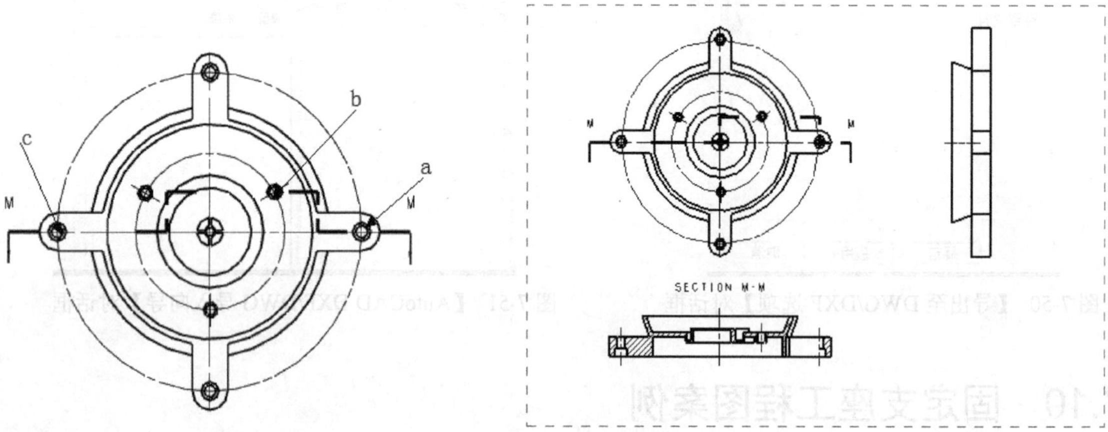

图 7-54　剖视图创建

单击【局部放大图】图标按钮，在主视图中心单击，拖动鼠标选择一个合适大小的圆边界，然后放置视图，完成后如图 7-55 所示。然后，再次单击【局部放大图】图标按钮，在对话框中将【比例】选为【2:1】，然后单击主视图中左边第二个孔中心，操作如图 7-56 所示。

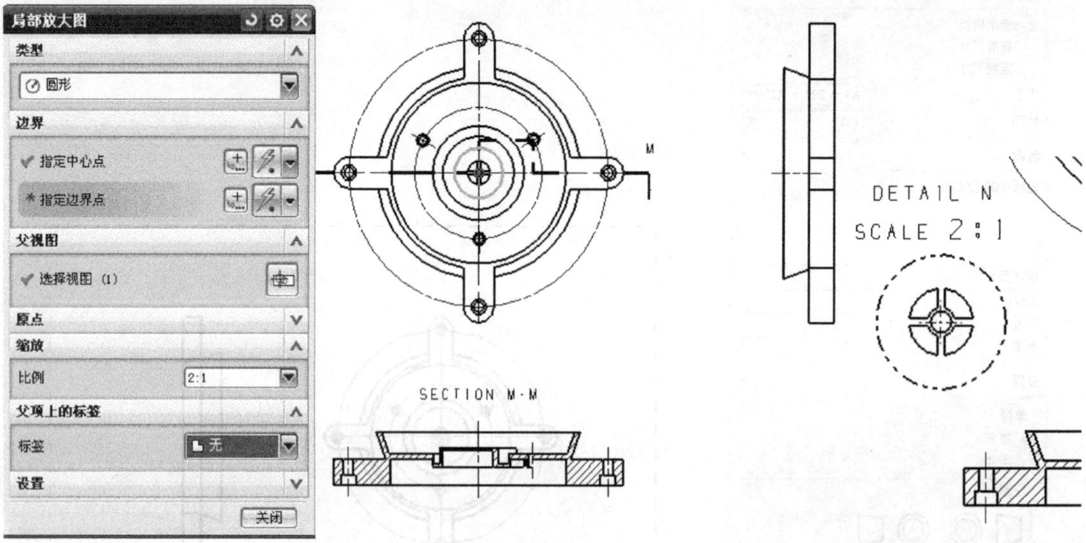

图 7-55　局部放大视图创建 1

双击主视图中字母 M，在弹出的对话框中将字母 M 改为 A，在【父视图】下选择，对话框设置如图 7-57 所示。同理，双击主视图字母 P，将其改为 B，将字母 N 修改为 C，如图 7-58 所示。

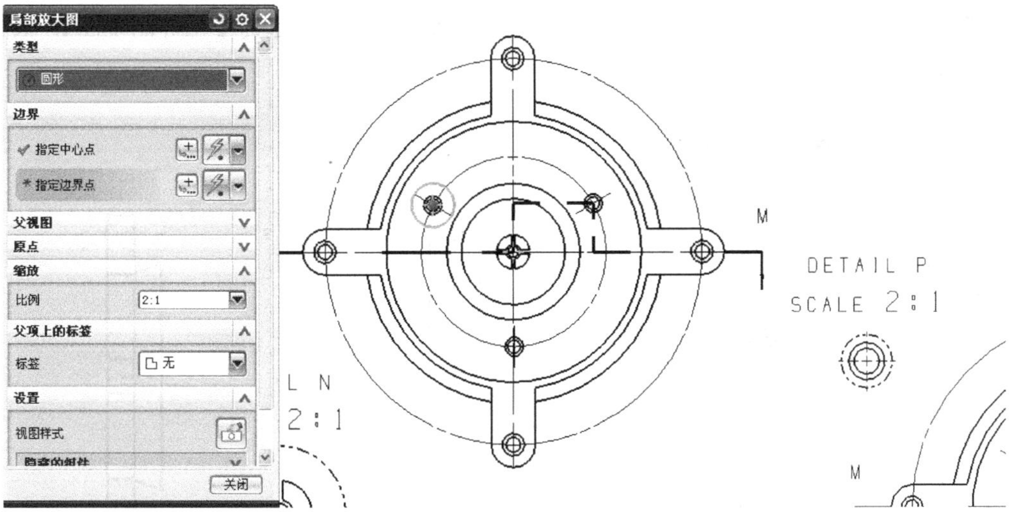

图 7-56　局部放大视图创建 2

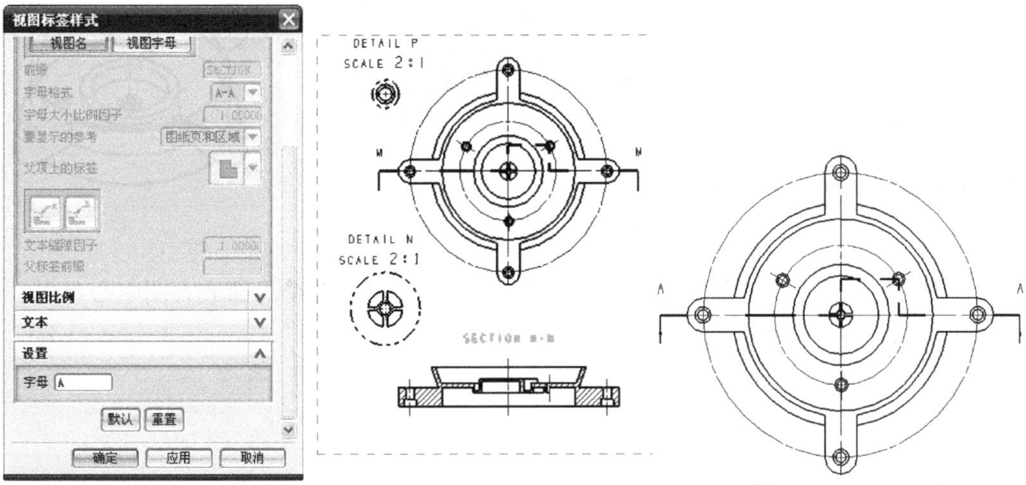

图 7-57　视图标签编辑 1

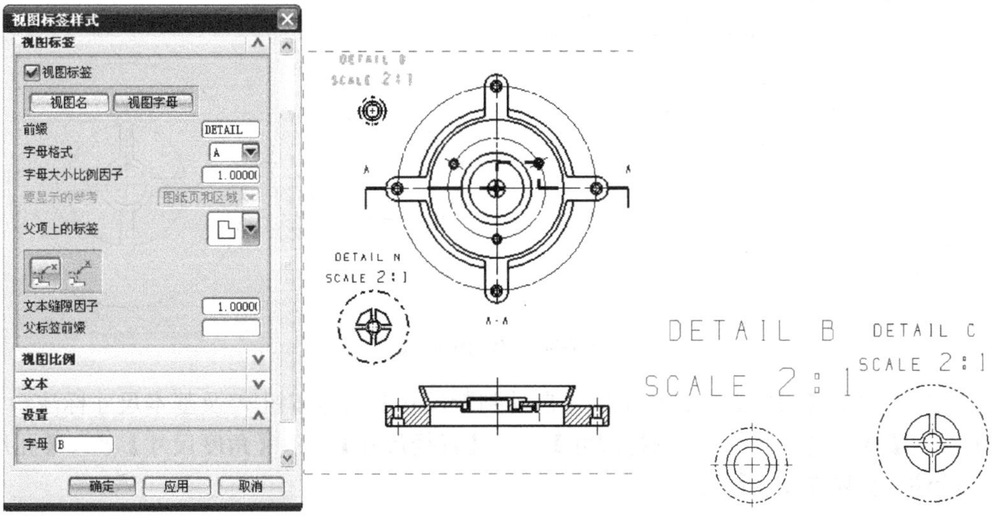

图 7-58　视图标签编辑 2

单击【图纸】工具栏上【基本视图】图标按钮，【模型视图】选为【正等测视图】，其他参数接受默认参数，创建完成后如图 7-59 所示。

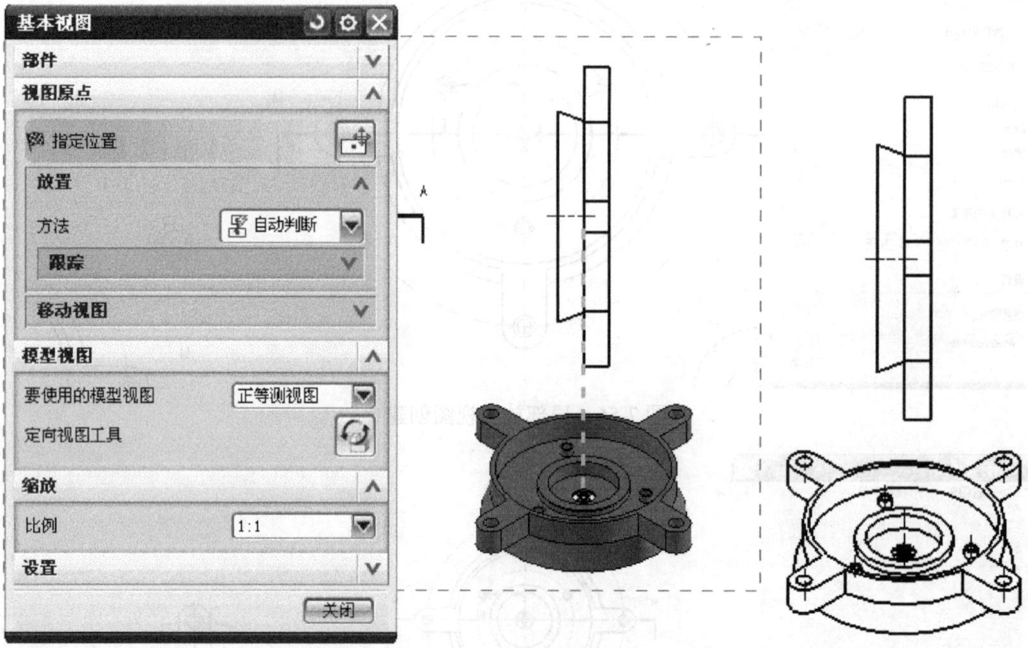

图 7-59 添加正等测视图

单击【插入】→【中心线】→【中心标记】，分别在创建的两个局部放大图中心单击，完成中心线创建，如图 7-60 所示。

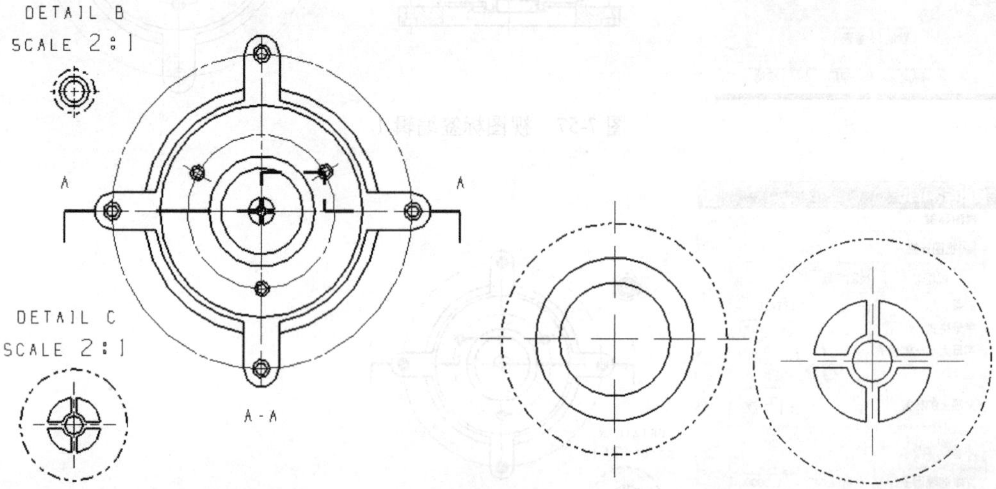

图 7-60 添加中心线

标注尺寸：单击【尺寸】工具栏上的【自动判断尺寸】图标按钮及基本尺寸标注、【水平尺寸】、【竖直尺寸】、【圆柱尺寸】、【直径尺寸】、【角度尺寸】、【孔尺寸】按钮进行标注，如图 7-61 所示。

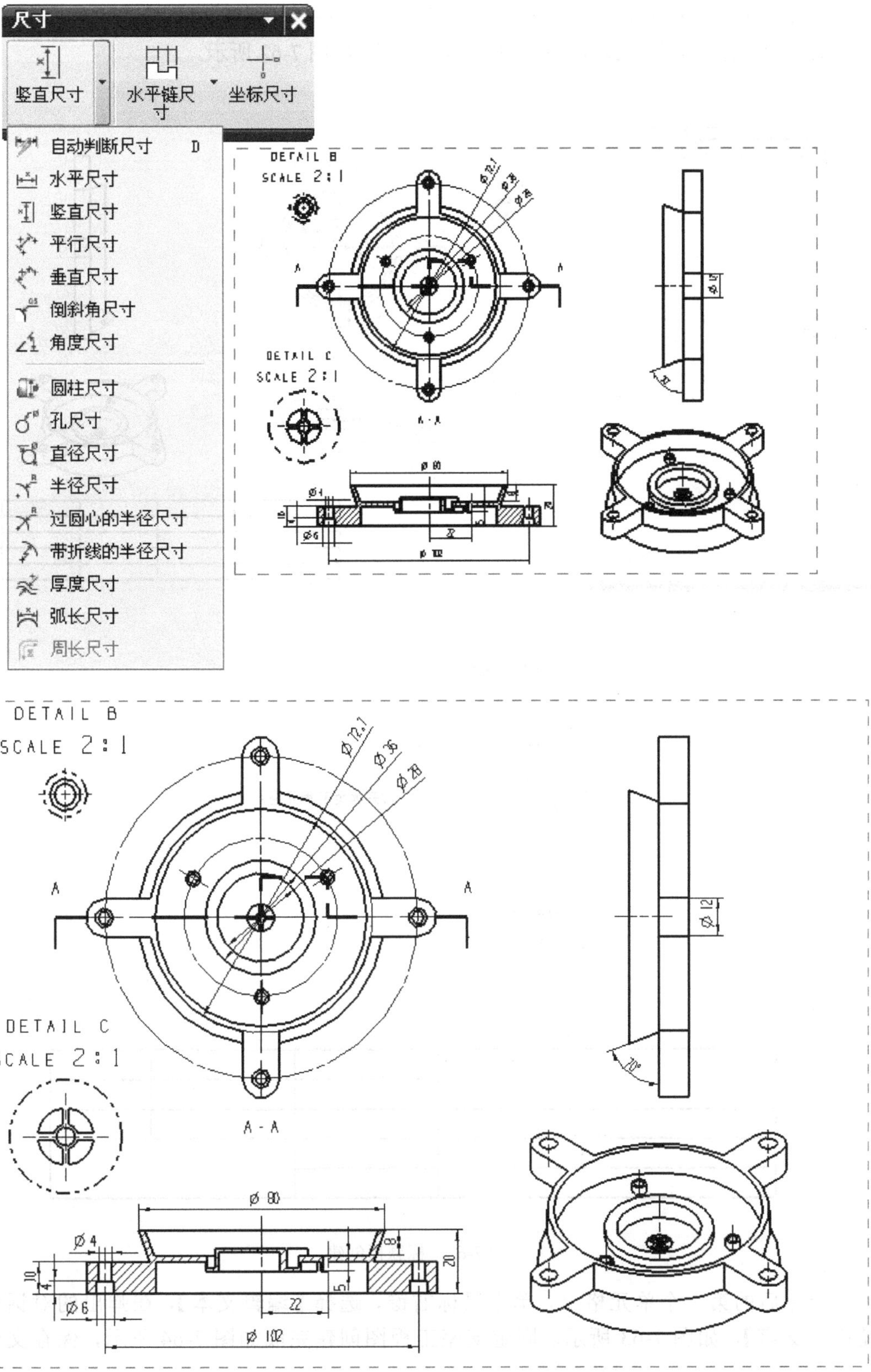
尺寸
竖直尺寸
水平链尺寸
坐标尺寸
自动判断尺寸　D
水平尺寸
竖直尺寸
平行尺寸
垂直尺寸
倒斜角尺寸
角度尺寸
圆柱尺寸
孔尺寸
直径尺寸
半径尺寸
过圆心的半径尺寸
带折线的半径尺寸
厚度尺寸
弧长尺寸
周长尺寸
DETAIL B
SCALE 2:1
DETAIL C
SCALE 2:1
A
A
A - A
ø 72.1
ø 36
ø 28
ø 12
70°
ø 80
ø 4
8
20
10
4
5
ø 6
22
ø 102

图 7-61　设计尺寸标注

单击菜单【插入】→【表格】→【表格注释】，然后将鼠标移动到图纸右下角，在要合并的单元格上拖动鼠标，再单击鼠标右键，选择【合并】，如图 7-62 所示。

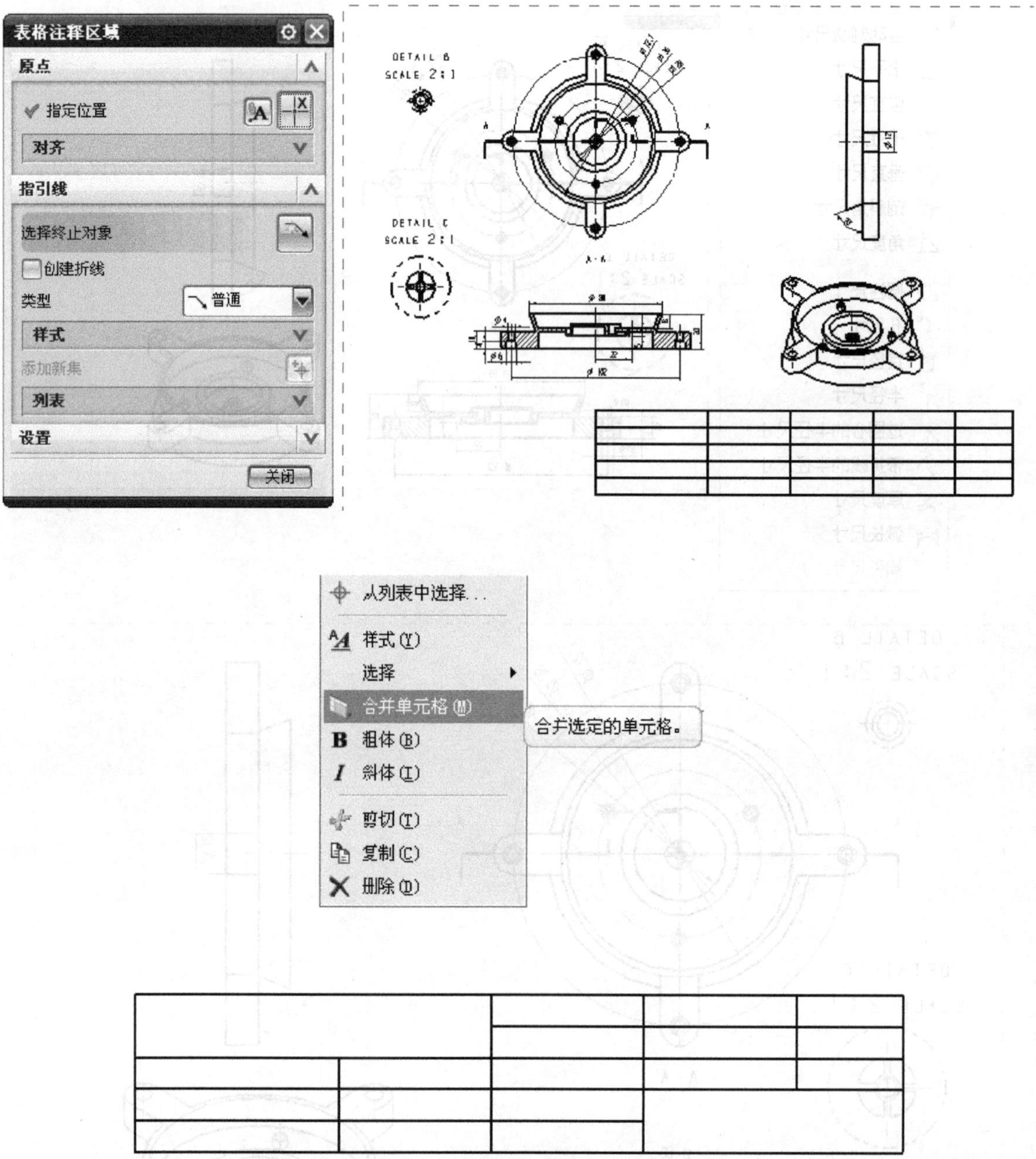

图 7-62　标题栏创建

在合并后的第一个单元格上，单击鼠标右键，选择【编辑文本】，在弹出的对话框中输入【固定支座】，如图 7-63 所示。固定支座工程图创建完成如图 7-64 所示，保存文件并退出。

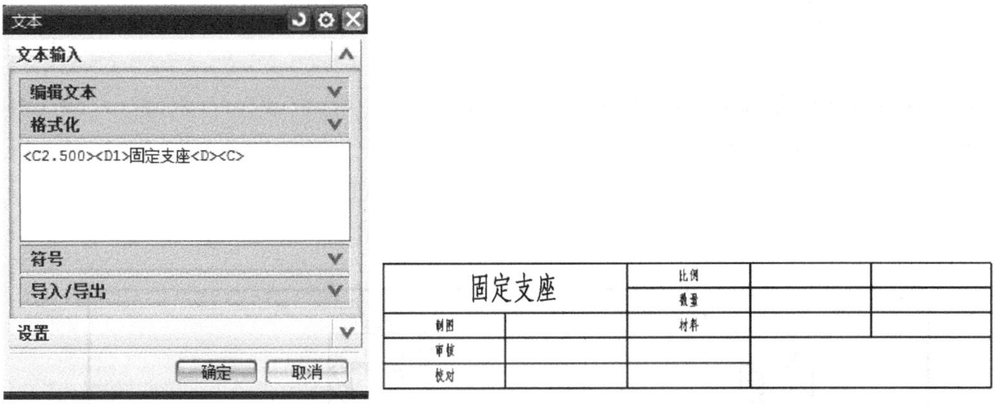

图 7-63　标题栏文本创建

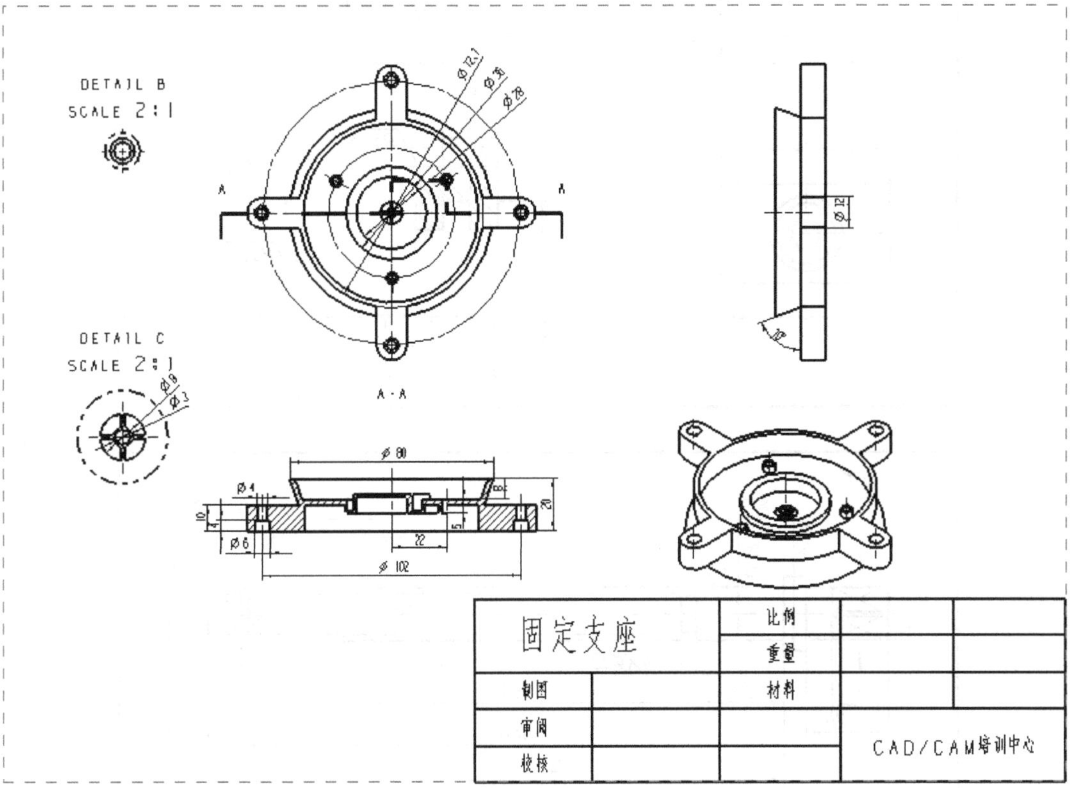

图 7-64　固定支座工程图

7.11　本章小结

本章主要讲解了工程图设计基础知识，包括图纸页的管理、视图的生成、尺寸和注释、标注以及表格、零件明细表的管理等。而视图的表达、标注则是本章的重点。望读者能够通过反复练习，加深操作步骤的记忆。

本章最后通过案例比较完整地讲解了工程图操作的步骤。通过命令使用和操作流程，最终让读者学会并能够根据设计需求，表达出合理、准确、完整的工程图纸。

7.12 思考与练习

1. 基本视图创建的基本方法有哪些？具体如何操作？
2. 形位公差如何标注？粗糙度如何设置？
3. 数据转换格式有哪些？UG NX 8.0 能够接受哪些格式的数据文件？
4. 完成以下零件的 3D 模型以及工程图，如图 7-65 所示。

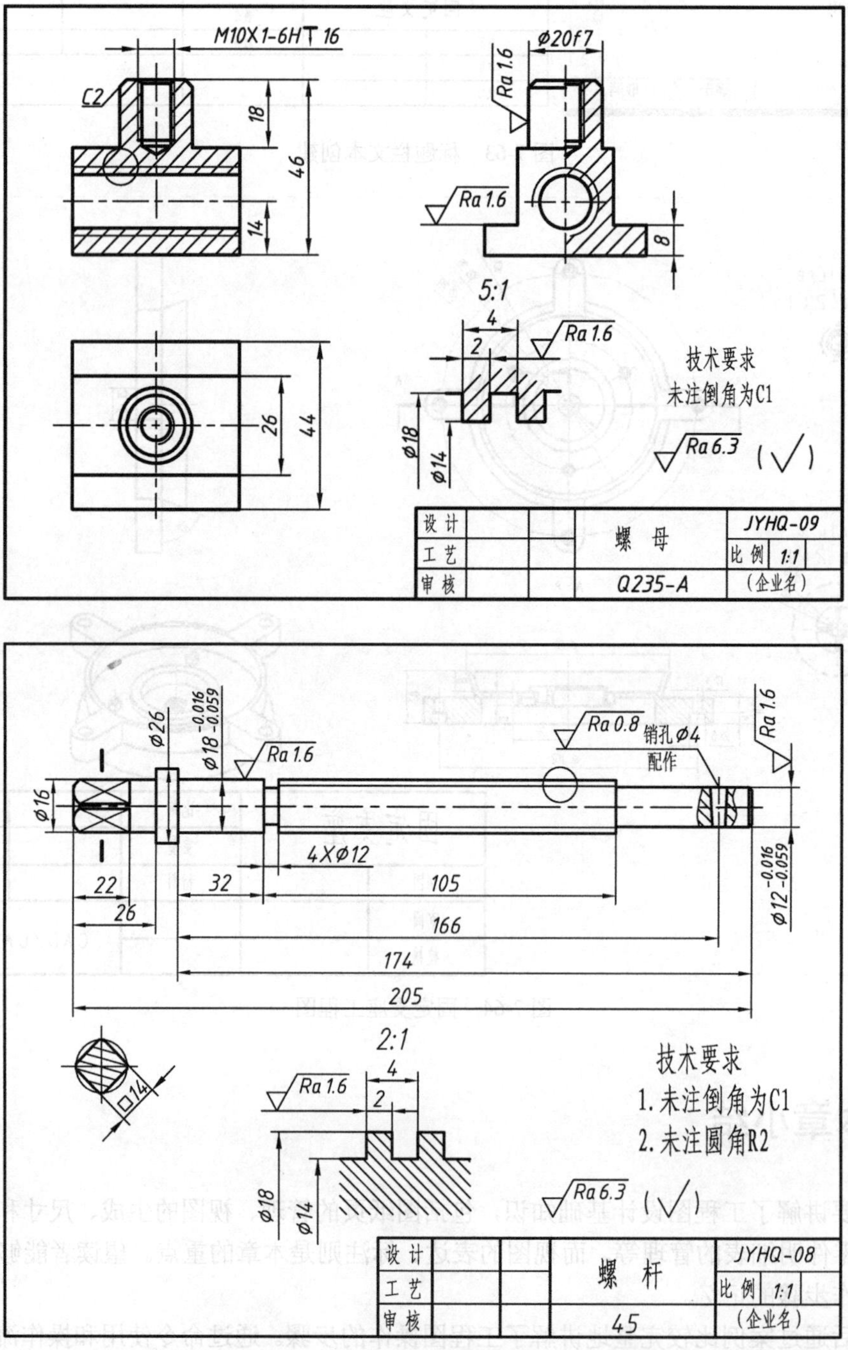

图 7-65 思考与练习题 4 轴套类零件工程图

第8章　装 配 设 计

本章知识导读

装配是把零部件进行组织和定位形成产品的过程，通过装配可以形成产品的总体结构、检查部件之间是否发生干涉、建立爆炸视图以及绘制装配工程图。UG NX 8.0 装配模块采用虚拟装配模式快速将零部件组合成产品，在装配中建立部件之间的链接关系，当零部件被修改后，则引用它的装配部件自动更新。

本章主要介绍 UG NX 8.0 装配技术，包括装配结构与建模方法、装配约束、自底向上装配、自顶向下装配、爆炸图等。本章最后通过一个操作实例，练习本章所学的基本操作并了解 UG NX 8.0 的操作流程。

本章学习内容

- 熟悉 UG NX 8.0 装配概念和方法；
- 掌握 UG NX 8.0 装配导航器；
- 掌握自底向上装配技术；
- 掌握自顶向下装配技术；
- 掌握装配引用集；
- 掌握部件间建模技术；
- 掌握装配爆炸图技术。

8.1　装配功能介绍

装配模块是 UG NX 8.0 集成环境中的一个模块，用于实现将零部件模型装配成一个最终的产品模型，或者从装配开始产品的设计。

8.1.1　UG NX 8.0 装配概述

UG NX 8.0 装配是一种虚拟装配，将一个零部件模型引入到一个装配模型中，并不是将该部件模型的所有数据【复制】或【移动】过来，而只是建立装配模型与被引用零部件模型文件之间的引用关系（或链接），即有一个指针从装配模型指向被引用的每一个部件，它们之间保持关联性。一旦被引用的部件模型进行了修改，其装配模型也会随之更新。

一个装配中可以引用一个或多个零件模型文件，也可以引用一个或多个子装配模型文件，同时它也可以作为另一个装配模型文件的一个组件。为了描述简单起见，将每个文件所表示的模型都称为“部件（Part）”，而不管它是一个零件模型还是一个子装配模型。

UG NX 8.0 装配模块的主要特点可概括如下：

✧ 零部件几何体只是被虚拟指向了装配文件，而不是复制到装配文件中。避免了组件几何体数据的重复，减小了装配模型文件的规模，也为装配模型的修改与自动更新提供了可能。
✧ 用户可以利用【自底向上】和【自顶向下】两种装配方法来完成产品的装配与部件建模。从而使产品的总体设计与详细设计可以同步和穿插进行，提高了设计效率与准确性。
✧ 组件与装配之间始终保持相关性，装配模型会自动更新以反映被引用部件的最新版本。
✧ 通过指定组件之间的约束关系，在装配中可利用配对条件来对各组件进行定位。
✧ 在 UG NX 8.0 的其他模块中同样可以利用装配，特别是在【平面工程图】和【数控加工】模块中。当装配模型发生变化时，相应的平面工程图和数控加工刀轨也能保持相关性而自动更新。

8.1.2 装配术语

在装配操作中经常会用到一些装配术语，下面简单介绍这些常用基本术语的含义。

1．装配（Assembly）

装配是把单个零部件通过约束组装成具有一定功能的产品的过程。

2．装配部件（Assembly Part）

装配部件是由零件和子装配构成的部件。在 UG NX 8.0 中，允许向任何一个 Part 文件中添加组件构成装配，因此，任何一个“*.prt”格式的文件都可以当作装配部件或子装配部件来使用。零件和部件不必严格区分。需要注意的是，当存储一个装配时，各部件的实际几何数据并不是存储在装配部件文件中，而是存储在相应的部件文件中。

3．子装配（Subassembly）

子装配是指在更高一层的装配件中作为组件的一个装配，它也拥有自己的组件。子装配是一个相对的概念，任何一个装配都可以在更高级的装配中用作子装配。

4．组件对象（Component Object）

组件对象是一个从装配部件链接到部件主模型的指针实体，指在一个装配中以某个位置和方向对部件的使用。在装配中每一个组件仅仅含有一个指针指向它的主几何体（引用组件部件）。组件对象记录的信息有部件名称、层、颜色、线型、装配约束等。

5．组件（Component）

组件是指装配中引用到的部件，它可以是单个部件，也可以是一个子装配。组件是由装配部件引用而不是复制到装配部件中的，实际几何体被存储在零件的部件文件中。如图 8-1 所示为装配、组件与子装配之间的关系。

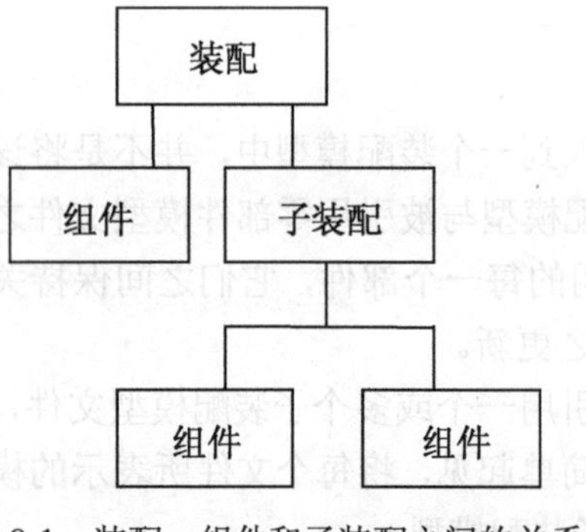

图 8-1　装配、组件和子装配之间的关系

6．单个部件（Part）

单个部件是指在装配外存在的部件几何模型，它可以添加到一个装配中去，也可以单独存在，但它本身不能含有下级组件。

7．装配引用集（Reference Set）

在装配中，由于各部件含有草图、基准平面及其他的辅助图形数据，若在装配中显示所有数据，一方面容易混淆图形，另一方面引用的部件的所有数据需要占用大量内存，会影响运行速度。因此通过引用集可以简化组件的图形显示。

8．装配约束（Mating Condition）

装配约束是装配中用来确定组件间的相互位置和方位的，它是通过一个或多个关联约束来实现的。在两个组件之间可以建立一个或多个装配约束，用以部分或完全确定一个组件相对于其他组件的位置与方位。

9．上下文设计（Design in Context）

上下文设计是指在装配环境中对装配部件的创建设计和编辑。即在装配建模过程中，可对装配中的任一组件进行添加几何对象、特征编辑等操作，可以以其他的组件对象作为参照对象，进行该组件的设计和编辑工作。

10．主模型

主模型（Master Model）是供 UG NX 8.0 模块共同引用的部件模型。同一主模型，可同时被工程图、装配、加工、机构分析和有限元分析等模块引用，当主模型修改时，相关应用自动更新，如图 8-2 所示。当主模型修改时，有限元分析、工程图、装配和加工等应用都根据部件主模型的改变自动更新。

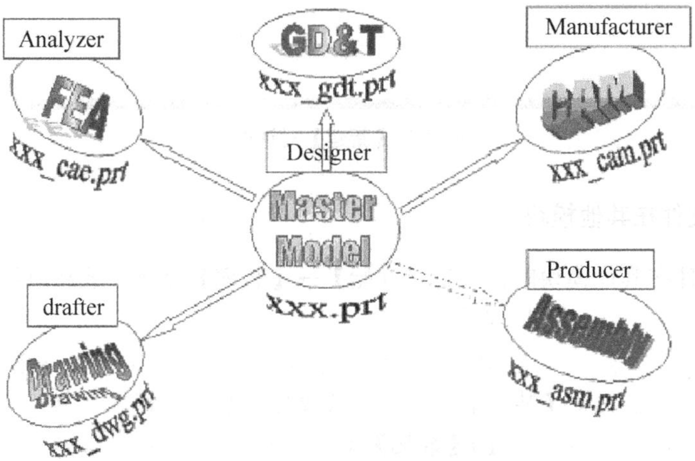

图 8-2　主模型

8.1.3　装配用户界面

要装配零部件，首先要进入装配模块，UG NX 8.0 装配设计是在【装配模块】下进行的，常用以下两种形式进入装配模块。

1．没有开启任何装配文件

当系统没有开启任何装配文件时，执行【文件】→【新建】命令，弹出【新建】对话框，在【模型】选项卡中选择【装配】模板，在【名称】文本框中输入装配文件名称，并在【文件夹】编辑框中选择装配文件放置位置，然后单击【确定】按钮进入装配模块，如图 8-3 所示。

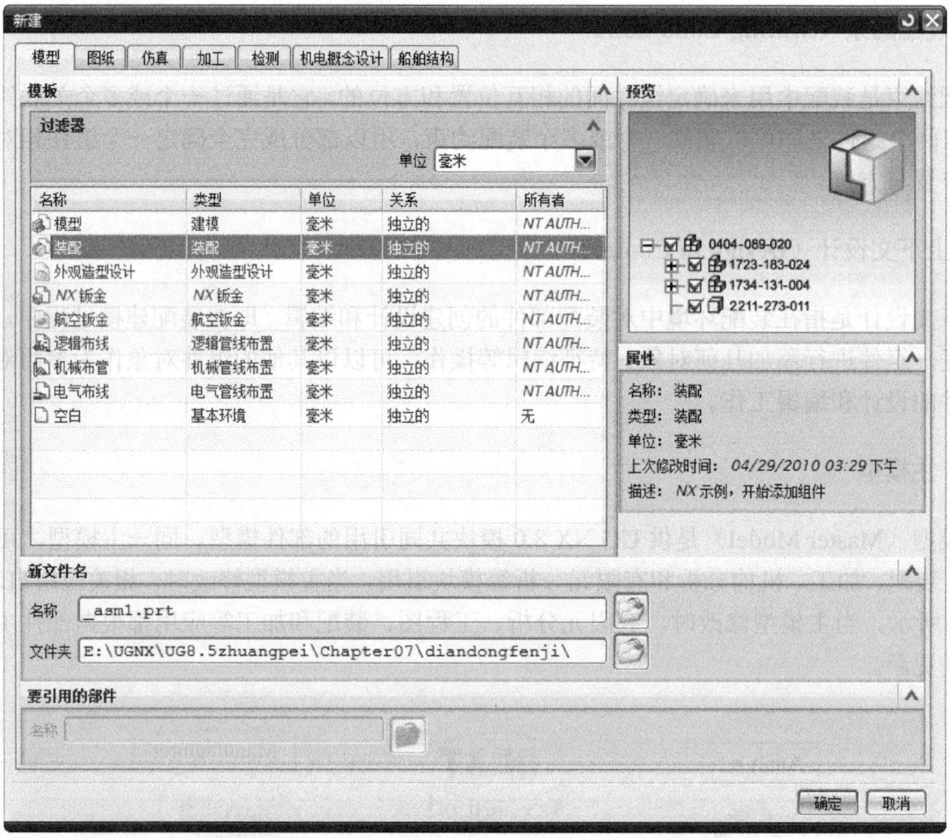

图 8-3 【新建】对话框

2．开启装配文件在其他模块

当开启装配文件在其他模块时，执行【开始】→【装配】命令，系统可切换到装配模块，如图 8-4 所示。

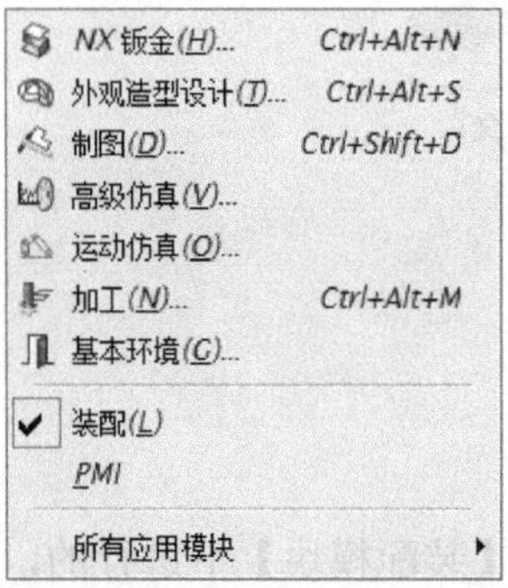

图 8-4 【装配】命令

装配模块依托于现有模块图形界面，并增加了【装配】菜单、【装配】工具栏和【爆炸图】工具栏。

1）【装配】菜单

进入装配模块后，在菜单中增加了【装配】菜单，该菜单集中了所有装配设计命令，如图 8-5 所示。当在工具栏中没有相关命令时，可选择该菜单中的命令。

2）【格式】菜单

在【格式】菜单中有【引用集】选项用于装配引用集操作与控制，如图 8-6 所示。

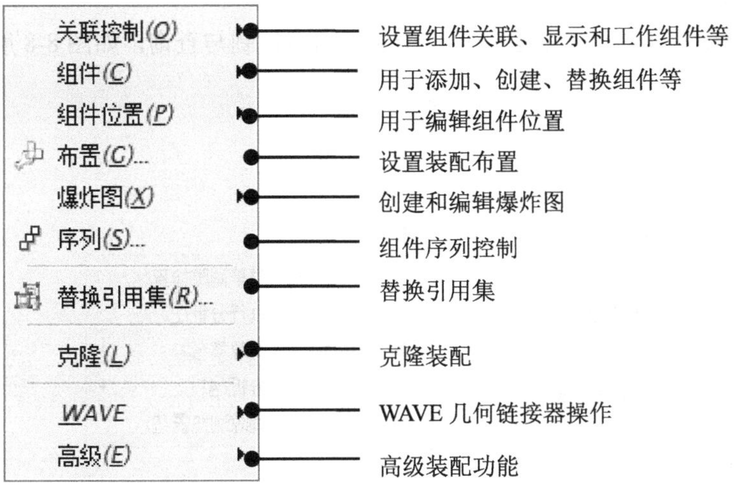

图 8-5 【装配】菜单

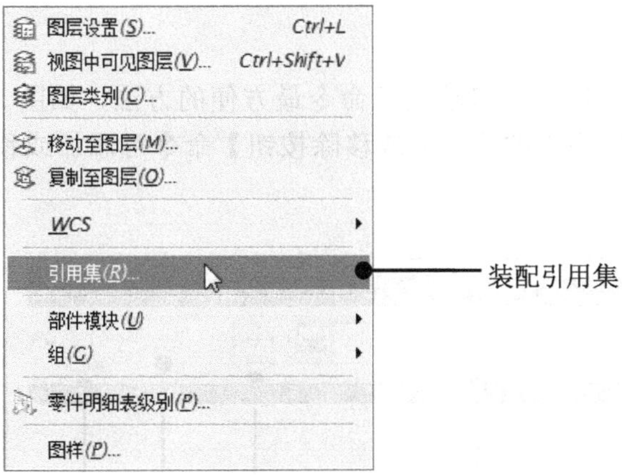

图 8-6 【格式】菜单

3)【信息】菜单

在【信息】菜单中有【装配】选项用于装配信息查询，如图 8-7 所示。

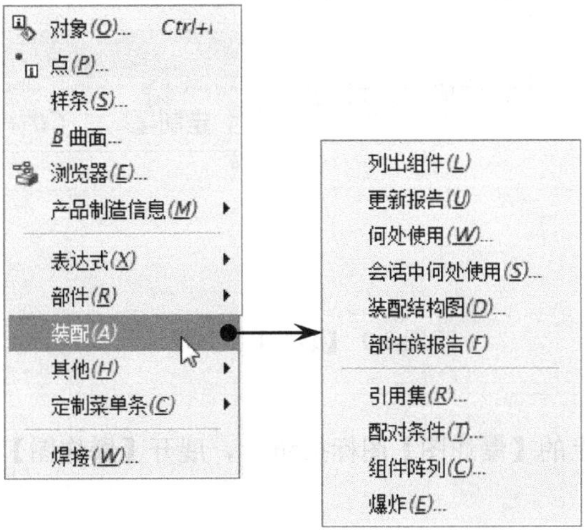

图 8-7 【信息】菜单

4)【分析】菜单

在【分析】菜单中有【装配间隙】选项用于装配间隙控制与查询，如图 8-8 所示。

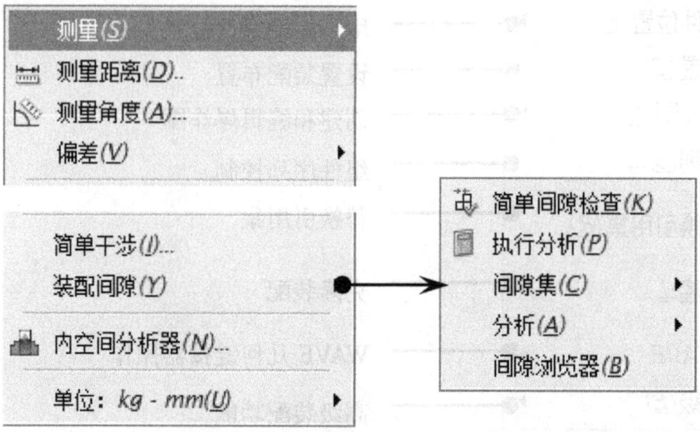

图 8-8 【分析】菜单

5)【装配】工具栏

利用【装配】工具栏命令按钮是启动装配命令最方便的方法，如图 8-9 所示。单击工具栏右上角的▼图标按钮，利用弹出的【添加或移除按钮】命令可添加或移除所需的装配命令按钮。

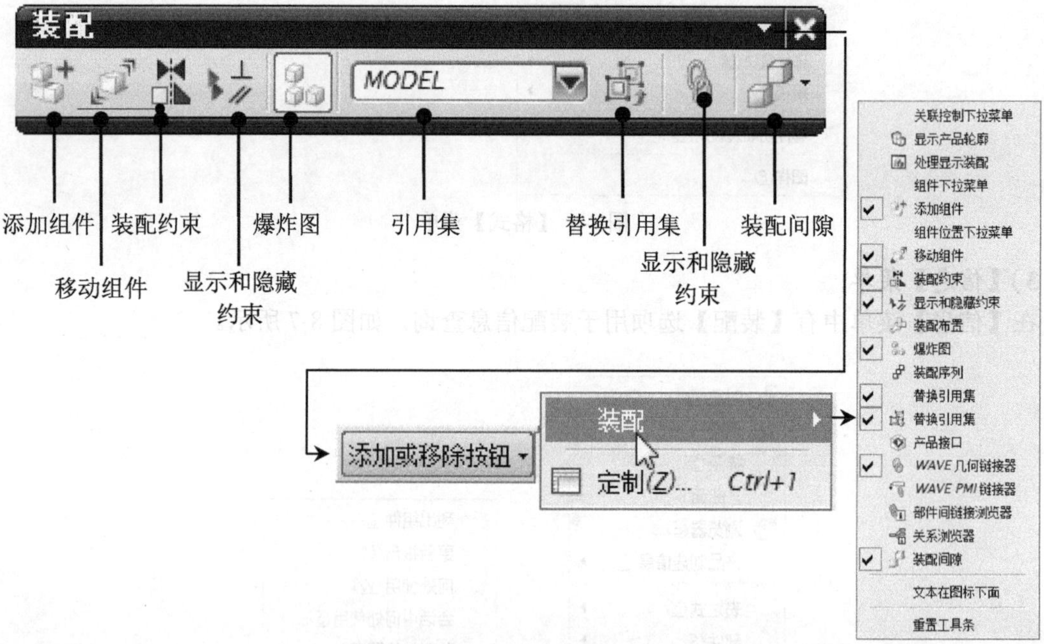

图 8-9 【装配】工具栏

6)【爆炸图】工具栏

单击【装配】工具栏上的【爆炸图】图标按钮，展开【爆炸图】工具栏，用于创建和编辑爆炸图，如图 8-10 所示。

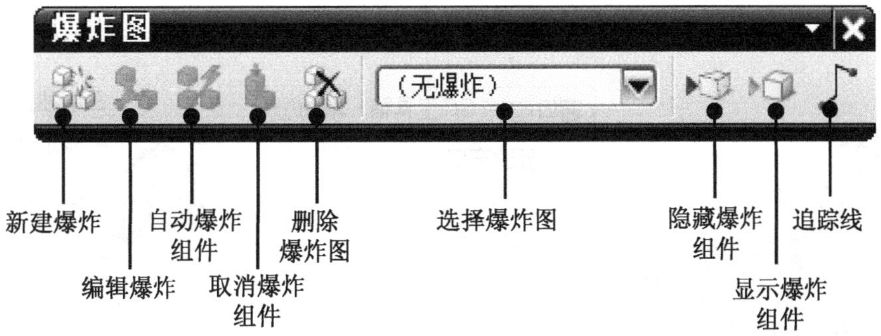

图 8-10 【爆炸图】工具栏

8.1.4 装配的一般思路

在 UG NX 8.0 中，产品的装配有三种方法，即自底向上装配、自顶向下装配、混合装配。

1．自底向上装配

自底向上装配是真实装配过程的一种体现。在该装配方法中，需要先创建装配模块中所需的所有部件几何模型，然后再将这些部件依次通过配对条件进行约束，使其装配成所需的部件或产品。部件文件的建立和编辑只能在独立于其上层装配的情况下进行，因此，一旦组件的部件文件发生变化，那么所有使用了该组件的装配文件在打开时将会自动更新以反映部件所做的改变。

2．自顶向下装配

自顶向下装配是由装配体向下形成子装配体和组件的装配方法。它是在装配层次上建立和编辑组件的，主要用在上下文设计中，即在装配中参照其他零部件对当前工作部件进行设计，装配层上几何对象的变化会立即反映在各自的组件文件上。

3．混合装配

混合装配是将自顶向下装配和自底向上装配组合在一起的装配方法。

在实际装配建模过程中，不必拘泥于某一种特定的方法，可以根据实际建模需要灵活穿插使用这两种方法，即混合装配。也就是说，可以先孤立地建立零件的模型，以后再将其加入到装配中，即自底向上的装配；也可以直接在装配层建立零件的模型，边装配边建立部件模型，即自顶向下的装配，可以随时在两种方法之间进行切换。

8.1.5 装配中部件的不同状态

在一个装配中部件有不同的工作方式，根据工作方式的不同分为显示部件和工作部件。

8.1.5.1 显示部件（Display Part）

显示部件是指在图形窗口中显示的部件、组件和装配等。在 UG NX 8.0 界面中，显示部件的文件名称显示在图形窗口的标题栏上，常采用以下 3 种方法。

1.【窗口】菜单命令法

如果要显示的部件已经打开，可选择菜单【窗口】→【XXXX.prt】命令，系统将所选部件在单独的窗口打开并显示出来，如图 8-11 所示。

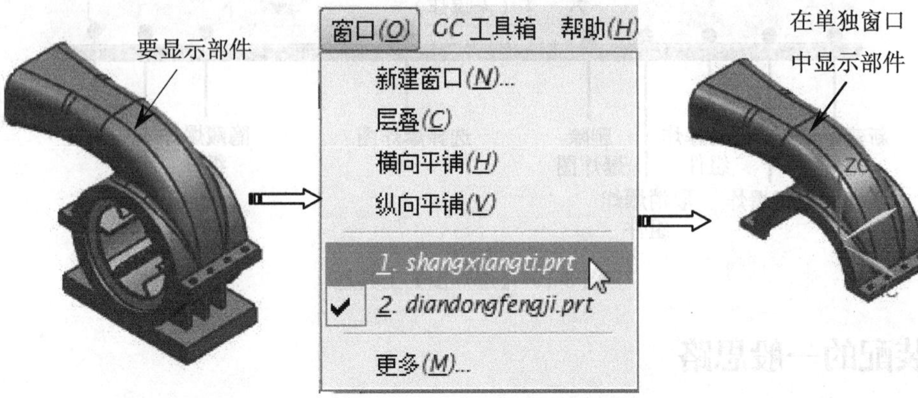

图 8-11 【窗口】菜单命令法

2.【装配导航器】法

在【装配导航器】上选中要显示的部件，单击鼠标右键，在弹出的快捷菜单中选择【设为显示部件】命令，系统将所选部件在单独的窗口打开并显示出来，如图 8-12 所示。

3.【装配】菜单命令法

选择要显示的组件，然后选择菜单【装配】→【关联控制】→【设置显示部件】命令，系统将所选部件在单独的窗口打开并显示出来，如图 8-13 所示。

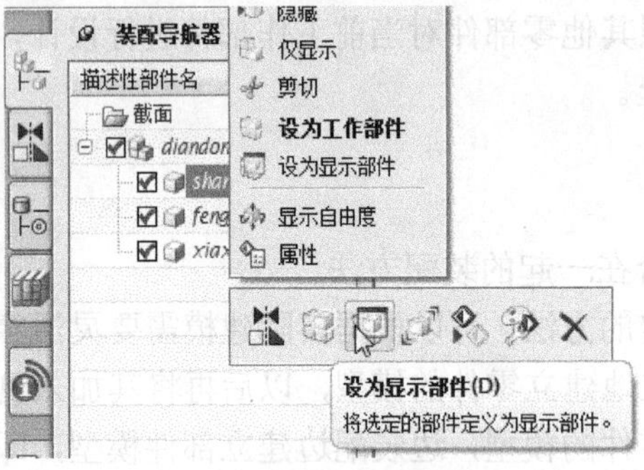

图 8-12 【装配导航器】法

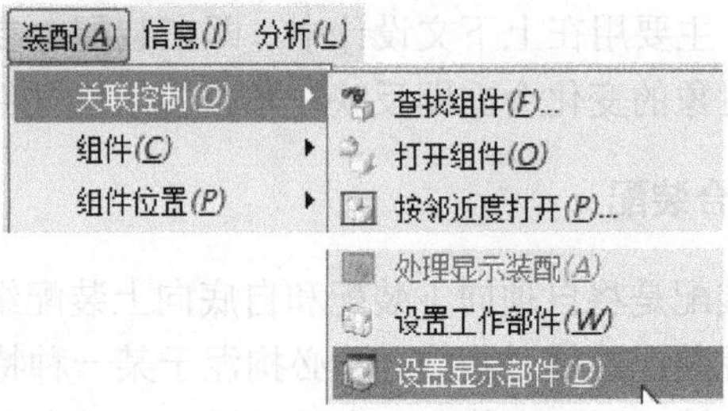

图 8-13 【装配】菜单命令法

8.1.5.2 工作部件

工作部件是正在创建并编辑几何对象的部件，工作部件的文件名称显示在窗口标题栏上。如果显示部件是一个装配部件，工作部件是其中一个部件，此时其他部件变为灰色显示以示区别，工作部件以自身颜色显示以示加强，成为工作部件就可以对该部件进行编辑，如生成草图、生成新的特征等。

下面介绍两种在装配体中设置工作部件的方法。

1.【装配导航器】法

在【装配导航器】上选中要显示的部件，单击鼠标右键，在弹出的快捷菜单中选择【设为工作部件】命令，当前选择的组件将成为工作部件，其他组件变暗，高亮显示的组件就是当前工作部件，如图 8-14 所示。

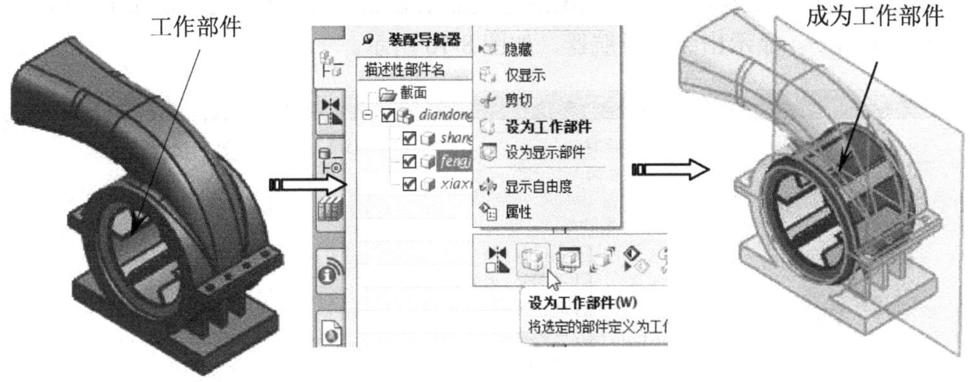

图 8-14 【装配导航器】法

2.【装配】菜单命令法

选择要设置为工作部件的组件，然后选择菜单【装配】→【关联控制】→【设置工作部件】命令，当前选择的组件将成为工作部件，其他组件变暗，高亮显示的组件就是当前工作部件，如图 8-15 所示。

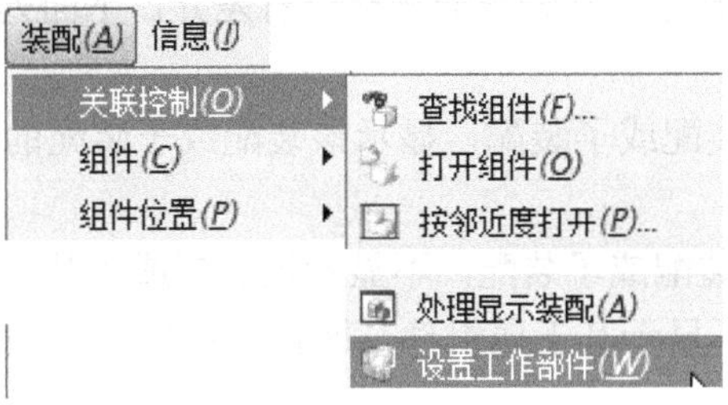

图 8-15 【装配】菜单命令法

> **提示：** 只有工作部件才能进行编辑和修改。工作部件可以是显示部件，也可以是装配中的任何组件。若当前状态显示的是一个零部件，而不是一个装配部件，则工作部件与显示部件一致。

8.2 装配导航器

装配导航器（Assemblies Navigator）是一种装配结构的图形显示界面，又称为“装配树”，它不仅能非常清楚地表示出装配中各个组件的装配关系，而且能让用户在必要时快速而方便地选取和操纵各个组件部件。例如，可以用装配导航器来选择组件，改变【工作部件】、【显示部件】，以及【隐藏与显示组件】、【编辑约束】等。

8.2.1 概述

【装配导航器】是在独立窗口中以树状图形方式显示装配结构，单击【资源条】窗口中的【装配导航器】图标按钮，显示出装配导航器，如图 8-16 所示。

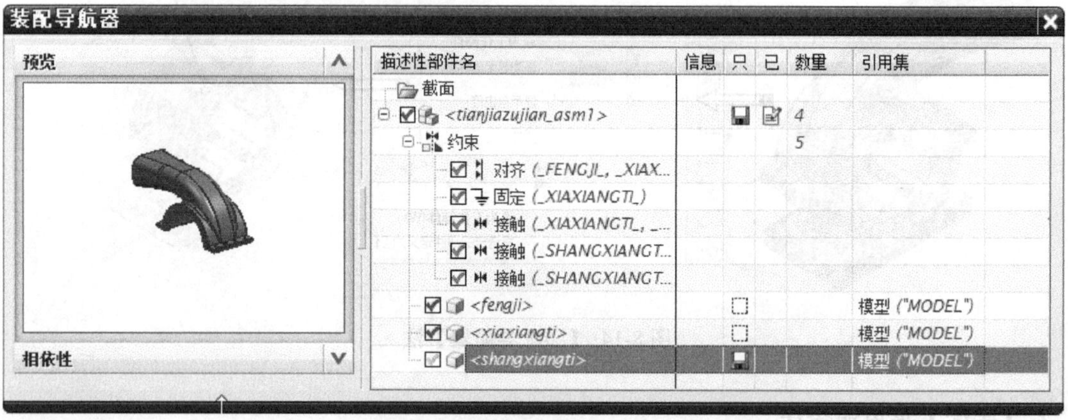

图 8-16 【装配导航器】窗口

在【装配导航器】中第一个节点表示顶层装配部件，其下方的每一个节点均表示装配中的一个组件部件，在其后都相应列出了部件名称、引用数量、引用集名称等参数。

在装配导航器中，为了便于识别各个节点，装配中的子装配和部件分别用不同的图标表示。同时，对装配件或部件的不同状态，其表示的图标也有差异，下面列出【装配导航器】窗口中的各图标含义。

- ✧ ⊞：单击该图标展开装配或子装配，显示该装配或子装配的所属部件。一旦单击它，加号就变成减号。
- ✧ ⊟：单击该图标折叠装配或子装配，不显示该装配或子装配的所属部件。单击减号表示压缩装配或子装配，不显示其下属组件，即把一个装配压缩成一个节点，同时减号变成加号。
- ✧ ：表示该组件是一个装配或子装配。如果图标显示为黄色，则表示装配或子装配是在工作部件内；如果显示为灰色但有黑实线边框，则表示装配或子装配是非工作部件；如果显示为全部灰色，则表示装配或子装配被关闭。
- ✧ ：表示该组件是一个单个的零件。如果图标显示为黄色，则表示组件是在工作部件内；如果显示为灰色但有黑实线边框，则表示组件是非工作部件；如果显示为全部灰色，则表示组件被关闭。
- ✧ ☑：表示部件或装配处于显示状态。单击该图标可以隐藏指定部件或装配的显示或重新显示该部件或装配。如果该检查框被选取，呈现红色，则表示当前部件或装配处于显示状态；如果检查框被选取，呈现浅灰色，则表示当前部件或装配处于隐藏状态；如果检查框没有被选取（单框表示），则表示当前部件或装配处于关闭状态。
- ✧ 约束：表示装配或子装配下的组件间的配对约束关系，单击前边的⊞符号，则可展开或折叠其所包含的配对约束。

8.2.2 装配导航器的设置

在【装配导航器】窗口中不同的位置单击鼠标右键，则弹出的快捷菜单会有所不同。通过这些菜单选项，可以对所选择的组件进行各种操作。

1．组件快捷菜单

在【装配导航器】窗口中某一节点位置处，单击鼠标右键，将会弹出如图 8-17 所示的组件快捷菜单，用于快速对指定的组件完成指定的操作。

2．背景快捷菜单

在【装配导航器】窗口中的非标题和非组件节点位置，单击鼠标右键，将会弹出如图 8-18 所示的背景快捷菜单。用于对【装配导航器】窗口进行控制和操作，其每一菜单项的含义与菜单【工具】→【装配导航器】下各菜单项相同。

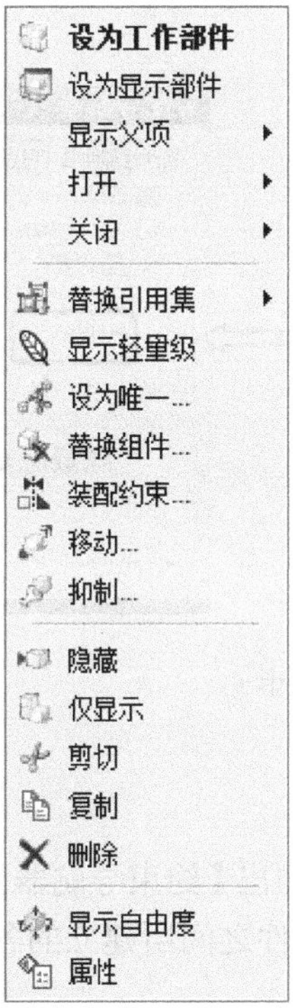

图 8-17　组件快捷菜单

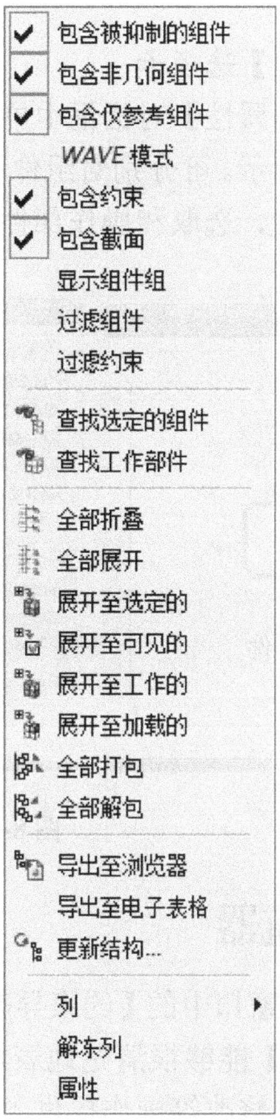

图 8-18　背景快捷菜单

3．【装配导航器属性】对话框

单击如图 8-18 所示的背景快捷菜单中的【属性】命令，系统会弹出【装配导航器属性】对话框，下面仅介绍【列】和【过滤器设置】选项卡。

1)【列】选项卡

用于设置在【装配导航器】窗口中显示需要的参数列信息。用户可以通过选取或取消【列】名前的检查框指定哪些列在【装配导航器】窗口中显示，哪些列进行隐藏，如图 8-19 所示。

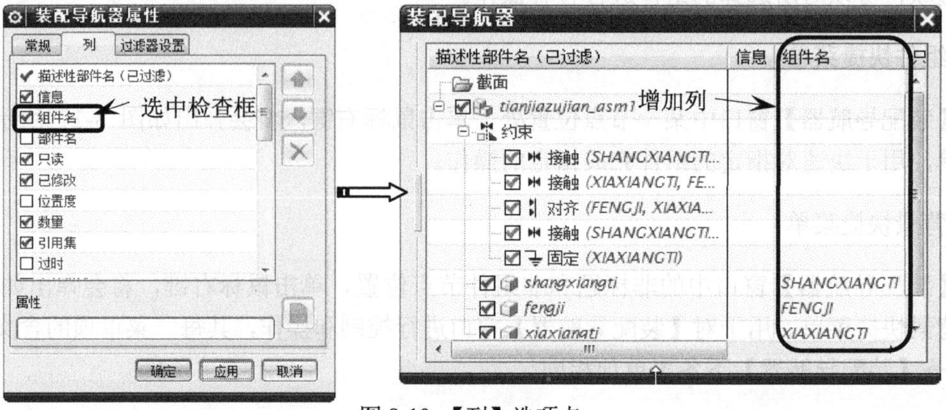

图 8-19 【列】选项卡

2)【过滤器设置】选项卡

在【装配导航器属性】对话框中单击【过滤器设置】选项卡，可以对【装配导航过滤器】进行设置，如图 8-20 所示。可分别对组件和约束进行过滤设置，满足条件的将不会在装配树上显示，以方便用户快速查看、选取和操作部件。

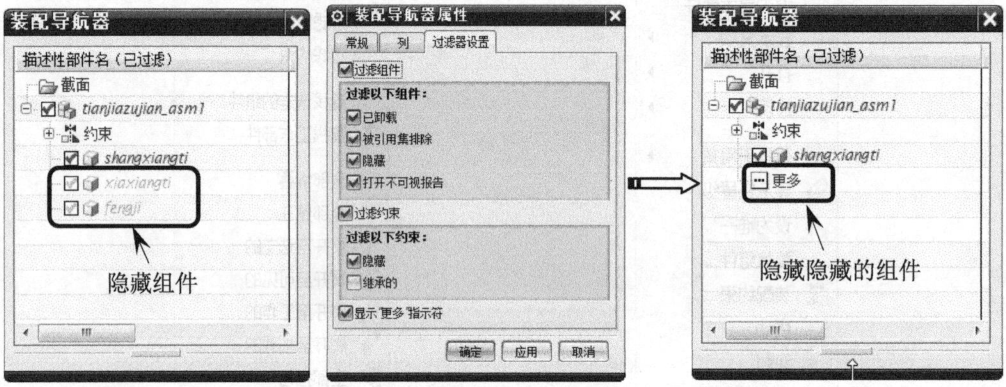

图 8-20 【过滤器设置】选项卡

8.2.3 约束导航器

单击【资源条】窗口中的【约束导航器】图标按钮，弹出【约束导航器】对话框，如图 8-21 所示。【约束导航器】能够很清楚地表达出装配体中各个组件之间所建立的各种约束关系，为装配约束关系的建立、修改等操作提供了方便快捷的工具。

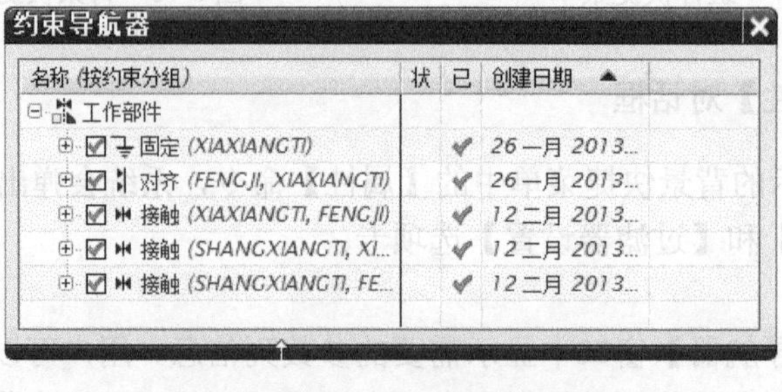

图 8-21 【约束导航器】对话框

【约束导航器】也是以树状图形方式来显示装配约束关系的，与【装配导航器】结构类似。在结构中每一对约束关系都显示为一个节点，展开节点即可看到施加了该约束关系的两个组件。需要对某一约束关系进行操作时，只需在【约束导航器】上双击所需约束，重新弹出【装配约束】对话框，可重新编辑该约束。

提示：【装配导航器】是对装配结构进行编辑的方便而有力的工具，装配结构一旦建立，就可以利用【装配导航器】完成大部分的装配编辑工作，且操作简单方便，其结构的操作方法与模型导航器大多一致，与 Windows 资源管理器也非常相似。

8.3　自底向上装配

自底向上（Bottom-Up）装配建模是先进行零件的详细设计，在将零件放进装配体之前把零件设计和编辑好，然后添加到装配体中，该方法适用于外购零件或现有的零件。

8.3.1　概念与步骤

在 UG NX 8.0 操作中，首先用户要通过【添加组件】操作，将已经设计好的部件依次加入到当前的装配模型中，然后再通过装配组件之间的配对约束操作来确定这些组件之间的位置关系，最后完成装配。

自底向上装配步骤如下：

- ✧ 根据零部件设计参数，采用实体造型、曲面造型或钣金等方法创建装配产品中各个零部件的具体几何模型。
- ✧ 新建一个装配文件或者打开一个已存在的装配文件。
- ✧ 利用组件操作中的【添加组件】命令，选取需要加入装配中的相关零部件。
- ✧ 利用【装配约束】命令，添加组件之间的位置关系，完成装配结构。

8.3.2　添加组件

自底向上装配方法中的第一个重要步骤就是【添加组件】，它是通过逐个添加已存在的组件到工作组件中作为装配组件，从而构成整个装配体。添加组件就是建立装配体与该零件的一个引用关系，即将该零件作为一个节点链接到装配体上。当组件文件被修改时，所有引用该组件的装配体在打开时都会自动更新到相应组件文件。

单击【装配】工具栏上的【添加组件】图标按钮，或选择菜单【装配】→【组件】→【添加组件】命令，系统弹出【添加组件】对话框，如图 8-22 所示。

图 8-22 【添加组件】对话框

【添加组件】对话框中相关选项如下。

1. 【部件】组框

【部件】组框用于选择要加载一个或多个部件，包括以下选项。

✧【已加载的部件】：该列表框中列出了当前已经加载的部件，可从中选择需要装配的部件文件名称，也可以在绘图区直接选择已经加载的部件，将该部件再次添加到装配体中。
✧【最近访问的部件】：列出最近加载的部件，可从中选择需要的部件文件并将其添加到装配体中。
✧【打开】按钮：单击【打开】图标按钮，弹出【部件名】对话框，从本地硬盘上浏览选择已设计好的要装配的部件文件进行添加。
✧【重复】：在【数量】文本框中输入允许重复添加该部件的引用数量。设置【数量】为 2，确定后，弹出【添加组件】对话框，单击【确定】按钮，完成多重添加，如图 8-23 所示。

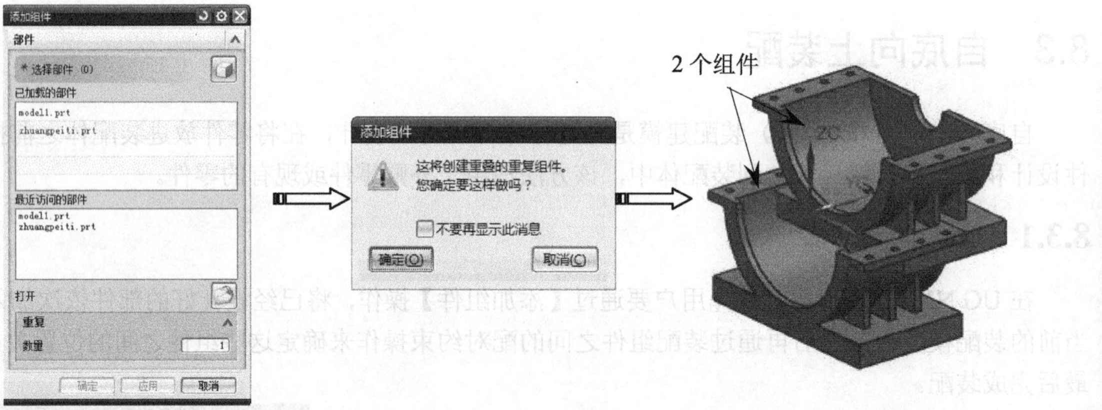

图 8-23 多重添加组件

提示：在【已加载的部件】和【最近访问的部件】列表框中，可以按住 Ctrl 键同时选择多个部件一起加载。同样，在单击【打开】按钮弹出的对话框中也可以采用该方法来同时选择多个部件一起加载。

2.【放置】组框

【定位】用于指定组件在装配中的定位方式，包括以下 4 个选项。
✧【绝对原点】：将组件的原点放置在绝对坐标系的原点（0,0,0）上，如图 8-24 所示。
✧【选择原点】：将组件放置在所选的点上，利用【点】构造器对话框来指定放置组件的原点，如图 8-25 所示。

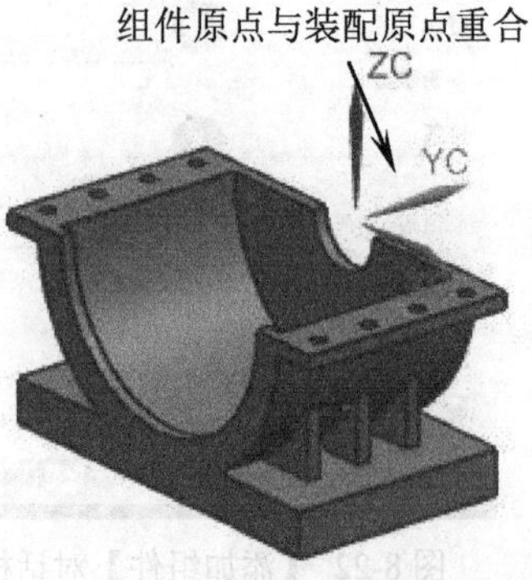

图 8-24 【绝对原点】

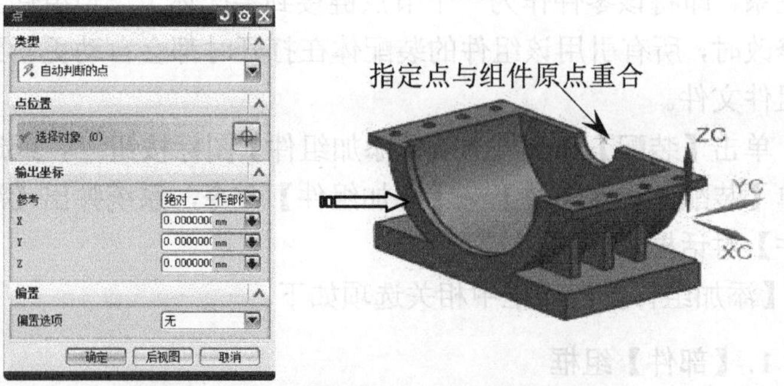

图 8-25 【选择原点】

✧【通过约束】：按照几何对象之间的配对关系来指定部件在装配体中的位置，例如平行、对齐和角度等。选择该方式后，弹出【装配约束】对话框，选择所需的配对条件，单击【确定】按钮完成，如图 8-26 所示。关于【装配约束】请参见 8.3.4 节“装配约束”。

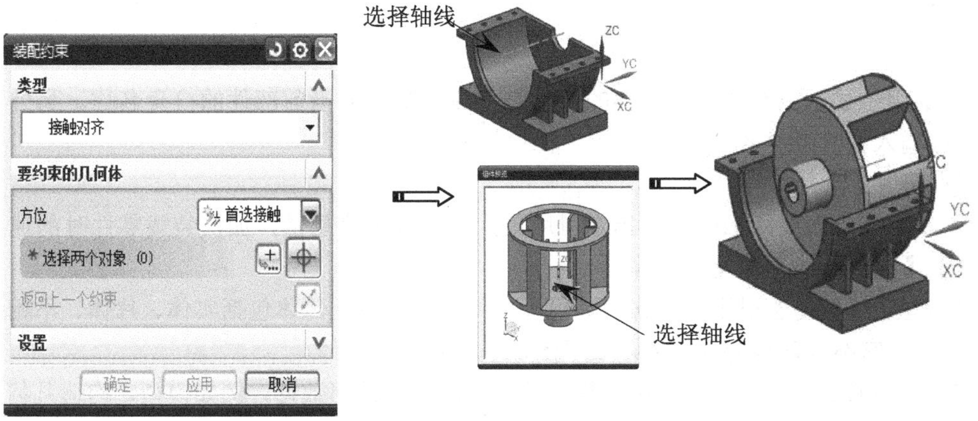

图 8-26　通过约束

✧【移动】：当部件加载到装配体后，重新对其进行定位。选择该方式后，系统弹出【点】构造器对话框，在指定了确定的位置后，单击【确定】按钮，系统弹出【移动组件】对话框，用户可以通过操纵图中的手柄或输入坐标参数指定组件的移动方位来确定组件在装配体中的位置，如图 8-27 所示。关于【移动组件】请参见 8.3.3 节“移动组件”。

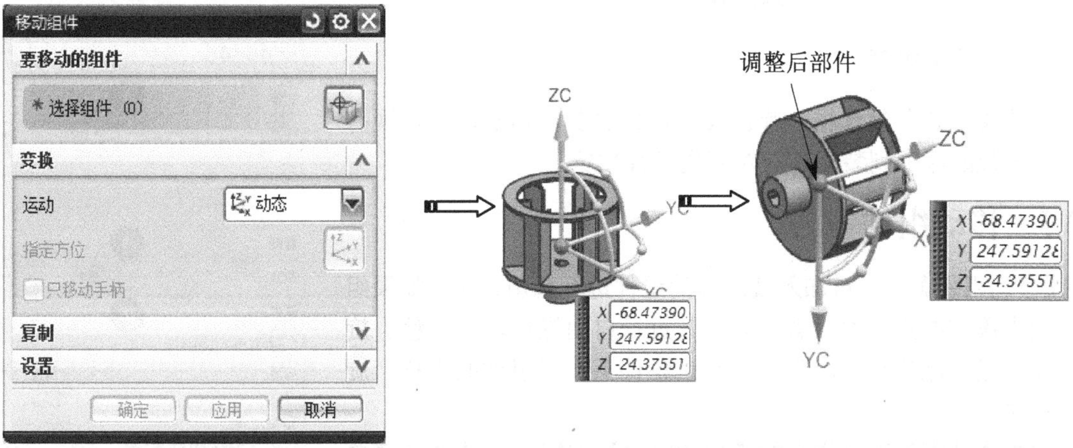

图 8-27　移动

【分散】：选中该复选框后，在加载多个组件时，这些组件将以分散的方式进行定位，以防止它们出现在同一个位置上影响后续操作。

3.【复制】组框

【复制】组框用于设置是否连续添加所选组件的多个实例，包括以下 3 个选项。

✧【无】：仅添加一个组件实例，不进行组件的多次添加。

✧【添加后重复】：添加组件的每个实例之后，【点】构造器对话框将处于活动状态，以使用户按需要添加其他实例。

✧【添加后阵列】：添加组件后，弹出【创建组件阵列】对话框，进行组件的阵列添加。关于【组件阵列】请参见 8.4.5 节“组件阵列”。

4.【设置】组框

1)【名称】

【名称】用于显示已经选择要添加的部件名，系统默认为当前部件的自身名称。另外，用户也可以直接输入新的组件名称。

2)【引用集】

【引用集】用于为要添加的组件指定引用集，从而减少信息量，加快装载零件时的速度，包括【模型】、【整个部件】和【空】等。

✧【模型】:【模型】引用集包含实际模型几何体，这些几何体包括实体、片体、不相关的小平面，它不包含构造几何体，如草图、基准和工具实体。

✧【整个部件】:【整个部件】引用集包括部件的全部几何数据，例如模型、构造几何体、参考几何体和其他相应的对象。

✧【空】:【空】引用集是不含任何几何对象的引用集，以提高显示速度。

3)【图层选项】

【图层选项】用于设置部件放置的图层，包括以下 3 个选项。

✧【原始的】：将部件添加到部件设计时所在的图层。

✧【工作的】：将部件添加到当前的工作图层上。

✧【按指定的】：将部件添加到指定的图层上，可在【图层】文本框中输入所要指定的图层名称。

5.【预览】组框

勾选【预览】复选框，弹出【组件预览】对话框，可在现有组件或子装配添加到装配之前对其先进行预览。

8.3.3 移动组件

【移动组件】用于对加入装配体的组件进行重新定位。如果组件之间未添加约束条件，就可以对其进行自由操作，如平移、旋转；如果已经施加约束，则可在约束条件下实现组件的平移、旋转等操作。

单击【装配】工具栏上的【移动组件】按钮，或选择菜单【装配】→【组件位置】→【移动组件】命令，系统弹出【移动组件】对话框，如图 8-28 所示。

【移动组件】对话框相关选项的参数含义如下。

1. 【要移动的组件】组框

用于选择一个或多个要移动的组件。

图 8-28 【移动组件】对话框

2. 【变换】组框

【变换】组框中的【运动】下拉列表用于选择组件移动的类型，其各图标和选项说明如下。

✧【动态】：通过拖动，使用图形窗口中的屏显输入框或通过【点】对话框来重定位组件。例如，拖动 ZC 手柄移动组件到合适的位置，如图 8-29 所示。

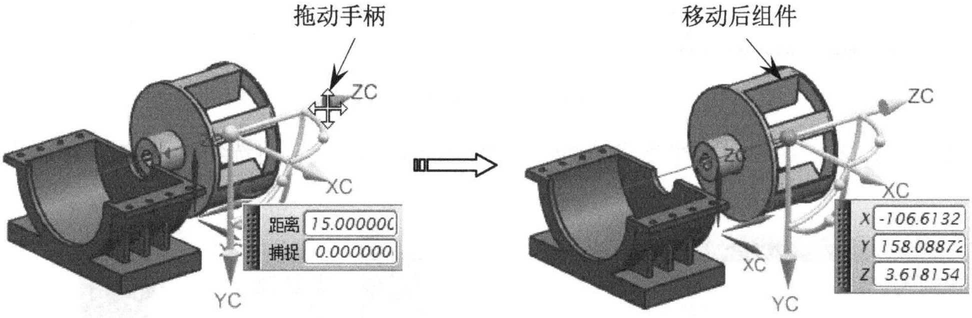

图 8-29 动态

> **提示：**选中【只移动手柄】复选框后，可只移动手柄而不移动组件，即只移动操作时的动态坐标系；取消该复选框后，便可拖动选定的组件。

✧【通过约束】：通过创建移动组件的约束条件来移动组件，如图 8-30 所示。

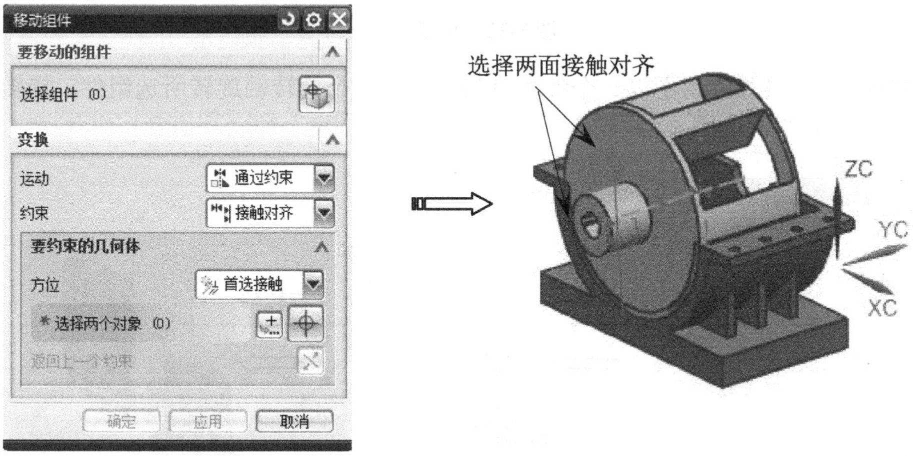

图 8-30 通过约束

✧【距离】：用于将所选定组件在指定的矢量方向移动一定的距离，矢量方向可以由矢量构造器来指定。

✧【点到点】：用于将所选组件从参考点移动到另一目标点。

✧【增量 XYZ】：用于沿 X、Y、Z 坐标轴方向移动指定距离，如图 8-31 所示。如果在【XC、YC、ZC】文本框中输入值为正，则沿正向移动；反之，沿负向移动。

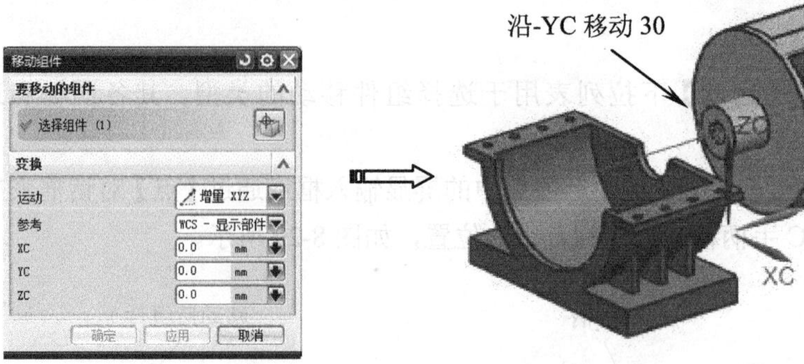

图 8-31 增量 XYZ

✧【角度】：用于以一个参考点为基准绕一个旋转轴旋转所选组件，如图 8-32 所示。

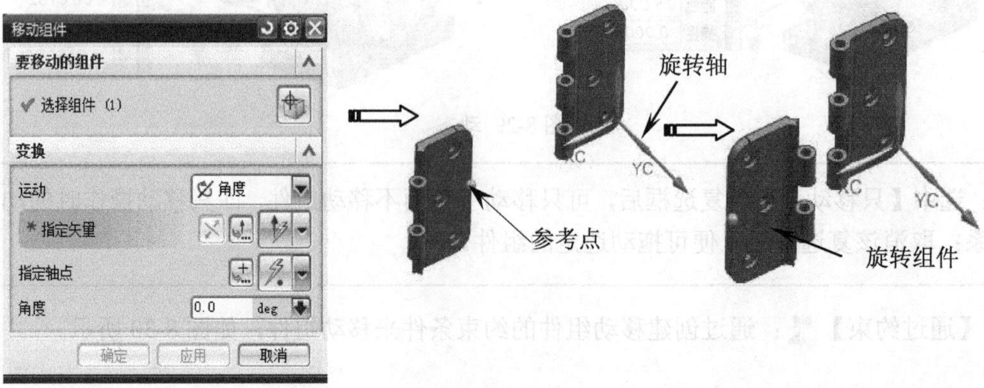

图 8-32 角度

✧【根据三点旋转】：用于以一个参考点为基准绕一个旋转轴旋转所选组件，旋转角度由起点、终点指定，如图 8-33 所示。

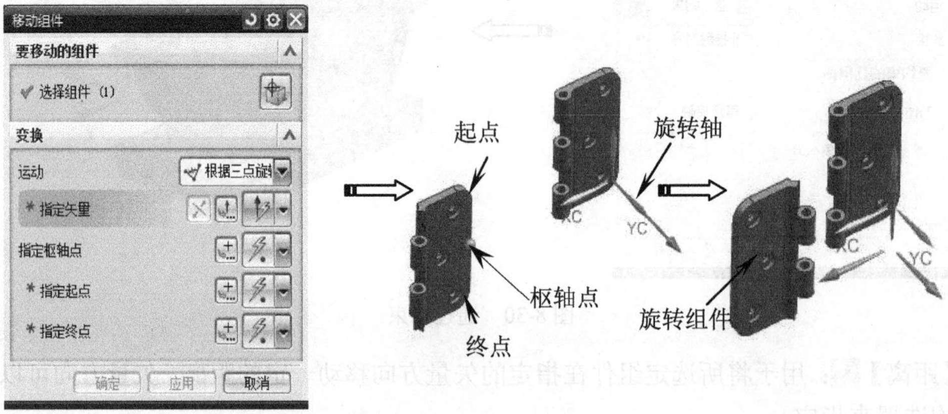

图 8-33 根据三点旋转

✧【CSYS 到 CSYS】：采用移动坐标系的方法将组件从一个参考坐标系移到目标坐标系。

✧【轴到矢量】：用于在选择的两轴间旋转所选的组件，即指定一个参考点、一个参考轴和一个目标轴后，组件在选择的两轴间旋转指定的角度，如图 8-34 所示。

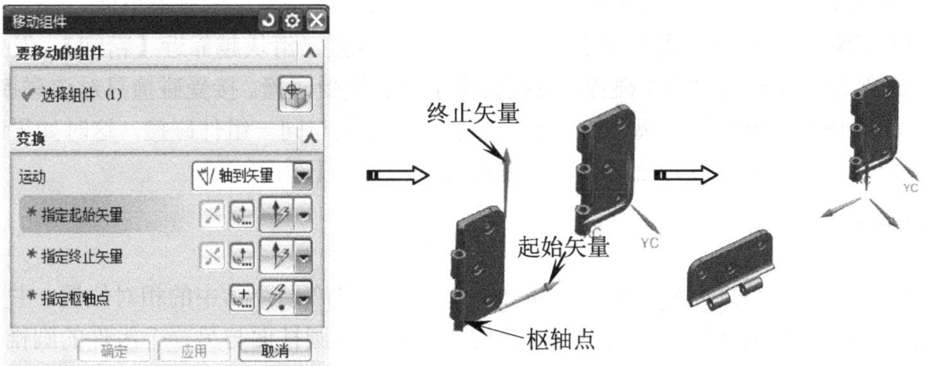

图 8-34 轴到矢量

3.【复制】组框

【复制】组框用于指定是否在移动组件时创建组件副本，包括以下选项。

✧【不复制】：在移动过程中不复制组件。

✧【复制】：在移动过程中自动复制组件。

✧【手动复制】：在移动过程中复制组件，并允许控制副本的创建时间。

当选择【复制】选项时，激活以下参数选项。

1)【要复制的组件】

用于指定是复制选择要移动的组件，还是复制其他组件，包括以下选项。

✧【自动判断】：在移动过程中复制选定的组件，或允许移动与其他组件（这些组件在所选组件移动时移动）相连的组件。

✧【选择】：选择要复制的其他组件。单击【选择组件】图标按钮，用于在移动过程中选择要复制的其他组件。

2)【复制后选择】

当模式为【复制】且【要复制的组件】为【自动判断】时，可设置【复制后选择】选项。

✧【维持组件】：选择移动原始的选定组件。

✧【更改为选择复制的组件】：移动新复制的组件。

3)【中间副本】

当模式为【复制】，【中间副本】用于设置在移动组件时复制组件的数量。

4.【设置】组框

1)【仅移动选定的组件】复选框

选中该复选框，用于移动选定的组件，约束到所选组件的其他组件（但未选定它们）不会移动。

2)【碰撞检测】

用于设置组件与其他组件进行相碰撞时的处理方法和提示，包括【无】、【高亮显示碰撞】和【在碰撞前停止】3 个选项。

✧【无】：表示不进行任何干涉，按照移动轨迹定位。

✧【高亮显示碰撞】：移动时若发生碰撞，系统将以高亮度显示碰撞组件，但组件会根据原定轨迹移动到终点位置。

✧【在碰撞前停止】：在发生碰撞前停止运动，系统将以高亮显示碰撞组件。

运动停止后组件之间的距离取决于运动动画滑块的设置，滑块越靠近【精细】，发生碰撞的距离越短。组件若与其他组件发生碰撞，系统会提示是否接受碰撞。接受碰撞只对该碰撞起作用，换句话说，如果使第一个组件脱离碰撞状态，然后此组件又与同一组件碰撞，这时如果继续使第一个组件从第二个组件中通过，就必须再次单击【认可碰撞】按钮。

8.3.4 装配约束

装配约束就是在组件之间建立相互约束条件以确定组件在装配体中的相对位置，主要是通过约束组件之间的自由度来实现的。例如，可指定一个组件的圆柱面与另一个组件的圆锥面共轴。

单击【装配】工具栏上的【装配约束】图标按钮，或选择菜单【装配】→【组件位置】→【装配约束】命令，弹出【装配约束】对话框，如图 8-35 所示。

【装配约束】对话框中提供了 10 种约束定位方式，分别为【接触对齐】、【同心】、【距离】、【固定】、【平行】、【垂直】、【拟合】、【胶合】、【中心】、【角度】。下面分别予以详细介绍。

1.【接触对齐】

用于选择两个对象使其接触或对齐，在【类型】下拉列表中选择【接触对齐】方式后，【要约束的几何体】组框显示如图 8-36 所示。

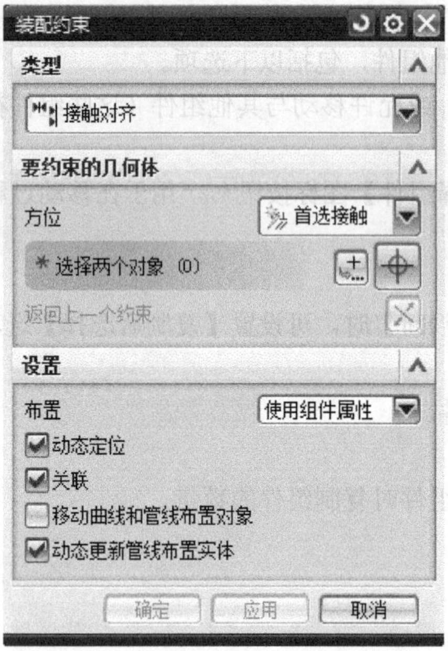

图 8-35 【装配约束】对话框

图 8-36 【要约束的几何体】组框图

【要约束的几何体】组框中【方位】下拉列表中的选项含义如下。

✧【首选接触】：当接触和对齐都可能时显示接触约束，系统默认选项。在大多数模型中，接触约束比对齐约束更常用，但当接触约束过度约束装配时，将显示对齐约束。

✧【接触】：设置接触约束对象，使所选对象曲面法向在反方向上。

✧【对齐】：设置对齐约束对象，使所选对象曲面法向在相同的方向上。

✧【自动判断中心/轴】：指定在选择圆柱面或圆锥面时，UG NX 8.0 将使用面的中心或轴而不是面本身作为约束。

1）【接触】

用于设置接触约束，使所选对象曲面法向在反方向上。对于所选的不同对象，接触约束定位方式不同，分别介绍如下。

✧ 【平面】：对于两个平面对象，接触对齐后它们的法线方向相反，且两个平面重合，如图 8-37 所示。

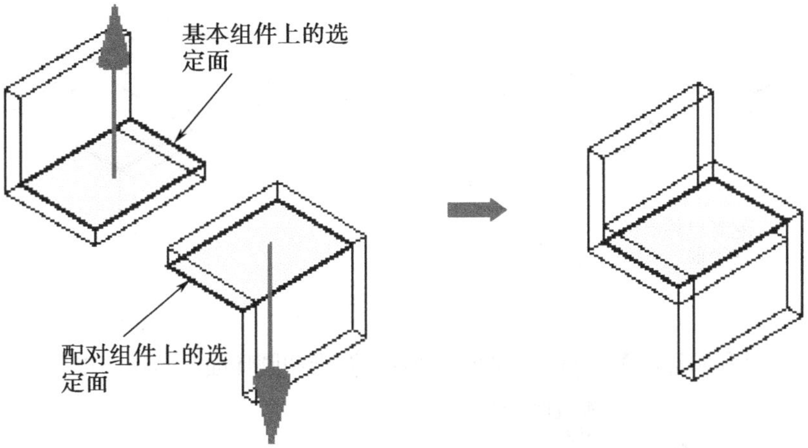

图 8-37　平面接触定位

✧ 【圆锥面】：在配对圆锥面时，系统首先检查两个选定面的圆锥半角是否相等。如果相等，则对齐面的轴并定位面，以便使它们重合，如图 8-38 所示。

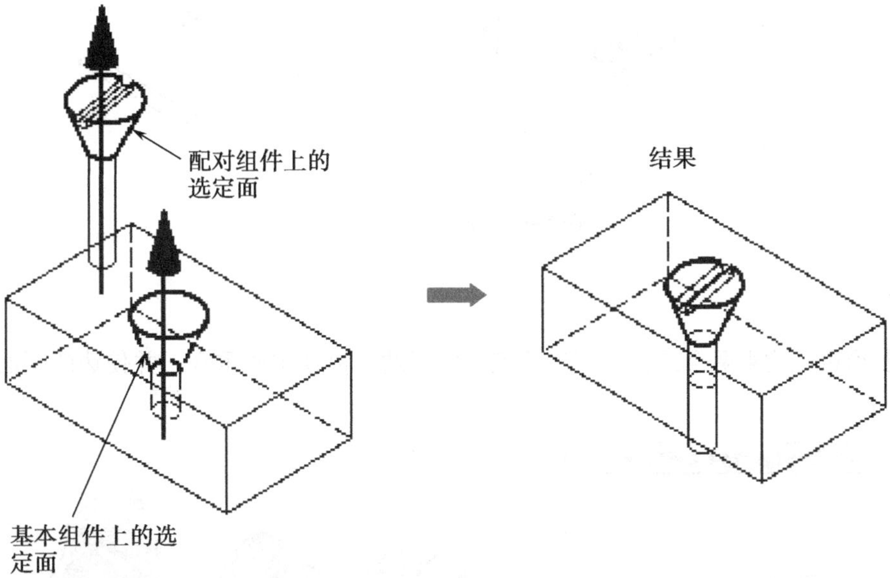

图 8-38　圆锥面接触定位

✧ 【圆环面】：在配对圆环面时，系统同样首先检查两个圆环面的内径和外径是否相等。如果相等，则对齐面的轴并定位面，以便使它们重合。

2）【对齐】

对齐是指将两个对象保持对齐且法向方向相同。对于所选的不同对象，对齐定位方式不同，现分别介绍如下。

✧【平面】：通过定位面来对齐平面对象（平面和基准平面），这样两个面就是共面的，且它们的法向指向同一个方向，如图 8-39 所示。

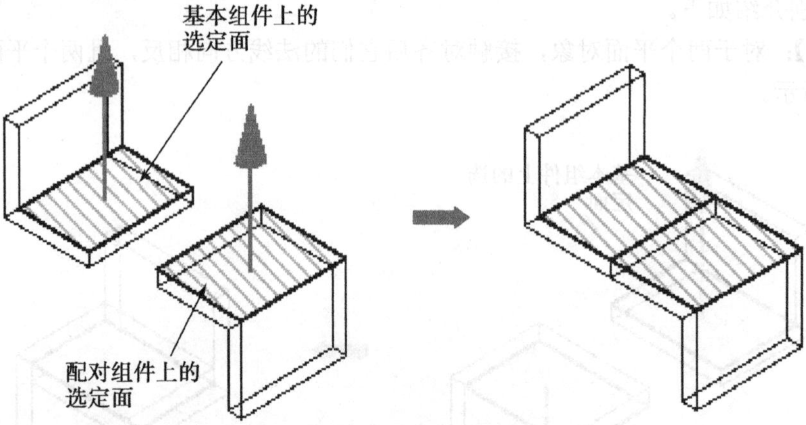

图 8-39　平面对齐定位

✧【圆柱、圆锥和圆环面】：将轴对称面（圆柱、圆锥和圆环面）的轴向重合，如图 8-40 所示。

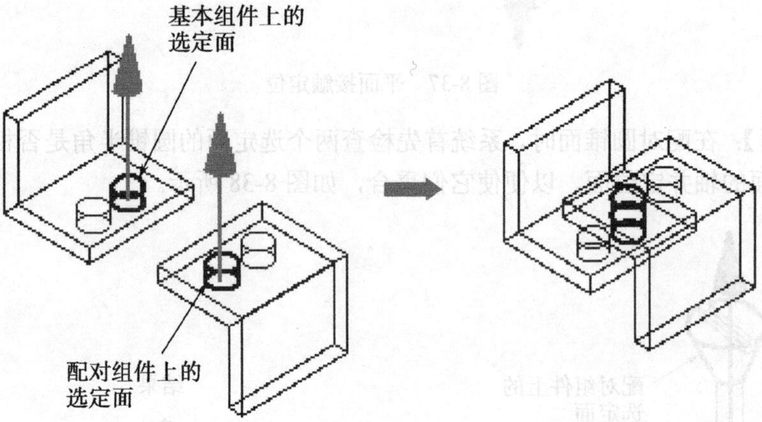

图 8-40　圆柱面对齐定位

2.【同心】

【同心】约束可约束两个组件的圆形边或椭圆形边，以使中心重合，并使边的平面共面，如图 8-41 所示。

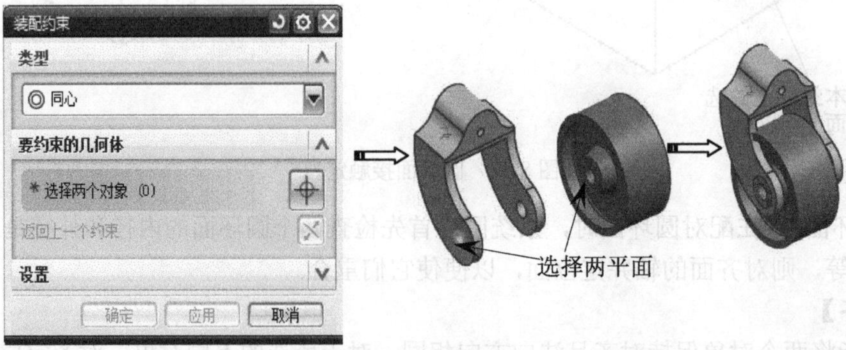

图 8-41　同心

3.【距离】

【距离】约束是指定两个对象之间的最小三维距离，偏置距离可为正值或负值，正负是相对于静止组件而言的，如图 8-42 所示。

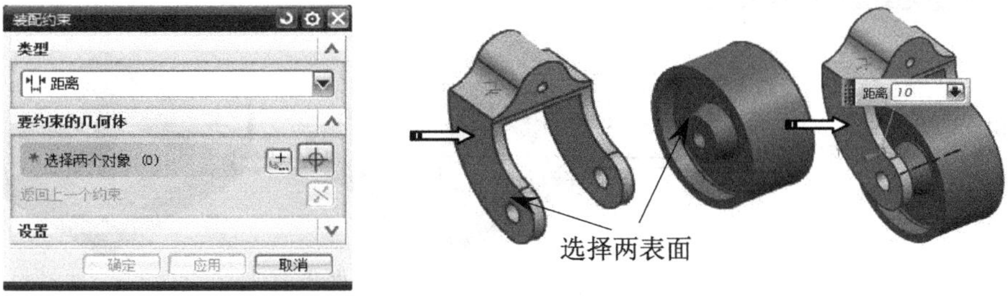

图 8-42 距离定位

4.【固定】

【固定】约束将组件固定在其当前位置不动，当要确保组件停留在适当位置且根据它约束其他组件时，此约束很有用，如图 8-43 所示。

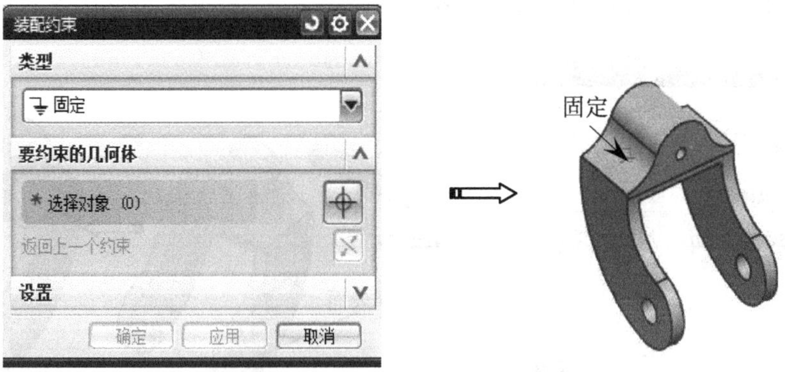

图 8-43 固定

5.【平行】

【平行】是指将两个组件对象的方向矢量定义为平行，如图 8-44 所示。

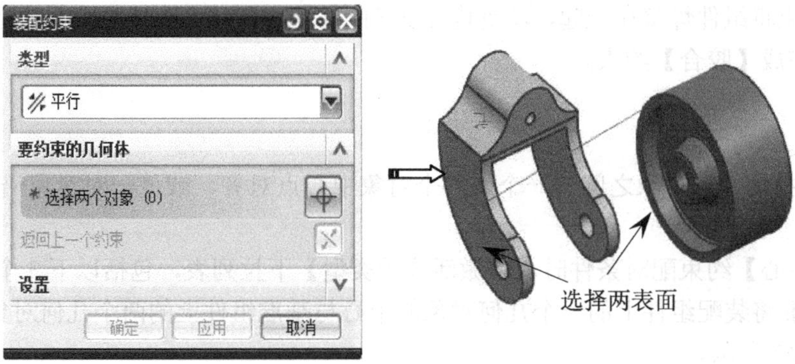

图 8-44 平行

6.【垂直】

【垂直】是指将两个组件对象的方向矢量定义为垂直，如图 8-45 所示。

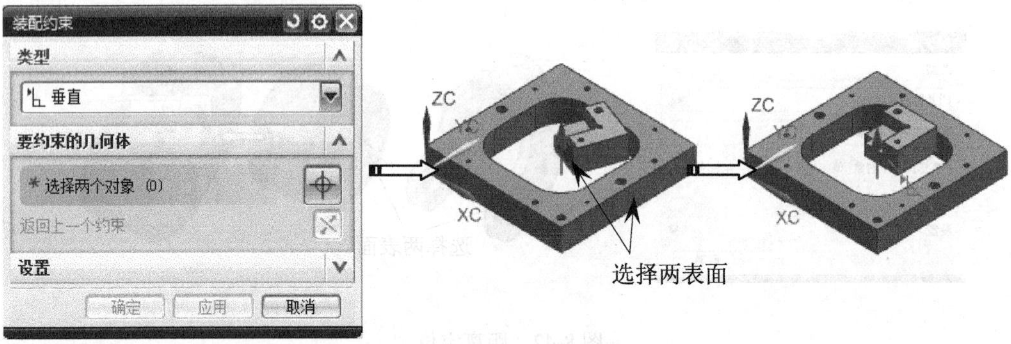

图 8-45　垂直

7.【拟合】

【拟合】约束将半径相等的两个圆柱面结合在一起，常用于孔中销或螺栓定位，如图 8-46 所示。如果组件的半径变为不等，则该约束无效。

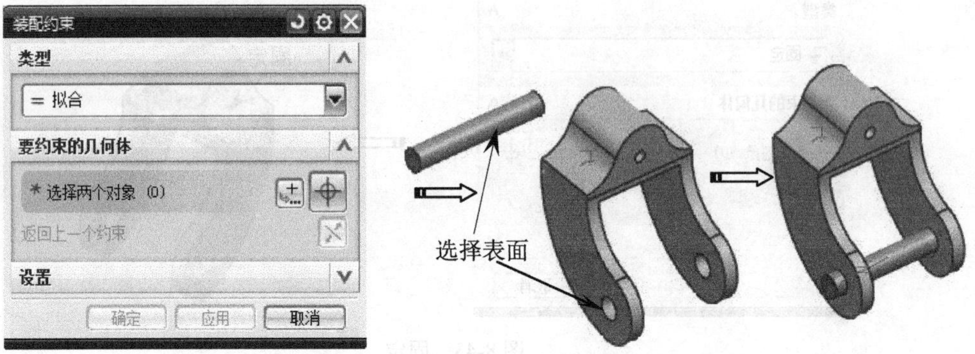

图 8-46　拟合

8.【胶合】

【胶合】约束将组件焊接在一起，以使其可以像刚体那样移动。选择要胶合的组件，单击【创建约束】按钮完成【胶合】约束。

9.【中心】

【中心】是指使一对对象之间的一个或两个对象中心点对齐，或使一对对象沿另一个对象中心点对齐。

当选择【中心】约束配对条件时，将激活【子类型】下拉列表，包括以下 3 个选项。

✧【1 对 2】：将装配组件上的一个几何对象的中心与基准组件上的两个几何对象的中心对齐，如图 8-47 所示。

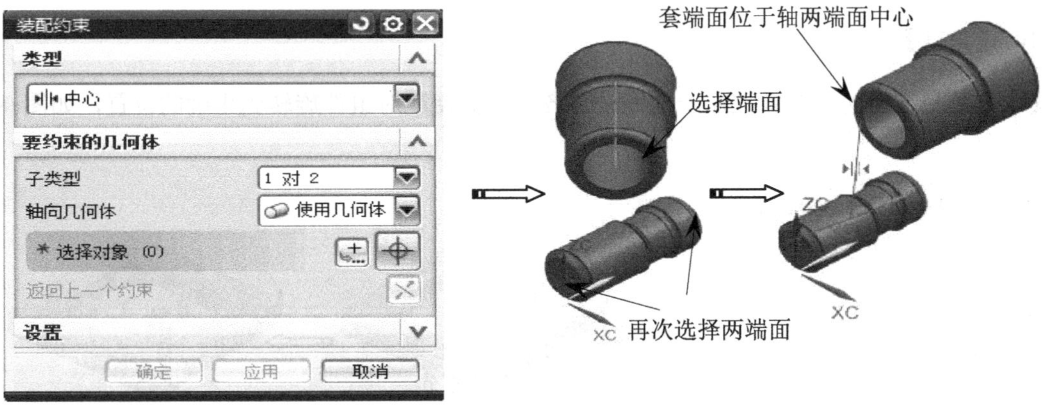

图 8-47 【1 对 2】

✧【2 对 1】：将装配组件上的两个几何对象的中心与基准组件上的一个几何对象的中心对齐，如图 8-48 所示。

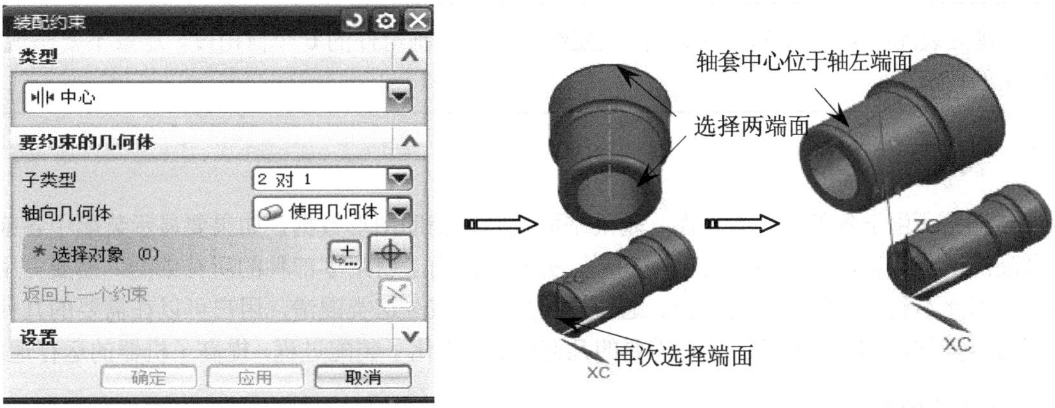

图 8-48 【2 对 1】

✧【2 对 2】：将装配组件上的两个几何对象的中心与基准组件上的两个几何对象的中心对齐，如图 8-49 所示。

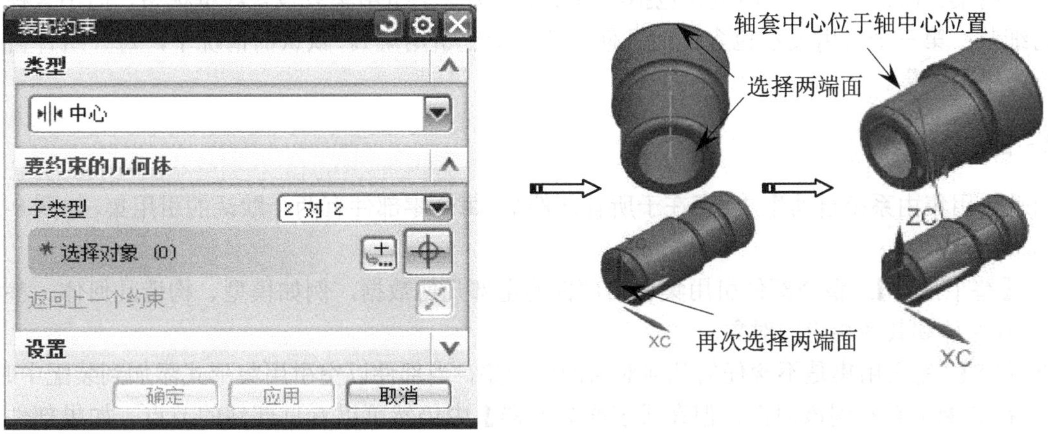

图 8-49 【2 对 2】

10.【角度】

【角度】是指将两个对象按照一定角度对齐，从而使配对组件旋转到正确的位置，如图 8-50 所示。

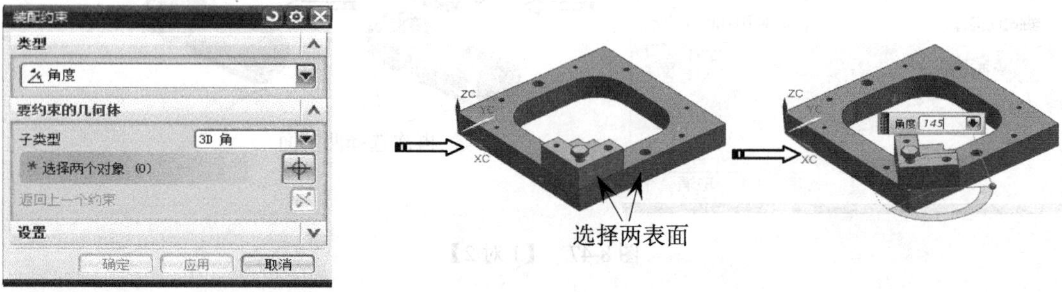

图 8-50　角度对齐

> **提示：**建立装配约束时以够用为度，由装配约束最多限制组件的 6 个自由度，尽量不要出现过约束的情况。

8.3.5　装配引用集

在装配中，由于各部件含有草图、基准平面及其他辅助图形数据，如果要显示装配中各部件和子装配的所有数据，一方面容易混淆图形，另一方面由于引用零部件的所有数据，需要占用大量内存，因此不利于装配工作的进行。通过引用集可以减少这类混淆，用户可以在需要的几何信息之间自由操作，同时避免了加载不需要的几何信息，优化了装配过程，提高了机器的运行速度。

1. 引用集的概念

引用集是用户在零部件中定义的部分几何对象，它代表相应的零部件参与装配。引用集可包含下列数据：零部件名称、原点、方向、几何体、坐标系、基准轴、基准平面和属性等。

引用集必须在各自的装配组件中定义，定义后就可以单独装配到部件中。同一个零部件可以有多个引用集。例如，一个引用集只包括实体模型；另一个引用集只包含线框模型，而不含模型的任何细节；第三个引用集不包含任何几何对象（即空引用集）。默认的情况下，每一组件自动包含一个空引用集。

2. 自动引用集

自动引用集由系统自动生成，存在于所有部件中。每个零部件有两个默认的引用集，如图 8-51 所示。

- ✧【整个部件】：整个部件引用集包括部件的全部几何数据，例如模型、构造几何体、参考几何体和其他相应的对象。
- ✧【空】：空引用集是不含任何几何对象的引用集，当部件以空引用集形式添加到装配中时，在装配中看不到该部件，但在【装配导航器】中仍然可以看见部件的节点。如果部件几何对象不需要在装配模型中显示，可使用空引用集，以提高显示速度。

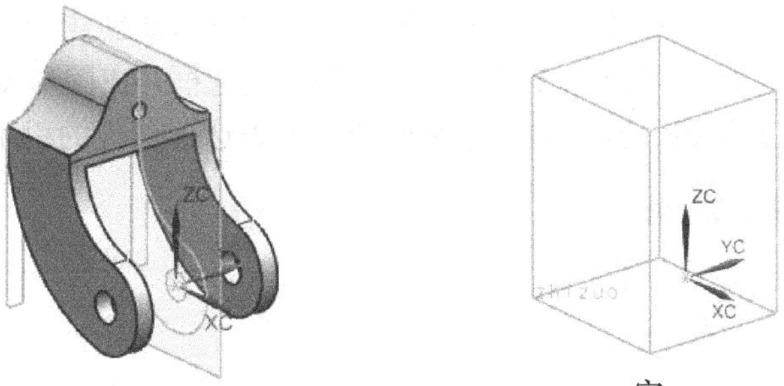

整个部件　　　　空

图 8-51　默认引用集

在大型装配中，除了可以自动生成所有组件中都存在的两个默认引用集外，还可以自动生成三种可选的自动引用集，这三种引用集包含的对象可以进行添加或删除，如图 8-52 所示。

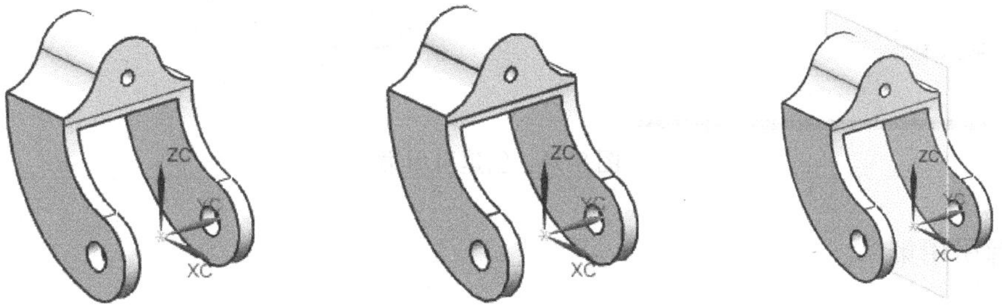

（a）【模型】　　（b）【小平面】　　（c）【实体】

图 8-52　可选引用集

✧ 【模型】：模型引用集包含实际模型几何体，这些几何体包括：实体、片体、不相关的小平面，它不包含构造几何体，如草图、基准和工具实体等。通常模型引用集的显示比整个部件引用集的显示要清晰，而且提供的性能也更好。

✧ 【小平面】：小平面引用集包含模型引用集中每个实体或片体的相关小平面，比模型引用集的显示速度更快，也更节省存储空间。

✧ 【实体】：只显示模型中的实体。

选择菜单【格式】→【引用集】命令，弹出【引用集】对话框，如图 8-53 所示。

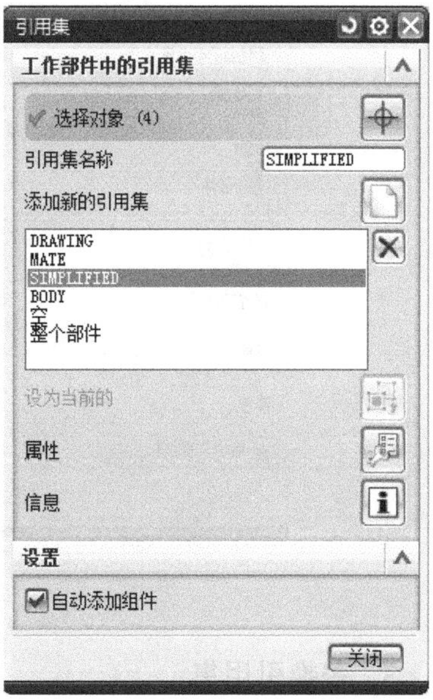

图 8-53　【引用集】对话框

应用该对话框中的选项，可进行引用集的建立、删除、更名、查看、指定引用集属性以及修改引用集的内容等操作。下面对该对话框中的各个选项进行说明。

1．创建引用集

创建引用集用于建立引用集，部件和子装配都可以建立引用集。部件的引用集既可在部件中建立，也可在装配中建立。如果要在装配中为某部件建立引用集，应先使其成为工作部件。

单击【引用集】对话框中的【添加新的引用集】图标按

钮，系统创建一个引用集，在【引用集名称】文本框中输入要创建的引用集名称，系统自动选择图形区所有工作对象，此时可取消【自动添加组件】复选框，在图形窗口中选取一个或多个几何对象后，单击【关闭】按钮，则建立一个用所选对象表达该部件的引用集，如图 8-54 所示。

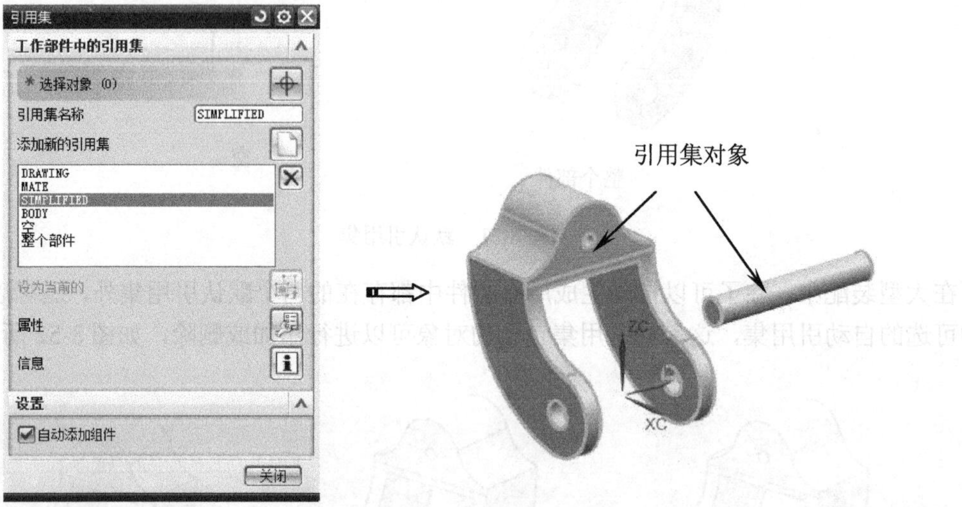

图 8-54 创建引用集

2. 删除引用集

删除引用集用于删除部件或子装配中已建立的引用集。

在【引用集】对话框中选择要删除引用集，单击【删除】图标按钮即可将该引用集删去，如图 8-55 所示。

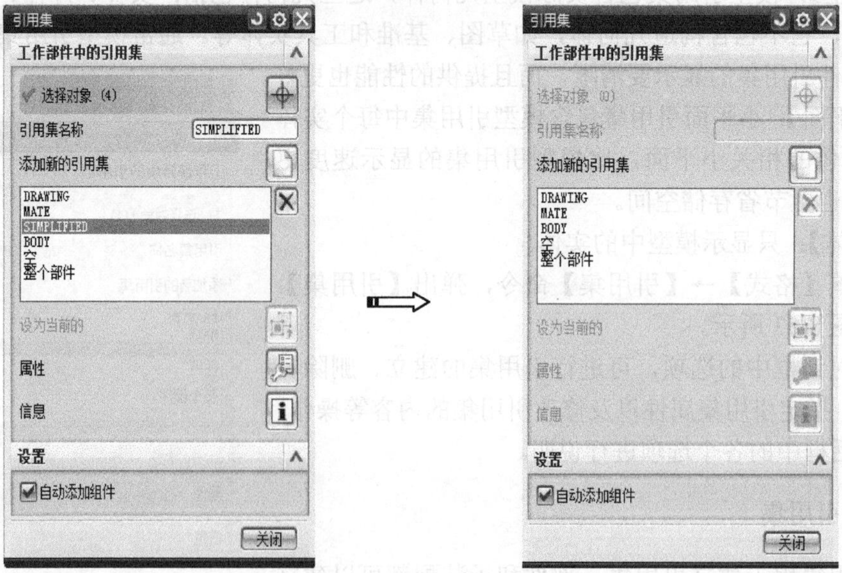

图 8-55 删除引用集

3. 替换引用集

单击【装配】工具栏上的【替换引用集】图标按钮，或选择菜单【装配】→【替换引用集】

命令，弹出【类选择】对话框，选择需替换引用集的组件对象后，弹出【替换引用集】对话框，选择替换后的引用集，单击【确定】按钮完成。

提示：替换引用集的简捷操作方法：首先选择要替换引用集的组件，然后在【装配】工具栏中的【替换引用集】选择框内选择所需的引用集。

8.4　组件编辑操作

组件添加到装配以后，可对其进行删除、隐藏、抑制、阵列、镜像、替换等编辑操作，下面介绍常用的编辑操作方法。

8.4.1　组件删除

选择菜单【编辑】→【删除】命令，系统将会打开【类选择】对话框，直接在图形区选择要删除的组件，单击【确定】按钮即可完成组件删除，如图 8-56 所示。

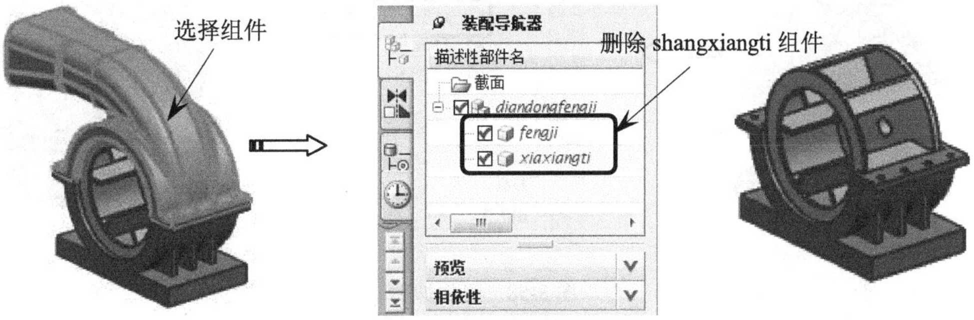

图 8-56　组件删除

8.4.2　组件隐藏与显示

选择菜单【编辑】→【显示和隐藏】→【隐藏】命令，系统将会打开【类选择】对话框，直接在图形区选择要隐藏的组件，单击【确定】按钮即可完成组件隐藏，如图 8-57 所示。同样，选择菜单【编辑】→【显示和隐藏】→【显示】命令，可显示隐藏的组件。

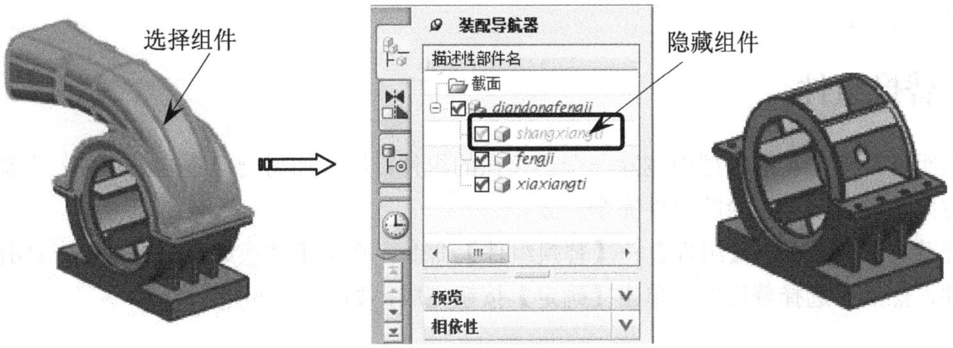

图 8-57　组件隐藏

提示：隐藏组件和删除组件不同，隐藏是暂时在图形区不可见，但其仍然在装配体中存在，删除是彻底除去组件，使其在装配体中不存在。

8.4.3 组件抑制与释放

抑制组件是指在当前显示中移去组件，使其不执行装配操作。抑制组件并不是删除组件，组件的数据仍然在装配中存在，只是不执行一些装配功能，可以用释放组件操作来释放组件的抑制状态。

选择菜单【装配】→【组件】→【抑制组件】命令，系统将会打开【类选择】对话框，直接在图形区选择要抑制的组件，单击【确定】按钮即可完成组件抑制，如图 8-58 所示。

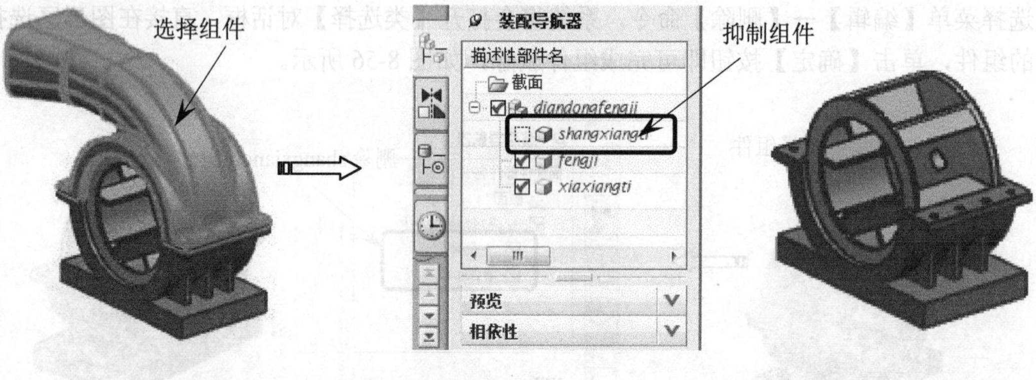

图 8-58 组件抑制

提示：组件抑制后不会在图形区显示，也不会再装配工程图和爆炸视图中显示。抑制的组件不能进行干涉检查和间隙分析，不能进行质量计算，也不能在装配报告中查看有关信息。

取消组件抑制可以将抑制的组件恢复成原来的状态，选择菜单【装配】→【组件】→【取消抑制组件】命令，系统将会打开【选择抑制的组件】对话框，在其中列出了所有已抑制的组件，选择要取消抑制的组件名称，单击【确定】按钮即可解除组件抑制。组件解除抑制后会重新在绘图工作区中显示。

8.4.4 替换组件

替换组件是指从装配模型中删除一个已存在的组件，再添加另一个不同的组件，而新添加的组件的方向和位置与被删除的组件完全一致。

选择菜单【装配】→【组件】→【替换组件】命令，弹出【替换组件】对话框，选择需要替换的组件，然后再选择替换件，单击【确定】按钮完成，如图 8-59 所示。

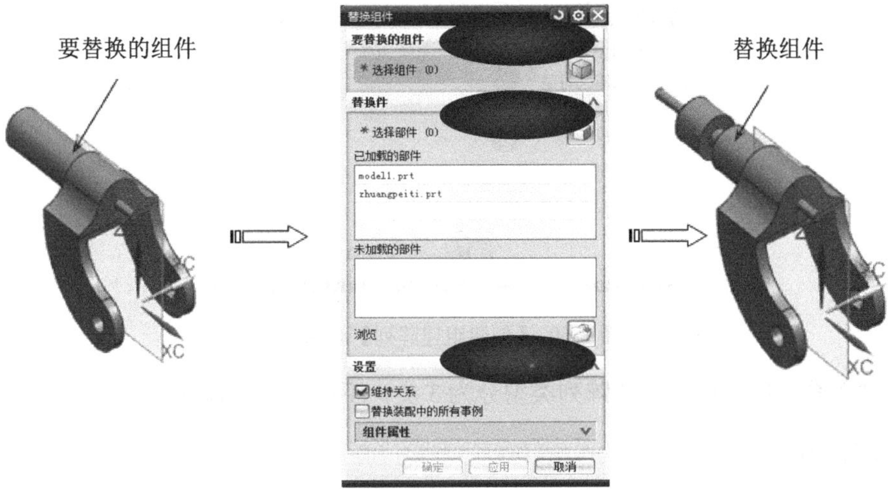

图 8-59　替换组件

【替换组件】对话框各选项参数含义如下。

1.【要替换的组件】

【要替换的组件】用于从当前装配中选择一个或多个要替换的组件。

2.【替换件】

- ✧【选择部件】：用于从图形区、装配导航器、已加载的部件列表、未加载的部件列表中选择替换部件。
- ✧【已加载的部件】：用于显示会话中所有加载的部件。
- ✧【未加载的部件】：当选择【浏览】功能时，该列表显示浏览后的替换部件。
- ✧【浏览】：单击【浏览】按钮，弹出【部件名】对话框，可选择所需的替换部件。

3.【设置】

- ✧【维持关系】：选中该复选框，在替换组件后可以保持被替换组件的装配约束关系，并映射到新的替换组件之中。
- ✧【替换装配中的所有事例】：选中该复选框，在替换组件时替换装配体中所有相同名字的组件。
- ✧【组件属性】：用于为替换部件指定名称、引用集和图层属性等。

8.4.5　组件阵列

组件阵列是一种在装配中用对应装配约束快速生成多个组件的方法。例如，一个圆形阵列含有 12 个均布孔，需要装配 12 个螺钉，为了提高装配效率，UG NX 8.0 提供了针对部件阵列的装配功能，它只要装配一个螺钉，这 12 个螺钉即可全部装配到位。

选择菜单【装配】→【组件】→【创建组件阵列】命令，弹出【类选择】对话框，选择要阵列的组件对象后，弹出【创建组件阵列】对话框，如图 8-60 所示。

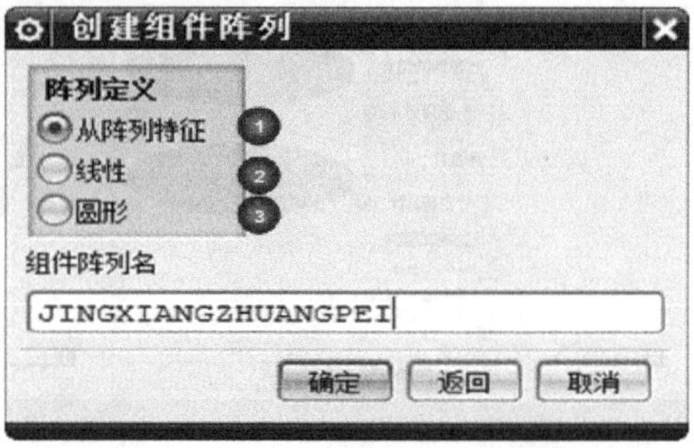

图 8-60 【创建组建阵列】对话框

按照组件关系，用户可创建的阵列类型分为 3 类，下面分别予以介绍。

1. 从阵列特征

从阵列特征是指在使用该方式之前，必须有一个组件（基础组件）中包含有阵列特征，然后通过该组件装配与其相匹配的组件，这样才能应用从阵列特征方式阵列组件。

选择菜单【装配】→【组件】→【创建组件阵列】命令，弹出【类选择】对话框，选择要阵列的组件对象后，弹出【创建组件阵列】对话框，选中【从阵列特征】单选按钮，单击【确定】按钮完成阵列，如图 8-61 所示。

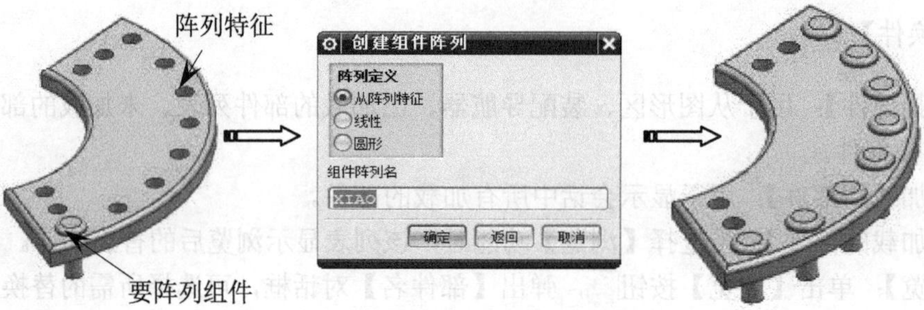

图 8-61 从阵列特征的创建过程

> **提示：** 使用从实例阵列特征前，必须将一个组件装配到基础组件中作为模板，然后根据该模板进行阵列。阵列出来的特征与基础组件的特征具有相关联性，即阵列的数量、形状和约束由基础组件的特征决定，而且当基础组件的阵列特征参数变化时，该阵列部件也相应改变。

2. 线性

线性阵列是用户指定阵列部件按照线性或矩形阵列，可分为一维阵列和二维阵列，一维阵列称为线性阵列，二维阵列又称为矩形阵列。

选择菜单【装配】→【组件】→【创建组件阵列】命令，弹出【类选择】对话框，选择要阵列的组件对象后，弹出【创建组件阵列】对话框，选中【线性】单选按钮，弹出【创建线性阵列】对话框，选择阵列参考方向并设置阵列参数，单击【确定】按钮完成阵列，如图 8-62 所示。

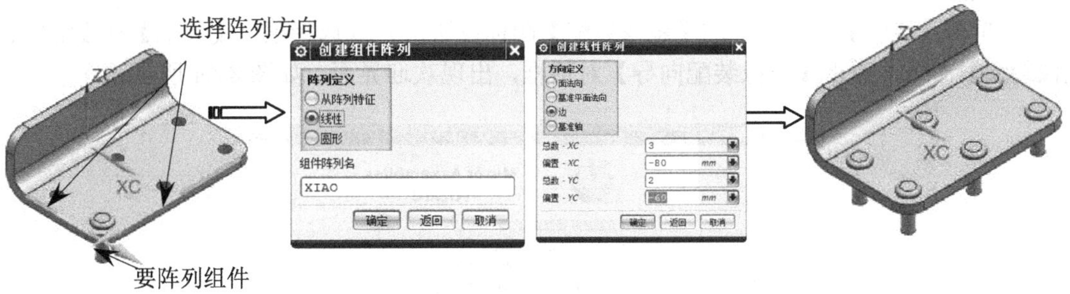

图 8-62　线性阵列的创建过程

线性组件阵列是通过指定参考方向调用组件的配对条件来创建的，用户可采用【方向定义】选项来指定阵列的参考方向

✧ 【面的法向】：选择对象面的法向来定义 X 和 Y 参考方向。

✧ 【基准平面法向】：选择基准平面的法向来定义 X 和 Y 参考方向。

✧ 【边】：选择对象的边缘来定义 X 和 Y 参考方向。

✧ 【基准轴】：选择基准轴来定义 X 和 Y 参考方向。

3．圆形

圆形阵列是指根据所选择的圆柱面、边缘、基准轴以圆形方式进行阵列。

选择菜单【装配】→【组件】→【创建组件阵列】命令，弹出【类选择】对话框，选择要阵列的组件对象后，弹出【创建组件阵列】对话框，选中【圆形】单选按钮，在弹出的【创建圆形阵列】对话框中选择【轴定义】方式，单击【确定】按钮完成阵列，如图 8-63 所示。

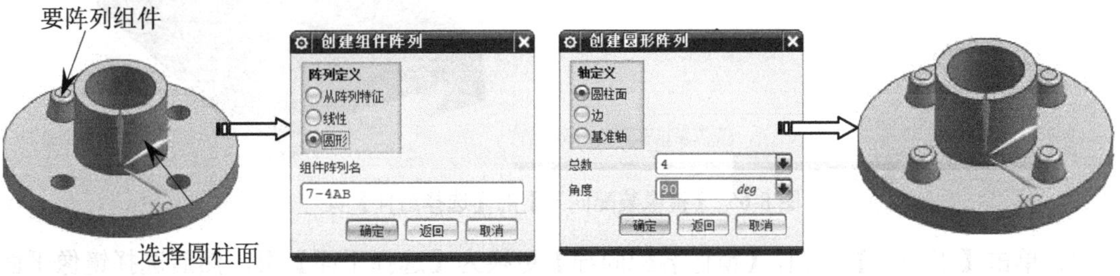

图 8-63　圆形阵列的创建过程

圆形组件阵列是通过绕轴调用组件的配对条件来创建的，用户可采用如下的【轴定义】方式。

✧ 【圆柱面】：选择圆柱面，并以圆柱面的轴线作为旋转轴。

✧ 【边】：选择对象的边缘线作为旋转轴。

✧ 【基准轴】：选择现有基准轴作为旋转轴。

【总数】：用于设置圆周阵列中创建的组件数量，包括正在引用的已有组件。

【角度】：用于设置两阵列组件之间的角度。

8.4.6　镜像装配

对于对称结构产品的造型设计，用户只需建立产品一侧的装配，然后利用【镜像装配】功能建立另一侧装配即可，这样可有效地减小重新装配组件的麻烦。

镜像装配操作步骤如下。

（1）单击【装配】工具栏上的【镜像装配】图标按钮，或选择菜单【装配】→【组件】→【镜像装配】命令，弹出【镜像装配向导】对话框，出现欢迎界面，如图 8-64 所示。

图 8-64 【镜像装配向导】欢迎界面

（2）单击【下一步】按钮，【镜像装配向导】更换为【选择组件】页，然后选择要镜像的组件，如图 8-65 所示。

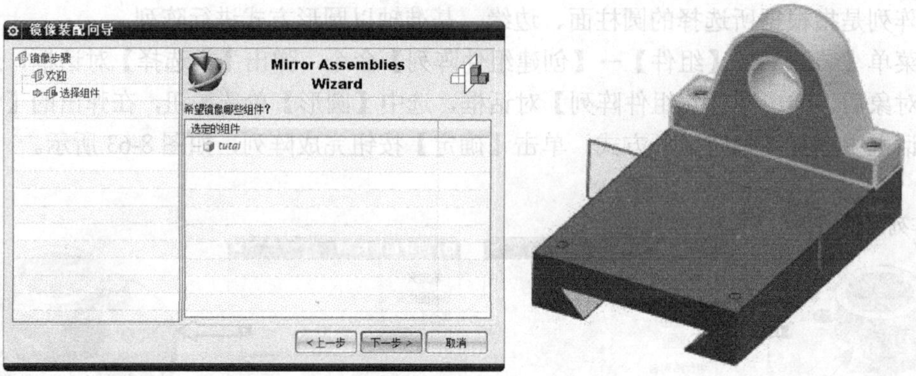

图 8-65 【镜像装配向导】的【选择组件】页

（3）单击【下一步】按钮，【镜像装配向导】更换为【选择平面】页，然后选择镜像平面，如图 8-66 所示。

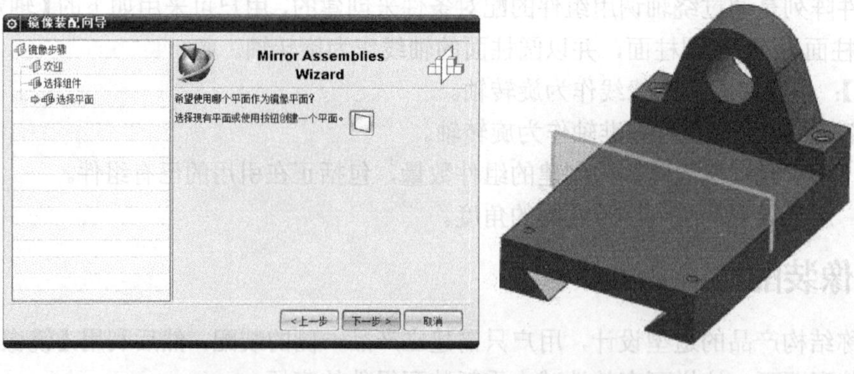

图 8-66 【镜像装配向导】的【选择平面】页

（4）单击【下一步】按钮，【镜像装配向导】更换为【镜像设置】页，用户可更改将用于操作中的每个组件的镜像类型，如图 8-67 所示。

图 8-67 【镜像装配向导】的【镜像设置】页

当单击页面右侧需要镜像的组件名称时，列表框下方的相应图标按钮就会变亮，下面介绍各按钮的含义。

✧ 【重定位】：系统默认的镜像类型，即每个选定组件的副本均置于镜像平面的另一侧，而不创建任何的新部件。
✧ 【关联镜像】：该操作将新建部件文件，并将它们作为组件添加到工作部件中，且该部件与原几何体相关联。
✧ 【非关联镜像】：该操作将新建部件文件，并将它们作为组件添加到工作部件中，该部件与原几何体没有关联。
✧ 【删除所选的镜像类型】：该操作用于删除在镜像装配中不需要的组件。

（5）单击【下一步】按钮，系统执行镜像操作预览。镜像的组件显示在图形窗口中。【镜像装配向导】更换为【镜像查看】页。在【镜像查看】页中，用户可在完成操作之前进行修正，如图 8-68 所示。

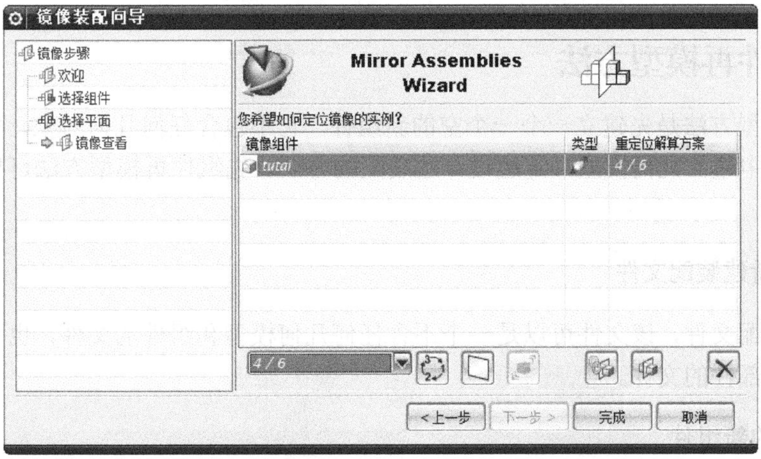

图 8-68 【镜像装配向导】的【镜像查看】页

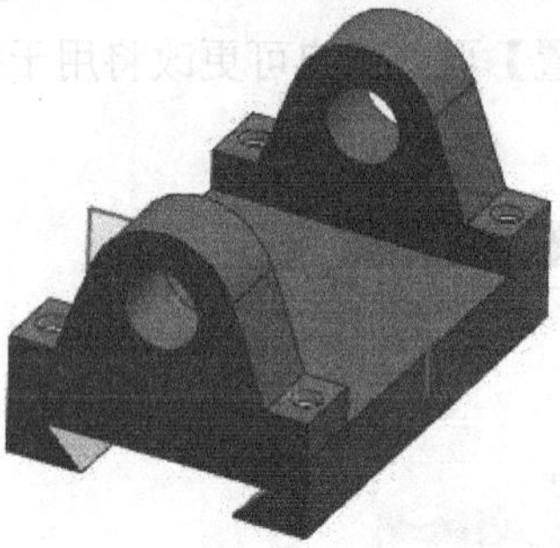

图 8-69　镜像装配操作结果

当单击页面右侧的镜像组件名称时，列表框下方的相应图标按钮就会变亮，各图标含义解释如下。

- ✧ 4/6：镜像方案，表示当前是 6 种方案中的第四种方案，单击按钮打开下拉列表显示其他五种镜像方案，单击其中一种，在绘图区就会显示出其镜像结果。
- ✧ ：在不同的镜像方案中循环选择。
- ✧ ：重新选择镜像平面。
- ✧ 和 ：重新更改镜像类型为关联镜像或非关联镜像。

（6）单击【完成】按钮，完成镜像操作，如图 8-69 所示。

提示： 镜像装配使用模型引用集对选定的组件进行镜像，模型引用集仅包含实际模型几何体，如实体、片体或不相关的小平面。镜像装配不能用来对构造对象进行镜像，例如基准、草图或点。

8.5　自顶向下装配

自顶向下装配的思想是由顶向下产生子装配和组件，在装配层次上建立和编辑组件。

8.5.1　基本概念

自顶向下装配方法主要用在上下文设计，即在装配中参照其他零部件对当前工作部件进行设计或创建新的零部件。在自顶向下设计中，显示部件为装配部件，而工作部件是装配中的组件，所做的工作均发生在工作部件上，而不是在装配部件上。可利用链接关系引用其他部件中的几何对象到当前工作部件中，再用这些几何对象生成几何体。这样，一方面提高了设计效率，另一方面保证了部件之间的关联性，便于参数化设计。

自顶向下装配有两种方法。

① 先组件再模型：先在装配中建立一个新组件，再在其中建立几何模型。

② 先模型再组件：先在装配中建立几何模型，然后建立新组件，并把几何模型加入到新建组件中。

8.5.2　先组件再模型方法

先组件再模型方法是先建立一个一个空的新组件，它不包含任何几何对象，然后使其成为工作部件，再在其中建立几何模型，是边设计边装配的方法。先组件再模型方法可按照以下步骤进行。

1．打开或新建装配文件

打开一个装配文件，该文件可以是一个不含任何几何模型和组件的文件，也可以是一个含有几何模型或装配部件的文件。

2．创建空的新组件

在【装配导航器】中选择要插入组件的节点，选择菜单【装配】→【组件】→【新建组件】

命令，弹出【新组件文件】对话框，设置好组件名后单击【确定】按钮，弹出【新建组件】对话框，如图 8-70 所示。由于是产生不含几何对象的新组件，因此该处不需要选择几何对象，单击【确定】按钮完成。

图 8-70 【新建组件】对话框

【新建组件】对话框中各选项参数含义如下。

1）【对象】组框

✧ 【选择对象】：用于在图形区选择对象以创建为包含几何体的新组件。

✧ 【添加定义对象】：选中该复选框，可在新组件部件文件中包含所有参考对象；取消该复选框，可剔除参考对象。一般应该始终采用复制定义对象，如果没有这些对象，所选对象便无法存在，如草图、基准平面等。

2）【设置】组框

✧ 【组件名】：指定新组件名称。

✧ 【引用集】：为所有选定几何体创建的新组件指定引用集。

✧ 【图层选项】：在装配中指定图层，可在其中显示已移至组件的几何体，包括【原先的】、【工作】和【按指定的】。

✧ 【组件原点】：指定绝对坐标系在组件部件内的位置。WCS 是指定绝对坐标系的位置和方向与显示部件的 WCS 相同，绝对是指指定对象保留其绝对坐标位置。

✧ 【删除原对象】：选中该复选框可删除原始对象，同时将选定对象移至新部件。

3. 建立新组件几何对象

1）新组件成为工作对象

新组件产生后，可在其中建立几何对象，首先必须改变工作部件到新组件中。

在【装配导航器】上选中要显示的组件，单击鼠标右键，在弹出的快捷菜单中选择【设为工作部件】命令，当前选择的组件将成为工作部件，其他组件变暗，高亮显示的组件就是当前工作部件。

2）建立新组件几何对象

接下来用户需要在新组件中建立几何模型，有两种建立几何对象的方法。

✧ 第一种是直接建立几何对象，如果不要求组件间的尺寸相互关联，则改变工作部件到新组件，直接在新组件中用 UG/Modeling 的方法建立和编辑几何对象。
✧ 第二种是建立关联几何对象。如果要求新组件与装配中其他组件有几何关联性，则应在组件间建立链接关系，即采用【WAVE 几何链接器】对话框，此对话框用于链接其他组件中的点、线、面、体等到当前工作部件中。有关该部分内容请参见 8.6 节“部件间建模——WAVE 技术”。

4．施加装配约束到新组件

对新建立的组件对象施加装配约束。首先将装配文件设置为工作部件，然后单击【装配】工具栏上的【装配约束】图标按钮，或选择下列菜单【装配】→【组件位置】→【装配约束】命令，弹出【装配约束】对话框，利用该对话框对新建立的组件对象进行约束定位。

下面以一个小实例来演示先组件再模型的方法，具体操作步骤如下。

（1）打开光盘文件“实例\Ch08\素材 2-3.prt”，如图 8-71 所示。

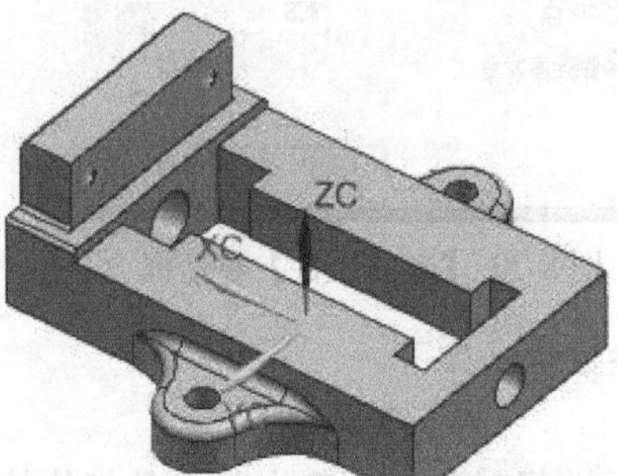

图 8-71　打开装配体文件

（2）在【装配导航器】窗口中选中根节点，单击选择菜单【装配】→【组件】→【新建组件】命令，弹出【新组件文件】对话框，设置好组件名并保存到相应的文件夹后单击【确定】按钮。

（3）系统弹出【新建组件】对话框，选择【引用集】为【模型】，单击【确定】按钮。新组件创建完成，它是一个不包含任何几何对象的空组件。

（4）双击【装配导航器】中的 pingkouqian 节点，使其成为工作部件。利用草图和实体创建功能创建如图 8-72 所示的拉伸实体。

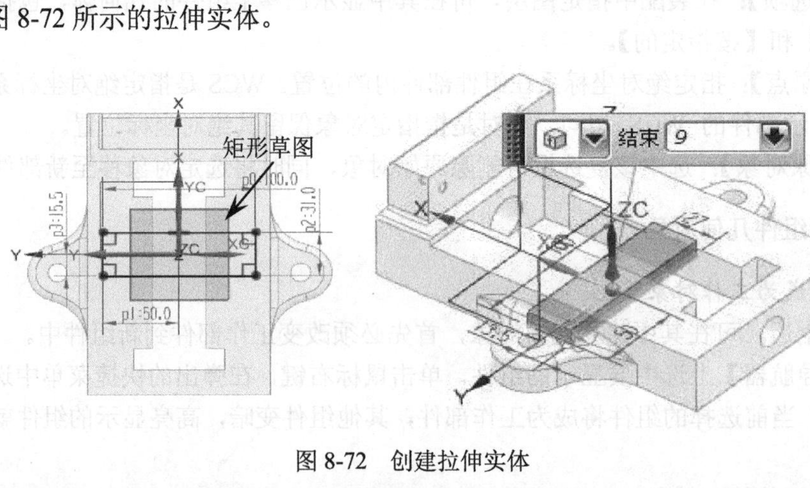

图 8-72　创建拉伸实体

（5）双击【装配导航器】中的根节点使其变成工作部件，在【装配】工具栏中单击【装配约束】图标按钮，施加 3 个【接触对齐】约束，如图 8-73 所示。

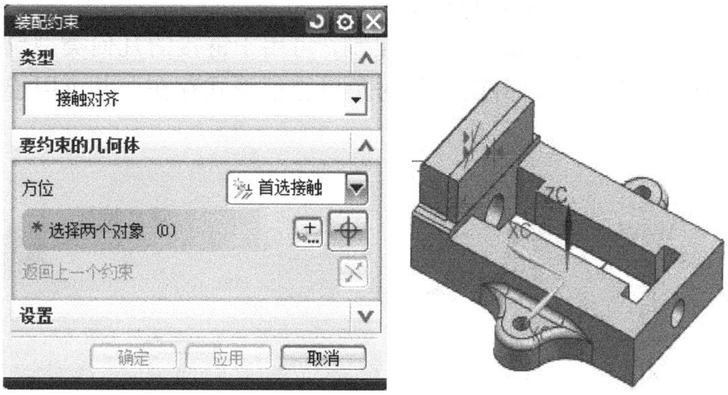

图 8-73　施加约束

8.5.3　先模型再组件方法

先在装配文件中建立起几何模型，然后创建新组件，并将所建的几何模型添加到相应的组件中，最后对相应组件施加装配约束，完成装配。先模型再组件方法可按照以下步骤进行。

1. 打开或新建装配文件

在装配文件中建立几何模型，首先建立一个新的装配文件，并在其绘图区建立所需的几何模型。

2. 创建新组件并添加几何模型

在【装配导航器】中选择要插入组件的节点，选择菜单【装配】→【组件】→【新建组件】命令，弹出【新组件文件】对话框，设置好组件名后单击【确定】按钮，弹出【新建组件】对话框，选择要添加到该组件中的几何模型，单击【确定】按钮，完成几何模型的添加。

3. 施加装配约束到新组件

对新建立的组件对象施加装配约束。首先将装配文件设置为工作部件，然后单击【装配】工具栏上的【装配约束】图标按钮，弹出【装配约束】对话框，利用该对话框对新建立的组件对象进行约束定位。

8.6　部件间建模——WAVE 技术

部件间建模技术是指利用链接关系建立部件间的相互关联，实现相关参数化设计。例如，在装配上下文设计中，设计某一个部件上的一个孔时，可能需要利用另一个部件上的某个特征来对孔进行定位，或者在一个部件的设计中，要利用另一个部件上的某个表面进行拉伸操作来生成一个扫描特征的外部轮廓。本节将介绍部件间建模的主要方法。

8.6.1　WAVE 技术概述

WAVE 几何链接器（WAVE Geometry Linker）提供了在装配环境中链接复制其他部件的几何

对象到当前工作部件的工具。被链接的几何对象与其父几何体保持关联，当父几何体发生改变时，被链接到工作部件的几何对象也会随之自动更新。

建立链接几何对象就是针对父几何对象的复制，可用于链接的几何类型包括：点、线、草图、基准、面、体，这些被链接到工作部件的几何对象以特征形式存在，并可用于建立和定位新的特征，如图 8-74 所示。

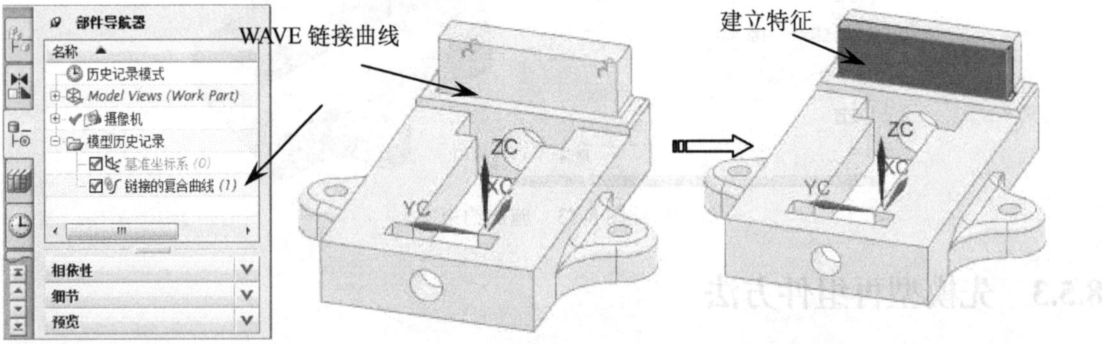

图 8-74　WAVE 链接应用

8.6.2 【WAVE 几何链接器】对话框

单击【装配】工具栏上的【WAVE 几何链接器】图标按钮，弹出【WAVE 几何链接器】对话框，如图 8-75 所示。该对话框用于将其他组件中的点、线、面、体等链接到当前工作部件中。

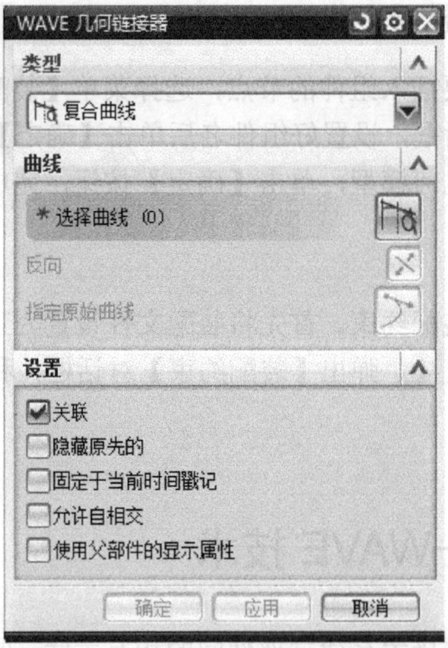

图 8-75　【WAVE 几何链接器】对话框

【WAVE 几何链接器】对话框上部的下拉列表用于指定链接几何对象的类型，中部为与所选对象类型相对应的选择功能和相关参数，下部为各类型对象的共同参数。

1. 【复合曲线】

【复合曲线】用于建立链接曲线。选择该选项后，再从其他组件上选择曲线或边缘，则所选曲线或边缘被链接到工作部件中，没有参数需要指定，如图 8-76 所示。

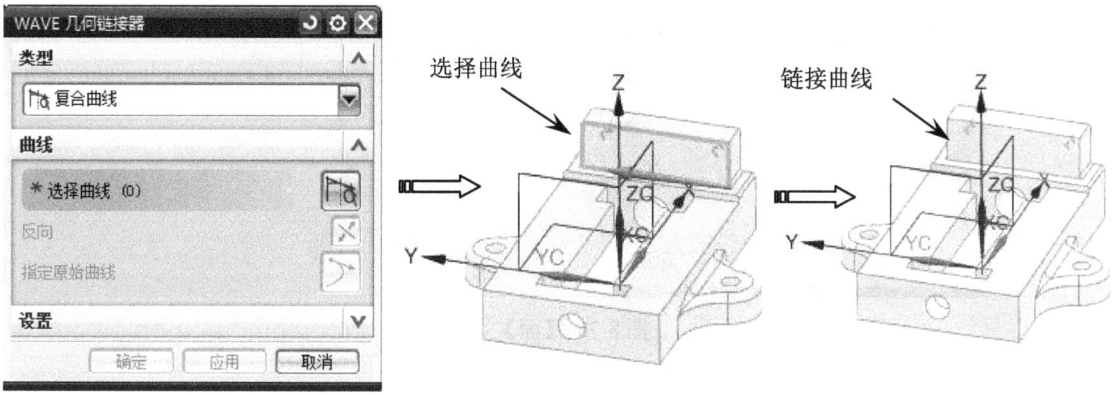

图 8-76 【复合曲线】

2.【点】

【点】用于建立链接点。选择该选项时，对话框中部将显示点的选择类型，按照一定的点的选取方式从其他组件上选择一点，则所选点或由所选点连成的线被链接到工作部件中。

3.【基准】

【基准】用于建立链接基准平面或基准轴。选择该选项后，按照一定的基准选取方式从其他组件上选择基准平面或基准轴，则所选择的基准平面或基准轴被链接到工作部件中。

4.【草图】

【草图】用于建立链接草图。选择该选项后，再从其他组件上选择草图，则所选草图被链接到工作部件中，如图 8-77 所示。

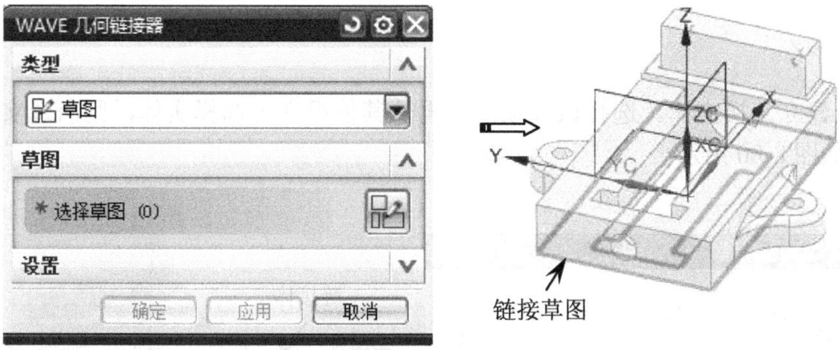

图 8-77 【草图】

5.【面】

【面】用于建立链接面。选择该选项后，按照一定的面选取方式从其他组件上选择一个或多个实体表面，则所选表面被链接到工作部件中，如图 8-78 所示。

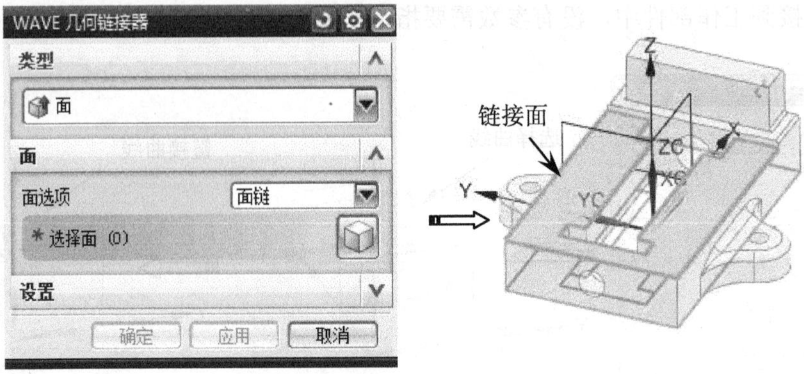

图 8-78 【面】

6.【面区域】

【面区域】用于建立链接面区域。选择该选项后，先单击【选择种子面】按钮，并从其他组件上选择种子面，然后单击【选择边界面】按钮并指定各边界面，则由指定边界包围的区域被链接到工作部件中，如图 8-79 所示。

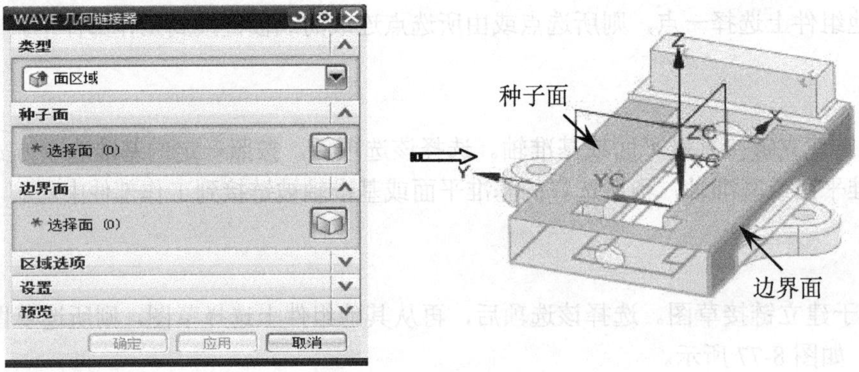

图 8-79 【面区域】

7.【体】

【体】用于建立链接实体。选择该选项后，再从其他组件上选择实体，则所选实体被链接到工作部件中，如图 8-80 所示。

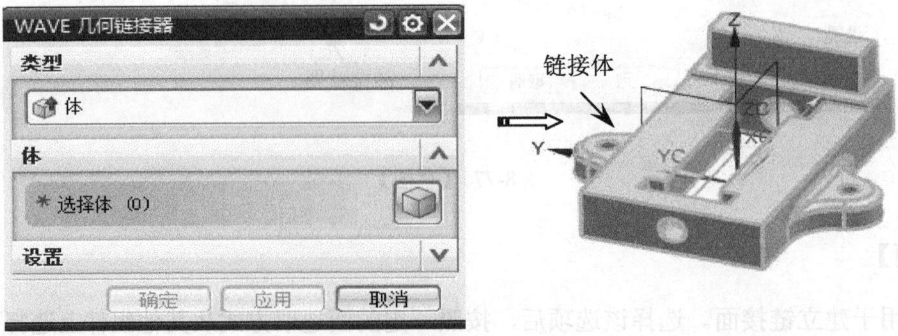

图 8-80 【体】

8.【镜像体】

【镜像体】用于建立链接镜像实体。选择该选项后，先单击【选择体】图标按钮，并从其他组件上选择实体；然后单击【选择镜像平面】图标按钮，并指定镜像平面，则所选实体沿所选平面被镜像到工作部件中，如图 8-81 所示。

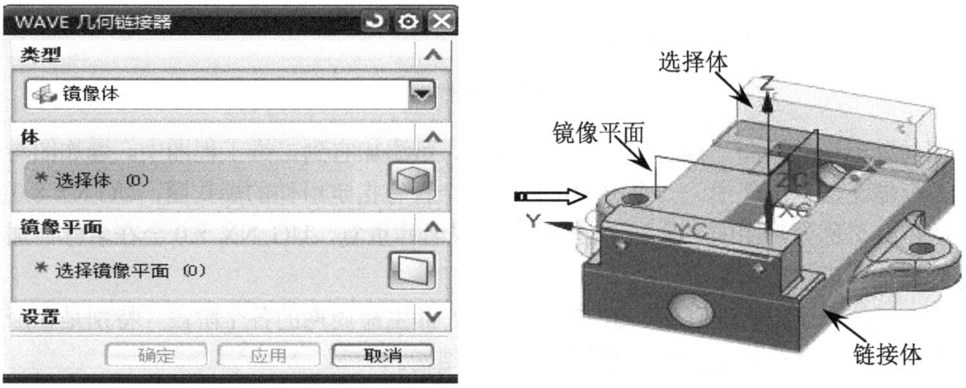

图 8-81 镜像体

9.【管线布置对象】

【管线布置对象】用于建立链接管路。选择该选项后，再从其他组件上选择管路对象或管路分段，则所选管路将链接到工作部件中。

10. 其他参数

- ✧【关联】：选中该复选框，则产生的链接特征与原对象关联。
- ✧【隐藏原先的】：选中该复选框，则在产生链接特征后，隐藏原来对象。
- ✧【固定于当前时间戳记】：选中该复选框，则在所选链接组件上后续产生的特征将不会体现到用链接特征建立的对象上；否则，在所选链接组件上后续产生的特征，会反映到用链接特征建立的对象上。

8.7 爆炸图

爆炸图是完成了零部件的装配后，可以通过爆炸图将装配各部件偏离装配体原位置以表达组件装配关系的视图，便于用户观察。UG NX 8.0 中爆炸图的创建、编辑、删除等操作命令集中在【爆炸图】工具栏上。

8.7.1 概念

装配爆炸图是指在装配环境下将建立好装配约束关系的装配体中的各组件，沿着指定的方向拆分开来，即离开组件实际的装配位置，以清楚地显示整个装配或子装配中各组件的装配关系以及所包含的组件数，方便观察产品内部结构以及组件的装配顺序，如图 8-82 所示。

图 8-82　爆炸图

爆炸图与其他用户视图一样，一旦定义和命名，可添加它到二维工程图中。爆炸图与显示部件关联，并存储在显示部件中。一个模型可以有多个含有指定组件的爆炸图，UG NX 8.0 系统中的爆炸图的默认名称为视图的名称加 Explode。如果名称重复，UG NX 8.0 会在名称前加数字前缀，也可为爆炸图指定不同名称。

爆炸图广泛应用于设计、制造、销售和服务等产品生命周期的各个阶段，特别是在产品说明书中，它常用于说明某一部分或某一子装配的装配结构。

8.7.2　爆炸图的建立

创建爆炸图是指在当前视图中创建一个新的爆炸视图，并不涉及爆炸图的具体参数，具体的爆炸图参数通过其后的编辑爆炸图操作进行设置。

单击【爆炸图】工具栏上的【创建爆炸图】图标按钮，或选择菜单【装配】→【爆炸图】→【创建爆炸图】命令，弹出【创建爆炸图】对话框。在该对话框中输入爆炸图名称或接受默认名称，单击【确定】按钮就建立了一个新的爆炸图，如图 8-83 所示。

若当前视图中已经存在一个爆炸视图，系统弹出【新建爆炸图】提示对话框，如图 8-84 所示，单击【是】按钮，则可以利用已存在的爆炸作为开始位置创建一个新的爆炸，从而可定义一系列爆炸视图以显示不同位置的组件情况。单击【否】按钮，取消创建爆炸图。

图 8-83　【新建爆炸图】对话框

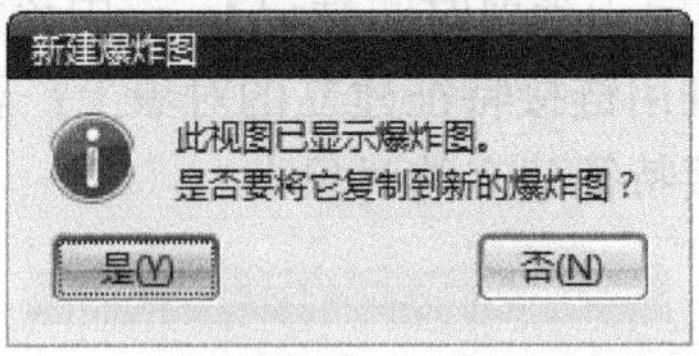

图 8-84 【新建爆炸图】提示对话框

8.7.3　爆炸图的操作

在新创建了一个爆炸图后视图并没有发生什么变化，接下来就必须使组件炸开。

1．自动爆炸组件

自动爆炸组件是指基于组件关联条件，按照配对约束中的矢量方向和指定的距离自动爆炸组件。

单击【爆炸图】工具栏上的【自动爆炸组件】图标按钮，或选择菜单【装配】→【爆炸图】→【自动爆炸组件】命令，弹出【类选择】对话框，单击【全选】按钮，选中所有组件就可以对整个装配进行爆炸图的创建，在弹出【爆炸距离】对话框中设置爆炸距离，单击【确定】按钮可实现对这些组件的炸开，如图 8-85 所示。

图 8-85　自动爆炸组件的创建过程

【爆炸距离】对话框用于指定自动爆炸参数，该对话框各个选项说明如下

- ✧ 【距离】：用于设置自动爆炸组件之间的距离，自动爆炸方向由输入数值的正负来控制。
- ✧ 【添加间隙】：用于增加爆炸组件之间的间隙，它控制着自动爆炸的方式。如果关闭该选项，则指定的距离为绝对距离，即组件从当前位置移动指定的距离值；如果打开该选项，指定的距离为组件相对于关联组件移动的相对距离。

2．编辑爆炸图

采用自动爆炸一般不能得到理想的爆炸效果，通常还需要利用【编辑爆炸图】功能对爆炸图进行调整。

单击【爆炸图】工具栏上的【编辑爆炸图】图标按钮，或选择菜单【装配】→【爆炸图】→【编辑爆炸图】命令，弹出【编辑爆炸图】对话框，选择要编辑的组件，按照需要进行操作，如图 8-86 所示。

图 8-86　编辑爆炸图的操作过程

【编辑爆炸图】对话框中各选项含义说明如下。

- ✧ 【选择对象】：选择要进行操作的组件对象。
- ✧ 【移动对象】：对选中的组件对象进行移动操作。
- ✧ 【只移动手柄】单选按钮：当选中该选项时，拖动手柄只有手柄移动，被选组件不移动。
- ✧ 【捕捉增量】复选框：勾选该选项后可在其后设置参数值，用于组件移动时按增量值递增至所选定的【距离】或【角度】位置。
- ✧ 【取消爆炸】按钮：用于使所选的组件返回到未发生爆炸之前的位置。

3．取消爆炸组件

单击【爆炸图】工具栏上的【取消爆炸组件】图标按钮，或选择菜单【装配】→【爆炸图】

→【取消爆炸组件】命令，弹出【类选择】对话框。选择要复位的组件后，单击【确定】按钮，即可使已爆炸的组件回到其原来的位置，如图 8-87 所示。

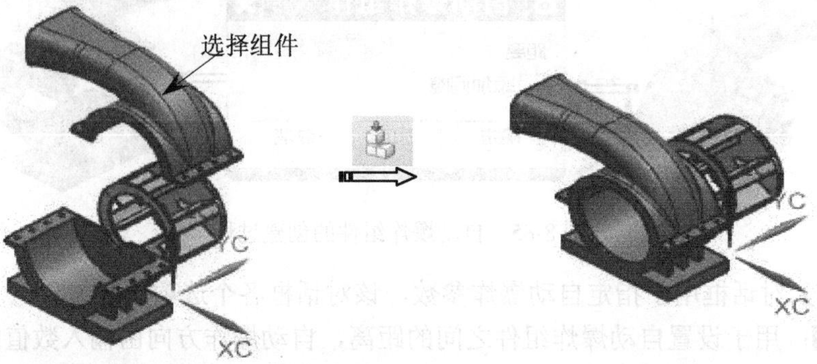

图 8-87　取消爆炸组件

4．隐藏/显示爆炸图中的组件

隐藏当前爆炸图中指定的组件，使其不显示在图形窗口中。对于隐藏的组件，可重新显示，使其显示在图形窗口中。

单击【爆炸图】工具栏上的【隐藏视图中的组件】图标按钮，在弹出的【隐藏视图中的组件】对话框中选择要隐藏的组件，单击【确定】按钮完成，如图 8-88 所示。

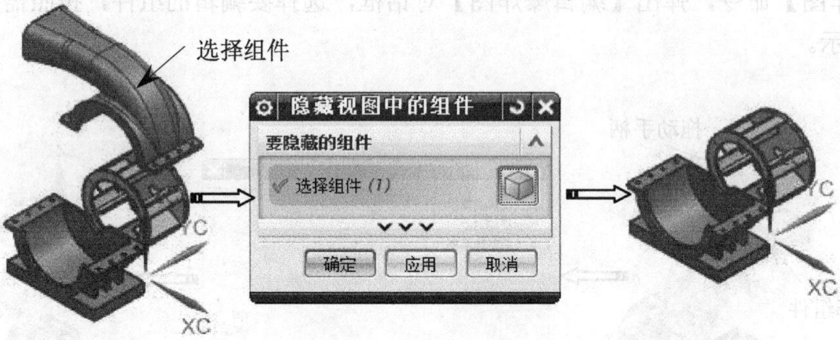

图 8-88　隐藏视图中的组件

单击【爆炸图】工具栏上的【显示视图中的组件】图标按钮，在弹出的【显示视图中的组件】对话框中选择要显示的组件，单击【确定】按钮完成，如图 8-89 所示。

图 8-89　显示视图中的组件

5. 隐藏/显示爆炸图

隐藏当前爆炸图，使其不显示在图形窗口中。对于隐藏的爆炸图，可重新显示在图形窗口中。

选择菜单【装配】→【爆炸图】→【隐藏爆炸图】命令，可将当前的爆炸图隐藏，如图 8-90 所示。若要将隐藏的爆炸图显示，则选择菜单【装配】→【爆炸图】→【显示爆炸图】命令，又可重新显示已经隐藏的爆炸图。

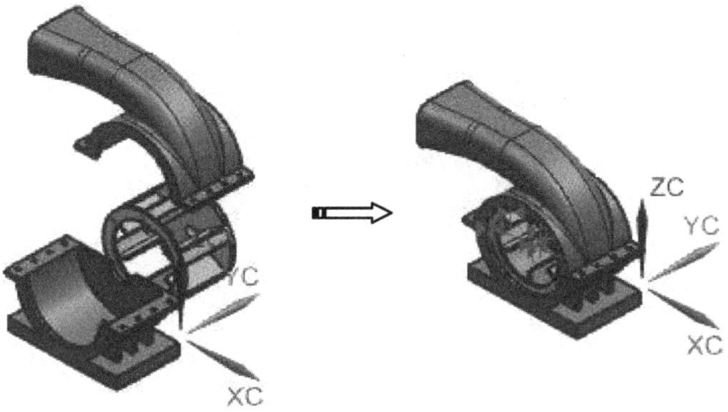

图 8-90　隐藏爆炸图

6. 删除爆炸图

单击【爆炸图】工具栏上的【删除爆炸图】图标按钮，或选择菜单【装配】→【爆炸图】→【删除爆炸图】命令，弹出【爆炸图】对话框，其中列出了所有爆炸图的名称，可在列表框中选择要删除的爆炸图，删除已建立的爆炸图，如图 8-91 所示。

图 8-91 【爆炸图】对话框

7. 切换爆炸图

在【爆炸图】工具栏中有一个下拉菜单，其中各个选项为用户所创建的和正在编辑的爆炸图。用户可以根据自己的需要，在该下拉菜单中选择要在图形窗口中显示的爆炸图，进行爆炸图的切换，如图 8-92 所示。同时，用户也可以选择下拉菜单中的选项【无爆炸】隐藏所有爆炸图。

图 8-92　切换爆炸图

8.8 应用实例

本节以如图 8-93 所示的装配体为例来对所学的装配知识进行综合应用。分别完成该装配体的装配过程，并创建爆炸图。该例题的各个零件位于“/yingyongshili”目录下，具体操作过程如下所述。

图 8-93 装配体

8.8.1 装配过程

1. 新建装配文件

启动 UG NX 8.0 软件，选择【文件】→【新建】命令，或者单击【标准】工具栏中的【新建】图标按钮，弹出如图 8-94 所示的【新建】对话框。在【模板】选项中选择【装配】模板，输入文件【名称】为“Assembly.prt”，并选择保存路径，单击【确定】按钮，完成装配文件的创建。

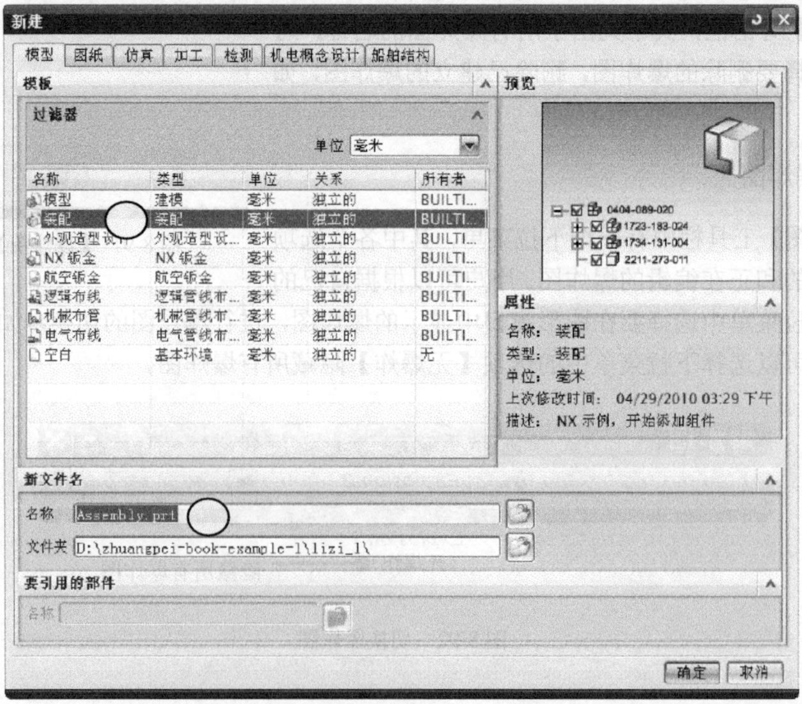

图 8-94 【新建】对话框

2．添加组件

系统会自动弹出【添加组件】对话框，单击【打开】图标按钮，弹出【部件名】对话框，在存储了部件的文件夹中选择“Base.prt”和“bracket.prt”文件，如图 8-95 所示，同时在如图 8-96 所示的【组件预览】窗口中会显示所选的组件。

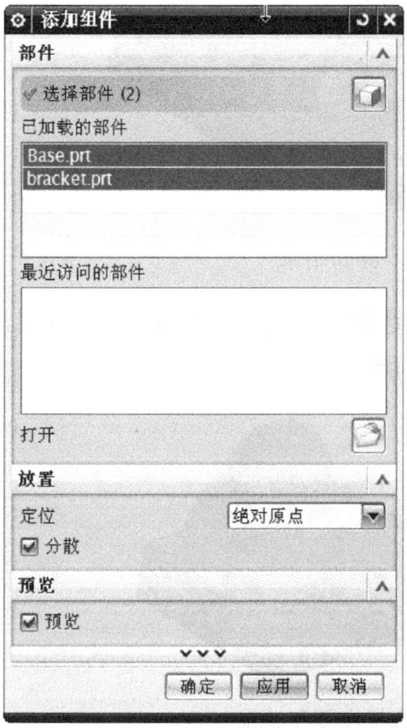

图 8-95 【添加组件】对话框

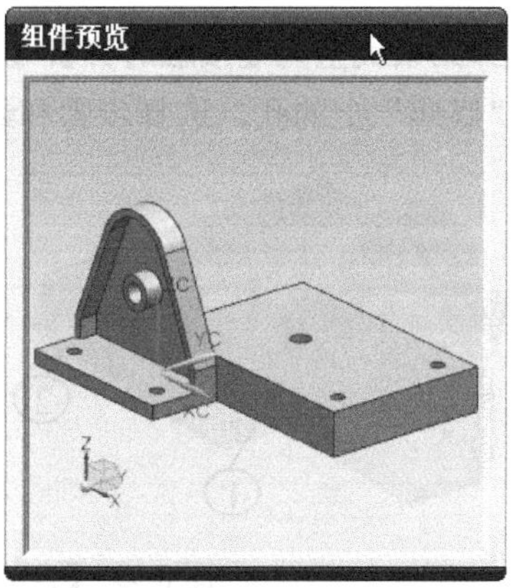

图 8-96 【组件预览】窗口

在如图 8-95 所示的【添加组件】对话框中选择【定位】方式为【绝对原点】，并选中【分散】复选框，其他选项保持默认设置，单击【确定】按钮完成组件添加。

3．底座与支承建立装配约束

（1）单击【装配】工具栏中的【装配约束】图标按钮，弹出【装配约束】对话框，选择约束类型为【接触对齐】，并在【方位】选项中选择【对齐】方式，依次选择支承“bracket.prt”和底座“Base.prt”的侧面，选择步骤和结果如图 8-97 所示。

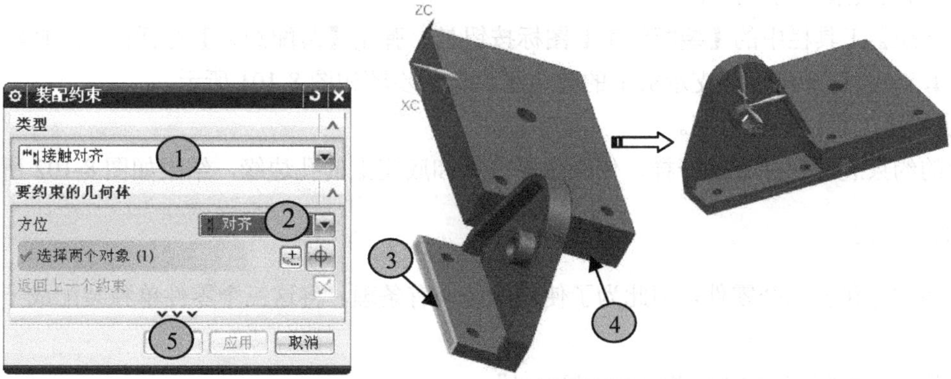

图 8-97 【对齐】约束选择步骤和结果

（2）选择约束类型为【接触对齐】,【方位】选项选择【接触】方式，依次选择【支承】的下底面和【底座】的上顶面，选择步骤及结果如图 8-98 所示。

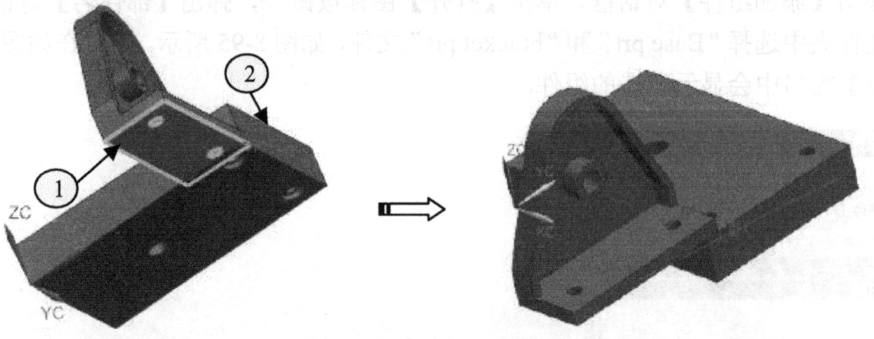

图 8-98 【接触】约束选择步骤和结果

（3）选择约束类型为【接触对齐】,【方位】选项中选择【自动判断中心/轴】方式，依次选择“支承”和“底座”上的孔，选择步骤和结果如图 8-99 所示。

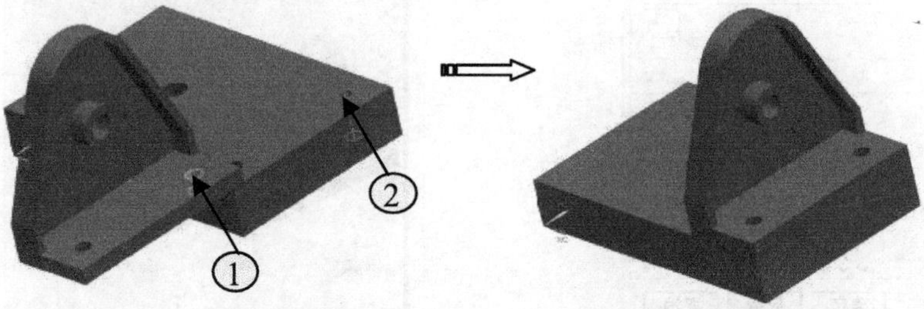

图 8-99 【自动判断中心/轴】选择步骤和结果

至此，添加的两个组件的装配约束完成。

4．装配底板和侧板

（1）添加组件：添加组件“gear.prt”。

由于底板和侧板是同一个零件，因此在图 8-100 所示的【添加组件】对话框中的【复制】组框的【多重添加】选择【添加后重复】。添加结果如图 8-100 所示。

（2）建立装配约束。

✧ 侧板约束关系：同心约束。

单击【装配】工具栏中的【装配约束】图标按钮，弹出【装配约束】对话框，选择约束类型为【同心】，依次选择侧板和支承板上的孔边缘，选择步骤如图 8-101 所示。

✧ 底板约束关系：同心约束。

和侧板的约束装配建立方法一样，依次选择底板和底座上的孔边缘，结果如图 8-102 所示。

5．手柄子装配

由于手柄部分包含三个零件，因此为了使装配结构有条理，将这三个零件单独装配成一个子装配。

（1）新建一个装配文件“handle-assembly.prt”；

（2）添加组件“handle.prt”、“shaft2.prt”和“key.prt”，如图 8-103 所示；

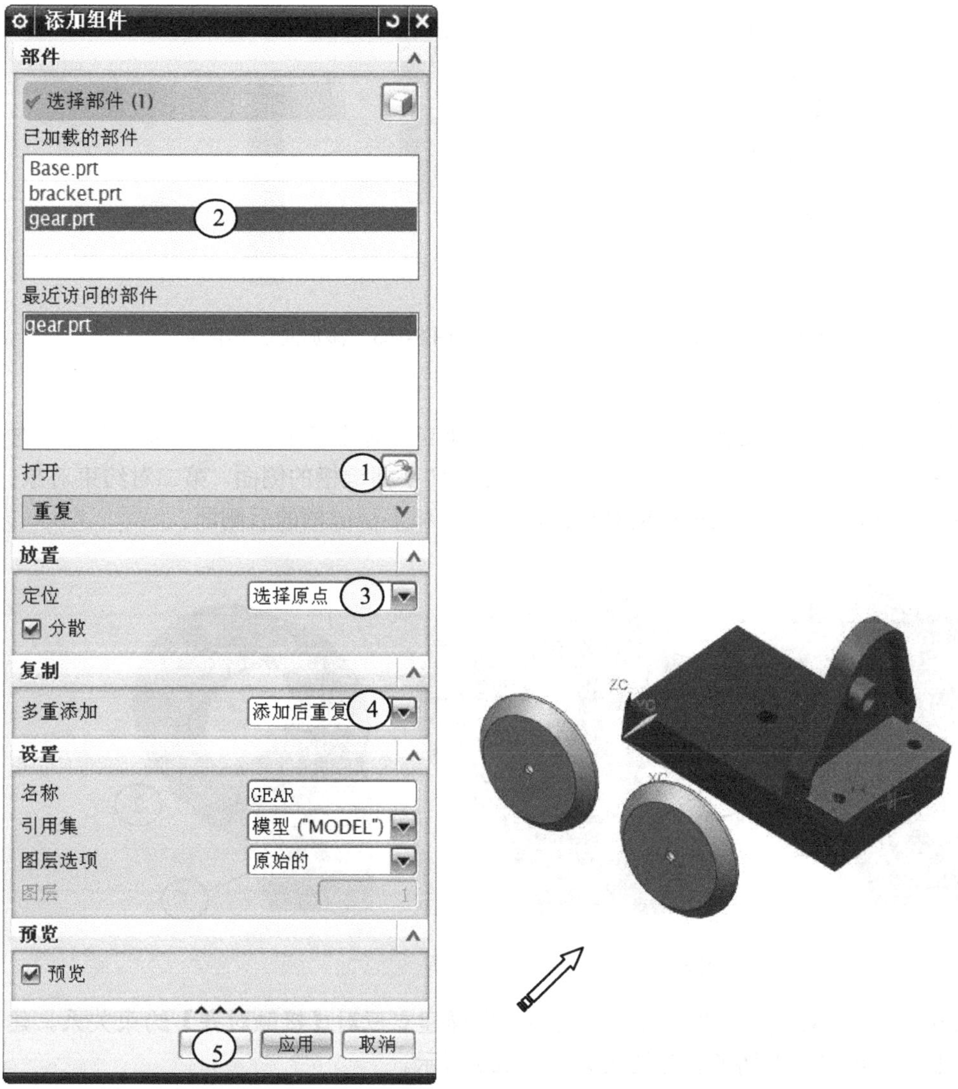

图 8-100 【重复添加组件】选择步骤

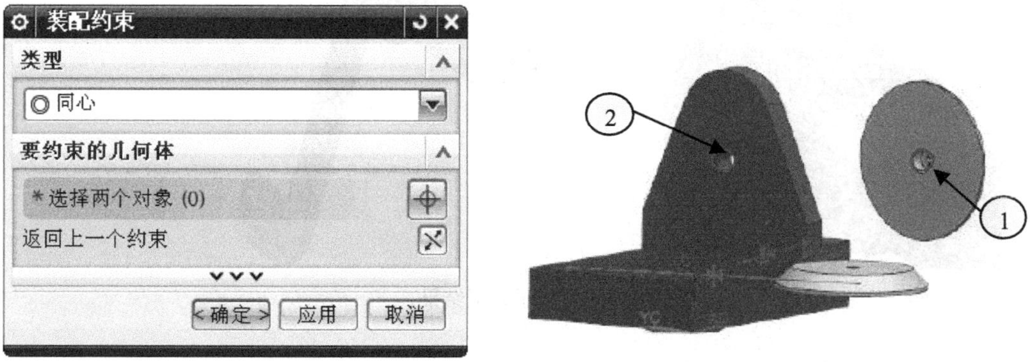

图 8-101 【同心】约束选择步骤

图 8-102　底板和侧板装配完成

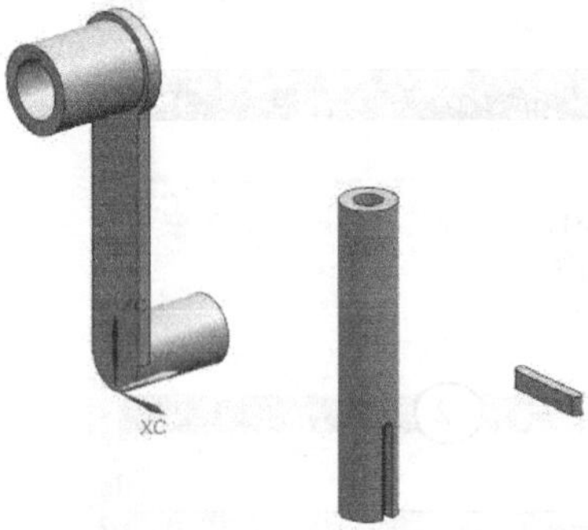

图 8-103　添加的三个组件

（3）确定装配约束。

手柄“handle.prt”和键“key.prt”之间的约束关系，建立三对【接触对齐】约束关系，三对约束对象选择如图 8-104 所示。第一对约束对象：键的侧面和手柄键槽的侧面。第二对约束对象：键的上底面和手柄键槽的底面。第三对约束对象：键的侧面和手柄键槽的后侧面。

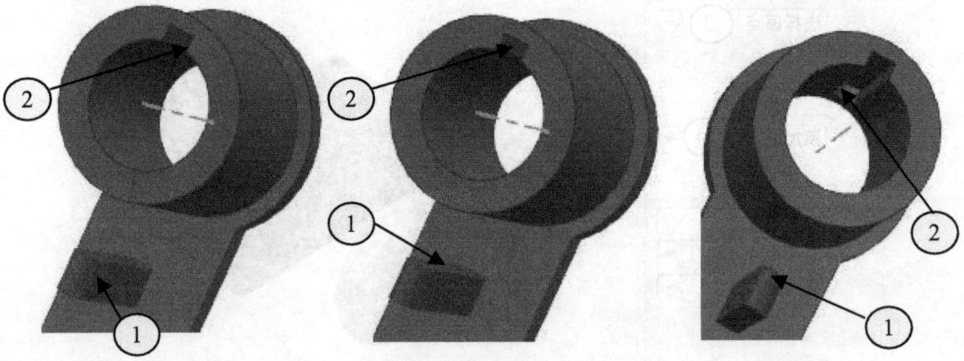

图 8-104　三对约束对象选择

轴“shaft2.prt”和键“key.prt”之间的约束关系，同样建立三对【接触对齐】约束关系。建立方法和步骤与上一步相同。手柄子装配结果如图 8-105 所示。

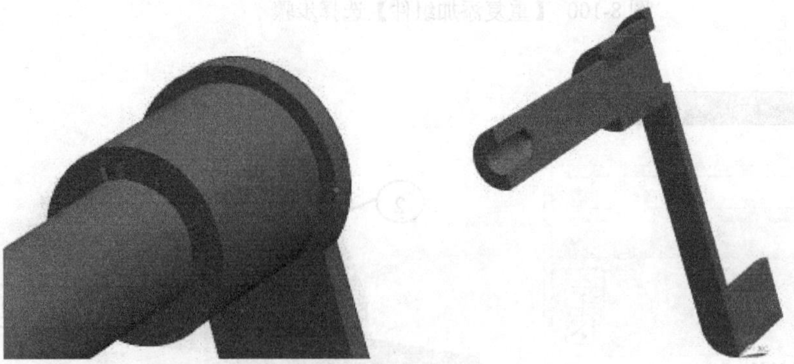

图 8-105　手柄子装配结果

6．将手柄子装配安装到装配体中

（1）添加组件“handle-assembly.prt”。

（2）确定装配约束。建立子装配“handle-assembly.prt”与支承“bracket.prt”之间的约束关系：同心约束，手柄装配过程及结果如图 8-106 所示。

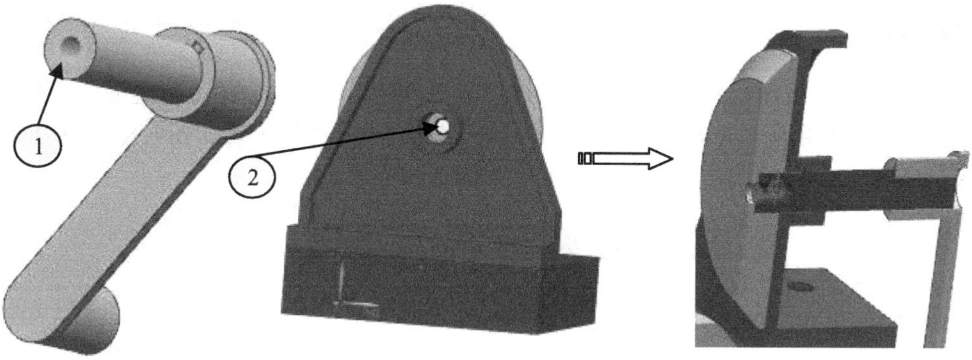

图 8-106 手柄装配过程及结果

7．装配螺母和螺栓

（1）添加组件“luomu.prt”和“luoshuan.prt”，重复添加两对。

（2）确定螺栓“luoshuan.prt”装配约束：同心约束。

（3）确定螺母“luomu.prt”装配约束：同心约束。

螺栓和螺母约束的建立步骤如图 8-107 所示。

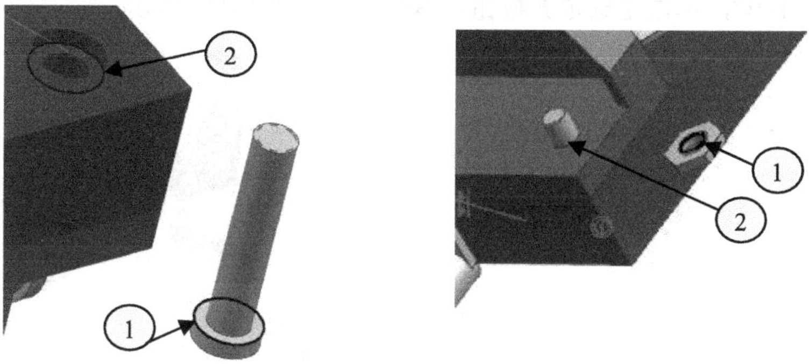

图 8-107 螺栓和螺母约束的建立步骤

最终完成装配结果如图 8-108 所示。

图 8-108 装配结果完成图

8.8.2 创建爆炸图

1. 建立爆炸图

单击【爆炸图】图标按钮，系统弹出【爆炸图】工具栏，单击其上的【新建爆炸图】图标按钮，弹出如图 8-109 所示的【新建爆炸图】对话框，在【名称】栏填上爆炸图名称“baozhatu”，或者默认系统的名称，单击【确定】按钮，新的爆炸图就建立了。

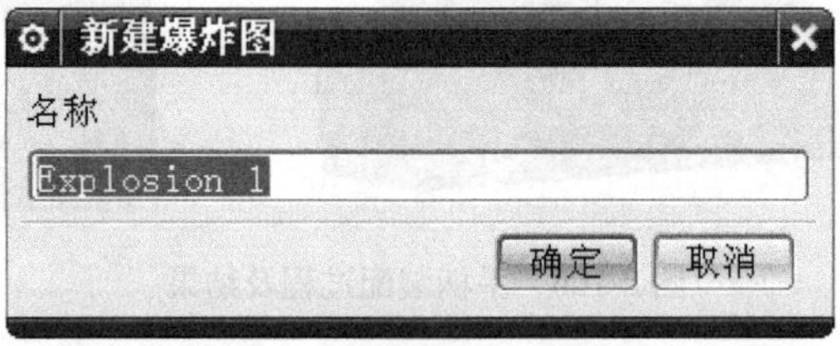

图 8-109 【新建爆炸图】对话框

2. 自动爆炸组件

单击【自动爆炸组件】图标按钮，系统弹出【类选择】对话框，单击【全选】按钮，选中所有的组件，单击【确定】按钮，弹出【自动爆炸组件】对话框，如图 8-110 所示，在【距离】文本框中输入距离值“100”，单击【确定】按钮。爆炸结果如图 8-111 所示。

图 8-110 【自动爆炸组件】对话框

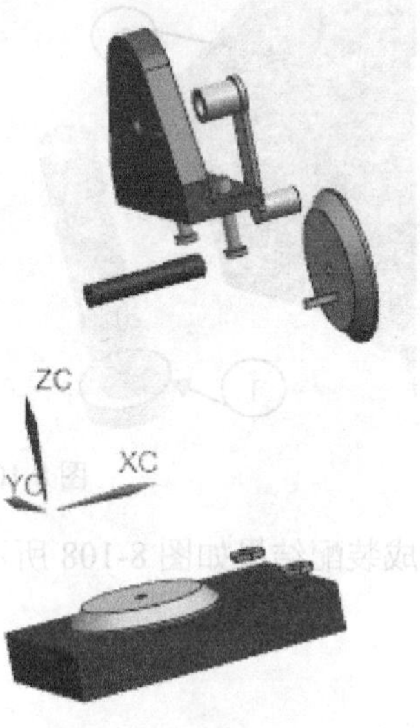

图 8-111 【爆炸】结果

3. 编辑爆炸图

单击【编辑爆炸图】图标按钮，系统弹出【编辑爆炸图】对话框，如图 8-112 所示，单击【选择对象】单选按钮，选中所要编辑移动的组件【下底板】，单击【移动对象】按钮，在【下底板】组件上会出现一个活动坐标系，可以手动移动该组件到所需位置，也可以单击坐标系上需要移动的坐标轴，使【编辑爆炸图】对话框上的【距离】文本框变亮后输入相应的距离值。其他组件也按照该方法移动到适当的位置，完成的爆炸图如图 8-113 所示。

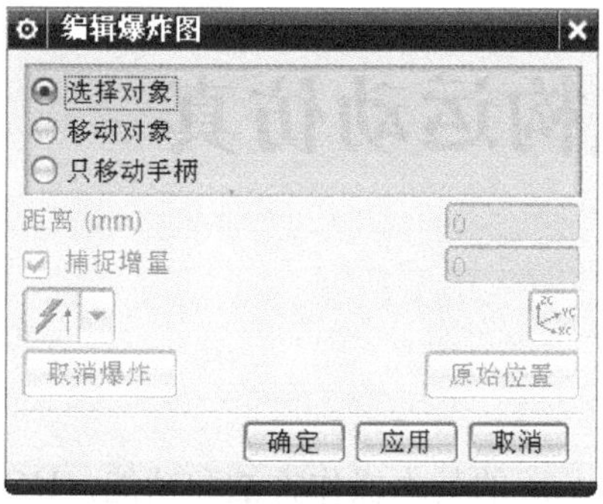

图 8-112 【编辑爆炸图】对话框

图 8-113　完成的爆炸图

8.9　本章小结

本章详细介绍了 UG NX 8.0 软件的装配模块的使用，包括装配界面、创建装配体和爆炸图。通过本章的学习，读者可以了解到 UG NX 8.0 装配的特点、零件装配的设计过程以及如何生成爆炸图等，达到能熟练应用 UG NX 8.0 进行产品装配的目的。

8.10　思考与练习

1. 问答题

（1）简述 UG NX 8.0 零件装配的特点。

（2）试举例说明各种配对类型的含义。

（3）简述装配爆炸图的创建过程。

2. 上机操作题

（1）打开光盘中“/Resource/ch08/Blowers”目录文件，装配如图 8-114 所示的鼓风机。

（2）打开光盘中“/Resource/ch08/motor”目录的文件，装配如图 8-115 所示的磨粉机。

（3）打开光盘中“/Resource/ch08/bump”目录的文件，装配如图 8-116 所示的齿轮油泵。

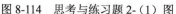

图 8-114　思考与练习题 2-（1）图

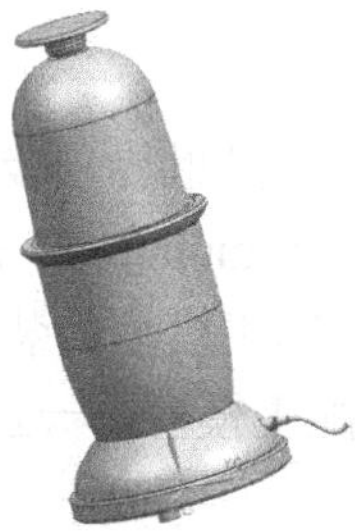

图 8-115　思考与练习题 2-（2）图

图 8-116　思考与练习题 2-（3）图

第 9 章　机构运动仿真

本章知识导读

本章主要介绍 UG NX 8.0 的运动仿真模块 Motion 的基本操作方法和功能，UG NX 8.0 机构运动仿真分析模块 Motion 是一个模拟仿真分析的设计工具，提供机构运动仿真分析功能，可以在 UG NX 8.0 环境中定义机构，既能进行运动学（Kinematic）仿真，又能进行动力学（Dynamic）仿真，包括连杆、铰链、弹簧、阻尼、初始运动条件、添加驱动阻力等，然后直接在 UG NX 8.0 中进行分析，仿真机构运动，得到机构的位移、速度、加速度、力和力矩等。分析结果可以用来指导修改结构设计，得到更加合理的机构设计方案。此运动仿真模块还可以与著名运动分析软件 ADAMS 连接。

本章最后通过两个操作实例，练习本章所学的基本操作和了解 UG NX 8.0 的操作流程。

本章学习内容

- 熟悉 UG NX 8.0 机构运动仿真 Motion 的工作环境；
- 掌握 UG NX 8.0 运动仿真模块的基本功能；
- 掌握 UG NX 8.0 运动仿真常用工具和运动机构；
- 掌握常用系统功能的使用方法；
- 掌握如何创建连杆、运动副等。

9.1　运动仿真功能简介

9.1.1　机构运动仿真功能

EDS 公司的 Uni Graphics NX（UG NX）是世界顶级的 CAD/CAE/CAM 产品研发解决方案。

UG NX 自带的运动仿真模块（Motion Simulation）是 CAE 应用软件，用于建立运动机构模型，分析其运动规律。运动仿真模块自动复制主模型的装配文件，并建立一系列不同的运动仿真，每个运动仿真均可独立修改，而不影响装配主模型，一旦完成优化设计方案，即可直接更新装配主模型以反映优化设计的结果。

UG NX 8.0 机构运动仿真模块可以进行机构的干涉分析，跟踪零件的运动轨迹，分析机构中零件的速度、加速度、作用力、反作用力和力矩等。机构运动仿真模块的分析结果可以指导修改零件的结构设计（加长或缩短构件的力臂长度、修改凸轮型线、调整齿轮比等）或调整零件的材料（减轻或加重重量、增加硬度等）。设计的更改可以反映在装配主模型的复制品上，即在运动仿真中再重新分析，当确定优化设计方案后，设计更改即可直接反映到装配主模型中。

9.1.2　运动仿真基本流程

运动仿真的过程，实际上就是凭借系统的数学模型，并通过该模型在计算机上的运行，来执行对该模型的模拟、检验和修正，并使该模型不断趋于完善的过程。

（1）在试图求解问题之前，实际系统的定义最为关键，尤其是系统的包络边界的识别。对一个系统的定义主要包括系统的目标、目标达成的衡量标准、自由变量、约束条件、研究范围、研究环境等，这些内容必须具有明确的定义准则并已定量化处理。

（2）一旦有了这些明确的系统定义，结合一定的假设和简化，在确定了系统变量和参数以及它们之间的关系后，即可方便地建立所研究系统的数学模型。

（3）接下来做的工作是实现数学模型向计算机执行的转变，计算机执行主要是通过程序设计语言编程来完成的，研究人员必须在高级语言和专用仿真语言之间做出选择。

（4）计算机仿真的目的，主要是为了研究或再现实际系统的特征，因此模型的仿真运行是一个反复的动态过程，并且有必要对仿真结果做出全面的分析和论证。否则，不管仿真模型建立得多么精确，不管仿真运行次数多么多，都不能达到正确地辅助分析者进行系统抉择的最终目的。

用户通过计算机进行机构运动仿真的过程如下。

1．进入运动仿真模块

打开 UG NX 8.0，选择菜单【开始】→【运动仿真】,在【资源条】上选择【运动导航器】，右击图形文件名，选择【新建仿真】，然后选择【动态】或【动力学】，单击【确定】按钮，如图 9-1 所示。

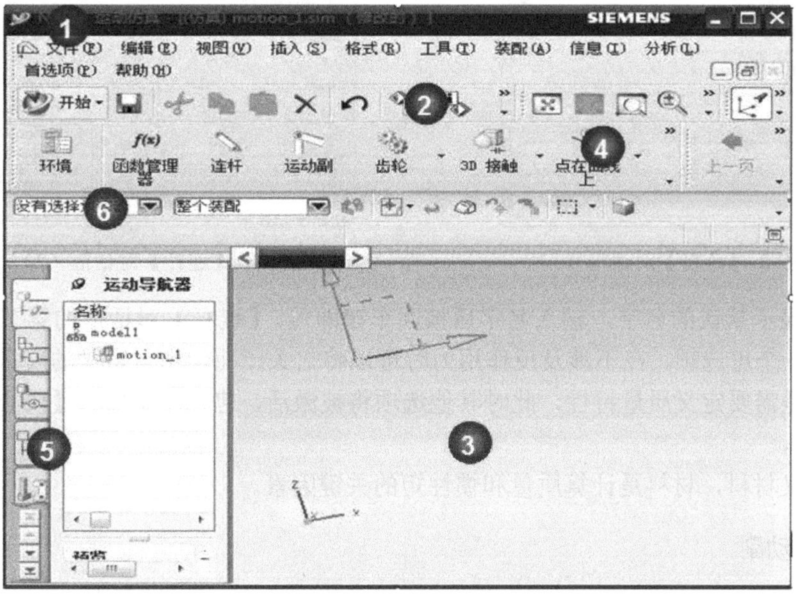

图 9-1　运动仿真主界面窗口

UG NX 8.0 运动仿真模块标准显示窗口（主界面窗口）主要包括标题栏、菜单栏、图形窗口、工具条、资源条、提示行、状态行。

① 标题栏：显示当前部件文件的信息。

② 菜单栏：显示菜单及命令列表。几乎包含了整个软件所需要的各种命令，它主要包含：【文

件】、【编辑】、【视图】、【插入】、【格式】、【工具】、【装配】、【信息】、【分析】、【首选项】、【窗口】和【帮助】。

③ 图形窗口：用于创建、显示和修改部件。

④ 工具栏：显示活动的工具栏。汇集了建模时比较常用的工具，可以不必通过菜单栏选择，只需要通过单击各种工具按钮，即可以方便地创建各种特征。

⑤ 资源条：包含导航器、浏览器和资源板的选项卡。每个选项卡均显示一页信息。资源条的位置以及条上显示的选项卡取决于您的特定配置，也可以将资源条显示为独立工具条。

⑥ 提示行：用于提示需要采取的下一个操作。提示行是为了实现人机对话，UG NX 8.0 通过信息提示区向用户提供当前操作中所需的信息。

2. 建立连杆

创建连杆的第一步是从【连杆】和【运动副】工具栏中单击【连杆】图标按钮，弹出【连杆】对话框，如图 9-2 和图 9-3 所示。

图 9-2 【连杆】对话框（1）

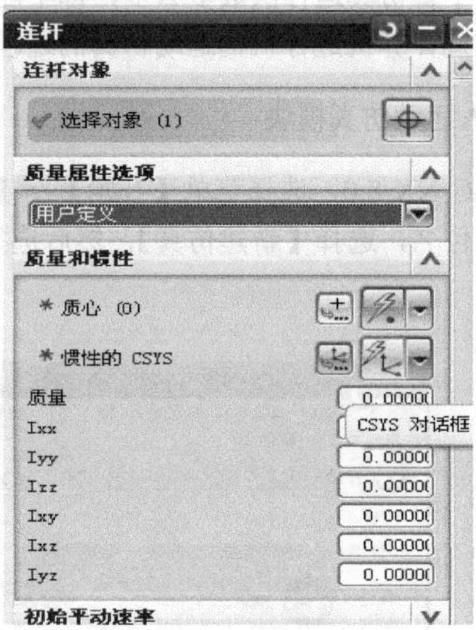

图 9-3 【连杆】对话框（2）

对话框中显示默认的名字，输入名字后按回车键即可。【连杆】对话框的第二项是自定义质量特性，它是一个可选项，在不涉及反作用力时可以将它关闭而使用自定义的质量特性。但尽管如此，有时还是需要定义质量特性，此时其他选项将被激活，包括【质量】、【质心】、【惯性矩】、【初始速度】等。

接着要定义材料，材料是计算质量和惯性矩的关键因素。

3. 创建运动副

定义运动副以前，机构中的连杆是在空中浮动的，没有约束。

创建运动副的操作分为以下三步：

（1）选择运动副要约束的连杆；

（2）确定运动副的原点；

（3）确定运动副的方向。

单击【运动】工具栏中的【运动副】图标，或从菜单中选择【插入】→【运动副】，弹出【运动副】对话框，如图 9-4 和图 9-5 所示。

图 9-4 【运动副】对话框（1）

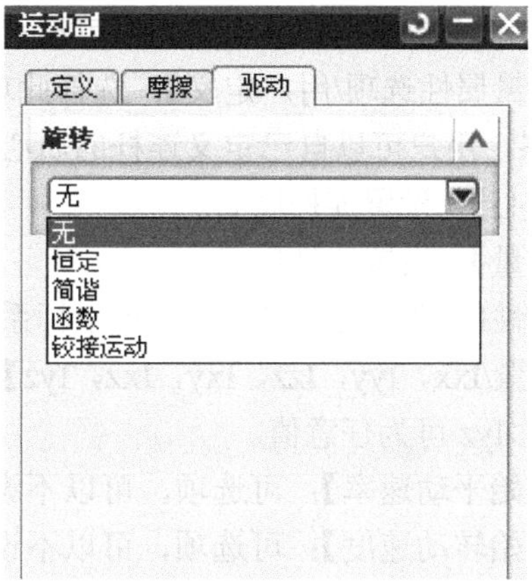

图 9-5 【运动副】对话框（2）

4．定义运动驱动

运动驱动是赋予运动副上控制运动的运动副参数。当创建或修改一个运动副时就会弹出【运动副】对话框。

它共有 5 种类型：无驱动，恒定驱动、简谐驱动、函数驱动、铰接运动驱动。之后就可以创建解算方案、求解并做运动仿真。

9.2 运动副设置

9.2.1 连杆与材料

1．【连杆】

连杆是代表刚性体的机构特征。当创建连杆时，需要指定定义连杆的几何体，并将机构中每个运动的零件均定义为连杆。可以认为机构就是“连接在一起运动的连杆”的集合，这就很容易理解为什么创建机构运动仿真的第一步是创建连杆。

大多数可选择的对象均可包括在连杆中，因为机构模型有二维和三维两种形式，但同一个对象不能属于两个连杆。

创建连杆的步骤如下：选择【插入】→【连杆】或选择【运动】工具栏上【连杆】图标按钮，弹出【连杆】对话框，如图 9-6 所示，默认连杆的名字为 L001、L002、L003 等。

图 9-6 【连杆】对话框

【连杆】对话框各项含义如下。

✧【连杆对象】：用鼠标在图中选择需要创建为连杆的零件。

鼠标经过装配体各零件时，只有未被设置为连杆的零件才高亮显示为可选择状态。

- ✧【质量属性选项/自动】：连杆将采用系统默认设置的质量属性。选中此选项时，下面的【质量】和【惯性矩】选项变为不可设置状态。
- ✧【质量属性选项/用户定义】：选择此项时，下面的【质量】和【惯性矩】选项变为可设置状态，用户可以自己定义连杆的质心、质量、惯性矩等。
- ✧【质心】：设置连杆质心。
- ✧【质量】：设置连杆质量。
- ✧【惯性的 CSYS】：定义惯性矩坐标系原点位置和方向。
- ✧【质量/Ixx，Iyy，Izz，Ixy，Ixz，Iyz】：定义惯性和惯性积。Ixx、Iyy、Izz 恒为定值，Ixy，Ixz，Iyz 可为任意值。
- ✧【初始平动速率】：可选项，可以不设置。
- ✧【初始转动速度】：可选项，可以不设置。
- ✧【设置/固定连杆】：选中该复选框，可以将创建的连杆设置为机架。

2.【材料列表】

材料功能可以用来将材料库中的材料性能赋予机构中的零件，并可以自己定义新材料。

材料特性将决定零件的质量和惯性矩。若没有设置材料，则 UG NX 8.0 建模的实体默认密度为 7.83×10^{-6}kg/mm^3，在建模模块中，从菜单【首选项】→【建模】中可以设置此默认值。 选择【工具】→【材料】→【指派材料】命令，弹出【指派材料】对话框，如图 9-7 所示。材料选定后，用鼠标在图中选择需要赋予材料的零件，单击【应用】或【确定】按钮，状态行将显示“库材料链接至对象”，说明已经成功地改变了零件的材料。

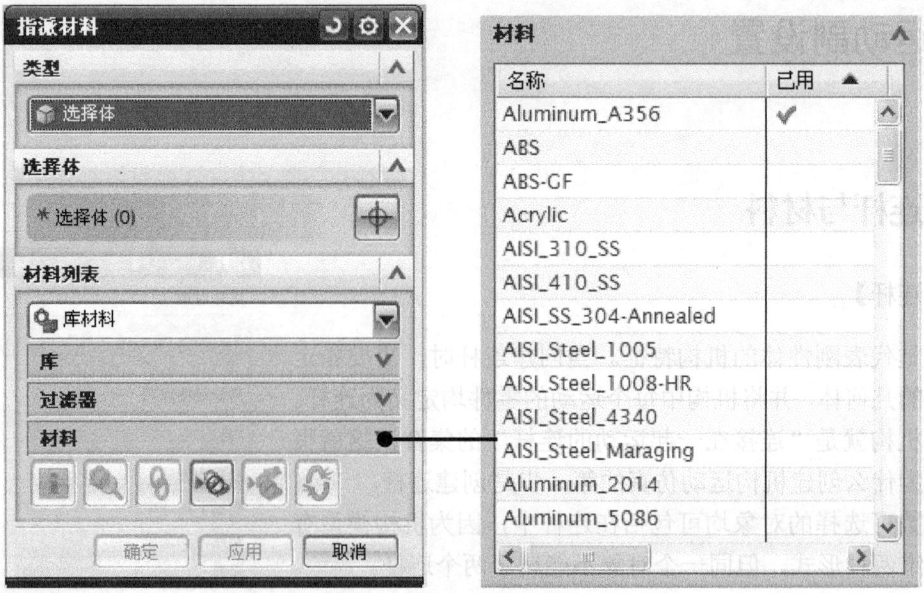

图 9-7 【指派材料】对话框

3.【测量体】

选择菜单中的【分析】→【测量体】命令，弹出【测量体】对话框如图 9-8 所示，选中【显示信息窗口】复选框，单击【确定】按钮，将显示该零件的质量、惯性矩等特性，如图 9-9 所示。

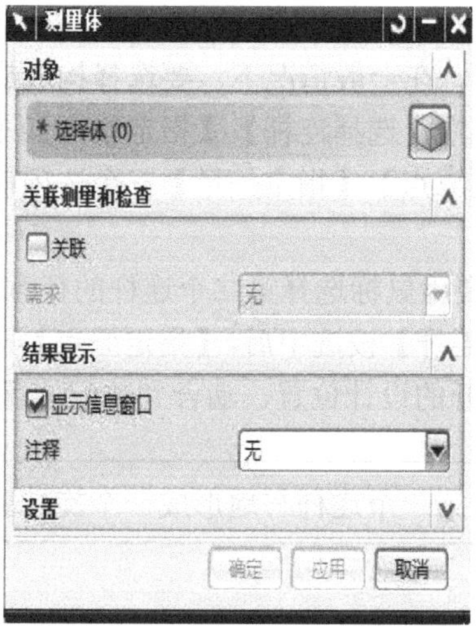

图 9-8 【测量体】对话框

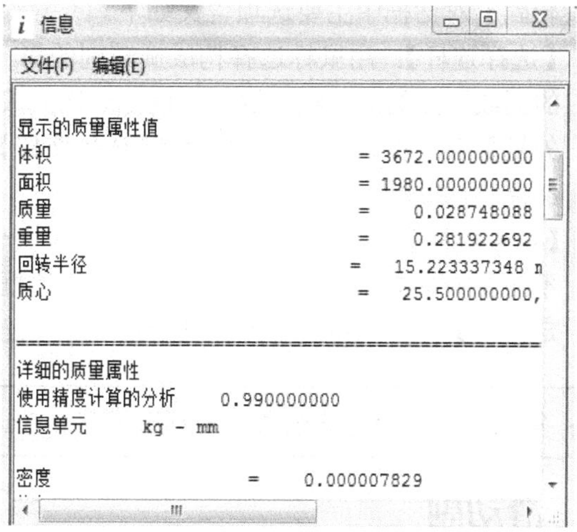

图 9-9 【信息窗口】

9.2.2　旋转副

旋转副用来连接两连杆，使其可以绕 Z 轴旋转，如图 9-10 所示。被连接的两连杆相互之间不允许有任何方向的移动。【旋转副】是应用非常广泛的运动副。

选择【插入】→【运动副】命令，或在【运动】工具栏中单击图标按钮，弹出如图 9-11 所示的【运动副】对话框，在【类型】中选择旋转副。

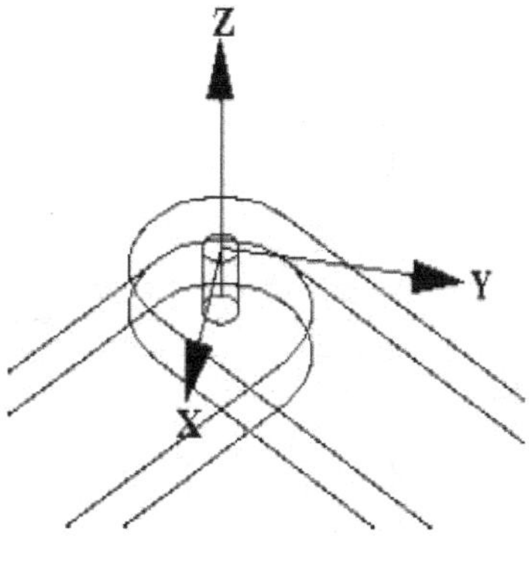

图 9-10　旋转副原理

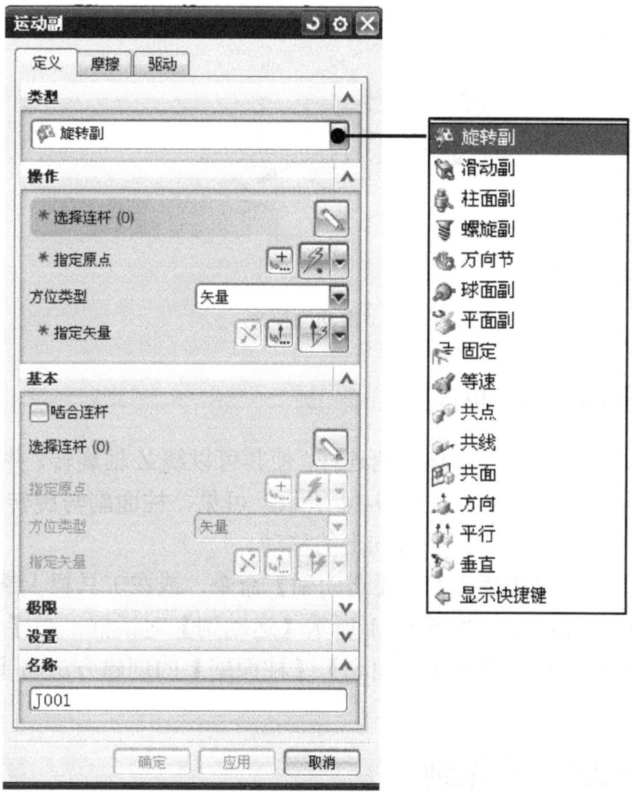

图 9-11 【运动副】对话框

【旋转副】对话框中主要选项含义如下。

- ✧【选择连杆】：用鼠标选择构成旋转副的第一个连杆。在一般情况下，要选择构成旋转副的圆或圆弧的圆周线，这样，就能一次完成图 9-11 中【选择连杆】、【指定原点】、【指定矢量】三个步骤。选择完毕后，【选择连杆】、【指定原点】、【指定矢量】三个选项前面的红色*号变成绿色的√号。
- ✧【啮合连杆】：选择第二个连杆比较简单，一般只需要用鼠标选择第二个连杆的任意位置，不需要指定原点和指定方位。只有当复选框【咬合连杆】被选中后，【指定原点】、【指定矢量】才变为可选状态。啮合运动副使连杆从分开的设计位置，啮合到装配位置。

注意：第二个连杆为可选选项，若不选择第二个连杆，则第一个连杆与地形成一个旋转副。

9.2.3 滑动副

滑动副用来连接两连杆，使其可以在某一方向上做相对移动。如图 9-12 所示，被连接的两连杆之间不允许转动，只允许有沿 Z 轴方向的一个移动自由度。

选择【插入】→【运动副】命令，或在【运动】工具栏上选择图标按钮，弹出如图 9-11 所示【运动副】对话框，在【类型】下拉列表框中选择【滑动副】。【滑动副】的创建时对话框中各选项与旋转副一样。只需要在选择第一个连杆时，用鼠标选择滑动连杆的一条边线（如图 9-13 所示），就能一次完成【选择连杆】、【指定原点】、【指定矢量】三个选项的操作。

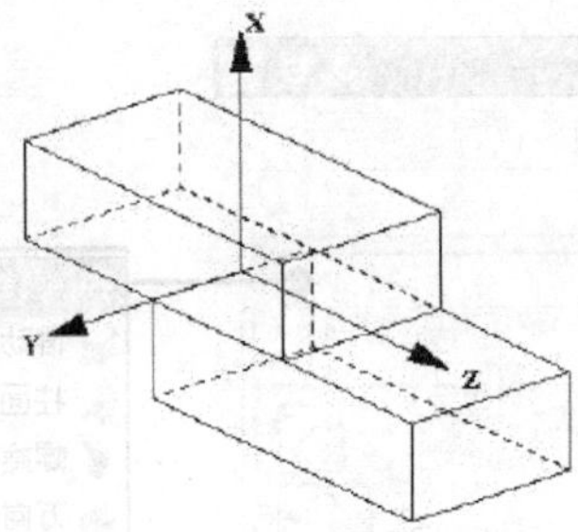

图 9-12　滑动副原理

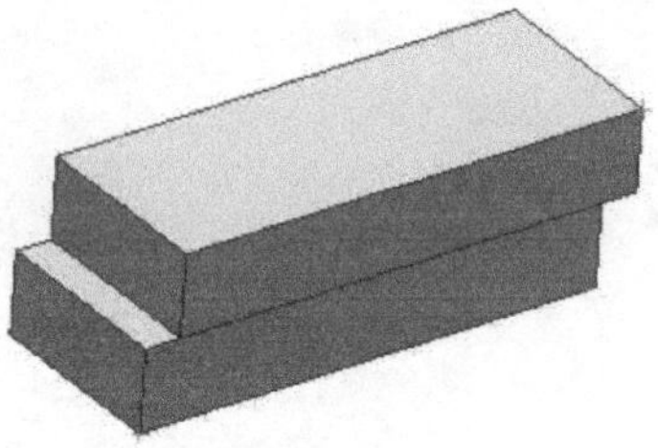
图 9-13 【滑动副】

9.2.4 柱面副

柱面副用来连接两连杆，使其可以绕 Z 轴旋转，并可以沿 Z 轴做相对移动，如图 9-14 所示。可见，柱面副与旋转副相比，只是多了一个 Z 轴方向上的移动。

选择【插入】→【运动副】命令，或在工具栏上选择图标按钮，弹出如图 9-11 所示【运动副】对话框，在【类型】下拉列表框中选择【柱面副】。【柱面副】的创建方法与【旋转副】一样。

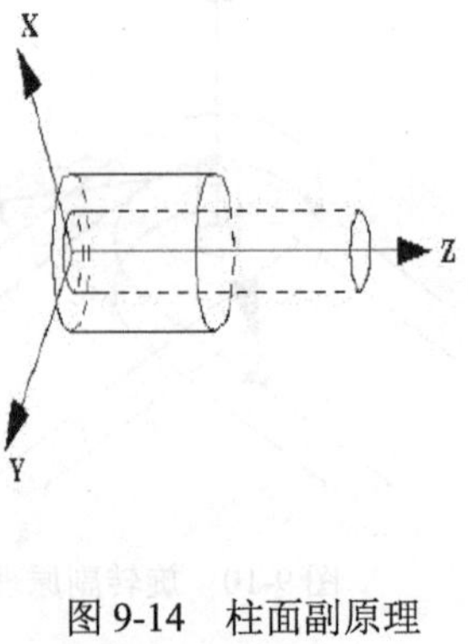

图 9-14　柱面副原理

9.2.5 齿轮副

齿轮副是一种比较常用的运动副，用来模拟一对齿轮传动。

齿轮副原理如图 9-15 所示，两齿轮节圆相切，节圆直径之比即两齿轮的传动比。

在 UG NX 8.0 菜单上选择【插入】→【传动副】→【齿轮副】命令，或在工具栏上选择图标按钮，弹出如图 9-16 所示的【齿轮】对话框，其各选项含义如下。

（1）【第一个运动副】：选择第一个齿轮的旋转副。

（2）【第二个运动副】：选择第二个齿轮的旋转副或柱面副。

（3）【接触点】：设置接触点。用鼠标在图中设置两齿轮节圆的相切点，此选项仅在两齿轮轴线平行时使用。若两齿轮轴线不平行，可创建锥齿轮。

（4）【比率】：齿轮传动比。

> **注意：** 建立齿轮副首先要将两个齿轮以旋转副或柱面副连接在同一个零件上，即形成的两个运动副必须有一个共同的连杆，否则不能建立齿轮副。

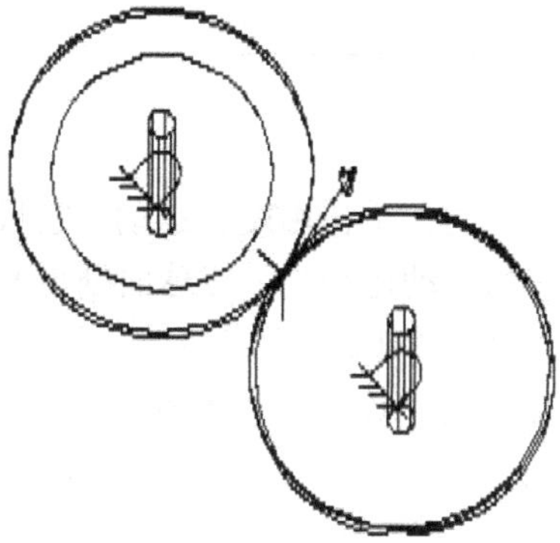

图 9-15　齿轮副原理

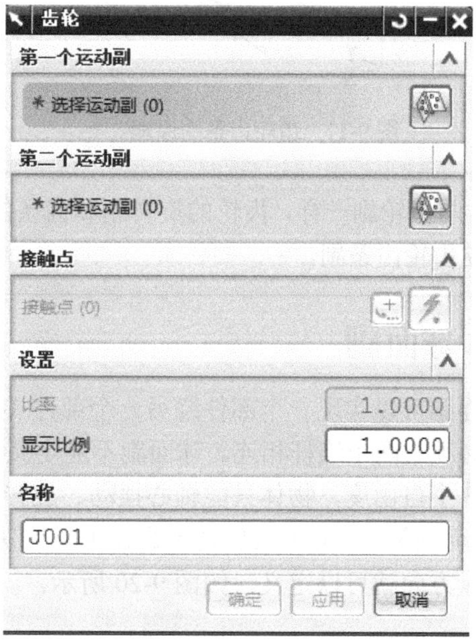

图 9-16 【齿轮】对话框

9.2.6　齿轮齿条副

齿轮齿条副用来模拟齿轮和齿条的运动，其原理如图 9-17 所示。

在 UG NX 8.0 菜单上选择【插入】→【传动副】→【齿轮齿条副】命令，或在工具栏上选择图标按钮，弹出如图 9-18 所示的【齿轮齿条副】对话框，其各选项含义如下。

（1）【第一个运动副】：选择齿条的滑动副。

（2）【第二个运动副】：选择齿轮的旋转副。

（3）【接触点】：设置齿轮与齿条的接触点。用鼠标拖动，可以动态地在图中设置齿轮节圆半径（比率）的大小。

（4）【比率】：指齿轮旋转副轴线与齿条滑动副轴线之间的最短距离，等效于齿轮节圆半径，如图 9-17 所示。

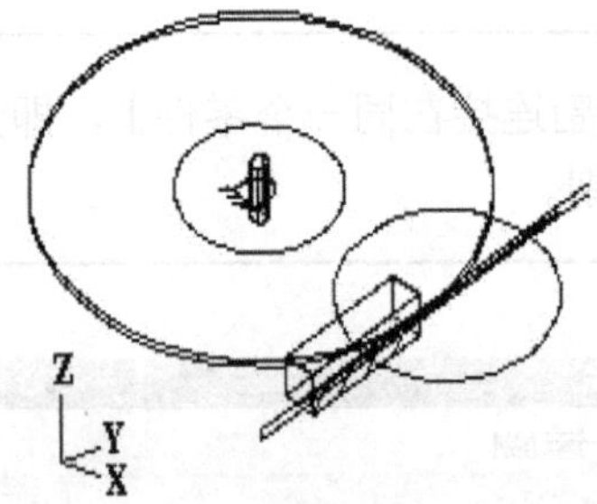

图 9-17 齿轮齿条副原理

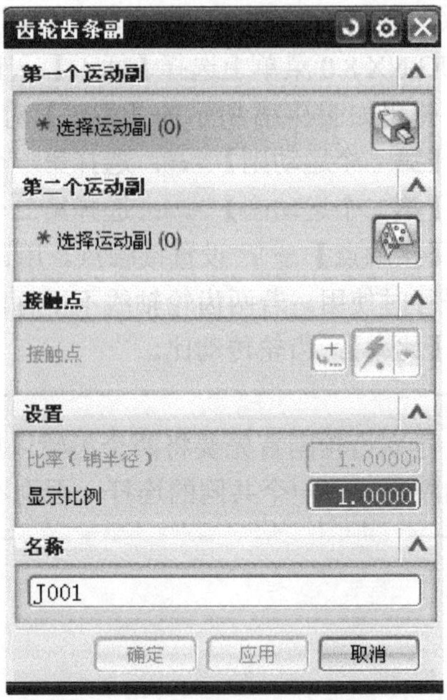

图 9-18 【齿轮齿条副】对话框

注意：与齿轮副一样，齿轮的旋转副和齿条的滑动副必须连接在一个共同的连杆上，否则不能建立齿轮齿条副。

9.2.7 球面副

球面副可以实现一个部件绕另一个部件（或机架）做相对的各个自由度的运动，它只有一种形式，必须是两个连杆相连。球面副不能定义驱动，只能作为从动运动副。在球面副里面一共被限制了 3 个自由度，物体只能轴心摆动、旋转，其工作原理如图 9-19 所示。

【球面副】对话框与【旋转副】对话框类似，只需要指定【连接连杆】和【啮合连杆】以及各自的矢量方向就可以定义，如图 9-20 所示。

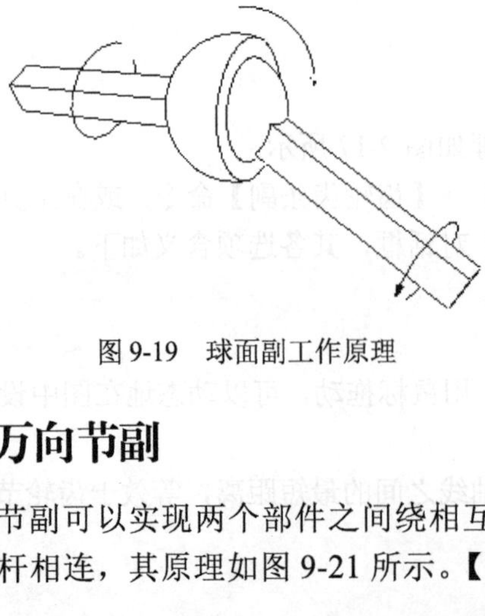

图 9-19 球面副工作原理

图 9-20 球面副

9.2.8 万向节副

万向节副可以实现两个部件之间绕相互垂直的两根轴相对转动，它只有一种形式，必须是两个连杆相连，其原理如图 9-21 所示。【万向节副】不能定义驱动，只能作为从动运动副。

【万向节副】需要指定【连接连杆】和【啮合连杆】以及各自的矢量方向就可以定义，如图 9-22 所示。

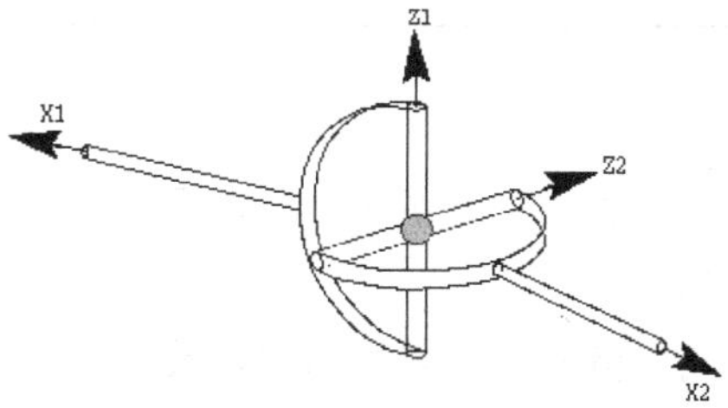

图 9-21　万向节副工作原理

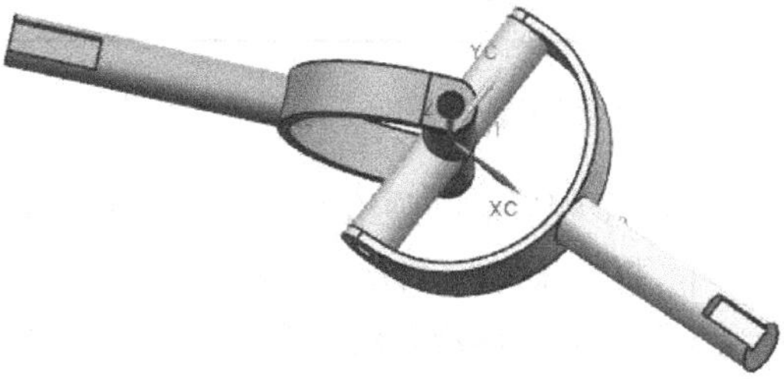

图 9-22　万向节副

9.2.9　螺旋副

螺旋副是实现一个部件绕另一个部件（或机架）做相对的螺旋运动，【螺旋副】不能定义驱动，只能作为从动运动副。其运动形式是沿 Z 轴旋转和平移，旋转轴和平移轴共线对齐。

9.2.10　固定副

固定副可以阻止连杆的运动，具有固定副的连杆自由度为零，两个连杆之间没有相对的运动。

9.3　力

作用力使物体产生运动，作用力具有大小和方向，根据其方向的不同性质，在仿真模块中分为【标量力】和【矢量力】。

9.3.1　标量力

标量力指具有一定大小，方向随运动连杆不断变化的力。

1．创建标量力

从【运动】工具栏或【连接器及载荷】工具栏中选择图标按钮，或从菜单中选择【插入】→【加载】→【标量力】命令，弹出如图 9-23 所示的【标量力】对话框。

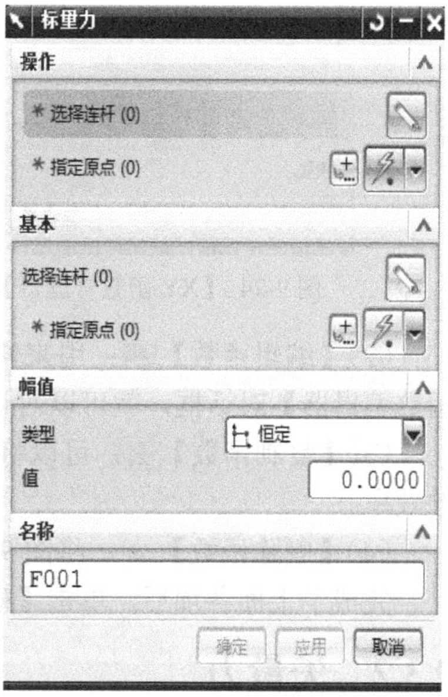

图 9-23　【标量力】对话框

2．定义标量力初始方向

定义标量力初始方向由对话框中的四个选项决定。

(1)【操作/选择连杆】：选择第一个连杆，即施加力的连杆。若跳过该步选择后一步，则选择地。

(2)【操作/指定原点】：定义标量力原点，即标量力的起点，箭头的尾端。

(3)【基本/选择连杆】：选择第二个连杆，即被标量力作用的受力连杆。若跳过该步选择后一步，则选择地。

（4）【基本/指定原点】：定义标量力终点，即标量力箭头的顶端。

> **注意：** 原点和终点位置始终不变，当受力连杆运动时，标量力的方向将随之改变。

3．给力值函数赋值

完成选择步骤后，必须给力值函数赋值。第一个力值函数默认名称为 F001_Math，选择工具栏中的 f(x)，打开【XY 函数管理器】对话框，如图 9-24 所示。

在【XY 函数管理器】对话框中，可以采用数学公式或表格文件方式给力值函数赋值，下方有四个选项。

（1）【新建函数】：选择该项，进入到【XY 函数编辑器】对话框，如图 9-25 所示，可以采用数学函数、运动函数等方式编辑力函数，单击【确定】按钮，完成编辑。

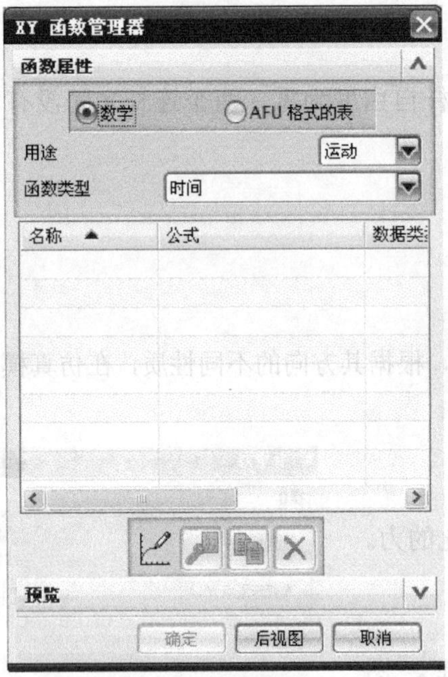

图 9-24 【XY 函数管理器】对话框

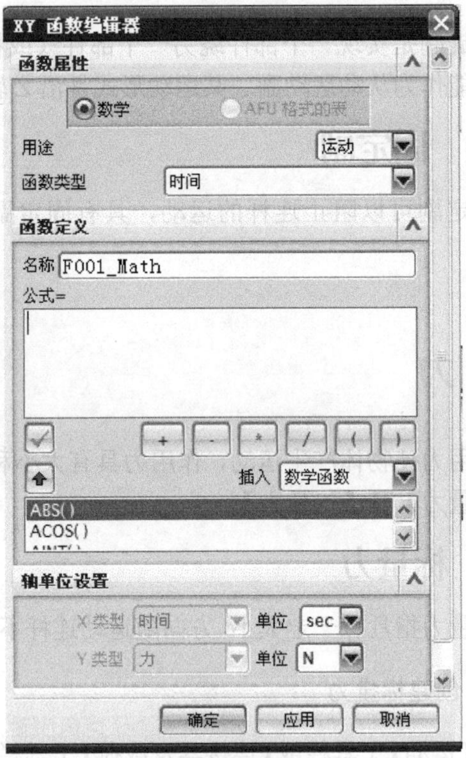

图 9-25 【XY 函数编辑器】对话框

（2）【编辑函数】：用来修改已经设置完成的函数，在图 9-24 中选中该项，进入到【XY 函数编辑器】对话框，就可以对该函数进行修改。

（3）【复制函数】：可以将图 9-24 中选中的函数复制并粘贴到下面一行，以提高函数输入的效率。

（4）【删除函数】：将图 9-24 中选中的函数删除。

完成了上面各项后，单击【确定】按钮，第一个标量力就以 F001 名称添加上了。

9.3.2 矢量力

矢量力是指具有一定大小，其方向保持不变的力。

从【运动】工具栏或【连接器及载荷】工具栏中选择图标按钮，或从菜单中选择【插入】→【加载】→【矢量力】命令，弹出如图 9-26 所示的【矢量力】对话框。

1．绝对坐标系

选择绝对坐标系时，矢量力的选择步骤有以下三个选项。

（1）【连接连杆】：选择第一个连杆，即受力连杆。注意，与标量力正好相反。

（2）【指定原点】：定义矢量力原点。矢量力原点可以在第一个连杆上或在模型空间任意位置。如果该点不在连杆上，系统将把它视为第一个连杆的一部分，即把连杆视为可无限扩大的刚体（包含该点）。

（3）【连接连杆】：选择第二个连杆，定义施加体，或单击【确定】按钮，施加体为地。

绝对坐标系中矢量力的值由 X、Y、Z 三个分量定义，选择，进入【XY 函数管理器】，选择，与标量力一样，对每个分量的函数分别赋值。

注意：每个分量必须建立一个函数并赋值，即使为零也必须这样；否则，将会出现“此函数不存在”的警告。

完成了上面各项后，单击【确定】按钮，第一个矢量力就以 G001 名称添加上了。

2．用户定义坐标系

选择用户定义坐标系时，矢量力的创建与绝对坐标系基本相同，选择步骤有四项。其中，第三个选项是采用绝对坐标系时不可选的，该选项定义矢量力方向，此时，可以选用多种创建矢量方法定义矢量力方向。

另外，与绝对坐标系中矢量力的值由三个分量定义不同，用户定义坐标系中矢量力的值只需要填写幅值即可。

3．用绝对坐标系和用户定义坐标系定义矢量力在方向上的区别

下面用实例说明绝对坐标系和用户定义坐标系定义矢量力在方向上的区别。假设一立方体受一矢量力，大小为 60N，绝对坐标系中矢量力值的三个分量设置如下：

X=cos（45°）×60

Y=cos（45°）×60

Z=0

仿真运行时，由于矢量力始终和绝对坐标系成 45°角，因此，立方体先做顺时针旋转，当顺时针旋转到某一临界值时，立方体变成逆时针旋转。

用户定义坐标设置可以设置与 XC 成 45°角。

仿真运行时，由于矢量力方向始终与立方体成 45°角，因此，立方体将一直做顺时针旋转。

图 9-26　【矢量力】对话框

9.3.3　标量扭矩

标量扭矩添加到旋转副上，可使物体做旋转运动。

从【运动】工具栏或【连接器及载荷】工具栏中选择图标按钮，或从菜单中选择【插入】→【加载】→【标量扭矩】命令，弹出如图 9-27 所示的【标量扭矩】对话框。创建标量扭矩需要下面两个步骤。

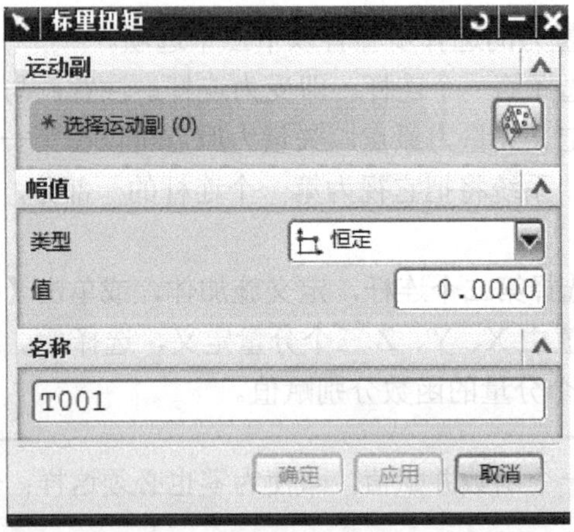

图 9-27 【标量扭矩】对话框

（1）在图中选择需要添加标量扭矩的旋转副。

（2）给标量扭矩赋值。选择，进入【XY 函数管理器】，选择图标按钮。单击【确定】按钮，第一个标量扭矩就以 T001 名称添加上了。

注意：扭矩有正负，正扭矩绕旋转轴正轴逆时针旋转；负扭矩绕旋转轴正轴顺时针旋转。

9.3.4 矢量扭矩

矢量扭矩可以定义一个空间任意方向的扭矩，使物体做旋转运动。

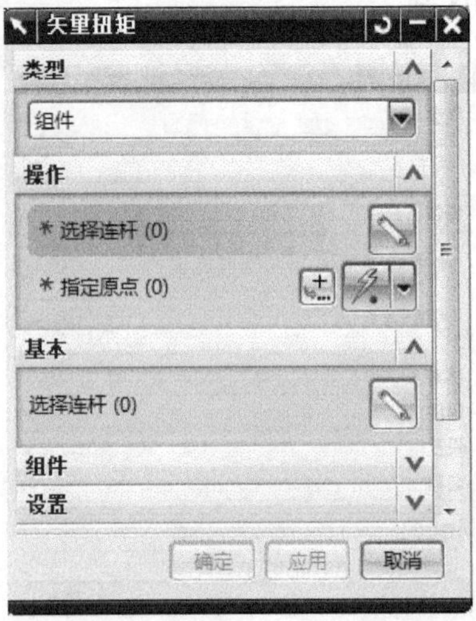

图 9-28 【矢量扭矩】对话框

从【运动】工具栏或【连接器及载荷】工具栏中选择图标按钮，或从菜单中选择【插入】→【加载】→【矢量扭矩】命令，弹出如图 9-28 所示的【矢量扭矩】对话框。

矢量扭矩坐标系可选择用户定义坐标系和绝对坐标系。两种坐标系状态下矢量扭矩的定义方法不同。默认值是绝对坐标系。

1. 绝对坐标系

选择绝对坐标系定义时，矢量力的选择步骤有以下三个选项。

（1）【连接连杆】：选择第一个连杆，即扭矩受力连杆。

（2）【指定原点】：定义矢量扭矩原点。矢量扭矩原点可以在第一个连杆上或在模型空间任意位置。

（3）【连接连杆】：选择第二个连杆，定义扭矩的施加体，或单击【确定】按钮，施加体为地。

绝对坐标系中矢量扭矩的值由 X、Y、Z 三个分量定义，选择，进入【XY 函数管理器】，对每个分量的函数分别赋值。

注意： 每个分量必须建立一个函数并赋值，即使为零也必须这样；否则，将会出现“此函数不存在”的警告。

完成了上面各项后，单击【确定】按钮，第一个矢量扭矩就以 G001 名称添加上了。

2．用户定义坐标系

选择用户定义坐标系时，矢量扭矩的创建与绝对坐标系基本相同，选择步骤有四项。其中，第三个选项是采用绝对坐标系时不可选的，该选项定义矢量扭矩方向，此时，可以选用多种创建矢量方法定义矢量扭矩方向。

另外，与绝对坐标系中矢量扭矩的值由三个分量定义不同，用户定义坐标系中矢量扭矩的值只需要填写幅值即可。

9.4　动态分析

9.4.1　弹簧

弹簧是一个弹性元件，可给物体施加力。施加力的大小由胡克定律确定：

$$F=kx$$

式中，F 为弹簧力，N；k 为弹簧刚度，N/mm；x 为弹簧产生的位移，mm。

$$x=\text{弹簧自由长度}-\text{弹簧位移后长度}$$

式中，自由长度指弹簧位移时的长度。

从【运动】工具栏或【连接器及载荷】工具栏中选择图标按钮，或从菜单中选择【插入】→【加载】→【弹簧】命令，弹出如图 9-29 所示的【弹簧】对话框。

【附着】选项共两项：一个是将弹簧附着到连杆（拉簧）；另一个是将弹簧附着到运动副。

1．将弹簧附着到连杆

将弹簧附着到连杆上将创建一个拉簧，如图 9-29 所示，需要完成以下几个步骤。

（1）【附着/连接连杆】：选择弹簧的第一个连杆。

（2）【附着/指定原点】：选择弹簧的起始点。

（3）【操作/连接连杆】：选择弹簧的第二个连杆，或单击【确定】按钮，弹簧固定到地。

（4）【操作/指定原点】：选择弹簧的终点。

（5）【刚度】：输入弹簧的刚度，默认值是 1。

（6）【自由长度】：输入弹簧的自由长度，默认值是 0。

2．将弹簧附着到运动副

将弹簧附着到运动副，可以是滑动副（拉簧）或旋转副（扭簧），如图 9-30 所示，需要完成以下几个步骤。

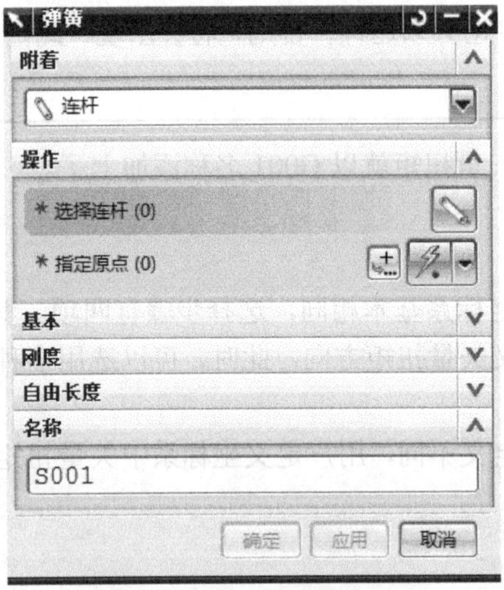

图 9-29 【弹簧】对话框（1）

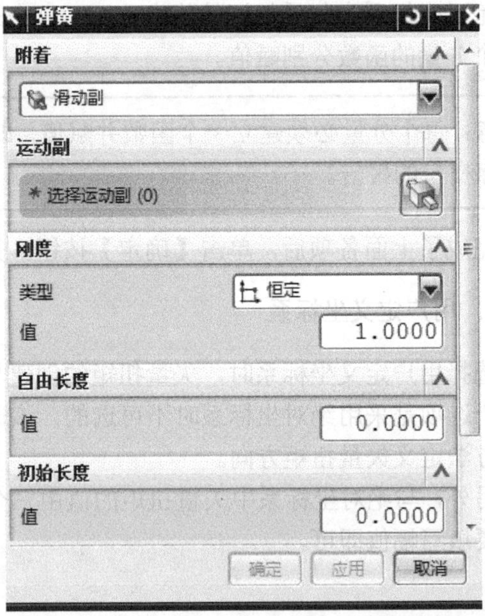

图 9-30 【弹簧】对话框（2）

（1）输入弹簧的刚度，默认值是 1。

（2）输入弹簧的自由角度（旋转副）或弹簧的自由长度（滑动副），默认值均为 0。

9.4.2 阻尼

阻尼对物体的运动起反作用，消耗能量，逐步降低运动响应，常和弹簧一起使用，控制弹簧的反作用力，使弹簧的运动比较缓和。

阻尼力是物体运动速度的函数，其作用方向与物体的运动方向相反，表示为：

$$F=cv$$

式中，F 为阻尼力，N；c 为阻尼系数，N・s/mm；v 为物体的运动速度，mm/s。

从【运动】工具栏或【连接器及载荷】工具栏中选择图标按钮，或从菜单中选择【插入】→【加载】→【阻尼】命令，弹出如图 9-31 所示的【阻尼器】对话框。

【附着】选项共两项：一个是将阻尼附着到连杆；另一个是将阻尼附着到运动副。

1. 将阻尼附着到连杆

将阻尼附着到连杆，需完成以下几个步骤。

（1）【附着/连接连杆】：选择阻尼的第一个连杆。

（2）【附着/指定原点】：选择第一个连杆的阻尼附着点。

（3）【操作/连接连杆】：选择阻尼的第二个连杆，或单击【确定】按钮，阻尼固定到地。

（4）【操作/指定原点】：选择第二个连杆的阻尼附着点。

（5）【系数】：输入阻尼系数，默认值是 1。

2. 将阻尼附着到运动副

将阻尼附着到运动副，可以是滑动副或旋转副，如图 9-32 所示。选择运动副，填写阻尼系数即可。

图 9-31 【阻尼器】对话框

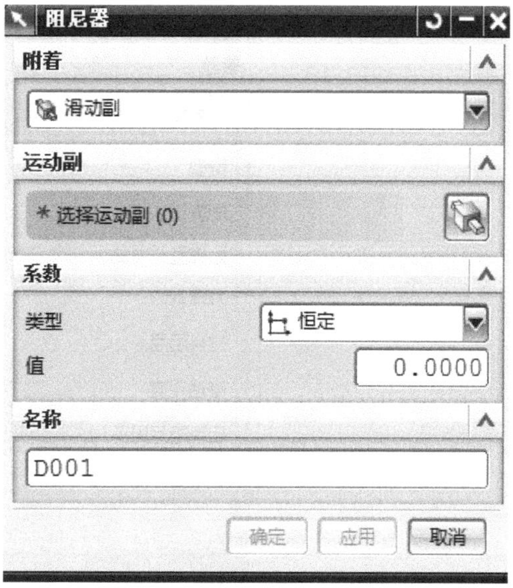

图 9-32 【阻尼器】对话框

9.4.3 3D 接触与碰撞

3D 接触可以用来建立实体和实体之间的碰撞模拟。当两个实体建立接触关系后，系统在每一步分析中检查两者之间的距离关系，一旦判断出有接触发生，求解器就计算出接触力和接触运动响应。

接触力的计算公式为：

$$F=kx^e$$

式中，F 为接触力；k 为刚度；x 为穿透深度；e 为力指数。

从【运动】工具栏或【连接器及载荷】工具栏中选择图标按钮，或从菜单中选择【插入】→【加载】→【3D 接触】命令，弹出如图 9-33 所示的【3D 接触】对话框。添加 3D 接触与碰撞的方法，只需要分别选择两个将要碰撞的实体，定义参数，就可以建立两实体的碰撞关系。

3D 接触与碰撞可广泛应用于机构运动仿真。指定接触参数需要一定的分析及应用经验，需要大量实践才可以得到比较好的仿真效果。UG NX 8.0 运动分析模块给出了参数的默认值，初入门时使用这些参数即可。

（1）【刚度】：刚度越大，接触体材料越硬。默认值为 100 000N/mm。

（2）【力指数】：解算器用力指数计算材料刚度对瞬间法向力的贡献，必须≥1。默认值是 2。

（3）【材料阻尼】：指材料的最大阻尼。它随穿透深度的增大而逐渐增大，其效果是减轻接触运动响应。默认值是 10N・s/mm。

（4）【穿透深度】：解算器达到最大阻尼系数时的接触穿透深度，其值将影响接触力计算的收敛性，必须大于 0。默认值是 0.01mm。

（5）【回弹阻尼因子】：控制解算器积分精度的参数。当两接触体逼近到一个与缓冲半径因子相关的距离内时，解算器积分步长将除以最大步长因子。默认值是 0.25。

（6）【最大步长因子】：控制解算器积分精度的参数。默认值是 2.0。

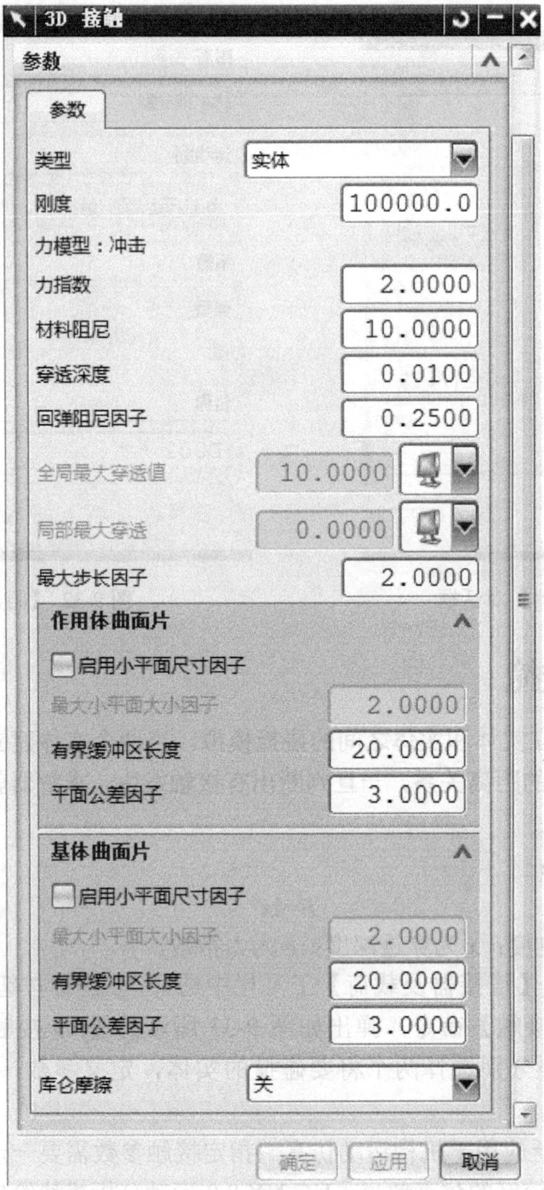

图 9-33 【3D 接触】对话框

（7）【平面公差因子】：划分接触区域精度的参数。默认值是 3.0。

（8）【静摩擦】：当滑动速度小于静滑动速度时的静摩擦系数，其值取决于接触体的材料，必须≥0。默认值是 0.3。

（9）【静摩擦速度】：对应于静摩擦时的速度。随着滑动速度的逐渐减小，解算器逐渐将动摩擦系数过渡到静摩擦系数。默认值是 0.01。

（10）【动摩擦】：当滑动速度大于静摩擦速度时的动摩擦系数，其值取决于接触体的材料，0≤动摩擦系数≤静摩擦系数。默认值是 0.2。

（11）【动摩擦速度】：对应于动摩擦时的速度。随着滑动速度逐渐增加，解算器逐渐从静摩擦系数过渡到动摩擦系数，0<静摩擦速度≤动摩擦速度。默认值是 0.1。

9.5　结果输出

9.5.1　图表

运动仿真模块提供的图表与 Excel 电子表格功能类似，运动仿真结果可以在 UG NX 8.0 环境下绘制曲线图形或进行表格形式的显示。

从【运动】工具栏或【连接器及载荷】工具栏中选择⊵图标按钮，或从菜单中选择【分析】→【运动】→【图表】命令，弹出如图 9-34 所示的【图表】对话框。

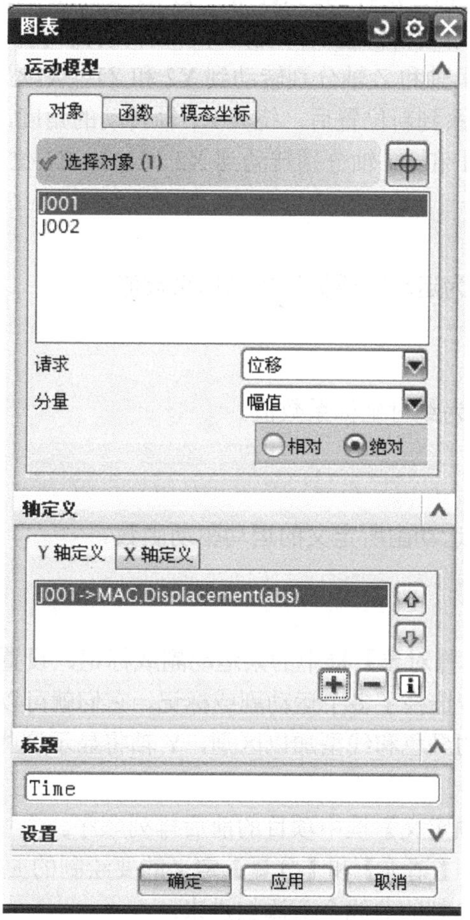

图 9-34 【图表】对话框

1.【选择对象】

在【选择对象】列表框中选择运动副或者标记，也可以用鼠标在图中直接选择。

2.【请求】

【请求】下拉列表框包括【位移】、【速度】、【加速度】、【力】。若要绘制力矩曲线，则选择【力】和【角度幅值】分量。

3.【分量】

【分量】下拉列表框包括【幅值】,【X、Y、Z】,【角度幅值】,【欧拉角】。

对运动或力仿真结果参数的表达方式,【幅值】指合值;【X、Y、Z】方式则分别绘制某参数的 X、Y、Z 的线性分量值;【角度幅值】指旋转角度的合值;【欧拉角】用来描述刚体的定点转动,用动坐标系相对于固定坐标系的三个角度来表示,动坐标系固连于刚体,并随刚体一起绕定点转动,开始时两坐标系重合。

- ✧【欧拉角度 1】:动坐标系统固定坐标系 Z 轴转动的角度,即 Y 与 Y1 的夹角 ψ。转动后,动坐标系的 X 轴和 Y 轴分别转动到 X1 和 Y1,Z 轴仍然与固定坐标系 Z 轴重合。
- ✧【欧拉角度 2】:坐标系到新位置后,绕其 X1 轴转动的角度,即 Y1 与 Y2 的夹角 θ。转动后,动坐标系的 Y1 轴和 Z 轴分别转动到 Y2 和 Z1,X1 位置不变。
- ✧【欧拉角度 3】:坐标系到新位置后,绕其 Z1 轴转动的角度,即 Y2 与 Y3 的夹角 Φ。转动后,动坐标系的 X1 和 Y2 轴分别转动到 X2 和 Y3,Z1 位置不变。

4.【相对】

【相对】绘制图形的数据为运动副或标记的坐标系数值。

5.【绝对】

【绝对】绘制图形的数据为绝对坐标系数值。

6.【运动函数】

【运动函数】显示机构中运动副所定义的运动驱动函数。

7.【Y 轴定义】

【Y 轴定义】选择了【选择对象】框中的某运动副或标记,设置了【请求】和【分量】后,就可以将该曲线绘制出来。若选择了多个运动副或标记,它们就可以在同一绘图区域绘制出各自的曲线,这些曲线将用不同的颜色和线型加以区别,Y 轴将显示这些曲线各自的值。【Y 轴定义】可以用下面选项编辑。

(1) :用来调整【Y 轴定义】框中项目的前后排列顺序。

(2) :将【运动对象】、【请求】和【分量】定义的要绘制的曲线添加进【Y 轴定义】框中。通过多次选择该按钮,将要绘制的曲线全部添加进来。

(3) :删除【Y 轴定义】框中所选择的曲线。

(4) :显示【Y 轴定义】框中所选择的曲线信息,包括 X、Y 坐标值等。

8.【X 轴定义】

【X 轴定义】定义 X 轴,包括以下两个选项。

- ✧【时间】:时间作为 X 轴,为默认值。
- ✧【用户定义】:允许将【选择对象】、【请求】和【分量】定义的对象作为 X 轴。当选择【选择对象】、【请求】和【分量】后,通过按钮 + ,可以将其定义为 X 轴。按钮 用于显示【X 轴定义】曲线的信息,包括 X、Y 坐标值等。

9.【标题】

【标题】定义曲线图形的名称。

10.【图表】

【图表】选择将运动仿真曲线绘制在 UG NX 8.0 的绘图区域。

11.【存储】

【存储】选择将运动仿真曲线数据用 afu.格式文件存储在已经创建的文件夹中，可以打开【XY 函数编辑器】绘制图形或进一步编辑。

9.5.2 电子表格

在 Windows 系统中，电子表格的应用软件是 Microsoft Excel 或 Xess。

在非 Windows 系统中，电子表格的应用软件是 Xess，输出图表如图 9-35 所示。

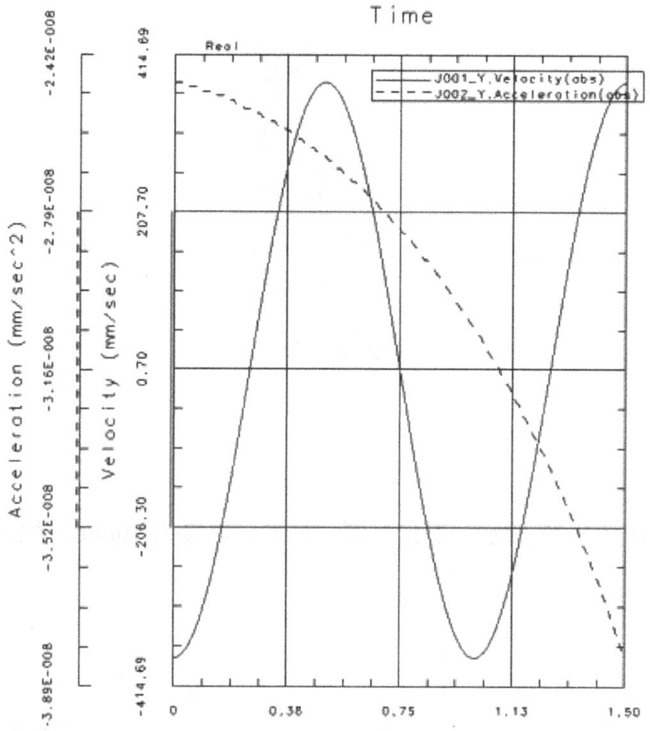

图 9-35 输出图表

电子表格的数据总是按表格的格式存储，可以显示或不显示表格数据。完成机构的关节运动和动画运动仿真分析后，即可通过运行 Populate Spreadsheet 函数观察电子表格数据。单击【运动】工具栏上的【电子表格】图标即可运行该函数（该图标在单击【运动仿真图表】弹出的下拉列表框中）。

在【关节运动】或【动画运动仿真】对话框中单击【Populate Spreadsheet】（转移到电子表格）按钮，观察电子表格数据。调用后，系统收集表格数据，并【转移】到典型的 Microsoft Excel 电子表格中，同时打开电子表格显示数据。

> **注意：**有时电子表格窗口出现在 UG NX 8.0 图形窗口后面，可能需要改变显示选项才能同时观察电子表格及图形区。

9.6 仿真案例

9.6.1 机械手运动仿真

1．工作原理

图 9-36 所示为一给冲床进行传递工件的机械手，由手部（末端执行器）、手臂、立轴和机架组成。立轴可以绕自身轴线转动，手臂沿上下移动，手部沿手臂左右移动。通过各构件的旋转和移动，完成将工件从机架上拾取、传送到冲头下冲压、放置到机架上、回到原位置一系列动作。

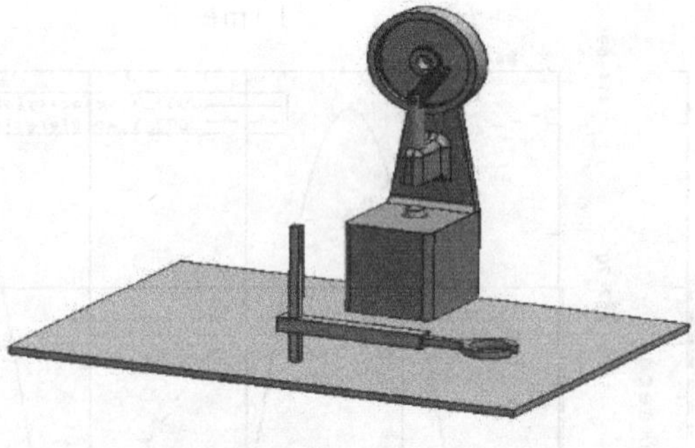

图 9-36 机械手

2．机械手造型

1）【手部造型】

绘制手部草图，如图 9-37 所示。退出草图，拉伸，厚度为 10mm，如图 9-38 所示。

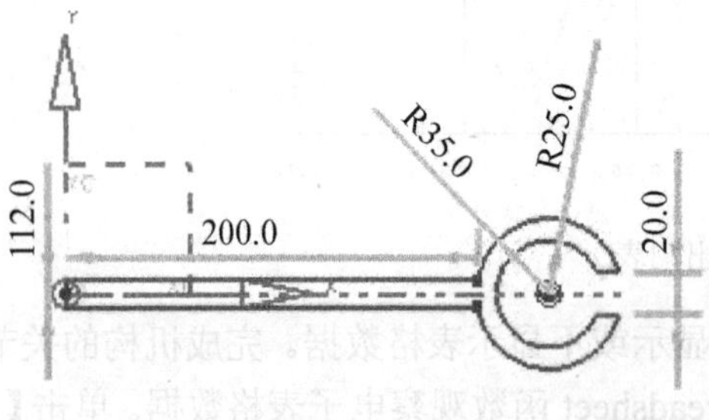

图 9-37 草图

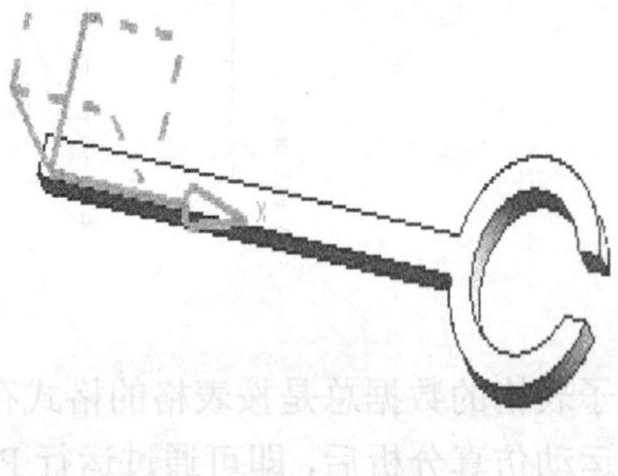

图 9-38 拉伸

2）【手臂造型】

绘制手臂草图，如图 9-39 所示。退出草图，拉伸，距离为 200mm。然后绘制草图，如图 9-40 所示，再退出草图，拉伸切除，完全贯穿，得到手臂，如图 9-41 所示。

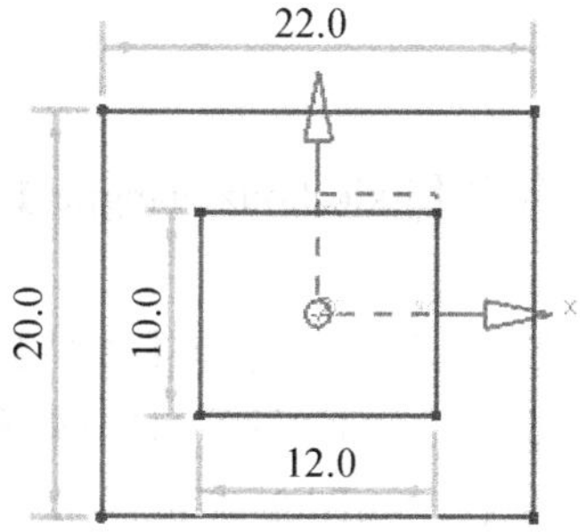

图 9-39　绘制手臂草图

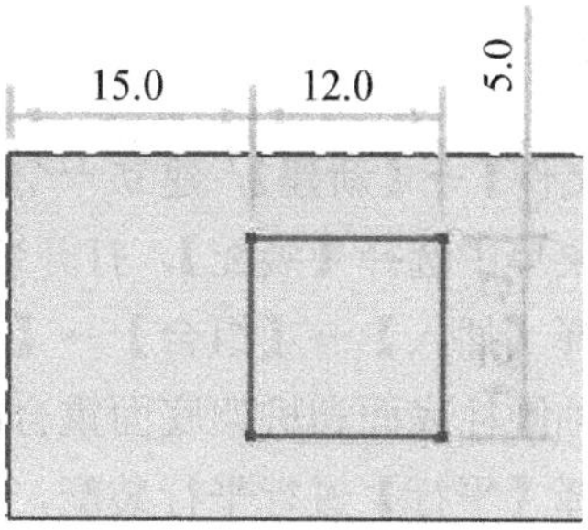

图 9-40　绘制草图

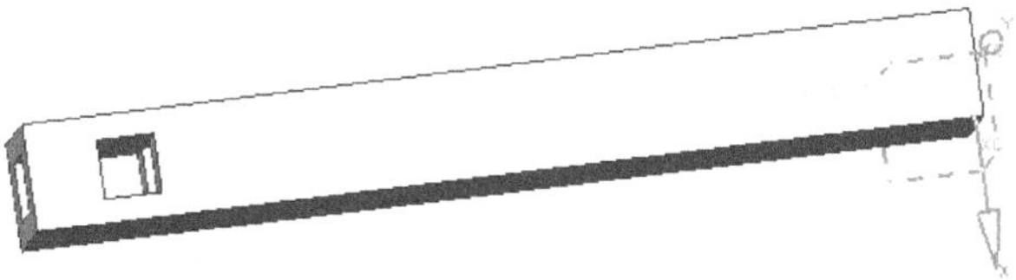

图 9-41　创建拉伸特征

3）【立轴造型】

在【特征】工具栏中选择，【输入值】：长度 XC 为 200mm，宽度 YC 为 12mm，高度 ZC 为 12mm。在【特征】工具栏中选择，【输入值】：直径为 10mm，高度为 10mm，矢量方向选择 XC 正向，指定点选择长方体端面中心，单击【确定】按钮，在长方体一端创建一圆柱体，得到立轴，如图 9-42 所示。

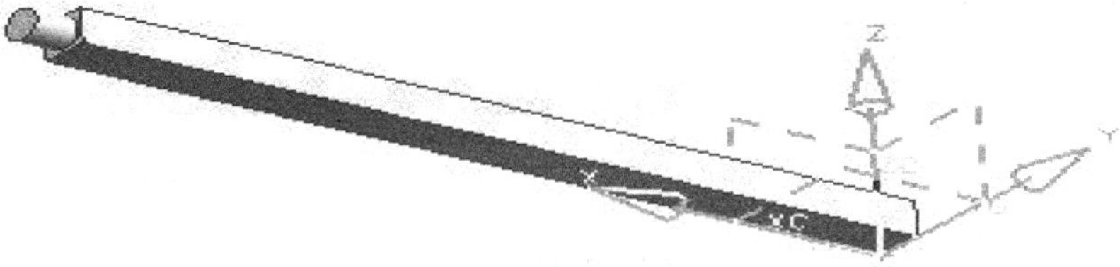

图 9-42　创建立轴

4）【机架造型】

绘制机架草图，如图 9-43 所示。拉伸，距离为 10mm，得到机架。

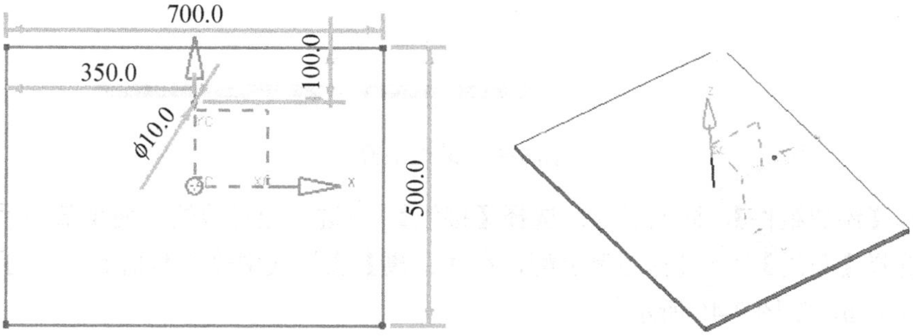

图 9-43　绘制机架草图

3．装配

选择【文件】→【新建】，建立一个新模型文件，以文件名【jixieshouzhuangpei】保存该文件。在【开始】菜单中选择【装配】，打开装配应用模块，开始装配。

（1）选择【插入】→【组合】→【添加组件】，插入立轴和机架；选择【接触】进行配对装配，使立轴圆柱底面和机架底面重合配合；选择【中心】进行中心装配，使立轴和机架孔同轴心配合；选择【平行】进行平行装配，使轴面与机架侧面平行，如图 9-44 所示。

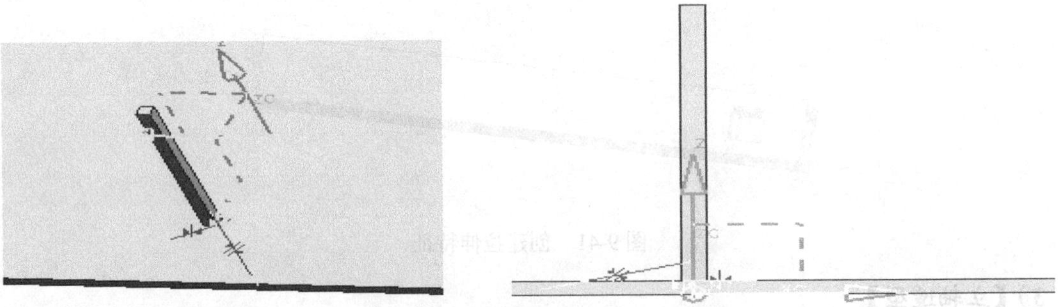

图 9-44　装配立轴

（2）选择【添加组件】，插入手臂；选择【接触】进行配对装配，使手臂与立轴两个侧面重合配合；选择【距离】进行距离装配，在【距离】表达式中输入数值 45，使手臂与机架距离 45mm，如图 9-45 所示。

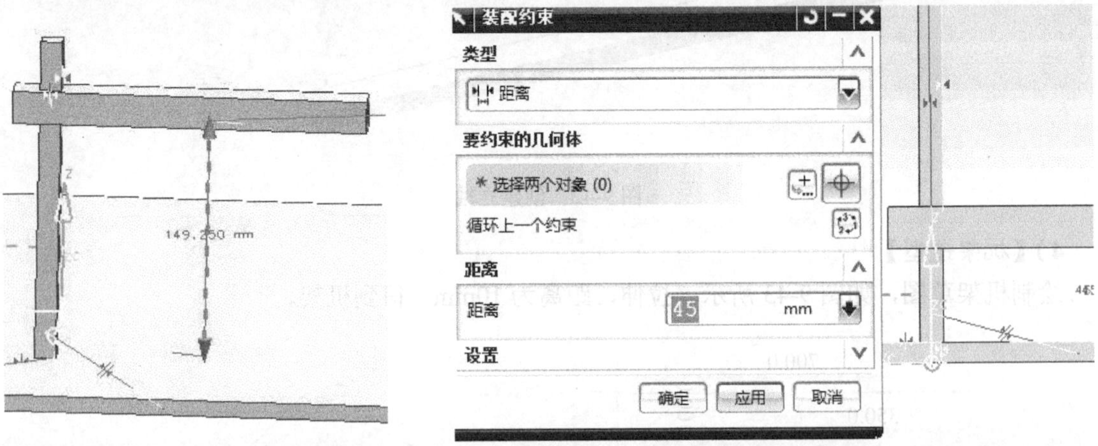

图 9-45　装配手臂

（3）选择【添加组件】，插入手部；选择【接触】进行配对装配，使手部与手臂两个侧面重合配合；选择【距离】进行距离装配，在【距离】表达式中输入数值 55，使手部端面与手臂端面距离 55mm，如图 9-46 所示。

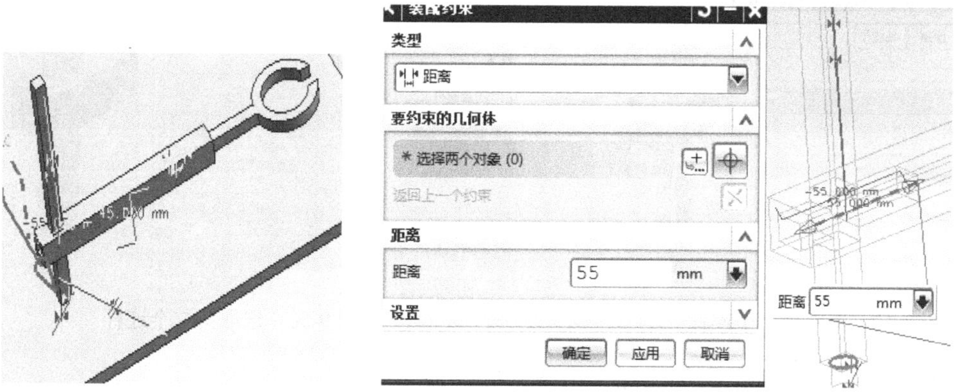

图 9-46　装配手部

4．仿真

在【开始】菜单中选择【运动仿真】，打开仿真模块。用鼠标右击【运动导航器】上装配文件名【jixieshouzhuangpei】，选择【新建仿真】。在弹出的【环境】对话框中选择【动力学】或【动态】，单击【确定】按钮。在弹出的【机构运动副向导】对话框中单击【确定】按钮，把装配图中的构件自动转化成连杆，装配关系映射成仿真模块里的运动副。在弹出的【主模型到仿真的配对条件转换】对话框中选择【是】，本例是把机械手机架连杆接地。也可以选择【否】，在后面补充把机架设置为固定连杆。

1)【添加运动副】

选择【插入】→【运动副】，给立轴和机架之间加上一个旋转副。如图 9-47 所示，第一个连杆选择立轴底部边缘的圆周，这样就完成了【选择连杆】(立轴)、【指定原点】(圆心)、【指定方位】(圆所在平面的法线) 三个步骤，此时，相应的步骤名称前将出现绿色的 √ 号。然后，在【运动副】面板上选择【第二个连杆】→【选择连杆】，用鼠标选择机架，如图 9-48 所示，单击【应用】按钮，完成一个旋转副的添加。

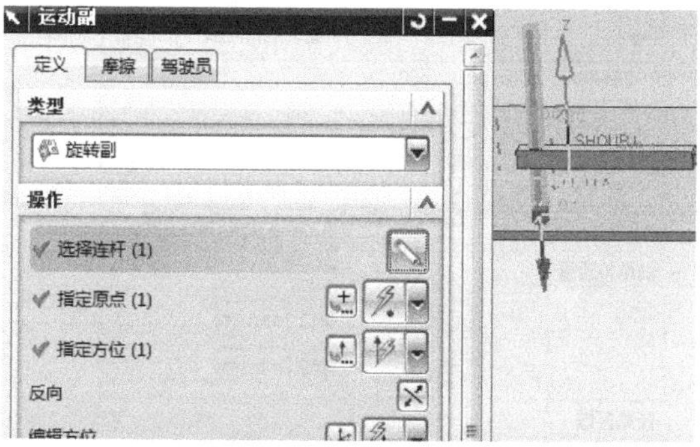

图 9-47　选取第一个连杆

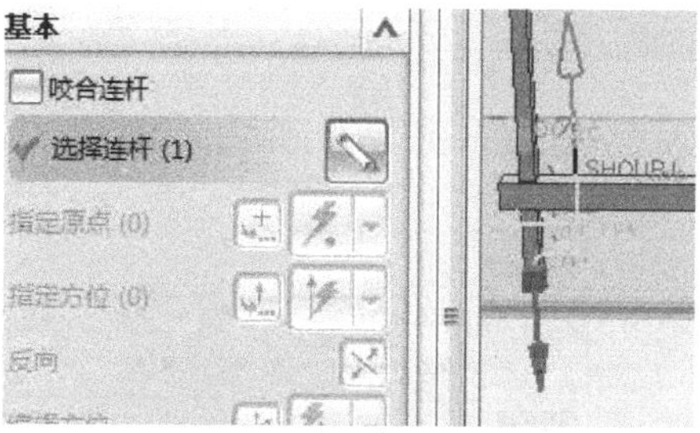

图 9-48　选取第二个连杆

选择【插入】→【运动副】，给立轴与手臂之间加上一个滑动副。如图 9-49 所示，第一个连杆选择转向立轴的一个棱边，这样就完成了【选择连杆】(立轴)、【指定原点】(鼠标位置点)、【指定方位】(转向立轴棱边方向) 三个步骤，此时，相应的步骤名称前将出现绿色的 √ 号。然后，在【运动副】面板上选择【第二个连杆】→【选择连杆】，用鼠标选择手臂，如图 9-50 所示，单击【应用】按钮，完成一个滑动副的添加。

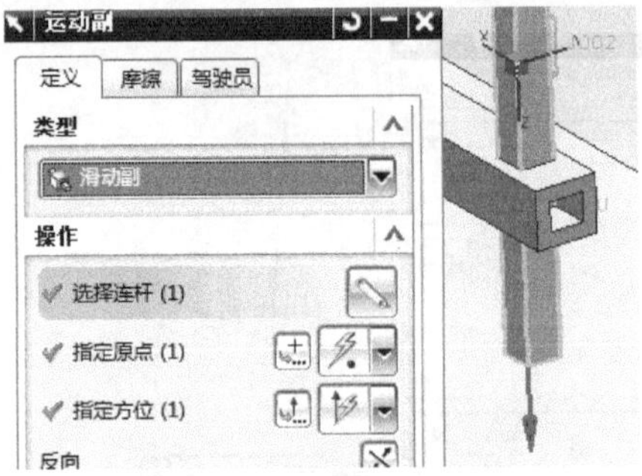

图 9-49 选取第一个连杆

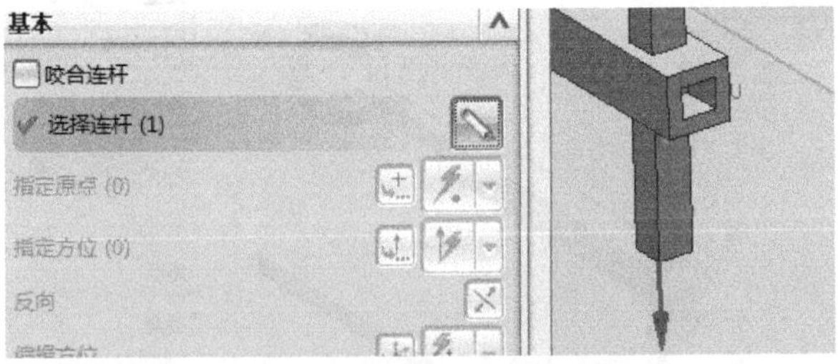

图 9-50 选取第二个连杆

同样地，为手臂和手部之间添加一个滑动副。

2）【运动设置】

右击【运动导航器】中立轴与机架组成的旋转副，给该旋转副添加运动，选择【函数管理器】，选择新建一个函数，如图 9-51 所示，输入下面的函数：STEP（time，4.5,0,5.5,1.57）+STEP（time，8,0,9,1.57）+STEP（time，12,0,13,3.14）。这里，立轴转动采用三个 STEP 函数相加，设置 Y 轴类型为【角位移】，单位为【弧度】。

右击【运动导航器】中手臂和立轴组成的滑动副，给该滑动副添加运动，选择【函数管理器】，选择新建一个函数，如图 9-52 所示，输入下面的函数：STEP（time，3,0,4,−100）+STEP（time，9.5,0,10,100）。这里，手臂滑动采用两个 STEP 函数相加，设置 Y 轴类型为【位移】，单位为【mm】。

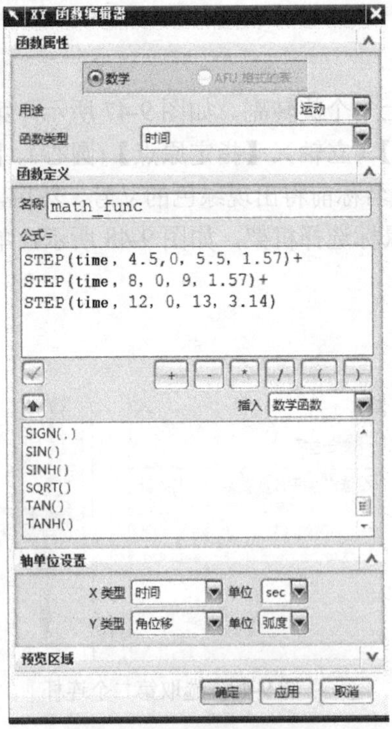

图 9-51 【XY 函数编辑器】

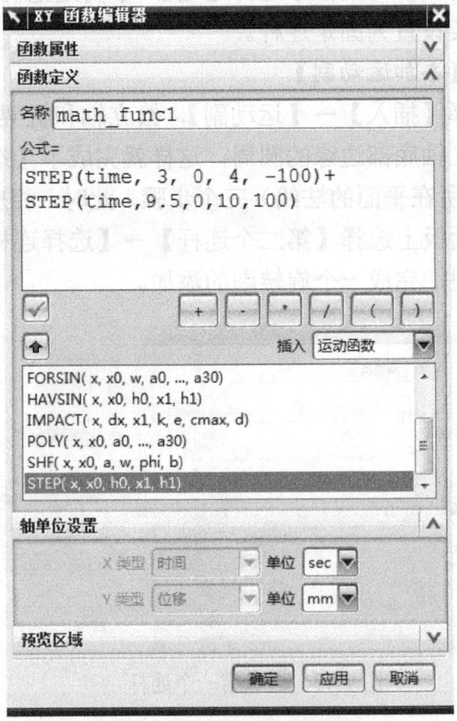

图 9-52 【XY 函数编辑器】

右击【运动导航器】中手臂和手部组成的滑动副，给该滑动副添加运动，选择【XY 函数管理器】，选择新建一个函数，如图 9-53 所示，输入下面的函数：STEP（time，0,0,1,−70）+STEP（time，1.5,0,2.5,70）+STEP（time，6,0,7,−70）+STEP（time，11,0,12,70）。这里，手部滑动采用四个 STEP 函数相加，设置 Y 轴类型为【位移】，单位为【mm】。

3)【仿真】

右击【运动导航器】上的仿真项目 motion_1，选择【新建解算方案】，弹出的【解算方案】对话框，如图 9-54 所示，【时间】设置为 13，【步数】设置为 500，单击【确定】按钮。

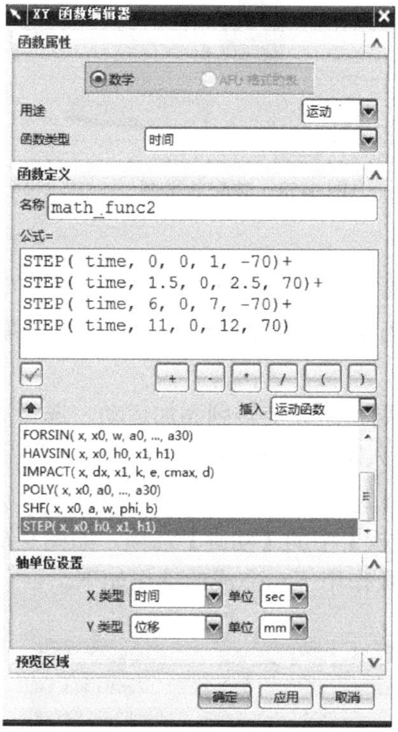

图 9-53 【XY 函数编辑器】

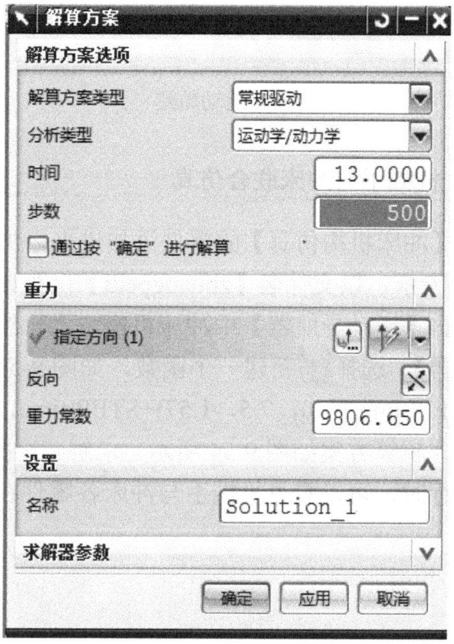

图 9-54 【解算方案】

右击【运动导航器】上的仿真项目 motion_1，选择【新建标记】，在弹出的【标记】对话框中选择手部连杆上面的圆心，如图 9-55 所示，得到一个标记点。

右击【运动导航器】上的仿真项目 motion_1，选择【新建追踪】，在弹出的【追踪】对话框中选择刚建立的标记点 A001，如图 9-56 所示，得到追踪对象。

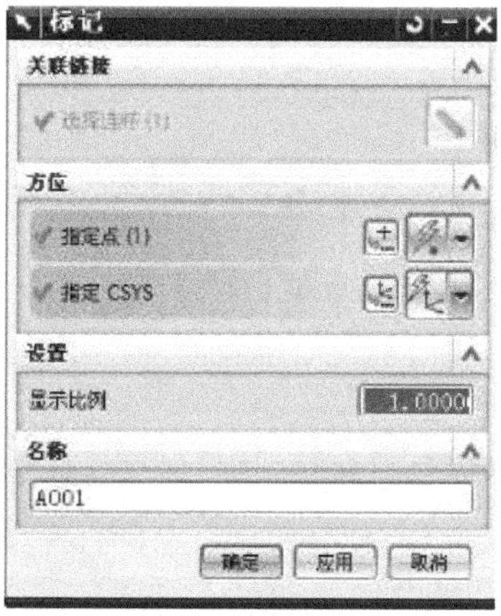

图 9-55 【标记】

图 9-56 【追踪】

右击【运动导航器】上的仿真项目 motion_1 中的 Solution_1，选择【求解】。右击【运动导航器】上的仿真项目 motion_1，选择【运动分析】中的【动画】选项，在【追踪】选项前打钩，同时单击【播放】按钮。得到该点的运动轨迹曲线，如图 9-57 所示，装配效果图如图 9-58 所示。

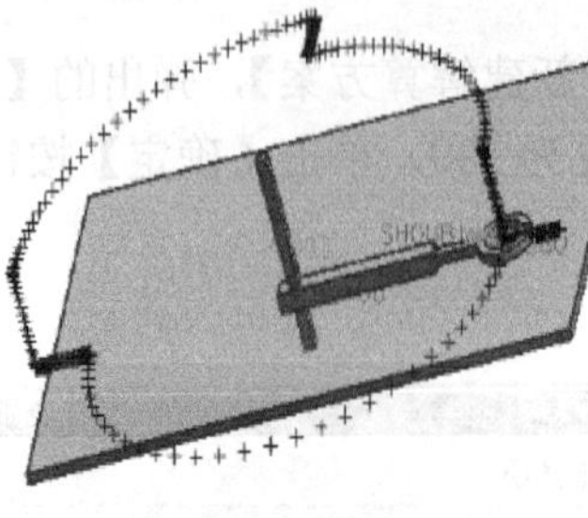

图 9-57 运动轨迹

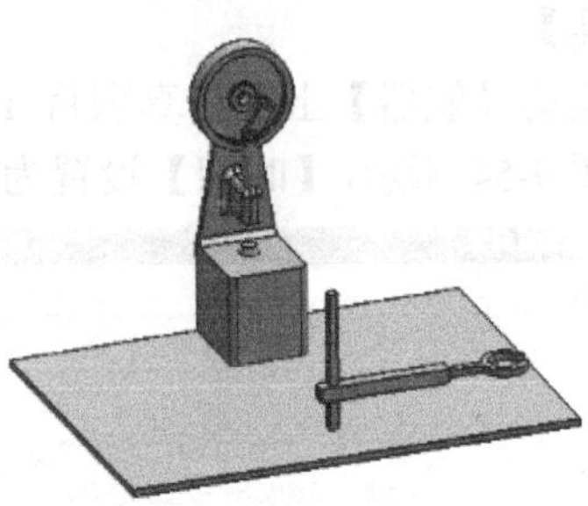

图 9-58 装配效果图

5．机械手与冲床联合仿真

把【冲床机构仿真】的零件添加进来，仿照前面进行装配，机械手机架与基座的装配关系如图 9-36 所示，以文件名【zhuangpeiti】保存该文件。

右击【运动导航器】中冲床机座与飞轮组成的旋转副，给该旋转副添加运动，选择【XY 函数管理器】，选择新建一个函数，如图 9-59 所示，输入下面的函数：

STEP(time,7，0，7.5，1.57)+STEP(time，7.5,0,8，-1.57）

新建解算方案如图 9-54 所示，求解。选择【运动分析】中的【动画】选项，如图 9-60 所示，仿真运行时，可以看见机械手与冲床各零件在 STEP 函数作用下，完成的动作如下。

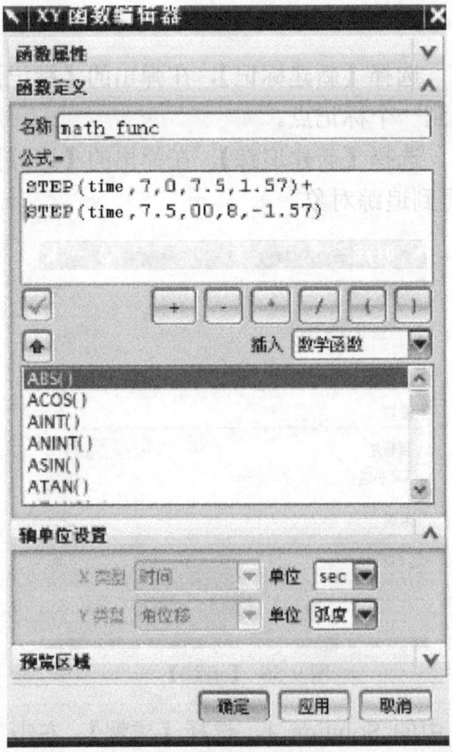

图 9-59 【XY 函数编辑器】

图 9-60 动画

0～1s：手部伸长 70mm，其余静止，位置如图 9-61 所示。1～1.5s：全部静止。

1.5～2.5s：手部收缩 70mm，其余静止，位置如图 9-62 所示。2.5～3s：全部静止。

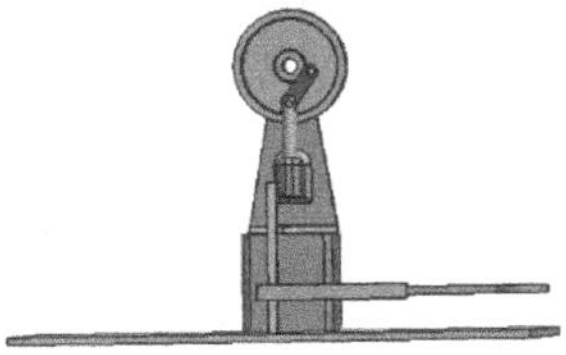

图 9-61　0～1s

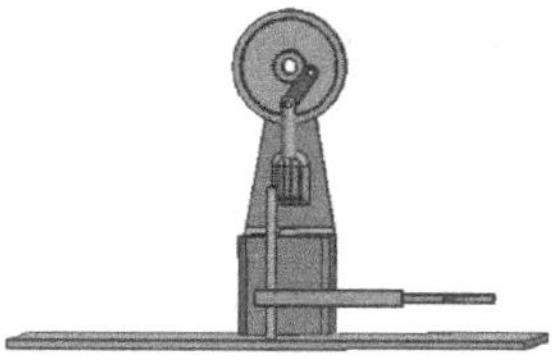

图 9-62　1.5～2.5s

3～4s：手臂上升 100mm，其余静止，位置如图 9-63 所示。4～4.5s：全部静止。

4.5～5.5s：立轴转动 90°，其余静止，位置如图 9-64 所示。5.5～6s：全部静止。

图 9-63　3～4s

图 9-64　4.5～5.5s

6～7s：手部伸长 70mm，其余静止，位置如图 9-65 所示。

7～8s：机械手停止运动，冲头完成向下冲压，如图 9-66 所示，以及向上提起动作，如图 9-62 所示。

8～9s：立轴转动 90°，其余静止，位置如图 9-67 所示。9～9.5s：全部静止。

图 9-65　6～7s

图 9-66　7～8s

图 9-67　8～9s

9.5～10s：手臂下降 100mm，其余静止，位置如图 9-68 所示。10～11s：全部静止。

11～12s：手部收缩 70mm，其余静止，位置如图 9-69 所示。

12～13s：立轴转动 180°，回到初始位置，位置如图 9-70 所示。

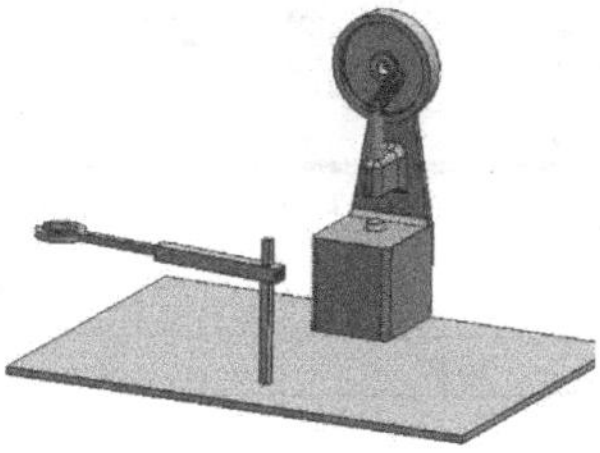

图 9-68　9.5～10s

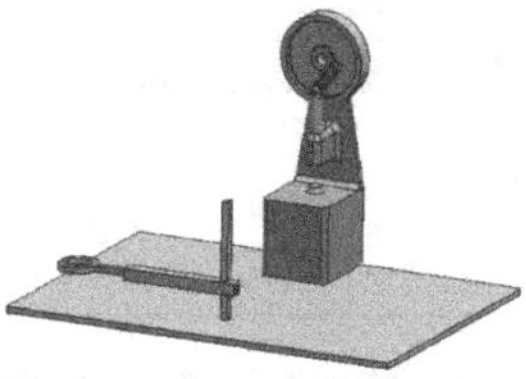

图 9-69　11～12s

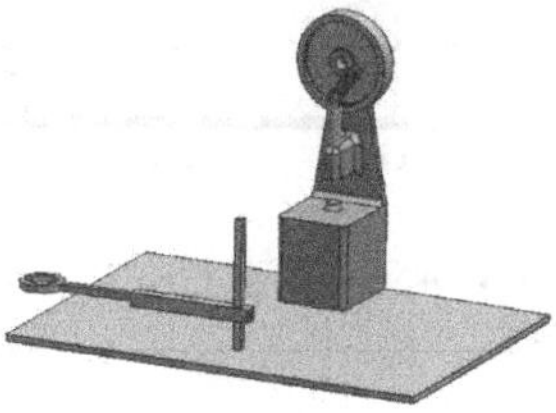

图 9-70　12～13s

右击计算结果图形显示【XY－Graphing】/【新建】，在弹出的对话框中进行图形显示设置，在【选择对象】中分别选择 J009，J009，J009，要求分别显示手部的线位移、手部中心的速度和加速度、冲头的速度。单击将它们的函数一一添加进来，在【图表与存储】中选择用 Excel 电子表格显示结果曲线，最后单击【确定】按钮显示结果，分别如图 9-71～图 9-73 所示。

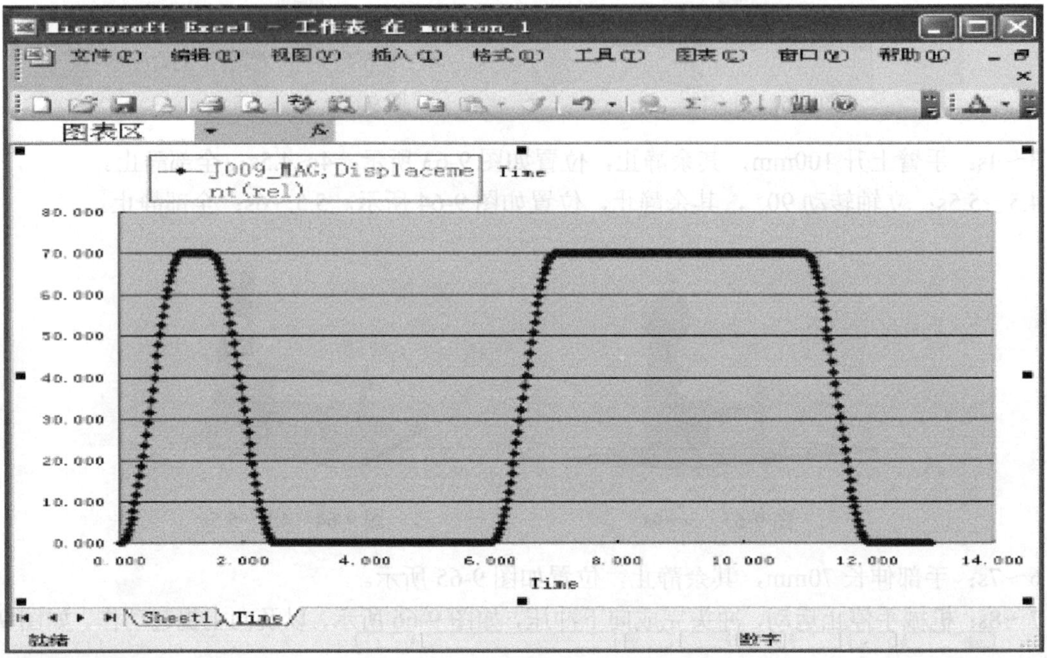

图 9-71　输出图标【时间-位移】

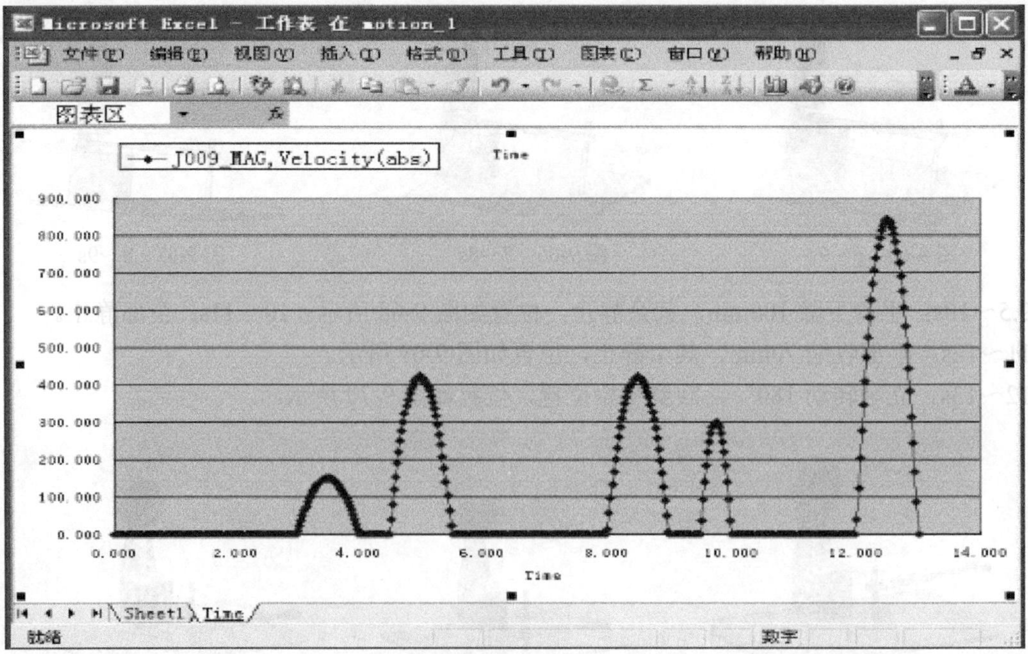

图 9-72　输出图标【时间-速度】

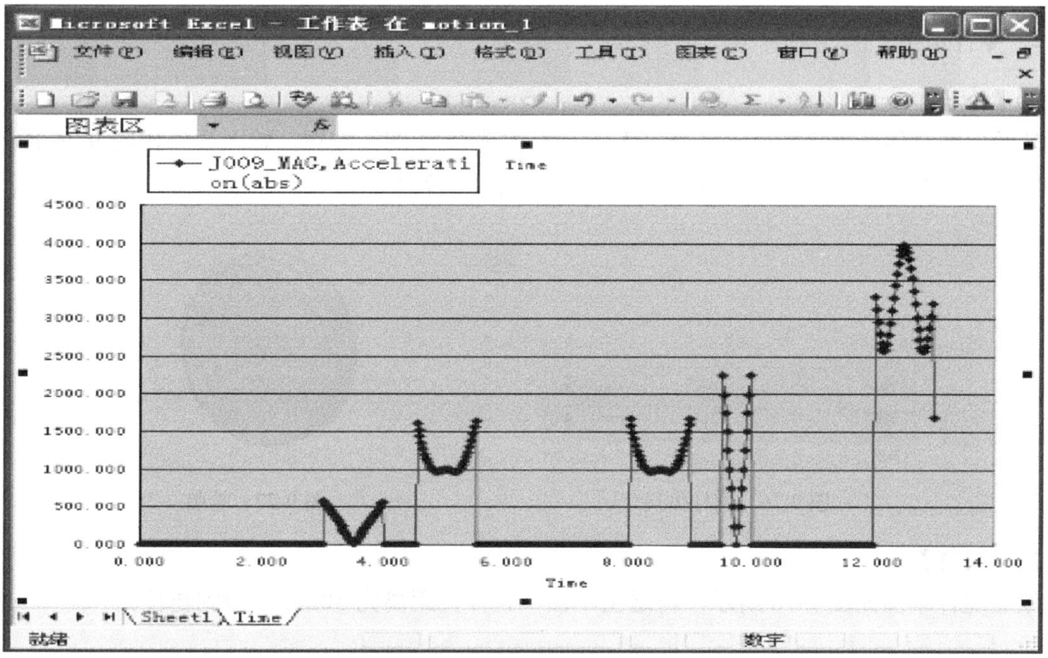

图 9-73　输出图标【时间-加速度】

9.6.2　飞机起落架运动仿真

飞机起落架利用连杆机构死点位置特性，使得飞机在机轮着地时不反转，保持支撑状态；飞机起飞后，腿杆能够收拢起来。本节对这一结构进行仿真模拟。

1. 工作原理

如图 9-74 所示为飞机起落架简图，由轮胎、腿杆、机架、液压缸、活塞、连杆 1、连杆 2 组成。当液压缸使活塞伸缩时，腿杆和轮胎放下或收起；当轮胎撞击地面时，连杆 1、连杆 2 位于一条直线上，机构的传动角为零，处于死点位置，因此，机轮着地时产生的巨大冲击力不会使得连杆 2 反方向转动，而是保持支撑状态；飞机起飞后，腿杆收起来，如图 9-75 所示，以减小空气阻力，使整个机构占据空间较小。

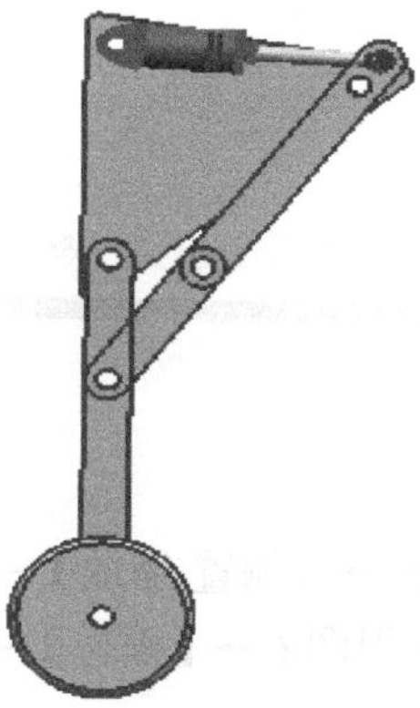

图 9-74　飞机起落架简图

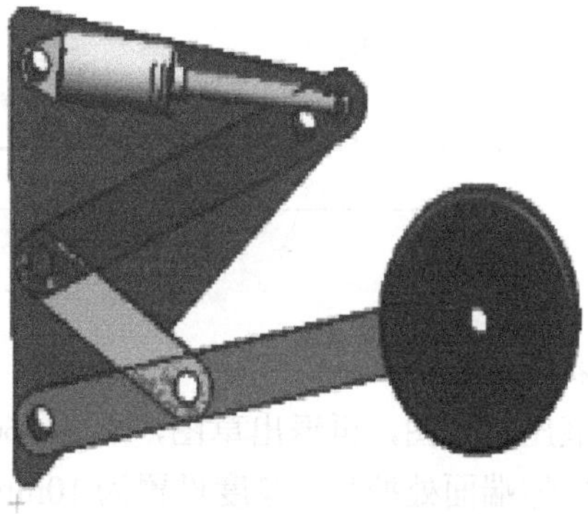

图 9-75　运动死点

2．零件造型

1）【轮胎】

轮胎用圆柱体造型模拟。在【特征】工具栏中选择 图标按钮，输入数值如图 9-76 所示，得到圆柱体，倒圆角，半径为 30mm，得到轮胎如图 9-77 所示。

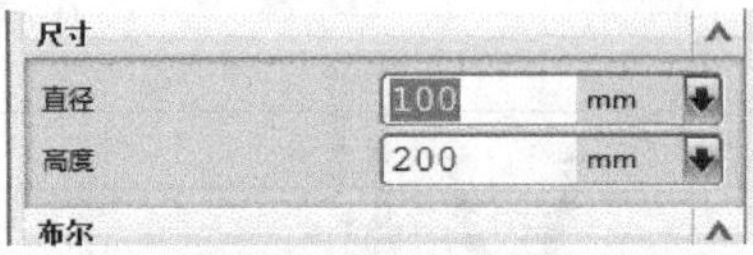

图 9-76　圆柱体尺寸

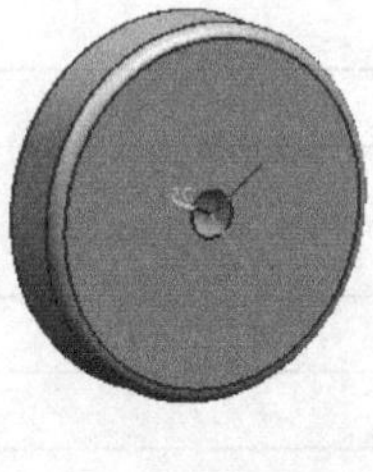

图 9-77　轮胎

2）【腿杆】

绘制腿杆草图如图 9-78 所示，再退出草图，拉伸，距离为 50mm，得到腿杆。

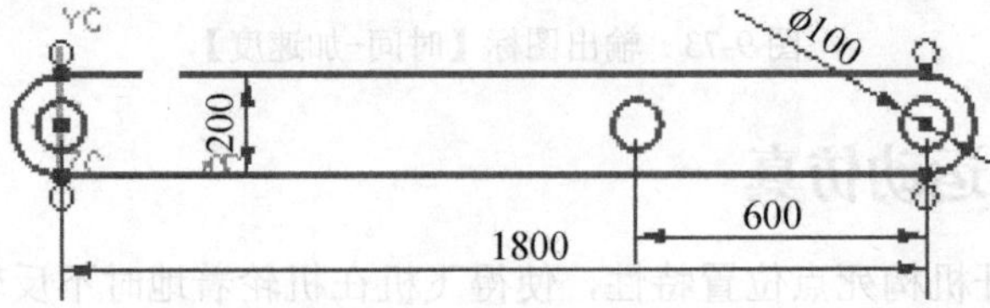

图 9-78　绘制腿杆草图

3）【机架】

绘制机架草图，再退出草图，拉伸，厚度为 50mm，倒圆角，半径为 50mm，得到机架如图 9-79 所示。

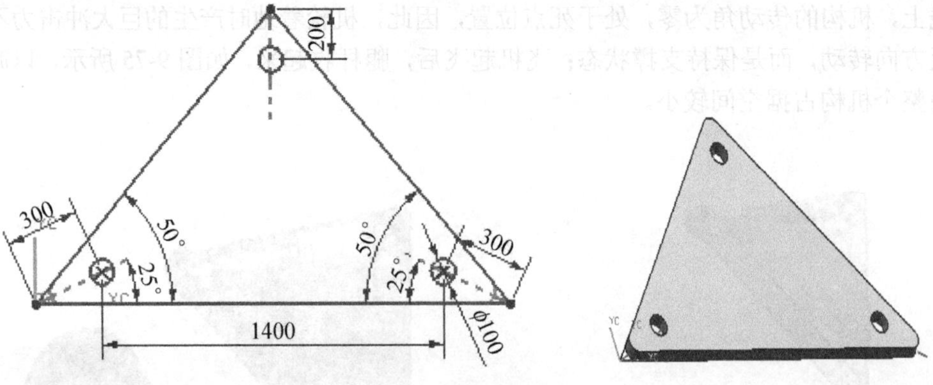

图 9-79　创建机架

4）【液压缸】

绘制液压缸草图，再退出草图，旋转 360°，然后选择【插入】→【偏置/缩放】→【抽壳】，选择小圆柱体端面处抽壳，厚度设置为 10mm，得到液压缸。选择【视图】→【操作】→【截面】，液压缸截面视图如图 9-80 所示。

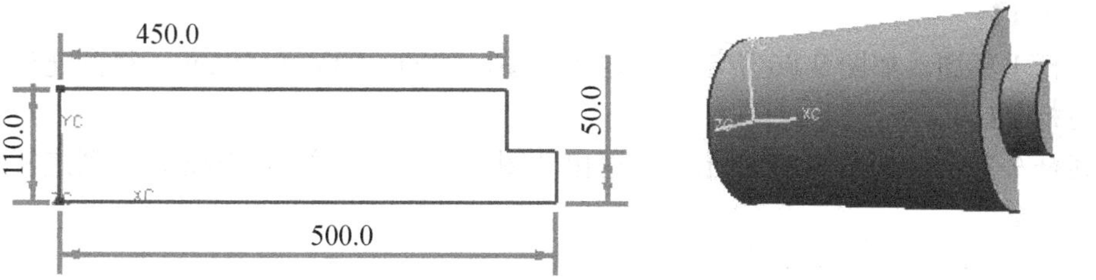

图 9-80　创建液压缸

绘制液压缸尾部的安装孔草图，再退出草图，双向拉伸，厚度均为 25mm，得到液压缸尾部如图 9-81 所示。

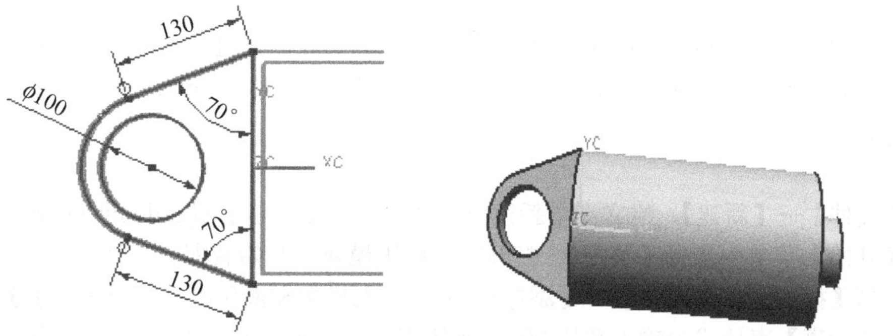

图 9-81　液压缸尾部

5）**【活塞】**

绘制活塞草图，如图 9-82 所示，再退出草图，旋转 360°，然后选择小圆柱端面插入草图，如图 9-83 所示，退出草图，拉伸做布尔求差运算，厚度为 100mm。在切除得到的面上绘制草图，如图 9-84 所示。拉伸布尔差去除材料，双向完全贯穿，在大端面外端倒角 10×45°，里端与杆接触处倒圆角，半径为 10mm，得到活塞模型，如图 9-85 所示。

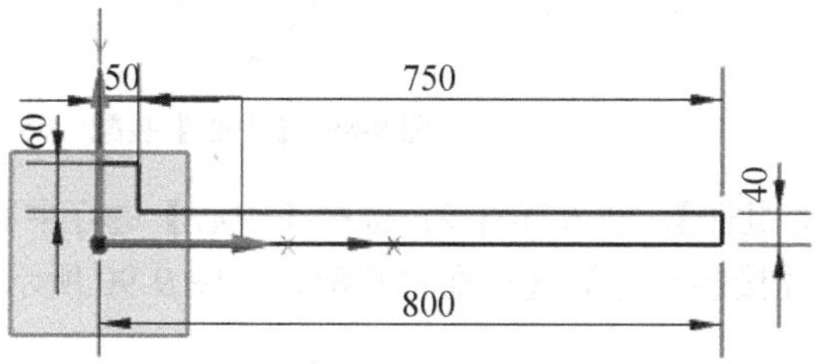

图 9-82　绘制活塞草图

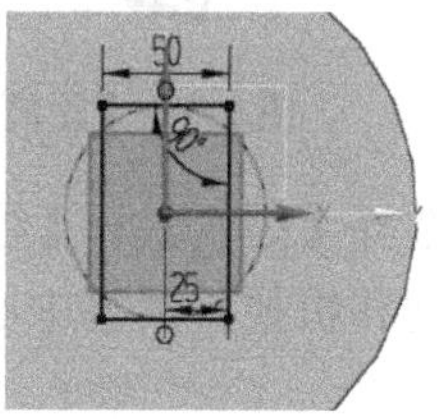

图 9-83　插入草图

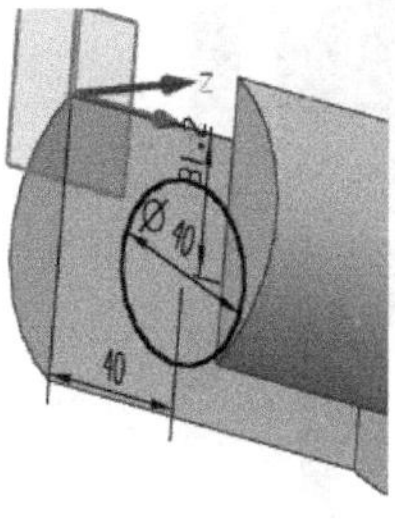

图 9-84　绘制草图

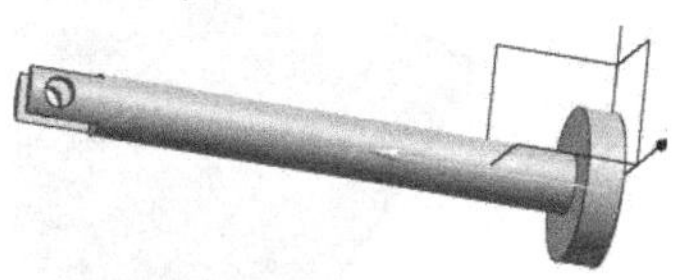

图 9-85　活塞模型

6）【连杆 1】

绘制连杆 1 草图，如图 9-86 所示，再退出草图，拉伸，距离为 50mm，得到连杆 1。

7）【连杆 2】

绘制连杆 2 草图，如图 9-87 所示，再退出草图，拉伸，距离为 50mm，得到连杆 2。

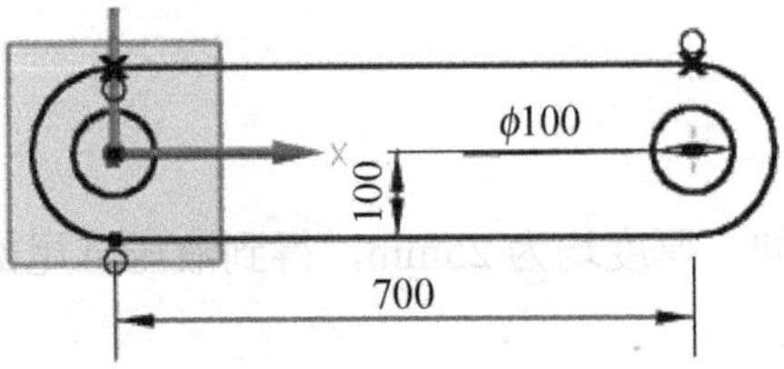

图 9-86　绘制连杆 1 草图

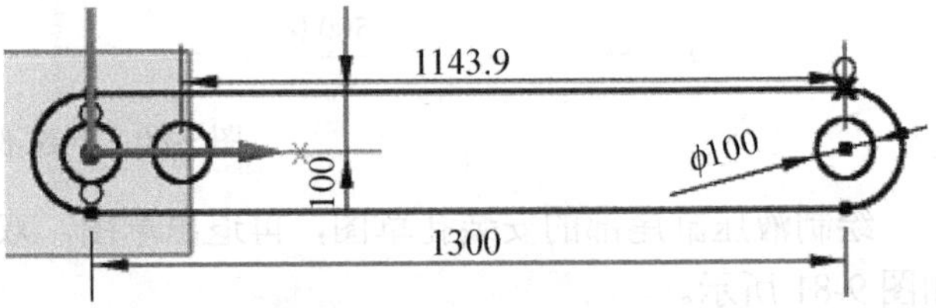

图 9-87　绘制连杆 2 草图

在图 9-87 中，尺寸 1143.9mm 是图 9-74 中连杆 2 的长度，其值由三角形余弦定理求出，即：$L=(1400.0^2+600.0^2-2\times1400.0\times600.0\times\cos130°)^{1/2}-700.0=1143.9$（mm）。

3．装配

选择【文件】→【新建】，建立一个新建模型文件，以文件名【feijiqiluojiazhuangpei】保存该文件。在【开始】菜单中选择【装配】，打开装配应用模块，开始装配。

（1）选择【插入】→【组件】→【添加组件】，插入机架和液压缸；选择【距离】进行距离装配，在【距离】表达式中输入数值 200，使其两个配合面相距 200mm；选择【中心】进行中心装配，这样就把液压缸装配在机架上，如图 9-88 所示。

（2）选择【插入】→【组件】→【添加组件】，插入活塞；选择【中心】进行中心装配，如图 9-89 所示。

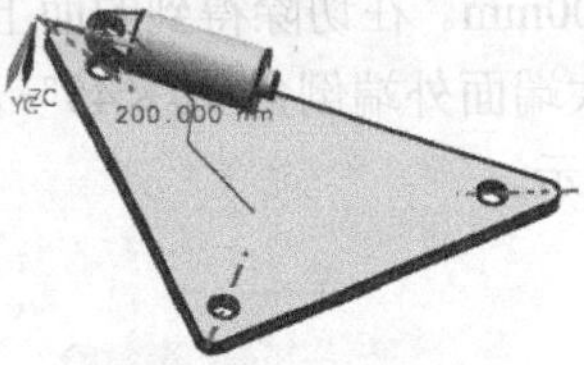

图 9-88　【距离】装配

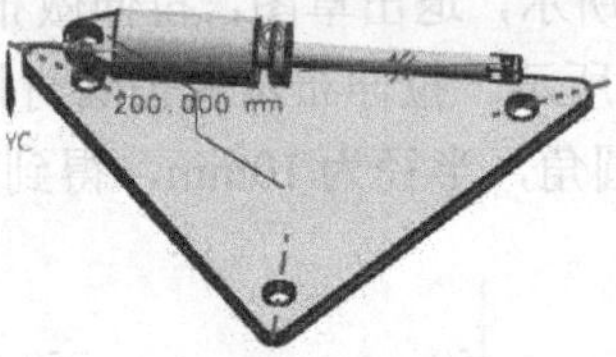

图 9-89　【中心】装配

（3）选择【插入】→【组件】→【添加组件】，插入连杆 2；选择【中心】进行中心装配，使连杆 2 分别和机架、活塞中心配合；选择【接触对齐】进行配对装配，如图 9-90 所示。

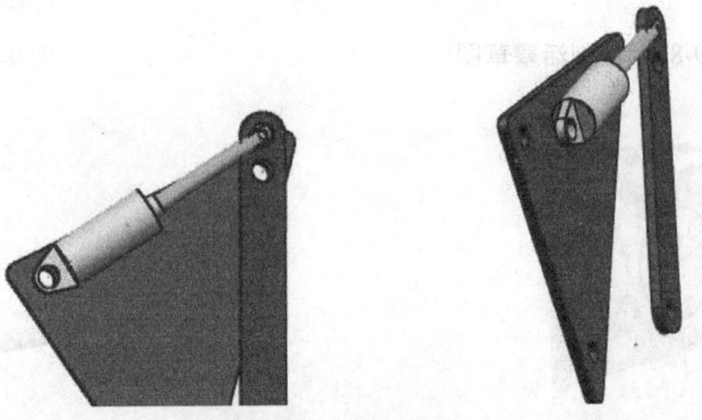

图 9-90　装配连杆 2

（4）选择【插入】→【组件】→【添加组件】，插入连杆 1；选择【中心】与连杆 2 进行中心装配；选择【接触对齐】与连杆 2 进行接触装配，如图 9-91 所示。

（5）选择【插入】→【组件】→【添加组件】，插入腿杆；选择【中心】与连杆 1 进行中心装配；选择【接触对齐】与连杆 1 进行接触装配，如图 9-92 所示。

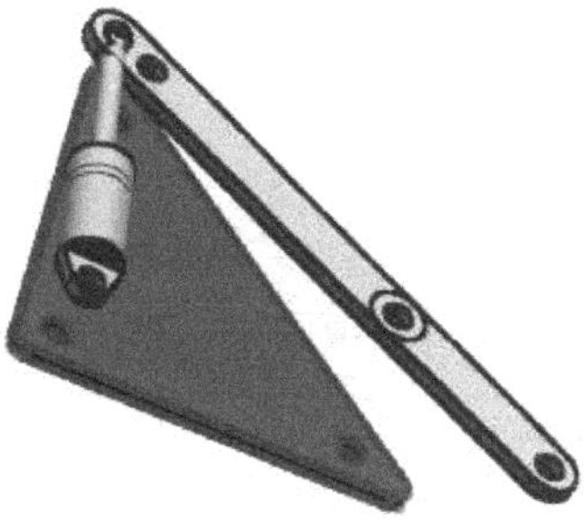

图 9-91　装配连杆 1

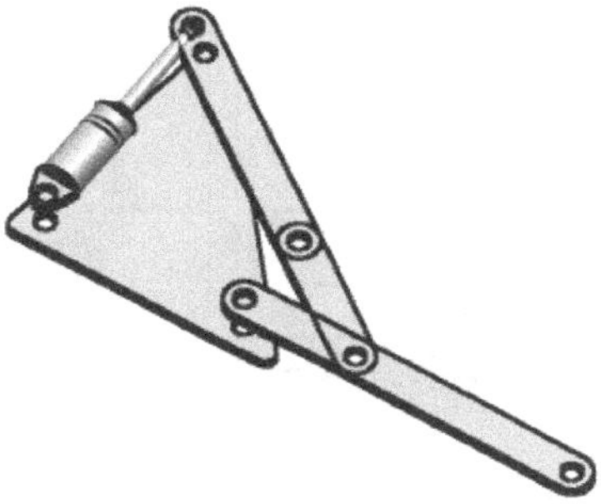

图 9-92　装配腿杆

（6）选择【插入】→【组件】→【添加组件】，插入轮胎；选择【中心】与腿杆进行中心装配；选择【距离】进行距离装配，同向对齐相距 75mm，如图 9-93 所示。

（7）用鼠标左键选中连杆 1 或连杆 2，单击鼠标右键选取【配对】，在弹出的【配对条件】对话框中选择【平行】与连杆 2 或连杆 1 进行平行装配，装配完毕后的机构，如图 9-94 所示。

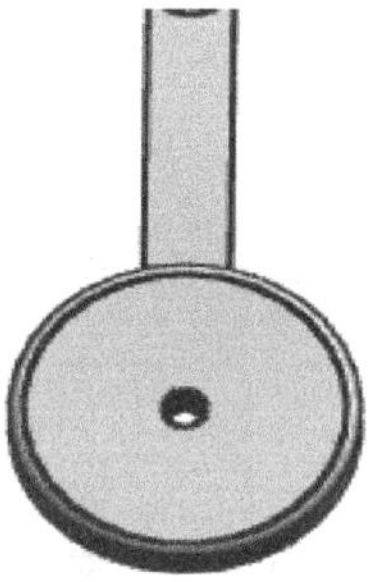

图 9-93　装配轮胎

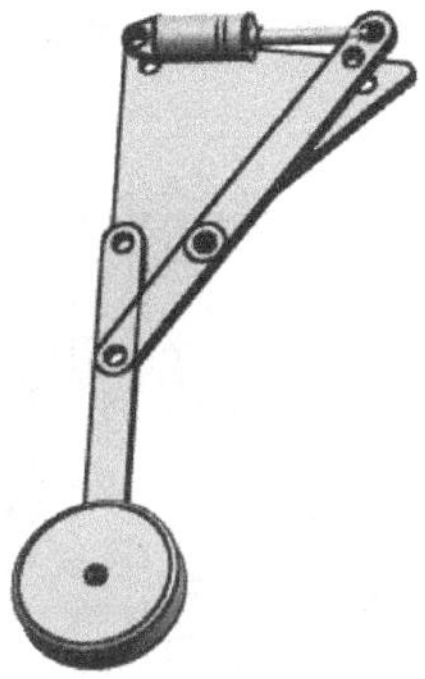

图 9-94　装配起落架

4．仿真

在【开始】菜单中选择【运动仿真】，打开仿真模块。右击【运动导航器】上装配文件名【feijiqiluojiazhuangpei】，选择【新建仿真】。在弹出的【环境】对话框中选择【动力学】或【动态】，单击【确定】按钮。

在弹出的【机构运动副向导】对话框中单击【确定】按钮，把装配图中的构件自动转化成连杆，装配关系映射成仿真模块里的运动副。在弹出的【主模型到仿真的配对条件转换】对话框中选择【是】，本例是把机械手机架连杆接地。也可以选择【否】，在后面补充把机架设置为固定连杆。

1）【添加运动副】

选择【插入】→【运动副】，给轮胎与腿杆之间加上一个旋转副，如图 9-95 所示。

第一个连杆选择轮胎边缘的圆周，这样就完成了【选择连杆】（车轮）、【指定原点】(圆心)、

【指定方位】(圆所在平面的法线）三个步骤，此时，相应的步骤名称前将出现绿色的√号。然后，在【运动副】面板上选择【第二个连杆】→【选择连杆】，用鼠标选择腿杆，如图 9-96 所示，单击【应用】按钮，完成一个旋转副的添加。

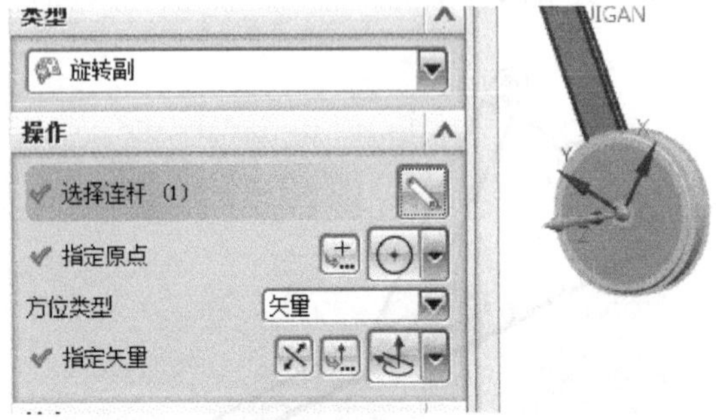

图 9-95 选择第一个连杆

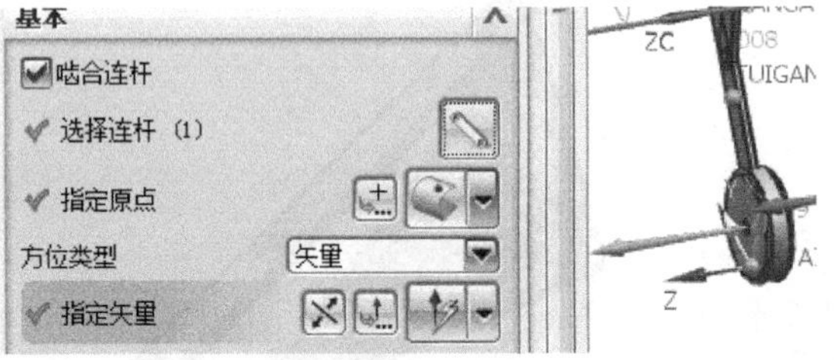

图 9-96 选择第二个连杆

同样地，将机架与液压缸、腿杆、连杆 2，连杆 2 与连杆 1、活塞，连杆 1 与腿杆，全部用旋转副相连接。

选择【插入】→【运动副】，给液压缸与活塞之间加上一个滑动副，如图 9-97 所示。

第一个连杆选择活塞边缘的一个圆周，这样就完成了【选择连杆】(活塞)、【指定原点】(鼠标位置点)、【指定方位】(圆所在平面的法线方向）三个步骤，此时，相应的步骤名称前将出现绿色的√号。然后，在【运动副】面板上选择【第二个连杆】→【选择连杆】，用鼠标选择液压缸，如图 9-98 所示，单击【应用】按钮，完成一个滑动副的添加。

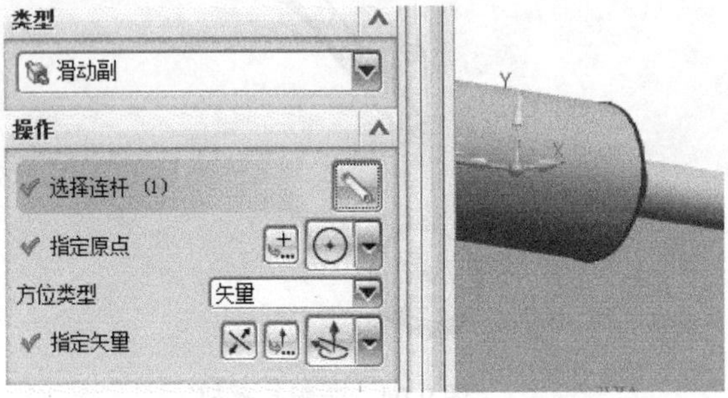

图 9-97 选取第一个连杆

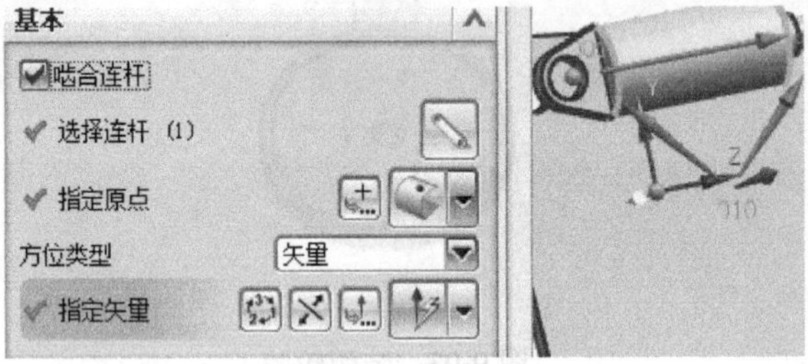

图 9-98 选取第二个连杆

2）【运动函数设置】

右击【运动导航器】中液压缸与活塞组成的滑动副，给该滑动副添加运动，选择【XY 函数管理器】，选择新建一个函数，如图 9-99 所示，输入下面的函数：

STEP（time，0,0,1,60）+STEP（time，2,0,3,-60）

这里，活塞的滑动采用两个 STEP 函数相加，在【轴单位设置】中设置 Y 轴类型为【位移】，单位为【mm】。STEP 函数的格式为 STEP（x，x0，h0，x1，h1），其中（x0，h0）和（x1，h1）分别为生成区间的上限和下限，x 为自变量，在这里是时间的函数。两个 STEP 函数相加时，第二个 STEP 函数的 x 值是相对第一个 STEP 的增加值，而不是绝对值。

右击【运动导航器】上的仿真项目 motion _1，选择【新建解算方案】，【时间】设置为 3，【步数】设置为 200，单击【确定】按钮。

5．仿真结果显示与分析

右击【运动导航器】上新建的解算方案 Solution_1，选择【求解】，进行仿真计算，计算完毕后右击【计算结果图形显示 XY-Graphing】→【新建】。在弹出的对话框中进行图形显示设置，如图 9-100 所示。其中，J008 代表原动件的运动副（滑动副），要求显示该滑动副的位移（幅值）。单击【添加】按钮将该运动副的函数添加进来，在【图表与存储】中选择用 Excel 电子表格显示结果曲线，单击【确定】按钮后可直观地显示原动件移动函数，如图 9-101 所示。

图 9-99 【XY 函数编辑器】

图 9-100 【图表】对话框

在图 9-101 中，横坐标表示机构运动的时间，纵坐标表示滑动副在不同时间产生的位移。该曲线模拟原动件实现飞机起落架的运动。

0s：开始位置，静止，如图 9-102 所示。当轮胎撞击地面时，腿杆成为主动件，此时连杆 1 和连杆 2 拉伸成一条直线，机构的传动角为零，使连杆 2 转动的有效分力为零，机构处于死点位置，飞机起落架以此姿态触地。在第一个 STEP 函数中可以看到初始位移 h0=0。

0～1s：起落架逐渐向内收拢，直至如图 9-103 所示位置。此时滑动副位移为 60mm，在第一个 STEP 函数中可以看到 1s 时的位移增量 h1=60mm。

1～2s：静止，机构位置如图 9-103 所示。此时，滑动副位移为 0，在第二个 STEP 函数中可以看到 2s 时的位移增量 h2=0。

2～3s：飞机起落架逐渐撑开，如图 9-104 所示，一直到连杆 1 和连杆 2 拉伸成一条直线。此时，这一滑动副位移为−60mm，在第二个 STEP 函数中可以看到 3s 时的位移增量为 h3=−60mm。

由 1s 时的 60mm 位移增量到 2s 时的 0mm 位移增量，再到 3s 时的−60mm 的位移增量，机构回到初始位置，仿真运动结束。

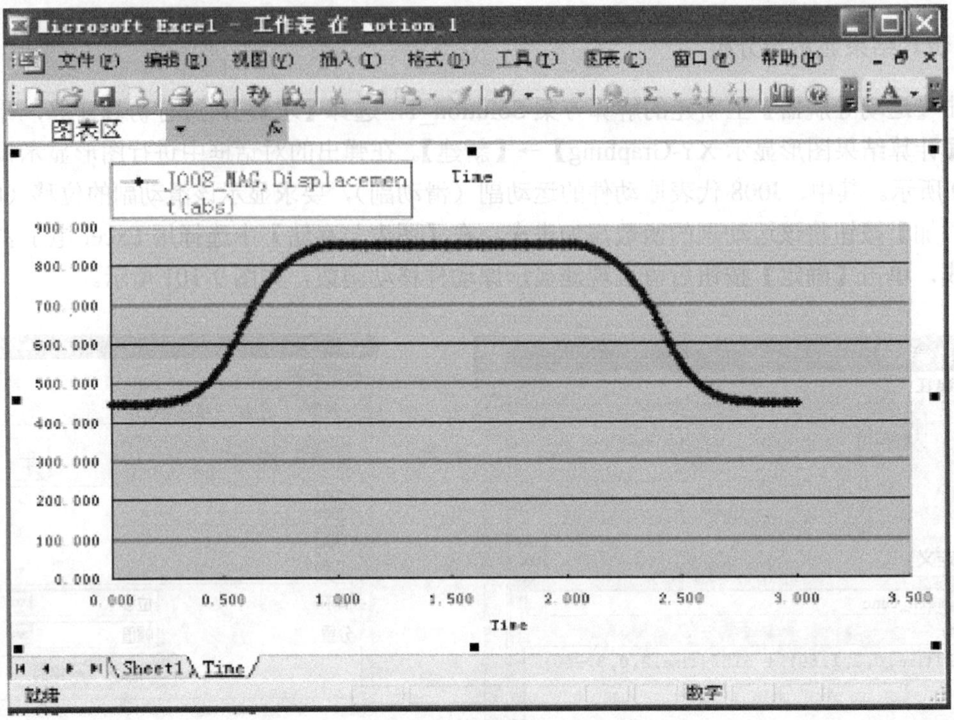

图 9-101　输出图表【时间-位移】曲线

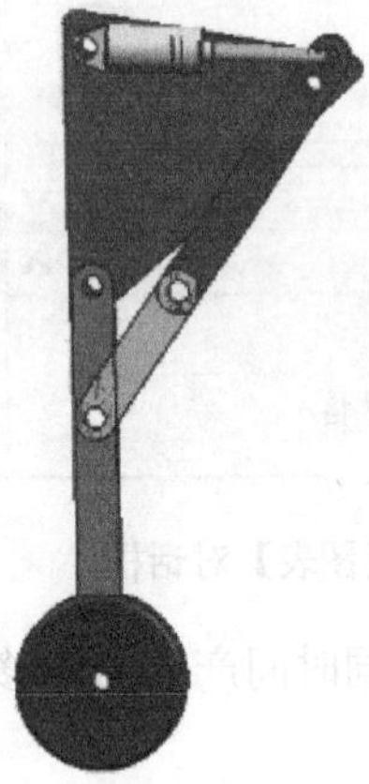

图 9-102　0s

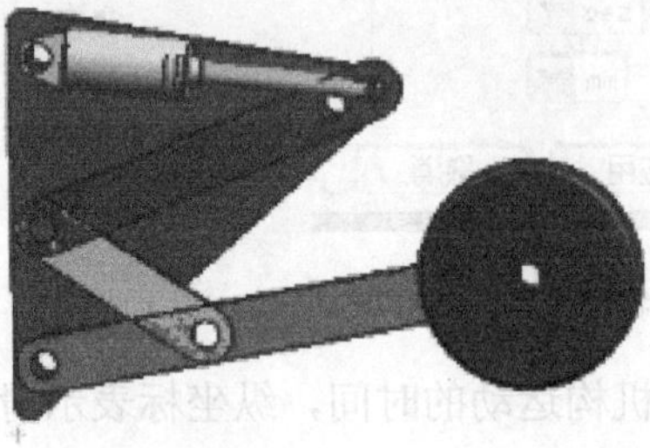

图 9-103　1～2s

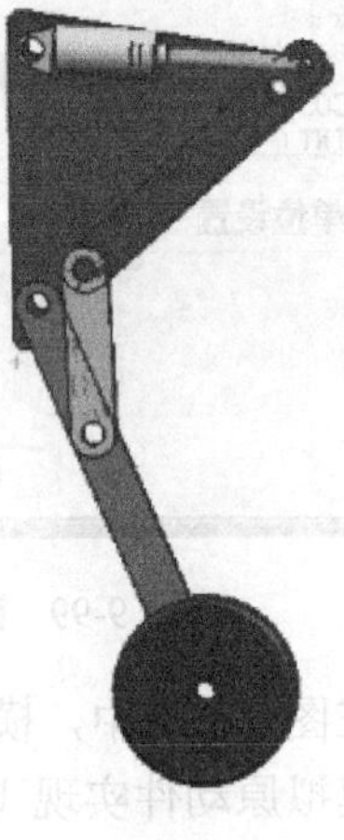

图 9-104　2～3s

9.7　本章小结

本章主要介绍了 UG NX 8.0 软件的机构运动仿真模块，包括运动副设置，约束以及力等，建立机构的仿真模型、模型的求解、动画以及分析数据、图形的输出。通过命令与案例的讲解，让读者能够把工作和学习中遇到的复杂的实际工程问题，通过软件手段快速地进行虚拟模拟和仿真，从而为优化设计提供有利的帮助。

9.8　思考与练习

1．UG NX 8.0 机构运动仿真基本流程是什么？动力学和运动学模块有什么区别？

2．UG NX 8.0 运动副有哪些？哪些运动副只能作为从动构件？

3．动态分析的含义是什么？系统阻尼和弹簧如何设置？

4．完成如图 9-105 所示四杆机构的运动仿真，打开光盘中/Resource/ch09/4_bar_assy 目录文件。

假设曲柄初始速度为 300r/min，各旋转副之间阻尼为 2.0，试分析曲柄与连杆铰接点的空间位移、运动速度、加速度。

图 9-105　思考与练习题 4 四杆机构

5．完成如图 9-106 所示齿轮啮合的运动仿真，打开光盘中/Resource/ch09/gears-chain 目录文件。

设啮合过程中有碰撞，力指数为 2，材料阻尼为 10，穿透深度为 0.1，缓冲半因子为 1.2，最大补偿因子为 2.0，试分析模拟齿轮在啮合传动过程中速度的波动变化。

图 9-106　思考与练习题 5 齿轮的啮合传动

反侵权盗版声明

举报电话：（010）88254396；（010）88258888
传　　真：（010）88254397
E-mail：　dbqq@phei.com.cn
通信地址：北京市海淀区万寿路 173 信箱
　　　　　电子工业出版社总编办公室
邮　　编：100036